U0262538

中上扬子海相含油气盆地分析与页岩气资源

汪正江 杨 平 余 谦 等著

油气基础地质调查项目（No. 1212010782003）
油气基础地质调查项目（No. 1212011220750）
油气基础地质调查项目（No. 12120114071401） 联合资助
油气基础地质调查项目（No. 12120115004501）

科学出版社
北京

内 容 简 介

　　本书从原型盆地的形成演化入手，首次系统分析评价了上扬子海相含油气盆地震旦系陡山沱组、寒武系牛蹄塘组、奥陶系五峰组、志留系龙马溪组四套海相区域性烃源岩特征，从静态参数评价出发，结合生烃史恢复和保存条件动态演化分析，初步揭示了中上扬子海相含油气盆地油气成烃、成藏与改造过程。系统分析中上扬子地区牛蹄塘组、五峰-龙马溪组、旧司组-打屋坝组、龙潭组页岩气资源潜力，并对五峰-龙马溪组页岩气的富集规律进行了探讨，较为深入总结了龙马溪组页岩气富集主控因素，并在此基础上开展了中上扬子海相页岩气有利目标区优选工作。研究指出中上扬子地区龙马溪组页岩气富集的主控因素为有利沉积相带、保存条件和页岩储层物性。有利沉积相带主要是指欠补偿的深水陆棚相沉积相带；保存条件包含相互联系的三个方面：顶底板条件、地层超压和埋深适中（1500～4000m）；页岩储层物性则由页岩的矿物组分及其裂理发育程度决定。该成果是在不断实践、不断探索和总结的过程中形成的，因此，本书的出版也将有力促进我国南方海相页岩气勘探开发和相关页岩气基础地质的调查研究，对提升我国能源资源的保障能力，推动全国其他含油气盆地页岩气的勘探开发，均具有积极意义。

　　本书可供油气地质、页岩气地质、基础地质等调查研究人员、高校相关专业师生阅读参考。

图书在版编目（CIP）数据

中上扬子海相含油气盆地分析与页岩气资源／汪正江等著 . —北京：科学出版社，2017.11

ISBN 978-7-03-055161-0

Ⅰ. ①中… Ⅱ. ①汪… Ⅲ. ①扬子地块–海相–含油气盆地–分析②扬子地块–海相–含油气盆地–油页岩资源–研究 Ⅳ. ①P618.130.2

中国版本图书馆 CIP 数据核字（2017）第 268895 号

责任编辑：韦　沁／责任校对：张小霞
责任印制：肖　兴／封面设计：北京东方人华科技有限公司

科 学 出 版 社 出版

北京东黄城根北街 16 号
邮政编码：100717
http://www.sciencep.com

北京汇瑞嘉合文化发展有限公司 印刷
科学出版社发行　各地新华书店经销

*

2017 年 11 月第 一 版　开本：787×1092　1/16
2017 年 11 月第一次印刷　印张：25
字数：593 000

定价：248.00 元
（如有印装质量问题，我社负责调换）

作者名单

汪正江　杨　平　余　谦　刘家洪

刘　伟　熊国庆　杨　菲　邓　奇

杜秋定　何江林　卓皆文　熊小辉

前　　言

中上扬子新元古代—古生代海相原型盆地发育多套优质的生-储-盖组合，然而，在历经加里东、印支、燕山和喜马拉雅等多期构造叠加改造后，其原生含油气系统也经历了多期改造、调整，甚至破坏，这给油气地质调查评价提出了严峻挑战，但油气地质人一直也没有放弃不懈探索。半个多世纪以来，作为该原型盆地一部分的四川盆地，海相油气勘探获得了巨大成功，特别是20世纪以来，一个个大型、超大型气田的发现，使我们相信除四川盆地以外的广阔的中上扬子海相层系分布区也应具有良好的油气资源潜力，同时，我国经济社会的快速发展对能源资源的强劲需求，也要求我们不断开拓油气勘探新区、新领域和新层系。特别是近年来，中上扬子海相页岩气的相继突破，掀起了一轮油气调查评价的新高潮。由此，本书也是基于前人认识的一次新的探索吧。

本书是依托于中国地质调查局成都地质调查中心2008～2014年"中上扬子海相含油气盆地油气地质综合调查"计划项目和2015年"四川盆地页岩气基础地质调查"项目开展的大量地质-地球物理调查成果资料。在武汉地质调查中心、湖南省地质调查院、贵州省地质调查院、湖北省地质调查院、安徽省勘查技术院、成都理工大学、中石化西南油气分公司勘探开发研究院、陕西省地质矿产勘查开发局物化探队、中国地质科学院岩溶所等合作单位和同仁的大力支持和协助下，我们对中上扬子海相含油气盆地调查研究取得了一些新的认识：

1. 分析总结了中上扬子海相盆地的形成演化过程及其阶段性

中上扬子震旦纪—早古生代海相盆地只是中上扬子新元古代—早古生代海相含油气盆地的中晚期阶段，实际上其完整形成演化过程经历了三个阶段：新元古代中期的裂谷盆地阶段（820～635Ma）、震旦纪—寒武纪被动大陆边缘盆地阶段和奥陶纪—志留纪前陆盆地阶段。

中上扬子新元古代的裂谷盆地形成于弧陆碰撞造山之后的构造伸展背景，该时期的沉积序列在空间上具有"楔状地层"特征，区域连续性较差，且沉积主要发育在裂谷盆地内。在裂谷盆地充填晚期，全球经历了两次广泛的冰川沉积事件，在华南同样也发育了两个冰期和一个间冰期沉积（即南华冰期沉积），并随即完成了裂谷盆地的填平补齐作用，为震旦纪扬子碳酸盐缓坡和碳酸盐初始台地的形成奠定了基础。

中上扬子海相盆地的被动陆缘碳酸盐台地的形成至少经历了两个有陆架至台地的演替过程。第一次演替发生在震旦纪，陡山沱期为碳酸盐陆架建设，灯影期为碳酸盐初始台地的形成。但该期的台地主要还是一系列孤立台地，中扬子和上扬子还是处于分割状态（鄂西裂陷槽）。震旦纪末期，扬子克拉通主体还经历了长达20～30Ma的抬升与剥蚀，发育了广泛的喀斯特。第二次发生在寒武纪，滇东世扬子陆块主体普遍处于隆升剥蚀状态；黔东世海平面快速上升，早期为碎屑岩陆架建设，晚期向碳酸盐陆架和碳酸盐台地演化，至清虚洞晚期，中上扬子统一的碳酸盐台地基本形成，寒武纪武陵世和芙蓉世主要为碳酸盐台地的发展与调整，特别是在武陵世，台内广泛发育潟湖相含膏岩系，是海相下组合重要封盖层之一。

进入奥陶纪，随着华南加里东造山带的形成与向西持续推进，中上扬子海相盆地也进入了前陆演化阶段。至早志留世末，中上扬子新元古代—早古生代海相沉积盆地关闭消亡。

加里东构造运动后，中上扬子海相盆地之上又叠加了晚古生代陆表海盆地和中—新生代陆相沉积盆地，形成多旋回构造叠置格局。因此，中上扬子地区经历了复杂的沉积–构造演化过程，使海相含油气系统也经历了多期成藏、调整、改造，造就了中上扬子地区海相油气复杂的成藏地质条件。

2. 系统分析了中上扬子海相盆地四套主力烃源岩

依据成烃物质和成烃时代的相似性，中上扬子海相含油气盆地的四套烃源岩可以划分为两个组合，早期的陡山沱组和牛蹄塘组烃源组合的成烃母质主要为海生菌类、藻类及浮游类，烃源岩显微组分主要为腐泥组和沥青组，无镜质组、壳质组和惰质组。区域上牛蹄塘组烃源岩有机质含量高，厚度大、分布广，是一套主力烃源岩；相对而言，陡山沱组烃源分布较为局限，主要为中上扬子东南缘深水斜坡或盆地相区，及鄂西台间盆地内。

晚期的五峰–龙马溪组烃源组合的成烃母质除海生生物外，开始出现少量陆生植物，显微组分也开始出现镜质组和惰质组，因此龙马溪组烃源岩类型开始由Ⅰ向Ⅱ₁转变。区域上该两套烃源岩之间虽有观音桥段泥灰岩相隔，仍可视为一套完整的烃源组合。因受盆地性质和沉降中心向西迁移控制，其分布主要集中在城口—涪陵—永川—长宁—雷波等半环形区带内。

由于经历了长期的地史演化和多期构造叠加改造，上述两组烃源岩热演化程度均达高成熟阶段，但受加里东期区域隆升作用影响，晚期烃源组合热演化相对早期略低（约0.5%）。另外，可能同时受构造样式制约，不同构造单元内也存在差异，如黔东南凯里–黄平地区的热演化相对较低。

3. 深入分析了上扬子地区的油气生成、运移、成藏与改造过程，为有利成藏单元预测提供了新思路

在中上扬子海相层系生–储–盖及其组合特征研究和古油气藏解剖基础上，认为加里东晚期只是油气初始生烃期（不同于加里东期是主成藏期的传统认识），海西期（D—P）生烃缓慢，有机质演化速率较低；二叠纪中期开始，因持续盆地沉积充填，地温梯度及埋藏温度逐渐增加，于二叠纪末或三叠纪初进入大量快速生油阶段，而且受地史时间的累积与埋藏温度的增加等效应，三叠纪中晚期才进入主要成气阶段。这一结论与黔北灯影组中多期次流体包裹体研究结果一致，不同埋深环境下多期次流体活动对早期古岩溶残余孔隙及充填物具有复合叠加溶蚀作用，显示灯影组发生过三期油气充注（470～428Ma、252～228Ma、177～145Ma）。

同时，研究发现中上扬子地区油气运聚表现为：①早期石油成藏主控因素为牛蹄塘组优质烃源岩为大型油气藏奠定了物质基础，灯影组滩相储层为有利成藏空间，加里东晚期古隆控制了油气运移方向；②晚期天然气成藏主控因素为燕山晚期构造改造，包裹体测温

及碳氧锶同位素证据表明现今大于2800m埋藏深度的有利构造圈闭可能仍为天然气保存的理想空间。

4. 较为系统地总结了上扬子地区海相层系页岩气地质特征

1）五峰-龙马溪组是上扬子海相页岩气勘探主力层系

五峰-龙马溪组主要为滞留局限海盆地沉积，沉积中心位于川南宜宾-永川、渝东武隆-石柱和渝东北巫溪-城口一带，富有机质页岩厚度可达120m以上，其优质页岩厚度可达40m以上。上扬子地区五峰-龙马溪组页岩气地质和成藏富集条件好，有效勘探面积大，是页岩气主力勘探层系。长宁-永川、涪陵-綦江、自贡-威远等地区为勘探首选区域，而滇东北、黔西北、黔北-渝东南残留向斜群仍具有较好的勘探潜力。

2）牛蹄塘组成藏条件复杂，是潜在的重要勘探层系

牛蹄塘组主体为浅海陆棚沉积，沉积中心位于川南-黔北、米仓-大巴山和湘鄂西一带，分别为深水陆棚和盆地-斜坡相沉积；同时在绵阳—长宁一线，可能发育有裂陷槽深水陆棚沉积。该沉积期富有机质页岩厚度大，普遍在50m以上，川南宜宾-大方、绥阳-正安、万源-镇坪一带可达120m以上。上扬子地区筇竹寺组-牛蹄塘组成藏条件复杂，目前仅在威远地区获得突破，大部分地区含气性较差，可能与保存条件、成熟度、物性、矿物组分等基本特征有密切关系。由于该套富有机质页岩分布面大广、厚度大，仍是潜在的重要勘探层系，但其页岩气基础地质条件有待进一步深入研究。

3）黔西南石炭系是有望获得页岩气勘探新突破的重要层系

受早石炭世大塘期古地理格局的控制，打屋坝组富有机质页岩属台缘斜坡-台盆相沉积，有利沉积相带位于黔南、黔西南地区威宁、册亨-罗甸一带，富有机质页岩厚度110~180m。有机质类型主要为Ⅰ型，有机碳为2.0%左右，成熟度为2.0%~3.0%，页岩气基本地质特征较好。同时，多口调查井现场含气性解析揭示了较好的含气性及高富烃类组分的特征。总体上，石炭系广泛分布于滇黔桂地区，富有机质页岩厚度大，有机质丰度高，热演化适中，且目前已获得重要页岩气发现，因此，石炭系可能是继龙马溪组后有望获得重要突破的勘探层系。

4）龙潭组具有三气叠合、综合开发资源潜力

龙潭组主体为滨岸沼泽-潮坪-浅水陆棚-潟湖相沉积，川滇黔邻区及川南地区，主体为沼泽相含煤岩系，厚度较大；川中地区一般为浅水陆棚相泥岩，川东北地区主要为潟湖相泥页岩、硅质页岩组合，因此各相区烃源岩类型不同，但平均有机碳较高（≥2.5%），成熟度适中（1.5%~2.6%）。目前的调查表明，川南-黔北地区页岩气显示较好，含气量为1.2~2.13m³/t。该目标层段厚度大，页岩层系埋深适中，应是未来四川盆地重要的页岩气勘探层系，且具备煤层气-页岩气-致密气（简称"三气"）叠加富集的地质条件，采用"综合勘探、联合开发"的模式，能源资源综合利用前景好。

5. 分析了中上扬子海相页岩气勘探潜力与勘探方向，优选了一批有利目标区

根据富有机质页岩优质相带展布、应力场与异常压力分布、埋深及构造改造强度等制约页岩气富集的主要地质要素分析，四川盆地内可以划分出三个等级：川南页岩气富集区、川东南和川西南页岩气较富集区以及川中、川西待评价区。川南富集区受帚状构造带

控制，构造改造较弱、优质相带发育、压力系数大于 2.0，测试产能较高，是页岩气最有利富集区。川东南和川西南也是页岩气有利富集区，其分别受高陡断褶带和低陡断褶带控制，除了局部发育断裂外，大部分区域构造稳定，富有机质页岩优质相带展布稳定，压力系数在 1.5～1.7 左右。川中及川西地区，虽构造稳定，然而埋深较大，暂缺乏页岩气钻井数据支撑，有待进一步调查评价。

结合涪陵、长宁、威远、富顺–永川和彭水等区块页岩气勘探经验，盆内的川东、川南和山前地带，压力系数较高，选区评价主要包括三个方面：优质相带——决定了基本页岩气地质条件、埋深 2000～3000m——决定了经济可采性、正向构造——兼具常规油气聚集机理；盆外由于改造强度较大，保存条件为首先考虑因素，选区评价主要包括两个方面：相对稳定区、优质相带。

对于四川盆地外缘，因改造相对较强，压力系数较小，但若处于龙马溪组、筇竹寺组优质相带内，也应具有一定的页岩气勘探潜力，如利川复向斜、武隆向斜、彭水桑拓坪向斜、道真向斜、古蔺石宝向斜、雷波–永善向斜、大关木杆–高桥向斜等。

本书是在王剑研究员、谢渊研究员的关心指导下，由汪正江牵头组织，杨平、刘伟协助完成的。本书编写分工如下：前言，汪正江、杨平、余谦、刘伟；第 1 章，汪正江、杜秋定、杨菲、邓奇；第 2 章，汪正江、杜秋定、杨菲、卓皆文；第 3 章，杨平、汪正江、刘家洪、杜秋定；第 4 章，杨平、刘家洪、汪正江；第 5 章，汪正江、刘伟、余谦、邓奇、何江林、熊国庆、熊小辉；第 6 章，杨平、汪正江、刘家洪；第 7 章，汪正江、余谦、熊国庆、杜秋定、熊小辉；参考文献由邓奇、刘家洪统编；本书最后由汪正江、杨平统稿，编排、校对由杨菲、刘家洪完成。需要说明的是，第 4 章和第 7 章选区评价部分内容是在"中上扬子海相含油气盆地油气地质综合调查"计划项目（2011～2014 年）下属相关工作项目成果资料基础上梳理集成的，特此致谢。

本书是在中国地质调查局资源评价部、中国地质调查局油气资源调查中心和计划项目实施单位成都地质调查中心的统一组织领导下完成的，是项目组历经多年辛勤劳动的结晶。

多年来，项目工作得到了得到了项目参加单位湖南省地质调查院、贵州省地质调查院、湖北省地质调查院、成都理工大学、安徽省勘查技术院、中石化西南油气分公司勘探开发研究院等单位领导和参研人员的大力协助；得到了成都地质调查中心王剑、谢渊、牟传龙、谭富文、彭东等领导的大力支持和李嵘、谭钦银、刘建清、赵瞻、林家善、杨桂花、熊杰、朱丽霞等同事的无私帮助。

在此，特向上述单位及个人表示衷心感谢！

目　　录

第1章 中上扬子海相含油气盆地演化与叠加改造

1.1 中上扬子海相盆地的形成与演化

本书研究的对象是中上扬子震旦纪—早古生代海相盆地。实际上中上扬子海相含油气盆地的形成演化经历了三个阶段：新元古代中期的裂谷盆地阶段、震旦纪—寒武纪被动大陆边缘盆地阶段和奥陶纪—志留纪前陆盆地阶段（图 1.1），震旦系—志留系是其沉积充填的主体，但不是全部。加里东构造运动后，中上扬子海相盆地之上又叠加了晚古生代陆表海盆地和中—新生代陆相沉积盆地，形成三层叠置的构造格局。因此，中上扬子地区经历了复杂的沉积构造演化过程，使海相含油气系统也经历了多期成藏、调整、改造过程，造就了中上扬子地区复杂的油气地质条件。

为进一步深化认识中上扬子海相含油气盆地的油气地质特征，分析其油气保存条件，有必要系统梳理中上扬子海相盆地的形成演化阶段及其后期的叠置改造过程。

1.1.1 中上扬子海相盆地的形成演化阶段

1.1.1.1 中上扬子震旦纪—古生代海相盆地的前身——裂谷盆地

在中上扬子大部，由于后期沉积覆盖厚度巨大，露头少见，使得中上扬子海相盆地的早期演化阶段研究较为薄弱，且认识上也存在较多争议。对于很多研究者来说，都认为中上扬子震旦纪—早古生代应为被动大陆边缘盆地沉积，那么这一被动陆缘盆地的前身是什么性质的盆地？其沉积序列又是怎样的呢？在 2000 年之前，没有做过系统性研究。因此，大多数研究者对于中上扬子新元古代中期裂谷盆地多采取模糊处理或避而不谈。但对于原型盆地分析来说，则是不可回避的重要问题，实际上，这正是深化认识中上扬子海相含油气盆地的重要窗口。

新元古代中期的晋宁-四堡造山运动之后，华南扬子克拉通进入了一个全新的沉积构造演化旋回。约 820Ma，伴随着重要而广泛的火山岩浆活动，华南裂谷盆地正式开启，发育了广泛存在的异地滨岸相砂砾岩，且角度不整合超覆在经历强烈褶皱变形的四堡群、冷家溪群、梵净山群、双桥山群、双溪坞群等之上。随着海平面的快速上升，滨岸相砂砾岩也快速演变为浅水陆棚或三角洲前缘砂泥岩序列、碳酸盐缓坡及深水陆棚黑色页岩沉积序列。800 ~ 780Ma，随着泛克拉通的双模式火山岩浆活动的发生，裂谷盆地在经历了重要调整后，进入了区域性热均匀沉降时期，在扬子克拉通上发育了一套区域可对比的（莲沱组、休宁组、澄江组、渫水河组等）滨浅海沉积。

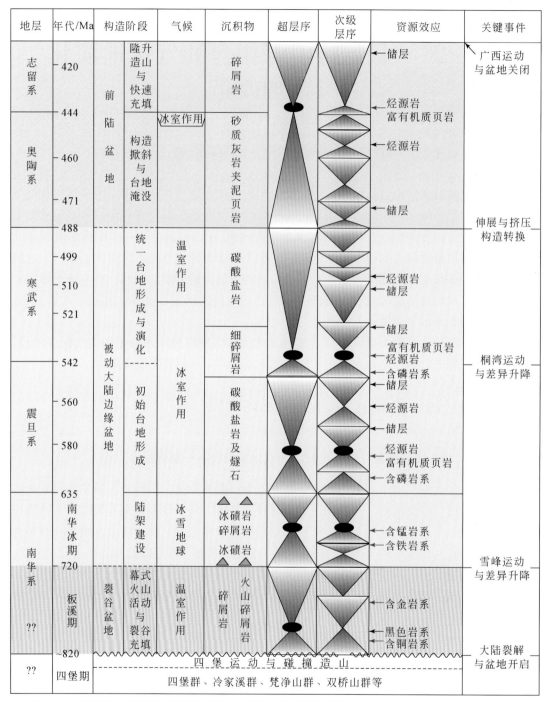

图 1.1　上扬子地区新元古代中期—早古生代海相盆地演化与资源效应（据王剑等，2012，修改）

板溪晚期，可能与 Rodinia 超大陆各主要块体的漂离造成可容纳空间的快速增加有关，华南扬子地区出现区域性海退，板溪群及其相当层位地层普遍遭受了不同程度的剥蚀。由于长安冰期海平面很低，扬子克拉通主体少有沉积记录，仅在大陆边缘沉积盆地的沉降中心部位发育有相关沉积。随着气候变暖和海平面的缓慢上升，富禄间冰期沉积形成了向克拉通上一个渐次上超的楔状层序（汪正江等，2015）。至南沱冰期，扬子克拉通大部为海水淹没，南沱组广泛发育，为震旦纪中上扬子碳酸盐初始台地的形成奠定了基础。

1.1.1.2　中上扬子海相含油气盆地主体——被动陆缘盆地

中上扬子海相盆地的被动陆缘碳酸盐台地的形成实际上不是一次完成的，至少经历了两个由陆架至台地的演替过程（汪正江等，2012；图1.1）。第一次演替发生在震旦纪，陡山沱期为碳酸盐陆架建设，灯影期为碳酸盐初始台地的形成，但该期中扬子和上扬子还是处于分割状态（鄂西裂陷槽），在上扬子和中扬子分别形成了孤立台地。而且在震旦纪末期，扬子克拉通主体还经历了长达 20～30Ma 的抬升与剥蚀，发育了广泛的喀斯特（汪正江等，2011，2012）。第二次发生在寒武纪，黔东世早期为碎屑岩陆架建设，晚期向碳酸盐陆架和碳酸盐台地演化，清虚洞晚期中上扬子统一的碳酸盐台地基本形成，寒武纪武陵世和芙蓉世主要为碳酸盐台地的发展与调整，特别是在武陵世，台内广泛发育潟湖相含膏岩系，是海相下组合重要封盖层之一。

1.1.1.3　中上扬子海相含油气盆地晚期——前陆盆地

进入奥陶纪，随着华南加里东造山带的形成与向西持续推进，中上扬子海相盆地也进入了前陆盆地演化阶段。根据构造应力场变化及其沉积响应特征，该阶段又可划分为三个次级阶段：

1）碳酸盐台地调整和镶边台地的形成（O_1）

早奥陶世早期是中上扬子碳酸盐台地的调整阶段，由于郁南运动（可能与越北-湘桂地块向北运动有关）的影响，早奥陶世沉积相分异明显，在中上扬子台地相区出现了分别代表不同沉积相类型的桐梓组、南津关组+分乡组等沉积组合。在中上扬子统一的碳酸盐台地东南缘发育了稳定的浅滩相砂砾屑灰岩沉积，为镶边台地的形成奠定了基础。

早奥陶世红花园期是中上扬子统一碳酸盐台地发展的最后阶段，在中上扬子东南缘新晃-松桃-花垣-古丈一带形成了多个断续分布的海绵礁灰岩和藻礁灰岩沉积体，标志着碳酸盐台地的发展达到了顶峰，即镶边碳酸盐台地的形成。

2）前陆充填第一阶段（O_{2-3}）

在前陆阶段，由于构造应力场的转换，中上扬子东南缘前陆盆地的发展又经历了两个发展阶段，第一阶段的主应力为北西-南东向的，是由被动大陆边缘阶段的北西-南东向伸展应力场转换而来的。第二阶段的主应力方向转化为南北向，前缘隆起为黔中隆起。

前陆早期阶段，由于来自扬子东南缘加里东运动的构造掀斜作用导致了海平面快速上升，使得红花园期形成的镶边台地被淹没了，并出现了大量陆源碎屑的进积作用。该时期的前缘隆起为水下隆起，但在临湘期末可能出现过短暂暴露。

至临湘期末，伴随受越北-湘桂地块向北碰撞发生了导致黔中隆起形成并最终定型的都匀运动，且使中上扬子东南缘的前缘隆起局部可能已经露出了水面，发育了暴露侵蚀面和古风化壳等，同时这也是一个重要构造-沉积转换：前陆盆地转化为前渊拗陷盆地、碎屑岩沉积代替了碳酸盐沉积。

3）前陆充填第二阶段（O_3w—S_1）

临湘期末，由于来自主应力为南北向的都匀运动的强烈挤压，黔中隆起快速隆升并露出水面，形成了一个新的前缘隆起，导致扬子东南缘（张家界–保靖–松桃）的早期前缘水下隆起快速沉没，中奥陶世中上扬子东南缘的前陆盆地与隆后克拉通拗陷盆地连为一体，形成了统一的前陆拗陷盆地，这就是前陆盆地发展第二个阶段的早期主要特征。该阶段又可以龙马溪中期为界划分为早期和晚期，早期是以黔中隆起形成为标志的都匀运动导致的构造掀斜作用，使得海平面快速上升，形成了五峰期中上扬子克拉通内相对深水的滞留环境，发育了广泛的碳质–硅质页岩夹薄层凝灰岩（斑脱岩）沉积。晚期由于东南方华南造山带的快速隆升，物源补给充足，盆地充填以具有复理石特征的砂质泥页岩为主，三角洲沉积发育，但砂岩成熟度普遍较低。由于华南加里东造山带的持续向西逆冲加载以及川中隆起、黔中隆起的快速发展，中上扬子前陆拗陷盆地的陆源碎屑供应充分，盆地被快速沉积充填。至早志留世末，中上扬子早古生代海相盆地充填演化结束。

1.1.2　晚古生代陆表海盆地

华南加里东造山带的形成结束了扬子和华夏陆块相互作用、相互影响的漫长历史，自此，统一的华南板块形成，并进入了板内活动构造阶段（刘宝珺等，1993）。板内活动以大陆裂谷作用为主，扬子陆块南缘发育的裂谷带有右江–南盘江裂谷带和康滇裂谷带，北缘主要有梁平–开江裂谷带（马永生等，2006）和鄂西裂谷带（卓皆文等，2009），其中南缘的裂谷活动开启时间较早，主要为泥盆–石炭纪、二叠纪继承性发展；北缘较晚，主要为晚二叠世，但它们都是古特提斯裂谷系的重要组成部分（图1.2）。

1.1.2.1　泥盆–石炭纪台盆格局的形成与演化

由于南缘的右江–南盘江裂谷带开启较早，最先开始晚古生代的海侵上超，并形成了典型的台盆相间的古地理格局。泥盆–石炭纪台盆相间格局的形成与演化大体上经历了四个阶段：第一阶段为初始海侵与陆架建设阶段，主要发育潟湖–潮坪沉积序列。第二阶段为台间盆地形成期，由于持续的伸展，台地与台盆初步分异，在台地上形成碳酸盐沉积，在相对低洼区则发育斜坡或盆地相黑色泥岩、硅质岩。泥灰岩、瘤状石灰岩等，局部有重力流沉积。第三阶段为台盆形成期，随着同沉积断裂的活动，使初始台地快速生长，发育巨厚的碳酸盐台地和台缘礁滩沉积，而在台间盆地内则发育细碎屑钙质浊积岩和含放射虫的硅质泥岩等。第四阶段为萎缩封闭期，由于受区域或全球性海平面下降（冰川作用）影响，同沉积断裂活动减弱，台盆分异趋于停止，并逐渐趋于同相化和浅水化，至石炭纪晚期，大部分可能处于隆升暴露状态，形成了南方广泛的石炭系与二叠系的平行不整合关系（刘宝珺等，1993）。

1.1.2.2　二叠纪统一碳酸盐台地建设

可能是由于全球气候回暖与冰川消融，早二叠世晚期，海平面快速上升，在华南在发育较薄的梁山组含煤岩系后，至栖霞期，整个南方迎来了晚古生代以来的最大海侵期，普遍沉积了一套含䗴、钙藻、有孔虫的生物灰岩、瘤状石灰岩等，形成了一个巨大的碳酸盐缓坡，

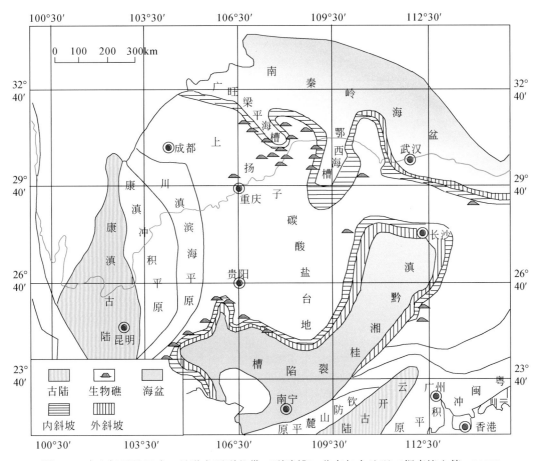

图 1.2　中上扬子地区晚二叠世主要裂谷带（裂陷槽）分布与古地理（据卓皆文等，2009）

沉积相分异较为简单：在陆块边缘为深水缓坡，在陆块内部主要为浅水缓坡和开阔台地。

　　茅口期，随着碳酸盐岩的加积作用，碳酸盐缓坡逐渐演变为局限台地和开阔台地。在东部，由于华夏古陆的隆升和建设型三角洲的向西推进，碳酸盐台地沉积推出了华夏地区。

　　吴家坪期，受峨眉山玄武岩喷发影响，川滇古陆再次隆升，其西部为冲积平原，东侧演化为三角洲。因陆源碎屑的输入，扬子碳酸岩台地受到抑制而进一步收缩。同时由于华夏陆块的向西推移和云开古陆的隆升，华南海相盆地进一步收缩，钦防海槽也关闭，扬子克拉通盆地进一步变浅，虽长兴期碳酸盐台地有所扩大，并形成了台缘海侵型生物礁，但基本古地理格局无明显变化。

1.1.2.3　早中三叠世局限海盆地

　　早三叠世，在二叠纪末混积陆架上发育了小规模的海侵上超，其后发育多次相对海平面升降，在台地边缘形成了开阔台地和局限台地交替发育的特征（图 1.3），而在台地内部则普遍发育潟湖和萨布哈沉积，膏岩发育，从古陆向边缘构成河流-大陆萨布哈-滨岸萨布哈-局限台地-开阔台地-台缘浅滩的相带展布格局。

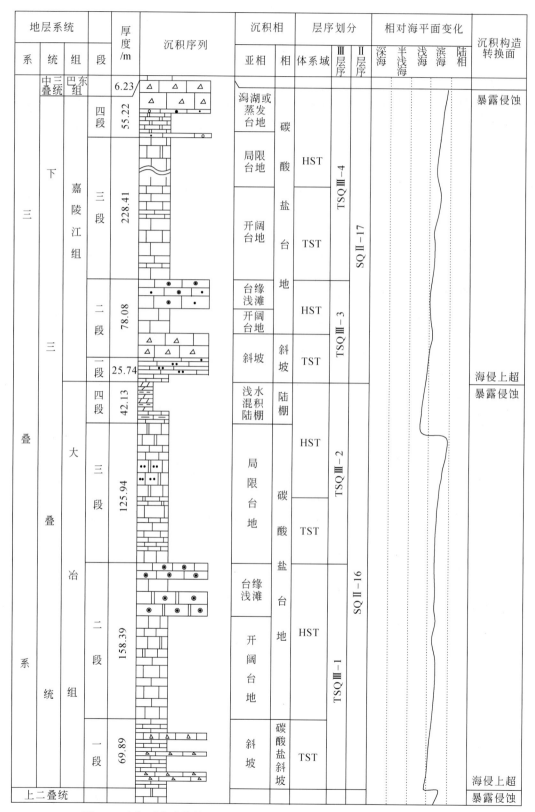

图 1.3　上扬子东南缘早三叠世开阔台地与局限台地交替发育的沉积序列

中三叠世，华南板块受到特提斯构造域强烈的挤压和汇聚作用，碳酸盐台地逐渐进入消亡阶段，早三叠世末的较大规模的海退，致使上扬子陆架大部暴露，并在其上覆盖了一层稳定的中酸性火山灰（绿豆岩）。碳酸盐台地急剧向西北退缩，继之发育为大陆蒸发岩干盐湖（刘宝珺等，1993），加之来自江南隆起区的陆源碎屑的持续向西推进，中扬子的中三叠世已转换为红色陆相碎屑岩沉积了，上扬子残留海盆地也在晚三叠世早期转换为前陆盆地，海水全部退出，至此，华南板块上新元古代—古生代海相盆地形成演化过程宣告结束。

1.1.3　中—新生代陆相沉积盆地

中三叠世末，在印支造山运动作用下，秦岭-祁连-昆仑海槽、古特提斯洋、哀牢山海峡和右江-南盘江裂谷带等先后关闭或消亡，海水从此退出华南板块主体，康滇大陆裂谷进入沉降拗陷期，西昌盆地形成。

同时，华南板块在周边地壳消减的全方位挤压作用下，发生了大规模陆内汇聚作用，使一系列古老断裂带重新复活并转换为逆冲推覆，其中重要的推覆构造有南秦岭带、龙门山-锦屏山带、江南-雪峰构造带、湘桂滇带和闽浙带等。在板块周缘一系列前陆盆地形成，其中典型代表就是扬子西缘前陆盆地带（川西前陆盆地和楚雄前陆盆地）和扬子北缘前陆盆地带（江汉盆地、沿江盆地和苏北盆地等）（高瑞祺等，2001）。

印支期陆相湖盆的早期充填，由于气候温暖，有利于有机碳埋藏。同时，物源补给量不大，湖泊三角洲和湖盆发育交替（朱如凯等，2009），形成了良好的生-储-盖组合，因此，四川盆地晚三叠世须家河组是重要的油气勘探层系，特别是须一、须三和须五段也可能是未来页岩气重要的勘探目标层系。

早侏罗世，扬子克拉通继承了晚三叠世的古气候和盆地格局，只是该时期湖盆进一步缩小，有利烃源岩发育相对局限（主要分布在川中南充-巴中地区）。中侏罗世后，气候变得相对炎热干燥，四川盆地和西昌盆地广泛发育陆相红色磨拉石，直至盆地消亡。

自白垩纪开始，中上扬子地区的沉积不再具有广泛性了，相对集中发育的是白垩纪—新生代伸展断陷盆地（江汉盆地和苏北盆地）内，其他地区均为紫红色近源砂砾岩沉积，且分布零星，不具有油气地质意义了。

1.2　中上扬子海相重点层系地层序列

1.2.1　前震旦纪地层序列

雪峰山西侧地区最古老的基底变质岩系出露于鄂西峡东地区，即前人所称的崆岭片岩（Lee and Chao，1924）、崆岭群（李福喜、聂学武，1987）或崆岭杂岩（马大铨等，1997）。近年来，同位素年代学的研究取得了许多重要进展，扬子克拉通存在古太古代的陆壳物质，在早于 32 亿年前，在三峡地区出现玄武岩喷发和沉积岩构成的早期表壳岩；在 29 亿年前，奥长花岗岩侵入，形成了较为稳定的陆壳（马大铨等，1997；高山等，2001）。

湘鄂西的冷家溪群和和黔东梵净山群，以往被归于中元古界。但最新的沉积碎屑锆石年龄数据显示，四堡群及冷家溪群年龄不会老于 860Ma，黔北梵净山群年龄在 874～869Ma，表明梵净山群主体应属于新元古代的（王剑、潘桂棠，2009）。高林志等（2010）在黔东南-桂北地区的四堡群中获得凝灰岩 SHRIMP 锆石 U-Pb 年龄为（842±6）Ma，黔东南摩天岭地区侵入四堡群花岗岩锆石年龄（827±6）Ma（陈文西等，2007），并据此将四堡群及相当地层冷家溪群、梵净山群、双桥山群、双溪坞群、盐边群等置于新元古界青白口系。但考虑到上述地层的上限年龄由侵入到该地层中的岩体年龄加以约束，而在该地层中所获得的新元古代年龄数据则仅代表了取样地层段的沉积年龄，其下限年龄仍然不能确定，因为上述岩群均为见底，因此，我们认为上述地层的下限是否延至中元古界仍是有待解决的问题，但在 820Ma 不整合面之下存在新元古代地层是无疑的。

尽管目前一致认为晋宁（四堡）运动是罗迪尼亚超大陆汇聚事件的产物，但与格林威尔造山带形成时代 1300～1100Ma 相比，华南晋宁造山带的形成明显滞后，约为 900Ma 前后（陆松年等，2010）。Wang X. L. 等（2007）、Zhou J. C. 等（2009）、高林志等（2010）根据黔东南-桂北地区四堡群凝灰岩锆石年龄的测试结果，对将江南造山带与格林威尔造山带对应的观点提出了质疑。但上述研究进展并不妨碍对于四堡不整合面之上裂谷系的定性。王剑和潘桂棠（2009）针对目前华南古大陆研究中存在的主要问题，特别是晋宁-四堡不整合面之上"楔状地层"的划分对比问题、沉积演化及其大地构造背景问题，不整合面之下变质岩系的时代归属及沉积盆地性质问题等作了探讨。其基本认识包括：①华南裂谷可能与 Rodinia 超大陆的解体有关，裂谷作用的开启时间在 820Ma 左右；②板溪群及其相当的高涧群、下江群、丹州群等是一套成层有序的、呈面状分布的沉积岩地层，同时板溪群大体可与江西登山群、皖南历口群、浙东北河上镇群相对比，其顶界具等时性，但其底界不等时，板溪群的底界，实际上就是"楔状地层"的底界；③板溪群与莲沱组之间不是上下关系，也非同期异相关系，它们具有等时的顶界面和不等时的底界面；④"南华系"的底界应该以新元古代沉积超覆"楔状地层"与"晋宁-四堡"造山带之间的不整合面为界，其最大底界年龄为 820Ma 左右。

但南华系底界划分目前尚有较大的争论，是将南华系底界置于 800Ma 附近（尹崇玉等，2003），以古城冰期及相当的冰期地层的出现为底，还是汪正江等（2008）建议新建"板溪系"，将四堡运动不整合面之上的前震旦系划分为下部的"板溪系"和上部的"南华系"，都将面临许多不确定和有待进一步探讨的问题。我们所采用的"南华系"涵义是以晋宁-四堡不整合面为界，以 820Ma 作为底界年龄，包含了板溪群及其上覆的冰期和间冰期沉积。

雪峰山西侧地区板溪群的分布主要在叙浦-安化断裂以西、呈北东向弧形展布，在湖南的益阳、安化、沅陵、叙浦、芷江、新晃等地均有广泛分布，并向南西延入黔北。另外，在古丈-大庸的武陵山一线也有分布。板溪群在黔北梵净山地区主要围绕梵净山群分布，在松桃—江口—石阡—余庆—翁安一线，为板溪群或与之相当的下江群。在黔东南玉屏—凯里—三都一线以东的地区，下江群连片分布，分布范围广阔；在黔东南与桂北一带，为丹洲群。鄂西地区的莲沱组主要分布于黄陵背斜周缘，仅相当于板溪群上部的沉积。

板溪群及相当地层之上，在雪峰山西侧地区发育两次冰期沉积和一次间冰期沉积，其中，首次冰期为长安组及相应地层沉积期，王剑等（2001）称之为冰海重力流相组合。值得指出的是，上扬子地区这一时期多为大陆冰盖所覆盖，因而缺失了可与长安期沉积地层相对比的沉积记录，形成了无沉积记录的大陆冰川间断面。

间冰期为大塘坡组–湘锰组沉积期，在湘桂盆地发生海侵，并扩展至峡东地区，这一时期沉积物以大塘坡组–湘锰组及相应含铁、含锰的碎屑岩沉积序列为代表。自北而南，水体逐渐加深，沉积厚度也逐渐变大，在石门以北主要是以黑色页岩为主的潟湖相沉积，厚度几米至十几米，大庸和沅陵一带则为灰黑、灰绿色的含锰砂泥岩的潮坪相沉积，厚度达 80m，到湘中洞口一带则演变为以粉砂质泥岩为主的陆棚相沉积，厚度大于 200m。

南沱冰期湘黔桂盆地以海相冰川沉积为主，一般以灰、灰黑色块状泥砾岩为主，砾石成分复杂，砾石表面偶见冰擦痕等，"落石"及"泥包砾"现象较为普遍。而江南隆起区（地垒区）的冰碛岩沉积则为大陆冰川泥石流及陆相冰碛岩组合（王剑等，2001）。

1.2.2　震旦纪—古生代地层序列

震旦纪以来，雪峰山西侧地区逐渐形成了被动大陆边缘的构造古地理格局。在鄂西，震旦系主要是围绕黄陵背斜分布；在湘西地区的分布较为广泛，形成了三条北东–南西方向的带状分布区：北部杨家坪一带的壶瓶山地区，中部张家界–古丈–凤凰一带的武陵山地区以及南部的安化、叙浦、怀化一带的雪峰山地区。在贵州，震旦系的露头分布区相对较为分散，但发育了一系列重要的震旦系剖面，如金沙岩孔剖面、遵义松林剖面、开阳洋水剖面、余庆小腮剖面、丹寨南皋剖面和台江五河剖面等，形成了自北西向南东由浅变深的古地理格局。

早古生代地层在雪峰山西侧地区的分布十分广泛，发育了台地相、斜坡相和盆地相不同的沉积序列，其沉积特征和地层格架将在下文中详述。同时，为油气地质研究方便，我们采用了一套常用的岩石地层单位，用以统称同期异相的沉积序列（图 1.4）。

晚古生代地层与早古生代地层相伴出现，但与早古生代地层相比，分布相对局限。加里东运动后，自中泥盆世开始，由于板内的拉张，海水由南往北逐渐浸漫至该区，形成了一套滨海相的砂岩沉积。至晚泥盆世—早石炭世时期绝大部分地区处于海、陆变迁地带，广泛接受滨海相或海陆交互相沉积。石炭世以后，中扬子地区完全被海水淹没，开始接受稳定的碳酸盐沉积，并一直延续到中三叠世晚期。

期间在中二叠世晚期和晚二叠世，由于受板内拉张的影响，在川北–鄂西地区发育多个裂陷槽，发育深水硅泥质岩沉积，是优质的烃源岩。沿裂陷槽边缘发育很好的台缘浅滩和生物礁储集层，目前已成为四川盆地海相油气勘探重要的目标层系。

界	系	统	阶	咸丰-恩施	三峡地区	永顺-桑植	吉首-沅陵	溆浦-安化	石阡-三穗	都匀-凯里	本项目采用的岩石地层单位	构造运动与盆地演化
下古生界	志留系	中-顶统	未建阶	回星哨组	缺失	小溪峪组	缺失	缺失	回星哨组	小溪峪组	小溪峪组	广西运动
			安康阶	回星哨组		回星哨组				回星哨组	回星哨组	
		下统	紫阳阶	秀山组 溶溪组	纱帽组	秀山组 溶溪组	缺失	缺失	秀山组 溶溪组	缺失	秀山组 溶溪组	前陆盆地充填
			大中坝阶	小河坝组	罗惹坪组	小河坝组			周家溪群／珠溪江群 两江河组 ①②③		小河坝组	前陆盆地阶段
			龙马溪阶	龙马溪组	龙马溪组	龙马溪组	龙马溪组	龙马溪组	龙马溪组		龙马溪组	
	奥陶系	上统	赫南特阶	五峰组	五峰组	五峰组	五峰组	五峰组	五峰组		五峰组	饥饿沉积
			凯替阶	临湘组	临湘组	临湘组	南石冲组	南石冲组	临湘组	赖壳山组 烂木滩组	临湘组	构造掀斜与台地的调整与淹没
			桑比阶	宝塔组	宝塔组	宝塔组		磨刀溪组	宝塔组		宝塔组	
		中统	达瑞威尔阶	牯牛潭组	庙坡组 牯牛潭组	十字铺组	舍人湾组	烟溪组	十字铺组	同高组	十字铺组	
			大坪阶	大湾组	大湾组	大湾组	九溪组	桥亭子组	大湾组		大湾组	
		下统	弗洛阶	红花园组	红花园组	红花园组		白水溪组	红花园组	锅塘组	红花园组	郁南运动
			特马豆克阶	分乡组 南津关组	分乡组 南津关组 西陵峡组	桐梓组	马刀堉组 盘家嘴组		桐梓组		桐梓组	
	寒武系	芙蓉统	牛车河阶	耗子沱组	毛田组 后坝组	雾渡河组	追屯组	探溪组	娄山关组	娄山关组	娄山关组	统一台地的发展与演化
			桃源阶		三游洞群		比条组		比条组			被动大陆边缘阶段(2)
			排碧阶				车夫组		车夫组	杨家湾组		
		武陵统	古丈阶	光竹岭组	新坪组	孔王溪组	花桥组		花桥组 甲劳组		石冷水组	
			王村阶	茅坪组								
			台江阶	高台组	覃家庙组	高台组	敖溪组	污泥塘组	凯里组／敖溪组	都柳江组	高台组	
		黔东统	都匀阶	清虚洞组 金顶山组	石龙洞组 天河板组 石牌组	清虚洞组 杷榔组	清虚洞组 杷榔组	小烟溪组（牛蹄塘组）	清虚洞组 杷榔组 变马冲组	渣拉沟组	清虚洞组 杷榔组	统一碳酸盐台地的形成
			南皋阶	明心寺组 牛蹄塘组	水井沱组	牛蹄塘组	牛蹄塘组	九门组	牛蹄塘组		牛蹄塘组	
		滇东统	梅树村阶	缺失	天柱山组 岩家河组	硅质岩段	硅质岩段	留茶坡组	硅质岩段 老堡组	留茶坡组	老堡组	
			晋宁阶		缺失	缺失		留茶坡组				
新元古界	震旦系	上统		灯影组	灯影组	灯影组	灯影组		灯影组	灯影组	灯影组	桐湾运动(540Ma)
		下统			陡山沱组	陡山沱组	陡山沱组	金家洞组	陡山沱组	陡山沱组	陡山沱组	初始台地形成
	南华系	南华冰期		未出露	南沱组	南沱组	洪江组	南沱组	黎家坡组	南沱组	南沱组	被动大陆边缘阶段(1)
					湘锰组 古城组	湘锰组 东山峰组	湘锰组 古城组	大塘坡组	大塘坡组 铁丝拗组 西晕河组	富禄组	大塘坡组 富禄组	碎屑岩陆架建设
					缺失	缺失	缺失	江口组	缺失	长安组	长安组	雪峰运动(~740Ma)
		板溪期		未出露	莲沱组	溇水河组	五强溪组 板溪群 马底驿组	岩门寨组 架枧田组 砖墙湾组	隆里组 平略组 清水江组 番召组 乌叶组 甲路组	五强溪组 马底驿组	五强溪组 马底驿组	地幔柱活动与裂谷早期充填
					缺失	张家湾组						
中新元古界					黄陵花岗岩	冷家溪群	冷家溪群	冷家溪群	梵净山群	四堡群	冷家溪群	武陵运动(~820Ma)

图　例　 〰 角度不整合　 - - - 平行不整合　 ▨ 地层缺失

图 1.4　雪峰山西侧地区新元古代—早古生代沉积盆地演化及其地层序列（据汪正江等，2012）
①松坎组；②石牛栏组；③马脚冲组

1.2.3 中生代地层概述

研究区中生代地层以三叠系的分布最为广泛，早三叠世受华南陆块西部古特提斯洋板块及东部古太平洋板块的俯冲作用和北部华北陆块向南仰冲等众多因素耦合影响（傅昭仁等，1999；刘和甫等，1999），发育一套薄板状泥灰岩至膏石云岩沉积序列（大冶组、飞仙关组、嘉陵江组）。中三叠世，研究区充填了一套海陆交互相的厚层状内紫红色长石砂岩夹紫红色泥晶灰岩（巴东组）。中三叠世末印支造山活动基本结束了中上扬子地区海相沉积历史，地层整体褶皱，形成北西–北西西向构造体系，叠加于加里东构造体系之上。

晚燕山期中国南方整体表现为西压东张的构造应力环境（马力，2004）。雪峰山西侧地区整体为拉张断陷环境，西部四川盆地表现为整体沉降拗陷，白垩系平行不整合超覆于侏罗系之上。湘鄂西地区也受到不同程度的影响，形成了两个断陷带及其断陷盆地群，西部恩施–黔江断陷带发育有恩施–黔江盆地，东部断陷带有江汉盆地、沅麻盆地、桃源盆地等。

1.3 中上扬子重点区海相沉积层序特征

1.3.1 层序地层划分

海相盆地的构造演化和海平面升降的周期性是地层层序发育的主要驱动力，而沉积充填的旋回性和阶段性就是这些周期性在沉积盆地中的物质表现，由此构成了一套具有规律的和具有成因联系的沉积体，即一个层序。

按照 Vail（1987）的观点，一个层序是指一次海平面升降周期内形成的沉积体，它以海平面下降开始为起点和以下一次海平面下降结束为终点，这一海平面的变化过程铸记在沉积体分界面上的地质记录即为层序界面。

层序内的沉积组合和组合型式是海平面变化、构造沉降速率、陆源补给及古气候等多种因素相互作用的结果，但主要是海平面升降和构造活动，因为这两者决定了沉积盆地的有效沉积空间。

由于层序地层学研究是建立在等时年代格架内的，为此，等时对比和识别是重要的，其直观标志有两点：其一是海平面相对升降过程的沉积记录在地层界面上的响应，其二是界面上下沉积体的序列及其组合特征。因此，层序内沉积体系的性质、沉积相配置及其叠置关系与海平面升降周期变化的对应关系，除表现在层序上下的界面外，还表现在：①海平面下降阶段形成的沉积物为低位体系域；②海平面初始上升可形成海侵面和海侵体系域；③海平面上升到高点可形成低能的饥饿沉积，也即凝缩段；④海平面由上升转为下降的过程可形成高位体系域，为向上变浅的海退序列。因此，不仅层序界面具有等时对比意义，层序内部的体系域也有等时对比作用，因而可为岩石地层对比和盆地的沉积、构造演化分析提供重要佐证。

1.3.1.1　层序界面及其类型

国际沉积学家和石油地质学家对于层序界面的分类和对界面性质的认识是有很大不同的，界面限定标准，不同学科也具有较大差异。考虑到实用性和可操作性，我们采用 Vail（1987）标准，该标准强调海平面变化对层序界面的控制作用，将层序界面划分为两类：SBⅠ和SBⅡ，而构造事件对层序界面特征具有加强和减弱效应（许效松等，2004）。

其中，SBⅠ型为陆上暴露不整合面，暴露标志易于识别、可操作性强；SBⅡ型界面为水下界面，其上为大陆边缘沉积，其中也有相应的沉积标志。但这两种类型过于简单，只适合被动大陆边缘盆地。实际上层序界面成因类型多样、且较为复杂，盆地演化的不同阶段，其层序界面及其上下沉积体形态是明显不同的。为此，我们以海平面升降周期与构造旋回的叠加效应为指导、以研究盆地演化和盆山转换过程的物质响应为目标，对雪峰山西侧地区震旦系—下古生界的层序界面提出了五种成因分类，按盆地演化的时序，简述如下：

1）海侵上超层序不整合面

大陆边缘扩张伴随着新盆地的形成，盆地演化初期处于海平面主体上升翼，因而，沉积作用的海侵标志明显，可形成多个海侵面。如泥盆系的跳马涧组或水车坪组等，其底界即为海侵上超层序不整合面。但在一个构造旋回内，在海平面主体上升过程中，三级层序也可以海侵上超的形式形成海侵层序不整合面，如上奥陶统五峰组底界面等。

2）水下间断层序不整合面

水下间断层序不整合面是在海平面主体上升期和最大海泛时三级层序的重要界面。短周期的海平面升降与长周期的上升翼叠加，则海平面下降沉积标志不明显，或是沉积作用停滞，因而层序界面以水下间断为主，在层面上有早期成岩作用形成的硬底，如五峰组与龙马溪组之间的层序界面等。

3）水下侵蚀层序不整合面

水下侵蚀切割层序不整合面主要出现在海平面主体下降过程中，多为水下浊积水道砂砾屑灰岩、砂砾岩、滑塌角砾岩、水下底冲刷等形式，形成切谷充填的低位体系域。常发育在镶边台地的边缘斜坡下部，为海退进积序列。在中上扬子东南缘的古丈—铜仁一线，花桥组与敖溪组之间即为水下侵蚀层序界面，两者岩性差异明显，前者具有深水浊积岩或碎屑流沉积特点，后者则具有深水滞留沉积特征。

4）暴露层序不整合面

暴露层序不整合面的形成应处于海平面主体下降过程，因而短周期的海平面升降叠加在长周期的下降翼，使海平面上升的沉积特征不明显，沉积易于暴露，形成叠加暴露层序不整合面，如中芙蓉统内的层序界面多属于此类型。

5）升隆侵蚀层序不整合面

升隆侵蚀层序不整合面是因构造隆升和海平面下降所形成的不整合，它代表一次威尔逊旋回的终点和盆地充填的结束，以及新构造旋回的开始和盆地的新生，不整合面上下至少有一个纪的升隆侵蚀和沉积间断存在。志留系顶部的层序界面即是升隆侵蚀层序不整合面，其上覆地层的界面为新生沉积的海侵上超界面，下伏地层顶界面则代表海平面下降过程和造山运动的构造响应。

　　由暴露层序不整合向升降侵蚀不整合的转换过程代表了构造活动对层序界面的影响大于海平面下降的作用，其沉积响应一是盆地构造隆升、其二是盆外陆源碎屑的注入，说明盆地的构造性质发生了转折，大陆边缘盆地开始向前陆盆地转化，克拉通边缘开始形成前缘隆起带。

1.3.1.2　层序划分原则

　　层序的划分以 Vail（1987）的层序地层理论为基础，以海平面下降为起点和终点，上下被不整合或与之相当的整合界面所限定的一套地层。层序内部组构包括三个界面和四个沉积体（图1.5）。三个界面分别是：下层序不整合面、海侵面、上层序不整合面。但实际上，在很多三级层序中，不发育低位体系域，因此，其下的层序界面和海侵面是重合的。四个沉积体从下向上分别是：低位体系域，即海侵面以下、下层序界面之上的沉积体；海侵体系域，即海侵面之上，向上变深的沉积序列；凝缩段沉积为低沉积速率沉积，一般为低能环境下沉积的泥页岩；高位体系域为向上变浅沉积序列，在碳酸盐台地上，主要为砂屑灰（云）岩、生物碎屑灰岩或鲕粒（云）灰岩等浅滩沉积。

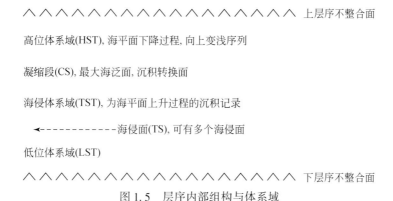

图 1.5　层序内部组构与体系域

　　需要注意的是，由于短周期和长周期海平面升降变化的叠加效应，层序内的体系域的岩相配置会出现较多变化或相序不连续，也有可能出现复合体系域等现象。

　　如果短周期海平面的下降翼与长周期海平面的上升翼叠加，则海平面下降的沉积特征不明显，低位体系域与海侵体系域组成复合体，或海侵体系域直接超覆在层序不整合界面上；同样短周期海平面上升翼与常周期海平面下降翼叠加，则海平面上升的沉积特征弱，表现为沉积转换面不明显，海侵体系域和高位体系域组成复合体。

　　反之，若长短周期的上升翼叠加，则海平面上升沉积特征被强化，掩盖了海平面下降的沉积特征，易于形成海侵体系域复合体；若长短周期的下降翼叠加，则海平面下降的沉积特征加强，掩盖了海平面上升沉积特征，导致低位体系域的重复叠置。

　　我们在综合岩石地层、岩石组构、沉积序列和暴露面特征等基础上，以生物地层为框架，找出了各系沉积序列及其演化的共性和特殊性，将雪峰山西侧震旦系—下古生界划分出 13 个二级层序（表1.1、表1.2），其中震旦纪划分为两个二级层序，寒武系六个二级层序，奥陶系三个二级层序，志留系两个二级层序。同时，每个二级层序又根据其内部沉积序列发育的完整性和沉积时限划分出数量不等的三级层序。

1.3.2　层序地层特征

1.3.2.1　震旦纪层序地层特征

上扬子震旦纪碳酸盐台地为一个连陆台地，是在浅水缓坡（陆棚）的基础上发展起来，因此，台地发展显示出两个明显阶段，早期以碎屑岩沉积为主的缓坡建设阶段，晚期为碳酸盐岩沉积为主的台地建设阶段。而在中扬子地区，由于范围较小，水体较浅，相当于一个孤立台地，因此，碳酸盐沉积是主体，碎屑岩沉积少，台地周缘浅滩发育较好。另外，由于碳酸盐台地水体较浅，受海平面升降变化影响明显，致使陡山沱组和灯影组均表现出良好的分段性。

由此，震旦系的沉积序列总体上可以划分为两个二级层序，其中第一个二级层序代表的是震旦纪一级层序（旋回）的海平面上升期沉积（陡山沱组），第二个二级层序代表的是一级层序的海平面下降期沉积（灯影组）（表1.1）。

表 1.1　雪峰山西侧地区震旦纪—寒武纪层序地层划分

地层系统				沉积相		层序地层划分		沉积-构造转换面
系	统	地层组		亚相	相	三级	二级	
下奥陶统		桐梓组	南津关组	开阔台地日	碳酸盐台地	OSQⅢ-1	OSQⅡ-1	初始海侵
寒武系	芙蓉统	毛田组		开阔台地	碳酸盐台地	CSQⅢ-13	CSQⅡ-6	升隆侵蚀
		耿家店组		开阔台地-局限台地		CSQⅢ-12 CSQⅢ-11	CSQⅡ-5	
	武陵统	平井组	光竹岭组			CSQⅢ-10 CSQⅢ-9		
		石冷水组	茅坪组	蒸发台地-潟湖	蒸发台地-潟湖	CSQⅢ-8	CSQⅡ-4	
		高台组						
	黔东统	清虚洞组	石龙洞组	开阔台地-局限台地	碳酸盐台地	CSQⅢ-7 CSQⅢ-6	CSQⅡ-3	
		金顶山组	天河板组	浅水陆棚	陆棚	CSQⅢ-5		海退下超
		明心寺组	石牌组	潮坪-滨岸、上缓坡	潮坪-滨岸、碳酸盐缓坡	CSQⅢ-4 CSQⅢ-3	CSQⅡ-2	升隆侵蚀
		牛蹄塘组		浅水陆棚深水陆棚	陆棚	CSQⅢ-2		快速海侵
	滇东统	麦地坪组	天柱山组	局限台地或潮坪	碳酸盐台地	CSQⅢ-1	CSQⅡ-1	初始海侵

续表

地层系统			沉积相		层序地层划分		沉积-构造转换面
震旦系	上统	灯影组	三段	开阔台地	碳酸盐台地	ZSQⅢ-4	ZSQⅡ-2	隆升剥蚀
			二段	台间、局限台地				
			一段	开阔台地		ZSQⅢ-3		海退下超
	下统	陡山沱组	四段	混积陆棚、碳酸盐缓坡、滨岸	陆棚	ZSQⅢ-2	ZSQⅡ-1	
			三段					
			二段			ZSQⅢ-1		
			一段					快速海侵
南华系		南沱组		大陆冰川				

注：青绿色表示为有效烃源岩发育期；浅黄色表示为有效储集层发育期。

1）ZSQⅡ-1层序

该二级层序的底界为Ⅰ型层序界面（或海侵上超层序不整合界面），界面之上普遍发育盖帽白云岩或白云质灰岩沉积，并伴生有特殊的沉积构造，蒋干清等（2003）认为其形成可能与因冰期后温度快速上升导致海底天然气水合物失稳、大量甲烷释放有关。界面之下为南华冰期形成的冰期砾岩，界线清楚，岩性变化明显，特别是在台地相区，两者之间还存在一定的沉积间断（陡山沱组底部沉积缺失）。其与震旦纪第二个二级层序的层序界面为海退下超面，为Ⅱ型层序界面。

根据沉积岩石组合的纵向演化特征，可以划分为两个三级层序，每个层序的海侵体系域都是以石灰岩或灰质白云岩沉积开始，而高位体系域均为含黑色碳质薄层白云岩，在多数地方其高位体系域内普遍含磷质，特别是陡山沱组四段，是震旦纪磷矿的重点赋矿层位。如开阳磷矿、湖南石门杨家坪磷矿等，其成因可能与震旦纪一级海平面旋回的最大海泛期上升洋流作用有关。

需要提及的是，在深水陆棚相区，陡山沱组二段和四段基本全为黑色碳质页岩，这可能与震旦一级海平面上升幅度较大，掩盖了二级和三级层序的海平面下降作用（幅度较小）造成的。但在浅水台地相区，海平面下降的沉积响应还是明显的，如长阳佑溪剖面（图1.6）、秀山溶溪剖面，而黔西方深1井、川南长宁1井陡山沱组上部更是发育了大套长石石英砂岩。

2）ZSQⅡ-2层序

该二级层序主体上处于震旦纪一级海平面变化的下降翼，海平面上升特征不明显，且到灯影晚期，由于多级海平面下降的叠加效应，使得中上扬子台地上广泛出现了暴露侵蚀。

该二级层序的第一个三级层序的海侵体系域主要为微晶白云岩构成，在台缘可见有鲕粒白云岩和藻白云岩发育（"下贫藻层"）；其高位体系域主要为一套含藻白云岩沉积（"中富藻层"），在台缘相区，可见鲕粒白云岩和砂砾屑白云岩，其顶部发育大量顺层面展布的葡萄状、皮壳状构造，其形成可能与区域性海平面下降导致的沉积暴露和淡水淋浴

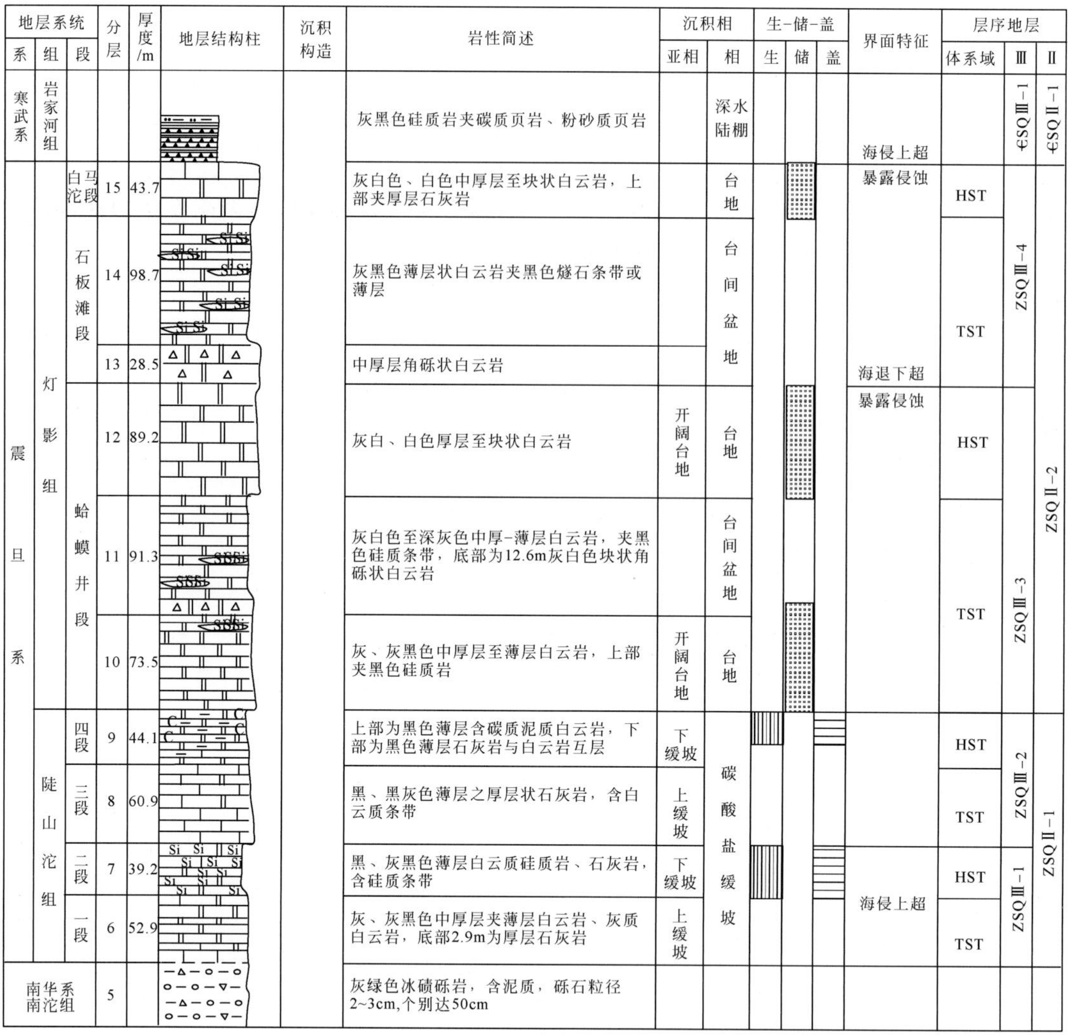

地层系统 系	组	段	分层	厚度/m	地层结构柱	沉积构造	岩性简述	沉积相 亚相	相	生	储	盖	界面特征	层序地层 体系域	III	II
寒武系	岩家河组						灰黑色硅质岩夹碳质页岩、粉砂质页岩	深水陆棚					海侵上超		∈SQ III-1	∈SQ II-1
震旦系	灯影组	白马沱段	15	43.7			灰白色、白色中厚层至块状白云岩，上部夹厚层石灰岩	台地					暴露侵蚀	HST	ZSQ III-4	ZSQ II-2
		石板滩段	14	98.7			灰黑色薄层状白云岩夹黑色燧石条带或薄层	台间盆地						TST		
			13	28.5			中厚层角砾状白云岩						海退下超 暴露侵蚀	HST		
		蛤蟆井段	12	89.2			灰白、白色厚层至块状白云岩	开阔台地						HST	ZSQ III-3	
			11	91.3			灰白色至深灰色中厚-薄层白云岩，夹黑色硅质条带，底部为12.6m灰白色块状角砾状白云岩	台间盆地						TST		
			10	73.5			灰、灰黑色中厚层至薄层白云岩，上部夹黑色硅质岩	开阔台地								
	陡山沱组	四段	9	44.1			上部为黑色薄层含碳质泥质白云岩，下部为黑色薄层石灰岩与白云岩互层	下缓坡	碳酸盐缓坡					HST	ZSQ III-2	ZSQ II-1
		三段	8	60.9			黑、黑灰色薄层之厚层状石灰岩，含白云质条带	上缓坡						TST	ZSQ III-1	
		二段	7	39.2			黑、灰黑色薄层白云质硅质岩、石灰岩，含硅质条带	下缓坡						HST		
		一段	6	52.9			灰、灰黑色中厚层夹薄层白云岩、灰质白云岩，底部2.9m为厚层石灰岩	上缓坡					海侵上超	TST		
南华系 南沱组			5				灰绿色冰碛砾岩，含泥质，砾石粒径2~3cm，个别达50cm									

图 1.6 中扬子地区震旦纪层序地层划分（长阳佑溪剖面）

的联合作用有关。而在台地内部，如长宁一带，该三级层序的高位体系域发育厚达 200 多米的盐岩、石膏、芒硝等潟湖相沉积。

第二个三级层序的发育相对第一个三级层序而言，是不完整的，特别是在台地边缘相区，其上部的高位体系域厚度较小。同时，在中扬子和上扬子台地边缘斜坡，其海侵体系域下部多处发现了碎屑流或滑塌岩块（或滑塌角砾岩）沉积，如中扬子长阳佑溪剖面、秭归泗溪剖面及上扬子湄潭梅子湾剖面等。这可能与区域性海平面下降导致台缘斜坡上部的沉积失稳和快速进积作用有关。从层序地层对比角度分析，中扬子南缘的石门杨家坪剖面和大庸三岔一带，更可能缺失了第二个三级层序的沉积，其缺失的原因可能有后期剥蚀作用的影响，但可能主要还是沉积缺失，因为该地区灯影早期就形成边缘浅滩了。因此，该层序的上界面为传统的 I 型层序不整合界面，也是升隆侵蚀层序不整合面。

1.3.2.2　寒武纪层序地层特征

雪峰山地区寒武系从北西-南东逐渐由台地相-斜坡相-盆地相过渡，横向变化显著，岩石地层单位较为复杂，在不同相区、同一相区中不同的地理区所发育的岩石地层序列均有差异。台地相区以峡东宜昌黄花场剖面、黔北遵义松林剖面为代表，过渡相区以湘西永顺王村剖面、贵州丹寨南皋剖面及贵州台江剖面为代表，盆地相区以湖南安化琅琳冲剖面和贵州三都剖面为代表。但基于上述基干剖面分析，寒武纪沉积序列演化的阶段性仍是清晰的，而且区域上也是可对比的。

寒武纪中上扬子统一的碳酸盐台地的形成大体可划分为四个阶段：滇东世梅树村阶（戈仲武组）为初始局限海侵阶段；黔东世牛蹄塘组→明心寺组→金顶山组→清虚洞组为碳酸盐缓坡到碳酸盐台地形成阶段；高台组→石冷水组为干旱气候下台内潮坪-潟湖发育阶段；娄山关群（平井组→耿家店组或后坝→毛田组）为台地发展阶段。这四个阶段形成了六个二级层序：CSQⅡ-1 代表初始海侵阶段沉积，CSQⅡ-2 代表碎屑岩陆架和碳酸盐缓坡建设阶段沉积，CSQⅡ-3 代表碳酸盐台地形成阶段沉积，CSQⅡ-4 代表干旱气候条件下台地萎缩阶段沉积，CSQⅡ-5 代表正常气候条件下台地发展阶段沉积，CSQⅡ-6 代表构造隆升、海平面下降条件下的海退沉积序列（图 1.7），同时，又根据每个二级层序内海平面变化及其沉积序列响应划分出不同数量的三级层序。

统	扬子西缘-雷波抓抓岩剖面				克拉通拗陷-湄潭梅子湾				扬子克拉通东南缘-酉阳龙潭			
	地层组	段	沉积相	Ⅱ层序	地层组	段	沉积相	Ⅱ层序	地层组	段	沉积相	Ⅱ层序
上统	缺失				缺失				毛田组		RP OP	SqⅡ-6
上统	二道水组		RP-TF	SqⅡ-5	娄山关群	上段	RP-TF	SqⅡ-5	耿家店组或后坝组		RP OP	SqⅡ-5
上统	二道水组		RP-TF	SqⅡ-5	娄山关群	中段	RP	SqⅡ-5	耿家店组或后坝组		RP OP	SqⅡ-5
上统	二道水组		RP-TF	SqⅡ-5	娄山关群	下段	RP	SqⅡ-5	平井组		OP-RP	SqⅡ-5
中统	西王庙组		LI-TF	SqⅡ-4	石冷水组		LG-SA	SqⅡ-4	石冷水组	上段	RP	SqⅡ-4
中统	西王庙组		LI-TF	SqⅡ-4	石冷水组		LG-SA	SqⅡ-4	石冷水组	下段	LG-SA	SqⅡ-4
中统	陡坡寺组		RP-SA	SqⅡ-4	高台组		RP-SA	SqⅡ-4	高台组		RP-SA	SqⅡ-4
下统	龙王庙组	上段	RP	SqⅡ-3	清虚洞组	上段	RP	SqⅡ-3	清虚洞组	上段	OP	SqⅡ-3
下统	龙王庙组	下段	RP	SqⅡ-3	清虚洞组	下段	OP	SqⅡ-3	清虚洞组	下段	RA	SqⅡ-3
下统	沧浪铺组	上段	SSH	SqⅡ-3	金顶山组		SSH	SqⅡ-3	杷榔组		SSH	SqⅡ-3
下统	沧浪铺组	下段	LI-TF	SqⅡ-2	明心寺组	上段	LI-TF	SqⅡ-2	杷榔组		SSH	SqⅡ-3
下统	沧浪铺组	下段	LI-TF	SqⅡ-2	明心寺组	下段	LI-TF	SqⅡ-2	杷榔组		SSH	SqⅡ-3
下统	筇竹寺组		SSH	SqⅡ-2	牛蹄塘组		SSH	SqⅡ-2	牛蹄塘组	上段	DSH	SqⅡ-2
下统	筇竹寺组		DSH	SqⅡ-2	牛蹄塘组		DSH	SqⅡ-2	牛蹄塘组	上段	DSH	SqⅡ-2
下统	麦地坪组		RP	SqⅡ-1	缺失		Old land		牛蹄塘组	下段	DSH	SqⅡ-1
	灯影组白云岩				灯影组白云岩				老堡组硅质岩			

图 1.7　雪峰山西侧寒武纪沉积相演替与层序划分对比

1. CSQⅡ-1 层序

1）层序界面特征

该层序的特点是上下界面都是Ⅰ型层序界面或升隆侵蚀层序不整合界面。中上扬子地区该层序与灯影组之间下界面包含了较长的沉积间断。而上界面包含的沉积间断时限可能较短，界面主要特征是明显岩性突变面。需要特别注意的是，在局部缺失该层序的古地理高地，上下界面合二为一了，如在中扬子和上扬子灯影期初始台地内部的金沙岩孔和鹤峰走马坪地区（图1.8）。

(a)金沙岩孔灯影组白云岩顶部侵蚀面，牛蹄塘组　　(b)鹤峰走马白果坪震旦-寒武系界线，灯影组顶面
　薄层硅质页岩超覆于其上　　　　　　　　　　　　发育侵蚀面和喀斯特，牛蹄塘组超覆于其上

图1.8　CSQⅡ-1 层序界面特征示意图

2）层序发育特征

从该层序的层序界面发育特征可见，该层序的发育是不完整的，大部分地区只发育很薄的潮坪或局限台地沉积，区域上只是一个楔状地层（图1.9），而且具有很强的地区性，在黔中为戈仲武组、川南为麦地坪组、峡东和长阳一带为天柱山组或称之为岩家河组等。

沉积 序列 时期	相区 宜昌峡东	克拉通碳酸盐台地			台地边缘	台缘缓坡	深水陆棚-盆地	
		滇东	遵义-织金	开阳-清镇	大庸-湄潭	秀山-余庆	铜仁-台江	三都
筇竹寺阶	水井沱组	玉案山组	牛蹄塘组	牛蹄塘组	牛蹄塘组	牛蹄塘组	牛蹄塘组	渣拉沟组
梅树村阶	天柱山组	石岩头段 大海段 中谊村段 待补段	戈仲武组					
晋宁阶			桐湾运动					
灯影期 晚期	白马沱段 石板滩段	白岩哨段 旧城段	下段	下段	鲕粒白云岩 滑塌角砾岩	老堡组硅质岩	老堡组硅质岩	老堡组硅质岩
灯影期 早期	蛤蟆井段	东龙潭段	下段	下段	薄-中厚层微晶白云岩夹泥质白云岩	灯影组下段 厚层块状微晶白云岩，含硅质团块或条带	灯影组下段 微晶白云岩夹碳质页岩	灯影组下段 薄层微细晶白云岩
	厚层细晶白云岩、鲕粒白云岩	上下细晶白云岩、中部为藻白云岩	藻纹层白云岩、藻团块白云岩	藻纹层白云岩、藻团块白云岩				

图1.9　中上扬子地区寒武系滇东统沉积特征与区域对比（据汪正江等，2011）

在黔中隆起及周缘的滇东世沉积主要为戈仲武组，根据尹恭正等（1982）和罗惠麟等（1988）研究，织金戈仲武层型剖面的戈仲武组厚度在 20m 左右，戈仲武组的主要岩性是白云质磷块岩、硅质白云岩、磷质硅质岩等，含较多的生物碎屑，产小壳化石。在黔中隆起发育戈仲武组沉积的剖面还有织金猪场五指山剖面、清镇阿坝寨或桃子冲剖面、开阳中心马路坪剖面等，与中扬子宜昌莲沱黄家塘剖面、晓峰泰山庙剖面的天柱山组相当（罗惠麟等，1988）。

在戈仲武组底部还发育杂色磷质含砾白云岩，砾石主要有白云岩、磷块岩、硅质岩等；棱角状、分选差，具有底砾岩特点，反映灯影组沉积后有过隆升剥蚀过程。

关于该套地层的时代归属，根据最新的生物地层学研究，戈仲武组的时代可能只相当于滇东统梅树村阶的一部分，其下缺失晋宁阶沉积（彭善池，2008）。同时，依据彭善池（2008）寒武系年代地层划分新方案，滇东统的时限为 21Ma（542～521Ma），则黔中隆起及周缘的震旦系—寒武系的沉积间断应该在 10Ma 以上，而在缺失梅树村阶（戈仲武组、麦地坪组、天柱山组等）沉积的中上扬子大部分地区，其间的沉积间断则远大于 20Ma。

但是，关于该层序与扬子东南缘的老堡组、留茶坡组，或者与渣拉沟组下部如何进行区域划分对比，这涉及留茶坡组硅质岩是否为深海沉积、留茶坡组—渣拉沟组下部是否存在滇东统沉积等一系列重要问题，有待于进一步探讨和深入研究。

2. CSQ Ⅱ-2 层序

1）层序界面特征

该层序的下界面为Ⅰ型层序界面-升隆侵蚀层序不整合面，特别是在中上扬子台地的大部分地区，牛蹄塘组或水井沱组底部平行不整合在灯影组白云岩之上，其间缺失了相当于滇东统的沉积。该层序上界面为暴露层序不整合面，在上扬子台地地区，其顶部普遍发育一套紫红色铁质砂岩、含砾粗砂岩等，为明显的海平面下降沉积记录。

2）层序发育特征

该二级层序可以划分为三个三级层序，每个三级层序分别又与二级层序发育的不同阶段相对应：CSQ Ⅲ-2 相当于海侵体系域沉积、CSQ Ⅲ-3 相当于最大海泛面至高位体系域早期沉积、CSQ Ⅲ-4 相当于海平面下降阶段（高位体系域晚期）沉积（图 1.10）。其中 CSQ Ⅲ-2 是中上扬子地区早古生代海相盆地重要的成烃期，CSQ Ⅲ-3 时期是中上扬子碳酸盐台地形成前的碳酸盐缓坡建设阶段。

3. CSQ Ⅱ-3 层序

1）层序界面特征

该层序的上下层序界面均为暴露层序不整合面，在中上扬子地区，高台组底部或清虚洞组含硅质结核白云岩之上普遍发育一套厚层鲕粒白云岩或灰质白云岩，是该二级层序与CSQ Ⅱ-4 划分的重要标志。关于中扬子地区覃家庙组底部普遍发育的角砾状碳酸盐岩，有人认为是岩溶角砾岩，但从区域古地理来看，该套角砾岩应为膏溶角砾岩。因为要发育几米甚至几十米的岩溶角砾岩，其前提条件是需要长时间的暴露溶蚀作用，而这一条件在清虚洞晚期的中扬子地区是不具备的。

　　2) 层序发育特征

　　该二级层序是中上扬子统一碳酸盐台地的形成时期，为一个海平面持续变浅的沉积序列。根据沉积序列的区域对比，可以划分为三个三级层序：CSQⅢ-5 为碳酸盐台地建设前进一步的陆架沉积，以浅水陆棚碎屑岩沉积为主；CSQⅢ-6 为碳酸盐台地发育时期，相当于最大海泛面和凝缩段，以石灰岩沉积为主；CSQⅢ-7 为碳酸盐台地扩展阶段（高位体系域中晚期），以白云岩沉积为主，在台地边缘普遍发育浅滩沉积（图 1.10）。由于清虚洞期中上扬子地区海水普遍较浅，因此，台地边缘相向东南边缘推进很快，台内鲕粒滩不发育，鲕粒灰岩或鲕粒白云岩厚度较小，且主要集中发育在台地边缘。

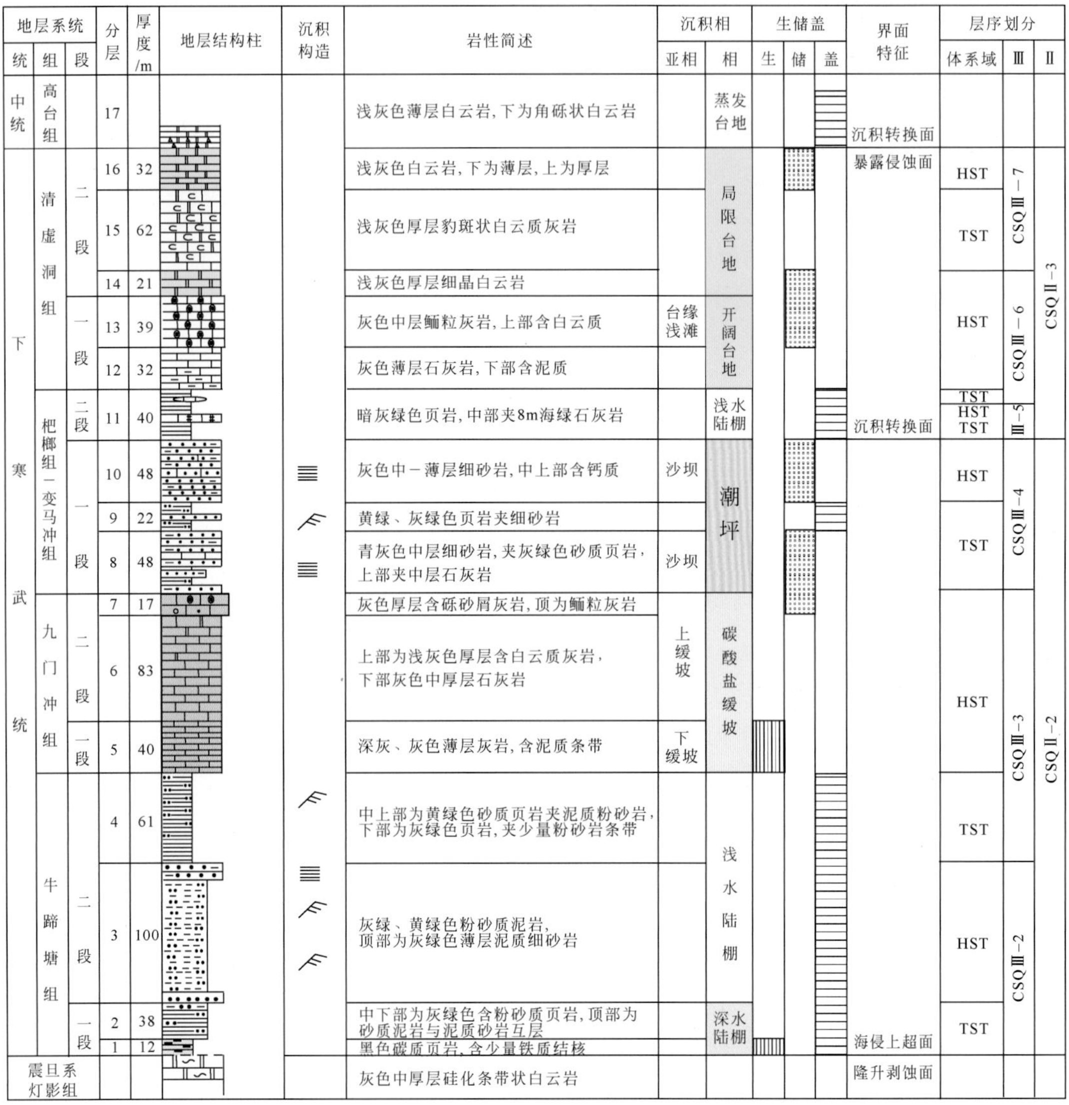

地层系统			分层	厚度/m	地层结构柱	沉积构造	岩性简述	沉积相		生储盖			界面特征	层序划分		
统	组	段						亚相	相	生	储	盖		体系域	Ⅲ	Ⅱ
中统	高台组		17				浅灰色薄层白云岩，下为角砾状白云岩		蒸发台地				沉积转换面			
下寒武统	清虚洞组	二段	16	32			浅灰色白云岩，下为薄层，上为厚层		局限台地				暴露侵蚀面	HST	CSQⅢ-7	CSQⅡ-3
			15	62			浅灰色厚层豹斑状白云质灰岩							TST		
			14	21			浅灰色厚层细晶白云岩									
		一段	13	39			灰色中层鲕粒灰岩，上部含白云质	台缘浅滩	开阔台地					HST	CSQⅢ-6	
			12	32			灰色薄层石灰岩，下部含泥质							TST		
	杷榔组一变马冲组	二段	11	40			暗灰绿色页岩，中部夹8m海绿石灰岩	浅水陆棚					沉积转换面	HST HST TST	Ⅲ-5	
		一段	10	48		≡	灰色中-薄层细砂岩，中上部含钙质	沙坝	潮坪					HST	CSQⅢ-4	
			9	22		⫫	黄绿、灰绿色页岩夹细砂岩							TST		
			8	48		≡	青灰色中层细砂岩，夹灰绿色砂质页岩，上部夹中层石灰岩	沙坝								
	九门冲组	二段	7	17			灰色厚层含砾砂屑灰岩，顶为鲕粒灰岩	上缓坡	碳酸盐缓坡						CSQⅢ-3	CSQⅡ-2
			6	83			上部为浅灰色厚层含白云质灰岩，下部灰色中厚层石灰岩							HST		
		一段	5	40		⫰	深灰、灰色薄层灰岩，含泥质条带	下缓坡								
	牛蹄塘组	二段	4	61		⫰ ≡	中上部为黄绿色砂质页岩夹泥质粉砂岩，下部为灰绿色页岩，夹少量粉砂岩条带		浅水陆棚					TST		
			3	100		≡ ⫰	灰绿、黄绿色粉砂质泥岩，顶部为灰绿色薄层泥质细砂岩							HST	CSQⅢ-2	
		一段	2	38			中下部为灰绿色含粉砂质页岩，顶部为砂质泥岩与泥质砂岩互层		深水陆棚				海侵上超面	TST		
			1	12			黑色碳质页岩，含少量铁质结核									
震旦系灯影组							灰色中厚层硅化条带状白云岩						隆升剥蚀面			

图 1.10　瓮安白岩剖面寒武系黔东统沉积相与层序地层划分图

4. CSQ Ⅱ-4 层序

1）层序界面特征

该层序的下层序界面均为暴露层序不整合面，上层序界面为水下侵蚀不整合界面，上界面之上平井组底部普遍发育一套砂质白云岩或泥质砂岩、长石石英砂岩（图 1.11），是该二级层序与 CSQ Ⅱ-5 划分的重要标志。

2）层序发育特征

该二级层序的三级层序划分特征不明显，故未进一步划分多个三级层序，统归为一个三级层序 CSQ Ⅲ-8（图 1.11）。该层序的主要特点是海侵体系域发育薄层泥质白云岩，高位体系域普遍发育蒸发潟湖或蒸发台地含膏岩系沉积，是中上扬子早古生代海相盆地重要的蒸发岩成矿期，也是重要的优质封盖层发育期，其发育状况对区带油气资源勘探潜力评价具有重要意义。

该时期广泛发育的膏岩沉积，不仅有构造隆升-海平面下降的制约，更可能与古气候或古海洋水体性质的演化密切相关。但是其详细的区域地质背景研究与成因分析也还有待深入。

值得重视的是，在该时期在台地边缘和盆地相区中普遍发育碳质页岩和黑色碳质灰岩等，如敖溪组或污泥塘组，结合斜坡相带清虚洞组上部赋存热液型矿产（湘黔边区多汞矿和铅锌矿等）情况分析，这些碳质沉积的形成可能与该期有海底热液活动有关。

5. CSQ Ⅱ-5 层序

1）层序界面特征

该层序的下层序界面也均为水下侵蚀层序不整合面。关于平井组底砂岩的性质，从区域对比及沉积序列分析，具有低位体系域的海退下超沉积特点，应是石冷水期海平面下降旋回之滞后效应的沉积响应。而该二级层序的上界面为耿家店组或后坝组与毛田组的沉积界面，该界面仍为一岩性转换面［结晶白云岩→砂砾屑（白云质）灰岩］，显示了沉积环境的显著变化和一个新的沉积旋回的开始，为暴露层序不整合界面。

2）层序发育特征

该二级层序的体系域显示清楚，早期的低位体系域由平井组下段含膏白云岩夹粉砂质白云岩、砂岩构成，海侵体系域由平井组上段的藻丘序列构成（图 1.11），高位体系域由后坝组或耿家店组局限台地相灰质白云岩、含内碎屑白云岩、结晶白云岩等构成。根据其内部沉积序列演化，可划分出四个三级层序，其中平井组两个，为 CSQ Ⅲ-9、CSQ Ⅲ-10，耿家店组两个，为 CSQ Ⅲ-11、CSQ Ⅲ-12。

平井组上段的藻丘序列是由内碎屑灰岩与藻灰岩或藻白云岩构成的韵律沉积，水体较浅、且水动力较强，气候较为湿润，利于古生物生存、各种叠层藻繁盛，与高台-石冷水期比较而言，明显不同。进入耿家店期，海平面开始下降，中上扬子碳酸盐台地广阔，水体很浅、水动力较弱，主体为局限台地环境，靠近隆起边缘发育蒸发潮坪。

该层序底部普遍发育的白云质细砂岩、长石石英砂岩。该套砂岩出现层位相似，是区域对比的重要标志层，其发育层位稳定：处于平井组底部，或光竹岭组底部，或娄山关群底部，或炉山组底等，厚度一般在 10m 以内。

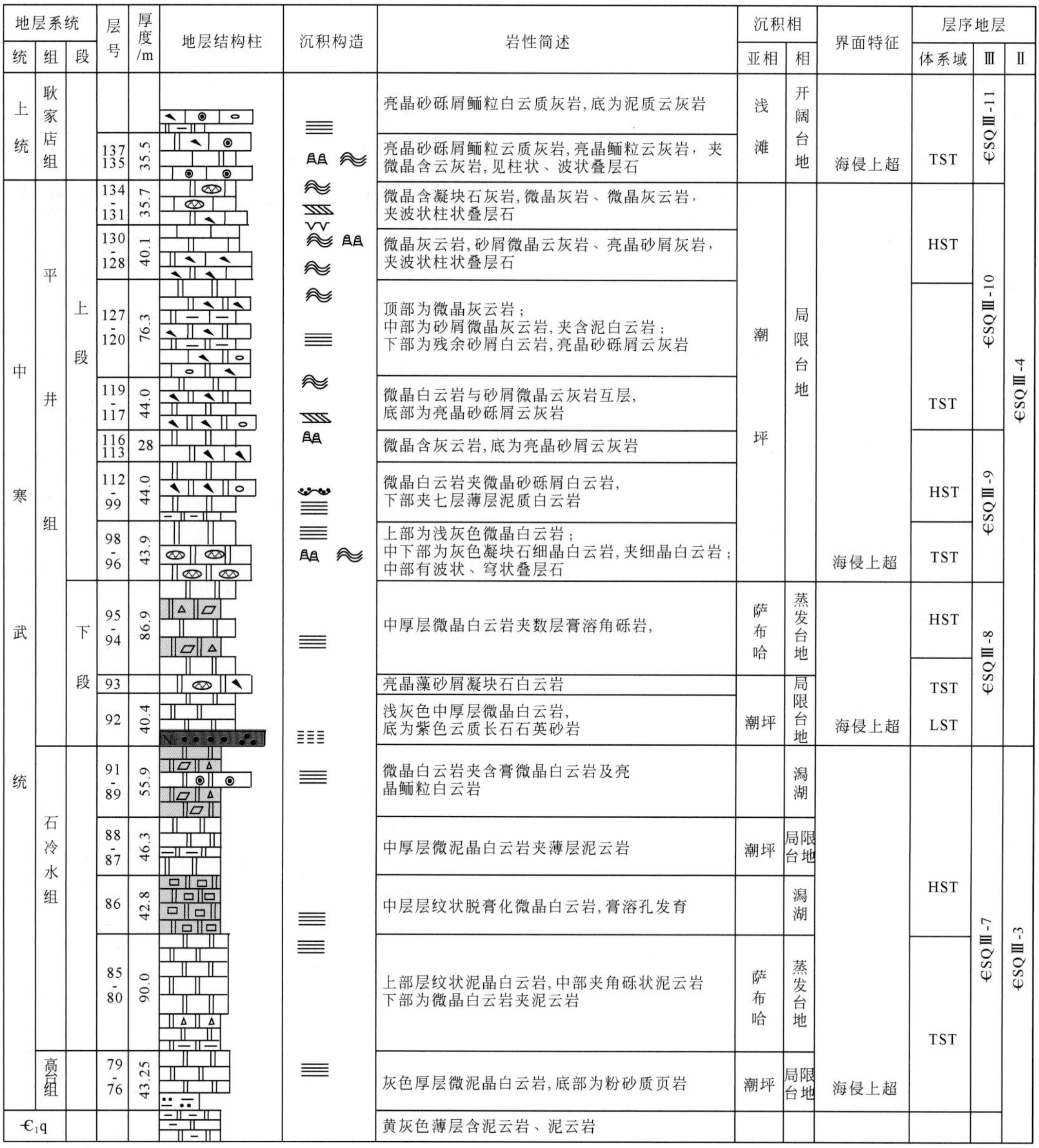

地层系统			层号	厚度/m	地层结构柱	沉积构造	岩性简述	沉积相		界面特征	层序地层		
统	组	段						亚相	相		体系域	III	II
上统	耿家店组						亮晶砂砾屑鲕粒白云质灰岩，底为泥质云灰岩		浅滩	海侵上超	TST	∈SQⅢ-11	
			137-135	35.5			亮晶砂砾屑鲕粒云质灰岩，亮晶鲕粒云灰岩，夹微晶含云灰岩，见柱状、波状叠层石		开阔台地				
中寒武统	平井组	上段	134-131	35.7			微晶含凝块石灰岩，微晶灰岩、微晶灰云岩，夹波状柱状叠层石		局限台地 潮坪		HST	∈SQⅢ-10	∈SQⅢ-4
			130-128	40.1			微晶灰云岩，砂屑微晶云灰岩、亮晶砂屑灰岩，夹波状柱状叠层石						
			127-120	76.3			顶部为微晶灰云岩；中部为砂屑微晶灰云岩，夹泥含白云岩；下部为残余砂屑白云灰岩，亮晶砂砾屑云岩				TST		
			119-117	44.0			微晶白云岩与砂屑微晶云灰岩互层，底部为亮晶砂砾屑灰云岩					∈SQⅢ-9	
			116-113	28			微晶含灰云岩，底为亮晶砂屑云灰岩				HST		
			112-99	44.0			微晶白云岩夹微晶砂砾屑白云岩，下层夹七层薄层泥质白云岩						
			98-96	43.9			上部为浅灰色微晶白云岩；中下部为灰色凝块石细晶白云岩，夹细晶白云岩；中部有波状、穿状叠层石			海侵上超	TST		
下寒武统		下段	95-94	86.9			中厚层微晶白云岩夹数层膏溶角砾岩，	萨布哈	蒸发台地		HST	∈SQⅢ-8	
			93				亮晶藻砂屑凝块石白云岩	局限台地			TST		
			92	40.4			浅灰色中厚层微晶白云岩，底为紫色云质长石石英砂岩	潮坪		海侵上超	LST		
	石冷水组		91-89	55.9			微晶白云岩夹含膏微晶白云岩及亮晶鲕粒白云岩	潟湖					∈SQⅢ-3
			88-87	46.3			中厚层微泥晶白云岩夹薄层泥云岩	潮坪	局限台地				
			86	42.8			中层层纹状脱膏化微晶白云岩，膏溶孔发育	潟湖			HST	∈SQⅢ-7	
			85-80	90.0			上部层纹状泥晶白云岩，中部夹角砾状泥云岩下部为微晶白云岩夹泥云岩	萨布哈	蒸发台地				
											TST		
	高组		79-76	43.25			灰色厚层微泥晶白云岩，底部为粉砂质页岩	潮坪	局限台地	海侵上超			
∈₁q							黄灰色薄层含泥云岩、泥云岩						

图 1.11　酉阳龙潭耿家店剖面武陵统沉积相与层序划分图

值得注意的是，在溆浦幅的西南部的铜湾、新建一带，杨柳岗组中部夹有一层数米的透镜状、似层状的砂岩、砂质砾岩或砾岩，具有水道充填的特征，其向南与邵阳幅东安朱家冲剖面武陵统上段的大套石英杂砂岩相对应。而在扬子地块北缘，南江沙滩、两会、贵民关以及南郑朱家坝等地，下奥陶统的半河组含砾砂岩平行不整合在武陵统陡坡寺组中薄层泥质白云岩之上。两者均表明，中寒武世（武陵世）中期，在扬子陆块的南北两侧都受到较强的构造挤压和隆升剥蚀作用，为陆源碎屑进积作用提供了物源，这可能就是平井组底部广泛分布砂岩的沉积动力学机制。

自平井期开始，中上扬子克拉通内含膏岩系沉积基本结束，气候也基本恢复正常，藻灰岩大量出现。因此，对中上扬子陆块来说，中寒武世的这次挤压隆升作用不仅具有广泛的沉积响应，也具有重要的古环境效应，是一次重要的构造事件。

在整个中晚寒武世，由于沉积相分异不明显，沉积序列（以局限台地潮坪序列为主）单调，生物多样性较差，生物延限带时间跨度大，致使地层划分对比困难，所以，在中上扬子碳酸盐台地内部，武陵统和芙蓉统的年代地层划分对比基本还处于"统或世"一级别，其典型代表就是娄山关群、三游洞群等，组或段划分困难，要实现统、阶（或组段）的精确对比还有很长的路要走。

6. CSQⅡ-6 层序

1）层序界面特征

该层序的上界面为暴露（或水下）侵蚀层序不整合界面：在隆起边缘和台地相区为暴露侵蚀、在斜坡和盆地相区则表现为水下侵蚀。如川中隆起和黔中隆起的核部，在晚寒武世就结束了早古生代海相沉积，而且由于奥陶纪—志留纪处于全球海平面下降期，海侵规模较小，致使古隆起逐渐向东、向南扩展，并长期处于暴露侵蚀状态，但隆升幅度不大，因此，未能成为主要物源区。

2）层序发育特征

该层序的区域划分对比是较为困难的，但仍然具有一定的可对比性，且具有潜在的重要古地理意义。该层序包含的地层主要有毛田组、追屯组、三游洞群上部（可能相当于西陵峡组）等，而黔北娄山关群上部可能没有该套地层沉积。其沉积特征是发育较多的内碎屑灰岩或白云质灰岩，其时代也可能为奥陶纪早期，但毛田组与后坝组之间未见明显的沉积间断，且基本未见下奥陶统常见的生物碎屑等生物标志，因此，暂时归入寒武纪较为合适。

由于该二级层序 CSQⅡ-6 存在区域对比上的难度，因此，暂时未作进一步的三级层序划分，统归为一个三级层序 CSQⅢ-13。从沉积序列上看，该三级层序的海侵体系域是由一系列潮间带颗粒白云质灰岩与灰云坪白云岩构成的韵律组成，高位体系域则主要是由潮上坪泥微晶白云岩、灰质白云岩等组成，也是一个逐渐变浅的海退沉积序列。

1.3.2.3　奥陶纪层序地层特征

奥陶纪早期仍处于碳酸盐台地的演化期，但是台内沉积相分异较晚寒武世明显，特别是在克拉通拗陷内部，碎屑岩沉积占了一定比重；不仅从白云岩沉积为主的局限台地转换为以生物碎屑灰岩为主的开阔台地，而且其间也有不少页岩发育（如桐梓页岩、分乡页岩等），反映其沉积环境、生物面貌、沉积大地构造背景等均有明显不同了。早奥陶世开始，中上扬子海相盆地进入了前陆盆地演化阶段，沉积序列也相应出现了进一步分异，形成了三个明显不同的沉积单元：克拉通内拗陷、前缘隆起和前陆盆地。

由此可见，中上扬子奥陶纪沉积盆地演化大体上经历了三个阶段：早奥陶世中早期为台地调整与镶边台地形成阶段、早奥陶世晚期—中奥陶世为构造掀斜与前陆盆地形成阶段、晚奥陶世为构造掀斜与前渊拗陷盆地形成阶段。

据区域构造活动和盆地演化的阶段性，可划分出三个二级层序：OSQⅡ-1 为初始构造掀斜与台地调整的沉积响应，继承了寒武纪碳酸盐台地沉积格局；OSQⅡ-2 为第二次构造掀斜的沉积响应，海侵期最终完成了中上扬子统一的镶边台地建设，高位期代表前陆盆地的形成，并开始了碎屑岩充填；OSQⅡ-3 为第三次构造掀斜沉积响应，海侵期（十字铺期—宝塔期—临湘期）发育了广泛的、以宝塔石灰岩为代表的碳酸盐缓坡沉积，高位期由于可容纳空间的快速增加，在前渊（缘）盆地内发育了较为广泛的欠补偿沉积（五峰期碳质硅质页岩等）（表1.2）。同时，又根据每个二级层序内海平面变化及其沉积序列的叠置关系划分出六个三级层序。

1. OSQⅡ-1 层序

1）层序界面特征

该二级层序的上下界面均为水下侵蚀不整合界面（图1.12），这与海平面下降导致台地边缘失稳，而局部又因构造掀斜作用导致海平面上升等因素造成的沉积环境变化有关，如印江中坝剖面和彭水郁山剖面等，在桐梓组底部和红花园组底部均发育大量滑塌岩块和钙屑碎屑流沉积等。

表1.2 雪峰山西侧奥陶纪—志留纪层序地层划分

地层系统				沉积相		层序地层划分		沉积-构造转换面
系	统	组	段	亚相	相	三级层序	二级层序	
泥盆系		水车坪组		近滨	滨岸			海侵上超
志留系	上统	缺失	小溪峪组	浅水陆棚或三角洲前缘	滨岸-陆棚	SSQⅢ-6	SSQⅡ-3	升隆侵蚀
			回星哨组			SSQⅢ-5	SSQⅡ-2	
	下统	韩家店组	秀山组		三角洲	SSQⅢ-4		
			溶溪组			SSQⅢ-3	SSQⅡ-1	海退下超
		石牛栏组	小河坝组			SSQⅢ-2		
		龙马溪组		浅水陆棚	陆棚	SSQⅢ-1		强制海侵
				深水陆棚				
奥陶系	上统	五峰组		深水陆棚	陆棚	OSQⅢ-6	OSQⅡ-3	强制海侵
		临湘组		下缓坡	碳酸盐缓坡	OSQⅢ-5		淹没台地②
		宝塔组						快速海侵
	中统	十字铺组		上缓坡				
		湄潭组、大湾组		混积陆棚	陆棚	OSQⅢ-3，4		快速海侵
	下统	红花园组		开阔台地	台地镶边	OSQⅢ-2	OSQⅡ-2	淹没台地①
			分乡组		台地调整			缓慢海侵
		桐梓组						暴露侵蚀
			南津关组			OSQⅢ-1	OSQⅡ-1	初始海侵
芙蓉统		毛田组		开阔台地	碳酸盐台地	CSQⅢ-12	CSQⅡ-6	暴露侵蚀

注：蓝色表示为有效烃源岩发育期；浅黄色表示为有效储集层发育期。

2）层序发育特征

该二级层序因沉积序列演化较快，海平面变化旋回清楚且单一，因此，未进一步的三级层序划分，暂统归为一个三级层序 OSQⅢ-1 中。OSQⅢ-1 在局部地区发育低位体系域，其海侵体系域由内碎屑灰岩和黑色页岩构成，如在印江中坝、石柱漆辽等剖面，南津关组或桐梓组下部均有黑色页岩发育，反映构造掀斜导致局部海平面上升的影响（图 1.12）。而内碎屑灰岩也不全是浅滩沉积，局部却为钙屑碎屑流沉积，其内碎屑成分复杂多样、分选差、杂基含量高，且发育粒序层理等。

OSQⅢ-1 的高位体系域主要由开阔台地碎屑滩（以生物碎屑滩为主）生物碎屑灰岩、砂屑灰岩和局限台地白云岩、灰质白云岩组成，指示早期破坏了碳酸盐台地又得到了重建和恢复，这为红花园期中上扬子统一的碳酸盐镶边台地的形成奠定了基础。

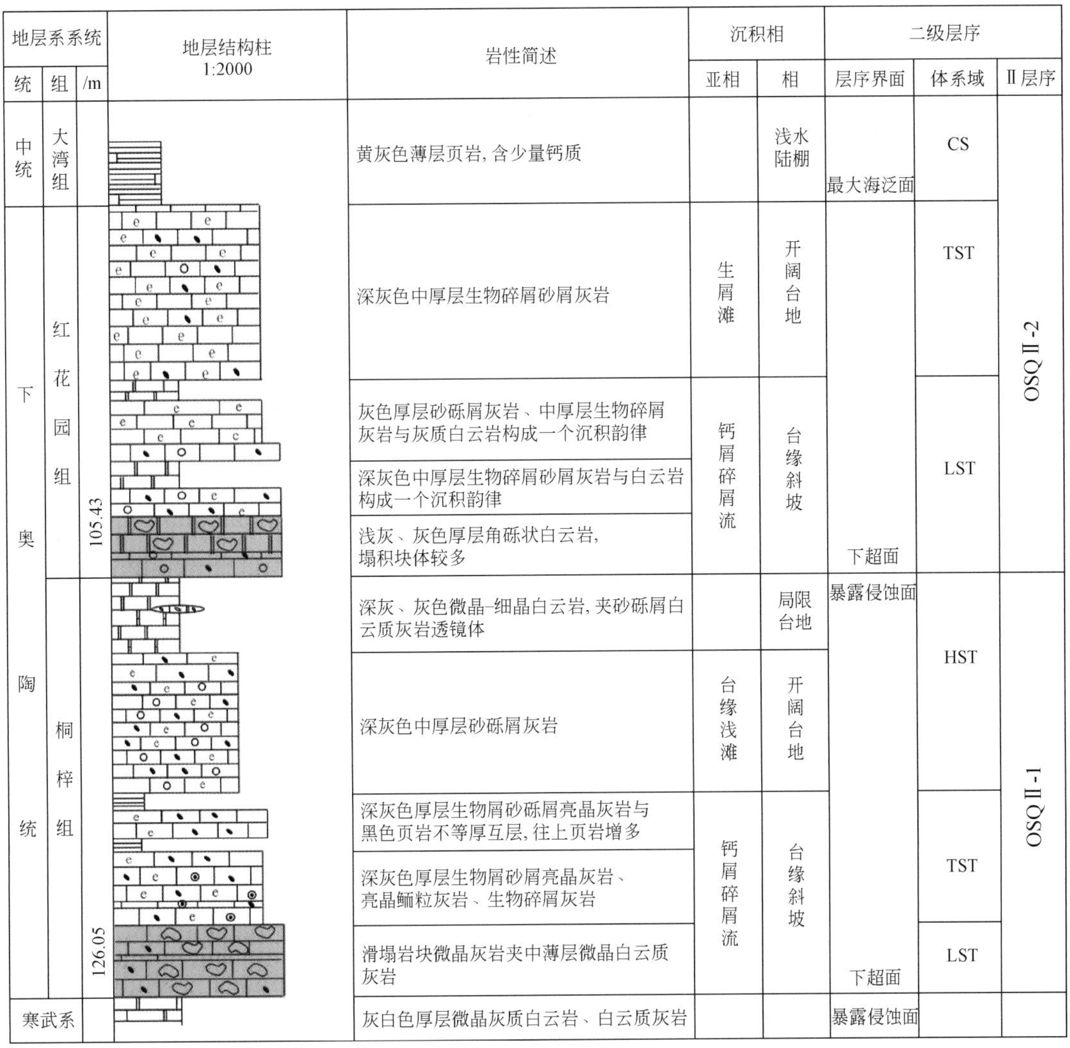

地层系统			地层结构柱 1:2000	岩性简述	沉积相		二级层序		
统	组	/m			亚相	相	层序界面	体系域	Ⅱ层序
中统	大湾组			黄灰色薄层页岩,含少量钙质	浅水陆棚		最大海泛面	CS	OSQⅡ-2
下奥陶统	红花园组	105.43		深灰色中厚层生物碎屑砂屑灰岩	生屑滩	开阔台地		TST	
				灰色厚层砂砾屑灰岩、中厚层生物碎屑灰岩与灰质白云岩构成一个沉积韵律	钙屑碎屑流	台缘斜坡		LST	
				深灰色中厚层生物碎屑砂屑灰岩与白云岩构成一个沉积韵律			下超面		
				浅灰、灰色厚层角砾状白云岩,塌积块体较多					
	桐梓组	126.05		深灰、灰色微晶-细晶白云岩,夹砂砾屑白云质灰岩透镜体	局限台地		暴露侵蚀面	HST	OSQⅡ-1
				深灰色中厚层砂砾屑灰岩	台缘浅滩	开阔台地			
				深灰色厚层生物屑砂砾屑亮晶灰岩与黑色页岩不等厚互层,往上页岩增多	钙屑碎屑流	台缘斜坡		TST	
				深灰色厚层生物屑砂屑亮晶灰岩、亮晶鲕粒灰岩、生物碎屑灰岩					
				滑塌岩块微晶灰岩夹中薄层微晶白云质灰岩			下超面	LST	
寒武系				灰白色厚层微晶灰岩白云岩、白云质灰岩			暴露侵蚀面		

图 1.12　印江中坝下奥陶统沉积序列与沉积相划分图

2. OSQ II-2 层序

1) 层序界面特征

OSQ II-2 层序的下层序界面仍为水下侵蚀不整合面，但在隆起边缘多表现为海侵上超不整合界面，显示出该层序比 OSQ II-1 层序具有相对较高的海平面。其上界面，鉴于它是碎屑岩到碳酸盐岩的沉积转换面，更可能为水下沉积间断面，这与全球晚奥陶世海平面上升的趋势一致。

2) 层序发育特征

该二级层序较 OSQ II-1 层序具有较为复杂的沉积序列演化，经历了一个重要的盆地性质的转换过程，沉积序列上显示为由碳酸盐台地到混积陆棚、再到浅水陆棚的演替。其海侵体系域为镶边台地形成阶段，在台地边缘发育了大量的礁灰岩、藻灰岩和浅滩（鲕粒灰岩和砂砾屑灰岩）沉积，是镶边台地形成的标志。进入高位体系域，由于来自南北向的构造挤压作用加强，台地沉没，盆地性质开始由被动大陆边缘盆地向前陆盆地转换，并伴随大量的陆源碎屑的充填。在克拉通内部表现为生物碎屑滩被湄潭组浅水陆棚砂质页岩等覆盖，在台地边缘表现为礁滩相为大湾组浅水碳酸盐缓坡泥质灰岩所超覆，而在大陆边缘深水盆地则表现为复理石快速充填（桥亭子组）。然而在前缘隆起上，仍以碳酸盐沉积（浅水缓坡）为主，但却含有大量泥质，且以紫红色和瘤状构造为典型特征。

在该二级层序内，根据沉积序列的叠置及其垂向差异性，可划分为两个阶段三个三级层序：OSQ III-2、OSQ III-3、OSQ III-4，其中 OSQ III-2 为镶边台地建设阶段，晚期转为淹没台地；OSQ III-3、OSQ III-4 层序为前陆盆地充填（图 1.13）。

3. OSQ II-3 层序

1) 层序界面特征

该层序的上下界面均为水下沉积间断面，特别是上层序界面，可能是由于沉积速率过低，导致了界面附近笔石生物带的缺失，而并非是暴露或侵蚀等其他原因造成地层缺失的结果，因为从沉积环境和沉积相分析看，在奥陶纪-志留纪之交，在中上扬子克拉通拗陷盆地和前陆盆地内，以黑色碳质硅质页岩的发育为特征，显示水体较深（主体为深水陆棚环境），并未发现任何可能的暴露侵蚀现象存在。结合沉积序列的发育特征［存在大量的凝灰岩（或称之为斑脱岩）夹层］，推测其生物带的缺失也可能与火山活动有关。这一点也反映了该层序界面为水下沉积间断面。

2) 层序发育特征

该层序的发育特征也是由碳酸盐岩到碎屑岩的转换，与 OSQ II-2 层序相似，是一次新的构造掀斜作用的沉积响应。在扬子东南缘前缘隆起带上，十字铺组顶部可见大量紫红色赤铁矿结核，反映了当时的海平面很低（可能相当于该二级层序的低位体系域），而随后发育的庙坡页岩，则代表该二级层序的初始海泛沉积。

其海侵体系域为宝塔组和临湘组碳酸盐缓坡沉积，值得关注的是，本次碳酸盐缓坡的发育规模很大，沉积相分异很小，且伴随有较强烈的碳同位素正异常和特殊的"龟裂纹"沉积构造，这些都指示其沉积环境的特殊性，因此，以宝塔石灰岩为代表的中、晚奥陶世碳酸盐沉积为事件沉积，而非正常环境的碳酸盐沉积过程，这可能与上扬子地区影响广泛的都匀运动的有关。

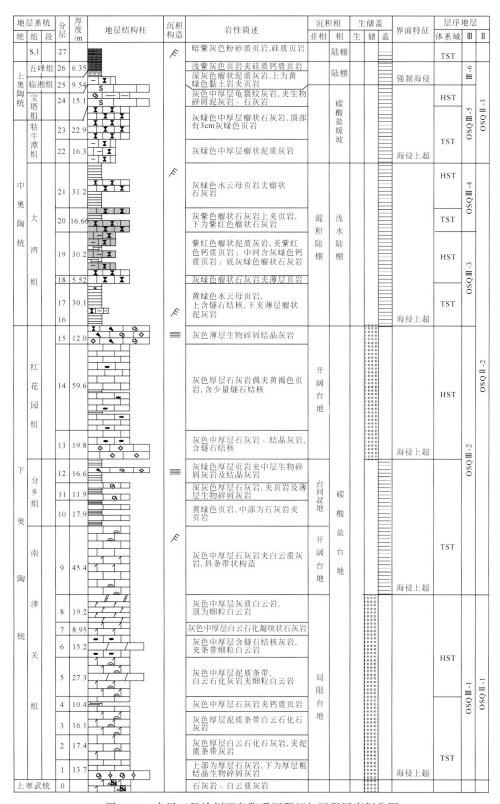

图1.13　来风三堡岭剖面奥陶系沉积相与沉积层序划分图

至临湘期末，中上扬子东南缘的前缘隆起局部可能已经露出了水面，发育了暴露侵蚀面、凝灰岩和古风化壳等，同时这也是一个重要构造-沉积转换：前陆盆地转化为前渊拗陷盆地、碎屑岩沉积代替了碳酸盐沉积。这可能与导致黔中隆起形成的都匀运动有关。

都匀运动的直接表现就是黔中隆起的最终定型和中上扬子东南缘前缘隆起（水下隆起，中奥陶世至晚奥陶世中早期为浅水缓坡紫红色瘤状石灰岩相）的沉没，由此，中上扬子克拉通拗陷盆地与东南缘的前陆盆地连为一体，上扬子统一的前陆拗陷盆地形成。

而该层序的高位体系域为深水陆棚黑色碳质硅质页岩夹薄层凝灰岩（斑脱岩）沉积，是统一的前陆拗陷盆地早期因快速沉降导致可容纳空间的急剧增加的沉积记录。

关于五峰组缺氧环境的形成机制大致可从如下推论中得出：区域构造应力机制转换→盆地性质转换→火山活动→热液活动伴随 H_2S 释放→海水温度升高→海底缺氧。即海底热液活动导致海水温度升高，使海水中游离氧大量释出；海底热液活动，大大促进海底嗜热生物繁盛，导致海底氧气被过量消耗；火山活动释放的大量含 H_2S 气体，导致大量硫化细菌的繁盛（杨瑞东等，2007），这就是该时期海底缺氧的三个驱动力。

1.3.2.4 志留纪层序地层特征及沉积充填

中上扬子地区志留纪盆地演化主要表现为前缘（渊）拗陷盆地的沉积充填过程，当然这一过程也不是一帆风顺的，而是具有阶段性的，因此，这就为沉积层序的划分提供了依据。

根据志留纪沉积序列演化，大体上划分为两个沉积充填阶段，且以两个红层（溶溪组和回星哨组）为标志，所以，也可以以此划分出两个二级层序，且每个二级层序均显示出明显的海侵-海退旋回性。同时，又根据每个二级层序内海平面变化及其沉积序列的叠置关系划分出六个三级层序（表 1.2），其中第六个三级层序相当于小溪峪组，仅分布在桑植-石门复向斜带内。

1. SSQⅡ-1 层序

1）层序界面特征

该层序的下界面前面已经介绍了，为一个水下沉积间断面，也是一个快速海侵上超面；其上层序界面则为一个水下侵蚀不整合界面，而在隆起边缘又表现为暴露层序不整合界面，在岩性岩相上表现为明显的突变，即潟湖相紫红色页岩消失和浅水陆棚细砂岩夹灰绿色页岩的海侵上超。

2）层序发育特征

该二级层序的发展直接与三角洲砂体的进积过程有关，因此，依据三角洲前缘砂体的发育状况，又可以划分为三个三级层序，其中 SSQⅢ-1 和 SSQⅢ-3 主要为陆棚泥页岩沉积，砂体不发育，所不同的是 SSQⅢ-1 层序沉积水体较深，发育黑色碳质页岩，也是一套重要的烃源层，SSQⅢ-3 主要为浅水陆棚-潟湖相页岩，是一套良好的区域盖层。而 SSQⅢ-2 是三角洲砂体相对发育的时期，在黔北虽然不发育三角洲砂体，但发育珊瑚礁（丘）灰岩，都是志留系重要的储层发育层段和勘探目的层。由此可见，该二级层序在时空上形成了一个良好的生-储-盖组合（图 1.14）。

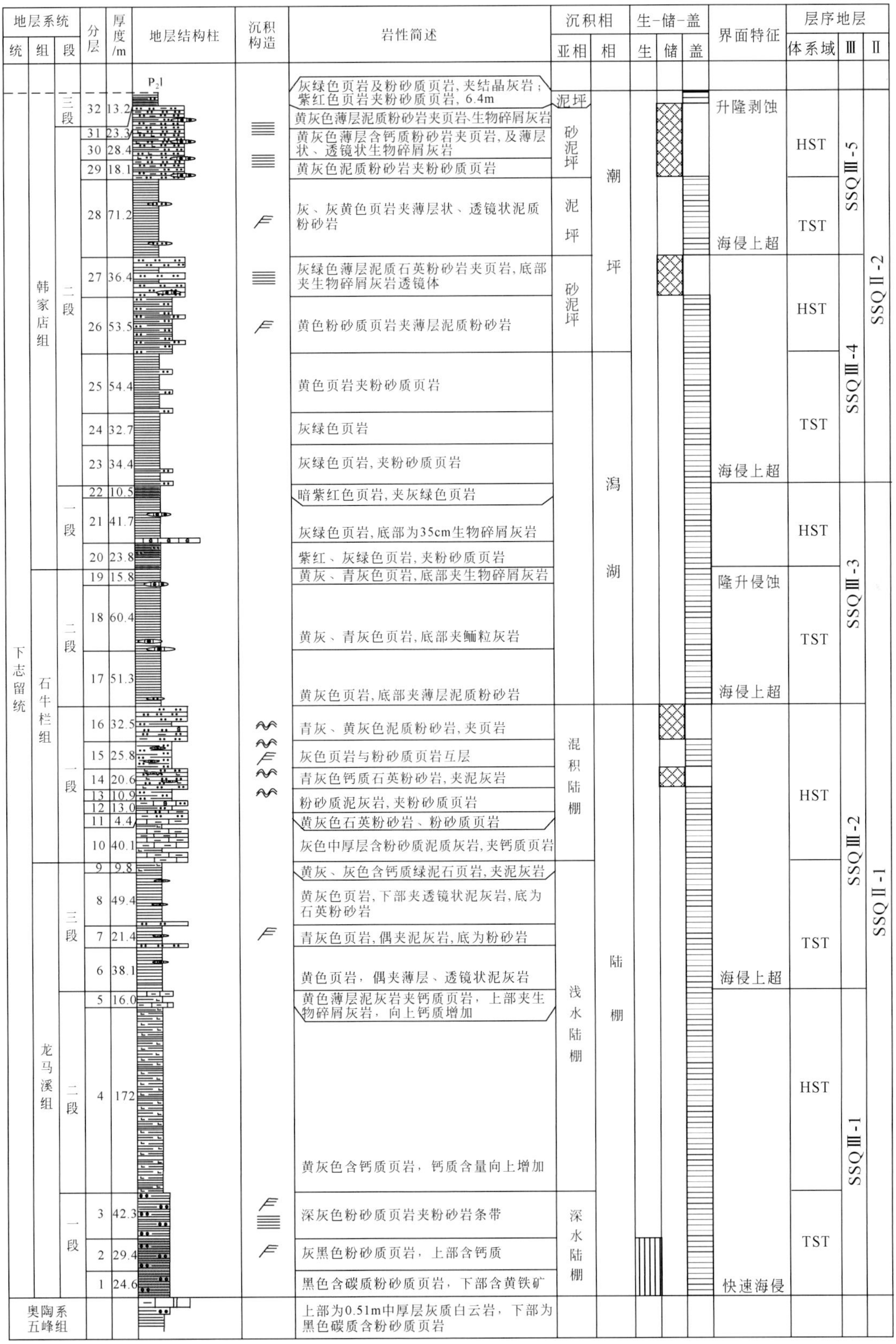

地层系统 統	组	段	分层	厚度/m	地层结构柱	沉积构造	岩性简述	沉积相 亚相	相	生	储	盖	界面特征	层序地层 体系域	III	II
		三段	32	13.2			灰绿色页岩及粉砂质页岩，夹结晶灰岩；紫红色页岩夹粉砂质页岩，6.4m	泥坪					升隆剥蚀	HST	SSQⅢ-5	
			31	23.3			黄灰色薄层泥质粉砂岩夹页岩、生物碎屑灰岩	砂泥坪	潮							
	韩家店组		30	28.4			黄灰色薄层含钙质粉砂岩夹页岩，及薄层状、透镜状生物碎屑灰岩									
			29	18.1			黄灰色泥质粉砂岩夹粉砂质页岩									
		二段	28	71.2			灰、灰黄色页岩夹薄层状、透镜状泥质粉砂岩	泥坪	坪				海侵上超	TST		SSQⅡ-2
			27	36.4			灰绿色薄层泥质石英粉砂岩夹页岩，底部夹生物碎屑灰岩透镜体	砂泥坪						HST	SSQⅢ-4	
			26	53.5			黄色粉砂质页岩夹薄层泥质粉砂岩									
下志留统		一段	25	54.4			黄色页岩夹粉砂质页岩		潟					TST		
			24	32.7			灰绿色页岩									
			23	34.4			灰绿色页岩，夹粉砂质页岩		湖				海侵上超			
			22	10.5			暗紫红色页岩，夹灰绿色页岩							HST	SSQⅢ-3	
			21	41.7			灰绿色页岩，底部为35cm生物碎屑灰岩									
			20	23.8			紫红、灰绿色页岩，夹粉砂质页岩									
			19	15.8			黄灰、青灰色页岩，底部夹生物碎屑灰岩						隆升侵蚀			
	石牛栏组	二段	18	60.4			黄灰、青灰色页岩，底部夹鲕粒灰岩							TST		
			17	51.3			黄灰色页岩，底部夹薄层泥质粉砂岩							海侵上超		
		一段	16	32.5		〜〜	青灰、黄灰色泥质粉砂岩，夹页岩	混积陆棚						HST		
			15	25.8			灰色页岩与粉砂质页岩互层									
			14	20.6		〜〜	青灰色钙质石英粉砂岩，夹泥灰岩									
			13	10.9			粉砂质泥灰岩，夹粉砂质页岩								SSQⅢ-2	SSQⅡ-1
			12	13.0			黄灰色石英粉砂岩、粉砂质泥岩									
			11	4.4												
			10	40.1			灰色中厚层含粉砂质泥质灰岩，夹钙质页岩									
			9	9.8			黄灰、灰色含钙质绿泥石页岩，夹泥灰岩	浅水陆棚	陆							
		三段	8	49.4			黄灰色页岩，下部夹透镜状泥灰岩，底为石英粉砂岩							TST		
			7	21.4			青灰色页岩，偶夹泥灰岩，底为粉砂岩		棚							
			6	38.1			黄色页岩，偶夹薄层、透镜状灰岩							海侵上超		
			5	16.0			黄色薄层泥灰岩夹钙质页岩，上部夹生物碎屑灰岩，向上钙质增加									
	龙马溪组	二段	4	172			黄灰色含钙质页岩，钙质含量向上增加							HST	SSQⅢ-1	
		一段	3	42.3			深灰色粉砂质页岩夹粉砂岩条带	深水陆棚								
			2	29.4			灰黑色粉砂质页岩，上部含钙质							TST		
			1	24.6			黑色含碳质粉砂质页岩，下部含黄铁矿							快速海侵		
奥陶系五峰组							上部为0.51m中厚层灰质白云岩，下部为黑色碳质含粉砂质页岩									

图 1.14　道真巴鱼志留系沉积相与沉积层序划分

2. SSQⅡ-2层序

1）层序界面特征

该二级层序的上界面为一个明显的升隆侵蚀不整合界面，使志留系上部遭受不同程度的剥蚀，且又被上古生界不同时代地层超覆其上，这就是加里东运动的最终沉积响应。所不同的是上古生界超覆的形式不同：有角度不整合和平行不整合之分，这也反映了加里东运动在不同区域的强度差异。根据区域上角度不整合和平行不整合接触关系的统计分析，我们认为加里东造山带向西推进的前缘在慈利—保靖—松桃—镇远—都匀一线与桃源—沅陵—芷江一线之间。

2）层序发育特征

该二级层序总体上也是一个海侵海退旋回，溶溪组上段至秀山组下段为海侵体系域沉积，主体为一套浅水陆棚粉砂质页岩夹少量粉砂-细砂岩组成；其最大海泛期或凝缩段沉积为含钙质或泥质生物灰岩沉积组合，其中发育大量的腕足类、三叶虫、角石等化石，在中扬子的西部（鄂西地区）发育生物丘灰岩（生物以珊瑚、苔藓虫、腕足类等为主）；其高位体系域为秀山组上段页岩及回星哨组紫红色粉砂质泥页岩或泥质粉砂岩等组合。

依据二级层序内部沉积序列的叠置关系可划分为两个三级层序：SSQⅢ-4和SSQⅢ-5（图1.14）。

1.3.3　层序地层格架与沉积盆地演化

层序的纵向叠置实际上就是海平面升降旋回的沉积记录，不同级次的海平面变化，造就了不同级次的地层层序。

从上述层序地层分析来看，中上扬子震旦纪—早古生代经历了三个不同盆地类型的构造-沉积转换，形成了三个超层序：震旦系为南华裂谷盆地晚期的初始台地建设，发育了SQⅠ-1超层序；寒武纪为被动大陆边缘盆地背景下的中上扬子统一碳酸盐台地建设，发育了SQⅠ-2超层序；奥陶纪—早志留世为碳酸盐台地的调整、淹没与前陆充填，发育了SQⅠ-3超层序（图1.15）。

1.3.3.1　裂谷盆地晚期的初始台地建设

上扬子地区裂谷盆地晚期充填包括两个阶段：早期碎屑岩陆架-混积陆棚沉积、晚期碳酸盐初始台地建设。

早期-陡山沱期：南华冰期后，气候变暖，冰川消融，海平面上升、海侵扩大，中上扬子大部分地区逐渐变为被海水淹没。但由于古地貌较为复杂（地垒、地堑），台、盆相伴时现，台间盆地发育深灰色薄层粉砂质黏土岩、黏土质粉砂岩、粉砂岩，上部时夹2~3层微晶白云岩或碳酸锰，底部帽白云岩分布稳定，具有填平补齐充填特征。孤立台地上沉积序列不完整，特别是在黔中隆起地区，开阳金钟、翁昭一带缺失 Z_1d 底部帽白云岩或全部缺失，其水体较浅，形成浅滩-潮坪环境，发育藻砂屑或藻鲕粒滩沉积，形成了著名的开阳-瓮福磷矿。而在扬子东南缘主体为深水陆棚-盆地环境，沉积厚度较大 100~200m。

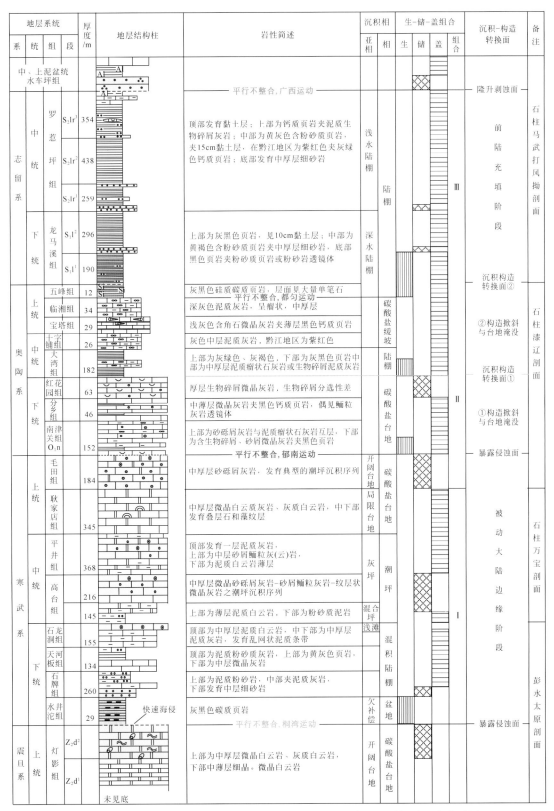

图 1.15　中上扬子地区构造运动、盆地性质、沉积充填、生-储-盖组合关系图

晚期（灯影期），随着海平面的上升，碳酸盐初始台地形成，但是该时期的碳酸盐台地范围较小，主要局限在瓮安-湄潭-彭水-利川以西地区，主要为藻白云岩、鲕粒白云岩、鲕粒砂屑白云岩、叠层石白云岩等，具鸟眼、帐篷、栉壳构造等潮上浅水沉积标志，同时在金沙岩孔、遵义松林发育台内浅滩；在瓮安-石阡深大断裂以东，为深水陆棚-盆地相，由于区域伸展作用，导致热液上升，广泛发育了以硅质页岩、碳质页岩为主的沉积。

灯影晚期，在桐湾运动的影响下，在陆棚-盆地相区发育了广泛的硅质岩沉积，而在台地相区大部被抬升暴露侵蚀，这就为灯影组顶部喀斯特的发育创造了时空条件。

1.3.3.2 被动陆缘统一碳酸盐台地建设

扬子陆块早古生代碳酸盐台地的形成演化大体经历了碎屑岩陆架建设、台地形成、台地发展、台地调整和镶边台地建设五个发展阶段。但从海平面升降旋回来看，早奥陶世的台地调整与镶边台地建设，是早古生代第二个海平面升降旋回的上升期了，是前陆盆地形成的前奏。

寒武纪滇东世和黔东世早期为中上扬子被动大陆边缘碎屑岩陆架建设阶段，也是早古生代碳酸盐台地发育的奠基阶段。该阶段又包括早期的快速海侵形成的黑色页岩沉积、中期的碳酸盐缓坡石灰岩沉积以及晚期的浅水陆棚碎屑岩充填。

黔东世晚期为中上扬子统一碳酸盐台地的形成阶段，该阶段碳酸盐台地的建设是由西向东快速推进的，在沉积序列上表现为台缘浅滩（鲕粒灰岩等）快速向东进积的海退序列。

武陵世和芙蓉世为中上扬子碳酸盐台地的发展期，该阶段总体海平面较低，台地向东推进不明显，沉积以垂向加积作用为主，特别是武陵世早期，可能由于是海平面下降和古气候的共同作用，在中上扬子克拉通内广泛发育含膏岩系，是一个重要的区域盖层发育期。

1.3.3.3 台地调整、淹没与前陆充填

1）碳酸盐台地调整和镶边台地的形成

早奥陶世早期是中上扬子碳酸盐台地的调整阶段，由于郁南运动（可能与越北-湘桂地块向北运动有关）的影响，早奥陶世沉积相分异明显，在中上扬子台地相区出现了分别代表不同沉积相类型的桐梓组、南津关组+分乡组等沉积组合。但是在中上扬子统一的碳酸盐台地东南缘发育了稳定的浅滩相砂砾屑灰岩沉积，为镶边台地的形成奠定了基础。

早奥陶世红花园期是中上扬子统一碳酸盐台地发展的最后阶段，在中上扬子东南缘新晃-松桃-花垣-古丈一带形成了多个断续分布的海绵礁灰岩和藻礁灰岩沉积体，标志着碳酸盐台地的发展达到了顶峰，即镶边碳酸盐台地的形成。

2）前陆充填第一阶段（O_{2-3}）

在前陆阶段，由于构造应力场的转换，中上扬子东南缘前陆盆地的发展又经历了两个发展阶段，第一阶段的主应力为北西南东向的，是由被动大陆边缘阶段的北西-南东向伸展应力场转换而来的。第二阶段的主应力方向转化为南北向，前缘隆起为黔中隆起。

前陆早期阶段，由于来自扬子东南缘加里东运动的构造掀斜作用导致了海平面快速上升，使得红花园期形成的镶边台地被淹没了，并出现了大量陆源碎屑的进积作用。该时期的前缘隆起为水下隆起，但在临湘期末可能出现过短暂暴露。

至临湘期末，中上扬子东南缘的前缘隆起局部可能已经露出了水面，发育了暴露侵蚀面、凝灰岩和古风化壳等，同时这也是一个重要构造–沉积转换：前陆盆地转化为前渊拗陷盆地、碎屑岩沉积代替了碳酸盐沉积。这可能与越北–湘桂地块向北碰撞导致黔中隆起形成的都匀运动有关。

3）前陆充填第二阶段（$O_3w—S_1$）

临湘期末，由于来自主应力为南北向的都匀运动的强烈影响，黔中隆起快速隆升并露出水面，形成了一个新的前缘隆起，导致扬子东南缘的早期前缘水下隆起快速沉没，中奥陶世中上扬子东南缘的前陆盆地与隆后克拉通拗陷盆地连为一体，形成了统一的前陆拗陷盆地，这就是前陆盆地发展第二个阶段的早期主要特征。

而从盆地充填的角度分析，该阶段又可以龙马溪中期为界划分为早期和晚期，早期特征是以黔中隆起形成为标志的都匀运动导致的构造掀斜作用，使得海平面快速上升，形成了五峰期中上扬子克拉通内相对深水的滞留环境，发育了广泛的碳质–硅质页岩夹薄层凝灰岩（斑脱岩）沉积。

晚期特征是来自东南方向华南造山带的快速隆升，物源补给充足，盆地充填以具有复理石特征的砂质泥页岩为主，三角洲沉积发育，但砂岩成熟度普遍较低。随着华南加里东造山带的持续向西逆冲加载以及川中隆起、黔中隆起的快速发展，中上扬子前陆拗陷盆地的陆源碎屑供应充分，沉积充填很快。至早志留世末，中上扬子早古生代海相盆地充填演化结束。

1.4　中上扬子海相盆地改造与现今构造格局

中上扬子新元古代—古生代海相盆地的形成演化为盆地油气地质调查评价提供了物质前提，然在经历了盆地叠合和后期多期次构造改造与调整后，含油气系统也必将随之调整，这必然为现今的油气预测和选区评价提出了很大挑战。因此，深入分析海相原型盆地后期的改造过程具有与原型盆地分析同样重要的意义。

实际上中上扬子海相盆地形成后不仅经历了印支期板块汇聚、海相盆地闭合、碰撞造山过程，更为强烈的是燕山期的板内伸展、隆升剥蚀与陆内造山过程。沈传波等（2006）利用砂岩磷灰石裂变径迹法研究了川东北地区中、新生代的热史，认为该区构造–热演化史可划分为三个阶段：距今 105～80Ma 为快速抬升冷却阶段、80～12Ma 为相对平静阶段、12Ma 以来为快速抬升冷却阶段。这些快速抬升和冷却事件不仅使中生代陆相组合、上古生界海相组合遭受大量剥蚀，也使早古生代海相下组合的生烃、排烃过程基本停止。其直接结果是不仅海相下组合的保存条件受到很大削弱，而且原生油气藏的动态平衡也受到很大破坏。因此，燕山晚幕以来的快速隆升和剥蚀作用将是四川盆地及周缘地区海相油气资源潜力评价的制约性因素。

1.4.1　印支运动的板块拼合和前陆盆地的形成演化

1.4.1.1　印支运动的构造–沉积响应

随着华南板块向北俯冲，华南板块与华北板块逐渐靠近，使南秦岭海日趋萎缩至消亡。华南板块与华北板块沿秦岭–大别–苏鲁造山带由东向西的"剪刀式"拼合（赖旭龙等，1995）及陆–陆碰撞，至三叠纪末拼合在一起。古地磁、同位素年龄及沉积响应资料表明华南板块与华北板块大致于中三叠世末全面碰撞拼贴成相对统一的中国大陆（董树文等，1994；翟明国，1998；朱光等，1998，1999）。通过十多年来国内外学者的共同研究，证明了大别–苏鲁造山带内的超高压–高压变质带是世界上出露最好、规模最大的碰撞造山带，沿撞造山带，扬子克拉通可能有上百公里的地壳物质被消减。

晚二叠世开始扩张的甘孜–理塘洋盆在晚三叠世向西俯冲，使义敦地块早中生代表现为活动陆缘环境，晚三叠世末—早侏罗世洋盆关闭（张旗等，1992；莫宣学、路凤香，1993）。从金沙江–哀牢山蛇绿混杂岩被上三叠统红色碎屑岩不整合覆盖以及可能与其相连的八布蛇绿岩绿片岩角闪石年龄，均反映了蛇绮蛇绿岩的侵位及金沙江–哀牢山洋盆的闭合是在晚三叠世之前。昌宁–孟连洋盆也是在中、晚三叠世闭合的（钟大赉等，1998）。至此，海水基本退出中国南方大陆。

印支运动使中国南方构造格局和性质发生了巨大变化，主要表现在：

（1）华北、秦岭–大别、华南地区完全拼合，中国大陆基本结束了海相沉积环境；

（2）三江地区随着诸多小洋盆的闭合，保山地块、昌都–兰坪–思茅地块、越北地块、义敦地块及松潘地块拼贴到扬子西南缘；

（3）沿秦岭–大别碰撞造山带两侧及扬子西南缘形成前陆盆地；

（4）早期的同生正断层、走滑断层转化为逆冲推覆断层，产生大型挤压冲断隆拗区；

（5）在秦岭造山带及扬子西缘等地区发生较强烈的构造岩浆作用。

印支运动对南方板块的影响，不仅与华南与华北的碰撞拼贴以及三江地区古特提斯洋关闭有关，推测还可能与古西太平洋由晚古生代后期—中三叠世的拉开及中三叠世末转为沿台湾大南澳蛇绿混杂岩带向中国东南部的俯冲作用有关。大南澳蛇绿混杂岩是古西太平洋早侏罗世增生到欧亚大陆东缘的洋壳残片，古西太平洋由扩张到向欧亚大陆之下俯冲的转变发生于中、晚三叠世之交，由此造成了华南地区印支期构造环境的转变。

总之，印支运动使江南隆起带以南的华南地区晚古生代地层普遍褶皱及冲断，江南隆起带及其以北的扬子地区则整体抬升、遭受部分剥蚀，造成中、上三叠统接触关系表现为江南隆起带以南为角度不整合，江南隆起带以北为平行不整合。形成了以秦岭–大别–胶南造山带、泸州–开江隆起、江南隆起带、武夷–云开隆起带为相对隆起区，其间为相对拗陷区的"大隆大拗"构造格局。

1.4.1.2　古特提斯洋关闭与前陆盆地的形成

印支运动后，大致以江南–九岭–武陵–雪峰隆起带为界，其南东为受古西太平洋板块俯冲影响而形成的弧后引张区，主要表现为断陷盆地，北西为受华南与华北拼接及古特提斯封闭影响而形成的挤压区，主要表现为前陆盆地。华南板块继续向华北板块之下俯冲，陆陆碰撞造成秦岭–大别–胶南造山带隆升，导致前、后陆形变并产生前陆盆地带。造山带南侧发育了扬子板块北缘前陆盆地带；甘孜–理塘洋盆、金沙江–哀牢山洋盆的封闭在上扬子区西缘亦形成了上三叠统—侏罗系川西–楚雄前陆盆地。

1）扬子北缘前陆盆地带

华南板块北缘沿南大巴山–南秦岭–大别山过郯庐断裂再接连黄断裂一线以南，在古生代被动大陆边缘上形成了一条以四川、江汉、沿江盆地（望江、无为、南陵等）和苏北盆地为代表的北前陆盆地带。以上三叠统、下侏罗统磨拉石粗碎屑岩为代表前陆充填沉积超覆于老地层之上，往南则过渡为前陆湖沼含煤沉积。

中下扬子北缘前陆盆地大致介于襄广断裂–嘉山–响水断裂与江南断裂之间，西起黄陵背斜，经鄂东大冶，沿长江向东至常州后入海，覆盖了中下扬子大部地区。前陆盆地早期沉积继承了中三叠世残留盆地格局，主要为一套内陆湖泊相沉积，发育泥页岩、粉砂岩及中粗砂岩，普遍含煤线或煤层。早、中侏罗世本区仍继承晚三叠世沉积格局，但水体变浅，范围变小，主要发育了一套砂泥岩夹砾岩及煤线，总的表现为向上砂岩、砾岩增多的变浅序列。中、下侏罗统与上三叠统基本为整合或假整合接触。但在下扬子巢县及阜宁盐城一带，见象山群超覆于不同时代海相地层之上以及象山群（$J_{1-2}x$）与黄马青群呈角度不整合，说明前陆盆地向北迁移，反映出江南隆起带在该时期的快速隆升和向北强烈挤压迁移（朱光等，1998）。

2）扬子西缘前陆盆地带

由于印度板块的向北漂移拼合，使保山地块沿北东向加速前进，昌宁–孟连洋盆向东俯冲于昌都–思茅活动陆缘之下并渐渐萎缩，至中晚三叠世消亡，至此保山地块和昌都–兰坪–思茅地块连为一体。该地块继续向北东移动以及发生金沙江–哀牢山洋盆向西俯冲于兰坪–思茅活动陆缘之下，使金沙江–哀牢山洋盆于中三叠世末基本闭合，甘孜–理塘洋盆也于晚三叠世向西俯冲于义敦活动陆缘之下并于晚三叠世末闭合（王连城等，1985；张旗等，1992；莫宣学等，1993）。三江地区发育的大量海西晚期—印支期岛弧火山岩，均属具陆壳基底的陆缘火山弧性质，也说明该地区古生代晚期—三叠纪洋–陆俯冲作用的存在。由于上述洋盆的闭合并使保山地块、昌都–兰坪–思茅地块及义敦地块于晚三叠世逐渐拼贴到扬子西缘，导致松潘–甘孜被动大陆边缘盆地发生褶皱冲断，从而在扬子西缘形成了以川西及楚雄盆地为代表的晚三叠世—侏罗纪前陆盆地带（马力、支家生，1994；丁晓、沈扬，1995）。十万大山盆地在东吴运动后即成为前陆盆地，其上三叠统及侏罗系均属较典型的前陆型沉积，主要分布于盆地东南部，与云开隆起的持续造山挤压有关。南盘江地区上三叠统也为前陆型含煤碎屑岩沉积序列。

川西晚三叠世前陆型沉积的代表是攀西地区的白果湾组以及相当的丙南组、大养地组、宝鼎组等，主体为一套厚达 1000～4000m 的含煤砂砾岩粗碎屑岩建造，为典型的前陆磨拉石沉积。四川盆地内的小塘子组及须家河组也为含煤碎屑岩，厚度由龙门山前向东（盆地内）逐渐变小，也属前陆沉积。刘树根等（1995）研究认为，川西晚三叠世前陆盆地的形成与演化可分为五个阶段：①被动大陆边缘发展阶段（马鞍塘组及小塘子组）；

②构造反转阶段（须家河组一段）；③前陆盆地早期欠补偿阶段（须家河组二段）；④前陆盆地中期补偿阶段（须家河组三段）；⑤前陆盆地晚期过补偿阶段（须家河组四、五、六段）。川西龙门山燕山-喜马拉雅期持续的造山挤压使川西地区持续沉降，因此，其侏罗系—古近系均具有前陆沉积的特征。该前陆盆地为油气藏的形成演化提供了重要的有利条件，目前川西前陆层系已发现了众多气田。

楚雄前陆盆地也形成于晚三叠世。早二叠世前属于扬子板块西部被动大陆边缘的一部分，晚二叠世扬子板块西缘发生隆升-裂陷，形成康滇穹窿（刘宝珺等，1993），造成古生界被大量剥蚀，同时发生了峨眉山玄武岩大量喷发。由于玄武岩喷发，造成了该地区一系列南北向深大断裂的形成，如小江断裂、程海断裂、绿汁江断裂（元谋断裂）等。进入三叠纪，由于昌宁-孟连洋壳向兰坪-思茅陆缘弧之下的俯冲消减，推动兰坪-思茅地块快速向扬子西缘靠近并由此引发了金沙江-哀牢山洋壳也向兰坪-思茅陆缘弧之下俯冲消减，使扬子西南缘的楚雄地区转化为弧后盆地。随着晚三叠世发生的兰坪-思茅地块及义敦地块与扬子西缘的碰撞拼贴，楚雄弧后盆地演变成为弧后前陆盆地。扬子西缘侏罗系—下白垩统是上三叠统前陆型沉积的延续。早白垩世末拉萨地块及掸泰马地块与羌塘地块与扬子西南缘的最终碰撞拼合，使楚雄盆地产生了较强烈的由西向东的挤压冲断、抬升剥蚀，并造成中、古生界褶皱，推测元谋隆起也主要形成于该期冲断作用。

晚白垩世—古近纪早中期，雅鲁藏布江洋向北西的拉萨地块及掸泰马地块之下俯冲，使扬子西南缘在处于一种弧后伸展构造环境中。然而，始新世中后期，因受印度板块沿雅鲁藏布江缝合带与中国大陆碰撞拼贴效应的影响，青藏高原迅速崛起，楚雄盆地随着金沙江-哀牢山缝合带的挤压走滑而作近同步或滞后的挤压走滑（喜马拉雅早期以北东向挤压作用为主、喜马拉雅中期主以左旋压扭性走滑逆冲作用为主、喜马拉雅晚期转为以右旋走滑挤压逆冲作用为主），持续的挤压走滑逆冲使楚雄盆地迅速抬升，成为构造残留盆地。

南盘江-右江盆地，早古生代属扬子被动陆缘的一部分，晚古生代是古特提斯域的组成部分，中、晚三叠世随着马江及八布洋壳的消减，越北地块与扬子西南缘的逐渐拼贴，使南盘江-右江地区从弧后盆地转变为弧后前陆盆地。早、中三叠世，越北地块受到马江及八布洋壳的双向俯冲，产生较强烈的中酸性火山喷发及隆升剥蚀，使南盘江-右江盆地发育浊积岩（刘宝珺等，1993）。八布缝合带及马关-靖西逆冲-推覆带推测始于晚三叠世，然南盘江-右江地区的大部地区并未因此形成明显的褶皱和冲断。区域地质调查也显示，该区中、古生界层系的褶皱与冲断主要形成于燕山期及喜马拉雅期，尤其是燕山期以来，南盘江地区经历了多期逆冲、褶皱、抬升和改造过程。根据构造平衡剖面分析，南盘江拗陷虽经受了一定强度的挤压，但多期次构造应力作用也形成了一个"稳定区"，区内变形相对较弱，三叠系多呈东西向盖层滑脱褶皱，地腹构造平缓，推测仍有保存较好的圈闭存在。

3）华南断陷盆地带

华南断陷盆地带的发育受控于古西太平洋的俯冲所产生的弧后伸展效应，从而形成了粤闽湘晚三叠世—早侏罗世断陷海盆。江西萍乡-乐平一带发育的上三叠统安源煤系也是受海侵影响的产物，为粤闽湘断陷海盆的东北延伸部分。从沉积相带及盆地极性分析看（刘宝珺、许效松，1994），该断陷海盆主要受北东向断裂张性活动控制。江西吉安县安塘一带发育的上三叠统安源组上部夹基性火山岩及凝灰岩和福建上三叠统文宾山组中发育

本水平，而下伏则常为倾斜状，上、下反射波组呈明显不整合，剖面上极易追踪对比。相当于喜马拉雅运动面。

T_E：为古近系底，一般为两个相位中低频连续性好反射，与其下伏反射波组偶见不整合接触，界面上、下反射波组强弱对比明显，易于追踪对比。

T_{K_2}：为上白垩统底，$2 \sim 3$ 个相位强连续断续反射，与其下伏反射波组常呈不整合接触，剖面上易于追踪。相当于燕山运动主幕构造面。

T_{K_1}：为下白垩统底，中-弱断续反射，与其上、下反射波组皆呈不整合接触。

T_J：具有不确定性，如其在中扬子区代表 T_3 底，其上、下反射大致平行。而在下扬子区则是个跨时界面，有的地方代表 T_3 的底，有的地方则代表 J_3 的底，强连续-弱断续反射，界面上、下反射波组大致平行，呈整合接触、假整合和不整合接触，这与印支-燕山运动在不同地区表现的强弱及其超前滞后效应有关。

T_S：为志留系顶，$1 \sim 2$ 个相位强连续-弱断续反射，界面上、下反射波组强弱对比明显，易于追踪对比。相当于加里东运动面。

基底构造面：为前震旦系顶面，表现为弱连续-弱断续反射。常成为划分构造单元的区域性深大断裂的主要滑脱面，相当于晋宁运动面。

3. 构造层划分

主要根据上述晋宁、印支、燕山及喜马拉雅运动反射界面并结合前人研究成果，可将本区构造层纵向上划分为五大套：裂谷盆地构造层、海相盆地构造层、前陆盆地构造层、伸展盆地构造层和披盖构造层。

1）裂谷盆地构造层（AnZ）

主体有新元古代中期以来南华裂谷系充填序列构成，地震剖面上表现为弱的杂乱反射。底界为一至两个相位的断续强反射，与盆地基底反射呈斜交关系。

2）海相盆地构造层（Z—T_2）

依据它们的地震反射特征，可将其细分为海相下组合和海相上组合两个构造亚层。

A. 海相下组合构造亚层（Z—S）

表现为低频的平行反射，顶面（T_S）为一至两个相位强连续-弱断续反射，界面上、下反射波组强弱对比明显易于追踪对比。该界面在江汉地区受构造改造较弱，在下扬子区被改造强烈，实际代表了沿志留系发育的构造滑脱面。本构造亚层区内主要由稳定的地台型或被动大陆边缘型碳酸盐岩和碎屑岩组成，地台型沉积厚约 3400m，大陆边缘型沉积厚约 6000m，均未变质，但已褶皱并被冲断层所改造，发育挤压构造样式。

T_S 反射层：一般表现为二个或一组强反射，对比追踪最上一个强反射，该反射层是工区内的标准反射层，工区内波形特征非常稳定，可大范围对比追踪（图 1.17）；

T_O 反射层：工区内波形特征比较稳定，表现为一组强反射波组，对比追踪最下一个反射层；

T_ϵ 反射层：工区内反射特征不稳定不易识别，部分剖面段可见二个强相位，对比追踪最上一个反射同相轴，反射层之下约 $200 \sim 300$ms 可见二个强反射同相轴，是该反射层的参考标准层；

T_Z 反射层：工区内波形特征比较稳定，一般表现为一组强反射波组。

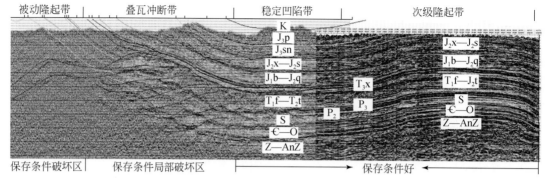

图 1.17　川东北地区地震地层层序划分与露头层位标定

B. 海相上组合构造亚层（D—T$_2$）

为一套平行的较连续的低频反射，底界为 T$_S$ 界面，顶界为 T$_J$，分别对应于加里东运动面和印支运动面。T$_S$ 和 T$_J$ 界面上下反射大致平行，显示出上、下古生界之间以及上古生界与中生界之间均为假整合接触，说明这两次构造运动对台地内部影响不大。但在大陆边缘，从湘中、浙西地区，上、下古生界间以及上古生界与中生界之间均为不整合接触，显示这两次构造运动在大陆边缘区具有造山性质。本构造层主要以碳酸盐岩为主间夹少量碎屑岩，厚约 3000～5000m，发育冲断构造，尤其是在下扬子区，本构造层冲断层及相关褶皱极为发育。

T$_{P_2}$ 反射层：一般表现为一组强反射波组，对比追踪最下一个反射层；

T$_{P_1}$ 反射层：一般表现为 2～3 个弱反射层，对比追踪最下一个反射层，该反射层工区内部分剖面波形特征较为明显稳定能可靠对比追踪，但部分区段波形特征不清楚（图 1.17）；

T$_C$ 反射层和 T$_D$ 反射层：表现为弱反射，波形特征不明显，不易追踪对比，且上扬子大部缺失。

3）前陆盆地构造层（T$_3$—K$_1$）

前陆盆地构造层为一套低振幅、低频、连续性较差的反射，顶底界分别为 T$_{K_2}$ 和 T$_J$。其中顶界 T$_{K_2}$ 为 K$_2$ 底界，全区易于追踪且具削蚀本构造层特点，显示出上、下构造层为不整合接触。而底界 T$_J$ 却具有不确定性（如前所述）。该构造层因后期改造强烈保存不全，发育挤压构造样式。

4）伸展盆地构造层（K$_2$—E）

该构造层主要发育在上扬子四川盆地、中扬子的江汉盆地以及下扬子的苏北盆地等，由上白垩统—古近系河湖相近源碎屑岩建造组成，尽管后期遭受剥蚀，仍具有良好油气勘探前景，是区内重要油气产层。伸展盆地构造层在地震剖面上表现为一套中强振幅、低频、平行密集反射，与下伏构造层反射波组呈不整合接触，其底界面为 T$_{K_2}$。本构造层以发育逆反转型伸展断层、同生正断层及相关褶皱为特色，属伸展构造样式。

5）披盖构造层（N—Q）

该构造层由 N—Q 披盖性沉积组成，为一套尚未完全固结的砂砾岩，主要分布在江汉盆地和苏北盆地内，其他地区分布零星。地震剖面上表现为水平的强连续性反射，其底界

面 T_N 一般为两至三个相位中低频连续性极好反射，与下伏反射波组呈明显不整合关系，极易追踪对比。

上述各构造层，在南方不同地区，由于区域构造与古地理格局不同，其发育程度存在较大差异，但在四川盆地、江汉盆地、苏北盆地等地保存较全。

1.3.3.2 以燕山构造面为界的"双层"结构

根据构造旋回与构造层的划分，扬子地区具明显的双层结构，即以印支−燕山侵蚀面为界，其上为伸展构造形成的陆相断陷沉积层系，其下表现为挤压构造特征，主体为海相沉积层系。地震和钻井资料也表明，燕山面（有的属印支−燕山复合界面）上、下构造层的构造样式迥然不同，为便于研究，分别以挤压和伸展两个构造层进行区域构造单元划分。

1. 挤压构造层构造单元划分

根据主要缝合带与重要断层（图 1.18）作为构造单元的分界线，划分了九个一级构造单元：华北板块（Ⅰ）、扬子板块（Ⅱ）、华夏板块（Ⅲ）、秦岭微板块（Ⅳ）、义敦微板块（Ⅴ）、兰坪思茅微板块（Ⅵ）、保山微板块（Ⅶ）、腾冲微板块（Ⅷ）、海南微板块（Ⅸ）（图 1.18，表 1.3）。

表 1.3 扬子板块燕山期挤压构造层构造单元划分表（据高瑞祺、赵政璋，2001）

一级单元	二级单元	三级单元	四级单元
华北板块 Ⅰ			
扬子板块 Ⅱ	扬子北缘推覆褶皱带 $Ⅱ_1$	巴颜喀拉造山带 $Ⅱ_1^1$	
		秦岭−大别造山带 $Ⅱ_1^2$	
		胶南造山带 $Ⅱ_1^3$	
	江南隆起北缘冲断带 $Ⅱ_2$	康滇冲断带 $Ⅱ_2^1$	
		川东褶皱带 $Ⅱ_2^2$	
		湘鄂黔冲断带 $Ⅱ_2^3$	当阳−京山冲断带 $Ⅱ_2^{3-1}$
			沙市−大治对冲带 $Ⅱ_2^{3-2}$
			湘鄂西冲断褶皱带 $Ⅱ_2^{3-3}$
		苏浙皖冲断带 $Ⅱ_2^4$	苏北冲断带 $Ⅱ_2^{4-1}$
			宁芜对冲带 $Ⅱ_2^{4-2}$
			苏皖南冲断带 $Ⅱ_2^{4-3}$
	江南基底拆离隆起带 $Ⅱ_3$	江南基底拆离带 $Ⅱ_3^1$	
		上海基底拆离带 $Ⅱ_3^2$	
	江南隆起南缘冲断带 $Ⅱ_4$	南盘江−十万大山冲断带 $Ⅱ_4^1$	南盘江冲断褶皱带 $Ⅱ_4^{1-1}$
			十万大山冲断带 $Ⅱ_4^{1-2}$
		湘中−赣中冲断带 $Ⅱ_4^2$	
		钱塘冲断带 $Ⅱ_4^3$	
华夏板块 Ⅲ	赣南冲断带 $Ⅲ_1$，武夷−云开推覆带 $Ⅲ_2$，浙−岭南冲断带 $Ⅲ_3$		

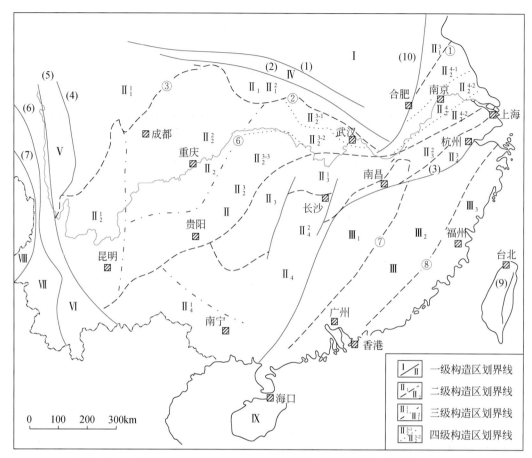

图 1.18 中国南方燕山晚期的构造单元划分图（据高瑞祺、赵政璋，2001）

（1）商丹缝合带；（2）勉略–岳西缝合带；（3）江山–绍兴缝合带；（4）甘孜–理塘缝合带；（5）金沙江–哀牢山缝合带；
（6）昌宁–孟连缝合带；（7）班公错–怒江缝合带；（9）台东缝合带；（10）郯庐断裂带；①响水–嘉山断裂；
②襄樊–广济断裂；③龙门山–玉龙山断裂；⑥齐岳山断裂；⑦吴川–四会断裂；⑧丽水–海丰断裂。
图中构造单元代号见表 1.3

1）扬子北缘推覆褶皱带 II_1

属基底卷入的厚皮构造带，卷入地层为太古宇—下古生界及上古生界。勉略–岳西缝合带是其北界，龙门山、襄樊–广济、响水–嘉山断裂为其南界断裂。地表显示为向扬子板块凸进的弧形特征，由一系列韧性剪切带和冲断层构成，沿断裂带发育飞来峰和构造窗。该推覆褶皱带主要形成于印支–燕山期，可进一步划分为巴颜喀拉造山带 II_1^1、秦岭–大别造山带 II_1^2、胶南造山带 II_1^3。其中巴颜喀拉造山带的形成不仅触及扬子与华北板块的拼贴，更与古特提斯洋的关闭有关，呈三角形向扬子腹地仰冲挤入。

2）江南隆起北缘冲断带 II_2

北界为一系列推覆断裂，南面以古丈–凤凰断裂、蒲圻–咸宁断裂和阳新断裂、濡湖–绩溪断裂为界，是江南隆起北缘冲断带和江南基底拆离带的分界线。带内主要出露早古生代地层，表现为基底与盖层之间拆离面之上的隔槽式及隔档式褶皱。可进一步划分为康滇

冲断带 II_2^1、川东褶皱带 II_2^2、湘鄂黔冲断带 II_2^3 和苏浙皖冲断带 II_2^4。

（1）康滇冲断带 II_2^1：以丽江-安兴场断裂及金沙江-哀牢山缝合带为西界，以小江断裂为东界。康滇隆起是元古以来的继承性长期古隆起，位于该构造单元的北部。从楚雄盆地 CDD97-08 地震测线地质解释剖面中看到，该冲断带总体上表现为东西对冲的构造格局，形成这种对冲格局主要是燕山期改造的结果。

（2）川东褶皱带 II_2^2：以齐岳山断裂为其东界，主要表现为隔档式高陡背斜褶皱带，形成于喜马拉雅期，为中国南方遭受构造破坏性改造最小的地区之一。

（3）湘鄂黔冲断带 II_2^3：该带总体表现为南北对冲的构造格局，主要形成于燕山期。

（4）苏浙皖冲断带 II_2^4：该带北界为响水-嘉山断裂，南界为漷湖-绩溪断裂，总体上形成南北对冲格局，主要形成于印支-燕山期。

3）江南基底拆离（隆起）带 II_3

北界为古丈-凤凰断裂、蒲圻-咸宁断裂和阳新断裂、漷湖-绩溪断裂，南界大致以元古宇出露边界为界。广泛出露中、新元古界，古生界仅残存分布，带内北北东-北东向逆掩推覆断裂极为发育，正是由这些断裂将基岩冲出地表并构成一系列由南向北的叠瓦状冲断构造，具厚皮构造特征。该带目前呈向北西突出的弧形构造特征，是经燕山期北东向走滑断裂切割改造的结果。

4）江南隆起南缘冲断带 II_4

界于江南隆起带和江绍断裂带之间，印支期受古太平洋板块和印支板块的联合作用，带内下部陆壳俯冲、上部逆冲推覆造山，主体盖层（ $D_2—T_2$ ）发生褶皱并卷入冲断构造，形成广布的逆冲推覆构造和残存的近源推覆岩片（曾勇、杨明桂，1999）。湘中地区表现为由一系列北北东-北东向冲断层由南东向北西推覆，构成叠瓦冲断构造，冲断层向下收敛于石炭系内或前泥盆系基底面上。从洞口石下江及涟源恩口等地见二叠系逆冲于侏罗系之上而又伏于上白垩统之下的事实说明该冲断带也主要形成于燕山期（高瑞祺、赵政璋，2001）。

上述构造单元主要是依据冲断构造特征来划分的，实际上包括了大致以长江为界的南北两大冲断体系。即与秦岭-大别造山带有关的由北向南的冲断体系和与江南基底拆离带有关的由南向北的冲断体系。尽管他们的构造样式大致相同，但他们的形成机制却不一样，对北部冲断体系的形成，目前的看法较为一致，认为直接与扬子板块向华北板块之下俯冲碰撞造成前陆变形有关，印支期形成雏形，燕山晚期基本定型。然而对南部冲断体系形成的认识尚存分歧，分歧在于成因模式与动力机制，结合现有资料分析，该体系可能的形成机制如下：

（1）动力来源于双向俯冲，随着印支期扬子板块向北俯冲及至陆-陆碰撞缝合加剧，其向南的反向作用力亦逐渐增大，与此同时，由于印支-南海板块与华南板块的碰撞缝合又产生了一个由南向北的挤推应力。因此，印支-燕山期整个华南板块处于南北挤压构造背景下，在强烈的相向挤压作用下，构造变形沿板内薄弱地带发育。

（2）形变方式属陆内俯冲，即隆起带南部岩石圈顶面以上圈层沿江南隆起南缘向北仰冲，岩石圈底面则沿江南隆起南缘向下俯冲，隆起带北部岩石圈底面以上圈层像楔子一样嵌入南部岩石圈中。这种陆内俯冲的结果是使南部仰冲层向北冲断推覆的同时又引起北部岩石圈的强烈隆升，造成隆起带沿各种拆离面向北迁移，形成了由南往北的冲断构造体系。

（3）变形时限较晚，大约形成于燕山早期，定型于燕山晚期。

2. 伸展构造层构造单元划分

依据基底结构和中、新生界发育程度，中、古生界保存状况，构造样式、油气地质条件，印支运动以来多期构造演化结果，表明南方燕山期以来的伸展作用与太平洋板块对中国东部俯冲所造成的弧后伸展、壳幔物质的重新分配及造山期后的应力松弛有关。伸展作用强烈的地区往往是深部幔隆和浅部构造逆反转的叠合区，其形成受控于先期构造样式和地幔物质调整的结果，按伸展构造层的现今分布划分构造单元如下（表1.4，图1.19）。

表 1.4　扬子板块现今伸展构造层构造单元划分表（据高瑞祺、赵政璋，2001）

一级单元	二级单元	三级单元	四级单元
扬子板块 II	扬子北缘基底隆起带 II$_1$	巴颜喀拉隆起带 II$_1^1$	
		大巴山-秦岭-大别隆起带 II$_1^2$	
		苏鲁隆起带 II$_1^3$	
	川鄂苏拗陷带 II$_2$	川东拗陷 II$_2^1$	四川盆地
		鄂中拗陷 II$_2^2$	江汉盆地
		苏北拗陷 II$_2^3$	苏北盆地
	江南隆起北缘拗陷带 II$_3$	康滇拗隆 II$_3^1$	楚雄盆地
		湘鄂黔隆起 II$_3^2$	洞庭盆地
		苏皖南拗陷 II$_3^3$	句容、无为、南陵盆地
	江南基底隆起带 II$_4$	雪峰隆起带 II$_4^1$	沅麻盆地
		九岭隆起带 II$_4^2$	
		江南隆起带 II$_4^3$	
	江南隆起南缘拗陷带 II$_5$	南盘江-十万大山拗陷带 II$_5^1$	
		湘中-赣中拗陷带 II$_5^2$	
		钱塘拗陷带 II$_5^3$	
华夏板块 III	赣南拗陷带 III$_1$		
	武夷-云开隆起带 III$_2$	武夷隆起带 III$_2^1$	
		云开隆起带 III$_2^2$	
	浙闽-岭南拗陷带 III$_3$		
周缘微板块	秦岭微板块 IV；义敦微板块 V；兰坪-思茅微板块 VI；保山微板块 VII；腾冲微板块 VIII；海南微板块 IX		

1）扬子北缘基底隆起带 II$_1$

该带印支-燕山期均处于隆升剥蚀状态，尤其是晚侏罗世—早白垩世时大规模隆升，尽管晚白垩世以来的伸展作用对其进行了改造，但由于处于相对幔陷地区，缺乏深层次伸展机制，依然处于隆起状态，以遭受风化剥蚀为主，成为伸展盆地的重要物源区。

该带可分为巴颜喀拉隆起带 II$_1^1$、大巴山-秦岭-大别隆起带 II$_1^2$ 和苏鲁隆起带 II$_1^3$。

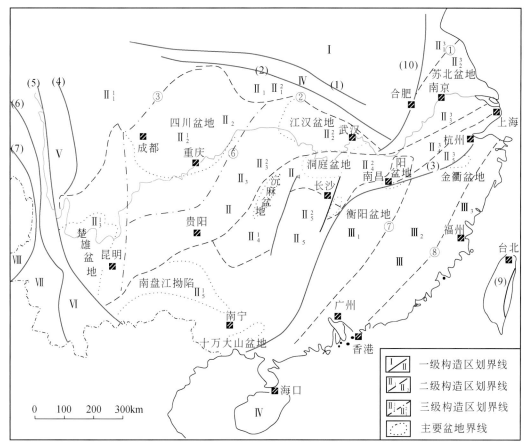

图 1.19　中国南方现今构造单元划分图（据高瑞祺、赵政璋，2001）

图中构造带编号和主要断裂编号与图 1.18 相同，构造单元代号见表 1.4

2）川鄂苏拗陷带 II₂

该带西北部边界为龙门山、大巴山、襄广、响水-嘉山断裂，为印支-燕山期向扬子腹地逆掩的冲断层，并使四川、江汉及苏北地区长期处于压陷环境，形成前陆拗陷。其东南边界为由华夏板块向北西与扬子板块碰撞拼贴而形成的挤压冲断构造的前锋带。根据四川忠县-湖南沅陵综合解释剖面分析，齐岳山断裂为其冲断构造的前锋带。鄂中拗陷的南界大致相当于蒲圻-咸宁断裂—阳新断裂一线；苏北拗陷的南界则大致相当于茅山断裂一线。显然，从构造区划特征并结合沉积演化史来看，该带为中国南方油气保存最有利的地区。该带可分为川东拗陷 II₂¹、鄂中拗陷 II₂² 和苏北拗陷 II₂³ 三个次级构造单元。

3）江南隆起北缘拗陷带 II₃

该带主要沿早期的逆掩冲断层反转的正断层作为伸展边界，使带内层层下陷成为相对拗陷地区。同时又因深部物质作用不同分东、西两带，西带则因处于幔坡位置仍处于相对隆起状态，如康滇隆起及湘鄂西地区。东带处于幔隆区叠加了深部强烈的伸展作用，发育了洞庭盆地、鄱阳盆地及苏皖南拗陷中的句容盆地、无为盆地、南陵盆地等。

该带可分为康滇拗陷 II₃¹、湘鄂黔隆起 II₃² 和苏皖南拗陷 II₃³ 三个次级构造单元。康滇拗陷以丽江–安兴场断裂及金沙江–哀牢山缝合带为西界，以小江断裂为东界。其中楚雄盆地可进一步分为：西部冲断隆起区、中部拗陷区、元谋隆起、东部拗陷区。湘鄂黔隆起带以齐岳山断裂为西界、古丈–凤凰断裂为东界；苏皖南拗陷以茅山断裂为北界、漏湖–绩溪断裂为南界。

4）江南基底隆起带 II_4

北界为古丈–凤凰断裂、蒲圻–咸宁断裂和阳新断裂、漏湖–绩溪断裂，南界大致以元古宇出露边界为界。该带与秦岭–大别隆起带一样属继承性基底隆起，遭受强烈的风化剥蚀，是区内南北拗陷带重要物源区，仅局部继承性拗陷区接受沉积，如沅麻盆地。

该带可细分为雪峰隆起带 II_4^1、九岭隆起带 II_4^2 和江南隆起带 II_4^3 三次级隆起带。

5）江南隆起南缘拗陷带 II_5

界于江南隆起带和江绍断裂之间，主要沿早期发育的走滑拉分盆地继承性发育成为新的伸展型盆地，如衡阳盆地、鄱阳盆地。伸展作用主要沿北东向断裂展开，同时叠加了深部幔源物质上拱引起的拉张，大致经历断陷、拗陷和隆升的演化三部曲。目前伸展构造层大都保存于上白垩统，古近系因剥蚀残存不全。西部的南盘江拗陷、十万大山盆地，受红河断裂走滑改造强烈。

该拗陷带从南西往北东可细分为南盘江–十万大山拗陷带 II_5^1、湘中–赣中拗陷带 II_5^2 和钱塘拗陷带 II_5^3 三个次级构造单元。

第2章 中上扬子海相盆地重点时期的 古地理

2.1 中上扬子重点区沉积岩石类型与沉积相

岩石类型及其组构受沉积环境（水深、水动力强度、陆源物质注入量、古气候、古纬度等）及盆地沉积–构造背景控制，不同时期发育的岩石类型、生物组合及其沉积序列是明显不同的，这些沉积标志是识别、划分岩石地层单元，进行地层区域对比和层序研究的主要依据。同时，其成岩后生变化（包括岩溶作用）的发育情况与原岩类型也是具有内在联系的，更与后期油气的储集成藏有着密切的关系。因此，有必要对雪峰山西侧海相盆地充填的岩石类型作一个较为系统的归纳和总结，以便于从岩石宏观特征和结构上区分各个岩石地层单元。

雪峰山西侧震旦纪—早古生代海相盆地的沉积充填，在不同阶段由于沉积盆地性质的不同，沉积的岩石类型也具有很大差异的。总体上，在被动大陆边缘盆地发育的早期（寒武纪黔东统）是以碎屑岩沉积为主。黔东世清虚洞期至早奥陶世红花园期，为碳酸盐台地发育阶段，除东南缘斜坡–盆地沉积区发育碎屑岩沉积以外，均为碳酸盐沉积。自奥陶纪，中上扬子海相盆地进入了前陆盆地演化阶段，碎屑岩开始普遍发育，虽然在早奥陶世和中晚奥陶世之交还短期发育有较为稳定和广泛的碳酸盐岩，但很快被大湾组砂质页岩和五峰组碳硅质页岩沉积上超而淹没，发育两次典型的淹没台地。进入志留纪，以碎屑岩的快速充填为主要特征。因此，沉积岩石类型及其组合是沉积盆地演化阶段性的重要物质表现，是沉积盆地分析的重要载体。

2.1.1 岩石类型与沉积相

2.1.1.1 碳酸盐岩

碳酸盐岩的分类和命名基本沿用了曾允孚和夏文杰（1984）的结构–成因分类方法，主要依据颗粒/灰泥比、亮晶/灰泥比和颗粒类型等来划分的。另外，对一些特殊岩石类型，如结晶白云岩、皮壳（或葡萄状）白云岩、条带状石灰岩、宝塔石灰岩等的成因和沉积环境也进行了分析。

同时，根据方解石和白云石的相对含量，将碳酸盐岩类又划分为白云岩类和石灰岩类。依据目前的实践和研究现状，白云岩的大量出现可能与局限的沉积环境或特殊的古气候条件有关，因此，下面将石灰岩与白云岩类分别加以描述。

1. 石灰岩类

1) 颗粒灰岩

颗粒灰岩根据颗粒的相对含量及其类型，又可以划分多种岩石类型。雪峰山西侧震旦系—下古生界的颗粒灰岩主要有鲕粒灰岩、砂（砾）屑灰岩、生物碎屑灰岩等，另外还有零星核形石灰岩，特别是寒武纪黔东世石牌组，核形石灰岩的发育较为普遍。

砂砾屑灰岩：雪峰山西侧地区，砂屑灰岩的发育层位主要有寒武系清虚洞组、耿家店组、毛田组，奥陶系的桐梓组、南津关组、红花园组等，另外，在中扬子地区的石牌组、天河板组、覃家庙组和分乡组内也有砂屑灰岩发育。

不同层位砂屑灰岩的发育特点不同：清虚洞组的砂屑灰岩主要发育在该组的下部或沉积旋回的下部，砂屑含量不高，局部含有砾屑；耿家店组和毛田组的砂屑灰岩，一般砂屑含量较高，且分选较好，常与砂砾屑灰岩构成韵律沉积（如西阳耿家店剖面等），显示出潮坪沉积特点，反映该时期海平面较低且水动力较强；奥陶系桐梓组、南津关组的浅滩相砂屑含量一般也不高，且常有大量的生物碎屑混生，这一点是与寒武系砂屑灰岩的最大差异。

在彭水郁山一带的桐梓组或南津关组下部普遍发育砂砾屑灰岩与泥质条带灰岩或黑色钙质泥页岩的韵律沉积，且砂砾屑灰岩分选磨圆差（粒屑以生物碎屑为主）、单层厚度大（1~2m），砂砾屑灰岩层还具有较好的正粒序，从下往上依次为含砾亮晶粒屑灰岩-亮晶粒屑灰岩-亮晶鲕粒砂屑灰岩-砂屑微晶灰岩构成，由此，该套沉积可能为钙屑浊积岩沉积。关于该套钙屑浊积岩的形成动力学机制，推测可能与建始-恩施-郁山-彭水基底断裂在早奥陶世初的复活有关。

鲕粒灰岩：发育层位主要有寒武系清虚洞组，奥陶系的桐梓组、红花园组等，鲕粒灰岩的发育与特定的沉积环境（如台缘浅滩）关系密切。清虚洞组的鲕粒灰岩一般发育在一段的中下部，向上逐渐变为鲕粒白云岩或鲕粒白云质灰岩等，这可能与沉积期的古气候有关。

在慈利二坊坪和桃源热水坑一线，红花园组普遍发育鲕粒灰岩，鲕粒含量高（75%~90%）、分选好，亮晶胶结，但大部分鲕粒的圈层不发育，多为放射状结构的藻鲕，这与花垣长乐地区的红花园组鲕粒灰岩特征相似。

生物碎屑灰岩：是雪峰山西侧地区奥陶系最典型的沉积类型，也是的主要沉积标志，其发育层位多，除临湘组和五峰组发育较少外，其他地层单元普遍发育。其中桐梓组或南津关组底部发育的生物碎屑灰岩或砂屑生物碎屑灰岩的出现是奥陶系与寒武系地层划分的重要标志之一。

红花园组的厚层块状生物碎屑亮晶灰岩（重结晶作用普遍较强）也是奥陶系重要的地层划分对比标志层之一，该套生物碎屑灰岩中的生物碎屑类型多样：腕足类、海绵、三叶虫、介形虫等生物碎片及棘屑等均有，且常含较多的完整海绵个体和鲕粒等，但颗粒分选和磨圆均较差，可能反映了沉积期水动力较强、沉积速率较快，而其亮晶胶结也反映了原生孔隙较多，为成岩后生作用提供了充填空间。

核形石灰岩：在早古生代的雪峰山西侧地区相对不发育，其主要发育层位是中扬子地台西缘石牌组，在龙山次岩塘寒武系剖面和神龙架木鱼寒武系剖面等地可见石牌组厚层块状石灰岩中核形石较大，最大直径可达 10~15mm，核形石颜色深，无圈层结构，泥微晶胶结，显示水动力较弱。

2）泥微晶灰岩

泥微晶灰岩的发育主要为水动力较弱或较为深水的碳酸盐沉积，其主要发育层位是九门冲组、桐梓组、大湾组、十字铺组等。九门冲组的泥微晶灰岩含碳质较重，色深，为较深水碳酸盐沉积的代表。桐梓组的泥微晶灰岩沉积可能主要是水动力较弱的局限环境产物。

关于大湾组紫红色泥质瘤状石灰岩的形成水体的深度，Turvey 等（2002）通过对宜昌大坪剖面三叶虫生态组合的研究认为是深水沉积，但其沉积模式显示沉积水深也不会超过 80m（50~70m）的，这与大湾组沉积是奠基于红花园期台缘礁滩沉积的实际是吻合的。而从大湾组紫红色瘤状石灰岩沉积的区域展布特征看，也与红花园期台缘浅滩的发育区域基本一致，且其向西渐变为以碎屑岩为主的湄潭组（上扬子克拉通内拗陷沉积区），向东突变为桥亭子组和宁国组具有复理石特点的碎屑岩沉积（扬子东南缘前陆盆地沉积区），以及大湾组紫红色瘤状石灰岩中含有较多的生物碎屑的情况来看，大湾组应为水动力较弱的浅水碳酸盐缓坡或浅水混积陆棚环境下的沉积，并非严格意义上的深水沉积，是该时期前陆水下隆起上相对清水的碳酸盐沉积。

3）宝塔石灰岩

宝塔组"龟裂纹"石灰岩，以其独特的沉积构造以及广泛的区域展布而令人瞩目，对此前人已经做了较多的研究（姬再良，1983；刘特民等，1983；陈旭等，1986；沈建伟，1989；王泽中，1996；周传明，2000；许效松，2001），然而直至现在，除了它并非干裂纹成因已取得共识外，其成因仍是一个谜。

但最近的碳同位素研究显示，宝塔石灰岩的碳同位素正异常现象在我国常山黄泥塘、和县小潭、泾县北宫里、宜昌普溪河以及 Estonian 上晚奥陶统中均有发现（Kalji et al.，2004；Bergstrom et al.，2009），这一发现不仅对于全球晚奥陶世地层划分对比具有重要意义，对宝塔石灰岩的成因讨论也提供了新的思路。

本次对印江中坝上奥陶统的岩石薄片鉴定也显示，宝塔石灰岩的结构并非是泥晶的，主要还是粒屑结构生物碎屑灰岩或微晶粒屑结构的含生物碎屑灰岩，其中的生物碎屑含量一般在 30%~50%，部分可达 70%~80%，生物碎屑类型主要有介形虫、藻类、棘屑、腕足类、腹足类及少量珊瑚等，在剖面上由下往上由以棘屑为主逐渐演变为以介形虫含量为主，这些沉积特征反映其沉积环境并非静水，而是具有一定水动力有条件的，因此，以宝塔组含游泳的角石化石而认为宝塔石灰岩是深海静水沉积的观点也是值得商榷的。

从目前掌握的资料看，以岩石类型单一、沉积构造独特、分布广泛等为特征的宝塔石灰岩更可能是古气候与古构造活动共同作用的产物，更确切地说是一个事件沉积记录。

2. 白云岩类

雪峰山西侧地区白云岩类沉积主要集中在震旦系和寒武系，其形成的原因主要的可能是古气候和古海水性质和古环境相关，即震旦纪和寒武纪时期大气中的 CO_2 分压、海水的氧逸度等以及海水温度、pH、Eh 等与奥陶纪以来的大气条件和海水性质具有较大不同，因此，进入奥陶纪以后，白云岩沉积不再拥有主导地位了。

1）颗粒白云岩

砂屑白云岩：主要集中在中芙蓉统之中，特别是晚寒武统的耿家店组—后坝组、毛田组中砂屑白云岩普遍发育，其他发育砂屑白云岩的地层为还有清虚洞组上段、石冷水组、平井组以及南津关组或桐梓组上段等。

鲕粒白云岩：其发育不仅与层位有关，也与特定的沉积环境密切相关，主要发育在台缘相区清虚洞组上段（如在贵州岑巩大有-松桃黄板一带，从清虚洞期开始，至晚寒武世全为鲕粒白云岩沉积；湘西龙山比耳一带，在娄山关组中也发育大量的鲕粒白云岩）、台地边缘的灯影组下段（蛤蟆井段）和上段（如湄潭梅子湾剖面和金沙岩孔剖面）。

另外在上扬子台地内的高台组下部也发育有鲕粒白云岩，且具有很好的区域可对比性，也是一个较好的地层划分对比标志层。

豆粒白云岩：雪峰山西侧豆粒白云岩的发育层位主要有陡山沱组、灯影组，其他层位一般很少见到，仅在中芙蓉统中偶尔见到，如高台组底部等。

陡山沱组的豆粒白云岩主要发育在中扬子台地的南缘浅滩带，如慈利南山坪等地，可见豆粒被后期溶蚀后形成铸模孔，又被沥青充填，是也是慈利南山坪古油气藏重要的储集层之一。但在台地内部的石门杨家坪一带也可见到。

灯影组的豆粒白云岩在中扬子台地和上扬子台地均有发育，且主要发育于灯影组上段。在秭归茅坪泗溪震旦系剖面上，豆粒白云岩的发育层位相当于白马沱段，豆粒较大，一般可达 10mm，多为椭圆形，而在上扬子台地的金沙岩孔和瓮安白岩等剖面上，豆粒白云岩发育于灯影组接近顶部，是金沙岩孔古油藏和瓮安白岩古油藏的主力储集层。

2）泥微晶白云岩

泥微晶白云岩主要发育于上扬子台地陡山沱组上部和灯影组下部以及寒武系中上统娄山关组、三游洞组等，岩石致密，结构简单，部分层位中可见水平层理和低角度斜层理，因此，该类岩石的形成环境一般为低能、局限环境。

3）结晶白云岩

对于结晶白云岩的成因，目前还是不清楚的，根据我们的调查，结晶白云岩的发育一般都经历了风化作用、或热液活动、或其他流体（如油气）的改造等，特别是中粗晶白云岩更是如此。雪峰山西侧地区震旦系—下古生界地层中结晶白云岩主要发育在震旦系中，中芙蓉统也较为发育。

4）皮壳葡萄状白云岩

皮壳状或葡萄状白云岩是上扬子台地震旦系灯影组中特有一种岩石类型。因此，也引起不少学者的注意，陈明等（2002）研究认为该套白云岩是大气淡水淋滤的产物。从构造古地理看，该套白云岩主要发育于继承性古隆起上及其周缘（如川中乐山-龙女寺古隆起、黔中古隆起和米仓山古隆起），从沉积序列上看也是位于潮坪浅滩之上，反映了该套白云岩形成的沉积水体较浅，而从区域上灯影期的沉积岩石组合看，膏盐岩发育（如宁1井等），显示相当干燥的古气候条件，这些均可能是皮壳状或葡萄状白云岩形成的重要条件，因此，淡水淋滤成因的认识是合理的。

峨眉六道河灯影组剖面和金沙岩孔白云山灯影组剖面皮壳状、葡萄状白云岩，分别位于川中古隆起的西南缘和黔中隆起的北缘，两个剖面的皮壳状、葡萄状白云岩均很发育，特别是金沙岩孔白云山剖面，在剖面底部可见皮壳状构造基本顺层面成层发育，上下地层接触正常，未见明显的溶蚀垮塌等现象，因此，这些沉积构造的形成应是成岩过程中经大气淡水淋滤作用形成的，并非成岩后改造的产物。

5）藻白云岩

藻白云岩主要发育在震旦系灯影组和中芙蓉统中，尤以灯影组藻为发育，因此，一般将灯影组划分为下藻层、中藻层和上藻层三段，其中中藻层是藻类最发育的，普遍可见藻纹层构造，如遵义松林、金沙岩孔、开阳中心、清镇天成坡等剖面。另外在灯影组中还可见较多的藻团块和藻灰结核白云岩等，如清镇天成坡灯影组剖面等。

6）藻灰岩

藻灰岩的发育层位主要集中在中芙蓉统中，中芙蓉统的藻灰岩一般含白云质，主要岩石类型为柱状、球状、层状叠层石白云质灰岩，中厚层状，泥微晶结构。一般叠层藻都是奠基于砂砾屑灰（云）岩之上，是局限台地潮坪沉积序列的重要组成部分，一般由潮道砂砾屑灰岩-藻灰岩（藻丘或藻席）-泥微晶灰岩构成潮坪岩石序列，并形成多韵律叠加。

7）生物礁灰岩-生物礁白云岩

生物礁灰岩或白云岩是碳酸盐台地发展到镶边台地阶段的产物，因此，生物礁的发育主要沿碳酸盐台地边缘展布，严格受到古地理条件限制。

雪峰山西侧地区生物礁的发育层位只有两个层位：灯影组和分乡-红花园组（图2.1），但是两者又是具有很大差异的。灯影期的生物礁的建礁生物是藻类，礁体规模较大，厚度也较大，但礁体孔隙性较差。该期的藻礁展布主要集中在上扬子台地的东南边缘利川—正安—湄潭—瓮安一线，而在中扬子台地南缘，目前还少有发现。

分乡-红花园期的生物礁的建礁生物主要是海绵类、瓶筐石类、苔藓虫类等以及托盘藻等，藻礁方式主要为黏结-障积作用（朱忠德等，2006）。礁体的展布集中在中上扬子统一碳酸盐台地东南缘古丈—花垣—松桃—玉屏一线，由于该期生物礁的发育是处于奥陶纪第二个二级层序的海侵体系域内，礁体的生长因海水快速上升而被淹没和抑制，因此，礁体规模小，沉积厚度也较小。

生物礁灰岩或白云岩是重要的油气储集层，特别是受到后期构造抬升而遭受风化淋滤并发生较强的白云石化的生物礁体，是油气勘探的重要目标，如川东北二叠系长兴组生物礁等，因此，生物礁的区域展布和储集性研究具有重要的油气地质意义。

(a)

(b)

图2.1　金沙岩孔白云山剖面灯影组藻礁白云岩（a）及秀山马平剖面红花园组海绵礁灰岩（b）

2.1.1.2　碎屑岩类型及特征

雪峰山西侧地区震旦纪—下古生界碎屑岩总体是不发育的，全为碎屑岩的地层单元是不多的，但在盆地演化的不同阶段，碎屑岩所占地层厚度比重还是有很大变化的。特别是在被动大陆边缘发育的初期阶段和前陆盆地演化阶段，碎屑岩是主要的，如金顶山组、明心寺组（上扬子地区）以及下志留统等。

1）砾岩与含砾砂岩

雪峰山西侧地区砾岩和含砾砂岩是不发育的，仅在黔北明心寺组顶部有几米到二十几米的含砾粗砂岩，该套含砾砂岩的形成可能与区域性海平面下降导致的陆源碎屑的快速进积有关。在黔北大部分地区，该套含砾砂岩中普遍含有较高的铁质，可能还反映沉积期的古气候较为干燥。由于该套含砾砂岩区域分布稳定，因此，也是一个较好的区域地层划分对比的标志层。

根据其沉积序列和区域展布特征，认为该套含砾砂岩应是浅水陆棚沙坝或潮坪沙坝沉积，而此沙坝的前缘就在石阡一带。

2）砂岩及砂质岩

砂岩常出现在陆相或海陆过渡相层序中，特别是具有一定规模的砂体的出现，因此，对于总体处于被动大陆边缘的雪峰山西侧地区而言，砂岩是不发育的。雪峰山西侧震旦纪—早古生代海相盆地砂岩相对发育的阶段有震旦纪陡山沱期、寒武纪黔东世、奥陶纪大湾期和早志留世。

陡山沱期的砂岩主要发育于上扬子台地西部接近川中-康滇古陆的地区，砂岩较纯，多为花岗岩风化后经海浪改造后沉积的长石石英砂岩，川西和川中为喇叭刚组，如方深1井、长宁2井等。

黔东统的明心寺组和金顶山组中的砂岩也是相对发育的，但砂岩一般为粉砂-细砂岩，单层厚度小，且含云母和泥质，较纯的砂岩发育于明心寺组上部的沙坝沉积。

大湾期的砂岩沉积也是不纯的，一般为粉砂-细砂岩，含云母和泥质、钙质等，单层厚度小，主要分布在上扬子台地拗陷内部。

早志留世的砂岩沉积为前陆盆地阶段的快速充填，因此，这也决定了其成分和结构成熟度均较低，砂岩杂基含量高，储集物性较差。虽然该时期也发育了三角洲沉积，但限于其物源主要是被动大陆边缘阶段的盆地相或斜坡相细粒沉积物，所以，砂体厚度小、粒度细，这就是小河坝砂岩和韩家店砂岩的主要特点。

3）页岩及砂质页岩

页岩和砂质页岩沉积是黔东世和早志留世沉积的主体，其沉积环境多为浅水陆棚，颜色一般较浅，以黄绿、灰绿色为主。另外，大湾期沉积在中上扬子克拉通拗陷内部主要为浅水陆棚灰绿色砂质页岩；而在中上扬子东南缘前陆盆地中为深水陆棚深灰色砂质页岩、页岩。

2.1.1.3　特殊岩类沉积特征

1. 硅质岩

主要发育于震旦纪灯影期、寒武纪早期和晚奥陶世五峰期等，其中最典型的是灯影期留茶坡组和老堡组硅质岩，硅质岩较纯，泥页岩夹层较少，颜色较浅，多为浅灰白色。而五峰组和牛蹄塘组硅质岩一般不纯，含碳质和泥质成分较高，颜色深，多与黑色页岩互层产出。

关于留茶坡组和老堡组的差异，主要是两者发育的沉积构造环境不同，留茶坡组主要是指发育于盆地（或深水陆棚）相区的厚层块状硅质岩，色较浅，其沉积时限跨度较大，可能相当于整个灯影期，其下伏地层为陡山沱组—金家洞组；而老堡组主要是指中上扬子东南缘台-盆过渡相区的深水缓坡沉积的薄层硅质岩，其中夹碳质页岩，且颜色较深（含碳质和泥质），其沉积时限可能主要为灯影中晚期，其下伏地层为灯影组下段薄层纹层状白云岩。

关于硅质岩的成因，从盆地演化的角度分析看，可能是与盆地性质的转换过程中，由于构造伸展导致区域差异升降与海底热液活动有关。

2. 黑色碳质页岩

震旦纪陡山沱期末、寒武纪滇东世和黔东世早期、奥陶纪五峰期和志留纪龙马溪早期，是中上扬子海相盆地重要的烃源岩发育期，特别是早寒武世和晚奥陶世发育了区域性烃源岩牛蹄塘组和五峰组，横向延伸稳定，有机碳（TOC）含量较高，最高可达 10% 以上，因此，不仅是中上扬子地区区域性烃源岩，也是未来页岩气勘探的主要目标层系。相对而言，陡山沱期和龙马溪期的黑色碳质页岩发育较差，特别是龙马溪组下部的黑色页岩，砂质含量较高，甚至夹粉砂-细砂岩层，但厚度较大，一般黑色岩系厚度在 30～100m，因此，龙马溪组具有良好的页岩勘探潜力。

3. 磷块岩及含磷沉积

主要发育于陡山沱期（如开阳、瓮安一带）和寒武纪滇东世（如雷波牛牛寨麦地坪组剖面和峨眉张山麦地坪组剖面）。磷块岩产出状态一般为内碎屑和层纹状（叠层石），而内碎屑又包括砾屑、砂屑、核形石等，反映其沉积的水动力较强。关于磷块岩的成因，前人研究较多（曾允孚等，1990；杨卫东等，1990；东野脉兴，2001；陶永和等，2002；

牟南等，2005），目前最流行的解释是"上升洋流说"。唐天福等（1987）根据中上扬子震旦纪古地理、磷块岩的岩石结构及其组合、分布规律等研究，进一步证实了"升洋流说"，并指出台地边缘和台缘斜坡的上部是寻找磷块岩矿床的有利地区。

对于陡山沱期与早寒武世磷块岩分布规律的差异性，可能主要是由于两个阶段古地理格局和海侵方向的差异造成的。

4. 膏岩及含膏岩系

主要发育于震旦纪灯影期和寒武纪清虚洞晚期—石冷水期。灯影期含膏岩系的发育主要出现在南川—习水—大方一线以西的潟湖-局限台地中，典型钻井有长宁2井、威基井等。

寒武纪清虚洞期和高台-石冷水期含膏岩系的发育相对灯影期而言，向东迁移明显，清虚洞晚期的潟湖向东推进至武隆—桐梓—黔西一线，而高台-石冷水期的潟湖迅速扩展到了中扬子地区了，如建深1井、香1井和簰深1井等。

上述层位含膏岩系的发育对震旦系—下古生界油气的聚集成藏和保存具有重要的意义，膏盐下伏层系可能是下一步油气勘探新的重要领域。

5. 凝灰岩与沉凝灰岩

主要发育于震旦纪末—早寒武世初期和晚奥陶世五峰期，其产出形态主要为薄层状，与碳质硅质页岩互层，单层厚度一般在1~5mm，少数可达15~20mm，多为灰白色黏土状酸性凝灰岩。结合盆地演化分析，这些凝灰岩的发育应是沉积盆地性质转换过程中区域构造（火山）活动的沉积记录。

调查显示，老堡组上部凝灰岩在区域上分布稳定，在铜仁坝黄剖面、台江施洞口剖面、芷江丁家坪剖面等均可见到，且层位相似。为进一步约束老堡组的沉积时限和火山喷发等构造事件的年代，我们对铜仁坝黄剖面老堡组上部凝灰岩夹层进行了SHRIMP锆石U-Pb侧年，获得了556Ma同位素年龄（卓皆文等，2009），反映盆地性质的转换始于震旦纪晚期。

对于五峰组的凝灰岩夹层，苏文博等（2007）通过对华南奥陶纪-志留纪之交的五峰组黑色页岩中的钾质斑脱岩的研究，认为五峰期黑色碳质硅质页岩夹酸性凝灰岩是华夏地块与扬子地块幕式汇聚过程中碰撞造山和火山喷发的结果。因此，五峰组碳质页岩夹凝灰岩组合，不仅是盆山耦合的产物，也是盆山耦合的重要证据。

2.1.2　沉积相划分及特征

雪峰山西侧的海相盆地演化史实际就是盆地沉积充填的演化史，其中发育的沉积体系与沉积相的时空配置虽然复杂，但仍然具有明显的时代有序性。为进一步揭示研究区震旦纪—早古生代海相盆地的沉积-构造古地理格局及其油气地质特征，有必要对沉积体系与沉积相进行一个较为详细的讨论与梳理。

2.1.2.1　沉积相划分与沉积相类型

根据实际调查，综合前人研究成果，我们将雪峰山西侧震旦纪—早古生代的沉积体系类型划分出过渡相组的三角洲沉积体系、无障壁海岸碎屑岩沉积体系、无障壁碳酸盐沉积体系、有障壁海岸陆源碎屑沉积体系、有障壁海岸碳酸盐台地沉积体系、生物礁沉积体系、浅海沉积体系以及深海-半深海沉积体系八个沉积体系，不同的沉积体系内，由于水动力条件等不同又可以划分出不同的沉积相和亚相类型（表 2.1）。雪峰山西侧震旦系—下古生界沉积相类型主要包括碳酸盐台地相、生物礁相、台缘斜坡相、盆地相、碳酸盐缓坡相、陆棚相、滨岸相、潮坪相、潟湖相和三角洲相等，显示沉积盆地主体为欠补偿沉积类型为主，晚期（早志留世）为补偿性沉积类型。

表 2.1　雪峰山西侧地区震旦纪—早古生代沉积相划分方案

相组	沉积体系		相	亚相-微相	主要地层单元沉积相
海陆过渡相组	三角洲沉积体系（河流作用为主）		三角洲相	平原亚相：分流河道、天然堤、决口扇、沼泽等微相	天马山组
				前缘亚相：分流河道、远沙坝、前缘席状沙、分流间湾等微相	两江河组、小河坝组、秀山组
				前三角洲（陆棚泥）	
海相组	无障壁海岸型	陆缘碎屑沉积体系（波浪为主）	海岸沙丘		
			滨岸（海滩）	后滨（潮上）、前滨（潮间）、近滨（沿岸沙坝、近滨下部沉积、潮下）	洋水组、喇叭岗组、观音崖组
		碳酸盐缓坡体系	碳酸盐缓坡	上（浅水）缓坡、下（深水）缓坡	十字铺组、宝塔组、临湘组、九门冲组、石牌组、陡山沱组
	浅海陆棚陆架沉积体系		内陆棚	风暴流沉积	陡山沱组、牛蹄塘组、明心寺组、金顶山组、湄潭组、五峰组、龙马溪组、罗惹坪群
			外陆棚	风暴流沉积、重力流沉积	陡山沱组、杷榔组、两江河组
	有障壁海岸型	陆缘碎屑沉积体系（潮汐为主）	潮坪	沼泽、潮坪（泥坪、混合坪、砂坪）、潮道	麦地坪组、戈仲武组、石牛栏组、翁项组
			潟湖	咸化潟湖、淡化潟湖及沼泽	石牌组、溶溪组、迴星哨组下段
			萨布哈（盐碱滩）	海岸萨布哈	
		碳酸盐台地沉积体系（波浪为主）	障壁岛、潮汐通道	浅滩、沙丘、障壁坪（内侧）、潮道等	变马冲组、明心寺组
			潮坪、潟湖	萨勃哈、潮上、潮间、潮道等	高台组、石冷水组、覃家庙组、西王庙组
			台地相、台内滩相	开阔-局限台地、台缘礁滩等亚相，砂屑滩、生物碎屑滩、滩间等微相	陡山沱组、灯影组、清虚洞组、娄山关组、三游洞组（群）、桐梓组、红花园组
			台盆相、斜坡相		陡山沱组、花桥组、车夫组、比条组等
	台缘礁滩（孤立台地）体系		堤礁、岸礁、环礁	礁前（后）、礁核、礁前斜坡、礁间	灯影组、红花园组
	次深海沉积体系		大陆坡、陆隆	海底峡谷及水道碎屑流沉积，等深流沉积，海底浊积扇等	
	深海沉积体系		深海欠补偿盆地	深海平原、海底热液沉积、黑烟囱沉积等	留茶坡组、污泥塘组、小烟溪组
			深海补偿盆地	深海扇、海底水道沉积等	

一般地，被动大陆边缘演化的早期为无障壁海岸-陆棚沉积体系，随着陆缘礁滩或障壁沙坝的建设，演化为有障壁海岸沉积体系，晚期则因盆山转换，进入前陆盆地演化阶段，主体发育浅海深水盆地（或陆棚）和三角洲沉积体系。这一归纳深入揭示了不同沉积相类型及其组合（沉积体系）在沉积盆地演化过程中的时空配置及其相互叠置关系。

2.1.2.2　沉积相特征

1. 三角洲相

中上扬子地区的震旦纪—早古生代过渡相的三角洲沉积是不发育的，其中在震旦纪陡山沱早期，虽有三角洲砂体发育，如长宁 1 井喇叭岗组，发育较好的长石石英砂岩，但由于震旦纪早期快速海侵，抑制了碎屑岩的进积作用，致使三角洲沉积在区域上展布有限。

三角洲相对发育的时期是志留纪，由于华南造山带的隆升和持续向西迁移，提供了大量陆源碎屑，为三角洲沉积发育奠定了物质基础。该期砂岩以岩屑石英砂岩为主，分布较广，但粒度普遍较细，且多于浅水陆棚砂质页岩互层。早志留世三角洲沉积与华南造山带的形成、迁移紧密相连，且直接受到造山带的活动性的制约，因此，龙马溪晚期—小河坝早期是三角洲沉积最发育时期，也就是造山带迁移最快的时期。

2. 滨岸

对于雪峰山西侧震旦纪—早古生代来说，滨岸沉积是很少见的，主要发育于两个时期：陡山沱期和滇东世梅树村期。另外，在黔东南的志留纪翁项群底部也发育有滨岸沉积。

陡山沱期的滨岸沉积主要分布在上扬子西部川中隆起东缘和黔中隆起周缘，其下部为灰色石英砂岩、长石石英砂岩，夹砂质白云岩，底部时有细砾岩，超覆在峨眉花岗岩之上（川中隆起边缘），未见底部的盖帽白云岩；上部为灰、灰黑色中厚层灰质白云岩、泥灰岩，及白云质砂岩，如威基井、峨眉张山喇叭岗组、方深 1 井观音崖组等，反映出川中和黔中古隆起对沉积的控制作用。

滇东世的滨岸沉积主要分布于中扬子、上扬子初始碳酸盐台地周缘。由于早寒武世（滇东世梅树村期）初始海平面上升幅度较小，海侵范围有限，致使该期沉积具有某些填平补齐的性质，主要地层单元包括戈仲武组、麦地坪组、天柱山组等（图 2.2）。至于老堡组如何划分、其中是否包含了早寒武世沉积，目前还很难给出明确的结论。

3. 碳酸盐缓坡

雪峰山西侧碳酸盐缓坡沉积的发育大体上有三个时期：震旦纪陡山沱期，寒武纪黔东世早期和中、晚奥陶世，其共性均为碳酸盐缓坡建设是碳酸盐台地的形成发展的奠基阶段。因此，这也决定了碳酸盐缓坡建设常受到陆源碎屑的侵扰，但碳酸盐缓坡沉积还是具有自身特色的：表现为大套碳酸盐岩的出现，在沉积序列上区别于混积陆棚或混合潮坪中薄层石灰岩与碎屑岩的交互沉积，又缺乏与台地相相伴生的台缘浅滩或礁滩沉积。由此，从这一点来看，碳酸盐缓坡还是属于无障蔽海岸沉积体系的一部分。

1）震旦纪碳酸盐缓坡

震旦纪陡山沱期的碳酸盐缓坡主要发育于上扬子东南缘较深水区域，与深水陆棚相相伴出现（如剑河五河剖面等），这与震旦纪大规模海侵上超有关。

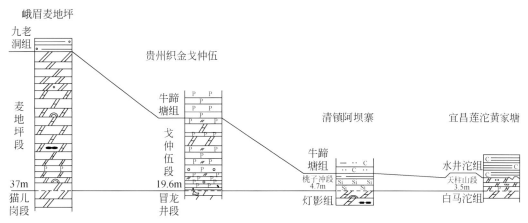

图 2.2　中上扬子地区寒武系滇东统沉积特征与区域对比

2）寒武纪碳酸盐缓坡

寒武纪碳酸盐缓坡沉积是奠基于黔东世早期的大规模海侵形成广泛的黑色页岩沉积之上的，由于海平面快速上升和陆源碎屑补给的相对匮乏，发育了较为广泛的古杯石灰岩，其层位在黔北地区相当于明心寺组下部，在中扬子及渝东地区相当于石牌组下部，可对比性良好（图 2.3）。晚期又因海平面下降和陆源碎屑的进积作用而终止。

但在中扬子地区，水井沱组–石牌组–天河板组碳酸盐缓坡序列的发育比上扬子发育好，其主体为碳酸缓坡泥微晶灰岩沉积，夹少量泥质，反映距离陆源区较远、碎屑岩侵扰弱，继承了震旦纪孤立台地沉积特点。

3）奥陶纪的碳酸盐缓坡

中上扬子东南缘碳酸盐缓坡是建立在寒武纪—早奥陶世台缘礁滩的基础上的，其沉积地层序列为大湾组、十字铺组、宝塔组和临湘组，主要沿桑植—永顺—西阳—秀山一带展布，岩性组合为紫红、灰绿色含生物碎屑瘤状泥灰岩和钙质泥页岩夹薄层泥页岩（图2.4）。值得注意的是在永顺扶志一带，十字铺组上部发育多层赤铁矿结核，以及临湘组顶部的暴露侵蚀面和铁质风化壳的存在，均表明在中晚奥陶世中上扬子东南缘存在前缘隆起。

4. 陆棚

1）浅水陆棚

雪峰山西侧地区浅水陆棚沉积主要包括四个层位：陡山沱期、黔东世、大湾期和早志留世。

陡山沱期的浅水陆棚沉积主要集中在上扬子克拉通内的瓮安—彭水—利川一线以西，其岩性组合主要为灰、灰绿色泥页岩夹少量碳酸盐岩、粉砂细砂岩，厚度较小，一般小于 100m。

黔东世的浅水陆棚是建立在早期快速海侵基础上的，主要层位为明心寺组和金顶山组，其岩性组合也主要为灰、灰绿色泥岩、页岩，夹石灰岩（以碳酸盐缓坡小腮石灰岩为典型）和砂岩（潮坪沙坝）（图 2.3）。

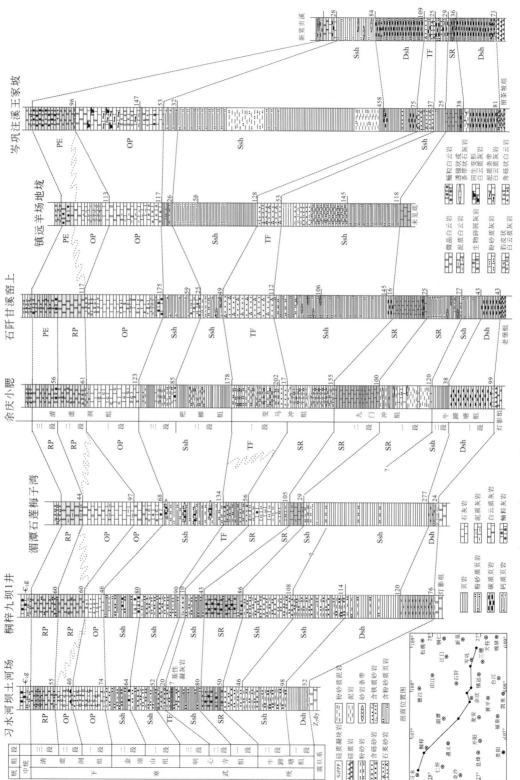

图2.3　上扬子地区寒武纪黔东统—滇东统沉积相柱状对比图

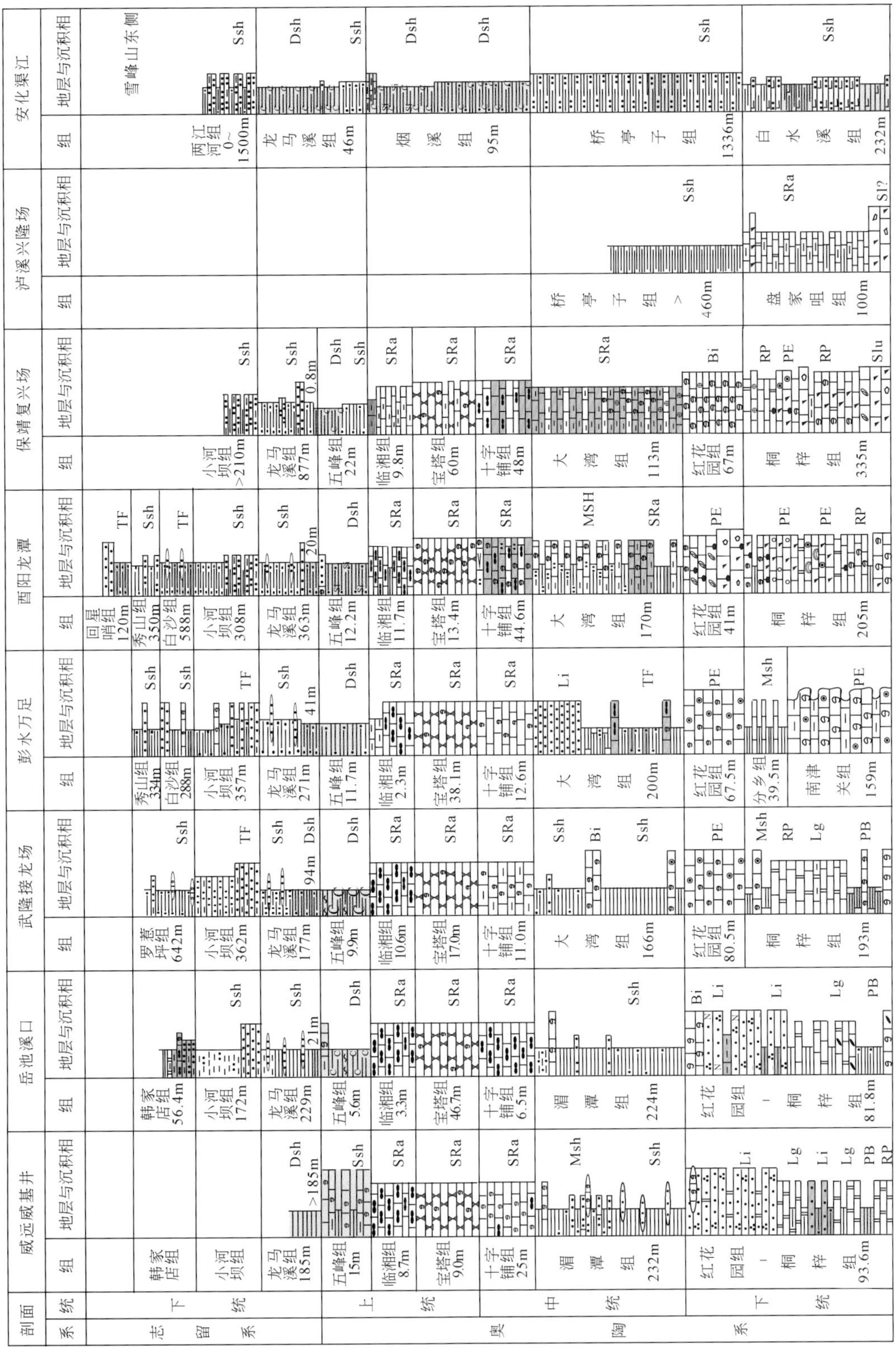

剖面	系	统	威远威基井（组 / 地层与沉积相）	岳池溪口（组 / 地层与沉积相）	武隆接龙场（组 / 地层与沉积相）	彭水万足（组 / 地层与沉积相）	酉阳龙潭（组 / 地层与沉积相）	保靖复兴场（组 / 地层与沉积相）	沅溪兴隆场（组 / 地层与沉积相）	安化渠江（组 / 地层与沉积相）
	志留系	下统		韩家店组 56.4m	罗惹坪组 642m　Ssh	秀山组 34m　Ssh；白沙组 288m	回星哨组 120m　TF；秀山组 350m　Ssh；白沙组 588m　TF			两江河组 0~1500m　Ssh
			小河坝组	小河坝组 172m　Ssh	小河坝组 362m　TF	小河坝组 357m　TF	小河坝组 308m　Ssh	小河坝组 >210m　Ssh		
	奥陶系	上统	龙马溪组 185m　Dsh	龙马溪组 229m　Dsh	龙马溪组 177m　Ssh / Dsh	龙马溪组 271m　Dsh	龙马溪组 363m　Ssh / Dsh	龙马溪组 877m　Ssh / Dsh		龙马溪组 46m　Dsh
			五峰组 15m　Ssh	五峰组 5.6m	五峰组 9.9m　Dsh	五峰组 11.7m	五峰组 12.2m　Dsh	五峰组 22m　Dsh		烟溪组 95m　Dsh
			临湘组 8.7m　SRa	临湘组 3.3m　SRa	临湘组 10.6m　SRa	临湘组 2.3m　SRa	临湘组 11.7m　SRa	临湘组 9.8m　SRa		
		中统	宝塔组 9.0m　SRa	宝塔组 46.7m　SRa	宝塔组 17.0m　SRa	宝塔组 38.1m　SRa	宝塔组 13.4m　SRa	宝塔组 60m　SRa		
			十字铺组 25m　SRa	十字铺组 6.5m　SRa	十字铺组 11.0m　SRa	十字铺组 12.6m　Li	十字铺组 44.6m　MSH	十字铺组 48m　SRa	桥亭子组 >460m　Ssh	桥亭子组 1336m　Ssh
			湄潭组 232m　Msh / Ssh	湄潭组 224m　Ssh	大湾组 166m　Ssh / Bi	大湾组 200m　Ssh	大湾组 170m　SRa / TF	大湾组 113m　Bi		
		下统	红花园—桐梓组 93.6m　Li / Lg / PB / RP	红花园—桐梓组 81.8m　Li / Lg	红花园组 80.5m / 桐梓组 193m　PE / Msh / RP / Lg / PB	红花园组 67.5m / 分乡组 39.5m / 南津关组 159m　PE / Msh / PE	红花园组 41m / 桐梓组 205m　PE	红花园组 67m / 桐梓组 335m　PE / RP / Slu	盘家咀组 100m　SRa / SI?	白水溪组 232m　Ssh

图 2.4　上扬子地块奥陶系列序沉积序列对比与沉积相划分（东西向）

奥陶纪大湾期浅水陆棚沉积相当于湄潭组沉积，主要发育于上扬子克拉通内拗陷之中，其岩性组合的最大特点就是其中夹较多的中厚层生物碎屑灰岩，典型剖面有岳池溪口剖面、綦江观音桥剖面、武隆接龙场剖面等（图2.4）。

而志留纪的浅水陆棚沉积相当普遍，除间歇性地受到来自东部三角洲沉积影响外，在中上扬子大部均为浅水陆棚沉积。

中扬子地区：该沉积区的地层序列是龙马溪组→新滩组→罗惹坪组→纱帽组（表2.2）。其中新滩组织、罗惹坪组主体均为浅水陆棚沉积，其岩性组合主要都是为灰绿、黄灰色页岩、砂质页岩段；虽然罗惹坪组中部夹中厚层生物灰岩或生物碎屑灰岩，在局部地区发育有点礁或生物丘（如五峰前河、长阳沙沱湾、宣恩高罗等，其造礁生物主要为蜂巢珊瑚、苔藓虫、海百合等），但该套地层的主体还是浅水混积陆棚或浅水陆棚砂质页岩夹少量砂岩沉积。

黔中隆起北缘：该沉积区就是上扬子克拉通黔中隆起的隆后拗陷区，该区的地层序列是龙马溪组→石牛栏组→韩家店组（表2.2）。由于区域性海侵上超，龙马溪早期逐渐向南超覆，但超覆范围有限，在接近黔中隆起的北部边缘一带，可能缺失龙马溪组底部黑色页岩沉积；龙马溪晚期主要为混积陆棚钙质页岩和泥灰岩沉积。石牛栏期沉积以含泥质瘤状生物灰岩为主，含大量珊瑚、层孔虫、腕足类等底栖生物，为混积陆棚灰泥丘沉积序列。

表 2.2　雪峰山西侧地区志留纪地层划分对比表

地层小区		黔南		黔北桐梓	黔北石阡	渝东秀山	湖南桑植	湖南安化	鄂西
统	阶	组		组	组	组	组	组	组
顶统		缺失		缺失	缺失	缺失		缺失	缺失
上统									
中统	安康阶					小溪峪组	小溪峪组		
下统	紫阳阶	高寨田组	翁项群	韩家店组	回星哨组	回星哨组	回星哨组	缺失	纱帽组
					秀山组	秀山组	秀山组		
					溶溪组	溶溪组	溶溪组		
					马脚冲组				罗惹坪组
				石牛栏组	雷家屯组	小河坝组	小河坝组		
	大中坝				香树园组				
	龙马溪	缺失		龙马溪组	龙马溪组	龙马溪组	龙马溪组	周家溪群	新滩组
									龙马溪组
上奥陶统		宝塔组		观音桥组	临湘组	五峰组	五峰组	五峰组	五峰组

韩家店期沉积大体上可划分为三段，下段为浅水陆棚灰绿色砂质页岩、页岩；中段厚度变化较大，主要为一套紫红色或杂色砂质页岩，可能为潟湖沉积，而与渝东溶溪组层位相当；上段为黄绿、灰绿色砂质页岩、钙质页岩，其下部含钙质较高，夹泥灰岩和生物碎屑灰岩，其层位应相当于渝东的秀山组，为混积陆棚至浅水陆棚沉积序列。

黔中隆起东南缘：该沉积区就是志留纪黔南前陆盆地，其地层序列为单一的翁项群或高寨田群，其沉积时限仅相当于渝东秀山地区的小河坝期至秀山期沉积，或黔北石牛栏期和韩家店期沉积，缺失早志留世龙马溪期沉积。

翁项群底部普遍发育底砾岩，砾石主要为下伏大湾组泥灰岩和燧石结核改造而成的黑色石灰岩砾石和燧石砾石；下部为混合潮坪砂质页岩与生物灰岩互层沉积，相当于黔北石牛栏组，中上部为砂质页岩或黄绿色页岩浅水陆棚沉积，顶部发育较多的砂岩，夹紫红色砂质页岩，相当于渝东回星哨组，为滨岸至潮坪沉积。

湘西渝东地区：该沉积区的地层序列是龙马溪组→小河坝组→溶溪组→秀山组→回星哨组（→小溪峪组）（表2.2），是中上扬子地区志留系地层发育相对完整的地区。其典型剖面是秀山溶溪剖面，其沉积序列为深水陆棚→浅水陆棚→三角洲前缘→潟湖→浅水陆棚→混积陆棚→潟湖→三角洲前缘→三角洲平原，以浅水陆棚沉积为主，在层位上主要发育龙马溪组上段、小河坝组中上段、秀山组等。关于两个红层（溶溪组和回星哨组下段）沉积环境，根据其沉积构造单调及其岩石组合来看，归为潟湖相沉积较为合理。

2）深水陆棚

震旦纪陡山沱期中上扬子东南缘总体上为：深水陆棚相区，其中深水陆棚相区有可包含台缘下斜坡、台缘盆地和台缘隆起（或孤立台地）等沉积亚单元。

台缘盆地和台缘下斜坡亚相区陡山沱组发育较好、分段较明显，与中扬子台地可对比性良好；灯影期沉积早期仍为白云岩沉积，但单层厚度和总厚度均较小，一般为十几米至几十米不等，晚期转换为薄层硅质岩夹碳质页岩沉积。而台缘盆地较台缘深水陆棚沉积厚度较大，层序完整，如剑阁五河震旦系剖面等（图2.5）。

台缘隆起或孤立台地亚相区，总体上沉积序列不完整，特别是陡山沱组，基本仅发育白云岩或石灰岩沉积（含盖帽白云岩沉积），页岩或泥质白云岩不发育，厚度小，之上很快就是灯影期的沉积，且灯影期硅质岩沉积厚度也较小，如沿河侯家沱剖面、江口张家坡剖面、岑巩羊桥剖面等。

奥陶纪深水陆棚相主要发育在扬子东南缘前陆盆地沉积区，由于受华南加里东造山带带来的大量陆源碎屑的影响，该地区碳酸盐沉积少见，沉积序列以深水陆棚复理石韵律沉积为特征，且从西向东，砂岩比重逐渐增加、粒度和沉积韵律的厚度也是逐渐增大的，但砂岩中泥质和云母等杂基含量较高，以杂砂岩为主。

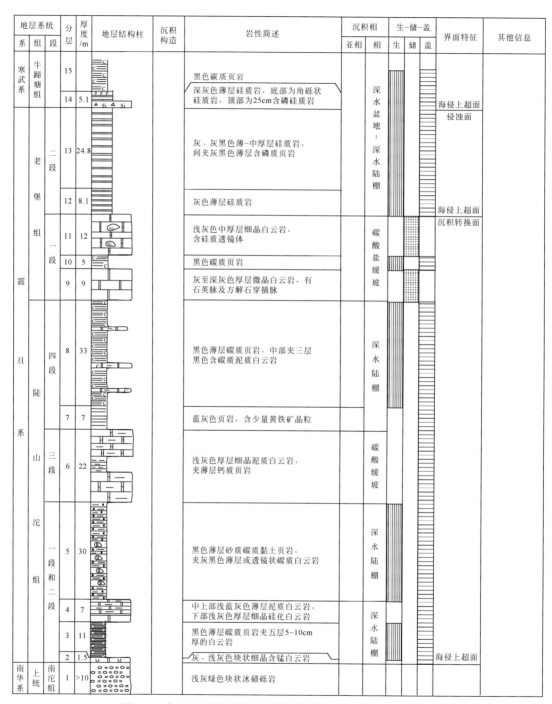

地层系统			分层	厚度/m	地层结构柱	沉积构造	岩性简述	沉积相		生-储-盖			界面特征	其他信息
系	组	段						亚相	相	生	储	盖		
寒武系	牛蹄塘组		15				黑色碳质页岩	深水盆地-深水陆棚						
	老堡组	二段	14	5.1			深灰色薄层硅质岩，底部为角砾状硅质岩，顶部为25cm含磷硅质岩						海侵上超面 侵蚀面	
			13	24.8			灰、灰黑色薄-中厚层硅质岩，间夹灰黑色薄层含磷质页岩							
		一段	12	8.1			灰色薄层硅质岩						海侵上超面	
震旦系			11	12			浅灰色中厚层细晶白云岩，含硅质透镜体	碳酸盐缓坡					沉积转换面	
			10	5			黑色碳质页岩							
			9	9			灰至深灰色厚层微晶白云岩，有石英脉及方解石穿插脉							
	陡山沱组	四段	8	33			黑色薄层碳质页岩，中部夹三层黑色含碳质泥质白云岩	深水陆棚						
			7	7			蓝灰色页岩，含少量黄铁矿晶粒							
		三段	6	22			浅灰色厚层细晶泥质白云岩，夹薄层钙质页岩	碳酸缓坡						
		一段和二段	5	30			黑色薄层砂质碳质黏土页岩，夹灰黑色薄层或透镜状碳质白云岩	深水陆棚						
			4	7			中上部浅蓝灰色薄层泥质白云岩，下部浅灰色厚层细晶硅化白云岩	深水陆棚						
			3	11			黑色薄层碳质页岩夹五层5~10cm厚的白云岩							
			2	1.5			灰、浅灰色块状细晶含锰白云岩						海侵上超面	
南华系	上统	南沱组	1	>10			浅灰绿色块状冰碛砾岩							

图 2.5　台江五河剖面震旦纪台缘盆地沉积序列与沉积相划分

2.2　中上扬子海相盆地重点时期沉积古地理

2.2.1　沉积古地理编图原则与思路

2.2.1.1　编图原则

地史中沉积盆地的古地理演化和环境变迁，均受原型盆地构造属性的制约。在同一板块或陆块内部的沉积盆地，其盆地边界的性质及其构造活动差异性决定了盆地内不同区域沉降速率和充填速率、沉积物源性质、沉积相的时空展布和古地理演化。所以同一或不同陆块（或板块）内的沉积盆地均遵循"构造控盆、盆地控相"的原则。

油气勘探的实践一再证明沉积古地理是油气勘探的重要制约：①制约了成藏的物质基础—油气的烃源岩分布；②制约了油气的储集空间；③制约了油气封盖条件，④也制约了流体的运移方向和聚集空间（如古隆起控制古流体势等）等。因此，揭示地史时期原型盆地的形成、时空演化及其沉积相时空配置与生-储-盖层展布的内在联系是构造-沉积古地理研究的主要目的，也是沉积古地理研究与编图工作服务生产实践的主要途径。

2.2.1.2　沉积古地理编图思路

沉积古地理图编制基本思路：建立典型地层剖面沉积序列→建立跨区沉积层序对比→编制单因素平面图→恢复重点时期（层系）沉积古地理图。具体包括如下五个步骤：

（1）在分析整理已收集 1∶5 万、1∶20 万、1∶25 万资料的基础上，配合沉积相野外调查，对相关地层单元（组或段）剖面编制资料卡片，编制实际材料图，对区域地层进行统一梳理和归类；

（2）对基干剖面建立适当比例尺的地层沉积相柱状图，进行单剖面的沉积相和地层层序分析；

（3）在主干剖面沉积相分析的基础上，开展区域地层划分对比，构建区域等时层序地层格架；

（4）针对某一特定地层单元进行单因素分析和统计，并形成过程性单因素图件；

（5）针对某一特定层系或地层单元进行多因素的综合研究，编制沉积古地理图。

2.2.1.3　沉积古地理编图方案

中上扬子重点区的雪峰山西侧实际上只是中上扬子新元古代—早古生代海相原型盆地的一部分，因此在古地理和层序研究的过程中，基本还是以整个中上扬子范畴来分析的，以促进对研究区沉积古地理演化的深入理解。沉积古地理编图的最终目标是为油气勘探服务，为最终的有利油气区带优选和评价提供依据。但同时，又考虑到研究精力的限制，本次仅编制了部分具有重要油气地质意义层系的沉积古地理图：震旦纪陡山沱期、灯影期、寒武纪牛蹄塘期、清虚洞期、高台-石冷水期、娄山关期，奥陶纪红花园期、大湾期、五峰期，志留纪龙马溪期、小河坝期和秀山期 12 期。同时，为了较深入认识和理解震旦纪末—寒武纪早期的古地理和古喀斯特发育的时空范围，我们也编制了梅树村期的古地理略图。

按照编图单元的等时性要求，我们对各编图单元涉及的所有岩石地层单元重新进行了多重地层划分对比，不仅研究了不同地史时期的沉积序列、层序地层和盆地演化的阶段性，我们还对一些关键层序界面和重要的沉积–构造事件做了较为详细的研究。但鉴于一些层位年代地层和生物地层研究资料的缺乏，部分地区或层位的层序划分对比尚存局限性，有待进一步深入研究。

2.2.2　重点时期的沉积古地理

2.2.2.1　震旦纪沉积古地理特征

1）震旦纪陡山沱期沉积古地理

上扬子东南缘地区是新元古代断陷活动最为强烈的地区，一系列断垒、断陷构造发育，在早震旦纪的大规模海侵作用下，断垒、断陷分别演化成相对独立的沉积单元–孤立台地和台缘盆地，这就是中扬子地区陡山沱期古地理的主要特征。

从沉积序列和层序发展来看，中扬子和上扬子的陡山沱期古地理是具有较大差异的，上扬子主体以碎屑岩为主，沉积序列简单，分段性不明显，可能缺失早期沉积，特别是在古地理高地上，如黔中隆起以及一系列孤立台地等（图 2.6）；与之相反，在中扬子主体为碳酸盐沉积，分段性良好，序列完整，这反映了中扬子和上扬子地区陡山沱期的沉积源区不同，上扬子的物源主要是来自其西侧的古陆，而中扬子的物源基本为盆内的。

陡山沱期古地理格局（图 2.7）：中扬子为碳酸盐台地，在其南缘出现鲕粒滩，而在上扬子地区，古地理格局较为复杂，东南边缘总体为浅水陆棚环境，呈现台盆相间格局，西部为潮坪至滨岸沉积环境，特别是黔中隆起，在陡山沱早期可能依然是处于隆升剥蚀状态，无沉积，晚期发育浅滩，形成了中国重要的磷矿基地。因此，从这一点来说，上扬子的陡山沱期浅水陆棚沉积是具有填平补齐性质的，为灯影期碳酸盐初始台地的形成奠定了基础，而中扬子初始台地建设则始于陡山沱期。

2）震旦纪灯影期沉积古地理

地层对比与划分：在中扬子地区灯影组的划分是清楚的，分段性较好，从下往上分别为蛤蟆井段、石板滩段、白马沱段，其中蛤蟆井段和白马沱段可见颗粒和藻类，而石板滩段以薄层白云岩为主，夹泥质岩。而在上扬子地区，沉积分异明显：渝东–黔东为白云岩+硅质岩组合，在台缘为厚层藻礁（丘）白云岩，在重庆–长宁一带为含膏岩系。中上扬子东南缘的慈利–大庸–松桃–江口–岑巩一带以东，为留茶坡组厚层硅质岩沉积区。

灯影期古地理格局（图 2.8）：该期的总体古地理格局为两个台地和一个台盆，上扬子台地的台地边缘处于利川—石柱—务川—湄潭—瓮安一线，发育近南北向的巨厚藻礁（丘）带（厚度大于 1000m），其西侧则形成了巨厚的含膏局限台地–潟湖相沉积（如宁 2井）；黔中隆起的瓮安–福泉–贵阳地区为碳酸盐潮坪；中扬子台地内部也出现局限环境，

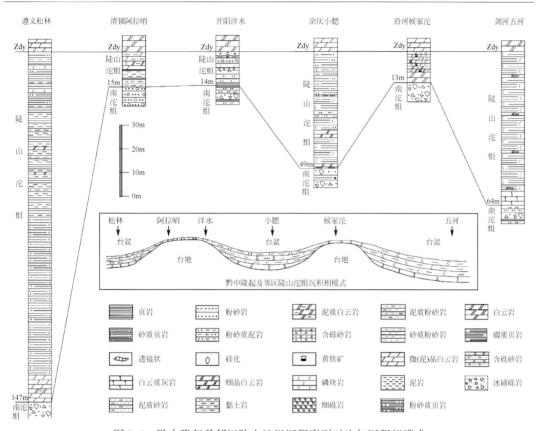

图 2.6　黔中隆起及邻区陡山沱组沉积序列对比与沉积相模式

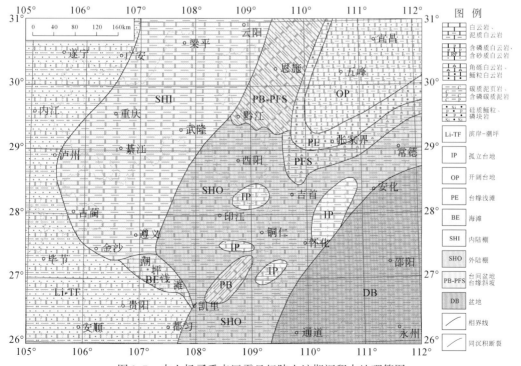

图 2.7　中上扬子重点区震旦纪陡山沱期沉积古地理简图

但边缘发育浅滩沉积，藻礁不发育。两台地之间为恩施–酉阳–石阡–凯里台间盆地，而在扬子东南缘为广泛的硅质岩盆地。

从厚度等值线可见，在安化—溆浦—黔阳一线出现了一个明显的硅质岩厚度高值带，这可能与该带有同沉积断裂发育有关；同时这一线也正是目前雪峰山的东侧断裂所在位置，因此，雪峰山东侧断裂应该是一个继承性发展的基底断裂。

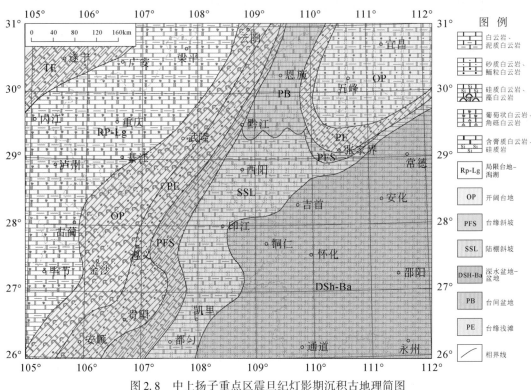

图 2.8　中上扬子重点区震旦纪灯影期沉积古地理简图

这里存在两个问题：一是上扬子初始台地内部是否存在靠近潟湖的边缘相带（即台地边缘西带）？这一点应该是可能的，例如在川东北的海相上组合梁平–开江海槽的台地边缘，它实际上是一个长垄，随着台缘的持续向深水区推进（加积和进积作用），长垄也逐渐变宽，则自然会发育两个边缘相带（内侧相带是靠近台内潟湖，而外侧相带是面临广海的）。二是上扬子初始台地在黔中隆起以南的走向如何？这主要是受到资料的限制，因为在黔中隆起以南的黔南拗陷区，下古生界和震旦系埋深较大，这也是下一步黔南拗陷海相下组合油气勘查所面临的重要挑战和机遇。

2.2.2.2　寒武纪重点时期沉积古地理特征

1）寒武纪滇东世梅树村期沉积古地理概貌

地层对比与划分：根据最新的寒武纪地层划分方案，中上扬子地区滇东世的沉积是不连续的，主要包括川南–滇东北的麦地坪组、黔西的戈仲武组、宜昌地区的天柱山组和长阳地区的岩家河组等。对于中上扬子东南缘的老堡组和湘中地区的留茶坡组之上是否发育了相当于该时期的沉积，现在还不能获得较为准确的生物地层或年代地层学依据，为此我们暂时将老堡组和留茶坡组顶部归入滇东统中，至于具体的划分（即多少地层归入滇东统），还有待于进一步研究。

古地理格局（图 2.9）：鉴于滇东统在扬子东南缘地层划分对比的难度和不确定性，课题暂时只是编制了一个较为粗略的古地理图，以便为原型盆地分析和古地理研究提供参考。通过简单的编图，显示出在中、上扬子灯影期初始碳酸盐台地的主体，在整个滇东世均为隆起剥蚀区，这与野外实际地质调查的结果一致，表明寒武纪滇东世的初始海侵规模有限，地层发育不完整（图 1.9），为一不连续的楔状地层。

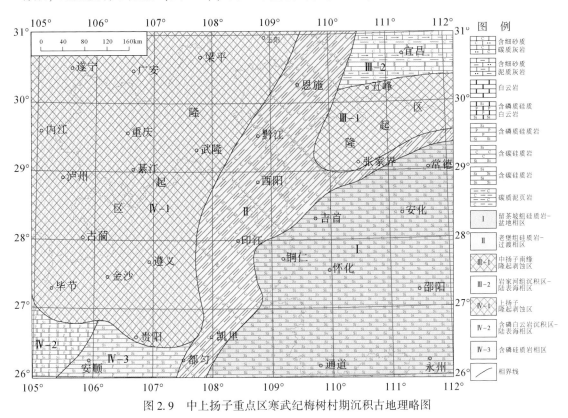

图 2.9　中上扬子重点区寒武纪梅树村期沉积古地理略图

2）寒武纪黔东世牛蹄塘期沉积古地理

地层对比与划分：本课题所称谓的牛蹄塘组是指小腮石灰岩以下（上扬子地区）、或石牌组下段石灰岩以下（中扬子地区），平行不整合在戈仲武组、麦地坪组、天柱山组之上、或灯影组之上的一套以黑色碳质页岩为特征的细碎屑岩系。

统计结果显示，在中上扬子之间的龙山-恩施一带、川南长宁一带出现黑色页岩高值区，在慈利—大庸—保靖—松桃—岑巩—凯里一线以南全部为黑色碳质页岩，而至桃源-沅陵-麻阳以东厚度快速减小，这些可能都与同沉积断裂的发育有关。

古地理格局（图 2.10）：总体上，由于快速海侵上超，海水较深，致使在中上扬子地区的沉积分异不明显，均以陆棚相细碎屑岩为主。但在大方—黔西—修文一线和桐梓—湄潭一线，出现两个明显的北西向黑色岩系厚度高值带（拗陷区），而在习水-古蔺一带发育一个北东向展布的黑色岩系低值带（水下隆起），在长宁–永川一带、龙山–五峰一带出现两个近似平行的北东向黑色页岩厚度高值带（坳陷区），这可能与灯影晚期出现区域性构造伸展与隆升剥蚀而造成的古地理格局有关，显示新元古代与古生代之交的构造运动（桐湾运动）对后期古地理格局的制约性。

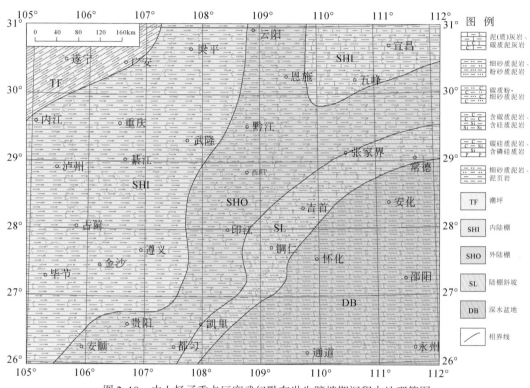

图 2.10　中上扬子重点区寒武纪黔东世牛蹄塘期沉积古地理简图

3）寒武纪黔东世清虚洞期沉积古地理

地层对比与划分：清虚洞期的沉积在上扬子地区称之为清虚洞组，在中扬子地区，可能包括石龙洞组和天河板组。总体而言，清虚洞期的沉积阶段性较为明显，早期主要为石灰岩、泥质灰岩，在台地边缘发育颗粒灰岩沉积；晚期可能与区域性海平面下降有关，普遍发育白云岩、泥质白云岩沉积，在上扬子台地内部和中上扬子之间的恩施–建始一带形成了巨厚的潟湖相含膏岩系（如东深 1 井、临 7 井和洗 1 井等），而在台地边缘，随着海平面下降，浅滩相也随之向东南迁移（如渝黔湘邻区，早期浅滩发育在酉阳–秀山–印江–瓮安一带，晚期迁移至花垣—松桃—岑巩一线）。

古地理格局（图 2.11）：该期的古地理格局具有较典型的被动大陆边缘阶段碳酸盐台地沉积相模式特点，从西往东依次为潮坪–潟湖–局限台地–开阔台地（含浅滩）–台缘浅滩–台缘斜坡–深水盆地。

4）寒武纪武陵世中早期（高台–石冷水期）沉积古地理

地层对比与划分：主要包括高台期和石冷水期沉积，在不同地区所包含的地层单元不同：黔北地区为高台组+石冷水组；黔北–渝东地区相当于大高台组；在咸丰–恩施地区为

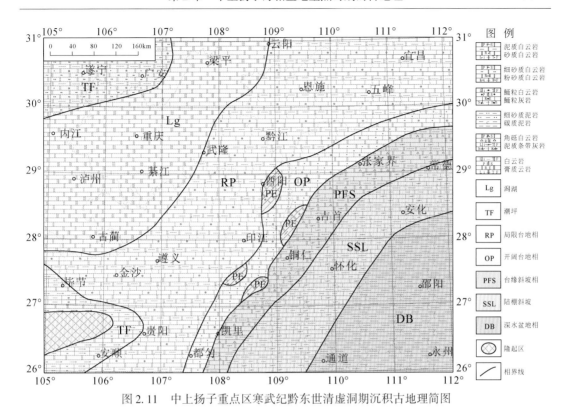

图 2.11　中上扬子重点区寒武纪黔东世清虚洞期沉积古地理简图

高台组+茅坪组；湘西北相当于高台组+孔王溪组一段；在宜昌-长阳地区相当于覃家庙组中下部；在湘西-黔东的武陵山一带相当于敖溪组；在雪峰山一带相当于污泥塘组。岩性的划分，主要以平井组底砂岩的出现为界。在台地相区，以局限环境的泥质白云岩夹中厚层微晶白云岩为主；在斜坡和盆地相区以含碳质白云岩、石灰岩夹黑色泥页岩为特征（可能与海底热液上侵导致的缺氧有关）。

古地理格局（图 2.12）：该期的古地理格局基本继承了清虚洞期的特点，只是上扬子内克拉通盆地的潟湖沉积区向东扩展了，东达酉阳-秀山一带，北抵利川建南地区；台缘的浅滩也进一步向东推进至永顺—花垣—江口—镇远一线。同时随着海平面下降，黔中隆起初见规模，边缘有较为宽缓的碳酸盐潮坪（含蒸发潮坪）环绕。

5）寒武纪武陵世晚期—芙蓉世（娄山关期）沉积古地理

地层对比与划分：该期的沉积在黔东北包括平井组、后坝组和毛田组；黔北为娄山关群；黔东南一带为平井组、炉山组；湘西北为孔王溪组中上部、三游洞群；宜昌-长阳地区为覃家庙组上部和三游洞群；武陵山地区（桃源-沅陵-吉首-新晃一带）为斜坡相花桥组、车夫组、比条组、追屯组、沈家湾组（桃源地区）；雪峰山地区为探溪组泥质灰岩、条带状石灰岩等。

古地理格局（图 2.13）：该期的古地理格局与武陵世中早期的最大区别在于：中上扬子克拉通内的潟湖环境消失了，代之为广泛的局限台地环境，含膏岩系不发育。中晚寒武世广泛发育白云岩，且白云岩类型多样，好像与古地理没有明显的成因联系，仅在深水区出现泥质灰岩或条带状石灰岩，这可能与当时的古气候和古环境的性质有关。

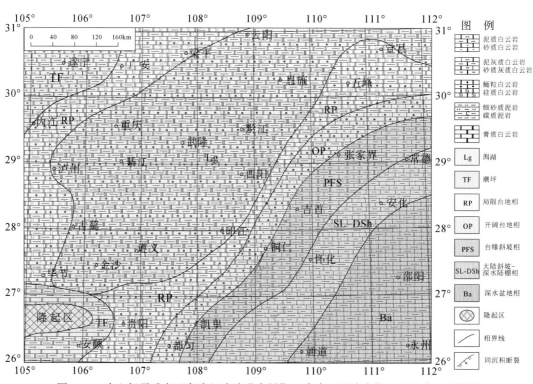

图2.12 中上扬子重点区寒武纪武陵世中早期（高台—石冷水期）沉积古地理简图

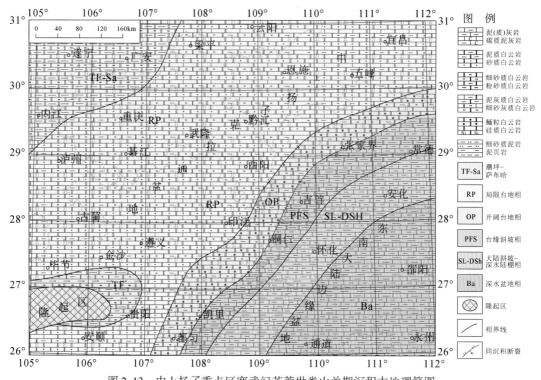

图2.13 中上扬子重点区寒武纪芙蓉世娄山关期沉积古地理简图

2.2.2.3　奥陶纪重点时期沉积古地理特征

1）早奥陶世红花园期沉积古地理

地层对比与划分：红花园期的厚层结晶生物碎屑灰岩或结晶灰岩夹泥微晶灰岩系，从东向西可能具有一定的穿时性（即层位逐渐抬高），但岩相上特征明显，易于对比。关于红花园组的底界，由于海侵的超前–滞后效应（斜坡、开阔台地海侵超前，局限台地、潮坪地区海侵相对滞后），在不同地区，结晶生物碎屑灰岩出现层位存在差异。本课题以大套结晶灰岩（或厚层结晶生物碎屑灰岩）的出现、且不夹页岩为红花园组的开始。

古地理格局（图2.14）：该期的古地理主要特点就是浅滩相广泛发育，这与它处于奥陶纪第二个二级层序的海侵体系域有关。由于加里东造山的持续加强，在湘中新宁–邵阳一带出现深水复理石沉积，中上扬子东南缘的大陆边缘盆地开始转化为前陆盆地，因此，该期的生物碎屑滩或礁为海侵退积型，在平面上显示浅滩相沉积向西或西北迁移的特征明显。同时由于来自南面和东南的挤压作用，黔中隆起进一步扩大，且黔东–湘西隆起也开始初见规模。

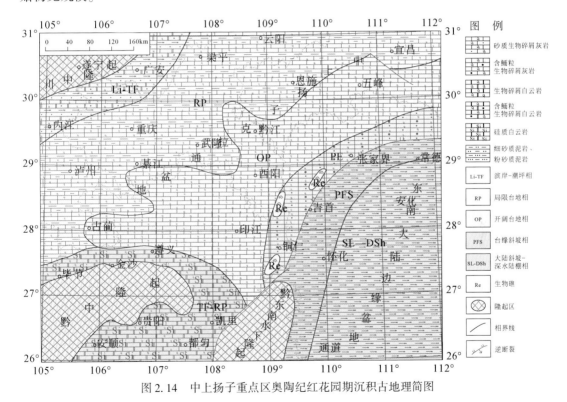

图 2.14　中上扬子重点区奥陶纪红花园期沉积古地理简图

2）中奥陶世大湾期沉积古地理

地层对比与划分：大湾期的岩性划分也是较为容易的，在上扬子克拉通内为含粉砂质的泥页岩为主，夹少量生物碎屑灰岩和细砂岩，即湄潭组，与红花园期和牯牛潭期（或十字铺期）的石灰岩界线清楚；在湘鄂邻区–武陵山地区的大湾组为典型的紫红色泥质含生物碎屑瘤状石灰岩（图2.15）；宜昌–恩施一带为瘤状石灰岩夹页岩组合；凯里–镇远–余

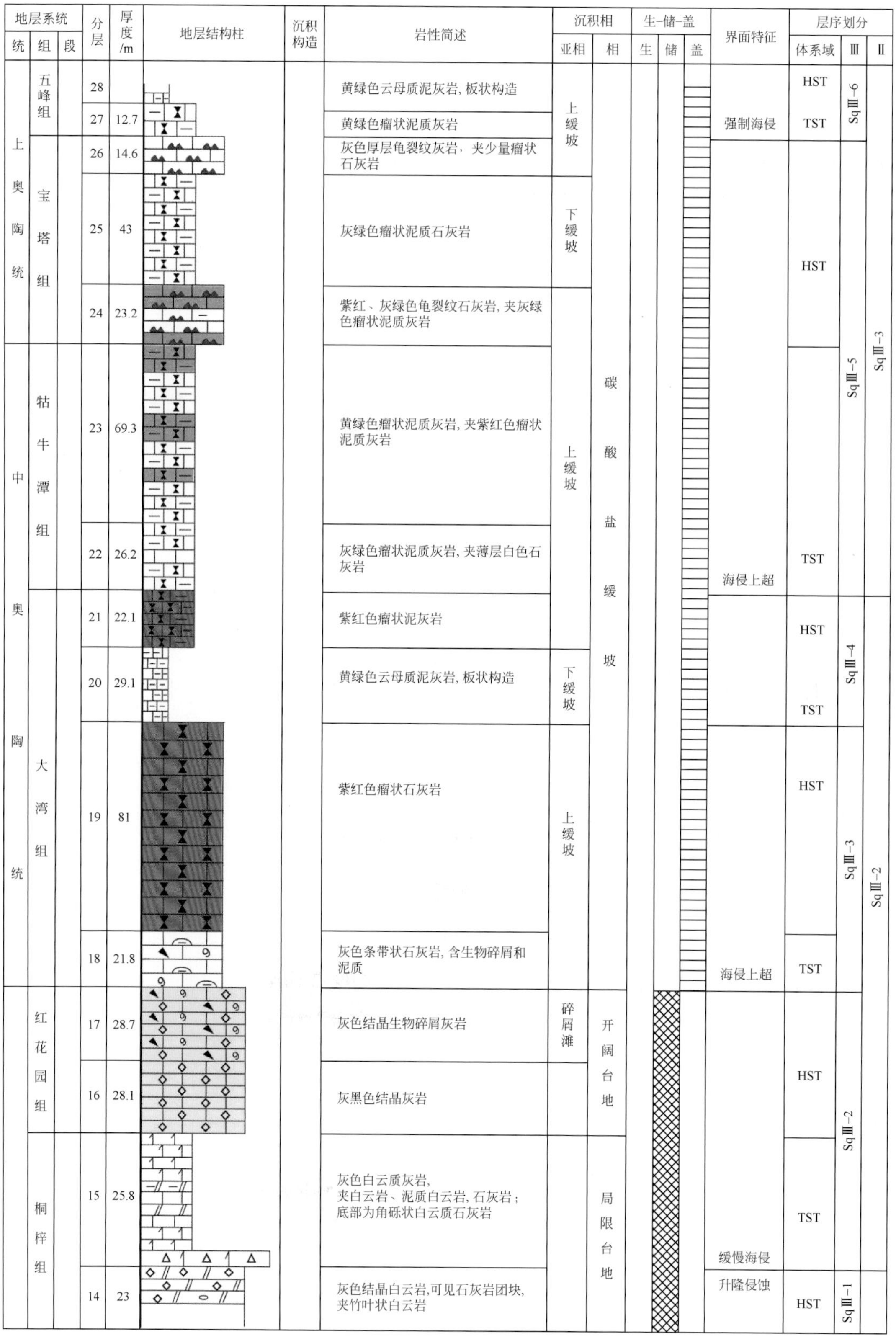

地层系统			分层	厚度/m	地层结构柱	沉积构造	岩性简述	沉积相		生-储-盖			界面特征	层序划分		
统	组	段						亚相	相	生	储	盖		体系域	III	II
上奥陶统	五峰组		28				黄绿色云母质泥灰岩，板状构造	上缓坡					强制海侵	HST	SqⅢ-6	
			27	12.7			黄绿色瘤状泥质灰岩							TST		
	宝塔组		26	14.6			灰色厚层龟裂纹灰岩，夹少量瘤状石灰岩	下缓坡						HST	SqⅢ-5	SqⅢ-3
			25	43			灰绿色瘤状泥质石灰岩									
			24	23.2			紫红、灰绿色龟裂纹石灰岩，夹灰绿色瘤状泥质灰岩		碳酸盐缓坡							
中奥陶统	牯牛潭组		23	69.3			黄绿色瘤状泥质灰岩，夹紫红色瘤状泥质灰岩	上缓坡								
			22	26.2			灰绿色瘤状泥质灰岩，夹薄层白色石灰岩						海侵上超	TST		
			21	22.1			紫红色瘤状泥质灰岩							HST	SqⅢ-4	
			20	29.1			黄绿色云母质泥灰岩，板状构造	下缓坡						TST		
下奥陶统	大湾组		19	81			紫红色瘤状石灰岩	上缓坡						HST	SqⅢ-3	SqⅢ-2
			18	21.8			灰色条带状石灰岩，含生物碎屑和泥质						海侵上超	TST		
	红花园组		17	28.7			灰色结晶生物碎屑灰岩	碎屑滩	开阔台地					HST	SqⅢ-2	
			16	28.1			灰黑色结晶灰岩									
	桐梓组		15	25.8			灰色白云质灰岩，夹白云岩、泥质白云岩，石灰岩；底部为角砾状白云质石灰岩	局限台地					缓慢海侵	TST		
			14	23			灰色结晶白云岩，可见石灰岩团块，夹竹叶状白云岩						升隆侵蚀	HST	SqⅢ-1	

图 2.15　前缘隆起相区铜仁来龙山奥陶系剖面沉积相与层序划分

庆一带为砂页岩夹瘤状石灰岩组合；越过慈利—大庸—吉首—线以东，则完全为泥页岩组合，至安化-邵阳一带更出现大套砂岩（多为杂砂岩），反映扬子东南边缘已隆起，并成为物源区了。

古地理格局（图 2.16）：该期的古地理特征总体而言就是三个隆起、三个盆地。三个隆起分别是黔中-滇东隆起、黔东-湘西隆起（北延成为克拉通内拗陷与前陆盆地分界的水下隆起）和川中隆起；三个盆地分别是黔南前陆盆地、湘桂前陆盆地和中上扬子克拉通内拗陷盆地。

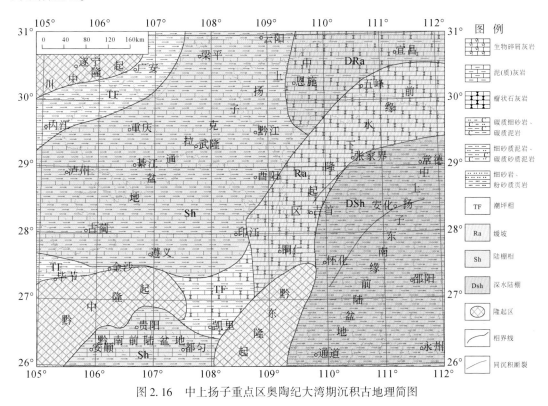

图 2.16　中上扬子重点区奥陶纪大湾期沉积古地理简图

3）晚奥陶世五峰期沉积古地理

地层对比与划分：该期沉积包括传统意义上的五峰段（黑色含笔石的硅质页岩系）和观音桥段（含赫南特贝的泥质生物碎屑灰岩系），在黔北地区原"五峰组"黑色岩系与观音桥段岩性特征明显，与早志留世沉积划分容易；在鄂西地区观音桥段也大体可识别。但在大庸、吉首一带及其以东地区，观音桥段很难识别。而在石门、长阳一带，五峰期沉积可能部分缺失。五峰组的特征在大部分地区是明显的，即产笔石的硅质页岩，多呈板状，且常夹多层薄层钾质脱斑岩。

古地理格局（图 2.17）：该期的古地理格局是两个隆起、一个盆地。两个隆起为湘西-黔中隆起（黔中-滇东隆起、黔东-湘西隆起连成一片了）和川中隆起；一个盆地就是中上扬子统一的前陆拗陷盆地，它是因都匀运动导致东南缘的前缘水下隆起消失（以大湾组、十字铺组、宝塔组等浅水缓坡紫红色瘤状石灰岩为标志），使湘桂前陆盆地和中上扬子克拉通拗陷盆地连为一体而来的。而黔南前陆盆地在湘桂陆块的向北持续推挤作用下已经隆升成陆了。

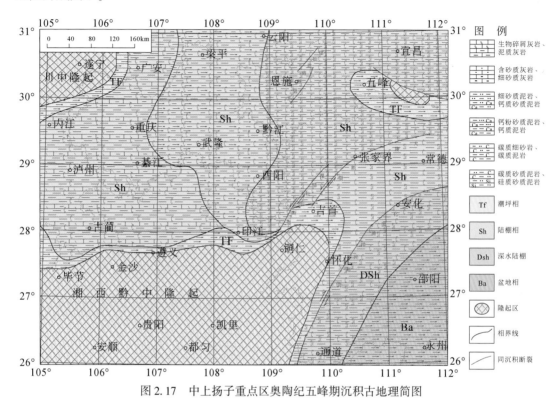

图 2.17　中上扬子重点区奥陶纪五峰期沉积古地理简图

2.2.2.4　志留纪重点时期沉积古地理特征

1）早志留世龙马溪期沉积古地理

地层划分对比：在湘鄂西–渝东地区，该期的沉积早期普遍发育黑色页岩，随后发育厚层粉砂质泥页岩；在黔北–渝南发育泥灰岩和钙质泥岩组合，底部与奥陶系不同层位之间为平行不整合接触，不发育黑色页岩，且厚度也较湘西–渝东地区小得多，这可能与湘西隆起持续向东北扩展形成的障壁作用有关。而在雪峰山东侧沉积了具有复理石韵律的两江河组。

古地理格局（图 2.18）：该期的古地理继承了五峰期的"两隆一盆"格局，"两隆"分别是黔中–湘西隆起和川中古隆起，"一盆"就是中上扬子统一的前陆拗陷盆地，在处于华南加里东造山带前渊部位的洞口–新化一带，发育砂岩–页岩韵律互层、厚度巨大的复理石沉积，显示出造山带的快速隆起剥蚀及其与前渊盆地快速充填的耦合性。因此，该盆地也具有前陆拗陷盆地特征。

沉积相配置：扬子东南缘及中扬子地区以三角洲沉积为主，上扬子地区以浅水陆棚、潟湖为主，在黔中隆起的北缘发育潮坪沉积和混积陆棚。

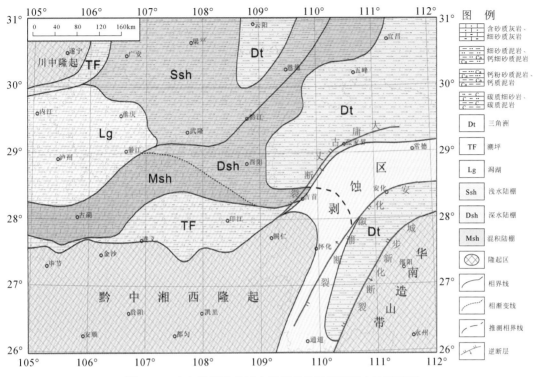

图 2.18　中上扬子重点区志留纪龙马溪期沉积古地理简图

在此需要说明的是，在桃源-沅陵-辰溪一带，由于后期构造运动的影响导致了该带的志留系、奥陶系等地层被剥蚀，并非是沉积缺失。从古地理图上，我们也能较为清楚的看出石门-桑植一带的三角洲前缘与新化-溆浦一带的扇三角洲（具有重力流特征）在物源上是一致的，均来自东南部加里东华南造山带。这是正确认识该时期古地理格局的关键环节。

2）早志留世石牛栏（小河坝）期沉积古地理

石牛栏期-小河坝期的沉积是指龙马溪组粉砂质泥岩之上，溶溪组紫红色泥岩之下的一套沉积组合。该期古地理图编制的主要目的就是希望揭示早志留世砂体展布特征及其沉积相模式。

地层划分对比：在黔北、黔东地区为石牛栏组泥质灰岩、生物灰岩为主体，上部发育粉砂细砂岩；而在湘鄂西-渝东地区为罗惹坪群下组厚层粉砂-细砂岩，但杂基含量较高，中部可见中厚层生物碎屑灰岩夹层，区域地层序列对比显示主要物源来自东南的华南造山带，而川中隆起和黔中隆起可能由于隆升幅度有限，不是主要物源区。

古地理格局（图 2.19）：该期古地理最重要的变化就是黔中隆起与湘西隆起再一次分开，而湘西隆起区又与华南加里东造山带合为一体了，表明该时期的主应力场已经由五峰-龙马溪期的南北向转为北西-南动向了，因此，该期的古地理格局就是两隆一盆，"两隆"分别是黔中隆起和川中隆起，"一盆"依然是中上扬子统一的隆后坳陷盆地，其沉降中心已由龙马溪早期的洞口-新化一带迁移至目前武陵山一带，雪峰隆起初步形成（构成了华

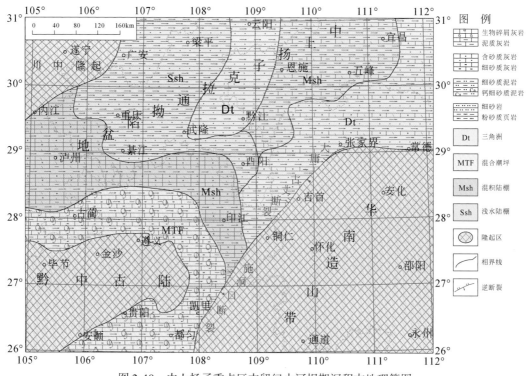

图 2.19　中上扬子重点区志留纪小河坝期沉积古地理简图

南加里东造山带前缘）。

沉积相配置：上扬子黔中隆起周缘为混合潮坪，黔中隆起与川中隆起之间主体为混积陆棚环境（在坡折带附近发育有以珊瑚、苔藓虫、腕足类等为主的生物丘或灰泥丘），中扬子东南为三角洲沉积，而在中上扬子之间主体仍是浅水陆棚，但在鄂西-渝东的利川-黔江一带也发育有三角洲前缘砂体，显示其北部也有物源供给。

3）早志留世秀山期沉积古地理

地层划分对比：秀山期沉积是指下志留统"上、下红层"之间的一套以碎屑岩为主夹少量生物碎屑灰岩的沉积组合，该期的区域沉积分异不明显，盆地演化已经进入快速消亡阶段。

古地理格局（图 2.20）：该期古地理格局与小河坝期相似，只是由于川中隆起向东进一步扩展、黔中隆起向北推进和华南加里东造山带进一步向北西发展，使得沉积盆地进一步萎缩。但从沉积序列对比和地层厚度反映，该期主要物源依然是来自东南的华南造山带。

沉积相配置：黔中隆起周缘为潮坪，黔中隆起与川中隆起之间为潟湖环境，中上扬子之间主体仍为浅水陆棚，中扬子主体为潮坪环境，三角洲仅出现在印江-秀山-永顺一带，反映造山带前渊拗陷盆地的充填已接近尾声了。

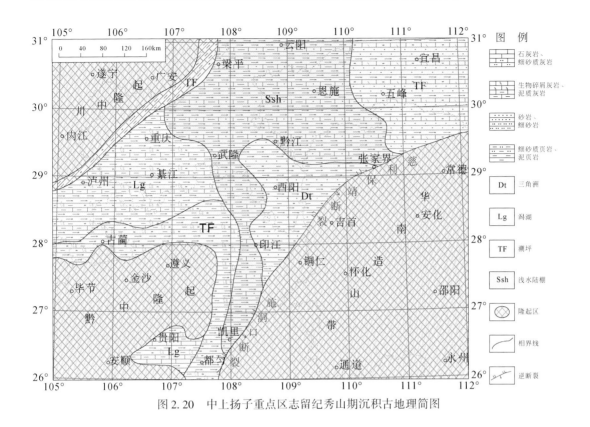

图 2.20　中上扬子重点区志留纪秀山期沉积古地理简图

2.2.3　沉积古地理演化与沉积相模式

通过中上扬子地区不同相区的沉积序列、层序地层分析及沉积古地理编图研究，总结出中上扬子震旦纪—早古生代海相盆地的沉积充填先后经历了如下五个充填阶段（图 2.21）。

（1）震旦纪碳酸盐初始台地模式：震旦纪继承了新元古代以来的台盆相间的地堑–地垒格局，沉积相分异明显，相变快速。主要沉积单元为上扬子台地、中扬子台地及一些小的孤立台地及其之间的台间盆地或台洼；

（2）寒武纪黔东世为被动大陆边缘缓坡模式：从西向东的古地理单元为滨岸–浅水陆棚–陆棚坡折–深水盆地，该阶段为早古生代碳酸盐台地的奠基，其主体是碎屑岩陆架，但也穿插有碳酸盐缓坡发育；

（3）早寒武世晚期（清虚洞期）至早奥陶世镶边台地模式：从西向东的古地理展布是：滨岸、潮坪–克拉通内拗陷盆地（局限台地或潟湖相）–克拉通边缘隆起（为水下隆起，发育台缘浅滩或藻礁–藻丘）–台缘斜坡–陆棚斜坡–深水盆地；

（4）中奥陶世至早志留世前陆盆地早期模式：从西往东的古地理展布是：滨岸–克拉通内拗陷盆地（类复理石快速充填）–前陆隆起（浅水混积潮坪至水上隆起）–前陆盆地（复理石沉积）；

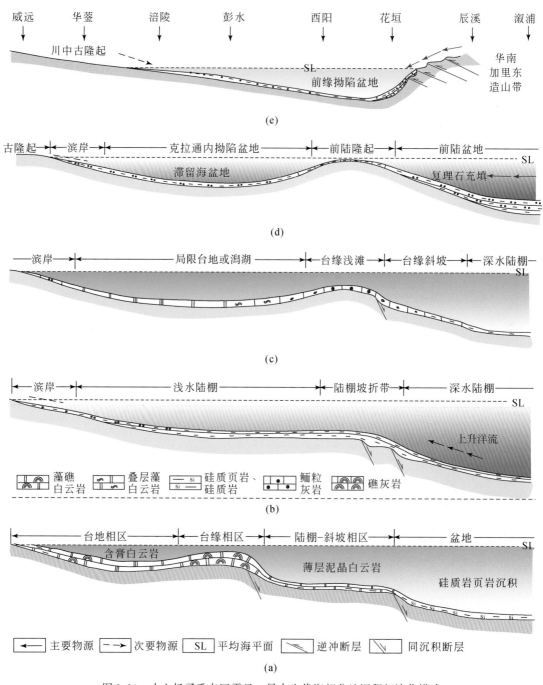

图 2.21　中上扬子重点区震旦—早古生代海相盆地沉积相演化模式

（a）初始碳酸盐台地阶段（Zdy）；（b）被动大陆边缘缓坡阶段（ϵ_2n—ϵ_1j）；（c）被动大陆边缘碳酸盐台地阶段（ϵ_1q—O_1h）；（d）前陆盆地阶段早期淹没台地阶段（O_2—O_3）；（e）前陆盆地晚期前陆拗陷快速充填阶段（S_1—S_2）

（5）早志留世至中志留世前陆盆地晚期快速充填模式：随着加里东造山带向克拉通的持续逆冲和加载，前陆沉积区与造山带一起褶皱隆升，形成统一的物源区，而早期的前陆隆起带则转换为造山带的前渊拗陷带，早古生代的台地边缘相带则变成了新盆地的沉积中心区了。

2.3　中上扬子重点区沉积序列演化与生–储–盖组合

2.3.1　沉积序列与烃源层

实际上烃源岩的发育是一种特殊沉积环境的产物，而这种沉积环境的形成又是与原型沉积盆地性质和盆地演化的特定阶段相对应的，虽然中上扬子海相盆地演化的每个阶段都有相应烃源岩发育，但在不同阶段，烃源岩发育的特征是不同的。

2.3.1.1　海侵上超与优质烃源岩

1）冰后期海侵上超与陡山沱组烃源岩

南华纪冰期之后，由于冰川的快速融化，使海平面快速上升、可容纳空间成倍增加，形成了广泛的海侵上超。陡山沱组下部黑色页岩的沉积就是在这一背景下形成的。

陡山沱期的烃源岩的发育主要集中在陡二段、陡四段，从层序地层学研究的角度分析，这两套烃源岩的发育都与一级层序海平面的上升翼和二级层序海平面上升翼叠加作用有关（图 2.22）。

地层系统			分层	厚度/m	地层结构柱	沉积构造	岩性简述	沉积相		生-储-盖			界面特征	一级层序	
统	组	段						亚相	相	生	储	盖		体系域	层序
寒武系	牛蹄塘组		8				黑色碳质页岩		深水盆地			■	海侵上超面	TST	CSQ1-1
震旦系	老堡组		7	7.8			深灰色薄层硅质岩，上夹碳质页岩；底部薄层细晶白云岩		浅水陆棚				沉积转换面	HST	ZSQ1-1
			6	1.2											
			5	3.0			黑色碳质页岩			■					
	陡山沱组		4	3.9			浅灰色薄层细晶白云岩，夹钙质页岩		深水陆棚				初始海泛面	TST	
			3	16.3			灰色薄层硅质页岩			■					
			2	4.6			浅灰色厚层细晶白云岩，夹页岩	浅水陆棚			■				
			1	4.7			浅灰色块状硅质白云岩，含石英脉						海侵上超面		
南华系	南沱组		0				浅灰色冰碛含砾云母板岩								

图 2.22　石阡窑上震旦纪和早寒武纪烃源岩发育与海侵上超

陡二段烃源岩在浅水陆棚相区为泥质碳质页岩与泥质白云岩互层，有机质含量较低；在盆地相区，则基本全为碳质页岩，沉积厚度一般不大，多在几米或十几米，有机质含量较高。

陡四段不仅是烃源岩发育层段也是重要的含磷层位，由此，前人认为可能与上升洋流带来的磷质沉积有关。这一点与陡四段是震旦纪一级层序的最大海泛期和凝缩段发育期相对应，因此，这种解释是可信的。陡四段烃源岩的分布范围较陡二段广，除边缘相区与古地理高地外都有发育，且有机质含量较高，是一套很好的区域性烃源岩。

2）被动陆缘快速海侵与牛蹄塘组烃源岩

黔东统牛蹄塘组是中上扬子海相盆地被动大陆边缘阶段由初始台地向统一台地转换的产物。广泛的区域沉降可能是被动陆缘形成后，热液活动和岩浆作用大大为减少，（如广泛的硅质岩沉积消失等；图 2.40），大地构造背景开始转为相对稳定，从而导致克拉通广泛而快速热沉降的结果。

克拉通的热沉降为区域性的海侵上超创造了条件。中、上扬子初始碳酸盐台地在经历了滇东世广泛的升隆剥蚀和喀斯特作用之后，开始了广泛的快速海侵上超。同时这一沉积过程不可避免地会有上升洋流的参与，因此，海侵上超沉积过程也是一次重要的成磷作用。

由此也决定了牛蹄塘组烃源岩的基本特征：有机质含量高、区域分布广。但在盆地相区，由于牛蹄塘组穿越的沉积时限较长（可能相当于整个滇东世和黔东世大部），且下部普遍含硅质，上部普遍含钙质、砂质等，厚度也较大。而在灯影期初始台地边缘和克拉通拗陷区，由于基本没有陆源碎屑和热液活动的侵扰，形成的烃源岩品质好、厚度适中，且这些地区后期烃类的运移通道和聚集圈闭发育，因此，该套烃源岩是下古生界油气藏的主力烃源岩。

2.3.1.2　沉积-构造转换与烃源岩（O_3w—S_1l）

晚奥陶世—早志留世之交是中上扬子海相沉积盆地前陆阶段演化的关键时期，其主要应力可能是导致黔中隆起最终定型的都匀运动之南北向挤压作用加强，以及北西—南东向挤压应力的相对减弱。在南北向挤压主应力作用下，中奥陶世至晚奥陶世中早期的沿大庸—永顺—秀山—铜仁一线展布的前缘隆起（以紫红色瘤状石灰岩为标志）沉没，黔中隆起形成、雪峰隆起的南段也开始隆升成陆了，这就导致了中上扬子的沉积-古地理格局由中奥陶世的"三个盆地、两个隆起"转为了"一个盆地、两个隆起"了，这就是五峰-龙马溪期烃源岩发育的大地构造背景。

由此可见，五峰-龙马溪组的烃源岩特征是分布范围较广，有机质含量高、沉积厚度适中，也是一套重要的区域性烃源岩（图 2.23）。但是其热演化程度较牛蹄塘组略低，R^o 在 1.7% ~ 2.2%，一般不超过 2.5%，从这一点上来说，其现今的生烃潜力比牛蹄塘组要好。

因此，五峰-龙马溪期烃源岩的沉积环境为浅海深水盆地（或深水陆棚），盆地性质是前陆阶段的隆后拗陷盆地（或克拉通拗陷盆地），主要制约性的构造运动是都匀运动，这也是"构造控盆、盆地控相"典型实例。

2.3.2　沉积古地理与储集层

2.3.2.1　沉积相与储集层分布

1）灯影组礁滩相

灯影期的藻礁和颗粒浅滩主要发育在上扬子初始台地东南边缘和中扬子初始台地的南缘和西缘，呈带状展布。其中在上扬子初始台地内，由于上扬子克拉通拗陷存在，发育了潟湖，发育巨厚的含膏岩系，造就了其台地东南台地边缘实际为较为宽阔的长垒（或长岗），宽度一般有几十公里，最宽的地方可能有 100 多公里，这就为浅滩和藻礁的发育提供了条件。其浅滩沉积的主要颗粒为藻砂屑和藻鲕等，反映其水动力较弱，特别是在台缘内带（靠近克拉通内潟湖）。

灯影期的中扬子初始台地边缘与上扬子台地边缘不同，其主体为浅滩沉积，且边缘相带较窄，浅滩颗粒为砂屑、砾屑和鲕粒等，反映其水动力较强。野外调查表明，灯影组台缘浅滩沉积是重要的储集层，如金沙古油藏、仁怀大湾古油藏、瓮安玉华古油藏和慈利南山坪古油藏等。

地层系统			层号	层厚/m	地层柱	岩性简述	界面特征	主要事件
统	组	段						
下志留统	龙马溪组	下段	11	>2		深灰、灰黑色厚层泥质粉砂岩，发育砂球	海侵上超面	
			11	1.7		深灰色薄层粉砂质碳质页岩，发育砂球		
上奥陶统	五峰组	观音桥段	10	2.1		深灰、黑色厚层块状泥质生物碎屑结晶灰岩		HICE
		五峰段	9	2.8		深灰、黑色碳质页岩，含粉砂质	最大海泛面	
			8	0.9				—火山沉积5—
			7	2.2		薄层碳质硅质页岩岩与碳质页岩互层，顶部为1cm凝灰岩		—火山沉积4—
			6	0.7		黑色薄层-中层碳质硅质岩，顶部为1cm凝灰岩		—火山沉积3—
			5	1.0				
			4	0.5		黑色碳质硅质岩，中部和顶部发育两层1~2凝灰岩		—火山沉积2—
			3	0.8				
			2	2.8		深灰色粉砂质碳质页岩		
			1	0.9		黄灰色粉砂质页岩，底为2cm凝灰岩	海侵上超面	—火山沉积1—
	临湘组		0	>2		黄灰色泥质灰岩夹钙质页岩	暴露侵蚀面	

图 2.23　秀山大田坝五峰组烃源岩沉积与火山活动

2）清虚洞组礁滩相

清虚洞期是中上扬子碳酸盐台地形成期，因此，其台地边缘相带发育的一个重要特点就是浅滩沉积的快速向东南迁移和中、上扬子碳酸盐台地的扩展和统一。因此，该期的浅滩沉积从西北向东南层位是逐渐上升的，即具有穿时性。清虚洞早期浅滩发育于瓮安—石阡—秀山一线，晚期迁移至岑巩—松桃—花垣—大庸—慈利一线了。清虚洞期台缘礁滩相以浅滩为主，生物礁发育不好，藻礁发育较常见。浅滩主要为鲕粒滩，鲕粒灰岩和鲕粒白云质灰岩的杂基少、鲕粒圈层发育、分选好，显示其水动力很强。

3）红花园组礁滩相

应该说早奥陶世红花园期是早古生带宏观生物最为繁盛的时期，广泛发育浅滩相厚层–块状生物碎屑灰岩，且早期在台地边缘发育不连续带状展布的海绵礁灰岩或藻礁灰岩。

遗憾的是，这些生物礁由于目前都已暴露地表，失去了勘探价值。但该期广泛发育的浅滩相生屑灰岩，将是地腹区重要的勘探目标层系。且勘探实践已经证明，红花园组生物碎屑灰岩具有较好的含油气性，如黔中隆起东缘的虎庄地区的虎45井、虎47井等，在红花园组生物碎屑灰岩中不仅有大量的沥青等油气显示，而且还保留有轻质原油。

4）石牛栏组生物丘灰岩

石牛栏期的生物丘灰岩主要分布在黔北地区，上下地层均为碎屑岩沉积，下段灰色薄层泥晶灰岩、泥质灰岩夹薄层黏土岩、钙质黏土岩，泥质向上减少、灰质增加；上段为灰、浅灰黄色中厚层—块状生物碎屑灰岩、含生物碎屑灰岩、泥晶灰岩夹砾屑灰岩、鲕粒砂屑灰岩，其中含大量蜂巢珊瑚、海百合茎、腕足类等化石。生物碎屑灰岩中含大量干沥青团块。在湖北宣恩高罗、湖南龙山茅坪等地小河坝组下部及三峡地区为罗惹坪群底部等均可见生物丘灰岩发育（图2.24）。

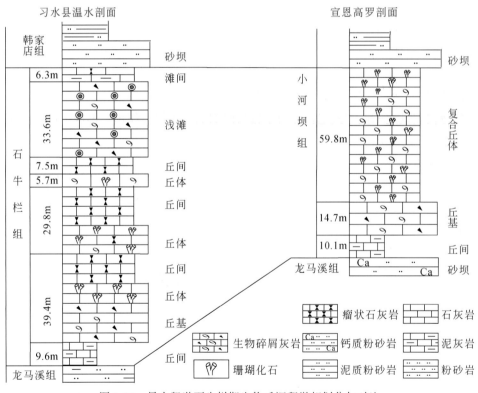

图2.24　早志留世石牛栏期生物丘沉积微相划分与对比

5）小河坝组和秀山组的三角洲砂体

早志留世三角洲沉积发育，但由于来自东南部华南加里东造山带的物源充沛、且多为早古生代寒武纪和奥陶纪细碎屑岩的再旋回沉积，致使该时期的三角洲砂体粒度普遍较细、分选较差，砂岩以粉砂-细砂岩为主，杂基含量高，这就是小河坝组和秀山组三角洲砂岩的基本特点。

关于鄂西地区志留系砂岩的物源问题，从目前的古地理研究来看，可能并非来自东南部的华南加里东造山带，而是来自北部的隆起区。至于是汉南古陆还是其他的地区（如黄陵隆起、神龙架隆起等），现在还不清楚，有待于进一步研究。

自建南志留纪韩家店组砂岩钻遇工业气流以来，志留系砂岩勘探引起了广泛重视。但是由于后期构造的褶皱和隆升剥蚀，在中上扬子地区，具有一定勘探潜力的志留系仅集中在慈利—保靖—梵净山—凯里以西的复向斜里了，如石门—桑植复向斜、花果坪复向斜、利川—道真复向斜等。

另外，与沉积相关系密切的潜在储集层还有上扬子地区明心寺组的潮坪沙坝、高台–石冷水期的台缘浅滩相等等。

2.3.2.2　层序界面与储集空间展布

油气的运移除了一系列断裂外，就是一些重要的层序界面了，特别是 I 型层序界面，它不仅是油气运移的重要通道，也是重要的储集空间，对油气勘探目标的选择具有重要指示意义。

1）灯影组顶部的不整合面与喀斯特

沉积古地理研究显示，在震旦纪–寒武纪之交的扬子陆块沉积相分异明显：在深水陆棚区，海底扩张导致海平面的相对上升（基底沉降），海底热液活动导致大量硅质岩的沉积；在台地相区，由于区域伸展导致的差异隆升，使灯影早期形成的上扬子和中扬子初始碳酸盐台地在震旦纪末至寒武纪初经历了较长时期的暴露侵蚀作用，形成了广泛的沉积间断和地层缺失，部分地区还发育了喀斯特化（薛耀松等，1992；李胜荣等，2002；薛耀松等，2006；周明忠等，2008；卓皆文等，2009；汪正江等，2011）（图 2.25）。

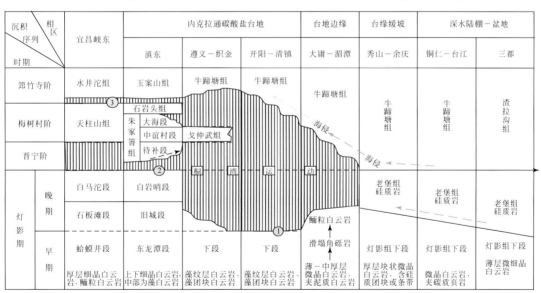

图 2.25　上扬子地区震旦–寒武系界线附近沉积序列对比与沉积间断的时空展布

①、②、③表示震旦纪–寒武纪之间构造活动的幕次

从生物演化是环境变化的响应的角度分析，震旦纪—寒武纪之交从原生生物到后生生物演化以及后生生物大爆发，这一全球性古生物演化的重大转折毫无疑问反映了该时期发生过巨大的环境灾变事件。同时，根据 Grunow 等（1996）和 Pease 等（2008）对 Baltica 板块与 Laurentia 的研究，作者认为扬子克拉通新元古代-古生代之交的沉积转换可能与因 Baltica 板块和 Laurentia 板块裂解以及 Iapetus 洋的形成，从而导致 Rodinia 超大陆的最后裂解（±550Ma）有关。因此，震旦纪—寒武纪附近的沉积-构造转换不仅是一次重要的泛克拉通事件、更是一个全球性构造（岩石圈伸展）事件（于炳松等，2002，2004；Kirschvink *et al*，1997）。

由此，我们提出了地壳伸展-差异升降-热液上升（伴随火山活动）-快速海侵（伴随上升洋流）-缺氧事件复合沉积动力学模式（汪正江等，2011）。也就是说，新元古代与古生代之交的伸展构造背景和沉积盆地性质的转变才是这一系列沉积事件的内在动力，热液活动和火山喷发、并伴随后生生物爆发是这一内因的直接物质表现，而硅质岩系-磷块岩-碳质泥页岩的沉积序列正是这一转换在陆棚相区的沉积记录。

在此需要强调的是，正是 I 型层序界面和古喀斯特的存在，为金沙岩孔古油气藏、仁怀大湾古油气藏、瓮安玉华古油气藏等（图2.26）的储层形成发育提供条件，同时，利川-南川-遵义-贵阳这一北东-南西向开阔台地和台缘礁滩复合相区也为后期油气的运移聚集提供的良好条件。当然这里只是一个运移通道和储集空间的问题，再加上牛蹄塘组烃源岩和黔东统的封盖层，一个集生烃层、储层、盖层、圈闭、运移和保存等多种基本石油地质条件的含油气系统就形成了。因此，该含油气系统的综合研究为该地区有利油气勘探区带优选和评价提供了新思路和新领域。

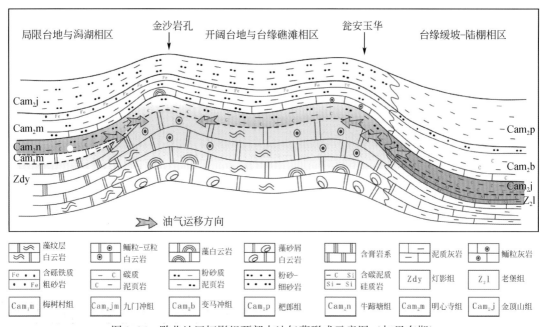

图 2.26　黔北地区灯影组顶部古油气藏形成示意图（加里东期）

2）都匀运动不整合面与志留系海侵上超

从盆地演化和层序地层学分析，都匀运动在黔中隆起周缘形成的层序不整合界面，实际上是早期海退下超面、中期暴露侵蚀面、后期海侵上超面的时空综合体。因此，三“面”的叠合为凯里麻江古油藏形成提供了重要条件。

同时，加里东运动使下伏的牛蹄塘组进入了生油窗，油气便沿断裂或层序不整合面向上运移，在遇到较好的储集空间后聚集成藏；而奥陶系红花园组生物碎屑灰岩和翁项群下部砂岩都是较好的储集层，因此，这种生排烃期与构造圈闭、地层岩性圈闭的耦合性是麻江古油气藏之含油气系统得以形成的关键因素（图 2.27）。

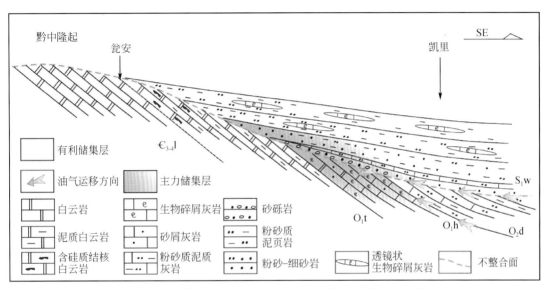

图 2.27　凯里地区都匀运动不整合面与麻江古油藏形成示意图

2.3.3　沉积古地理与盖层

正如高效烃源岩、有利储集层的发育与盆地演化的一定阶段相联系一样，区域盖层的发育同样也是与盆地演化的特定阶段相对应的（表 2.3）。在中上扬子克拉通内，区域盖层主要发育于被动大陆边缘早期的缓坡阶段（陆架建设）、前陆盆地充填阶段（早期湄潭组或大湾组、晚期下志留统），至于寒武纪中期（清虚洞晚期—石冷水期）蒸发台地的含膏岩系的沉积，则主要是与台地边缘的形成与扩展以及古气候演化有关。

表 2.3　扬子陆块早古生代主要盖层发育特征与沉积环境

时代 项目	寒武纪黔东统	寒武纪武陵统	中奥陶统	下志留统
盆地性质	被动大陆边缘	克拉通内拗陷	前陆阶段隆后盆地	前陆阶段前缘盆地
岩相特征	黑色页岩、砂质页岩	含膏岩系、泥质白云岩	灰绿色砂质页岩，夹生物碎屑灰岩、粉砂岩	灰绿、黄灰色页岩、砂质页岩夹粉砂岩

时代 项目	寒武纪黔东统	寒武纪武陵统	中奥陶统	下志留统
沉积环境	浅海–半深海	潟湖–局限台地	浅海、半深海	浅海、半深海
发育层系	牛蹄塘组、明心寺组、金顶山组	高台–石冷水组、覃家庙组	湄潭组、大湾组	下志留统龙马溪组、小河坝组、溶溪组、秀山组等
分布范围	广泛	较为广泛	较为广泛	广泛
厚度	300~600m	150~400m	200~450m	750~1500m
其他效应	烃浓度封闭			烃浓度封闭

2.3.3.1　第一盖层——黔东统泥页岩

1）牛蹄塘组

牛蹄塘组是上震旦统灯影组储集层的直接盖层。牛蹄塘组盖层岩性主要为黑色碳质泥页岩为特征，属于深水陆棚沉积。该盖层分布广泛，厚度较为稳定：金沙岩孔剖面厚160m，区内习水喉滩剖面盖层厚度为105m，习水喉滩剖面盖层厚度占地层厚度70%以上，为均质盖层。均质盖层被认为盖层在层内的最佳分布，封盖能力也最强。

在威远和资阳地区，黔东统泥质岩（厚300~400m）不仅是良好的烃源层，也是震旦系气藏的直接盖层（叠合有烃浓度封闭作用），据测试能封堵高达688m的气柱。

2）明心寺组—金顶山组

黔东统明心寺组—金顶山组（变马冲—杷榔组）泥页岩是明心寺组—金顶山组本身所夹潮汐沙坝砂岩储层的直接盖层，又是灯影组储层的上覆区域盖层。岩性以钙质、碳质、云母质页岩及粉砂质泥岩为主，为陆棚相沉积。泥页岩厚度一般在100~150m，由东往西逐渐变薄，岩性变粗，砂岩明显增多。根据多条剖面统计，明心寺组—金顶山组泥岩为较均质盖层（泥质岩含量50%~75%）。例如凯里西虎庄残余油气藏的庄1井，其牛蹄塘组泥岩盖层样品的平均孔隙度为1.22%，平均渗透率为 $0.01 \times 10^{-3} \mu m^2$ ，突破压力200.5MPa，具有很强的封闭能力。按照盖层封盖性能定量评价标准分级，划定为Ⅱ类（极好）盖层。

3）石牌组—天河板组

在鄂西地区，黔东统石牌组—天河板组盖层主要为广海陆棚–盆地边缘相，由泥质岩及泥灰岩组成，直接覆盖在灯影组目的层上。该套盖层除在宜都–鹤峰复背斜及桑植石门地区南部等局部出露地表外，其余地区大面积深埋地腹，最厚在恩施–咸丰一带，厚达958.0m。

2.3.3.2　第二盖层——清虚洞组—石冷水组含膏岩系

寒武系黔东统清虚洞组—武陵统高台–石冷水组的含膏岩系主要分布在中上扬子克拉通内，分布广泛（图2.28），其沉积环境主要为潟湖–局限台地，它不仅是清虚洞组下段颗粒白云岩、颗粒灰岩的直接盖层，也是中上扬子震旦系灯影组白云岩和古喀斯特的又一区域盖层。

关于寒武纪含膏岩系发育的层位，其主体是清虚洞组上段和高台-石冷水组，但在中上扬子克拉通过渡区，还包括了石牌组、天河板组、清虚洞组下段等。例如，李 2 井的含膏岩系最低层位就是石牌组，该组含膏岩系厚度厚达 79m，单层最大厚度可达 30m，层数达 15 层。

另外，含膏岩系发育层位的纵向-横向变化是：清虚洞晚期的含膏岩系主要发育在西部，膏岩质纯，单层厚度一般较大。至高台-石冷水期开始向东扩展，但是由于受到陆源碎屑的干扰，潟湖内以含膏粉砂质泥质白云岩沉积为主，单层厚度也变小了，且含膏岩系多为膏岩与白云质粉砂质泥页岩互层。

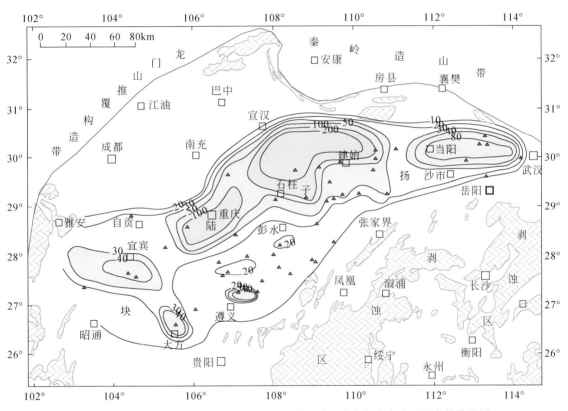

图 2.28　中上扬子地区黔东世清虚洞期—武陵世石冷水期含膏岩系厚度等值线图

2.3.3.3　第三盖层——大湾期泥页岩

大湾组—湄潭组泥质粉砂岩和粉砂质页岩主要分布在上扬子克拉通拗陷区，是下奥陶统红花园组石灰岩储层的直接盖层。其岩性主要为泥质灰岩和钙质泥岩，为浅水-深水陆棚相沉积，黔北地区厚度一般为 200～300m，而在石柱漆辽剖面厚 169m，武隆接龙场厚166m，酉阳小咸厚 140m，来风三堡岭厚度仅有 126m，显示由西向东减薄特征。

2.3.3.4 第四盖层——下志留统泥页岩

中上扬子地区下志留统盖层岩性较稳定，连片分布，面积较大。主要由灰黑、灰绿、黄绿色泥页岩组成，部分含粉砂质泥岩。具有较好封盖性的层位是龙马溪组和韩家店组，其中龙马溪组分布广泛，厚度稳定，为区域性盖层。岩性为黑色泥页岩、灰绿色粉砂质泥页岩，丁山 1 井厚度为 144m、林 1 井为 65m，南川三泉为 287m，石柱漆辽为 290m，为盆地相–浅水陆棚相沉积，因而含砂地层很少，属于均质盖层。韩家店组泥岩为下伏石牛栏组储层的直接盖层。韩家店组中的封盖层主要为钙质泥岩和泥岩，并含有较多粉砂岩和粉砂质泥岩，丁山 1 井钻厚 307m、林 1 井 183m，均为陆棚相沉积，属于较均质盖层。

第3章　中上扬子海相烃源岩生烃潜力评价

3.1　烃源岩有机质类型与沉积环境

3.1.1　有机质类型判别参数

有机质性质或干酪根类型不同，其生烃潜力、烃类性质和门限深度均有较大差异，因而有机质性质的研究，是评价生油岩的重要内容之一。目前表征有机质性质的参数甚多，但一般均受热演化的影响，有的参数既能说明有机质性质和类型，同样可反映所处演化阶段（表3.1）。根据中上扬子海相烃源岩高热演化等特点，这里主要通过干酪根组分、干酪根碳同位素，辅以氯仿沥青"A"族组成对有机质类型进行判识，并通过饱和烃色谱、生物标志物及微量元素分析分析各烃源层系古生物地球化学特征、沉积水体环境及有机质演化过程。

表3.1　有机质类型划分表

	项目	I. 腐泥型	II₁. 腐殖-腐泥型	II₂. 腐泥-腐殖型	III. 腐殖型
"A"族组成	饱和烃/%	40~60	30~40	20~30	<20
	饱/芳	>3.0	1.6~3.0	1.0~1.6	<1.0
	非烃+沥青质/%	20~40	40~60	60~70	70~80
	$\dfrac{(非烃+沥青质)}{总烃}$	0.3~1.0	1.0~2.0	2.0~3.0	3.0~4.5
饱和烃色谱	峰型	前高单峰型	前高双峰型	后高双峰型	后高单峰型
	主峰碳	C_{17}，C_{19}	前 C_{17}，C_{19}，后 C_{21}，C_{23}	前 C_{17}，C_{19}，后 C_{27}，C_{29}	C_{25}，C_{27}，C_{29}
干酪根组分	壳质组/%	70~90	50~70	10~50	<10
	镜质组/%	<10	10~20	20~70	70~90
	Ti/%	80~100	40~80	0~40	0
生物标志物	$5\alpha-C_{27}$/%	>55	35~55	20~35	<20
	$5\alpha-C_{28}$/%	<15	15~35	35~45	>45
	$5\alpha-C_{28}$/%	<25	25~35	35~45	45~55
	$(5\alpha-C_{27})/(5\alpha-C_{29})$	>2.0	2.0~1.2	1.2~0.8	<0.8

通过研究不溶有机质和可溶有机质分析有机质类型，其中不溶有机质主要通过干酪根

镜检技术将干酪根划分为腐泥组、壳质组、镜质组和惰质组。类型指数是依据显微组分的含量比例来划分有机质的类型。TI = [ax(100)+bx(50)+cx(-75)+dx(-100)]/100 （其中的 a，b，c，d 分别代表腐泥组、壳质组、镜质组、惰性组），可通过计算类型指数并依据前人统计总结的干酪根类型划分标准（TI≥80 为Ⅰ型，40<Ⅱ₁<80，0<Ⅱ₂<40，Ⅲ<0）来判断有机质类型。

烃源岩干酪根有机碳同位素（δ¹³C）是判断烃源岩母质类型常用的方法。黄汝昌等（1997）研究表明各种生物体中¹³C 值具有不同的特征，海生藻类为-28‰～-17‰，海洋浮游生物脂肪质具有较低的 δ¹³C 值为-34‰～-24‰，海洋性自养菌具有最低的 δ¹³C 值为-36‰～-34‰。黄第藩根据我国陆相生油岩干酪根碳同位素的大量资料归纳，曾提出用 δ¹³C=-26‰和 δ¹³C=-27.5‰作为区分Ⅲ、Ⅱ、Ⅰ型干酪根的两个指标界线。而梁狄刚等（2009）将海相Ⅱ型与Ⅰ型干酪根的界线值调整为-29‰（图 3.1、图 3.2）。多数学者认为成熟度对干酪根同位素有一定影响，在高温干法试验中，成熟度的影响在 1‰之内，在低温长时间干法试验中，成熟度的影响在 2‰左右。

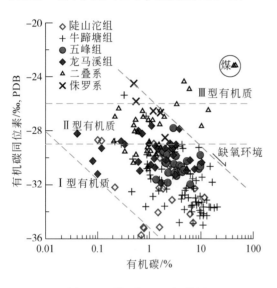

图 3.1　δ¹³C 与 TOC 相关图

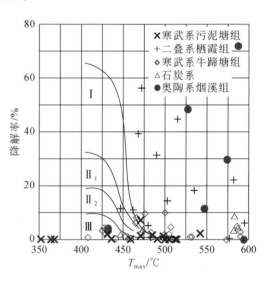

图 3.2　降解率与 T_{max} 相关图

3.1.2　有机质类型

3.1.2.1　震旦系陡山陀组

1）干酪根显微组分

陡山沱组烃源岩干酪根有机显微组成共分析样品 53 件，组分以腐泥组为主，腐泥组在 82%～94%，平均 89.6%，次为沥青组，在 6%～18%，平均 10.4%，所有样品未检测出镜质组、壳质组及惰质组，有机显微组成分析表明该地区陡山沱组黑色页岩机质类型为Ⅰ型［图 3.3（a）］。

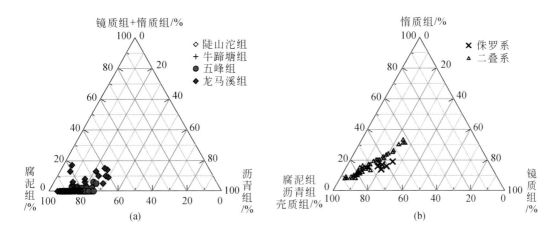

图 3.3　显微组分三角图 (a) 陡山沱组及下古生界；(b) 上古生界—中生界

程克明（1995）等认为腐泥组来自于低等水生生物及降解产物，镜质组及惰质组分别来源于高等植物木质纤维组织凝胶化作用及丝炭化作用，壳质组则与高等植物类脂的膜质物质和分泌物有关，沥青组主要来源于富氢显微组分成烃的次生产物，因此，陡山沱干酪根组分特征反映了震旦纪—寒武系海洋生物类型主要为蓝绿藻、绿藻及疑源生物（Tappan，1970）的基本面貌。

2）干酪根碳同位素

梅潭梅子湾地区的陡山沱组七件样品（表 3.2）均分布于该组顶部，岩性主要为黑色泥页岩和磷块岩，干酪根碳同位素为 $-30.02‰ \sim -28.96‰$。遵义松林陡山沱组获得的五件为黑色泥岩，均分布于陡山沱组上部，干酪根碳同位素数值为 $-30.89‰ \sim -28.69‰$，平均值为 $-30.23‰$。其中黑色泥岩较粉晶白云岩明显偏低 $1.59‰ \sim 2.20‰$。

表 3.2　黔北震旦系陡山沱组黑色泥岩有机碳同位素组成

样号	岩性	有机碳/%	$\delta^{13}C/‰$	H/C	样号	岩性	有机碳/%	$\delta^{13}C/‰$	H/C
MM-1	黑色泥岩	1.53	-29.15	4.33	SDS-2	粉晶白云岩	0.1	-28.69	17.14
MM-2	黑色页岩	2.71	-29.33	1.31	SDS-3	黑色泥岩	2.3	-30.28	1.06
MM-3	磷块岩	1.76	-29.61	0.53	SDS-4	黑色泥岩	2.4	-30.59	0.82
MM-4	黑色页岩	1.22	-28.96	2.29	SDS-5	黑色泥岩	2.48	-30.44	1.17
MM-5-1	磷块岩	1.61	-30.02	1.14	SDS-6	黑色页岩	2.55	-30.48	1.01
MM-5-2	黑色页岩	2.57	-29.35	1.06	SDS-7	黑色泥岩	2.83	-30.89	1.06

注：湄潭梅子湾（MM）样品为陡山沱组四段，遵义松林（SDS）样品为陡山沱组二段。

如图 3.4 (a) 所示主要分布在三个区间（Ⅰ、Ⅱ及Ⅲ区），Ⅰ区与Ⅱ区 $\delta^{13}C$ 与 TOC 呈明显的负相关关系，Ⅰ区 $\delta^{13}C$ 为 $-32.95‰ \sim -28.75‰$，代表海生藻类生物，Ⅱ区具有较低 $\delta^{13}C$（$-38.60‰ \sim -34.81‰$），代表海洋浮游生物脂肪质，Ⅲ区为具有最低的 $\delta^{13}C$（$-35.17‰ \sim -30‰$），可能与海洋性自养菌有关。

黔北遵义和湄潭陡山沱组干酪根碳同位素数值总体变化不大，黑色泥页岩明显较粉晶白云岩偏低，黑色泥页岩集中在–30.89‰～–28.96‰，平均值–29.92‰，干酪根δ^{13}C值与有机碳含量呈明显的负相关关系：

$$\delta^{13}C(‰) = -1.05×TOC(\%) - 27.62，R\text{-squared} = 0.59$$

若将泥质烃源岩TOC下限值0.5%带入上式可计算出陡山沱组泥质烃源岩最高δ^{13}C值为–28.12‰。可以考虑采用–28.12‰作为区分陡山沱组样品是否为烃源岩的标志之一[图3.4（b）]。

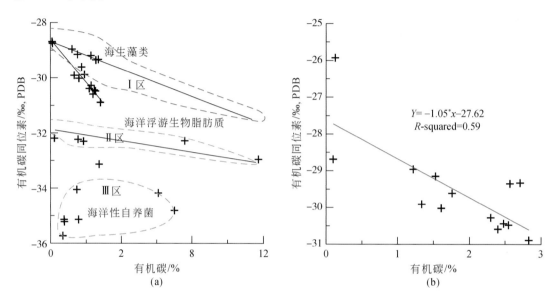

图3.4　陡山沱组δ^{13}C与TOC含量相关图　（a）中上扬子地区地区；（b）黔北遵义松林及湄潭梅子湾

陡山沱组样品的干酪根碳同位素以Ⅰ型干酪根为主，仅个别相品显示为Ⅱ型，当然不排除实验结果受到测试样品岩性的影响。而且同一地区同一烃源岩系干酪根δ^{13}C值变化在1‰左右，不同地区同一烃源岩系干酪根δ^{13}C平均值相对比较一致，差值一般也在1‰左右，说明同一层系的生物来源和母质类型总体相对均一。

3）饱和烃色谱参数

氯仿沥青"A"中族组成多表现为饱和烃>非烃>芳烃，这种高饱和烃、高非烃和低芳烃的族组分分布特征被认为是以富含类脂化合物和蛋白质为特点的低等水生生物来源的腐泥型有机质的特点（温汉捷等，2000）。饱和烃与芳香烃的比值可用来判识生油岩类型，比值大于3为腐泥型生油岩，比值在0.5～0.8为腐殖型生油岩，混合型生油岩则介于腐泥型与腐殖型之间（尚慧芸，1990）。姥鲛烷、植烷及其比值Pr/Ph常作为判断原始沉积环境氧化-还原条件和介质盐度的标志。如傅家谟（1991）认为Pr/Ph<1指示沉积环境为较还原和环境，Peters和Moldowan（1993）认为低Pr/Ph值（小于0.6）指示沉积环境为缺氧的而且通常是超盐环境，而当Pr/Ph>3时指示弱氧化-氧化条件下的陆源有机质的输入。

陡山沱组氯仿沥青"A"抽提物族组分定量分析共38件，饱和烃含量14.41%～72.16%，平均43.16%，芳烃含量为1.15%～28.00%，平均10.74%，饱/芳为1.22～20.20，平均5.78为非烃含量为2.30%～41.43%，平均19.44%，沥青质含量较非烃高为 7.53% ~64.06%，平均 19.82%，表明有机质类型为腐泥型。其中张家界田坪陡山沱组饱和烃含量 43.75% ~54.41%，芳烃为 3.12% ~7.87%，非烃为 25.84% ~43.75%，正构烷烃分布范围为 C_{15}—C_{36}，且以中-高碳数烃占优势，主峰碳均为 C_{19}，轻重烃 $\sum C_{21-}/\sum C_{21+}$ 值范围 1.63 ~1.65，显示轻烃组分占有优势，Pr/n-C_{17} 为 0.81 ~0.97，Ph/n-C_{18} 为 0.92 ~1.03，Pr/Ph 为 0.17 ~0.42，而黔北湄潭梅子湾正构烷烃分布范围为 C_{14}—C_{33}，以中-高碳数烃占优势，主峰碳有以 C_{17} 为主峰的单缝型和以 C_{17}/C_{25} 的双峰型，轻重烃 $\sum C_{21-}/\sum C_{21+}$ 为0.54 ~0.59，显示重烃组分占有优势，Pr/n-C_{17} 为 0.53 ~0.73，Ph/n-C_{18} 为 0.79 ~0.88，Pr/Ph 为 0.55 ~0.85，与张家界田坪相比具有较高的 Pr/Ph，表明梅子湾陡山沱组具有相对较浅的水体环境和较弱的还原环境。

4）生物标志物

陡山沱组烃源岩萜烷主要为五环三萜烷，其次为三环萜烷，还检验出伽马蜡烷、莫烷和少量的 C_{31}-C_{33} 升藿烷。其中以黔北遵义松林和湄潭梅子湾最为典型。

松林地区黑色泥岩三环萜烷与五环三萜烷比值为 0.19，梅潭梅子湾黑色泥岩及磷块岩样品的三环萜烷与五环三萜烷比值为 0.16 ~0.39，均值为 0.25，这反映有机质来源于海相环境和低等生物。松林地区 SDS-3 黑色泥岩 γ-蜡烷指数为 0.15，而梅潭梅子湾样品 γ-蜡烷指数为 0.13 ~0.17，均值为 0.15，两地的 γ-蜡烷指数相差不大。γ-蜡烷是水体分层的标志（Goodwin et al.，2007），同时在高盐环境中水体常常是密度分层的。因此，γ-蜡烷也常与高盐环境伴生（张立平等，1999），样品中均检测出一定含量的 γ-蜡烷，但是其含量并不高，表明原油母质形成盐度较低的海水环境，且相差不大，说明两地区的盐度和水体分异可能相似。三环萜烷中 C_{19} 相对丰度较低，以 C_{23} 丰度最高，（C_{19}+C_{20}）/C_{23}-tri 值为 0.73 ~1.13，均值为 0.85，C_{21}、C_{23}、C_{24} 呈倒"V"字型分布，一般认为三环萜烷的这种分布特征与咸水环境有关，同时也表明了菌藻类等低等生物输入的标志。五环三萜类在研究样品中很丰富，以 C_{30} 占优势，而 C_{30} 以上的升藿烷丰度较高。虽然高的升藿烷丰度代表了低等生物的母质输入（Peters，1991），但已有的研究表明，高盐度的环境中也可能出现高丰度的升藿烷含量（Moldowan，1985）。陡山沱组所有样品中均检测到较高的升藿烷含量，这种较高的升藿烷含量不仅反映了细菌输入的特征，可能也与沉积期较高的盐度环境有一定的关系。

甾类化合物主要为规则甾烷（C_{27}—C_{29}）和重排甾烷（C_{27}—C_{29}），其次为孕甾烷。C_{27} 甾烷含量为 27% ~34%，均值 30.8%，C_{29} 甾烷含量普遍高于 C_{27} 甾烷，为 38% ~45%，均值 41.8%，表现为 C_{29}>C_{27}>C_{28}，C_{27} 甾烷/C_{29} 甾烷值为 0.60 ~0.895，一般认为，C_{27} 烷为藻类有机生源，C_{28} 甾烷主要与硅藻类有关，C_{29} 甾烷的生源既可是藻类又可是高等植物（Huang，1979）。但已有的研究已经证实，C_{29} 甾烷作为陆源标志物的可靠性值得怀疑，一些含有丰富 C_{29} 甾烷的油及碳酸盐岩，其有机质生物母源没有或很少有高等植物输入（Volkman，1986）。

当姥值比 Pr/Ph<1，母质沉积的水体属于较还原环境，此时若芳烃参数 DBT/P<1，代表海相或湖相泥页岩沉积，若 1<DBT/P<3 为海相碳酸盐岩（泥灰岩）沉积，而若 DBT/P>3 为海相碳酸盐沉积（Hughes et al.，1995），研究发现所有样品 DBT/P 值均小于 1，为 0.06 ~0.15，反映陡山沱组烃源岩为海相泥页岩。

3.1.2.2　寒武系牛蹄塘组

1）干酪根显微组分

牛蹄塘组烃源岩干酪根有机显微组成中腐泥组含量 75% ~93%，平均87.3%，沥青组 7% ~25%，平均12.7%，没有壳质组、镜质组和惰性组（122 件）。表明主要母质由菌藻类低等水生生物等有机质输入为主，没有高等植物混入，该特征与陡山沱烃源岩干酪根有机纤维组分特征相似，但牛蹄塘组腐泥组含量较陡山沱组低，而沥青组含量略高，这可能与牛蹄塘组有机质热演化程度较陡山沱组略低有关。

2）干酪根碳同位素

中上扬子地区地区牛蹄塘组烃源岩具有较低的 $\delta^{13}C$ 值：$\delta^{13}C$ 主要集中在 -35‰ ~ -30‰，其中以 -33‰ ~ -32‰ 为主，这里以遵义松林及秀山膏田为代表介绍。

遵义松林牛蹄塘组底部磷块岩干酪根同位素为 -31.61‰，黑色硅质岩及黑色页岩互层段（0.45m），干酪根同位素为 -34.01‰ ~ -32.32‰；黑色泥岩（5.68m）为 -34.99‰ ~ -32.42‰；含钼黏土岩 -31.68%，之上黑色泥岩（37.5m）为 -31.18‰ ~ -30.64‰。随着岩性的变化，各层段表现为不同的 $\delta^{13}C$ 值（图 3.5）。湄潭梅子湾地区该值为 -32.53‰ ~ -31.85‰，这种低 $\delta^{13}C$ 值反映其母质主要来源为海洋浮游生物和海洋性自养菌，似乎与海生藻类差别较大。上述数据表明，早寒武世海侵阶段海水相对较深的沉积条件下由于黑色页岩沉积时缺氧，有机质遭受硫酸盐还原菌的降解，释放出富 ^{12}C 的 CO_2 成为光合作用合成有机

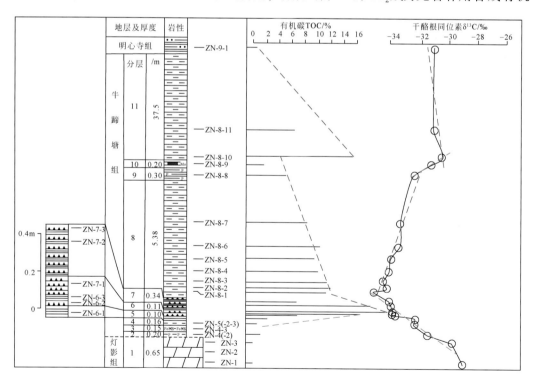

图 3.5　遵义松林牛蹄塘组干酪根同位素

质时的碳源，而使黑色页岩中有机质富含轻烃碳同位素（李任伟等，1999）。与牛蹄塘黑色页岩明显不同的是灯影组白云岩干酪根同位素相对较高为–29.80‰ ~ –29.37‰，该值反映海生藻类、海洋浮游生物和海洋性自养菌均为沉积母质的来源，较高的 $\delta^{13}C$ 值代表浅水富氧环境，不利于有机质的保存和富集，因此灯影组白云岩有机碳含量仅 0.03% ~ 0.08%。

　　秀山膏田剖面牛蹄塘组烃源岩分为上下两段，中间夹一套泥质粉砂岩（17 层 28.58m）和泥晶灰岩（18 层 7.71m），七件黑色页岩和两件为黄灰色泥页岩分析结果显示，黑色页岩 TOC 为 1.34% ~ 10.52%，$\delta^{13}C$ 值为 –32.26‰ ~ –29.83‰，黄灰色泥页岩 TOC 为 0.20‰ ~ 0.22‰，$\delta^{13}C$ 值为 –28.8‰。黑色页岩上下两段在有机碳含量及 $\delta^{13}C$ 值有所不同，下段黑色页岩包括 14 ~ 16 层，分层厚度为 12.59m、4.58m、8.55m，总厚 25.72m，有机碳含量较高为 5.20% ~ 10.52%，$\delta^{13}C$ 值为 –32.26‰ ~ –31.44‰，为负异常且较上段黑色页岩偏低 1.6‰ 左右。上段黑色页岩包括 19 ~ 21 层，分层厚度为 36.20m、9.26m 及 13.63m，总厚 59.09m，其中 21 层夹少量黑色泥晶灰岩，有机碳含量为 0.22% ~ 2.36%，平均值为 1.31%，$\delta^{13}C$ 值为 –29.84‰ ~ –28.8‰。

　　3）单体烃同位素

　　牛蹄塘组烃源岩单体正构烷烃碳同位素组成普遍较轻，且碳同位素特征形式较为相似，呈锯齿状分布，并且在低碳数 C_{16}—C_{26} 区间均有从低碳数到高碳数 $\delta^{13}C$ 向右倾斜的趋势，即随着碳数的增加 $\delta^{13}C$ 逐渐变轻。低碳数正构烷烃相对较重的 $\delta^{13}C$，表明母质来源为海生藻类及海洋浮游生物，而且随着热演化程度的增加，相对 $\delta^{13}C$ 较重的高碳数正构烷烃可能存在的裂解使得正构烷烃单体碳同位素组成明显富集 ^{13}C，而随着碳数的降低，这种裂解的支链越来越少，裂解也变得更加困难，因此在 C_{16}—C_{26} 区间随着随着碳数的增加 $\delta^{13}C$ 逐渐变轻（图3.6）。

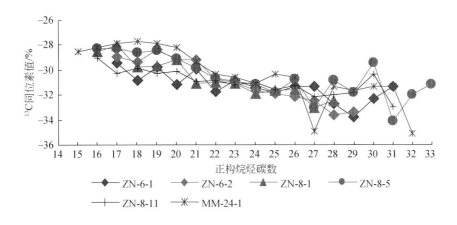

图3.6　遵义松林牛蹄塘组烃源岩正构烷烃单体烃同位素

　　在 C_{26+} 区间变化特征与 C_{16}—C_{26} 完全不同，从低碳数到高碳数没有明显向右或左倾斜的特征，而且碳同位素值具有较明显的偶碳优势，如 ZN–8–5 C_{26}、C_{28}、C_{30} 及 C_{32} 为 –30.72‰、–30.84‰ 及 –29.48‰，而 C_{27}、C_{29} 及 C_{31} 均值为 –33.03‰、–31.83‰ 及 –34.10‰，相邻奇偶碳数碳同位素值差为 0.99‰ ~ 4.62‰，这种差值一般认为在热演化

阶段奇碳数烷烃向偶碳数烷烃裂解（释放具有更轻 $\delta^{13}C$ 的 CH_4）或转化形成的，因此在研究生源时奇碳数烷烃更具有可靠性，这种相对较轻的 $\delta^{13}C$ 值也表明其主要来源为细菌。

4）饱和烃色谱参数

牛蹄塘组烃源岩氯仿沥青"A"抽提物族组分参数共获得 74 件［图 3.7（a）］，其中饱和烃含量 13.87% ~ 74.19%，平均 41.15%，芳烃质量分数比值为 0.62% ~ 41.83%，平均 12.07%，饱/芳为 0.84 ~ 27.00，平均 5.35，非烃质量分数为 0.12% ~ 70.17%，平均 26.50%，沥青质含量为 3.23% ~ 69.72%，平均 20.98%，饱和烃含量均较芳烃高，且饱/芳均大于 5，反映有机质类型相对较好。

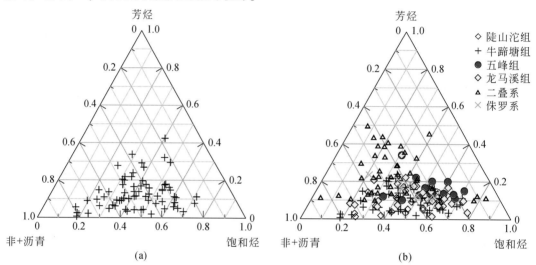

图 3.7　饱和烃族组分含量三角图（a）牛蹄塘组；（b）其他各层系与牛蹄塘组比较

正构烷烃分布范围为 C_{14}—C_{33}，且以中-高碳数烃占优势。遵义松林地区 ZN-6-1、ZN-6-2、ZN-8-1、ZN-8-5 及 ZN-8-11 主峰碳均为双峰型，缺乏单峰型，主峰碳分别为 C_{16} 和 C_{25}，而且 C_{25} 含量普遍大于 C_{16}，表现为弱的后主峰型，OEP（奇偶优势）值均近似为 1（图 3.8），这种不具奇偶优势的高分子量正构烷烃，一般认为有两种来源，来自细菌和其他微生物蜡，或来自细菌强烈改造过的高等植物蜡（刘文均等，2000）。考虑到早寒武世尚未出现陆源高等植物，而是蓝绿藻等浮游植物大量繁盛的地质背景，显然部分样品中高碳数占优势并非代表陆源高等植物的母质输入，因此较高的主峰碳反映该样品遭受过微生物降解，正构烷烃很容易被微生物降解，且微生物对 C_{21} 以下的低碳数正构烷烃的降解程度要大一些，从而会造成低碳数正构烷烃的相对丰度的减少（窦启龙等，2005）。湄潭梅子湾地区样品 MM-24-1 主峰碳为 C_{19}，该值不仅反映水生生物来源，而且表明该样品未遭受微生物降解或者降解程度较低（表 3.3）。

表 3.3　遵义松林牛蹄塘组黑色泥岩正构烷烃及类异戊二烯烃

样品	TOC/%	主峰碳	OEP	$(nC_{21}+nC_{22})/(nC_{28}+nC_{29})$	Pr/Ph	Pr/n-C_{17}	Ph/n-C_{18}
ZN-6-1	2.18	C_{18}/C_{25}	1.04	1.00	0.79	0.42	0.44
ZN-6-2	6.85	C_{18}/C_{25}	1.04	0.54	0.85	0.80	0.60

续表

样品	TOC/%	主峰碳	OEP	$(nC_{21}+nC_{22})/(nC_{28}+nC_{29})$	Pr/Ph	Pr/n-C$_{17}$	Ph/n-C$_{18}$
ZN-8-1	10.98	C_{18}/C_{25}	1.01	0.85	0.61	0.58	0.56
ZN-8-5	9.45	C_{18}/C_{25}	1.06	1.01	0.51	0.54	0.55
ZN-8-11	6.19	C_{18}/C_{25}	1.06	0.84	0.82	0.63	0.74
ZN-9-1	0.33	C_{18}/C_{27}	1.07	0.51	0.60	0.88	1.21
MM-24-1	6.66	C_{19}	1.12	3.69	0.56	0.55	0.59

$(nC_{21}+nC_{22})/(nC_{28}+nC_{29})$ 是油气地球化学中常用的生物输入指标，利用该比值可以区别海相或者陆相生物成因的母质类型，当比值为 0.6 ~ 1.2 时，属于陆相有机质输入型；当比值为 1.5 ~ 5.0 时，则为海相有机质输入型（胡明安等，1998）。遵义松林 $(nC_{21}+nC_{22})/(nC_{28}+nC_{29})$ 值为 0.54 ~ 1.01，平均为 0.85，显示重烃烃组分占绝对优势，这与样品的轻微降解有关，而湄潭梅子湾为 3.69，显示轻烃烃组分占优势，反映有机质为海相输入的特点。

牛蹄塘组烃源岩 Pr/Ph<1，Pr/Ph 值范围在 0.51 ~ 0.82（表 3.3），平均值为 0.72，所有样品的 Pr/Ph<1.0，其中 ZN-8-5 和 MM-24-1 小于 0.6，具有植烷优势，显示了较强还原的缺氧的超盐度环境，巧合的是具有较低 Pr/Ph 比值的 ZN-8-1、ZN-8-5 及 MM-24-1 等样品有机碳含量大都高于其他样品，因此这种强的还原环境有利于母质的保存和优质烃源岩的形成。

一般认为 C_{20} 以下的类异戊二烯烃来源于叶绿素的植醇侧链，高等植物的叶绿素、藻菌中的藻菌素在微生物作用下均可分解形成植醇，而 C_{20} 以上的规则类异戊二烯烃可以来源于古细菌的细胞膜（Chappe et al.，1980）。因此，据样品的类异戊二烯烃判断，有机质可能来源于古细菌和藻类。

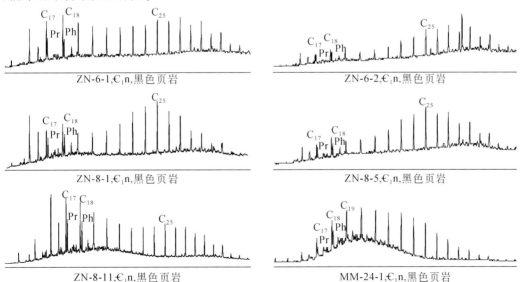

图 3.8　遵义松林牛蹄塘组烃源岩饱和烃分布特征

5）生物标志物

烃源岩中均检测出了一定含量的藿烷系列、三环萜烷系列和少量的四环萜烷（表 3.4），其相对丰度五环三萜烷>三环萜烷>四环萜烷。三环萜烷中 C_{19} 相对丰度较低，以 C_{23} 丰度最高，（$C_{19}+C_{20}$）/C_{23}-tri 值为 0.56 ~ 1.34，均值为 0.84，C_{21}、C_{23}、C_{24} 呈倒 "V" 字型分布，一般认为三环萜烷的这种分布特征与咸水环境有关，同时也表明了菌藻类等低等生物输入的标志。五环三萜类在研究样品中很丰富，以 C_{30} 占优势，而 C_{31} 以上的升藿烷丰度较高，代表了低等生物的母质输入。

表 3.4 牛蹄塘组烃源岩生物标志化合物类型指标

剖面	样号	Pr/Ph	γ 蜡烷/C_{30} Hopane	C_{23} TT/C_{30} H	C_{27} Sterane/%	C_{28} Sterane/%	C_{29} Sterane/%	DBT/P
遵义松林	ZN-6-1	0.79	0.16	0.16	0.31	0.29	0.41	0.05
	ZN-6-2	0.85	0.14	0.10	0.29	0.29	0.42	0.05
	ZN-8-1	0.61	0.16	0.12	0.31	0.28	0.41	0.09
	ZN-8-5	0.51	0.14	0.12	0.28	0.29	0.43	0.08
	ZN-8-11	0.82	0.16	0.26	0.31	0.28	0.41	0.08
	* ZN-9-1	0.60	0.18	0.17	0.31	0.28	0.41	0.04
湄潭梅子湾	MM-24-1	0.56	0.16	0.19	0.37	0.28	0.35	0.08

γ-蜡烷经常出现在高盐度海相和非海相沉积物中，因而一般认为 γ-蜡烷是高盐度的指标，是指示沉积环境盐度的可靠指示物。遵义松林黑色页岩有机质 γ-蜡烷指数为 0.14 ~ 0.16，γ-蜡烷有一定的丰度，表明有机质沉积时水体盐度较高，有机质母源可能为菌藻类等低等浮游生物，而湄潭梅子湾 MM-24-1 样品 γ-蜡烷指数为 0.05，可能反映沉积环境盐度相对较低。

所有样品中都含有丰富的甾类化合物，即使在遭受轻微生物降解的样品中，甾烷的分布也未受影响。检测出的甾类化合物的主要成分是规则甾烷（C_{27}—C_{29}）和重排甾烷（C_{27}—C_{29}），其次为孕甾烷（C_{21}）、升孕甾烷（C_{22}）和 4-甲基甾烷。所有样品中都含有丰富的甾类化合物，说明有机质海相输入的可能性较大，而不是陆源物质大量输入（Ourisson *et al.*，1987）。规则甾烷是用来判断母质输入的重要指标，一般认为 C_{27} 甾烷主要是海相水生生物来源，包括藻类和一些浮游动植物，而 C_{29} 甾烷主要是高等植物来源，且不同藻类含有不同特征的甾醇，其中硅藻、褐藻和绿藻以富含 C_{29} 甾醇为特点。在早古生代和前寒武纪海相石油和源岩中，C_{27} 规则甾烷/C_{29} 规则甾烷>1，代表浅海环境；C_{27} 规则甾烷/C_{29} 规则甾烷<1，代表河口或者远岸深水环境；而 C_{27} 规则甾烷/C_{29} 规则甾烷≈1，代表半深水环境（在局部地区底栖褐藻富集的层位则 C_{27} 规则甾烷/C_{29} 规则甾烷<1，因为褐藻中 C_{29} 甾醇丰富）。研究区测试样品（5α-C_{27}）/（5α-C_{29}）的平均值为 1.46，比值都大于 1，说明有机质母质为代表浅海环境的低等水生生物来源。遵义松林地区黑色页岩中 C_{27} 甾烷含量为 28% ~ 31%，C_{28} 甾烷含量为 28% ~ 29%，C_{29} 甾烷含量最高，为 41% ~ 43%，规则甾烷呈不对称 V 字形分布，表现为 C_{29}>C_{27}>C_{28}，C_{27} 甾烷/C_{29} 甾烷值为 0.67 ~ 0.76，代表了低等水生生物，特别是藻类（褐藻）对有机质母质的影响，不同的是湄潭梅子湾地区黑色页岩 C_{27} 甾烷、C_{28}甾烷及C_{29}甾烷含量分别为37%、28%及25%，表现为$C_{27}>C_{28}>C_{29}$，C_{27}甾烷/C_{29}甾烷为1.05，代表缺少底栖褐藻的半深水环境（图3.9）。

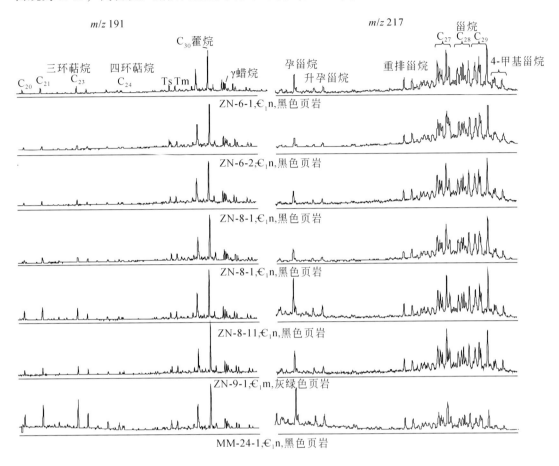

图3.9　牛蹄塘组黑色泥岩质量色谱图

一般认为甲基甾烷起源于甲藻（傅家谟，1985），其先质可能是甲藻类所含的甲藻菌醇。浮游植物甲藻在志留纪开始出现，甲藻在二叠纪开始大量出现，侏罗纪为繁盛时期（Tappan，1970），而海相浮游植物一般较海生藻类及其他海洋浮游生物具有较高的$\delta^{13}C$值。鉴于牛蹄塘黑色页岩$\delta^{13}C$值均较低，因此笔者认为，样品中存在一定丰度的4-甲基甾烷表示有机质的形成可能是藻类和细菌的双重贡献，而与浮游植物甲藻关系不大。研究发现牛蹄塘组烃源岩Pr/Ph<1，Pr/Ph值范围在0.51~0.82，且DBT/P值均小于1，为0.05~0.09，代表其母岩为海相泥页岩沉积。

3.1.2.3　奥陶系五峰组

1）干酪根显微组分

奥陶系五峰组烃源岩干酪根有机显微组成共分析样品29件，干酪根显微组分分析表明，研究区烃源岩干酪根主要包括四种显微组分，即腐泥组、沥青组、镜质组和惰质组，以腐泥组占优势，含量 70% ~ 93%，平均 81.1%，其次为沥青组，含量 7% ~ 26%，平均 18.1%，与震旦系和寒武系干酪根显微组分不同的是开始出现少量的镜质组和惰质组（表 3.5），该特征可能与奥陶纪晚期维管陆地植物（裸蕨植物门）的出现有关（Zimmermann，1969）。

表 3.5　五峰组显微组分　　　　　　　　（%）

地区	岩性	腐泥组	沥青组	壳质组	镜质组	惰质组	类型
石柱漆辽	黑色页岩	70 ~ 90	19 ~ 26	0	0 ~ 2	0 ~ 5	I
道真平胜	黑色页岩	70 ~ 81	19 ~ 26	0	0	0 ~ 5	I
秀山季沟树	黑色页岩	75 ~ 85	15 ~ 25	0	0	0	I
秀山回星哨	黑色页岩	76 ~ 90	10 ~ 21	0	0	0	I

各剖面有机显微组成特征如下：石柱漆辽显微组分（四件）以腐泥组占优势，含量 70% ~ 80%，次为沥青组 19% ~ 26%，镜质组 0 ~ 2%，惰质组 0 ~ 5%，没有壳质组。道真平胜显微组分（七件）以腐泥组占优势，含量 71% ~ 90%，次为沥青组 10% ~ 23%，镜质组 0 ~ 2%，惰质组含量 0 ~ 4%，没有壳质组。秀山季沟树显微组分（五件）腐泥组含量为 75% ~ 85%，沥青组 17% ~ 25%，不含壳质组、镜质组和惰质组。秀山回星哨显微组分（四件）腐泥组含量为 76% ~ 90%，沥青组 10% ~ 21%，不含壳质组、镜质组和惰质组。上述分析表明五峰组烃源岩显微组分以腐泥组为主，次为沥青组，部分地区含少量的镜质组与惰质组，类型指数 TI 为 89 ~ 100，均为 I 型有机质。

2）干酪根碳同位素

五峰组干酪根 $\delta^{13}C$ 主要集中在 -32‰ ~ -28‰，且 $\delta^{13}C$ 与有机碳含量无明显相关性，反映五峰组以 I 型有机质为主，个别为 II_1 型有机质，且沉积母质以藻类及浮游生物为主。

3）正构烷烃碳同位素

綦江观音桥和华蓥溪口烃源岩正构烷烃碳同位素具有不同的特征（图 3.10），前者在 C_{19} 和 C_{20} 有一个明显变轻的现象，在碳数 C_{14}—C_{19} 区间 $\delta^{13}C$ 较高大致为 -30‰ ~ -28‰，代表低等水生生物来源，而在碳数 C_{20}—C_{33} 区间 $\delta^{13}C$ 相对较低大致为 -34‰ ~ -32‰，这种高分子正构烷烃代表母质来源于细菌或其他微生物蜡（刘文均等，2000）。后者在碳数 C_{17}—C_{31} 区间均有从低碳数到高碳数 $\delta^{13}C$ 向右倾斜的趋势，即随着碳数的增加 $\delta^{13}C$ 逐渐变轻，这是由于随着热演化程度的增加，相对 $\delta^{13}C$ 较轻的高碳数正构烷烃可能存在的裂解使得正构烷烃单体碳同位素组成明显富集 ^{13}C。

熊永强等（2001）研究表明烃源岩生烃初期，液态正构烷烃主要来自干酪根的初次裂解，它们的碳同位素组成不论是在排出油中还是在残留油中，随温度的变化都不明显呈现较相似的分布特征，在生烃高峰期早期形成的沥青质和非烃等组分的二次裂解以及高碳数正构烷烃可能存在的裂解，使得正构烷烃单体碳同位素组成明显富集 ^{13}C，尤其在高碳数部分呈现出较大的差异。华蓥溪口正构烷烃碳同位素在 C_{17}—C_{28} 区间明显较綦江观音桥重 0.37‰ ~ 3.64‰，平均 1.65‰，差别最大出现在 C_{20}—C_{22}，因此上述数据表明两地黑色页岩不仅处于高成熟生烃高峰期间，而且随着成熟度增加，其正构烷烃碳同位素明显变重。

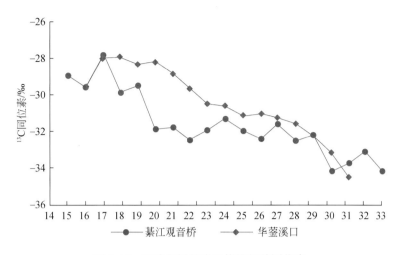

图3.10 五峰组烃源岩正构烷烃碳同位素

4）饱和烃色谱参数

五峰组氯仿沥青 "A" 抽提物族组分中饱和烃含量19.31%~70.42%（17件），平均44.90%，芳烃含量8.11%~32.73%，平均14.16%，饱/芳为0.91%~6.07%，平均3.50%，非烃含量2.65%~45.45%，平均14.89%，沥青质含量较非烃略低为3.55%~29.17%，平均14.80%［图3.7（b）］。

以道真平胜五峰组黑色页岩为例，饱和烃含量42.86%~63.47%，均值51.61%；芳烃含量11.01%~18.52%，均值14.08%；饱和烃/芳烃的值介于2~5之间，非烃和沥青质含量13.24%~31.85%，均值22.25%（表3.6），正构烷烃分布范围 C_{14}—C_{38}，主峰碳以双峰型为主，且以高碳数 C_{29}/C_{30} 为主，低碳数 C_{18}/C_{21} 为次一级峰，表明有少量陆源植物的输入，轻重烃 $\sum C_{21-}/\sum C_{21+}$ 值范围0.33~0.43，显示重烃组分占有优势，Pr/n-C_{17} 为0.77~1.32，Ph/n-C_{18} 为0.89~1.07，Pr/Ph 为0.38~0.58，表明该区五峰组沉积环境为较强的还原环境。

表3.6 五峰组烃源岩族组成参数

剖面	饱和烃/%	芳香烃/%	非烃/%	沥青质/%	饱和烃/芳烃	总烃/TOC
道真平胜	42.86~63.47 51.61(7)	11.01~18.52 14.08(7)	2.65~6.85 4.22(7)	6.39~29.171 18.04(7)	2.60~5.00 3.80(7)	13.46~22.95 16.46(7)
秀山季沟树	49.61	12.40	8.53	18.6	4.00	45.93
秀山回星哨	33.33	12.12	45.45	9.09	2.75	21.44
新化炉观	19.31~33.21 27.70(3)	8.11~11.03 9.45(3)	50.19~67.07		1.75~4.09 3.05(3)	3.08~21.29 14.06(3)
石柱漆辽	42.41~70.42 51.58(4)	10.04~21.89 14.13(4)	22.01~45.64		1.97~6.07 3.50(4)	10.30~25.55 17.80(4)

綦江观音桥和华蓥山溪口五峰组黑色页岩具有相似的饱和烃分布模式，主峰碳数均较低，显示母质均以海洋浮游生物为主，$\sum C_{21-}/\sum C_{21+}$ 值范围0.80~0.83，轻重烃比例相

近，Pr/n-C$_{17}$为 0.37~0.40，Ph/n-C$_{18}$为 0.42~10.82，Pr/Ph 为 0.77~0.86（表 3.7），表明该区五峰组沉积期为较弱的还原环境。

表 3.7　五峰组烃源岩生物标志化合物类型指标

分析样号	Pr/Ph	γ蜡烷/C$_{30}$Hopane	C$_{23}$TT/C$_{30}$H	C$_{27}$Sterane%	C$_{28}$Sterane%	C$_{29}$Sterane%	DBT/P
綦江观音桥	0.86	0.16	0.19	0.30	0.28	0.42	0.08
华蓥山溪口	0.77	0.11	1.00	0.42	0.29	0.29	0.02
道真平胜	0.38	0.18	0.60	0.34	0.25	0.41	
	0.57	0.15	2.99	0.39	0.27	0.35	
石柱漆辽	0.52	0.19	0.59	0.36	0.25	0.39	
	0.59	0.16	0.26	0.37	0.24	0.40	

5）生物标志物

烃源岩中均检测出了一定含量的藿烷系列、三环萜烷系列和少量的四环萜烷，其相对丰度五环三萜烷>三环萜烷>四环萜烷。三环萜烷中 C$_{19}$相对丰度较低，以 C$_{23}$丰度最高，C$_{23}$TT/C$_{30}$H 比值为 0.19~2.99，C$_{21}$、C$_{23}$、C$_{24}$呈倒"V"字型分布，γ-蜡烷指数为 0.11~0.19，C$_{27}$甾烷含量为 29%~37%，均值 33%，C$_{29}$甾烷含量普遍高于 C$_{27}$甾烷，为 34%~43%，表现为 C$_{29}$>C$_{27}$>C$_{28}$，甾烷 C$_{27}$/C$_{29}$为 0.67~1.10。上述数据表明为还原的且水体盐度较高的沉积水体，五峰组黑色页岩甾烷分布模式代表了低等水生生物，特别是藻类（褐藻）对有机质母质的影响。三环萜烷分布模式与咸水环境有关，同时也表明了菌藻类等低等生物输入。以观音桥和溪口为代表，姥植比 Pr/Ph<1，母质沉积的水体属于较还原环境，DBT/P 值均小于 1，为 0.02~0.08，这为海相泥页岩沉积得的典型特征。

3.1.2.4　志留系龙马溪组

1）干酪根显微组分

志留系龙马溪组底部黑色页岩干酪根有机显微组成共分析样品 24 件，干酪根显微组分分析表明龙马溪组页岩干酪根主要包括四种显微组分，即腐泥组、沥青组、镜质组和惰质组，以腐泥组占优势，含量 59%~95%，平均 78.7%，其次为沥青组，含量 5%~30%，平均 15.7%，显微组分中含有少量的镜质组和惰质组，不含壳质组。龙马溪组黑色页岩干酪根有机显微组成总体上与奥陶系五峰组相似，腐泥组含量较震旦系—寒武系低，因有机质热演化程度较低沥青组含量较高。

各剖面龙马溪组黑色页岩有机显微组成特征如下：石柱漆辽显微组分（五件）腐泥组含量 75%~90%，沥青组 10%~20%，镜质组 0~5%，惰质组含量 0~3%，无壳质组。道真平胜显微组分（七件）腐泥组含量 59%~66%，沥青组 21%~30%，镜质组 0~5%，惰质组含量 5%~11%，无壳质组。回星哨显微组分（三件）腐泥组含量 75%~82%，沥青组 15%~18%，镜质组 0~2%，惰质组含量 3%~6%，无壳质组。有机质类型为 I－II$_1$。季沟树显微组分（二件）腐泥组和沥青组含量分别为 82%~84%及 12%~16%，含有少量的惰质组（0~2%），没有镜质组和壳质组。上述分析表明奥陶系五峰组显微组分以腐泥组为主，次为沥青组，部分地区含少量的镜质组与惰质组，类型指数 TI 为 70.5 ~ 100，有机质类型为 I－II₁ 型。

　　2）干酪根碳同位素

　　志留系龙马溪组页岩干酪根 $\delta^{13}C$ 研究结果表明：$\delta^{13}C$ 主要集中在 -32‰ ~ -28‰，个别样品大于 -28‰，平均值 -29.66‰，与五峰组黑色页岩相比具有相对较高的 $\delta^{13}C$ 值，在大部分区域该层段底部黑色页岩与五峰组黑色页岩有机碳含量及 $\delta^{13}C$ 值非常接近，向上随着颜色变浅和有机质含量减少其 $\delta^{13}C$ 值逐渐增加，$\delta^{13}C$ 与有机碳含量呈较好的负相关性（图 3.11）。代表性剖面为石柱漆辽、道真平胜、秀山回星哨及綦江观音桥。

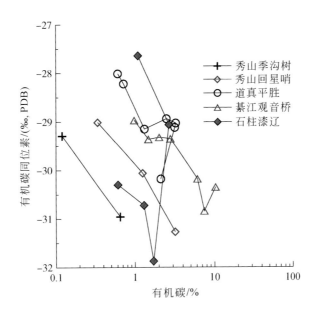

图 3.11　龙马溪组页岩 $\delta^{13}C$ 与 TOC 相关图

　　石柱漆辽龙马溪组页岩干酪根 $\delta^{13}C$ 为 -31.87‰ ~ -27.81‰，平均值为 -29.25‰，道真平胜干酪根碳 $\delta^{13}C$ 介于 -30.18‰ ~ -28.01‰，平均值为 -28.95‰。其中三件黑色页岩为 -30.18‰ ~ -29.03‰，两件黑灰色页岩为 -29.15‰ ~ -28.94‰，两件深灰色页岩为 -28.22‰ ~ -28.01‰，黑色页岩干酪根 $\delta^{13}C$ 值略低于黑色灰和深灰色页岩的值。秀山回星哨龙马溪组三件黑色页岩烃源岩干酪根碳 $\delta^{13}C$ 为 -31.27‰ ~ -29.01‰，平均值 -30.11‰。綦江观音桥六件黑色页岩干酪根碳同位素 -30.84‰ ~ -29.34‰，平均 -29.77‰，灰色页岩为 -28.97‰（1 件），较黑色页岩具有较高的 $\delta^{13}C$ 值。

　　通过四个地区龙马溪组页岩干酪根 $\delta^{13}C$ 对比研究认为渝东南-黔北龙马溪组干酪根 $\delta^{13}C$ 主要集中在 -32‰ ~ -28‰，$\delta^{13}C$ 与页岩颜色深浅及有机质含量相关性明显，一般黑色页岩具有较高的有机质含量和较低的 $\delta^{13}C$ 值，灰色页岩具有较低的有机质含量和较高的 $\delta^{13}C$ 值，较低的 $\delta^{13}C$ 值分布在龙马溪组底部黑色页岩发育层段。根据上述干酪根 $\delta^{13}C$ 分析，龙马溪组以 I 型有机质为主，与五峰组的最大区别就是开始出现 II₁ 型有机质（表 3.8）。

表 3.8　龙马溪组页岩干酪根碳同位素

样号	岩性	干酪根 $\delta^{13}C$/‰	$\delta^{13}C$ 平均值/‰
石柱漆辽	黑色页岩	−31.87 ~ −27.06	−29.25
道真平胜	深灰色-黑色页岩	−30.18 ~ −28.01	−28.95
秀山回星哨	黑色页岩	−29.01 ~ −31.27	−30.11
綦江观音桥	黑色-灰色页岩	−30.84 ~ −28.97	−29.77

3) 饱和烃色谱参数

龙马溪组氯仿沥青 "A" 抽提物中饱和烃含量 17.50% ~ 68.29% （24 件），平均 43.54%，芳烃含量 1.51% ~ 32.73%，平均 12.62%，饱/芳为 0.91% ~ 8.67%，平均 3.83%，非烃含量 2.67% ~ 70.85%，平均 25.35%，沥青质含量较非烃略低为 5.17% ~ 31.02%，平均 14.28%（表 3.9）。秀山季沟树和回星哨两件样品饱和烃含量为 30.26% 和 35%，芳烃的含量为 6.58% 和 20%。饱和烃/芳烃的值为 4.60 和 1.75。非烃和沥青质的含量为 56.58% 和 35%。可以看出季沟树的烃源岩非烃和沥青质含量高，说明季沟树的有机质成熟度高。新化炉观和大石两件样品由于热变质作用成熟较高，饱和烃含量为 29.56% ~ 33.02%，芳烃含量 25.13% ~ 28.77%，饱和烃/芳烃的值 1.14 ~ 1.17，非烃和沥青质的含量为 35.5% ~ 38.27%。志留系龙马溪组样品饱和烃含量普遍比芳烃高，饱和烃/芳烃的值也比较大，反映了有机质类型较好的特点，饱和烃/芳烃值与奥陶系五峰组黑色页岩样品非常接近，反映奥陶纪晚期和志留纪早期沉积有机质类型及母源类似，这可能与奥陶纪晚期维管陆地植物的出现有关，也可能来自志留纪早期开始出现的海洋浮游生物-甲藻。

表 3.9　龙马溪组烃源岩族组成

剖面	样品	岩性	族组成质量分数×10⁻²			
			饱和烃	芳香烃	非烃	沥青质
道真平胜	DBP28-32SY1	深灰、黑色页岩	17.50 ~ 65.26	8.07 ~ 15.37	2.67 ~ 45.00	10.26 ~ 28.73
石柱漆辽	SQP49-53SY1	黑色页岩	23.01 ~ 68.29	3.21 ~ 19.47	8.21 ~ 37.17	5.17 ~ 13.86
季沟树	XJP45SY1	页岩	30.26	6.58	39.47	17.11
回星哨	XHP2SY1	碳质页岩	35.00	20.00	22.50	12.50

道真平胜样品饱和烃含量 17.50% ~ 65.26%，均值 42%；芳烃含量 6.25% ~ 15.37%，均值 9.48%；饱和烃/芳烃的值介于 2.33 ~ 8.08。非烃和沥青质含量 23.16% ~ 65%，均值 41.16%，正构烷烃分布范围 $C_{14}—C_{38}$，主峰碳以双峰型为主，有以高碳数 C_{29}/C_{30} 为主的后主峰型和以低碳数 C_{22} 为主的前主峰型两种分布模式，表明有少量陆源植物的输入，轻重烃 $\sum C_{21-}/\sum C_{21+}$ 值范围 0.32 ~ 0.47，显示重烃组分占有优势，Pr/n-C_{17} 为 1.35 ~ 4.22，Ph/n-C_{18} 为 0.92 ~ 0.97，Pr/Ph 为 0.48 ~ 0.53，表明该区龙马溪组沉积环境为较强的还原环境。綦江观音桥和华蓥山溪口龙马溪组黑色页岩具有相似的饱

和烃分布模式，主峰碳数均较低，表明母质均以海洋浮游生物为主，$\sum C_{21-}/\sum C_{21+}$ 值范围 0.846 ~ 1.064，轻重烃比例相近，$Pr/n-C_{17}$ 为 0.440 ~ 0.481，$Ph/n-C_{18}$ 为 0.572 ~ 0.641，Pr/Ph 为 0.769 ~ 0.995，表明该区龙马溪组沉积环境为较弱的还原环境。

利用 $Pr/n-C_{17}$ 与 $Pr/n-C_{18}$ 关系图版可以判断各层位有机质类型及有机质沉积氧化还原环境，当 $Pr/n-C_{17}>Pr/n-C_{18}$，有机质类型以 Ⅱ-Ⅲ 为主，随着两者差值增加沉积环境氧化作用逐渐增强，当 $Pr/n-C_{17}<Pr/n-C_{18}$，有机质类型以 Ⅰ 型为主，随着两者差值增加沉积环境还原作用逐渐增强。总体上陡山沱组 $Pr/n-C_{17}$ 为 0.51 ~ 0.97，$Pr/n-C_{18}$ 为 0.79 ~ 1.36，表明为形成于较强还原作用下的 Ⅰ 型有机质型。牛蹄塘组 $Pr/n-C_{17}$ 为 0.41 ~ 0.81，$Pr/n-C_{18}$ 为 0.44 ~ 1.08，多数样品 $Pr/n-C_{17}<Pr/n-C_{18}$，表明为形成于较强还原作用下的 Ⅰ 型有机质型。五峰组与龙马溪组部分样品开始出现 $Pr/n-C_{17}>Pr/n-C_{18}$ 的现象，这与陆源植物的混入有关，有机质类型以 Ⅰ-Ⅱ 型为主，这种特征与二叠系吴家坪组底部的陆源高等植物形成的煤层有所区别（图 3.12）。

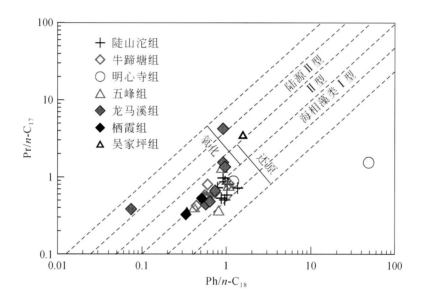

图 3.12　$Pr/n-C_{17}$ 与 $Ph/n-C_{18}$ 含量及有机质类型

4）生物标志物

龙马溪组黑色页岩样品生物标志物特征以綦江观音桥、华蓥山溪口、道真平胜等剖面为典型（表 3.10）。与五峰组黑色页岩相比 γ-蜡烷指数较相近为 0.11 ~ 0.16，各地 γ-蜡烷指数相差不大反映具有类似的盐度和水体分异。三环萜烷中 C_{19} 相对丰度较低，以 C_{23} 丰度最高，$C_{23}TT/C_{30}H$ 值差异较大为 0.11 ~ 7.78，道真平胜与秀山隘口地区该比值较綦江观音桥和华蓥山溪口等地要高，而 γ-蜡烷指数相对较低，因此在水体盐度相差不大的前提下，这种差异性与道真平胜和秀山隘口志留纪早期甲藻甾烷等菌藻类等低等生物大量输入有关。

表 3.10　龙马溪组烃源岩生物标志化合物类型指标

剖面	样品	Pr/Ph	γ蜡烷/C$_{30}$Hopane	C$_{23}$TT/C$_{30}$H	C$_{27}$Sterane/%	C$_{28}$Sterane/%	C$_{29}$Sterane/%	DBT/P
綦江观音桥	QGP-21-1	0.96	0.14	0.12	0.29	0.28	0.43	0.05
华蓥溪口	GHP9SY1	0.77	0.13	0.77	0.34	0.29	0.38	0.26
	GHP10SY1	3.77	0.14	0.81	0.30	0.28	0.41	0.05
道真平胜	DBP28SY1	0.640	0.11	0.99	0.38	0.28	0.35	
	DBP29SY1	0.530	0.11	7.78	0.33	0.28	0.39	
	DBP30SY1	0.480	0.16	1.74	0.33	0.27	0.41	

样品中均检测出甾类化合物，主要成分为规则甾烷（C$_{27}$-C$_{29}$）和重排甾烷（C$_{27}$-C$_{29}$），其次为孕甾烷。C$_{27}$甾烷含量为 29%～38%，均值 33%，C$_{29}$甾烷含量普遍高于 C$_{27}$甾烷，为 34%～43%，表现为 C$_{29}$>C$_{27}$>C$_{28}$，C$_{27}$甾烷/C$_{29}$甾烷比值为 0.67～1.10。所有样品 Pr/Ph 小于 1，且 DBT/P 值也均小于 1.0（0.05～0.29）。

3.1.3　微量元素与沉积环境

烃源岩发育必须具备两个基本条件，一是生物大量繁殖，成为油气生成的物质基础，二是具有稳定的还原环境。沉积岩微量元素对于恢复沉积环境具有较好的指示意义，尤其是下古生界烃源岩演化程度高，仅以有机地球化学评价烃源岩难度较大。利用沉积岩微量元素和碳同位素等手段结合机地球化学方法可以评价古生界烃源岩、分析烃源岩形成环境与演化过程。样品分别采自长阳鸭子口剖面（图 3.13）、湖南古丈王村剖面（图 3.14）、安化江南（图 3.15）及黔北遵义松林剖面。烃源岩样品测试常规有机地球化学项目和微量元素，部分样品测试分析了稀土元素。

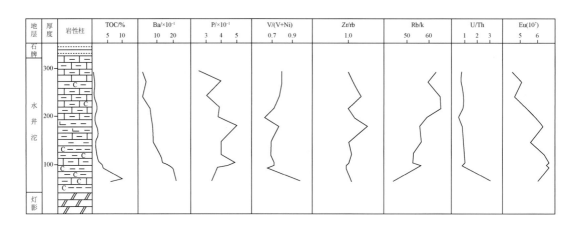

图 3.13　湖北长阳鸭子口（台地相区）寒武系烃源岩 TOC 及部分无机参数变化趋势

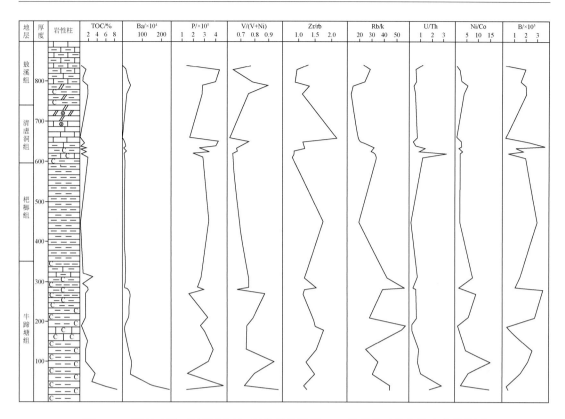

图 3.14　湖南王村（过度相区）寒武系烃源岩 TOC 及部分无机参数变化趋势图

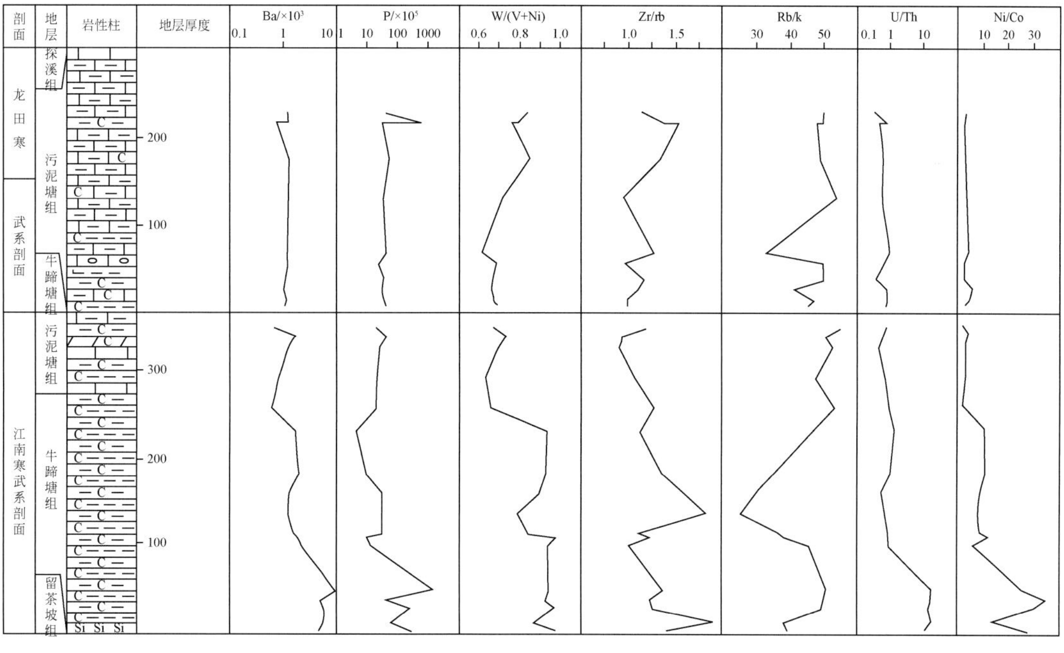

图 3.15　安化江南（盆地相区）寒武系烃源岩无机参数变化趋势图

3.1.3.1　Ba 含量与古生产率

在地质时间尺度上，古海洋的生产率主要受海洋中可以利用的营养元素的制约。如C、N、O、Si、P、Cd、Ba 等。活性磷元素在古海洋研究中可以作为古生产力的指标，在新生代古海洋研究中取得了较好的效果，但是从测试数据来看，P 的含量与有机碳的含量并无明显的相关性，可能 P 元素在研究古生界沉积并不是好的指示元素。Ba 积累率与有机碳通量、生物生产力呈正相关性，Ba 富集指示上层水体的高生产力，叶连俊等（1998）提出表层海水高生产率和底部缺氧都是 Ba 富集的必要条件，Ba 与有机碳的富集具有类似的条件，在长阳鸭子口和湖南王村两个剖面可以发现 Ba 的含量变化趋势约有机碳的含量变化趋势相似，因此，Ba 的含量变化可以可以反映有机碳的含量变化，有机碳含量小于0.5%，Ba 的含量也一般也小于 10^{-3} 在王村剖面变化明显，鸭子口剖面上部泥质灰岩中 Ba元素含量偏低。

3.1.3.2　Zr/Rb 及水动力条件

沉积有机质含量一般是由高能向低能方向增加，因此水动力条件的强弱变化直接影响到有机质的富集。Zr 主要是以锆石等重矿物的形式沉淀在滨浅海，而泥岩中 Zr 的含量较低，Rb 在海水中主要赋存在黏土、云母等细粒矿物中，沉淀在低能环境中，因此 Zr/Rb反映水动力的变化（腾格尔等，2004）。鸭子口剖面整体上看 Zr/Rb 值自下而上有增加的趋势，反映了水动力加强。而王村剖面最大值反而出现在最底部，可达到 1.7，上部比值较下部整体减小，在牛蹄塘组中部黑色泥岩层中见砂岩夹层，可能为重力流或浊流沉积，因此在斜坡相区 Zr/Rb 值除了受到水动力条件影响外，非正常沉积作用也是重要的影响因素。江南剖面多数 Zr/Rb 值多大于 1，且变化较快，可能是距离华夏物源区较近，沉积物供应变化较快所致。

3.1.3.3　过渡元素与沉积环境

过渡元素 V、Zn、Mo、U 等对氧化还原条件的变化敏感，成为研究环境、海洋演化的重要指标。V、Mo、U 为变价元素，缺氧条件下低价沉淀；Cu、Zn 等常呈二价沉淀于含 H_2S 的缺氧化境。在海洋环境中，过渡元素作为生物所学的营养元素被有机质吸附或络合（V、Mo），最终随着有机质在缺氧条件下聚集。

V/（V+Ni）值能指示水体的氧化还原条件，大于 0.46 为缺氧环境，小于 0.46 为富氧环境（Yarincik，2000），鸭子口剖面比值为 0.63 ~ 0.98；王村剖面比值为 0.61 ~ 0.88，整体上自下而上有减小的趋势；湘中地区比值为 0.63 ~ 0.98，且牛蹄塘组较污泥塘组要大，牛蹄塘组为 0.84 ~ 0.98，平均值为 0.92，污泥塘组为 0.63 ~ 0.85，均值为 0.71，表明污泥塘组较牛蹄塘组还原性减弱。

通过 V/（V+Ni）值分析某地层岩性的沉积环境，而且可以利用 V/Ni 值在油气运移及破坏过程中的稳定性进行油源对比，V/Ni 可以反映某一油层、沥青及一段烃源岩特征，一般认为海相原油 V/Ni 值大于 1.0，而陆相原油 V/Ni 值小于 1.0（姜乃煌，1988），Joseph A. Curiale 在研究美国 Oklahoma 州的志留系—奥陶系原油的油源时，曾在正构烷烃、异构烷烃、甾烷、贴烷对比的基础上，应用了原油和烃源岩 V/Ni 值对比取得了很好的效果（Curiate，1983）。

通过分析遵义松林陡山沱组 V、Ni 含量较低，V/Ni 为 2.76 ~ 3.16，湄潭梅子湾陡山沱组具有相似特征，V/Ni 为 1.14 ~ 2.18，代表盆地深水缺氧的还原环境；灯影组白云岩两件样品分别为 0.29、0.43，代表浅水滩相氧化环境，湄潭梅子湾灯影组中部黑色页岩 V/Ni 为 4.42；松林牛蹄塘组底部黑色磷块岩 V/Ni 最高为 92.44，黑色泥页岩样品 V、Ni 含量异常，其中 V 含量高于其他样品，变化范围 808 ~ 5583μg/g，平均 2414μg/g，Ni 含量略高于其他样品，变化范围 31 ~ 230μg/g，平均 108μg/g，V/Ni 变化范围 12.53 ~ 35.56，平均 24.85，明心寺组黄绿色页岩 V、Ni 含量较低，V/Ni 为 4.21，表明牛蹄塘组黑色岩系为严重缺氧的深水盆地还原环境。通过上述分析，灯影组顶部白云岩 V/Ni 值较低且均小于 1，陡山沱组黑色页岩及灯影组黑色页岩 V/Ni 较灯影组白云岩高，为 1.14 ~ 3.16，牛蹄塘组 V/Ni 最高，而这种高 V/Ni 值与金沙岩孔沥青白云岩样品中沥青 V/Ni（12.13 ~ 46.26，平均 31.43）非常接近（杨平等，2012），该特征与牛蹄塘组黑色页岩极其相似，而与灯影组白云岩-黑色页岩、陡山沱组烃源岩及明心寺组页岩截然不同。

U/Th 值常用作氧化还原条件的判断，随着还原性增强而增高，大于 0.75 指示缺氧环境；但赵振华认为在微体化石中 Th/U 可以直接反映海水的氧化还原情况，Th/U 指示环境向还原环境。鸭子口剖面 U/Th 值为 0.53 ~ 3.1，且多数接近 1；王村剖面比值变化较大，0.19 ~ 2.8，且多数小于 0.75，最小值为杷榔组泥岩样，牛蹄塘组、清虚洞组都有自下而上减小的趋势；湘中地区牛蹄塘组比值一般多大于 0.75，最大值为 16.9，平均值为 6.6，污泥塘组一般小于 0.75。U/Th 值与 V/Ni 值对氧化还原的判断显然不一致，但是 V/Ni 值不受岩性的影响，而 U/Th 值除了受到环境的影响还受到岩性、生物的影响，因此，V/Ni 值可能才能正在反映氧化环境的变化。Ni/Co 在牛蹄塘组、清虚洞组、敖溪组也有与 V/Ni 值类似的多旋回变化规律，指示氧化还原的多旋回性。在鸭子口剖面稀土元素 Eu 的含量也与 TOC 表现为一定的相关性，也可能反映了其氧化还原条件的变化规律（表 3.11）。

表 3.11　长阳鸭子口寒武系烃源岩 TOC 与微量元素统计表

样品	TOC/%	Ba/10^{-4}	P/10^{-4}	Vi/(Vi+Ni)	Zr/Rb	Rb/K	U/Th	Eu/10^{-7}
$\in_1$25-1	0.30	2.45	2.50	0.80	1.01	63.16	0.78	2.70
$\in_1$24-1	0.70	4.23	4.00	0.80	1.12	59.74	0.71	5.40
$\in_1$22-1	0.48	2.18	3.00	0.77	1.37	65.00	0.94	3.40
$\in_1$19-1	1.50	6.41	3.90	0.72	1.00	65.44	0.89	6.90
$\in_1$18-1	0.81	7.21	3.80	0.63	1.17	59.05	0.53	9.50
$\in_1$17-1	1.40	7.88	5.00	0.77	1.53	55.84	0.79	11.60
$\in_1$15-1	0.93	8.44	4.00	0.69	1.02	56.57	0.90	7.90
$\in_1$13-1	1.26	12.00	4.00	0.68	1.10	53.03	1.00	11.80
$\in_1$12-1	2.68	13.80	4.90	0.72	1.00	52.77	1.06	13.40

样品	TOC/%	Ba/10^{-4}	P/10^{-4}	Vi/(Vi+Ni)	Zr/Rb	Rb/K	U/Th	Eu/10^{-7}
$\in_1$11-1	3.39	17.30	4.50	0.72	0.94	56.52	0.81	12.70
$\in_1$10-1	3.53	19.60	3.80	0.66	0.94	54.57	1.14	13.30
$\in_1$7-1	5.86	21.60	3.40	0.98	1.08	43.95	3.06	10.20

3.1.3.4 Rb/K 及古盐度

盐度是烃源岩发育环境中的一个重要的因素，在沉积物-水面附近高盐度溶液有利于有机质保存，Rb/K 是常用的盐度指标，与盐度呈正相关。Rb/K 值在鸭子口剖面由下而上增多，但是 TOC 却呈减小的趋势，在湘中和王村剖面规律并不明显，因此，古盐度并不是烃源岩发育的主控因素。

牛蹄塘烃源岩形成环境分析——以遵义松林剖面为例

震旦纪晚期，桐湾运动后，随着早寒武世海平面相对上升，海侵扩大，中上扬子地区形成了广泛分布的下寒武统（黔东统）富含有机质黑色岩系，是我国南方震旦系-下古生界油气勘探的重要烃源岩。海相黑色泥页岩中锰含量常被认为是来自大洋深部的标志元素，MnO/TiO$_2$ 值可作为判断沉积物离大洋盆地远近的标志之一，认为离大陆较近的大陆坡和边缘海沉积岩该比值应小于 0.5，开阔大洋底沉积物的 MnO/TiO$_2$ 值较高，可达 0.5～3.5（Sugisaki et al.，1982）。表 3.12 中可看出，牛蹄塘组硅质烃源岩黑色页岩 MnO/TiO$_2$ 值均小于 0.5，最低达 0.0015，表明本区黑色页岩应属于大陆边缘海沉积环境。

Ba 积累率与有机碳通量、生物生产力呈正相关性，Ba 富集指示上层水体的高生产力。叶连俊等（1998）提出表层海水高生产率和底部缺氧都是 Ba 富集的必要条件，Ba 与有机碳的富集具有类似的条件。牛蹄塘组沉积早期的初始海侵阶段是 Ba 富集阶段，ZN-4-3、ZN-5-3 及 ZN-6-1Ba 含量分别为 4041μg/g、19340μg/g 及 9112μg/g，反映海侵初始阶段高有机质生产力，而该阶段沉积岩有机质含量普遍不高，这与沉积时水体的弱还原环境可能有关，海侵初始阶段之后水体 Ba 富集程度一直保持在较高的水平，这也为牛蹄塘烃源岩的形成提供了物质基础。

表 3.12 黑色页岩微量元素含量

样品	Sr	Ba/(μg/g)	V/(μg/g)	Ni/(μg/g)	U/(μg/g)	Th/(μg/g)	MnO/TiO$_2$	Sr/Ba	V/(V+Ni)	U/Th
ZN-1	67.4	47.8	7.35	25.5	2.27	0.3	4.2	1.41	0.22	7.57
ZN-4-2	414	876	1211	13.1	284	4.79	0.0188	0.47	0.99	59.29
ZN-4-3	27.4	4041	632	49.1	24.9	5.06	0.0015	0.01	0.93	4.92
ZN-5-3	166	19340	191	18.7	9.61	30.4	0.0029	0.01	0.91	0.32
ZN-6-1	29.6	9112	1349	41.5	42.8	25.7	0.0045	0	0.97	1.67
ZN-6-2	15.3	598	808	31	6.62	1.03	0.1868	0.03	0.96	6.43

续表

样品	Sr	Ba/(μg/g)	V/(μg/g)	Ni/(μg/g)	U/(μg/g)	Th/(μg/g)	MnO/TiO$_2$	Sr/Ba	V/(V+Ni)	U/Th
ZN-7-1	39.9	3181	3773	230	54.8	12.2	0.0071	0.01	0.94	4.49
ZN-8-1	26.2	1591	1792	143	17.8	5.95	0.0118	0.02	0.93	2.99
ZN-8-5	24.8	1684	5583	157	32	4.57	0.0046	0.01	0.97	7
ZN-8-11	15.5	2229	1180	45.3	12.6	7.41	0.0039	0.01	0.96	1.7
ZN-9-1	23.8	1596	273	64.8	4.97	12.8	0.0448	0.01	0.81	0.39

王益友等（1979）对我国 13 个海底样品的统计 Sr/Ba 值为 1.0~0.8，认为该比值大于 1.0 为海相沉积，小于 0.6 为陆相沉积。遵义松林灯影组 Sr/Ba 为 1.41，为正常的海相沉积，而牛蹄塘组所有样品均小于 0.6，表明该地区为非正常海水沉积环境，受陆源影响强烈。

王成善等（1999）认为 U/Th 值可用作氧化还原环境的判断指标，随着还原性增强而增高，大于 1.25 指示缺氧环境。牛蹄塘组样品除 ZN-5-3（TOC 为 0.46%）外所有样品 U/Th 值均大于 1.25，最大为 59.25，表明早寒武世初始海侵阶段为水体深度并不大的弱还原环境，随着海侵的扩大，U/Th 值增加，后期随着盆地的填平补齐和水体的变浅 U/Th 值又逐渐变小，如明心寺样品 ZN-9-1 为 0.39。但灯影组 U/Th 值为 7.57，与灯影组白云岩沉积环境不一致，这可能与白云岩更容易遭受地表水淋滤导致 Th 元素流失有关。

V、Ni 在原油、沥青及烃源岩中的含量一般变化比较大，但是 V/N 或者 V/(V+Ni) 值比较稳定，V/(V+Ni) 值指示水体的氧化还原条件，V/(V+Ni)>0.46 为缺氧环境，V/(V+Ni)<0.46 为富氧环境（Yarincik，2000）。分析显示，遵义松林灯影组白云岩 V/(V+Ni) 值为 0.22，牛蹄塘组海相黑色泥页岩样品 V、Ni 含量异常，其中 V 含量高于其他层位样品，变化范围 808~5583μg/g，平均 2414μg/g，Ni 含量略高于其他样品，变化范围 31~230μg/g，平均 108μg/g，V/(V+Ni) 变化范围 0.91~0.99；明心寺组黄绿色页岩 V、Ni 含量较低，V/(V+Ni) 为 0.81，上述分析表明灯影组为浅水富氧环境，进入牛蹄塘组快速演变为深水盆地严重缺氧的还原环境，最后又逐渐演变为浅海弱还原环境。

晚震旦世灯影组沉积晚期，为正常的开阔台地海相沉积（样品 ZN-1），Sr/Ba 为 1.41，为较浅水富氧环境，干酪根同位素为 -29.80‰~-29.37‰，微量元素 Ba 含量为 47.8μg/g，有机质生产力较弱，V/(V+Ni) 为 0.22 显示为富氧环境不利于有机质的保存，因此灯影组较低的有机生产力和浅水富氧的沉积环境，不利于有机质富集，有机碳含量仅为 0.03%~0.08%。

综上所述，牛蹄塘组烃源岩的形成与分布受沉积有机质来源和沉积环境共同控制，遵义松林地区牛蹄塘组根据有机地球化学指标、常微量元素及沉积岩性段可以将烃源岩的形成分为三个阶段：第一个阶段为早寒武世初始快速海侵阶段；第二阶段为深水还原高生产力阶段；第三阶段为海水缓慢变浅高生产力阶段，而到了明心寺组沉积时期则演化为已不利于有机质富集的浅水氧化环境。

初始快速海侵阶段：（样品 ZN-4—ZN-6-1，厚度 0.61m），MnO/TiO_2 均小于 0.5，Sr/Ba 小于 0.6，此时为水体深度并不大的弱还原环境，干酪根同位素为 -32.52‰ ～ -31.61‰，微量元素 Ba 含量从 876μg/g 突然上升到 19340μg/g，平均为 8342μg/g，表明初始海侵阶段大量有机质来源于海生藻类、海洋浮游生物及菌类，$V/(V+Ni)$ 均大于 0.46，但样品 ZN-4-3 及 ZN-5-3 略低于其他样品，与其他黑色页岩相比样品 ZN-5-3 及 ZN-6-1 的 U/Th 也较低，分别为 0.32 和 1.67，总体表现为弱还原环境，巧合的是初始海侵阶段形成的黑色页岩 Pr/Ph（样品 ZN-6-1 和 ZN-6-2）也相对较高，为 0.79～0.85，这似乎与微量元素反映的沉积环境不谋而合。因此，第一阶段是一个快速海侵过程，有机质产率非常高，沉积环境虽为弱还原环境，也利于有机质富集，有机碳含量为 0.46%～2.18%。

深水还原高生产力阶段：（样品 ZN-6-2～ZN-8-7，厚度 5.83m）主要岩性为从黑色硅质岩开始到钼矿层底部，MnO/TiO_2 均小于 0.5，Sr/Ba 小于 0.6，干酪根同位素相比第一节明显偏轻，平均 -33.99‰，虽然微量元素 Ba 含量略微降低为 598～3181μg/g，平均为 1764μg/g，但有机质产力仍然保持比较高的水平，有机质主要海生藻类、海洋浮游生物及菌类，$V/(V+Ni)$ 为 0.93～0.97，U/Th 相对第一阶段有明显的升高为 2.99～7.0，黑色页岩 Pr/Ph 也相对较低，为 0.51～0.61。因此，第二阶段是深水盆地严重缺氧的还原环境，而且具有较高的生产力，有机质保存条件优越，形成了有机质丰度最高的层段，其有机碳含量 6.61%～20.57%（12 件），平均值 11.67%。

缓慢变浅高生产力阶段：（样品 ZN-8-8—ZN-8-11，厚度 38m），主要岩性为从含磷页岩和含钼层段开始到黑色泥页岩结束，MnO/TiO_2 为 0.0039，Sr/Ba 小于 0.01，干酪根同位素相对前两阶段较重，为 -32.42‰～-30.64‰，平均 -31.48‰，黑色页岩 Pr/Ph 也较高（0.82），$V/(V+Ni)$ 为 0.97，U/Th 为 1.7，显示为较还原环境，但水体深度明显小于第二阶段，然微量元素 Ba 含量仍然保持在较高的水平（2229μg/g），因此该层段有机质含量仍然较高，含钼层段之上的黑色泥岩有机碳含量可达 6.19%～15.12%。

3.2　烃源岩有机质丰度

3.2.1　有机质丰度判别参数及标准

表征烃源岩有机质丰度的参数包括有机碳、氯仿沥青"A"、总烃含量等。由于中上扬子地区地区有机质演化程度普遍较高，氯仿沥青"A"及总烃含量一般较低，失去其原有的地球化学意义。目前主要用残余有机碳表征高过成熟烃源岩有机质丰度。对于泥质烃源岩，各研究单位和学者采用的有机质丰度（TOC）下限值趋于一致；但对于碳酸盐岩烃源岩仍存在较大争议，有机质丰度下限值从 0.05%～0.5%（程克明等，1995；饶丹等，2003；秦建中等，2004；梁狄刚等，2006）。基于上述认识，这里将碳酸盐岩烃源岩有机质丰度下限值拟定为 0.4%，泥质岩类烃源岩有机质丰度下限拟定为 0.5%（表 3.13）。

表 3.13　中上扬子地区地区烃源岩有机质丰度标准

参数 \ 级别		非烃源岩	较差烃源岩	中等烃源岩	好烃源岩	极好烃源岩
有机碳/%	泥质岩	<0.5	0.5~0.8	0.8~1.0	1.0~2.0	>2.0
	石灰岩	<0.4	0.4~0.6	0.6~0.8	0.8~1.5	>1.5
氯仿 "A" /10^{-6}		<100	100~500	500~1000	1000~1500	1500~2000
总烃/10^{-6}		<100	100~200	200~500	500~800	>800
生烃潜量/(mg/g)		<1	1~2	2~6	6-10	>10

注：受成熟度较高等因素影响氯仿、总烃及生烃潜量等指标仅做参考；本标准参考马力等《中国南方大地构造和海相油气》并略作修改。

研究表明随着有机质热演化程度的增高，氯仿沥青 "A"、(S_1+S_2)、总烃含量的下降幅度较大，而有机碳的下降幅度较小，用有机碳含量判别烃源岩，基本能反映原始烃源岩的面貌。因此本次研究评价烃源岩有机质丰度主要采用的指标为残余有机碳（图 3.24），辅以氯仿沥青 "A" 及产烃潜量（S_1+S_2）等相关指标。

3.2.2　有机质丰度

3.2.2.1　震旦系陡山陀组

中上扬子地区地区震旦纪沉积格局是奠基在新元古代中期 Rodinia 超大陆裂解形成的基础上的，在早震旦世大规模海侵作用下，断垒、断陷分别演化成相对独立的沉积单元-孤立台地和台缘盆地，构成了陡山沱期古地理的主要特征（刘宝珺、许效松，1994；王剑等，2001），因此震旦纪初沉积格局是一系列孤立台地构成的，陡山沱期的沉积在中上扬子的不同地区，其沉积序列是不同的，但主体上均为碎屑岩和碳酸盐岩的混合沉积。在中扬子地区，陡山沱组发育典型的"两黑两白"四段式序列，厚度也较大，而在上扬子地区，陡山沱组沉积相分异较大，在东南缘的秀山-岑巩-都匀一带也具有"两黑两白"特点，但总体厚度较小，一般小于100m，如剑河五河剖面、岑巩小堡剖面、秀山溶溪剖面等（表 3.14）。

表 3.14　陡山沱组烃源岩厚度及有机质丰度指标统计表

剖面名称	岩性	厚度	TOC/%	(S_1+S_2)/(mg/g)	氯仿沥青 "A" /(μg/g)
张家界田坪	黑色页岩、硅质页岩	8	$\dfrac{0.51~1.24}{0.77\,(5)}$	0.01~0.02	$\dfrac{21~130}{62\,(5)}$
镇远岩子坪	黑色页岩	37	$\dfrac{0.76~7.60}{3.17\,(4)}$	0.00~0.04	$\dfrac{142~914}{612\,(4)}$
秀山膏田	黑色页岩、硅质页岩	3.8	$\dfrac{1.86~2.29}{2.01\,(2)}$	0.00	24（1）
湄潭梅子湾	黑色页岩、硅质页岩	60	$\dfrac{1.22~2.71}{2.01\,(4)}$	0.02~0.04	21~29

续表

剖面名称	岩性	厚度	TOC/%	(S_1+S_2)/(mg/g)	氯仿沥青"A"/(μg/g)
遵义松林	黑色页岩、硅质页岩	21	$\dfrac{2.3\sim2.83}{2.51\ (5)}$	$\underline{0.02}$	24
桃源马金洞	黑色页岩、硅质页岩	44	$\dfrac{4.14\sim9.64}{6.38\ (5)}$	$\dfrac{0.01\sim0.35}{0.08\ (5)}$	$\dfrac{42\sim235}{104\ (5)}$
慈利龙鼻溪	黑色页岩	13	$\dfrac{0.73\sim11.74}{6.64\ (7)}$	$\dfrac{0.00\sim0.05}{0.02\ (7)}$	$\dfrac{0.00\sim0.05}{0.02\ (7)}$
石门杨家坪	泥质白云岩	52	$\dfrac{0.58\sim1.20}{0.91\ (7)}$	$\dfrac{0.00\sim0.05}{0.02\ (7)}$	$\dfrac{10\sim287}{70\ (5)}$
鹤峰白果坪	碳质灰岩	35	$\dfrac{0.70\sim1.79}{0.84\ (7)}$	$\underline{0.00}$	$\dfrac{3\sim33}{20\ (7)}$

数据格式说明：0.51~1.24 为变化范围，0.77 (5) 为平均值和数据个数，以下各表相同。

　　湘西桃源-张家界陡山沱组普遍具有深水盆地-斜坡沉积环境，张家界田坪为一套斜坡相具滑塌、包卷构造石灰岩及页岩，沉积厚度可达 200m，其中有机碳含量为 0.51%~1.24%（五件），平均值为 0.77%，氯仿沥青"A"含量 21~130pmm，平均 62ppm，受地表样品和高成熟度影响生烃潜能 S_1+S_2 非常低为 0.01~0.02mg/g，为中等-较好烃源岩。桃源马金洞陡山沱组具有更深的水体环境，为一套盆地-斜坡相黑色碳质泥岩、黑色碳岩组合，沉积厚度较小为 44m，其中黑色页岩有机碳含量较高，为 4.14%~9.64%（五件），平均值为 6.38%，氯仿沥青"A"含量 42~235pmm，平均 104ppm，生烃潜能（S_1+S_2）为 0.01~0.35mg/g。

　　鄂西宜昌-长阳-鹤峰主要为碳酸盐岩台地沉积，沉积水体总体较浅且"两黑两白"四段式序列分布明显。鹤峰白果坪主要为一套浅水局限台地或者较深水台间环境黑色碳质泥岩、石灰岩沉积组合，烃源岩厚度均在 40m 左右，有机碳含量为 0.15%~1.79%（20件），TOC 大于 0.5% 样品 15 件，平均值为 0.84%，有机质含量较低，氯仿沥青"A"含量 3~287pmm，平均 39ppm，生烃潜能（S_1+S_2）为 0~0.002mg/g。

　　黔北-黔东地区金沙-遵义-湄潭-镇远湘鄂西陡山沱组普遍为陆棚沉积环境，沉积水体较深。湄潭梅子湾陡山沱组烃源岩主要分布在陡山沱组顶部，厚约 20m，为一套黑色泥页岩夹黑色磷块岩组合，其中黑色页岩有机碳含量为 1.22%~2.71%（四件），平均值为 2.01%，氯仿沥青"A"含量 21~29pmm，生烃潜能（S_1+S_2）为 0.02~0.04mg/g；黑色磷块岩有机碳含量略低于黑色页岩，为 1.34%~1.76%（四件），平均值为 1.57%，氯仿沥青"A"含量 24pmm，生烃潜能（S_1+S_2）为 0.04mg/g。遵义松林陡山沱组烃源岩主要分布在第四段，为一套厚 21m 的黑色泥页，通过厚度间距 1~1.2m 均匀采样发现黑色页岩有机碳含量变化比较稳定且有逐渐增大的趋势，范围为 2.3%~2.83%（五件），平均值为 2.51%，氯仿沥青"A"含量 26pmm，生烃潜能（S_1+S_2）为 0.02mg/g。镇远岩子坪陡山沱组，厚度为 18m，有机碳含量为 0.76%~7.60%（四件），平均值为 3.17%，氯仿沥青"A"含量 142~914pmm，平均 612ppm，生烃潜能（S_1+S_2）为 0~0.04mg/g。上述分析表明大多数样品为中等-较好烃源岩，但不同地区的沉积古地理格局影响了烃源岩有机质含量，盆地或者陆棚水体较深，有机质含量一般大于斜坡或者局限台地。

上述分析表明陡山沱组岩性、有机碳分布特征可以看出黑色页岩有机碳普遍大于1.0%，而石灰岩或白云岩有机碳含量较低，为差-非烃源岩，陡山沱有利烃源岩-黑色页岩具有以下几点特征：

（1）陡山沱烃源岩主要分布于黔北、黔东南及雪峰山前缘等地区，黔北、黔东南等地黑色页岩厚度 20～70m（图 3.16）；

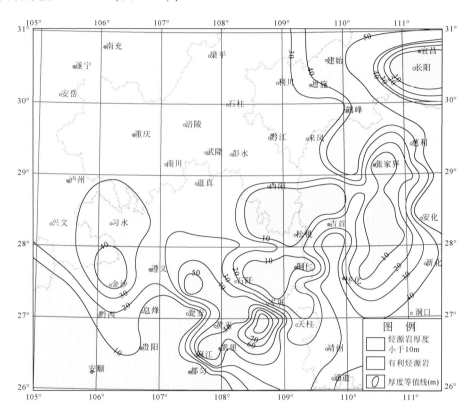

图 3.16　中上扬子地区震旦系陡山沱组黑色页岩厚度等值线图

（2）无黑色页岩区域主要分布在黔中隆起及梵净山附近，如开阳、瓮安、铜仁等及江口等地；

（3）黑色页岩厚度小于 10m 的区域主要分布在秀山、松桃、张家界及沅陵等地；

（4）有机碳分布及变化规律与黑色页岩分布相似，有机碳高值区（大于 2.0%）主要分布在黔北及黔东南等地，另外雪峰山前缘包括石门-桃源-安化等地有机碳普遍大于2.0%（图 3.17）；

（5）陡山沱组黑色页岩分布及有机碳含量变化与陡山沱期台盆相间的沉积模式有较大关系。

3.2.2.2　寒武系牛蹄塘组

寒武系烃源岩主要分布黔东统牛蹄塘组，岩性主要为黑色页岩。该烃源岩分布范围广，厚度大，整个中上扬子地区均有分布，有机碳含量高，为一套成烃潜力很大的烃源

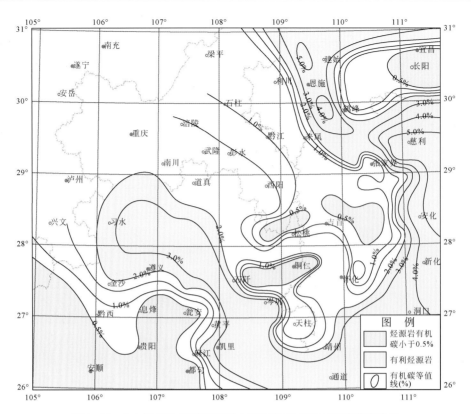

图 3.17　中上扬子地区震旦系陡山沱组黑色页岩有机碳等值线图

岩。其中川东-鄂西、黔北生油区烃源岩厚 50~300m, 有机碳含量 0.5%~3%; 滇北-黔北生油区烃源岩厚 50~150m, 有机碳含量 0.5%~2%; 江南隆起北缘生油区烃源岩厚 200~400m, 有机碳含量 0.5%~4% 等烃源岩指标表明其为一套中等-好烃源岩（马力等, 2001）。南方海相盆地中已经发现的贵州瓮安古油藏、铜仁古油藏（武蔚文等, 1989）、麻江古油藏（向才富等, 2008）、南山坪古油藏（赵宗举等, 2002）、秀山隘口古油藏（杨平等, 2010）、金沙岩孔古油藏（赵泽桓等, 2008）及四川威远气田（陈文正等, 1992）的烃源岩均为该套烃源岩。

寒武系牛蹄塘组受沉积相控制, 在区域上从南东向北西黑色页岩厚度逐渐减小, 黑色页岩有机碳含量逐渐较低。现以黔北遵义松林、松桃火联寨, 黔东铜仁坝黄、镇远岩子坪、新晃板凳坡, 湘鄂西鹤峰白果坪、桃源托家溪, 渝东南秀山膏田、石柱龙泉溪等代表性剖面进行详述（表 3.15）。

表 3.15　牛蹄塘组黑色页岩厚度及有机质丰度指标统计表

剖面名称	岩性	厚度/m	TOC/%	$(S_1+S_2)/(mg/g)$	氯仿沥青 "A"/$(\mu g/g)$
石柱龙泉溪	黑色页岩	16	$\dfrac{0.89~1.03}{0.93(4)}$	0.01(4)	$\dfrac{7~10}{8(4)}$
遵义松林	黑色页岩、硅质页岩	44	$\dfrac{1.74~20.57}{10.01(17)}$	$\dfrac{0.00~1.07}{0.43(5)}$	$\dfrac{16~50}{36(5)}$

续表

剖面名称	岩性	厚度/m	TOC/%	(S_1+S_2)/(mg/g)	氯仿沥青"A"/(μg/g)
湄潭梅子湾	黑色页岩	29	$\dfrac{1.18\sim14.51}{7.94(4)}$	$\underline{0.01}$	$\dfrac{137\sim606}{406(3)}$
余庆小腮	黑色页岩、硅质岩	99	$\dfrac{1.99\sim3.94}{3.06(3)}$	$\dfrac{0.01\sim0.02}{0.02(3)}$	
清镇温水	黑色页岩	95	$\dfrac{0.88\sim1.75}{1.32(2)}$	$\underline{0.01\sim0.01}$	
天柱圭勺	黑色页岩、硅质岩		$\dfrac{2.84\sim7.72}{5.88(4)}$	$\dfrac{0.02\sim0.06}{0.04(4)}$	$\dfrac{61\sim218}{137(4)}$
铜仁坝黄	黑色页岩、硅质页岩	40	$\dfrac{0.88\sim10.57}{6.37(8)}$		
铜仁漾头	黑色页岩、硅质页岩	80	$\dfrac{2.38\sim12.98}{6.36(4)}$	$\dfrac{0.86\sim2.32}{1.46(4)}$	$\dfrac{3\sim5}{4(4)}$
桃源托家溪	黑色页岩、硅质页岩	200	$\dfrac{0.79\sim9.34}{3.44(30)}$	$\dfrac{0.00\sim0.127}{0.04(30)}$	$\dfrac{15\sim946}{176(15)}$
安化桑坪溪	黑色页岩	196	$\dfrac{0.52\sim15.76}{4.53(33)}$	$\dfrac{0.00\sim0.47}{0.05(37)}$	$130(1)$
沅陵龙潭坪	黑色页岩	135	$\dfrac{1.31\sim12.34}{6.98(11)}$	$\dfrac{0.01\sim0.09}{0.04(11)}$	$\dfrac{12\sim341}{91(6)}$
石门杨家坪	黑色页岩	164	$\dfrac{1.15\sim10.01}{5.51(4)}$	$\dfrac{0.00\sim0.03}{0.02(4)}$	$\dfrac{11\sim142}{54(4)}$
鹤峰白果坪	黑色页岩		$\dfrac{0.54\sim8.89}{4.02(8)}$	$\dfrac{0.00\sim0.10}{0.01(8)}$	
鹤峰走马	黑色页岩		$\dfrac{0.65\sim2.78}{1.37(4)}$	$\dfrac{0.00\sim0.01}{0.01(4)}$	$\dfrac{1\sim32}{14(4)}$
泸溪兴隆场	黑色页岩	64	$\dfrac{1.53\sim8.02}{3.91(4)}$	$\dfrac{0.03\sim0.17}{0.07(4)}$	$\dfrac{29\sim86}{58(2)}$
松桃火联寨	黑色页岩	67	$\dfrac{4.18\sim10.51}{7.62(9)}$	$\dfrac{0.00\sim0.02}{0.01(9)}$	$\dfrac{177\sim494}{301(3)}$
秀山膏田	黑色页岩、硅质页岩	85	$\dfrac{1.34\sim10.52}{5.86(7)}$	$\dfrac{0.00\sim0.05}{0.01(7)}$	$\dfrac{16\sim782}{280(3)}$
新化大石	黑色页岩、硅质页岩	196	$\dfrac{0.85\sim16.63}{4.46(10)}$	$\dfrac{0.29\sim1.81}{0.66(10)}$	$\dfrac{3\sim8}{4.9(10)}$

1) 遵义松林

遵义松林 (表 3.29) 灯影组白云岩 (上部) 有机碳含量为 0.03% ~ 0.08% (两件), 为非烃源岩, 顶部磷块岩 (0.20m) 有机碳为 1.58%。牛蹄塘组从底到顶分别为深水陆棚-盆地相-深水陆棚相沉积的黑色页岩-硅质岩-黑色泥页岩组合, 厚度为 44.09m, 有机碳含量极高, 范围为 1.74% ~ 20.57% (17 件), 平均值为 10.01%, 氯仿沥青"A"含量为 41 ~ 782μg/g, 生烃潜能 S1+S2 为 0 ~ 0.05mg/g, 有机碳含量变化规律与沉积环境及岩性基本一致, 下部 4 ~ 5 层 (0.16m、0.10m) 有机碳为别分 0.46%、2.18%, 表现为一个变深的海侵过程, 中部包括 6 ~ 7 层, 第六层厚 0.11m, 为六小层单层 2 ~ 4cm 的薄层硅质岩夹一层 3cm 黑色页岩，第七层厚 0.34m，为六小层单层 3 ~ 6cm 的薄层硅质岩与六层 1 ~ 3cm 黑色页岩互层，有机碳含量达到最大的 20.57%，五件样品平均值为 13.53%，反映为该剖面水体最深处，中上部为 8 ~ 11 层为深水陆棚相黑色泥页岩，其中第九层含磷结核（0.30m），第十层为多金属含钼层（0.30m，有机碳突然下降为 1.74%），厚度为 44.09m；仅获得一件热解峰温数值为 525℃，为过成熟烃源岩。

2）松桃火联寨

松桃火联寨牛蹄塘组有机碳含量为 4.18% ~ 10.51%（九件），平均值为 7.62%，氯仿沥青"A"含量为 177 ~ 233μg/g，生烃潜能（S_1+S_2）为 0.00 ~ 0.02mg/g，为极好烃源岩，厚度为 67m。杷郎组下部（明心寺组）有机碳含量为 0.17% ~ 0.78%（七件），平均值为 0.46%，氯仿沥青"A"含量多小于 24μg/g，生烃潜能（S_1+S_2）为 0 ~ 0.01mg/g，大多为非烃源岩，少量为差烃源岩，黑色页岩厚度为 67m。

3）铜仁坝黄

牛蹄塘黑色页岩有机碳含量为 4.76% ~ 10.57%（七件），平均值为 0.93%，为一套极好烃源岩，厚 80m，老堡组硅质岩有机碳含量相对较低，为 0.22% ~ 1.79%，偶夹页岩（TOC 为 2.35% ~ 6.75%），其中于老堡组上部距牛蹄塘底部磷块岩 3.64m 有一套厚约 20cm 凝灰岩锆石测年为 556Ma（卓皆文等，2009），反映震旦纪末期一次火山事件。该时期广泛的火山事件沉积是 Rodinia 超大陆最后裂解的沉积-构造响应，控制着南方油气地质条件及烃源岩的发育。

4）新晃板凳坡

牛蹄塘组有机碳含量为 1.18% ~ 14.51%（四件），平均 7.94%，氯仿沥青"A"含量为 32 ~ 229μg/g，平均 102μg/g，生烃潜能（S_1+S_2）为 0.02 ~ 0.16mg/g，为好-极好烃源岩，黑色页岩厚度 61m。牛蹄塘组上覆杷郎组有机质含量较前者较低，杷郎组（变马冲组）有机碳含量为 0.12% ~ 1.63%（三件），平均值为 0.78%，氯仿沥青"A"含量 10 ~ 50μg/g，生烃潜能（S_1+S_2）为 0 ~ 0.01mg/g，大多为非烃源岩，少量为好烃源岩。

5）鹤峰白果坪

牛蹄塘组为一套深水陆棚相含碳泥质粉页岩，有机碳含量为 0.54% ~ 8.89%（12 件），平均值为 3.14%，氯仿沥青"A"含量 1 ~ 32pmm（四件），平均 14μg/g，生烃潜能（S_1+S_2）为 0.00 ~ 0.10mg/g，大部分为中等-较好烃源岩，厚 164m。

6）桃源托家溪

桃源托家溪牛蹄塘组为一套深水陆棚相黑色碳硅质泥页岩，有机碳为 0.79% ~ 6.70%（25 件），大多数样品（21 件）有机碳大于 2%，均值为 3.04%，氯仿沥青"A"含量 15 ~ 946pmm，平均 230μg/g，生烃潜能（S_1+S_2）为 0.01 ~ 0.08mg/g。

7）秀山膏田

秀山膏田牛蹄塘组有机碳含量为 1.34% ~ 10.52%（四件），平均值为 5.86%，氯仿沥青"A"含量为 41 ~ 782μg/g，平均 280μg/g，生烃潜能（S_1+S_2）为 0 ~ 0.05mg/g，为好-极好烃源岩，黑色页岩厚度为 85m。杷郎组下部（明心寺组）有机碳含量为 0.30% ~ 3.67%（三件），平均值为 0.90%，氯仿沥青"A"含量 93 ~ 287μg/g，平均 187μg/g，生烃潜能（S_1+S_2）为 0.00 ~ 0.02mg/g，大多为非烃源岩，少量为好-极好烃源岩。

8）石柱龙泉溪

石柱龙泉溪黑色页岩有机碳含量含量较低，为 0.89% ~ 1.03%（四件），平均 0.93%，氯仿沥青"A"含量为 7 ~ 10μg/g，平均生烃潜能（S_1+S_2）为 0.01mg/g，为中等-好烃源岩，黑色页岩厚度较薄，为 16.24m。秀山凉桥两件黑色页岩样品 TOC 为 2.45% ~ 2.88%，平均值为 2.67%，为好烃源岩。石牌组一件黑色页岩样品 TOC 为 0.87%，为中等烃源岩，牛蹄塘组黑色页岩厚度为 85m。

中上扬子地区寒武系牛蹄塘组为一套有机质丰度高，烃源岩厚度大，有机质成熟度高的烃源层，但其中有机质含量及烃源岩厚度受沉积岩相古地理控制，由于受川中隆起控制，靠近四川盆地一带有机碳含量一般小于 0.5%，为非烃源层，在中上扬子地区有机碳含量一般为 4% ~ 10%，烃源岩厚度也由几米增加到 300m，为一套极好烃源岩；在雪峰造山带，由于加里东、印支、燕山及喜马拉雅运动，大多数烃源岩剥蚀或暴露，该区同时不具备油气勘探的油气基本条件。牛蹄塘组黑色页岩（TOC>1%）厚度相对较大且地层大部分未完全剥蚀的区域有如下区域（图 3.18）：①贵州中部-北部仁怀-贵阳一带，黑色页岩厚度 30 ~ 100m；②渝东南-湘西酉阳-麻阳一带，烃源岩厚度 100 ~ 200m；③鄂西咸丰-张家界一带，烃源岩厚度 100 ~ 300m。

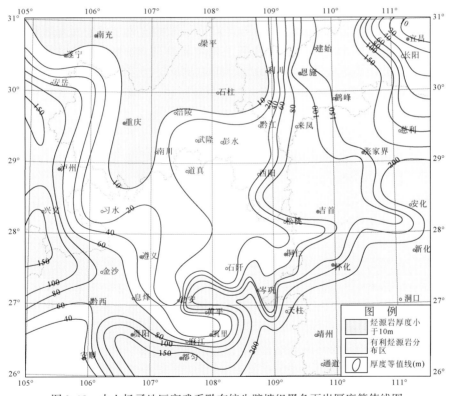

图 3.18　中上扬子地区寒武系黔东统牛蹄塘组黑色页岩厚度等值线图

牛蹄塘组有机碳分布具有如下特点（图 3.19）：①雪峰隆起前缘有机碳含量较高，如渝东南-湘西即酉阳-麻阳一带、鄂西-张家界一带平均值为 5% ~ 7%；②黔北-黔东有机碳含量较高，如遵义松林牛蹄塘有机碳含量 1.74% ~ 20.57%，平均 10.01%；③受沉积相控制齐岳山以西平均有机碳含量普遍小于 1.0%，黑色页岩厚度仅 10m，如石柱高桥龙泉溪剖面有机碳含量仅 0.89% ~ 1.03%，平均 0.93%，丁山 1 井有机碳含量 0.31% ~ 3.95%，平均 0.71%。

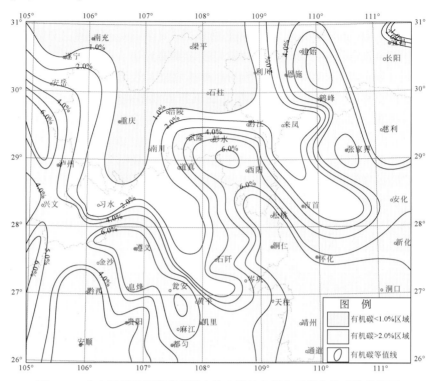

图 3.19　中上扬子地区寒武系黔东统牛蹄塘组黑色页岩有机碳等值线图

3.2.2.3　奥陶系五峰组

中奥陶世—早志留世沉积受加里东晚期构造运动控制。上奥陶统上部的五峰组广泛发育于扬子区和江南区，厚度不大而横向分布相当稳定，一般仅数米，个别地区达数十米，主要岩性为黑色笔石页岩和放射虫硅质岩。五峰组沉积时期的古地理格局可分为为两个隆起、一个盆地。两个隆起为湘西-黔中隆起和川中隆起，一个盆地为中上扬子统一的前陆拗陷盆地。

奥陶系五峰组烃源岩分布主要受控于该时期沉积环境，烃源岩主要发育位置为深水陆棚或次深海盆地，沉积时不同古地理位置烃源岩厚度及有机质含量有所差异。五峰组沉积时期主要受雪峰隆起及黔中共同控制，该时期准前陆盆地具有向陆一侧迁移特征，该机制控制了黑色页岩的分布规律，在平面上形成一系列的"沟垄"特征，黑色页岩厚度分布及有机质含量（表3.16）具有以下规律：①平面上呈沟垄平行且受前陆盆地迁徙控制并与前陆盆地长轴方向平行；②根据黑色页岩厚度可划分三个厚度较大的区域分别为石柱—南川-桐梓（A带）、鹤峰-咸丰-秀山（B带），桃源-安化-靖州（C带）；③有机质含量较高的区域主要为石柱—南川—习水一线，该区距离川中隆起及黔中隆起均较远，是五峰组沉降中心，水体深度相对较深，有利于有机质保存，该区域与五峰组沉积厚度较大的地区石柱—南川—桐梓一线基本吻合（图3.20）。

表 3.16　五峰组黑色页岩厚度及有机质丰度指标统计

剖面名称	岩性	厚度	TOC/%	$(S_1+S_2)/(\mathrm{mg/g})$	氯仿沥青"A"/(μg/g)
石柱漆辽	黑色页岩 硅质页岩	9.5	$\dfrac{0.61\sim3.21}{1.77(6)}$	$\dfrac{0.02\sim0.06}{0.04(4)}$	$\dfrac{28\sim690}{196(6)}$
华蓥山溪口	黑色页岩	5.6	2.90(1)	0.05	102(1)
秀山季沟树	黑色页岩	13.5	$\dfrac{1.35\sim3.53}{2.67(5)}$	$\dfrac{0.02\sim0.07}{0.05(5)}$	$\dfrac{28\sim690}{196(6)}$
秀山回星稍	黑色页岩 硅质页岩	18.0	$\dfrac{2.12\sim3.26}{3.16(3)}$	$\dfrac{0.03\sim0.07}{0.05(3)}$	117(1)
道真平胜	黑色页岩 硅质页岩	6.8	$\dfrac{3.00\sim4.71}{4.07(7)}$	$\dfrac{0.01\sim0.05}{0.02(7)}$	$\dfrac{14\sim1634}{987(7)}$
习水土河	黑色页岩 硅质页岩	2.7	$\dfrac{1.68\sim3.94}{2.81(2)}$	$\dfrac{0.00\sim0.01}{0.01(2)}$	
綦江观音桥	黑色页岩	2.1	$\dfrac{5.03\sim9.79}{8.40(4)}$	$\dfrac{0.16\sim0.30}{0.24(2)}$	
安化存梁冲	黑色页岩 硅质页岩	15	$\dfrac{1.42\sim3.48}{2.13(7)}$	$\dfrac{0.00\sim0.05}{0.02(7)}$	
屯堡	黑色页岩		$\dfrac{0.18\sim6.79}{2.59(4)}$	$\dfrac{0.85\sim1.03}{0.95(4)}$	
碑垭	黑色页岩		$\dfrac{0.35\sim1.01}{0.68(2)}$	$\dfrac{1.20\sim1.57}{1.39(2)}$	

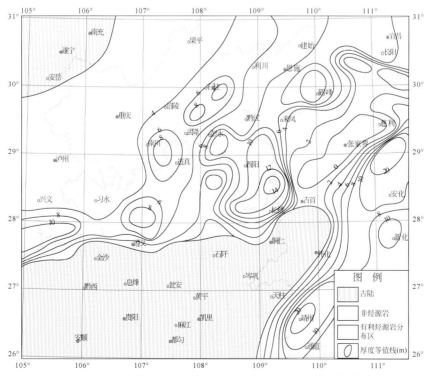

图 3.20　中上扬子地区奥陶系五峰组黑色页岩厚度等值线图

带如石柱漆辽五峰组为一套深水陆棚相黑色硅质岩及页岩，厚 9.5m，有机碳含量 2.28% ~6.15%（三件），平均 4.57%，氯仿沥青"A"含量 28 ~690μg/g，生烃潜能（S_1+S_2）为 0.02 ~0.06mg/g。道真平胜黑色硅质岩及页岩厚度 6.8m，有机碳含量 3.00% ~4.71%（七件），平均 4.07%，氯仿沥青"A"含量 14 ~1634μg/g，平均 978μg/g，生烃潜能（S_1+S_2）为 0.01 ~0.05mg/g（图 3.21）。

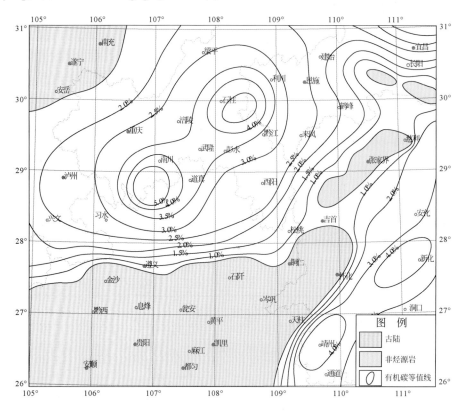

图 3.21　中上扬子地区奥陶系五峰组黑色页岩有机碳等值线图

带如秀山地区五峰组黑色页岩厚度较石柱地区大，但其有机质含量相对较低，如季沟树黑色硅质岩及页岩厚 13.5m，有机碳含量 1.35% ~3.53%（五件），平均 2.63%，氯仿沥青"A"含量 117μg/g，生烃潜能（S_1+S_2）为 0.02 ~0.07mg/g。回星哨硅质页岩及黑色页岩有机碳含量 2.12% ~3.26%（三件），平均 2.52%。

带具有最大的黑色页岩厚度，普遍大于 10m，桃源及靖州等地可达 20m，有机质含量亦较高如安化存粮冲有机碳含量 1.42% ~3.48%（五件），平均 2.13%。

綦江观音桥与习水土河同处于 A 带以西，黑色页岩厚度为 2.1 ~2.7m，与 A、B 及 C 带相比黑色页岩厚度总体较薄，缺少硅质岩沉积，表明沉积水体相对较浅，但机质含量仍然保持较高的水平，如綦江观音桥有机碳含量为 5.03% ~9.79%（四件），平均值为 8.40%，氯仿沥青"A"含量 61μg/g，生烃潜能（S_1+S_2）为 0.30mg/g，习水土河有机碳含量为 1.68% ~3.94%（两件），表明该区五峰组黑色页岩有机质含量不仅与沉积水体深度有关，还有沉积时母质来源及有机质产力有关。

纵向上道真平胜、秀山季沟树及秀山回星哨等地有机碳含量由下至上逐渐增加，至五峰组顶部为最大值，如道真平胜由底部的最小值 1.35% 到顶部的最大值 3.53%，在岩性上底部为 1.63m 黑色粉砂质页岩，上部为黑色硅质页岩，反映水体逐渐由浅变深的盆地演化过程。

3.2.2.4　志留系龙马溪组

志留系烃源岩主要分布于下志留统龙马溪组底部，龙马系组烃源岩总体厚度不大，数米至几十米，分布较广泛，岩性为灰黑、黑色页岩、含砂质页岩、碳质页岩及含碳泥质页岩，底部常见笔石，因常常与五峰组假整合接触，与五峰组不易区分。以下以石柱、西阳、秀山、綦江、道真等主要龙马溪组黑色页岩发育区为代表论述（表 3.17）。

表 3.17　龙马溪组黑色页岩厚度及有机质丰度指标统计表

剖面名称	岩性	厚度	TOC/%	(S_1+S_2)/(mg/g)	氯仿沥青"A"/(μg/g)
石柱漆辽	黑色页岩	35	$\dfrac{0.61\sim2.70}{1.48(5)}$	0.01~0.04	$\dfrac{10\sim584}{171(5)}$
华蓥山溪口	黑色页岩	13	$\dfrac{2.90\text{-}3.79}{3.35(2)}$	0.05	$\dfrac{102\text{-}416}{259(2)}$
秀山季沟树	黑色页岩	20	$\dfrac{0.12\sim0.65}{2.67(5)}$	0.00~0.04	52
秀山回星稍	黑色页岩	15	$\dfrac{0.34\sim3.21}{1.60(3)}$	0.00~0.06	41
道真平胜	黑色页岩	25	$\dfrac{0.72\sim3.28}{1.96(7)}$	0.00~0.02	$\dfrac{6\sim1332}{285(7)}$
綦江观音桥	黑色页岩	12	$\dfrac{0.98\sim10.38}{4.47(7)}$	$\dfrac{0.02\sim0.56}{0.21(3)}$	$\dfrac{46\sim61}{53(3)}$
安化存粮冲	黑色页岩	2	$\dfrac{0.09\sim3.03}{1.14(8)}$	$\dfrac{0.00\sim0.07}{0.02(8)}$	
西阳兴隆	黑色泥岩	64	$\dfrac{0.98\sim2.95}{2.20(3)}$	$\dfrac{0.01\sim0.06}{0.04(3)}$	
新化大石	黑色泥岩	2	$\dfrac{1.07\sim5.24}{3.16(2)}$	$\dfrac{0.03\sim0.39}{0.21(2)}$	
恩施苦草坪	黑色泥岩		$\dfrac{1.07\sim4.82}{2.98(5)}$	$\dfrac{0.96\sim1.18}{1.04(5)}$	

石柱漆辽龙马溪群黑色页岩有机碳含量为 0.61%~2.70%（五件），平均值为 1.48%，氯仿沥青"A"含量 10~584μg/g，平均 171μg/g，生烃潜能（S_1+S_2）为 0.01~0.04mg/g，下部为好-极好烃源岩，向上逐渐过渡为中等-差烃源岩，累计厚度为 161.60m。

西阳兴隆龙马溪组为一套深水陆棚相黑色泥岩，有机碳含量为 0.98%~2.95%（三件），平均值为 2.20%，生烃潜能（S_1+S_2）为 0.01~0.06mg/g，下部为中等-好烃源岩，累计厚为 21m。

秀山季沟树龙马溪组为一套浅水陆棚相灰、黄绿色页岩、粉砂质页岩，有机碳含量为 0.12%~0.65%（两件），有机质含量由下至上逐渐减少，氯仿沥青"A"含量 52μg/g，生烃潜能（S_1+S_2）为 0~0.04mg/g，为非-差烃源岩，其中以有机碳 0.65% 为代表的灰黑色页岩厚 20m。秀山回星哨龙马溪组由下至上为深水浅水陆棚相黑色页岩逐渐过渡为灰、黄绿色页岩、粉砂质页岩，有机碳含量为 0.34%~3.21%（三件）（黑色页岩），有机质含量由下至上逐渐减少，氯仿沥青"A"含 41μg/g，生烃潜能（S_1+S_2）为 0~0.06mg/g，为由下至上为极好-好-非烃源岩，烃源岩厚度 15m。

　　綦江观音桥志留系龙马溪组为一套深水陆棚相黑色页岩，有机碳含量为 0.98%~10.38%（七件），平均值为 4.47%，有机质含量由下至上逐渐减少，由底部的最大值10.38% 到顶部的最小值 0.98%，反映志留系前陆盆地填平补齐及水体逐渐变浅的演化过程，氯仿沥青"A"含量 46~61μg/g，生烃潜能（S_1+S_2）为 0.02~0.56mg/g，下部为好-极好烃源岩，向上逐渐变为中等、差及非烃源岩，累计厚度为 34.53m。

　　道真平胜龙马溪组页岩从底向上分别为黑色页岩—深灰色页岩—浅灰色页岩，颜色逐渐变浅，砂质含量逐渐增加，反映有机质含量降低，有机碳含量为 0.72%~3.28%（七件），平均值为 1.96%，氯仿沥青"A"含量为 6~1332μg/g，平均 285μg/g，生烃潜能（S_1+S_2）为 0.00~0.02mg/g，为差—好—好烃源岩，好烃源以上厚度 58.59m。

　　志留系龙马溪组烃源岩受到时沉积古地理控制，川中古隆起、黔中隆起与雪峰隆起为古陆物源区，龙马溪组黑色页岩分布具有以下规律：①厚度等值线与黔中隆起基本平行，远离其中隆起，黑色页岩厚度逐渐增加，有机质含量逐渐增加（图 3.22）；②川东南一带黑色页岩厚度普遍大于 50m，是黑色页岩厚度最大的区域，利川-石柱-咸丰一带黑色页岩厚度较大普遍在 30~60m，桃源—吉一线以东基本上没有黑色页岩沉积，五峰-桑植一

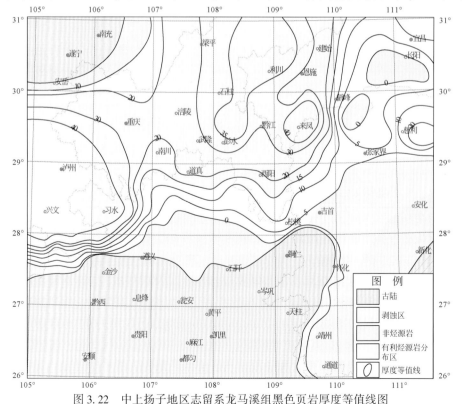

图 3.22　中上扬子地区志留系龙马溪组黑色页岩厚度等值线图

带龙马溪组沉积时水体较浅，黑色页岩厚度仅几米或者无黑色页岩沉积；③有机碳较高的地区为川东南-渝东南一带，有机碳为 2% ~4% （图 3.23）。

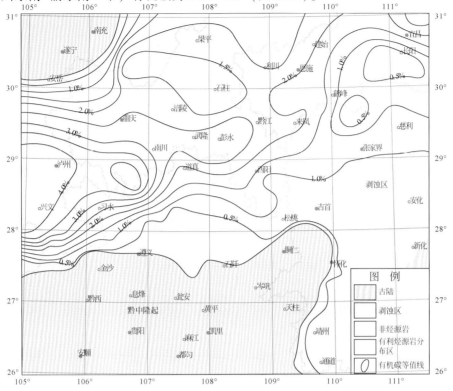

图 3.23　中上扬子地区志留系龙马溪组黑色页岩有机碳等值线图

3.3　烃源岩热演化程度

3.3.1　烃源岩热演化程度判别参数

目前判别烃源岩有机质热演化程度的方法主要有镜质组反射率 R^o（表 3.18）、热解 T_{max}（图 3.24 ~图 3.26）、干酪根原子比、饱和烃色谱参数（图 3.27）及生物标志物等方法。镜质组反射率（R^o）随着热演化程度的升高而逐渐增大，其演化具有不可逆性，并具有相对广泛、稳定的可比性，使得其成为目前应用最为广泛和最为权威的成熟度指标。在缺乏镜质组的地层中，沥青反射率可以作为成熟度指标。一般沥青反射率比镜质组的反射率要低，当镜质组反射率为 0.9% ~1.0% 时，沥青反射率和镜质组反射率相当，当超过 1.0% ，沥青反射率比镜质组发生率要高，二者之间的关系为 $R^o_v = 0.618R^b + 0.4$（Jacob，1995）；（刘德汉、史继扬，1994）依据热模拟得到的得到的经验公式为 $R^o = 0.688R^b + 0.346$；比较两人的公式得出的数值，Jacob 较刘德汉公式的数值要偏小，与马力（2004）等的研究相比刘德汉的经验公式得出的数据与之更接近。

表 3.18　烃源岩有机质成熟度划分表

演化阶段	R^o	T_{max}/℃	H/C	生物标志物		古地温/℃	油气性状及产状
				$C_{29}20S/20(S+R)$	$C_{29}\beta\beta/(\beta\beta+\alpha\alpha)$		
未成熟	<0.5	<435	>1.6	<0.20	<.20	50~60	生物甲烷
低成熟	0.5~0.7	435~440	1.6~1.2	0.20~0.40	0.20~0.40	60~90	低成熟重质油
成熟	0.7~1.3	440~450	1.2~1.0	>0.40	>0.40	90~150	成熟中质油
高成熟	1.3~2.0	450~580	1.0~0.5			150~200	高成熟凝析油湿气
过成熟	>2.0	>580	<0.5			>200	干气

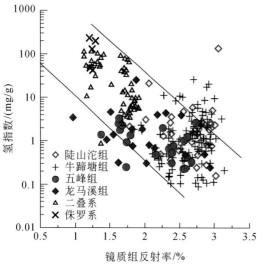

图 3.24　降解率 D 与 T_{max} 值划分生油岩类型

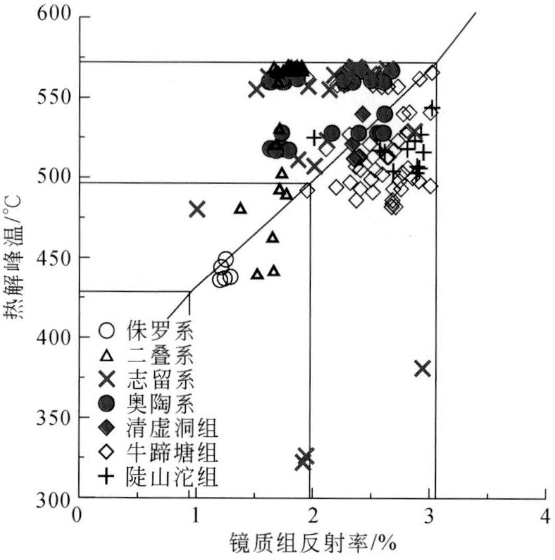

图 3.25　烃源岩热解峰温与 R^o 关系

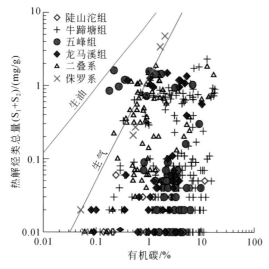

图 3.26　各烃源层 (S_1+S_2) 与有机碳含量相关图

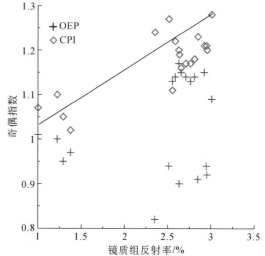

图 3.27　奇偶指数 OEP-CPI 与 R^o 关系

通过岩样热解所获得的反映有机质成熟度的参数有产率指标 [$S_1/(S_1+S_2)$，PI] 和热解峰温（T_{max}）。一般认为未成熟阶段，PI 指数小于 0.1，T_{max} 小于 430℃，成熟阶段 PI 指数 0.1~0.5，T_{max} 从 430~460℃；过成熟阶段 PI 指数大于 0.5，T_{max} 大于 460℃（图 3.38、图 3.39）。

干酪根原子比，尤其是 H/C 是随着演化程度的增高而减少，对同种母质类型的干酪根未成熟–成熟阶段：H/C 大于 1.0，高成熟阶段：H/C 为 1.0~0.5，过成熟阶段：H/C 小于 0.5。

规则甾烷在成岩演化过程中存在向热力学稳定的趋势转化，由 20R 构型向 20S 转化，14α(H)、17α(H) 构型向 14β(H)、17β(H) 构型转变，因此异构体比值可以获得有关烃源岩成熟度的信息（Philp，1981）。C_{29} 甾烷为有机质演化提供了重要的信息，常用 C_{29} 甾烷 20S/(20S+20R) 和 αββ/(ααα+αββ) 作为参数。虽然甾类化合物所反映的有机质成熟度往往比实际情况低（Inan，1997），但一般认为生油门限（R^o 约为 0.6%）两参数值约为 0.2~0.3，到生油高峰（R^o 约为 0.8%）达到平衡，前一比值达到 0.52~0.55，后一比值达到 0.7 左右；C_{31} 藿烷 22S/(22S+22R) 和 C_{32} 藿烷 22S/(22S+22R) 接近或达到平衡时值为 0.57~0.60（Seifert，1986）。Ts/(Ts+Tm) 值与源岩密切相关，同时也受沉积环境的影响（Mello，1988），但更多的资料表明，Ts/(Ts+Tm) 值主要与成熟度有关（Seifert，1986）。

3.3.2　有机质热演化程度

3.3.2.1　陡山沱组

陡山沱组沥青反射率共分析样品 52 件，沥青反射率 R^b 为 2.14%~4.05%，平均 3.45%。根据刘德汉等（1994）经验公式（$R^o=0.668R^b+0.346$）换算为等效镜质组反射率（R^o 等效）为 1.78%~3.05%，平均 2.64%，大部分样品达到过成熟阶段，少量样品处于高成熟湿气阶段。湖南石门杨家坪剖面陡山沱组烃源岩 R^o 等效为 2.01%~3.05%，平均为 2.57%；鹤峰白果–南北（11 件）一带，R^o 等效为 2.35%~2.95%，平均 2.66%；张家界田坪（八件）R^o 等效为 2.82%~3.00%，平均 2.91%（表 3.19），总体上看，研究区大部分地区震旦系陡山沱组等效沥青反射率均大于 2.5%，反映烃源岩由于经历地质时间长，埋深大，热演化程度高，现今有机质主要处于过成熟阶段且等效镜质组反射率与埋藏深度略呈正相关关系。但是部分地区陡山沱组样品等效镜质组反射率小于 2.5%，如镇远岩子坪（四件）R^o 等效为 2.36%~2.56%，平均 2.43%；岑巩关门岩（三件）R^o 等效为 2.26%~2.38%，平均 2.31%；上述相对较低的 R^o 等效值可能与黔中隆起加里东期长时间隆升剥蚀、缺失地层较多，导致其热演化程度相对较低有关。总体上，该套烃源岩现今有机质热演化程度处于过成熟期干气形成的阶段，这与南方同时期海相烃源岩整体高热演化背景（2.5%~4.0%）相比相对较低。

表 3.19 陡山沱组烃源岩有机地球化学特征

剖面名称	厚度/m	TOC/%	沥青 "A"/10⁻⁶	$(S_1+S_2)/(mg/g)$	R^o 等效/%
张家界田坪	8	$\dfrac{0.51 \sim 1.24}{0.77(5)}$	$\dfrac{21 \sim 130}{62(5)}$	$0.01 \sim 0.02(5)$	$\dfrac{2.82 \sim 3.00}{2.91(8)}$
桃源马金洞	44	$\dfrac{4.14 \sim 9.64}{6.38(5)}$	$\dfrac{42 \sim 235}{104(5)}$	$\dfrac{0.01 \sim 0.35}{0.08(5)}$	$\dfrac{2.74 \sim 3.02}{2.88(5)}$
鹤峰白果坪	52	$\dfrac{0.15 \sim 1.79}{0.84(20)}$	$\dfrac{3 \sim 287}{39(16)}$	$\dfrac{0.00 \sim 0.03}{0.00(19)}$	$\dfrac{2.01 \sim 3.05}{2.64(19)}$
湄潭梅子湾	60	$\dfrac{1.22 \sim 2.71}{2.01(4)}$	$21 \sim 29(2)$	$\dfrac{0.02 \sim 0.04}{0.02(2)}$	$\dfrac{2.06 \sim 2.10}{2.08(2)}$
遵义松林	21	$\dfrac{2.3 \sim 2.83}{2.51(5)}$	$24(1)$	$0.02(1)$	
镇远岩子坪	37	$\dfrac{0.69 \sim 7.60}{2.68(8)}$	$\dfrac{142 \sim 914}{612(4)}$	$\dfrac{0.00 \sim 0.04(4)}{0.02(8)}$	$\dfrac{2.22 \sim 2.56}{2.36(8)}$
秀山膏田	3.8	$\dfrac{1.86 \sim 2.29}{2.01(2)}$	$24(1)$	$0.00(1)$	$\dfrac{2.93 \sim 3.01}{2.97(2)}$

数据格式说明: $\underline{0.51 \sim 1.24}$ 为变化范围, 0.77 (5) 为平均值和数据个数, 以下各表相同。

3.3.2.2 牛蹄塘组

牛蹄塘组沥青反射率共分析样品 157 件, 沥青反射率 R^o 为 2.23% ~ 4.32%, 平均 3.45%。根据刘德汉和史继扬 (1994) 经验公式 ($R^o = 0.668R^b + 0.346$) 换算为等效镜质组反射率 (R^o 等效) 为 1.84% ~ 3.23%, 平均 2.65%, 大部分样品达到过成熟阶段, 少量样品处于高成熟湿气阶段。

从各个剖面分析: 桃源托家溪 R^o 等效为 2.34% ~ 3.00% (30 件), 平均 2.64%; 安化桑坪溪 R^o 等效为 2.74% ~ 3.14% (36 件), 平均 2.88%; 沅陵龙潭坪 R^o 等效为 2.23% ~ 2.68% (11 件), 平均 2.52%; 天柱圭勺 R^o 等效为 2.20% ~ 2.54% (四件), 平均 2.37%; 石门杨家坪 R^o 等效为 2.24% ~ 2.82% (七件), 平均 2.43%; 铜仁漾头 R^o 等效为 2.64% ~ 2.83% (四件), 平均 2.73%; 秀山膏田 R^o 等效为 2.68% ~ 3.23% (八件), 平均 2.95%。总体上来看牛蹄塘组烃源岩镜质组反射率各地变化不大, 镜质组反射率较高的区域有重庆石柱-秀山一带, 平均 R^o 值大于 2.80%, 另外湖南安化-桃源等地平均 R^o 值大于 2.60%。成熟度相对较低的区域主要分布于黔中隆起及周缘, 特别是黔中隆起东缘铜仁-天柱-岑巩-余庆等地, 平均 R^o 值为 1.8% ~ 2.3%, 反映该区烃源岩热演化受黔中隆起控制。

遵义松林牛蹄塘组 H/C 为 0.40 ~ 0.89, 平均 0.53, 湄潭梅子湾牛蹄塘组 H/C 为 0.49 ~ 0.61, 平均 0.57。金沙岩孔灯影组沥青 H/C 为 0.32 ~ 1.28, 平均 0.57, 达到高-过成熟阶段, 通过金沙岩孔灯影组固体沥青测试发现 R^b 等效为 2.95% ~ 3.86%, 换算后 R^o 为 2.32% ~ 2.92%, 平均 2.64%, 因此受热演化程度较高的原因, 沥青 H/C 原子比急剧下降, 而沥青 H/C 与遵义松林、湄潭梅子湾存在较大相似性, 表明沥青成熟度与黔北牛蹄塘非常相似, 两者可能存在一定的亲缘关系 (表 3.20)。

表 3. 20　黔北主要烃源层及沥青元素分析

剖面	地层	岩性	N/%	C/%	H/%	H/C（原子比）
遵义松林	陡山沱组	黑色页岩	$\dfrac{0.10 \sim 0.22}{0.16(5)}$	$\dfrac{11.85 \sim 23.59}{17.44(5)}$	$\dfrac{0.81 \sim 2.09}{1.51(5)}$	$\dfrac{0.82 \sim 1.17}{1.03(5)}$
	牛蹄塘组	黑色页岩 硅质页岩	$\dfrac{0.18 \sim 0.80}{0.63(16)}$	$\dfrac{22.31 \sim 66.79}{48.61(16)}$	$\dfrac{0.88 \sim 2.38}{2.05(16)}$	$\dfrac{0.40 \sim 0.89}{0.53(16)}$
湄潭梅子湾	陡山沱组	黑色页岩	$\dfrac{0.13 \sim 1.04}{0.37(5)}$	$\dfrac{10.15 \sim 66.49}{26.11(5)}$	$\dfrac{1.37 \sim 2.94}{1.91(5)}$	$\dfrac{0.53 \sim 2.29}{1.13(5)}$
	牛蹄塘组	黑色页岩	$\dfrac{0.59 \sim 0.67}{0.63(3)}$	$\dfrac{47.35 \sim 60.32}{51.97(3)}$	$\dfrac{2.35 \sim 2.49}{2.43(3)}$	$\dfrac{0.49 \sim 0.61}{0.57(3)}$
綦江观音桥	五峰组	黑色页岩	$\dfrac{0.96 \sim 1.26}{1.05(4)}$	$\dfrac{45.07 \sim 58.17}{51.35(4)}$	$\dfrac{2.49 \sim 3.24}{2.87(4)}$	$\dfrac{0.58 \sim 0.81}{0.68(4)}$
	龙马溪组	黑色页岩	$\dfrac{0.29 \sim 1.09}{0.60(7)}$	$\dfrac{10.83 \sim 45.86}{27.35(7)}$	$\dfrac{1.71 \sim 2.86}{2.38(7)}$	$\dfrac{0.69 \sim 1.89}{1.22(7)}$
金沙岩孔	灯影组	沥青	$\dfrac{0.07 \sim 0.64}{0.32(10)}$	$\dfrac{15.55 \sim 91.44}{51.43(10)}$	$\dfrac{0.55 \sim 3.12}{2.00(10)}$	$\dfrac{0.32 \sim 1.28}{0.57(10)}$

3.3.2.3　五峰–龙马溪组

奥陶系五峰组沥青反射率 R^{b} 为 1.91% ~ 3.57%，平均 2.75%，等效镜质组反射率为 1.37% ~ 2.73%，平均 2.14%，大部分样品达到过成熟阶段，少量样品处于高成熟湿气阶段。志留系龙马溪组沥青反射率 R^{b} 为 1.74% ~ 3.88%，平均 2.61%，等效镜质组反射率为 1.45% ~ 2.94%，平均 2.03%，大部分样品为高成熟湿气阶段，少量样品处于过成熟阶段。

綦江观音桥五峰组 H/C 为 0.58 ~ 0.81，平均 0.61，达到高成熟阶段，但 H/C 要略高于牛蹄塘组，反映其演化程度略低；龙马溪组 H/C 为 0.69 ~ 1.89，平均 1.22，H/C 较五峰组高反映其演化程度略低。总体上五峰–龙马溪组有机质达到高–过成熟阶段，处于生气阶段。

3.3.3　生物标志物与热演化作用

3.3.3.1　常规生物标志物

通过对各层位 178 件样品饱和烃抽提物分析（ m/z 191 及 m/z 217）数据统计分析，对主要成熟度参数甾烷 $C_{29}\alpha\alpha\alpha$ -20S/（20S+20R）、甾烷 $C_{29}\alpha\beta\beta$/（ $\alpha\alpha\alpha$ + $\alpha\beta\beta$）、藿烷 C_{31} S/（S+R）及藿烷 Ts/（Ts+Tm）进行高度比值计算和统计。纵向上对陡山沱组（表 3.21）、老堡组（表 3.22）、牛蹄塘组（表 3.23）、五峰组（表 3.24）、龙马溪组（表 3.25）、栖霞组（表 3.26）、吴家坪组及侏罗系凉高山组等层系分析发现以下特点。

表 3.21 陡山沱组生物标志物成熟度指标

剖面	Ts/(Ts+Tm)	C_{29}Sterane$\alpha\alpha\alpha$-20S/(S+R)	C_{29}Sterane$\alpha\beta\beta$/($\alpha\alpha\alpha$+$\alpha\beta\beta$)	C_{31}Hopane22S/(S+R)
遵义松林	0.47	0.43	0.37	0.61
湄潭梅子湾	0.462~0.500 0.479(3)	0.471~0.479 0.475(3)	0.462~0.500 0.479(3)	0.352~0.384 0.364(3)
张家界田坪	0.452~0.485 0.468(3)	0.400~0.419 0.410(3)	0.482~0.499 0.489(3)	0.575~0.582 0.578(3)
石门杨家坪	0.455~0.481 0.472(6)	0.435~0.449 0.442(6)	0.503~0.515 0.506(6)	0.577~0.601 0.587(6)
镇远岩子坪	0.379~0.469 0.440(4)	0.363~0.451 0.402(4)	0.429~0.508 0.451(4)	0.583~0.610 0.597(4)

表 3.22 牛蹄塘组生物标志物成熟度指标

剖面	Ts/(Ts+Tm)	C_{29}Sterane$\alpha\alpha\alpha$-20S/(S+R)	C_{29}Sterane$\alpha\beta\beta$/($\alpha\alpha\alpha$+$\alpha\beta\beta$)	C_{31}Hopane22S/(S+R)
新晃板凳坡	0.463~0.475 0.469(2)	0.410~0.417 0.413(3)	0.504~0.513 0.509(3)	0.599~0.600 0.599(3)
镇远岩子坪	0.488~0.662 0.575(2)	0.376~0.421 0.399(2)	0.454~0.494 0.474(2)	0.594~0.605 0.599(2)
天柱圭勺	0.454~0.471 0.473(3)	0.418~0.436 0.426(3)	0.490~0.504 0.498(3)	0.588~0.603 0.595(3)
遵义松林	0.488~0.505 0.478(5)	0.418~0.473 0.441(5)	0.373~0.384 0.376(5)	0.582~0.619 0.599(3)
湄潭梅子湾	0.50	0.40	0.37	0.605

表 3.23 五峰组生物标志物成熟度指标

剖面	Ts/(Ts+Tm)	C_{29}Sterane$\alpha\alpha\alpha$-20S/(S+R)	C_{29}Sterane$\alpha\beta\beta$/($\alpha\alpha\alpha$+$\alpha\beta\beta$)	C_{31}Hopane22S/(S+R)
綦江观音桥	0.494	0.404	0.367	0.593
华蓥山溪口	0.514	0.061	0.511	0.581
道真平胜	0.370~0.483 0.426(2)	0.275~0.350 0.312(2)	0.365~0.425 0.395(2)	0.597~0.612 0.605(2)
石门杨家坪	0.456~0.477 0.467(3)	0.387~0.449 0.425(3)	0.440~0.518 0.483(3)	0.582~0.590 0.588(3)

表 3.24 龙马溪组生物标志物成熟度指标

剖面	Ts/(Ts+Tm)	C_{29}Sterane$\alpha\alpha\alpha$-20S/(S+R)	C_{29}Sterane$\alpha\beta\beta$/($\alpha\alpha\alpha$+$\alpha\beta\beta$)	C_{31}Hopane22S/(S+R)
綦江观音桥	0.472	0.388	0.346	0.605
华蓥山溪口	0.515~0.522 0.518(2)	0.480~0.494 0.487(2)	0.583~0.584 0.584(2)	0.575~0.582 0.578(2)
道真平胜	0.423~0.476 0.450(3)	0.354~0.377 0.365(3)	0.418~0.436 0.425(3)	0.601~0.660 0.623(3)

表 3.25　栖霞组生物标志物成熟度指标

剖面	Ts/（Ts+Tm）	C$_{29}$ Steraneααα-20S/（S+R）	C$_{29}$ Steraneαββ/（ααα+αββ）	C$_{31}$ Hopane22S/（S+R）
西阳兴隆	$\dfrac{0.490 \sim 0.504}{0.499（3）}$	$\dfrac{0.411 \sim 0.453}{0.427（3）}$	$\dfrac{0.502 \sim 0.520}{0.514（3）}$	$\dfrac{0.591 \sim 0.629}{0.611（3）}$
华蓥山溪口	$\dfrac{0.536 \sim 0.573}{0.555（2）}$	$\dfrac{0.472 \sim 0.499}{0.485（2）}$	$\dfrac{0.572 \sim 0.647}{0.609（2）}$	$\dfrac{0.360 \sim 0.512}{0.436（2）}$
石柱漆辽	$\dfrac{0.389 \sim 0.504}{0.444（7）}$	$\dfrac{0.404 \sim 0.488}{0.449（7）}$	$\dfrac{0.362 \sim 0.417}{0.394（7）}$	$\dfrac{0.579 \sim 0.614}{0.597（7）}$
黔江水泥厂	$\dfrac{0.475 \sim 0.884}{0.572（5）}$	$\dfrac{0.432 \sim 0.504}{0.483（5）}$	$\dfrac{0.362 \sim 0.425}{0.387（5）}$	$\dfrac{0.469 \sim 0.623}{0.582（5）}$

1）甾烷 C$_{29}$ααα-20S/（20S+20R）

陡山沱组、老堡组、牛蹄塘组、五峰组、龙马溪组、栖霞组、吴家坪组及侏罗系凉高山组依次为 0.363 ~ 0.451、0.393-0.550、0.308 ~ 0.525、0.275 ~ 0.471、0.354 ~ 0.534、0.404 ~ 0.504、0.343 ~ 0.486 及 0.269 ~ 0.447。平均值依次为 0.424、0.436、0.423、0.401、0.432、0.460、0.423 及 0.352 ［图 3.28（a）］。

2）甾烷 C$_{29}$αββ/（ααα+αββ）

陡山沱组、老堡组、牛蹄塘组、五峰组、龙马溪组、栖霞组、吴家坪组及侏罗系凉高山组依次为 0.364 ~ 0.560、0.412 ~ 0.488、0.364 ~ 0.560、0.365 ~ 0.518、0.340 ~ 0.640、0.362 ~ 0.647、0.359 ~ 0.509 及 0.212 ~ 0.388。平均值依次为 0.467、0.444、0.467、0.430、0.459、0.438、0.419 及 0.299 ［图 3.28（b）］。

3）藿烷 C$_{31}$S/（S+R）

陡山沱组、老堡组、牛蹄塘组、五峰组、龙马溪组、栖霞组、吴家坪组及侏罗系凉高山组依次为 0.368 ~ 0.615、0.575 ~ 0.626、0.504 ~ 0.628、0.581 ~ 0.612、0.575 ~ 0.670、0.360 ~ 0.629、0.525 ~ 0.641 及 0.568 ~ 0.610，平均值依次为 0.582、0.593、0.588、0.592、0.607、0.575、0.590 及 0.592 ［图 3.28（c）］。

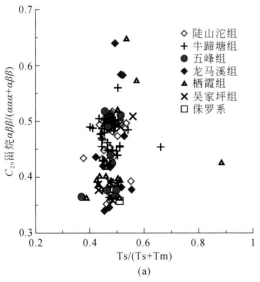

(a)

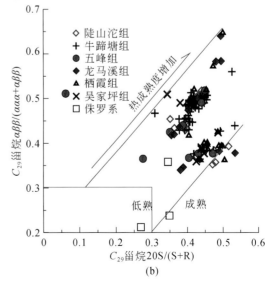

(b)

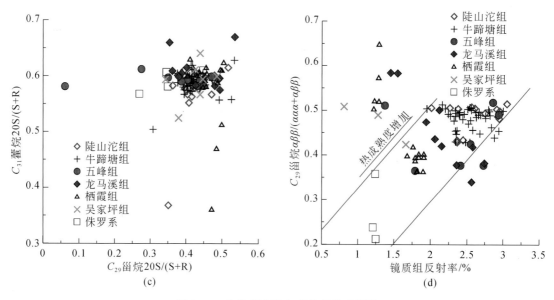

图 3.28　生物标志物与成熟度关系判别

（a）Ts/（Ts+Tm）与 C_{29} 甾烷 ββ/（αα+ββ）关系；（b）C_{29} 甾烷 αββ/（ααα+αββ）与 C_{29} 甾烷 20S/（S+R）关系；（c）C_{31} 藿烷 20S/（S+R）与 C_{29} 甾烷 20S/（S+R）g 关系；（d）C_{29} 甾烷 αββ/（ααα+αββ）与 R^o 关系

4）藿烷 Ts/（Ts+Tm）

陡山沱组、老堡组、牛蹄塘组、五峰组、龙马溪组、栖霞组、吴家坪组及侏罗系凉高山组依次为 0.378 ~ 0.552、0.575 ~ 0.626、0.444 ~ 0.520、0.370 ~ 0.514、0.423 ~ 0.554、0.389 ~0.884、0.432 ~0.559 及 0.480 ~0.510，平均值为 0.478、0.593、0.478、0.469、0.489、0.505、0.481 及 0.495 ［图 3.28（d）］。

通过甾烷 C_{29}ααα–20S/（20S+20R）、甾烷 C_{29}αββ/（ααα+αββ）、藿烷 C_{31}S/（S+R）及藿烷 Ts/（Ts+Tm）分析认为：

甾烷 C_{29}ααα–20S/（20S+20R）均未达到平衡值（0.52 ~ 0.55），其中侏罗系样品 0.352 反映其成熟度较低。甾烷 C_{29}αββ/（ααα+αββ）随着层位变化与成熟度的降低，该值大致呈现降低的趋势。C_{31}S/（S+R）分析表明该值变化不大，规律不是很明显，且多数接近平衡值（0.57 ~ 0.60）。Ts/（Ts+Tm）是反映样品成熟度的指标，由于 Tm 的热稳定性没有 Ts 大，所以在热演化过程中 Tm 的转化比 Ts 快，Ts/（Ts+Tm）一般会随着演化程度增大而增大，上述各个层位测试数据没有变化，规律不是很明显，且多数接近于 0.5，表明成熟度较高。

藿烷指标较甾烷指标较早达到平衡，在分析成熟度较高的沉积盆地烃源岩成熟度时，藿烷指标已经不能很好地判断有机质成熟度，而甾烷指标特别是 C29αββ/（ααα+αββ）在分析成熟度较高的烃源岩时仍然可以适用。

3.3.3.2　芳烃

甲基菲中 1MP 和 9MP 比 2MP 和 3MP 的热稳定性小，随着成熟度的增加，1MP 和 9MP 会转化为更稳定的 2MP 和 3MP，因此可以用几种化合物的相对含量表示成熟度的变化。

通过计算甲基菲指数 MPI1 值（Radke，1982），当 $R_{\mathrm{m}} \geqslant 1.35$，采用经验公式 $R_{\mathrm{c}} = -0.60 \times \mathrm{MPI1} + 2.3$，当 R_{m} 小于 1.35，采用公式经验公式 $R_{\mathrm{c}} = 0.60 \times \mathrm{MPI1} + 0.40$（Radke and Welte，1982）大致可以计算有机质成熟度。通过计算 F1 值 [F1 = (2MP+3MP)/(1MP+2MP+3MP+9MP)]，采用公式 $R^{\mathrm{o}} = -0.166 + 2.242 \times \mathrm{F1}$ 计算的 R^{o} 值比 R_{c} 值略低，为 1.14% ~ 1.74%。Chakhmakhchev（1994）认为 MDR 是一种有效的成熟度参数，成熟烃源岩或油 MDR 值为 2.5 左右，过成熟可达 15.4。

秀山地区牛蹄塘组、明心寺组及龙马溪组 R_{c}（%）分别为 2.17~2.18、2.17 及 2.01，均达到过成熟阶段。通过 F1 计算的 R^{o} 值分别为 1.19~1.20、1.16 及 1.33 较 R_{c} 低，而 MDR 分别为 4.75~8.52、11.50、12.50 表明均到达成熟阶段，但未到过成熟阶段（表 3.26）。

表 3.26　烃源岩芳烃抽提物菲和二苯并噻吩

地层	分析样号	MPI-1	MPI	R_{c}/%	MDR	MDR1	MDR4	F1	R^{o}/%	实测 R^{o}/%
牛蹄塘组	XRP3SY1	0.21	0.25	2.18	8.52	0.03	0.28	0.61	1.20	
石牌组	XAP-$\in_1$s-SY1	0.21	0.25	2.17	4.75	0.04	0.18	0.61	1.19	
	XAP-$\in_1$sp-SY1	0.22	0.28	2.17	11.50	0.06	0.68	0.59	1.16	
龙马溪组	XAP-$S_1$1m-SY1	0.49	0.58	2.01	12.50	0.06	0.70	0.67	1.33	
五峰组	GHP10SY2	0.94	0.96	1.74	15.11	0.08	1.15	0.78	1.59	1.45
	GHP9SY1	0.56	0.55	1.96	19.96	0.04	0.86	0.77	1.56	1.55
	GHP10SY1	1.08	1.04	1.65	15.99	0.06	0.94	0.82	1.68	1.37
栖霞组	GHP5SY1	0.59	0.59	0.76	21.13	0.05	0.99	0.76	1.54	1.29
	GHP5SY2	0.67	0.70	0.80	1.84	0.84	1.55	0.75	1.51	1.29
吴家坪组	GHP3SY1	0.09	0.07	0.45	10.72	0.10	1.08	0.85	1.74	0.81
	GHP3SY2	0.94	0.80	0.96	–	0.00	0.59	0.87	1.78	1.28

注：XAP 为秀山隘口剖面，GHP 为华蓥山溪口剖面，XRP 为秀山溶溪剖面。

华蓥地区五峰组、龙马溪组、栖霞组及吴家坪组 R_{c}（%）分别为 1.74、1.65~1.96、0.76~0.80 及 0.45~0.96，多为中-高成熟。通过 F1 计算的 R^{o}（%）值分别为 1.59、1.56~1.68、1.51~1.54 及 1.74~1.78，较 R_{c} 高，而 MDR 分别为 15.11、15.99~19.96、1.84~21.13 及 10.72 表明五峰及龙马溪组均到达过成熟阶段，栖霞组和吴家坪组多数样品为高成熟阶段。对比实测镜质组反射率 R^{o} 三项指标 R_{c}、R^{o} 及 MDR 中 R_{c} 及 MDR 与镜质组反射率吻合较好，而 R^{o} 相对较差且随着 R^{o} 增加呈现减小的趋势，这与实际情况相矛盾。

黔北地区陡山沱组、灯影组、牛蹄塘组及明心寺组 MPI1 分别为 0.33~0.40、0.38、0.24~56 及 0.39，计算出 R_{c}（%）分别为 2.06~2.10、2.07、1.96~2.15 及 2.07，多数样品达到过成熟阶段。五峰组及龙马溪组 MPI1 分别为 0.95 及 0.61，计算出 R_{c} 分别为 1.73 及 1.93，达到高成熟阶段，成熟度较前者略低，反映正常的埋藏热演化序列（表 3.27）。

表 3.27　黔北震旦系—下古生界主要烃源岩芳烃抽提物菲及相关参数

地层	样品	MPI1	MPI2	MPI3	MPI	R_{c}/%
陡山沱组	MM-3	0.40	0.45	0.92	0.79	2.06
	MM-4	0.33	0.36	0.81	0.66	2.10

续表

地层	样品	MPI1	MPI2	MPI3	MPI	$R_c/\%$
灯影组	MM-13-1	0.38	0.42	0.98	0.70	2.07
牛蹄塘	MM-24-1	0.56	0.62	0.92	1.31	1.96
	ZN-6-1	0.43	0.49	1.02	0.79	2.04
	ZN-6-2	0.51	0.60	0.91	1.14	1.99
	ZN-8-1	0.41	0.45	0.79	0.97	2.05
	ZN-8-5	0.32	0.35	0.88	0.60	2.11
	ZN-8-11	0.24	0.27	0.91	0.41	2.15
明心寺组	ZN-9-1	0.39	0.43	1.10	0.64	2.07
五峰组	QGP-19-1	0.95	0.60	1.31	2.17	1.73
龙马溪组	QGP-21-1	0.61	0.69	2.01	0.76	1.93

注：MM. 湄潭梅子湾；ZN. 遵义松林；QGP. 綦江观音桥。

通过对主要烃源岩及沥青芳烃指数 MPI1 与镜质组反射率相关性分析认为 MPI1 可以较好的表征烃源岩及沥青的成熟度。实测镜质组反射率 R^o 主要集中在 0.81% ~ 1.55% 及 2.32% ~ 2.92% 两个区间，缺乏高成熟度样品。通过分析认为，当 R^o 小于 1.5%，镜质组反射率 R^o 与 MPI1 呈较好的正相关关系（$R_c = 0.90\text{MPI1} + 0.72$，$r = 0.55$），当 R^o 大于 2.0%，R^o 与 MPI1 呈负相关关系（$R_c = -4.88\text{MPI1} - 0.79$，$r = 0.82$），该结论与 Radke 等研究基本一致，但也有所区别。同样镜质组反射率的样品，MPI1 值较低，且在 R^o 到达 1.5% 以前，均与镜质组反射率呈正相关，表明发生 MPI1 值倒转的成熟度相对较高。另外 Radke 认为当 R^o 大于 2.0%，MPI1 趋近于平衡，但本次研究认为当 R^o 大于 2.0% 时，随着成熟度的增加，MPI1 仍然在缓慢的降低（图 3.29）。

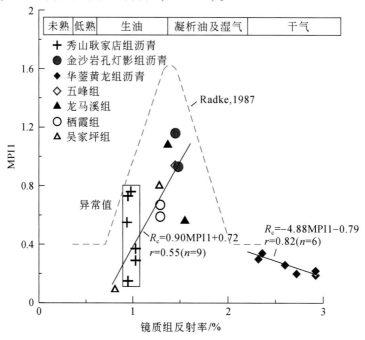

图 3.29　MPI1 甲基菲指数与 R^o 关系图

3.4　中上扬子海相烃源岩综合评价

在烃源岩基本特征分析对比的基础上，以各组烃源岩厚度和有机质丰度为主要评价指标，有机质类型和热演化程度为辅助指标，同时结合烃源岩分布情况，采用最有利、较有利、中等及较差四个评价级别（表3.28）对各烃源层进行了评价。

表 3.28　中上扬子地区地区烃源岩综合评价表

层位	岩性	TOC/%	平均TOC/%	类型	R^o/%	厚度/m	分布范围	综合评价
陡山沱组	泥灰岩	0.1~11.74 (2.27)	2.27	I	1.78~3.05 (2.58)	20~70	局限	有利
	页岩	0.12~11.72 (2.38)	2.38	I	2.38~3.00 (2.75)		局限	
牛蹄塘组	泥页岩	0.09~20.57 (4.85)	4.85	I	1.84~3.23 (2.65)	10~261	全区	最有利
五峰组	页岩	0.18~9.85 (3.17)	3.17	I-II₁	1.37~2.60 (2.14)	0.5~23	全区大部	中等
龙马溪组	泥页岩	0.04~10.38 (2.22)	2.22	I-II₁	1.45~2.94 (2.03)	0~193	全区大部	中等
栖霞组	石灰岩	0.02~17.43 (40)	1.96	II₁-II₂	1.29~1.91 (1.69)	200~300	全区	较差
	页岩	0.34~10.21 (1.96)	1.40	II₁-III	1.12~1.91 (1.46)		全区	

3.4.1　陡山沱组烃源岩

主要发育在深水盆地及斜坡相，碳酸盐岩烃源岩主要为泥灰岩，有机碳含量0.1%~11.74%，平均2.27%，镜质组反射率为1.78%~3.05%，平均2.35%，有机质达到高-过成熟阶段，有机质类型为I型，泥页岩烃源岩有机碳含量0.12%~11.72%，平均2.38%，较碳酸盐岩略高，镜质组反射率为2.38%~3.00%，平均2.75%，有机质达到过成熟阶段，泥质岩镜质组反射率较碳酸盐岩略高0.2%左右，一般认为这与泥质岩中黏土作为热演化的催化剂有关，有机质类型为I型，陡山沱组烃源岩分布范围受古地理格局控制，分布范围较局限，多数地区累计厚度为20~70m，总体上为一套较有利烃源岩。

综合陡山沱组烃源岩厚度及有机碳图，在中上扬子地区可以划分一个有利区及三个较有利区（图3.30），有利区主要分布于鄂西-湘西北，TOC为1.0%~4.0%（平均，以下一致），烃源岩厚度50~100m（TOC>1.0%），R^o为2.5%~3.3%。较有利区主要分布于黔北习水-遵义-金沙、黔东湄潭-凯里-剑河及湘西吉首-怀化，其中习水-遵义-金沙地区

TOC 为 1.5% ~ 3.5%，烃源岩厚度 20 ~ 50m，R^o 为 2.8% ~ 3.5%；黔东湄潭-凯里-剑河地区 TOC 为 2.0% ~ 4.0%，烃源岩厚度 20 ~ 50m，R^o 为 2.5% ~ 3.0%；湘西吉首-怀化地区 TOC 为 1.0% ~ 2.0%，烃源岩厚度 20 ~ 40m，R^o 为 2.5% ~ 3.3%。

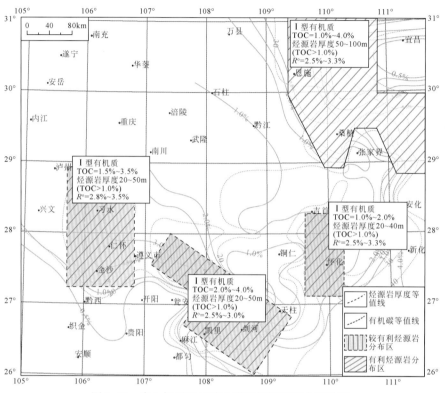

图 3.30　中上扬子地区陡山沱组烃源岩综合评价图

3.4.2　牛蹄塘组烃源岩

　　主要发育在深水陆棚及盆地相，主要岩性为黑色泥岩、黑色页岩及少量磷块岩、石灰岩等，有机碳含量 0.09% ~ 20.57%，平均 4.85%，较陡山沱组高 2.5% 左右，镜质组反射率 R^o 为 1.84% ~ 3.23%，平均 2.65%，有机质达到过成熟阶段，R^o 较陡山沱组页岩略低，反映正常的埋藏增温热演化序列，R^o 较陡山沱组页岩略高与泥质岩中黏土作为热演化的催化剂有关，有机质类型为 I 型，牛蹄塘组烃源岩呈广覆式分布，黑色泥页岩厚度为 10 ~ 261m，为中上扬子地区地区最为有利的一套烃源岩。

　　震旦纪受基底断裂活动影响，在四川盆地西南部磨溪—高石梯与威远—资阳之间发育近南北向裂陷槽，称之为"成都-泸州"裂陷槽，槽区沉积较薄的灯影组。该裂陷槽向东南方向延伸至黔西、贵阳及都匀等地，最终与上扬子东南缘盆地汇合，"成都-泸州-贵阳"裂陷槽不仅控制着灯影组岩相展布，而且还控制着寒武系牛蹄塘组烃源岩与清虚洞组礁滩相储层的分布。受该裂陷槽控制，黔西北-贵阳-黔东南地区牛蹄塘组发育一套优质的烃源岩，TOC 为 2.0% ~ 6.0%，烃源岩厚度 60 ~ 150m，R^o 为 2.5% ~ 3.8%（图 3.31）。

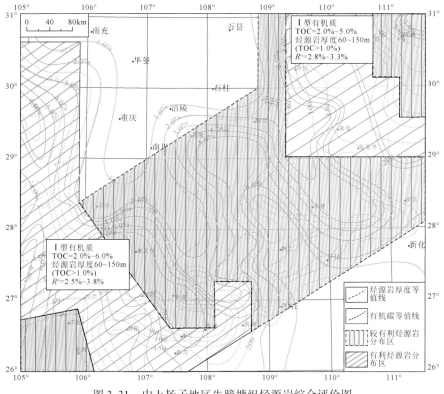

图 3.31　中上扬子地区牛蹄塘组烃源岩综合评价图

除"成都-泸州-贵阳"裂陷槽外,在鄂西-湘西北地区从震旦纪—早寒武世也存在一个继承性的裂陷槽,从北向南依次分布于湖北建始、鹤峰、桑植及张家界等地,并在湖南安化、桃源一带与盆地汇合,在这里称之为"鄂西-湘西北"裂陷槽,该裂陷槽在震旦纪陡山沱期已有响应,震旦纪灯影期在裂陷槽的西侧发育厚逾 800m 的藻白云岩(利 1 井),在裂陷槽的东侧也发育大套鲕粒白云岩,并形成大规模的古油气藏,在该裂陷槽及早寒武世大规模海侵作用控制下,形成了牛蹄塘组优质烃源岩,构成了中上扬子地区地区有利烃源岩分布区,研究表明,该区牛蹄塘组平均 TOC 为 2.0% ~ 5.0%,烃源岩厚度 60 ~ 150m,R^o 为 2.8% ~ 3.3%。

3.4.3　五峰组烃源岩

主要岩性为黑色页岩、硅质页岩,有机碳含量 0.18% ~ 9.85%,平均 3.17%,较牛蹄塘低 1.7% 左右,镜质组反射率为 1.37% ~ 2.60%,平均 2.14%,多数有机质达到高成熟阶段,部分为过成熟,R^o 较牛蹄塘组页岩低 0.5% 左右,反映正常的埋藏增温热演化序列,有机质类型为 I - II₁ 且以 II₁ 型为主,五峰组烃源岩分布较广泛,受川中隆起及黔中隆起控制,因后期燕山及喜马拉雅运动构造运动抬升剥蚀东部地区几乎剥蚀殆尽,中西部等区域埋藏较浅,是寻找五峰组页岩气的区域,五峰组黑色泥页岩厚度为 0.5 ~ 23m,综合评价为中等。

3.4.4　龙马溪组烃源岩

龙马溪组区域上均表现为底部为黑色碳质泥页岩,向上砂质含量逐渐增加,颜色逐渐变浅,有黑色演化为灰色,有机质含量由下至上,反映志留纪类前陆盆地填平补齐及水体逐渐变浅的演化过程,有机碳含量 0.04% ~ 10.38%,平均 2.22%,较五峰组低 1.0% 左右,R^o 为 1.45% ~ 2.94%,平均 2.03%,多数有机质达到高成熟阶段,部分为过成熟,R^o 较五峰组页岩低 0.1% 左右,反映正常的埋藏增温热演化序列,有机质类型底部黑色页岩段多为 I 型,向上以 II_1 型为主,龙马溪组烃源岩与五峰组烃源岩分布范围基本一致,中西部等区域埋藏较浅,是寻找龙马溪组页岩气的有利区域,龙马溪组黑色泥页岩厚度为 0 ~ 193m,综合评价为中等烃源岩。

综合五峰组和龙马溪组烃源岩厚度及有机碳图,在晚奥陶世五峰期,受川中隆起、黔中隆起及雪峰隆起控制,在泸州–重庆–万州以东,遵义–松桃以北,花垣–永顺–桑植–五峰以西为五峰组沉积中心,构成有利烃源岩分布区,该区平均 TOC 为 2.0% ~ 5.0%,烃源岩厚度 6 ~ 14m,R^o 为 1.7% ~ 3.0%,I – II_1 型有机质(图 3.32)。在早志留世龙马溪期,沉积盆地性质具有继承性,烃源岩厚度增加,分布范围向盆地西部迁移,有利烃源岩西侧边界可能位于内江—长寿—梁平一线,东侧边界为秀山—鹤峰—秭归一线,南侧边界在仁怀–正安–沿河等地,该区平均 TOC 为 2.0% ~ 5.0%,烃源岩厚度 30 ~ 110m,R^o 为 1.7% ~ 3.0%,有机质类型为 I – II_1 型(图 3.33)。

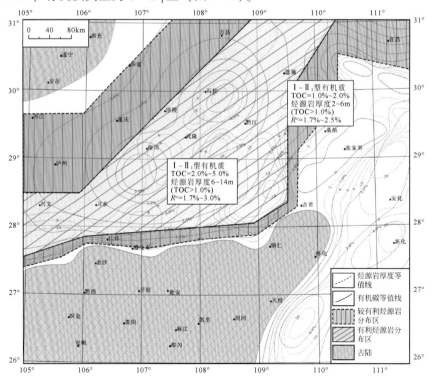

图 3.32　中上扬子地区五峰组烃源岩综合评价图

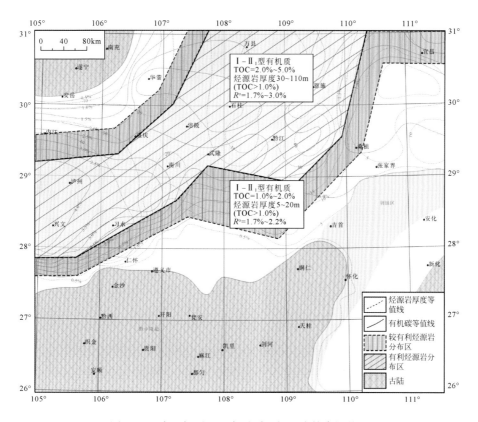

图 3.33　中上扬子地区龙马溪组烃源岩综合评价图

第4章 中上扬子海相油气成藏富集规律与有利区预测

4.1 重点区古地温场及生烃史恢复

4.1.1 重点地区古地温场恢复

南方高演化层系古地温场恢复是该地区常规天然气与页岩气勘探的难题，主要源于海相层系古老、叠合盆地构造沉积史复杂多样。目前，关于盆地古地温恢复的方法总体上可以分为两类：一类是利用各种古温标来恢复热历史，对于缺乏典型供测定的镜质组反射率的中上扬子海相层系，采用沥青反射率是评价有机质成熟度最有效的指标之一（邱楠生等，2005），在一定程度上可以用作热历史恢复的古温标，如镜质组反射率梯度法（肖贤明等，1998），最大埋藏温度法（秦建中等，2009）；另一类是用盆地演化的热动力学模型来恢复热历史，如卢庆治（2007）和徐国盛（2009）采用 Easy% R^o 模型反演鄂西-渝东地区的热流史，王玮等（2008，2011）使用简化的 Easy% R^o 模型计算了最大埋藏温度，并讨论了鄂西渝东地区上古生界—中生界古地温梯度和热流史。

上述方法主要体是从已有钻井资料揭示四川盆地研究程度较高地区的古今地温场，而对于四川盆地以东盆山过渡带，如湘鄂西地区，多数学者主要利用中生界砂岩磷灰石裂变径迹或磷灰石、锆石（U–Th）/He 定年等开展构造抬升史或中新生界地温场研究。系统采用有机质镜质组反射率剖面本身去探讨有机质的演化程度与古地温的关系是研究古地温场最直接有效的方法，异常的镜质组反射率资料直接记录了地质历史过程中异常的热流史。此外对于热演化时间较长的下古生界层系，特别是对于多次沉降-抬升的叠合盆地，Easy% R^o 模型夸大了时间因素对有机质演化的作用，采用 Easy% R^o 模型反演法恢复的古地温或地温梯度相对较低，这对解释油气成藏及页岩气富集规律造成一定影响。

4.1.1.1 地质概况

武隆地区位于四川盆地东南缘盆山过渡带（图4.1），震旦纪—早古生代为被动大陆边缘阶段以海相碳酸盐岩沉积为主，并形成两套区域烃源岩，早寒武世海平面相对上升，扬子海海侵扩大，形成了广泛分布的下寒武统黑色岩系。中奥陶世—早志留世沉积受加里东晚期构造运动控制，沉积厚度受加里东古隆起准前陆盆地迁移控制，形成一系列沟垄相间的沉积格局。上奥陶统五峰组—下志留统龙马溪组广泛发育于扬子地区，主要为黑色笔石页岩和放射虫硅质岩。晚古生代—早中三叠世稳定台地，晚三叠世—新生代主要为晚印支运动以后形成的大套陆相碎屑岩沉积。相关测试结果表明，武隆地区五峰-龙马溪组黑色泥页岩（TOC>2%）厚 17 ~ 50 m，有机碳为 1.42% ~ 7.10%（36 件），平均 4.12%，R_V^o 为 1.67% ~ 2.53%（17 件），平均 2.09%。焦石坝地区钻井揭示五峰-龙马溪组黑色泥页岩（TOC>2%）厚 38 m，R_V^o 为 2.20% ~ 3.06%，平均含气量 2.88 ~ 2.96m³/t，测试获天然气（11 ~ 50）×10⁴m³/d，且具有地层压力系数大，稳产时间长等特点。

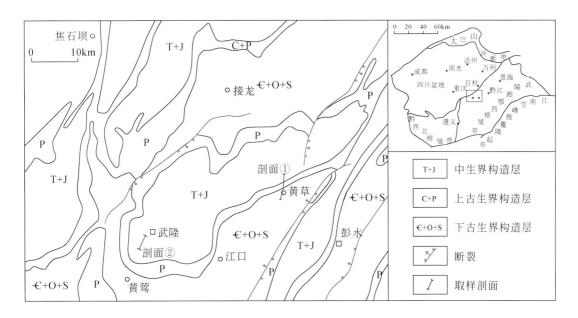

图 4.1　研究区及样品采集位置
①武隆黄草寒武系—二叠系剖面；②武隆县城南三叠系—侏罗系剖面

4.1.1.2　镜质组反射率确定及异常带

下古生界海相层系由于缺乏陆源有机质，成熟度过高，镜质组反射率、壳质组荧光参数等常规成熟度指标适用性较差，因此为了更准确地对下古生界海相地层成熟度进行评价，国内外专家建立起了一些较有效的方法，提出沥青、动物壳屑体、海相镜质体及其他成熟度指标。四川盆地下古生界主要存在沥青、海相镜质体和动物壳屑体三类形态有机质。由于动物壳屑体成因难判，其应用受到限制；沥青虽然发育，应结合其形成地质背景评价其地质意义。因此，针对研究区下古生界地层的特点，重点采用了沥青反射率（R^b）与海相镜状组反射率（R_{MV}^o）两类参数。对于沥青反射率（R^b），其等效镜组反射率按刘德汉等（1994）提出的公式 $R_V^o = 0.668R^b + 0.346$ 进行计算。对于海相镜组，其等效镜质组反射率按刘祖发（1999）提出的公式 $R_V^o = 0.81R_{MV}^o + 0.18$（$R_{MV}^o > 1.50%$），$R_V^o = 0.28R_{MV}^o + 1.03$（$R_{MV}^o = 0.75% ~ 1.50%$）进行计算。

由等效镜质组反射率随埋深的变化趋势分析可见，等效镜质组反射率随埋深的变化在总体变化速率较大，根据 R_V^o-H 曲线变化特点，可划分为三个 R_V^o 异常高值段与一个 R_V^o 异常低值段：①上三叠统须家河组底部（3000 ~ 3173m）为第一异常高值段；R^o 高于正常值

$0.30\% \sim 0.40\%$；②中二叠统栖霞组顶部—上二叠统龙潭组（4655～5100m）为第二异常高值段；R_V^o 高于正常值 $0.55\% \sim 0.80\%$；③五峰-龙马溪组底部页岩段（6190～6224m）划为第三异常高值段；R_V^o 高于正常值最高可达 0.67%；④五峰-龙马溪组页岩以下奥陶系等层段（6537m～?）为异常低值段，R_V^o 低于正常值 $0.30\% \sim 0.72\%$。

上述四个异常 R_V^o 段形成机制是否为正常的大地热流及埋藏增温成因，还是与岩浆活动或构造等事件有关？根据区域地质资料分析认为，第一异常带为不整合面附近的平流热液流体作用所致，可能受控于燕山晚期上组合含油气系统中的油气成藏与流体活动，第二异常带受控于晚海西期峨眉玄武岩喷发，以水平热流的形式促进二叠系栖霞组—龙潭组等层系有机质演化进程。

第三异常带为五峰-龙马溪组底部异常高 R_V^o 值，这是由于五峰组—龙马溪组为一套较致密的页岩盖层，从下伏地层向上传导的热液流体受到屏蔽，热液流体在五峰组—龙马溪组页岩底部聚集，形成局部高温，加快了有机质热演化速率，同样中奥陶统大湾组页岩底部异常高 R_V^o 的形成与上述情况一致。

第四异常带推测厚度超过 1000m，火成岩侵入或构造摩擦生热的异常热力叠加作用均对有机质成熟度的影响为正异常且影响尺度有限（王民等，2010），并非第四异常带热演化异常的成因。第四异常带可能形成于地质流体高压封存箱，五峰-龙马溪组页岩与大湾组页岩之间，大湾组页岩与下寒武统页岩、泥灰岩之间构成两个流体封存箱，特别是五峰-龙马溪组巨厚的泥页岩对下部流体的阻隔作用，造成热液流体在阻隔层以下层系形成热对流（刘光祥等，2010），因此封存箱具有高温、低地温梯度及相对高压的特点，在这种高压的环境下有机质演化速率较低（卢庆治等，2005；郝芳等，2006；周立宏等，2013），大多数样品 R_V^o 仅为 $1.3\% \sim 2.0\%$。

4.1.1.3　关键地层埋藏与构造抬升史

地温梯度或地温场的恢复必须在埋藏史的恢复的基础上进行，现今各层系有机质镜质组反射率主要与地质历史过程最大埋藏深度（温度）及其作用时间有关，因此定量描述地层最大埋藏深度及主要构造抬升时限对确定地层最大恒温时间或有效受热时间具有重要意义。因此要对以下三个方面的内容做出阐述。

（1）埋藏史中各层系厚度采用中华人民共和国区域地质调查报告（1：20万）南川幅中的平均值。

（2）埋藏史中关键地层沉积剥蚀厚度的确定，特别是侏罗系沉积后遭受燕山—喜马拉雅期剥蚀的厚度的确定，南川幅西北沿塘剖面上侏罗统蓬莱镇组仅残存78m，主要岩性为细砂岩、泥岩及煤线，表明为侏罗纪湖盆边缘相沉积，因此该区域沉积厚度较薄，而邻区涪陵等地蓬莱镇组沉积厚度约300m，虽然推测厚度可能与实际沉积厚度有所差别，对于下古生界近万米的最大埋藏深度，该误差在地温恢复过程中影响较小，据此假设武隆等地上侏罗统蓬莱镇组沉积厚度约300m，计算表明五峰-龙马溪组页岩最大埋藏深度可达6224m，寒武系底部水井沱组页岩最大埋深为8912m。

（3）确定研究区最大恒温时间或有效受热时间必须厘定燕山—喜马拉雅期构造抬升时限，目前中上扬子地区已获得较多相关数据。李双建等（2011）利用磷灰石裂变径迹曲线等相关研究表明，黔北燕山—喜马拉雅期构造抬升始于95~65Ma左右，向北到达盆地边缘的时间为40~35Ma，且构造抬升分两期，分别为97~70Ma及10~0Ma。袁玉松等（2010）及金之钧等（2012）认为中上扬子地区构造抬升时限各地具有较大的差异性，鄂西渝东、川东褶皱带从97Ma开始持续抬升剥蚀，湘鄂西-武陵地区构造抬升时限约为137Ma，川东北和川中地区于56Ma才开始遭受抬升剥蚀，反映晚期大规模抬升剥蚀开始的时间向西逐渐变晚之趋势。石红才等（2011）获得的鄂西渝东方斗山-石柱褶皱带磷灰石裂变径迹曲线显示中新生代主要构造抬升时限分别为100~70Ma及40~0Ma。武隆地区位于四川盆地东南缘盆山过渡带，J_3—K_1首次构造抬升时限早于四川盆地，晚于武陵湘鄂西褶皱带，因此，我们采用97Ma为武隆地区J_3—K_1首次构造抬升时限。

4.1.1.4　地温梯度恢复——等效镜质组反射率梯度法

肖贤明等（1998）以Arrhenius方法为理论基础，应用Karweil图解法，对不同古地温条件下有机质成熟作用进行了模拟计算。研究之后提出了镜质组反射率梯度确定古地温梯度的方法：据反射率实测结果，按下式计算出某一成熟度的$\triangle R_V^o$值：$\triangle R_V^o = (R_{H_2} - R_{H_1})/(H_2 - H_1)$，式中$\triangle R_V^o$为反射率梯度；$H_1$、$H_2$分别为样品埋深（$H_1 < H_2$），$R_{H_2}$和$R_{H_1}$分别为样品埋深$H_2$和$H_1$的镜质组反射率实测值。根据$\triangle R_V^o$可推算古地温梯度[图4.2（a）]。

应用$\triangle R_V^o - R^o$相关图估算古地温梯度应注意以下几个问题。

（1）计算$\triangle R_V^o$需要用可靠的反射率数据，在计算时两样品埋深间距应控制在1000m左右，因样品点不同，$\triangle R_V^o$值可在一定范围内变化，当反射率数据较多时，可采取交错计算的方法，这样可减少误差。

（2）应结合盆地沉积构造发展史对反射率梯度与古地温梯度之间的对应关系进行综合解释，对于沉降-抬升-沉降型盆地，有两种情况：①当主变质作用发生在地层回返前，其$\triangle R_V^o - R_V^o$相关形式主要反映地层回返前的地温梯度；②当主变质作用发生在第二次沉降期间，$\triangle R_V^o - R^o$相关形式主要反映地层回返后的地温梯度。

研究区震旦纪以来存在两次主要盆地沉降沉积过程与两次大的构造抬升过程，共划分为四个阶段，第一阶段为震旦纪—早古生代以被动大陆边缘阶段海相碳酸盐岩沉积，第二

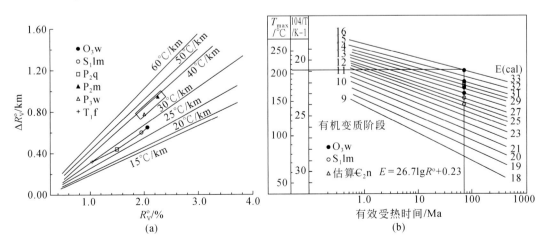

（a）　　　　　　　　　　　　　（b）

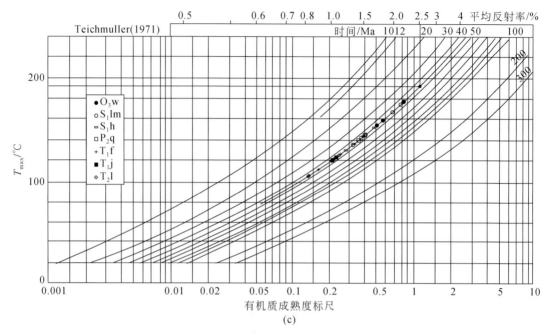

图 4.2　不同方法恢复的古地温和古地温梯度

阶段为泥盆纪—早二叠世为古陆演化阶段，仅接受少量的沉积，第三阶段为中、晚二叠世—早、中三叠世海相碳酸盐沉积，以及晚三叠世—侏罗纪持续稳定的湖相碎屑岩沉积，第四阶段为 J_3—K_1 以来的构造持续抬升。在沉积厚度、埋藏深度及埋藏温度等方面，第三阶段对有机质变质作用的贡献最大，因此采用上述方法恢复的古地温梯度反映的是第三阶段对应地质时间（P_2—J_2）的地温梯度。恢复结果表明，奥陶系—志留系在主要有机质变质阶段（P_2—J_2）对应的地温梯度稳定在 27℃/km 左右，受晚海西期水平热流活动影响，二叠系中上部地层对应的沉积时期的局部等效地温梯度可达 36~39℃/km，三叠系—侏罗系沉积时地温梯度降至 30℃/km 左右。

4.1.1.5　地温梯度恢复—最大埋藏温度法

应用 R_V^o 恢复最大埋藏温度的方法或公式较多，这里选用了 Hood 模型［图 4.2（b）］、Karweil–Teichmuliler 图解法［图 4.2（c）］及施巴卡公式三种常用的方法（表 4.1）。

1）Hood 模型

Hood 等（1975）认为，有机质成熟度 R_V^o 主要取决于所经历的最高古地温和温度不低于最高古地温 15℃ 范围内的受热时间，提出用有机变质标尺和有效受热时间衡量最高古地温。根据 Hood 图版及有效受热时间 70Ma 得出五峰–龙马溪组页岩平均最大埋藏温度为 183℃［图 4.3（a）、（b）］。志留系不同位置样品获得的 R_V^o 数据恢复的最大埋藏古地温表明，志留系地温梯度较高，达到 41.96℃/km，对应的大地热流值高达 103.22MW/m²，这是由于志留系泥页岩泥阻挡热流的上升，形成志留系底部高温高 R_V^o 及顶部低温低 R_V^o，造成计算的大地热流值大幅高于实际值。

表 4.1　武隆黄草下古生界—中生界镜质组反射率与最大埋藏温度

地层	最大埋深/m	R^b/%	R^o_{MV}/%	R^o_V/%	测点数	离差	ΔR^o_V/km	最大埋藏温度/℃		
								Hood	Karweil	施巴卡
O_1n	6700	1.92		1.63	4	0.05				
O_1f	6620		1.13	1.35	2	0.02	3.40			
O_1h	6600		0.93	1.29	10	0.06		高压低 Ro		
	6574	2.02		1.70	10	0.10				
O_2d	6535	2.54		2.04	6	0.12				
	6407		1.93	1.74	4	0.10	2.37			
	6400		0.83	1.26	11	0.09				
O_3b	6240		1.12	1.34	3	0.09				
O_3w	6224	2.69		2.14	13	0.08		186	177	179
	6223	3.27		2.53	10	0.14		208	192	195
	6222	2.72		2.16	11	0.10	0.65	187	178	180
	6221	2.24		1.84	18	0.15		174	158	164
	6220	1.98		1.67	13	0.11		165	153	155
S_1lm	6218	2.15		1.92	12	0.12		178	167	169
	6200	2.33		2.07	8	0.09		183	174	176
	6050		1.68	1.54	11	0.15		158	145	148
	5892		1.42	1.43	6	0.08		151	139	148
S_1x	5810		2.39	2.12	6	0.12	0.60			
S_1h	5700		1.79	1.63	11	0.12		163	151	153
	5210		1.27	1.39	2	0.07		148	136	138
	5200		1.58	1.46	4	0.06		154	142	143
	5173		1.47	1.44	4	0.06		152	140	149
P_2q	5163			1.47	4	0.07	0.42	155	143	151
	5143	1.65		1.45	15	0.09		153	141	149
	5123			1.44	1			152	140	149
P_2q	5103	2.85		2.25	5	0.13	0.94			
P_2m	4925	2.80		2.22	15	0.12		晚海西期热流		
	4860	2.40		1.95	11	0.14				
P_3w	4710	2.20		1.82	14	0.14	0.78			
T_1f	4550			1.11	5	0.09	0.33	132	126	124
	4450			0.92	8	0.07		112	112	106
T_1j	4100			1.01	12	0.10		122	120	115
	3580			1.06	10	0.08		129	123	120
T_2l^1	3550			0.82	3	0.01		99	105	96
	3540			0.85	9	0.05		103	106	99
	3530			1.01	5	0.09				119
	3520			1.04	4	0.10				122
T_2l^3	3320			1.18	7	0.05				
T_3x	3170			1.25	14	0.08		含烃热流体活动		
	3165			1.20	16	0.12				

排除晚海期岩浆热流活动造成的异常高值 R_V^o 数据后，通过三叠系至志留系中上部样品恢复的地温梯度相对较低，平均为 31.45℃/km。上述线性拟合结果在温度坐标上的截距显示古地表温度仅 –17.9℃，这与实际古地表温度（约 15℃）明显不符，这是因为 Hood 模型恢复的古地温较高，地温梯度较大，另外有限的数据拟合求得的古地温梯度与真实值存在一定误差，因此通过 J_3—K_1 地表温度 15℃ 对上述数据进行约束，即让线性拟合的线段尽可能通过点（0m，15℃），结果表明志留系中部至侏罗系上部正常平均古地温梯度为 26.18℃/km［图 4.3（c）］。

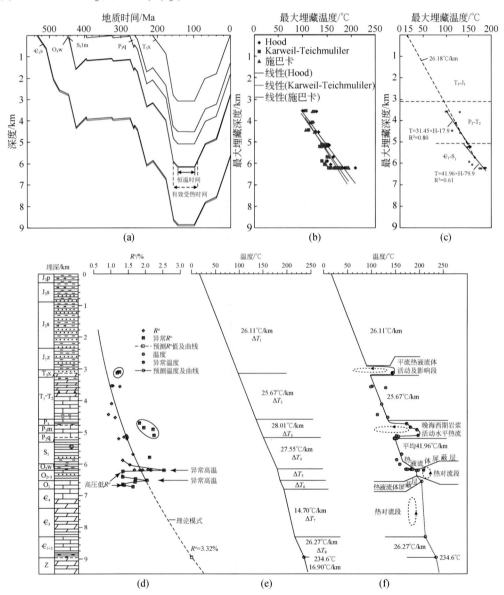

图 4.3　武隆地区镜质组反射率（R_V^o）、最大埋藏温度（T）与埋藏深度（H）相关形式

（a）武隆地区埋藏史；（b）不同方法确定的最大埋藏温度；（c）古地温梯度估算；（d）不同层系镜质组反射率分布；
（e）理想古地温场模型；（f）异常热事件背景下的古地温场模型

　　2）Karweil-Teichmuliler 图解法

　　Karweil-Teichmuliler 图解法核心思想是利用温度 R_V^o 有效恒温时间三者之间的关系来恢复最高古地温，这里的有效恒温时间不是说地质时代越老，有效恒温时间就越长，而是必须研究它的沉积构造发育史来大致推算古温度的有效恒温时间。从武隆黄草剖面沉积演化史来看，恒温时间约为 45Ma，在约 97Ma 时达到最高温度，之后开始迅速抬升剥蚀。结果显示，五峰组-龙马溪组页岩 J_3—K_1 时期平均最大埋藏温度为 171℃。结果表明，志留系地温梯度同样较高，达到 46.99/km，对应的大地热流值高达 115.60MW/m²。通过三叠系至志留系中上部样品恢复的地温梯度相对较低，平均为 21.97℃/km，其线性拟合在纵向上的截距显示古地表温度仅 -27.0℃，高于实际古地表温度（约 15℃），这主要是 Karweil-Teichmuliler 图解法恢复的古地温与地温梯度均相对较低造成的。同样采用 J_3—K_1 地表温度 15℃对数据重新进行约束拟合，结果表明志留系中部至侏罗系上部正常平均古地温梯度为 24.51℃/km。

　　3）施巴卡公式

　　施巴卡（1978）提出了计算古地温公式：$T_c = (\lg R^o + 0.87 — 0.149 \times \lg T_0)/0.0045$，$T_c$ 为古地温（℃），T_0 为受热时间（Ma）。计算结果表明五峰-龙马溪组页岩平均最大埋藏温度为 174℃，较 Hood 方法恢复的最高古地温低，与 Karweil 估算的温度较接近。

　　根据武隆地区 J_3—K_1 构造-沉积演化史特点及确定的构造抬升时限（97Ma），对 R_V^o 进行系统分析，采用 Karweil-Teichmuliler 图解法（恒温时间约为 45Ma）、Hood 方法（有效受热时间约为 70Ma）和施巴卡公式分别恢复了武隆地区各层系最大埋藏温度，三种方法恢复的埋藏温度比较接近。其中 Karweil-Teichmuliler 图解法与施巴卡公式基本一致，温差范围较小，Hood 模型的温度较前两者高约 10～15℃，地温梯度亦略高于 Karweil-Teichmuliler 图解法。上述分析表明，Hood 模型中镜质组反射率影响因素中最大埋藏温度的概念强于时间，Karweil-Teichmuliler 图解法时间的概念强于温度。任何模型都必须在特定的地质条件下选择性应用，如秦建中等（2009）认为 Karweil-Teichmuliler 图解法更适合川东上古生界—中生界以海相地层为主的中高等演化层系，对于武隆地区以中等演化程度（$R_V^o < 2.0\%$）为主的层系，本次研究认为采用 Hood 模型恢复古地温及地温梯度可靠性较高。

4.1.1.6　古地温模式

　　镜质组反射率梯度法与最大埋藏温度法两者共同特点是在排除 R_V^o 异常带后对获得的有效 R^o 数据进行分析，对于志留系，镜质组反射率梯度法估算的地温梯度约为 27℃/km，最大埋藏温度法估算的地温梯度到达 41.47℃/km，而对于中生界层系两种方法恢复的结果相对接近，分别为约 30℃/km 及 26.18℃/km。志留系镜质组反射率梯度法估算的古地温梯度相对较低，这与该模型本身有关，对于较高成熟度（R_V^o 为 2.0%）层系，模型中 $\triangle R_V^o$ 随着 R_V^o 的增加增速过快，会导致估算的地温梯度偏低。虽然通过最大埋藏温度法估算的志留系地温梯度较高，这是由于志留系泥页岩泥阻挡热流的上升，形成志留系底部高温高 R_V^o 及顶部低温低 R_V^o 所造成的，这与实际地质情况是一致的，镜质组反射率第三异常带也印证了这一点，因此，最大埋藏温度法估算的古地温梯度结果更加可靠。

王玮等（2011）利用四川盆地若干钻井资料研究表明，四川盆地东部早白垩世—古新世的古地温梯度为 23.8～27.2℃/km（七口井），平均 25.2℃/km，四川盆地东部南部为23.1～26.2℃/km（四口井），平均 24.6℃/km，且均高于该区域现今约 20～21℃/km 的地温梯度。本次研究利用四川盆地东南缘武隆地区露头剖面研究认为志留系中部至侏罗系上部 J_3—K_1 时期平均古地温梯度为 26.18℃/km，略高于上述井下研究结果，且估算的J_3—K_1 大地热流值同样略高于川东等地区（卢庆治等，2007；王玮等，2008，2011；徐国盛等，2009），这可能与地区性差异或者与研究区地表地层厚度数据精度不够有关，即便如此，获取的结果与前人研究差别仍然控制在可以接受的范围，采用的方法具有较强的合理性，结果可信度较高。

大地热流的估算取决于地层岩石热导率和地温梯度，在已知各地层岩石热导率的前提下，仅需要估算地层埋藏温度及地温梯度即可。但是大地热流不能简单使用估算的古地温资料，特别是对异常热流造成的有机质演化异常值进行有效的取舍，这里主要采用最大埋藏温度法估算的温度，排除异常热流造成的异常 R_V^o 值，分段估算不同层系古地温梯度，并采用四川盆地井下获得的各层系岩石热导率数据估算大地热流值。结果表明，采用四川盆地志留系~侏罗系岩石热导率（徐明等，2011）加权平均值 2.589W/（m·K），估算的大地热流值为 66.78MW/m²。基于估算的大地热流值，这里讨论四川盆地东南缘武隆地区两种不同的古地温模式。

1）理想古地温场

根据恢复的大地热流值 67.78MW/m² 及各层系岩石热导率数据分别求取各层段地温梯度（表 4.2），结果表明，上三叠统—侏罗系为 25.10～27.11℃/km，中、下三叠统为25.67℃/km，二叠系为 28.01℃/km，志留系为 27.55℃/km，奥陶系为 27.55～30.12℃/km，寒武系第三统—芙蓉统为 14.70℃/km。因此根据各层系厚度及古地温梯度可以计算 ΔT，并反推各层段最大埋藏古温度，计算结果表明，$\Delta T_1 \sim \Delta T_8$ 分别为 82.85℃、36.36℃、16.27℃、28.87℃、8.74℃、7.80℃、21.87℃ 及 16.87℃，因此寒武系水井沱组富有机质页岩最大埋藏温为 234.7℃（地表 15℃），并根据 Hood 图版及有效受热时间 70Ma 推算寒武系牛蹄塘组 R_V^o 为 3.32%［图 4.3（d）、（e）］。

2）异常热事件背景下的古地温场

与理想古地温场模型不同的是，古地温演化剖面纵向上存在四个异常带［图 4.3（f）］，与异常镜质组反射率分析一致，第一异常带可能受控于上三叠统须家河组底部黑色页岩生烃作用及 T_3—J_1 不整合面上的含烃热流体活动增温。四川盆地东南缘武隆地区须家河组底部黑色页岩地质历史最大埋深超过 3000m，J_3—K_1 已埋藏温度达到 100℃ 左右，往四川盆地腹地埋深更大，而且黑色页岩增厚，埋藏温度普遍超过 100℃，因此盆地地区须家河组底部黑色页岩或下伏地层其他烃源岩大多进入中等成熟阶段，并达到生烃高峰。J_3—K_1 构造抬升在齐岳山以东表现为隆升更早，强度更大，因此受该期隆起控制，含烃热流体沿断裂与不整合面构成的输导体系进入盆地边缘隆起区，不整合面附近的有机质演化进展加快，形成热异常带，R_V^o 达到 1.20%～1.25%。

表 4.2　武隆地区下古生界—中生界层系大地热流值与古地温梯度

层位	主要岩性	厚度/m	热导率（徐明，2011）/[W/(m·K)]	数量	平均热导率/[W/(m·K)]	地温梯度/(℃/km) 模式一	地温梯度/(℃/km) 模式二	大地热流值/(MW/m²)	ΔT/℃
T₃x+J	砂岩	3173	1.827~3.773	29	2.70	25.10	25.10	67.78	82.85
T₃x+J	泥岩	3173	2.004~3.153	24	2.50	27.11	27.11	67.78	82.85
T₁₊₂	石灰岩	1422	1.966~4.636	23	2.64	25.67	25.67	67.78	36.36
C+P	石灰岩	581	1.742~2.934	8	2.42	28.01	28.01	67.78	16.27
O₃w+S	页岩	1048	2.064~2.795	7	2.46	27.55	41.47	102.01	28.87
O₂₊₃	石灰岩	44	2.199~2.302	2	2.25	30.12	<14.70	<67.78	1.33
O₂d	页岩	269			2.46	27.55			7.41
O₁	石灰岩	259			2.25	30.12			7.80
∈₃₊₄	白云岩	1488	4.585~4.638	2	4.61	14.70	<14.70	<67.78	21.87
∈₁₊₂	泥岩	642	2.157~2.868	8	2.58	26.27	26.27	>67.78	16.87
Z	白云岩		3.211~4.696	20	4.01	16.90	<16.90	<67.78	

第二异常带受控于晚海西期岩浆活动水平热流增温。峨眉山玄武岩喷发是晚古生代扬子板块西缘最重要的构造热事件，测年资料和地层对比资料表明，玄武岩浆喷溢活动始于早二叠世，晚二叠世达到高峰，影响范围波及四川盆地大部分地区（何斌等，2003）。受该期热事件影响，四川盆地处于较高的地温场背景，研究区主要表现为中二叠统栖霞组—上二叠统吴家坪组有机质演化异常。

第三异常带与第四异常带形成机制是一体的，形成机制为地质流体封存箱。流体封存箱（Fluid Compartment）这一名词最初由 Poweley（1990）提出，认为封存箱有三种类型：异常高压封存箱、常压封存箱和异常低压封存箱。封存箱是由若干渗透性较差，岩石较致密的层系在空间上配置形成独立的封闭单元，封闭层既可以是封存箱顶、底致密（低孔渗）泥质岩及膏盐岩层，也可以是封存箱侧向上的其他封闭单元，如地层（尖灭带状变化）、成岩（致密胶结带等）及封闭性断层等组成的封闭单元。第三异常带主要表现为五峰–龙马溪组底部异常高 R° 值及高温环境，这是受第四异常带高温流体封存箱影响造成的，即第四异常构成第三异常带热源，对第三异常带底部致密泥页岩存在连续的"烘烤作用"。虽第三、四异常带同样为高温环境，但第四异常带所在的流体封存箱具有高压环境，使有机质演化速率较低，且受志留系巨厚泥岩和下寒武统中下部泥岩、泥质条带灰岩的封隔，热液流体在下寒武统石龙洞组—奥陶系储层内形成热对流，因此，R_V° 基本不随埋深变化。

（1）灯影组致密粉晶白云岩 $^{87}Sr/^{86}Sr$ 处于较轻的水平，为海源流体沉淀的产物；

（2）地质露头、薄片、阴极发光、常量元素、碳氧锶同位素及流体包裹体测温等可以对充填物期次、流体活动与油气成藏关系进行相互印证。

（3）充填白云石为油气各期充注伴生的产物，阴极发光呈亮黄色，高 Mn^{2+} 含量，高 $^{87}Sr/^{86}Sr$，接近于燕山气淡水成因的方解石，氧同位素估算温度及包裹体均一温度可以分为三期，充填白云石是对桐湾期岩溶方解石多次复合叠加溶蚀作用形成的。

黔北地区震旦系灯影组古油藏储层包裹体发育，同时据前期研究显示，灯影组储层中固体沥青来源主要为下寒武统牛蹄塘组（杨平等，2012），因此采用灯影组储层充填物流体包裹体均一温度和采用下寒武统牛蹄塘有机质 R^o 恢复古地温或地温梯度可以相互印证。本次研究采用等效镜质组反射率作为主要古温标，另外通过分析灯影组储集层包裹体均一温度的分布特征，结合其在关键构造运动时刻的埋藏深度和与之对应的包裹体均一温度来恢复黔北地区热演化史。

　　埋藏史曲线中地层厚度采用遵义幅1∶20万地质调查报告中的地层厚度，金之钧等（2012）的研究表明黔中隆起晚侏罗世—早白垩世构造抬升时刻为距今97Ma，距今97Ma以来的构造抬升史可参考四川盆地东南部丁山1井埋藏史曲线。由于金沙岩孔上侏罗统—下白垩统已遭剥蚀，其原始地层厚度采用邻区桐梓幅及丁山1井相关资料，主要依据如下：①川东南-黔中隆起晚侏罗世—早白垩世构造抬升时刻为距今97Ma，表明黔北地区在晚侏罗世—早白垩世仍维持湖相沉积。②遵义幅、桐梓幅及丁山1井所在的綦江幅中下侏罗统厚度变化较小，且具有相似的岩性及沉积环境。

　　沥青反射率（R^b）测试结果表明，金沙岩孔固体沥青平均反射率（R_a^b）为2.95%～3.86%（6个样品），仁怀大湾沥青平均反射率为2.95%～3.56%（两个薄片）。根据公式 $R^o=0.668R^b+0.346$ 换算得到金沙岩孔等效镜质组反射率（R^o）值为2.32%～2.92%，平均为2.64%；仁怀大湾固体沥青 R^o 值为2.32%～2.72%，平为2.52%。上述资料表明黔北灯影组沥青热演化程度较高，储集层曾经历了高温热演化作用。黔北各区灯影组储集层沥青等效镜质组反射率普遍低于上覆牛蹄塘组（表4.3），这可能由于灯影组油气成藏过程中形成的超压抑制了有机质演化。这种现象也存在于四川威远灯影组气藏的演化过程中，因此本次研究采用金沙岩孔牛蹄塘组烃源岩平均等效镜质组反射率（$R_a^o=3.77\%$）作为恢复古地温的主要指标。

表4.3　黔北地区灯影组与牛蹄塘组沥青反射率

取样点	层位	薄片	样品类型	R^b/%	R_a^b/%	R^o/%	R_a^o/%	测点数/个	资料来源
遵义松林	牛蹄塘组		黑色页岩		6.15		4.11	5	杨剑，2009
			钼矿层		6.27		4.53	20	
			镍矿层		5.25		3.85	14	
金沙岩孔	灯影组	JQ-13-3	固体沥青	3.45～4.50	3.86	2.65～3.35	2.92	90	实测
		JQ-13-4	固体沥青	2.57～3.34	3.02	2.06～2.58	2.36	90	实测
		JQ-13-6	固体沥青	2.78～3.85	3.37	2.20～2.92	2.60	90	实测
		JQ-13-7	固体沥青	2.34～3.29	2.95	1.91～2.54	2.32	90	实测
		YQ-1-1	固体沥青	3.16～4.17	3.56	2.46～3.13	2.72	90	实测
		YQ-1-2	固体沥青	3.04～4.20	3.85	2.38～3.15	2.92	90	实测
	牛蹄塘组		黑色页岩	4.54～5.55	5.12	3.38～4.05	3.77		坛俊颖，2011
仁怀大湾	灯影组	RD-6-5	固体沥青	2.74～3.26	2.95	2.18～2.52	2.32	90	实测
		RD-7-1	固体沥青	3.23～4.17	3.56	2.50～3.13	2.72	90	实测
	牛蹄塘组	RD-16-1	硅质岩		4.21		3.18	9	实测
		RD-16-2	黑色泥岩		4.21		3.18	11	实测
		RD-16-3	黑色页岩		4.61		3.43	5	实测

应用R^o值恢复最高古地温（或古地热梯度）的方法或公式较多，本次研究选用了三种常用方法：①Karweil-Teichmuliler图解法，即利用温度、R^o、有效恒温时间三者间的关系恢复最高古地温。从金沙岩孔地层沉积演化史来看，其有效恒温时间约为50Ma，在距今约97Ma时达到最高温度，之后开始迅速抬升剥蚀。利用该方法得到晚侏罗世—早白垩世最高温度为222℃。②Hood等认为烃源岩成熟度或R^o值主要取决于所经历的最高古地温和在不低于最高古地温15℃范围内的受热时间，提出了用有机质变质标尺和有效受热时间来衡量最高古地温的方法。根据Hood图版及有效受热时间（60Ma）得到最大古地温为270℃。③根据Shibaoka等提出的古地温计算公式：$T_c = (\lg R^o + 0.87 - 0.149\lg T_0)/0.0045$，计算得到古地温为231℃，较利用Hood图版恢复的最高古地温低，与利用Karweil-Teichmuliler图解法估算的温度较接近。

由表4.4可见，金沙岩孔孔洞充填白云石中流体包裹体最高均一温度为225.1℃，因此认为采用Shibaoka公式或Karweil-Teichmuliler图解法恢复古地温相对适中。设地表平均温度为20℃，估算J_3-K_1（最大埋藏深度7660m）对应的地热梯度为2.75℃/100m。

将I、Ⅱ、Ⅲ期包裹体均一温度（图4.4，表4.4）分别投影在埋藏史-热史图中，发现包裹体均一温度可以和加里东中晚期（O_1—S_1）、印支期（P_2—T_2）及燕山早期（J_1—J_2）灯影组埋深形成较好的对应关系，反映三期埋藏增温引起的生烃及流体活动。三期流体包裹体均一温度并非连续分布，而是在特定的温度范围出现一定的"断点"，如第Ⅱ期与第Ⅲ期之间缺乏163.0~166.9℃的数据，这是构造抬升造成生烃停滞和流体活动急剧减少导致的，因此5000m深度对应的温度约为165℃，对应的地热梯度约为2.90℃/100m，加里东中晚期古地热梯度大约为3.16℃/100m，表明古地热梯度略呈现降低的趋势（图4.5），现今地热梯度降至2.71℃/100m（丁山1井的实测值）。

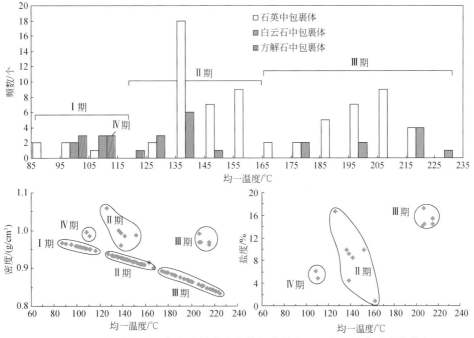

图4.4　金沙岩孔灯影组各期胶结物中流体包裹体均一温度、盐度及密度分布

表4.4　金沙岩孔灯影组储集层流体包裹体测温及测盐数据

薄片	矿物	测温数据					测盐数据			期次
		数量	气液比/%	大小/μm	均一温度/℃	平均温度/℃	数量	冰点/℃	盐度/%	
YQ-1-10	石英	10	10	5.3~14.1	138.7~163.0	148.7	2	-2.7~-0.5	0.8~4.4	II
YQ-1-12	白云石	4	10	4.1~7.7	126.1~141.6	134.1	1	-12.8	16.7	II
YQ-1-13	石英	8	10	4.7~16.3	130.5~155.4	141.6	2	-6.5~-6.0	9.2~9.8	II
YQ-2-1	方解石	7	10	5.6~19.3	95.3~116.4	106.1	2	-3.8~-3.0	4.9~6.1	IV
YQ-2-2	石英	5	10	6.9~12.3	87.1~110.8	96.5				I
YQ-2-2	石英	6	10	6.5~13.5	135.5~155.5	143.8				II
YQ-3-1	石英	11	10	9.0~26.8	174.6~218.5	196.9	3	-13.3~-10.5	14.5~17.2	III
YQ-3-2	石英	4	10	7.1~19.8	166.9~197.6	188.1				III
JY-2-1	石英	11	10	7.3~23.8	193.7~210.3	203.8	2	-10.5~-10.2	14.2~14.5	III
JY-2-2	石英	10	10	10.9~23.7	136.5~158.6	147.6	2	-6.5~-5.5	8.5~9.8	II
JY-2-3	石英	2	10	9.7~10.9	135.4~136.9	136.2				II
JY-2-3	石英	3	10	11.3~15.5	185.4~215.9	205.0				III
JY-3-1	白云石	9	10	6.8~22.1	178.4~225.1	206.8				III
JY-3-2	白云石	5	10	5.8~12.3	141.1~148.9	143.9				II
JY-6-1	白云石	4	5	5.1~7.9	101.7~107.2	105.0				I
JY-8-1	白云石	2	5	4.5~6.4	111.4~127.4	119.4				I、II

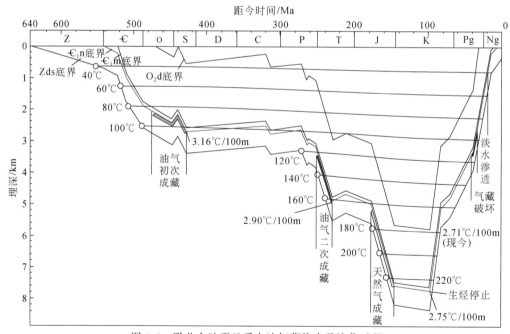

图4.5　黔北金沙震旦系古油气藏热史及演化过程

Zds. 震旦系陡山沱组；€_1n. 寒武系牛蹄塘组；€_1m. 寒武系明心寺组；O_2d. 奥陶系大湾组

4.1.2　生烃史恢复方法探讨

烃源岩成烃史模拟计算是含油气盆地油气地质研究的重要内容，对于勘探程度不高、沉积构造发展史较复杂的叠合盆地或者新区尤为重要（张林，2007）。

目前应用于含油气盆地成熟度模拟计算的主要有 Karweil 图解法、Sweeney 等建立的 Easy%R^o、Hood-Bostick 有效受热法及 Lopatin-Waples 时间-温度指数法等四种方法。这几种方法均未考虑烃源岩生烃母质具体的成烃特征，故所得结果受到一定限制。后两种方法比较适用于沉积构造发展史较简单、基本上是连续沉降的盆地，对于构造活动较频繁且有明显二次生烃的盆地，应用效果较差（妥进才等，1994）。Sweeney 等建立的 Easy%R^o 化学动力学一级反应模型特点是适用于 R^o 大于 0.9% 的中-高演化程度的盆地，但对于受热时间长、热演化较高并经历多重改造的叠合盆地模拟的 R^o 于实测仍有较大差距。

4.1.2.1　Easy%R^o 方法模拟生烃史

1）主要构造界面剥蚀量确定

一般剥蚀量的计算方法有地层横剖面对比法、声波时差法、镜质组反射率法、波动分析法、磷灰石裂变径迹法、地震层速度法、沉积速率法及利用剥蚀面上下地层的密度差求地层的剥蚀厚度，镜质组反射率法是利用镜质组主要受到最大温度和有效加热时间的影响，在正常情况下，R^o 随着深度的变化成连续的、渐变的，在有地层缺失的情况下，剥蚀面上下的 R^o 值会有明显的跳跃，其差别能反映剥蚀量。

石柱地区加里东及海西运动造成的剥蚀量：$\Delta R^o(\%)$ 为 0.28，将 ΔR^o 代入 $H = 3892.962393 \times R^o$ 得出加里东及海西运动造成的剥蚀量为 1090m。

张家界地区加里东及海西运动造成的剥蚀量：$\Delta R^o(\%)$ 分别为 0.16~0.26，得出加里东及海西运动造成的剥蚀量为 1323~1614m。该地区剥蚀厚度较石柱地区大，这与加里东海西运动雪峰山隆起各地的强度不同有关，靠近雪峰隆起区地层剥蚀厚度明显比远离剥蚀区大。

2）成熟度的确定

下古生界海相地层由于缺乏陆源有机质，成熟度过高，镜质组反射率、壳质组荧光参数等常规成熟度指标适用性较差，因此采用沥青反射率（R^b）或者海相镜质组反射率（R^o_{MV}）换算的等效镜质组反射率评价海相地层有机质成熟度。对于沥青反射率（R^b）采用刘德汉和史继扬（1994）提出的公式 $R^o_V = 0.668R^b + 0.346$ 进行计算。对于海相镜质体，保留了实测值较可靠的数据，其等效镜质组反射率按 Xiao（2000）提出的公式 $R^o_V = 0.81 \times R^o_{MV} + 0.18$（$R^o_{MV}$ 大于 1.50%）计算。

3）生烃史恢复

采用 IES-PetroMod 盆地模拟软件进行生烃史模拟，热史模拟采用稳态的常数热流模型，成熟史模拟采用 Sweeney 等建立的 Easy%R^o 化学动力学一级反应模型模拟了主要烃源层生油层的 R^o 演化史及演化。通过对主要研究地区加里东-海西运动剥蚀量的估算和古地温梯度及大地热流值的计算，以石柱及张家界地区为例，建立了埋藏史和主要烃源岩生烃史。

模拟中涉及的重要参数分别是地层的厚度、岩性、地层所对应的时代、剥蚀时间、剥蚀厚度，模拟的边界限制条件主要是古水深、古水面温度、古热流值。其中地层的厚度和岩性来自实测，地层的时代通过化石组合在地质年代表中找到对应的时间；剥蚀厚度由 R^o 资料可以获得，剥蚀时间由地层年带初步推断。模拟边界限制条件设置难度较大，古水深依据该地层的沉积相与沉积相与古水深的关系（威尔逊，1975）来推出大致古水深；古水面温度依据 Wygrala（1989）的全球地表温度演化表，结合前人对该区纬度变化的研究成果，获得该区古水面温度的变化值。

1）石柱地区生烃史

（1）陡山沱组：晚二叠世早期（260Ma）进入生油阶段，晚三叠世早期（220Ma）到达生油高峰，早侏罗世早期（196Ma）R^o（%）达到 1.3 进入凝析油及湿气阶段，早侏罗世晚期（177Ma）R^o（%）达到 2.0 进入干气阶段并于 167Ma R^o（%）达到 3.0 生烃停滞（表 4.5）。

表 4.5　石柱地区主要烃源岩热演史

烃源层	生油开始		生油高峰		凝析油及湿气		干气	
	0.5		1.0		1.3		2.0	
P_2q	197	J_1 早期	166	J_2 中期	160			
O_3w—S_1l	245	T_1 晚期	174	J_2 早期	172	J_2 早期	165	J_2 晚期
$\in_1n$	257	P_3 早期	205	T_3 晚期	190	J_1 中期	172–164	J_2 早期
Zds	260	P_3 早期	220	T_3 早期	196	J_1 早期	177–167	J_1 晚期

（2）牛蹄塘组：晚二叠世早期（257Ma）进入生油阶段，晚三叠世晚期（205Ma）到达生油高峰，早侏罗世中期（190Ma）R^o（%）达到 1.3 进入凝析油及湿气阶段，早侏罗世晚期（172Ma）R^o（%）达到 2.0 进入干气阶段并于 164Ma R^o（%）达到 3.0 生烃停滞。

（3）五峰–龙马溪组：早三叠世晚期（245Ma）进入生油阶段，中侏罗世早期（174Ma）到达生油高峰并于 172Ma R^o（%）达到 1.3 进入凝析油及湿气阶段，中侏罗晚期（165Ma）R^o（%）达到 2.0 进入干气阶段，现今 R^o（%）为 2.03～2.14。

（4）栖霞组：早侏罗世早期（197Ma）进入生油阶段，中侏罗世中期（166Ma）到达生油高峰并于 160Ma R^o（%）达到 1.3 进入凝析油及湿气阶段，现今 R^o（%）为 1.60～1.80。

2）张家界地区生烃史

（1）陡山沱组：早志留世晚期（434Ma）进入生油阶段，加里东期处于构造抬升期，烃源岩处于低熟阶段，生烃缓慢，中三叠世早期（244Ma）到达生油高峰，中三叠世晚期（232Ma）R^o（%）达到 1.3 进入凝析油及湿气阶段，晚三叠世晚期（207Ma）R^o（%）达到 2.0 进入干气阶段并于 168Ma R^o（%）达到 3.0 生烃停滞（表 4.6，图 4.6）。

表 4.6　张家界地区主要烃源岩热演化表

烃源层	生油开始		生油高峰		凝析油及湿气		干气	
	0.5		1.0		1.3		2.0	
P_2q	199	J_1早期	146	J_3晚期	80	K_2晚期		
O_3w-S_1l	286	P_1早期	205	T_3晚期	185	J_1晚期	105	K_1晚期
$\in_1n$	431	S_1晚期	240	T_2早期	225	T_3早期	202~157	T_3晚期—J_1早期
Zds	434	S_1晚期	244	T_2早期	232	T_2晚期	207~168	T_3晚期

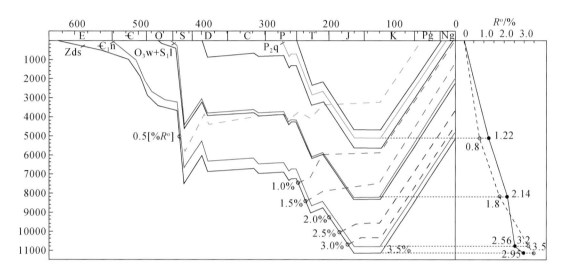

图 4.6　采用 Easy%R^o 方法模拟的张家界地区各烃源岩 R^o 与实测对比

（2）牛蹄塘组：早志留世晚期（431Ma）进入生油阶段，加里东期处于构造抬升期，烃源岩处于低熟阶段，生烃缓慢，中三叠世早期（240Ma）到达生油高峰，晚三叠世早期（225Ma）R^o（%）达到 1.3 进入凝析油及湿气阶段，晚三叠世晚期（202Ma）R^o（%）达到 2.0 进入干气阶段并于 157Ma R^o（%）达到 3.0 生烃停滞。

（3）五峰–龙马溪组：早二叠世早期（286Ma）进入生油阶段，晚三叠世晚期（205Ma）到达生油高峰并于早侏罗世晚期 185Ma R^o（%）达到 1.3 进入凝析油及湿气阶段，早白垩世晚期（105Ma）R^o（%）达到 2.0 进入干气阶段。

（4）栖霞组：早侏罗世早期（199Ma）进入生油阶段，晚侏罗世晚期（146Ma）到达生油高峰并于晚白垩世晚期（80Ma）R^o（%）达到 1.3 进入凝析油及湿气阶段。

3）存在问题

IES–PetroMod 盆地模拟软件成熟史模拟是采用 Sweeney 等建立的 Easy%R^o 模拟，该模型对地质历史较短或较轻单一类型沉积盆地比较实用，但对于地质历史较长且经历多次构造运动改造的叠合盆地适用性较差，图 3.13 模拟结果显示，二叠系及志留系样品成熟度明显低于实测值 0.34%~0.42%，而牛蹄塘组及陡山沱组样品明显高于实测值 0.55%~0.64%，造成这种偏差的原因是该模型在考虑时间及温度对成熟度的贡献的同时，过多的考虑了地质历史的时间因素，因此在地质历史较长的叠合盆地，这种偏差是普遍存在的，因此模拟各烃源岩的生烃史也是存在较大偏差的。

4.1.2.2　改进了的 Karweil 方法模拟生烃史

对于地质历史较长且经历多次构造运动改造的叠合盆地烃源岩成熟度模拟计算，Karweil 方法具有更为现实的应用价值。四川盆地经历了多期抬升剥蚀及沉降演化过程，震旦系—下古生界烃源岩经历多期热成熟作用（王飞宇等，1994）。虽然 Karweil 方法在应用中受含油气盆地构造活动较小，但对于某些时代老、埋藏浅或是沉降缓慢的盆地，其模拟计算成熟度往往比实测成熟度高。

肖贤明等（2000）在研究塔里木盆地下古生界和烃源岩成烃史时，对 Karweil 方法改进后再进行成烃史恢复，该方法将地质与地球化学相结合，可客观评价烃源岩在地史时期成烃的特点，成熟度模拟计算更为接近。张林等（2007）采用肖贤明等（2000）研究方法对四川盆地震旦系—下古生界高成熟烃源岩成烃史模拟的结果与实测非常吻合。

改进了的 Karweil 方法遵循如下几个原则：

（1）成熟度不可逆原则。

（2）热成熟作用平衡原则，传统的 Karweil 方法过分强调地质时间的作用，在不少情况下模拟计算的成熟度较实际成熟度高，根据热模拟实验及大量实例分析发现平衡时间与温度有关，受热温度越高，所需平衡时间越短。肖贤明等（2000）初步总结出的平衡时间如下：小于 75℃，150Ma；75～100℃，100Ma；100～150℃，75Ma；大于 150℃，50Ma。

（3）热成熟作用阶段划分原则。应用 Karweil 方法经行成熟度模拟计算，应根据埋藏史、古地温史划分成熟度作用阶段进行。热成熟作用可以是连续的或间断的，后期热成熟作用可叠加在早期热成熟作用之上。

（4）有机质再次演化原则，对于沉降–抬升–沉降型叠合盆地，烃源岩再次演化的条件是后期所受古地温应高于早期所经历的古地温，但对于早期远未达到热成熟作用平衡的烃源岩，即使后期所受温度较低，也会促进有机质缓慢演化。

含油气盆地剖面成烃史的恢复：

（1）根据研究区某一区块确定各层位岩性、厚度，作出埋藏史曲线。

（2）选择成熟度模拟计算地质时期，做出该时期地质剖面图，选择模拟计算点，计算点一般选择在地层分界处。

（3）根据改进的 Karweil 方法对各点成熟度进行模拟计算，并与实测 R^o 进行对比，分析误差原因，对埋藏史和温度史进行反复修订，并最终绘制 R^o_v 深度剖面图。

（4）根据模拟结果确定各烃源岩生油窗及生气窗。确定生油及生气的“关键时刻”。

如前文所述，已经得出石柱及张家界等地地质资料，并绘制相应的埋藏史曲线，应用实测沥青反射率并换算成镜质组反射率，推算古地温梯度，结果表明，地层时代越新，古地温梯度有逐渐增高的趋势。根据研究区沉积演化特征，结合烃源岩受热史，可将研究区震旦系—下古生界成熟度划分为五个阶段（图4.7）：

（1）震旦纪—奥陶纪末（635～439Ma）该阶段主要特点是被动大陆边缘盆地盆地沉积时期，主要为海相碳酸盐岩沉积，沉积速率较慢，温度增加缓慢，地温梯度也较低。

（2）早志留世初—早志留世末（439～428.2Ma）该阶段主要特点是志留纪前陆盆地沉积时期，沉积速率较快，温度增加较快。

（3）早志留晚期—二叠纪末（428.2～251Ma）晚加里东运动—晚海西运动阶段，研究区主要为构造隆升阶段，仅沉积了少量泥盆系地层，该阶段研究区形成了雪峰等古隆起，抬升及剥蚀厚度并不大，剥蚀厚度约 1000～2000m（前面已论述）

（4）早三叠世初—中三叠世末（251～228Ma）东吴运动之后，二叠纪—三叠纪海相碳酸盐岩快速沉积，此阶段地层快速沉降，地温增速较快。

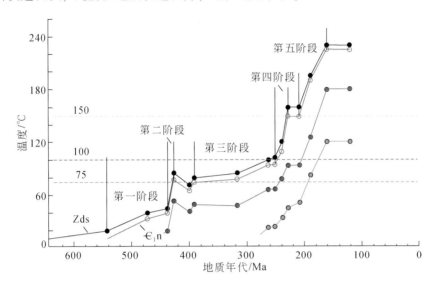

图 4.7　各烃源层系地质历史中温度曲线

（5）中三叠世初—中侏罗世末（228～161.2Ma）印支运动三幕之后，此阶段为陆相地层沉积，表现为地层快速沉降，地温增速较快，加之第四阶段成熟作用有机质尚未达到平衡，因此此阶段有机质继续演化，陡山沱组—牛蹄塘组各层位烃源岩热演化作用由于燕山运动一幕构造抬升而终止于中侏罗世末，而五峰组—龙马溪组及二叠系烃源岩有机质成熟度相对较低，热演化作用由于燕山运动一幕或燕山运动二幕终止于早白垩世晚期（约 120Ma）。

通过改进的 Karweil 方法计算陡山沱等烃源岩五个演化 Z 值及 R_V^o（图 4.8，表 4.7），如计算深 8749m 陡山沱底部样品变质标尺 $Z = Z_1 + Z_2 + Z_3 + Z_4 + Z_5 = 1.71$，对应 $R_V^o = 3.20\%$；深 8368m 牛蹄塘组底部样品变质标尺 $Z = Z_1 + Z_2 + Z_3 + Z_4 + Z_5 = 1.38$，对应 $R_V^o = 2.70\%$；深 5755m 龙马溪组底部样品变质标尺 $Z = Z_1 + Z_2 + Z_3 + Z_4 + Z_5 = 0.95$，对应 $R_V^o = 2.25\%$；深 2690m 龙马溪组底部样品变质标尺 $Z = Z_4 + Z_5 = 0.32$ 对应 $R_V^o = 1.30\%$。过改进的 Karweil 方法估算的 R_V^o 与沥青反射率率换算的 R^o 非常接近，估算的 R_V^o 较沥青反射率率换算的 R^o 高 0.08%～0.25%，因此改进的 Karweil 方法模拟生烃史较 Easy%R^o 模型更具有可靠性，估算的 R_V^o 较沥青反射率换算的 R^o 略高，这是由于采用实测 R^o 值建立温度模型时均采用的中间值或者拟合值，其实在实际地质剖面中，某个烃源岩层位底部的 R^o 值并不一定是最大值，而是相对较高值。

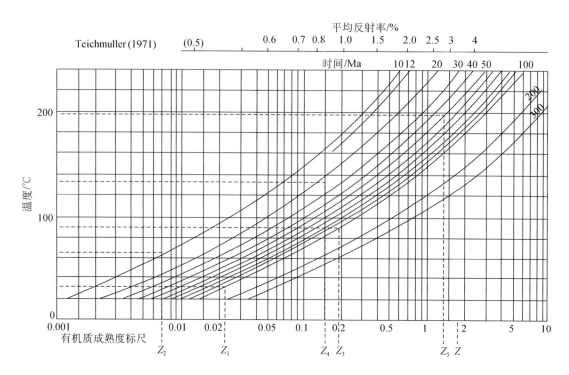

图 4.8　根据 Karweil 方法计算陡山沱五个演化 Z 值及 R_V^o

表 4.7　应用改进 **Karweil** 方法对湘鄂西地区典型样品成熟度模拟计算结果与实测结果对比

深度/m	实测 R^o/%	Z_5	Z_4	Z_3	Z_1+Z_2	Z	计算 R_V^o/%
2690	1.22	$f(64℃,38Ma)$ $=0.026$ $f(102℃,30Ma)$ $=0.085$ $f(120℃,42Ma)$ $=0.20$	$f(33℃,35Ma)$ $=0.0075$			0.32	1.30
5755	2.14	$f(120℃,30Ma;$ $163℃,50Ma)$ $=0.12+0.68$	$f(77℃,23Ma)$ $=0.028$ $f(90℃,20Ma)$ $=0.032$	$f(52℃,150Ma)$ $=0.07$	$f(37℃,10.8Ma)$ $=0.0035$	0.95	2.25
8368	2.56	$f(188℃,50Ma)$ $=1.10$	$f(123℃,23Ma)$ $=0.11$	$f(81℃,100Ma)$ $=0.15$	$f(23℃,100Ma;$ $59℃,10.8Ma)$ $=0.017+0.0062$	1.38	2.70
8749	2.95	$f(198℃,50Ma)$ $=1.35$	$f(133℃,23Ma)$ $=0.15$	$f(91℃,100Ma)$ $=0.18$	$f(33℃,100Ma;$ $65℃,10.8Ma)$ $=0.022+0.007$	1.71	3.20

通过改进的 Karweil 方法恢复张家界地区生烃史（表 4.8）。

表4.8　应用改进的 Karweil 方法模拟的张家界各烃源岩演化史

烃源层	生油开始		生油高峰		凝析油及湿气		干气	
	0.5（Z=0.015）		1.0（Z=0.21）		1.3~2.0（Z=0.31~0.70）		>2.0（Z>0.70）	
P₂q	192	J₁早期	140	J₃末期	122	K₁中期		
O₃w—S₁l	378	D₂中期	180	J₁晚期	175	J₁末期	163~120	J₂早期—K₁中期
∈₁n	434	S₁中晚期	231	T₂晚期	205	T₃中期	180~120	J₁晚期—K₁中期
Zds	465	O₂中期	251	P₃末期	228	T₂末期	195~120	J₁早期—K₁中期

（1）陡山沱组：中奥陶世中期（465Ma）进入生油阶段，加里东构造运动处于构造抬升期，烃源岩处于低熟阶段，生烃缓慢，晚二叠世末（251Ma）到达生油

高峰，中三叠世末（228Ma）$R^o(\%)$达到1.3进入凝析油及湿气阶段，早侏罗世早期（195Ma）$R^o(\%)$达到2.0进入干气阶段，早燕山运动Ⅰ幕（约160Ma，任纪舜，1991）构造抬升，结束侏罗纪陆相地层沉积，但这是还未发生褶皱变形及剥蚀，烃源岩始终处于高温环境下，因此高演化的烃源岩仍处于生气阶段，约在120Ma由于早燕山运动Ⅱ幕大规模的构造抬升及变形作用下埋藏温度迅速下降而生烃停滞。

（2）牛蹄塘组：早志留世中晚期（434Ma）进入生油阶段，加里东期处于构造抬升期，烃源岩处于低熟阶段，生烃缓慢，中三叠世晚期（231Ma）到达生油高峰，晚三叠世中期（225Ma）$R^o(\%)$达到1.3进入凝析油及湿气阶段，早侏罗世晚期（180Ma）$R^o(\%)$达到2.0进入干气阶段，约早白垩世中期（120Ma）生烃停滞（图4.9）。

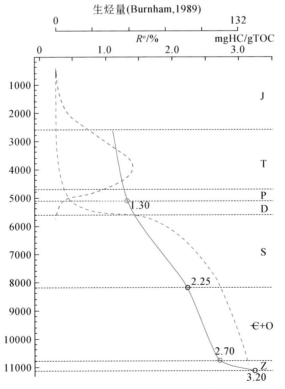

图4.9　张家界地区烃源岩成烃演化剖面

（3）五峰 – 龙马溪组：中泥盆世中期（378Ma）进入生油阶段，早侏罗世晚期（180Ma）到达生油高峰，早侏罗世末（175Ma）R^o（%）达到1.3进入凝析油及湿气阶段，中侏罗世早期（165Ma）R^o（%）达到2.0进入干气阶段。

（4）栖霞组：早侏罗世早期（191Ma）进入生油阶段，早燕山运动Ⅰ幕（约160Ma，任纪舜，1991）构造抬升，结束侏罗纪陆相地层沉积，但这是还未发生褶皱变形及剥蚀，此时有机质热演化程度并不高，烃源岩虽然处于相对较低的温度下（约120℃），但仍能发生变质作用，成熟度依然增加，因此分别在早白垩世早期（140Ma）和早白垩世中期（122Ma）进入生油高峰和湿气阶段，后期（122Ma以来）由于早燕山运动Ⅱ幕大规模的构造抬升而停滞。

通过各种方法的生烃史研究可以发现：

（1）改进的Karweil方法能更好地应用于震旦系—下古生界烃源岩演化史研究，对上古生界烃源岩演化史应用也较好。

（2）对于主要烃源岩陡山沱组及牛蹄塘组，生烃史明显可以划分为五个阶段（图4.10），第一个阶段为初始生油阶段，465~428Ma（R^o=0.5%~0.7%）；第二阶段为长期缓慢生油阶段，428~251Ma（大约R^o=0.7%~1.0%）；第三阶段为快速及大量生油阶段，251~205Ma（R^o=1.0%~1.3%）；第四阶段为湿气或者原油裂解成气阶段，205~180Ma，第五阶段为干气阶段（180Ma—?）。

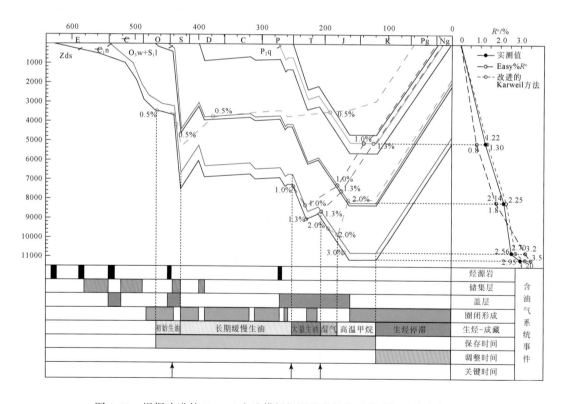

图4.10　根据改进的Karweil方法模拟烃源岩生烃史及含油气系统事件厘定

（3）传统的观念认为加里东期是主成藏期，本次研究认识与前人研究有较大差异。研究认为加里东晚期油气初始生烃，而非大量生烃，此时黔中隆起和雪峰隆起及其相应的潜伏构造可以形成部分构造油气藏，或者受沉积相分异的控制形成部分岩性油气藏；在整个海西期（D—P），由于研究区总体处于古陆，主要烃源岩总体处于较低的埋藏温度下，虽有机质成熟度较低，但生烃缓慢，有机质演化速率也较低；二叠纪中期开始持续接受海相碳酸盐岩沉积，此时地温梯度逐渐增加，并在二叠纪末或三叠纪初进入大量及快速生油阶段，而且受地史发展及埋藏温度的增加作用，三叠纪中、晚期进入主要成气阶段。

（4）根据本次生烃史综合研究，中上扬子海相含油气系统存在三个关键期，第一个是早志留世中、晚期（即志留纪前陆盆地快速充填与广西运动），第二个是二叠纪晚期（峨眉山玄武岩喷发事件），第三个是三叠纪中、晚期（中国南方海陆变迁与印支运动）。

4.2　海相典型古油藏解剖及其运聚模式

4.2.1　金沙岩孔震旦系古油藏

4.2.1.1　地质概况

金沙岩孔灯影组白云岩厚度495m，出露灯影二段及以上地层，岩孔东侧可见灯影一、二段界线，一段底部为一套泥岩，岩孔西侧白云山剖面实测厚度228m，其中下部为一套藻白云岩具栉壳状结构，上部为一套滩相藻砂屑白云岩，厚度可达100m，平均残余孔隙度为2%～4%，该套砂屑白云岩上部靠近顶部发育一段溶孔型储层9.79m（绿竹），箐口剖面为20.05m，主要为一套滩相砂屑白云岩及豆粒白云岩，砂屑或豆粒大量被溶蚀充填形成铸模孔，后期被沥青充填，实测孔隙度10.79%，最大可达20%，该套含沥青砂屑白云岩之下主要为藻白云岩，发育大量溶蚀孔洞及裂缝或缝合线，其均被沥青完全充填，个别含沥青晶洞直径可到10cm，部分被白云石、石英和方解石充填。野外工作中对岩孔地区主要三条剖面进行了系统取样（图4.11、图4.12），分别为岩孔白云山（YK）、箐口（YQ）及绿竹（JY）。

上述剖面灯影组储层主要包括藻纹层白云岩、豆粒白云岩、藻砂屑白云岩、细晶白云岩及粉晶白云岩等，测试结果表明，孔隙度1.61%～10.85%，平均值3.71%，渗透率变化较大，为0.002×10^{-3}～11.2864×10^{-3}μm^2，到达Ⅰ–Ⅱ类储层的样品共19件，其中Ⅰ类储层一件，Ⅱ类储层18件。具体各剖面储层物性如下：

（1）岩孔白云山灯影组剖面中下部藻白云岩较多，共分析样品七件，孔隙度1.61%～4.89%，平均值2.91%，渗透率变0.002×10^{-3}～11.286×10^{-3}μm^2，从上述统计可以看出，受后期方解石充填或沥青充填等因素灯影组孔隙度较低，孔隙度大于2%的样品有五件，无Ⅰ–Ⅱ类储层。

（2）岩孔箐口剖面主要岩性为藻纹层白云岩、豆粒白云岩等，共分析样品三件，孔隙

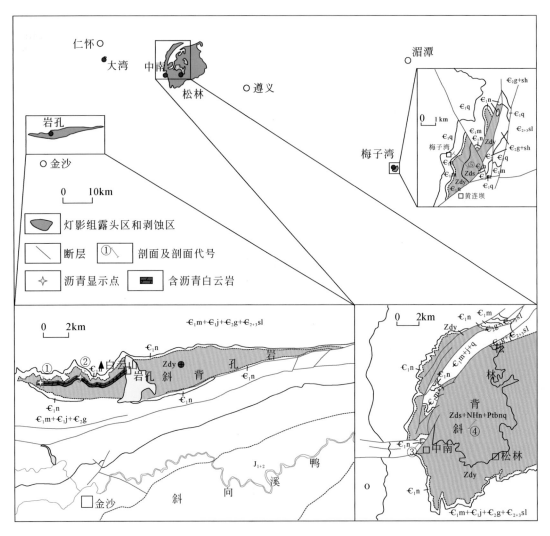

图 4.11 黔北灯影组古油藏及采样剖面位置图
①金沙岩孔剖面（JY）；②岩孔箐口剖面（YQ）；③遵义松林剖面（ZN）；
④遵义松林剖面（SDS）；⑤湄潭梅子湾剖面（MM）

度 3.45% ~ 7.07%，平均值 4.65%，渗透率变化 0.028×10^{-3} ~ 1.452×10^{-3} μm^2，为 Ⅱ - Ⅲ 类储层。

（3）岩孔绿竹剖面主要岩性为藻纹层白云岩、豆粒白云岩等，分析样品九件，其中含沥青白云岩（2~4 层，3.89m）岩性分别为：二层上部 0.4m 为豆粒白云岩，大量溶蚀孔洞，沥青充填中部 0.2m 藻白云岩，大量溶蚀孔洞，沥青充填下部 0.85m 为藻白云岩与豆粒白云岩互层，大量溶蚀孔洞，沥青充填；三层厚层豆粒白云岩，有少量溶蚀孔洞，且被沥青充填；四层上部 0.65m 为砂屑白云岩，大量溶蚀孔洞，沥青充填中部夹 0.25m 粗晶白云岩，孔洞较少下部 0.72m 为鲕粒白云岩，鲕粒大量溶蚀形成铸模孔，被沥青充填或半充填，大量溶蚀孔洞，沥青充填实测残余孔隙度 2.03% ~ 4.73%，平均值 3.40%，渗透

率变化介于 $0.004 \times 10^{-3} \sim 0.164 \times 10^{-3} \mu m^2$，为Ⅲ类储层。

综上所述，金沙岩孔灯影组上部储层物性总体较好，平均孔隙度在3%~4%左右，油气充注前原始孔隙度可达10%，而灯影组下部孔隙度较差，平均孔隙度2%左右，造成上述储层物性分异的原因可能有以下几点：

（1）金沙岩孔灯影组上部普遍发育一套厚约100m的砂砾屑白云岩、豆粒白云岩及藻屑白云岩，为震旦纪晚期上扬子地区碳酸盐岩台地内浅滩沉积；

（2）金沙岩孔灯影组顶部遭受震旦纪末桐晚期表生岩溶作用，沿藻纹层白云岩形成大量豆荚状溶孔和皮壳状白云岩，对致密的粉-微晶白云岩主要是沿微裂隙进入进而形成溶蚀孔洞，溶蚀孔洞大多在厘米级及以上，最大溶洞可达米级，且溶洞后期均被多期次的石英、白云石、沥青及方解石充填，对颗粒白云岩主要表现为对颗粒如砂屑、砾屑、鲕粒及豆粒等的溶蚀改造并形成铸模孔；

（3）埋藏阶段溶蚀，埋藏阶段溶蚀受控于黔北特有的多旋回叠合盆地演化与构造沉降-抬升及再次沉降抬升，多期次的沉降带来了烃源岩的多期次生烃作用与含烃流体活动，在黔中隆起、桐湾期形成的不整合面等控制下，含烃流体对之前桐湾运动表生岩溶形成的孔洞进行反复的溶蚀加大与复合充填作用；

（4）灯影组下部岩性主要为潮坪相藻白云岩，缺乏高能滩相沉积的具有亮晶胶结物的颗粒白云岩，纵向上距离桐湾期表生岩溶影响带较远，古岩溶作用程度减小，下部藻白云岩距离主要的上覆的下寒武统烃源岩纵向上距离较远，三期埋藏阶段未受到带来的流体活动造成的埋藏溶蚀作用或者影响程度较小。

仁怀大湾剖面灯影组总体为一套浅滩相-潮坪相颗粒白云岩、藻白云岩及粉细晶白云岩（RD剖面），未见底出露厚度50.5m，下部1~3层为粉晶白云岩（4.4m），中部4~6层为浅滩相鲕粒白云岩及砂屑白云岩（7.1m），7~9层为藻白云岩夹粉晶白云岩（14.8m），10~13层为砂屑白云岩及砾屑白云岩夹粉晶白云岩及藻白云岩（18.0m），之上14层为页岩夹薄层粉晶白云岩（4.0m），顶部15层为一套厚层粉晶白云岩（2.2m），白云岩之上为牛蹄塘组，两者为假整合接触，牛蹄塘组主要为黑色页岩，下部夹黑色硅质岩，底部为0.2m磷块岩。沥青白云岩主要分布于4~6层、8~13层鲕粒白云岩、砂屑白云岩晶间溶孔、铸模孔及溶洞缝中，累计厚度21.2m（图4.13）。共分析物性样品十件，孔隙度 $0.78\% \sim 8.20\%$，平均值2.96%，渗透率 $0.063 \times 10^{-3} \sim 1.872 \times 10^{-3} \mu m^2$，从上述统计可以看出，灯影组孔隙度较低，孔隙度大于2%的样品有六件，主要为Ⅱ-Ⅲ类储层，这是因为后期方解石及沥青充填等因素残余孔隙度较油气充注之前的有效孔隙度急剧降低。

4.2.1.2 古油藏沥青有机地球化学特征

JY及YQ剖面灯影组白云岩样品分析结果（表4.9）表明含沥青白云岩总体具有氯仿沥青"A"及热解" S_1+S_2 "含量较低，这与沥青成熟度较高有关，含沥青白云岩有机碳含量 $0.52\% \sim 1.89\%$，纯沥青有机碳为69%，通过对沥青野外与镜下观察、沥青及有机碳定量分析认为随着沥青含量减少其有机碳含量逐渐减少，不含沥青白云岩仅为 $0.01\% \sim 0.06\%$。GC-MS测试检测出沥青样品中丰富的正构烷烃、类异戊二烯烷烃、萜类、甾类及芳烃，具体特征如下。

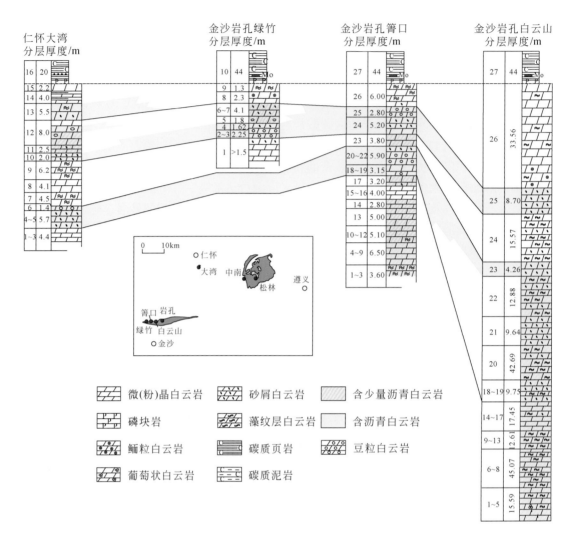

图 4.12 黔北金沙–仁怀灯影组趁沉积序列对比

表 4.9 古油藏储层及沥青有机地球化学数据

样品	岩性	TOC /%	沥青 "A" /(μg/g)	S_1 /(mg/g)	S_2 /(mg/g)	S_3 /(mg/g)	$\delta^{13}C$ /‰	H/C	主峰碳	$\sum C_{21-} / \sum C_{22+}$
JY-1	砂屑白云岩	0.01	15				-28.13	4.30		
JY-2-1	沥青白云岩	1.08	7	0.02	0.01	0.12	-32.84	0.99	C_{17}	1.20
JY-2-2	沥青白云岩	0.52	18				-32.52	0.42		
JY-2-3	沥青白云岩	1.03	8	0.01	0.01	0.13	-33.00	0.32	C_{18}	1.35
JY-3-1	沥青白云岩	1.07	9	0	0	0.14	-32.94	0.56	C_{16}/C_{27}	0.34
JY-3-2	沥青白云岩	1.10	9				-32.89	1.28		
JY-4-1	沥青白云岩	1.17	15	0.02	0.02	0.35	-32.70	0.38	C_{25}/C_{18}	0.79

续表

样品	岩性	TOC /%	沥青 "A" /(μg/g)	S_1 /(mg/g)	S_2 /(mg/g)	S_3 /(mg/g)	$\delta^{13}C$ /‰	H/C	主峰碳	$\sum C_{21-}/\sum C_{22+}$
JY-4-2	沥青白云岩	1.89	1				-32.98	0.37	C_{27}/C_{16}	0.37
JY-4-3	沥青白云岩	0.92	10	0.01	0	0.25	-32.91	0.36		
JY-5-1	砾屑白云岩	0.03	1				-32.06	0.69		
JY-6-1	砂屑白云岩	0.02	17				-29.24	2.80		
JY-8-1	鲕粒白云岩	0.06	14				-30.15	0.98		
JY-9-1	藻白云岩	0.05	1				-30.81	1.83		
YQ-1	纯沥青	69	28	0.42	0.14	2.59	-33.22	0.36	C_{24}/C_{17}	0.48

1）沥青抽提物饱和烃

正构烷烃分布范围为 C_{14}—C_{34}，且以中-高碳数烃占优势，主峰碳有以 C_{17}—C_{18} 为主碳的单峰型和 C_{16}—C_{27} 的双峰型，单峰型轻重烃 $\sum C_{21-}/\sum C_{21+}$ 值为 1.20~1.35，显示轻烃组分占有优势，双峰型轻重烃 $\sum C_{21-}/\sum C_{21+}$ 值为 0.34~0.79。奇偶优势值 OEP（C_{21}—C_{25}）为 0.96~1.11，Pr/nC_{17} 为 0.42~0.79，Ph/nC_{18} 为 0.44~0.57，Pr/Ph 为 0.66~1.08。傅家谟等认为 Pr/Ph 值（小于 1）指示沉积环境为较还原环境，Peters 认为低 Pr/Ph 值（小于 0.6）指示沉积环境为较还原环境，而当 $Pr/Ph>3$ 时指示弱氧化-氧化沉积环境，大多数沥青 $Pr/Ph<1$，仅样品 JY-4-1 略大于 1，上述数据表明沥青母质形成于相对还原的环境。

2）生物标志物特征

沥青样品中均检测出了一定含量的藿烷系列、三环萜烷系列和少量的四环萜烷（图 4.13），其相对丰度五环三萜烷>三环萜烷>四环萜烷。三环萜烷中 C_{19} 相对丰度较低，以 C_{23} 丰度最高，（$C_{19}+C_{20}$）/C_{23}-tri 值为 0.41~0.89，均值为 0.67，C_{21}、C_{23}、C_{24} 呈倒"V"字型分布，表明为菌藻类等低等生物输入。五环三萜类在研究样品中很丰富，以 C_{30} 藿烷占优势，而 C_{31} 以上的升藿烷丰度较高，代表了低等生物的母质输入。升藿烷 $C_{31}22S/$（22S+22R）为 0.56~0.62，Ts/（Tm+Ts）为 0.37~0.79，表明为较高成熟度的沥青。伽马蜡烷指数为 0.05~0.14，表明原油母质形成盐度较低的海水环境。

沥青中 C_{27} 甾烷含量为 28%~34%，C_{28} 甾烷含量为 27%~30%，C_{29} 甾烷含量最高，为 36%~45%，均值 41%，表现为 $C_{29}>C_{27}>C_{28}$，C_{27} 甾烷/C_{29} 甾烷值为 0.64~0.94，样品 $C_{29}\alpha\alpha\alpha20S/$（S+R）为 0.37~0.46，$C_{29}\alpha\beta\beta/$（$\alpha\alpha\alpha+\alpha\beta\beta$）为 0.34~0.43，这可能与碳酸盐岩等缺乏黏土矿物的岩石中，成熟度参数值一般偏低有关。

通过计算甲基菲指数 MPI 值，采用 Radke（1982）经验公式 $R_c=-0.60\times MPI1+2.3$ 计算 R_c 值为 2.12%~2.19%。据研究表明姥鲛烷/植烷值 $Pr/Ph<1$，母质沉积的水体属于较还原环境，此时若芳烃参数 DBT/P<1，代表海相或湖相泥页岩沉积，若 1<DBT/P<3 为海相碳酸盐岩（泥灰岩）沉积，而若 DBT/P>3 为海相碳酸盐沉积（Chakhmakhchev，1997），研究发现样品 DBT/P 值均小于 1，为 0.08~0.56，表明其母岩为海相泥页岩。

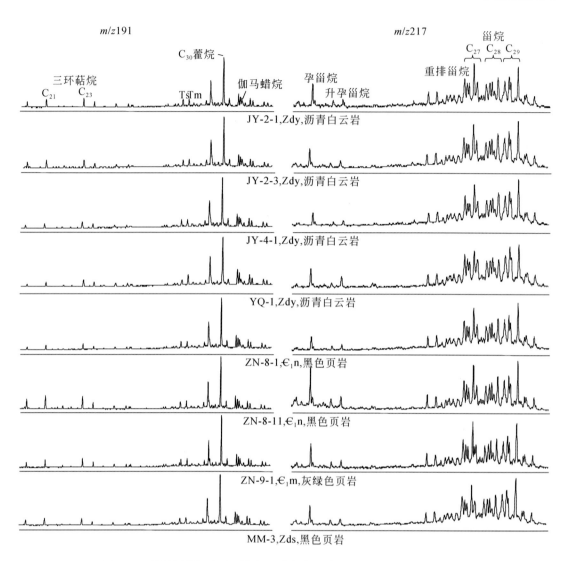

图 4.13　储层固体沥青及可能烃源岩氯仿沥青 "A" 饱和烃质量色谱图

3）有机碳同位素

含沥青云岩有机碳同位素为 $-33‰ \sim -32.52‰$，平均 $-32.76‰$，纯沥青样该值为 $-33.22‰$，不含沥青云岩为 $-32.06‰ \sim -28.13‰$，平均 $-30.08‰$，表明含沥青白云岩由于沥青的充填使 $\delta^{13}C_{org}$ 值降低，由于沥青与白云岩的有机碳同位素具有明显的不同，而这种差异性反映了沥青母岩与储层白云岩沉积环境的不同，因此随着沥青的有无和沥青含量增加 $\delta^{13}C_{org}$ 有明显变轻的趋势，而这种轻碳位素特征代表沥青母质形成于水体较深的还原环境。

沥青单体正构烷烃碳同位素组成普遍较轻，且碳同位素特征形式较为相似，都呈锯齿状分布，并且在低碳数 C_{16}—C_{26} 区间均有从低碳数到高碳数 $\delta^{13}C_{org}$ 逐渐变轻向右倾斜的趋势，低碳数正构烷烃相对较重的 $\delta^{13}C_{org}$，为海生藻类及海洋浮游生物来源，而且随着热演化程度的增加，相对 $\delta^{13}C_{org}$ 较重的高碳数正构烷烃可能存在的裂解使得正构烷烃单体碳同

位素组成明显富集 $\delta^{13}C_{org}$，而随着碳数的降低，这种裂解的支链越来越少，裂解也变得更加困难，因此在 C_{16}—C_{26} 区间随着随着碳数的增加 $\delta^{13}C_{org}$ 逐渐变轻（图 4.14）。在 C_{26+} 区间变化特征与 C_{16}—C_{26} 完全不同，从低碳数到高碳数没有明显向右或左倾斜的特征，而且碳同位素值具有明显的偶碳优势，六件样品 C_{28}、C_{30}、C_{32} 及 C_{34} 均值范围为 $-32.04‰$ ~ $-31.14‰$，C_{27}、C_{29}、C_{31} 及 C_{33} 均值范围为 $-33.25‰$ ~ $-32.51‰$，相邻奇偶碳数碳同位素值差为 $0.48‰$ ~ $1.72‰$。这种差值一般认为在热演化阶段奇碳数烷烃向偶碳数烷烃裂解（释放具有更轻 $\delta^{13}C_{org}$ 的 CH_4）或转化形成的，因此在研究生源时奇碳数烷烃更具有可靠性，这种相对较轻的 $\delta^{13}C_{org}$ 值也表明其主要来源为细菌。

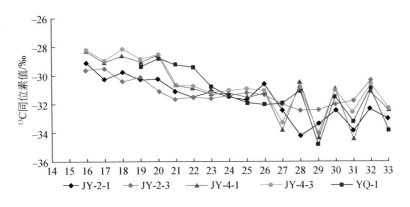

图 4.14　固体沥青正构烷烃单体烃同位素

4）沥青成熟度

实测六件纯沥青样品（分布于 YQ 剖面 12 ~ 13 层）反射率 R^b_{min} 为 2.34% ~ 3.45%，R^b_{max} 为 3.29% ~ 4.5%，R^b_{ran} 为 2.95% ~ 3.86%，根据 $R^o = 0.668 \times R^b + 0.346$（刘德汉、史继扬，1994）换算后 R^o 为 2.32% ~ 2.92%，平均 2.64%，上述数据表明沥青双反射明显，热演化程度高，显示储层在地质历史中曾经受了高温热演化作用。

野外露头采集沥青呈块状富集，质地坚硬，有污手性，沥青主要赋存在碳酸盐岩晶间孔、粒间孔以及岩石的溶蚀孔洞内，呈黑色固态物质产出。镜下观察可见在碳酸盐岩储层的各种孔隙中，沥青呈它形充填构造，往往沿孔隙壁呈脉状、球粒状、角片状或块状充填具有明显的镶嵌状结构（图 4.15），以及焦沥青-碳沥青中出现的非均质中间相结构（Hwang，1998；Burke，2001）。其中的中间相结构和镶嵌状结构特征，充分反映了原油裂解气阶段的高温热变质成因特征。此外，与其他成因的沥青相比，热蚀变成因的焦沥青常呈边缘较清晰的多角状（Huc，2000），镜下观察发现有些沥青具有比较清楚、平直的边界，进一步说明金沙岩孔灯影组储层沥青为原油高温裂解产物，另外样品的 H/C 在 0.36 ~ 1.28，大部分样品 H/C 小于 0.5，可见沥青成熟度及炭化程度已很高。

4.2.1.3　油源对比

1）烃源岩基本特征

研究区陡山沱组烃源岩主要分布在第四段，为一套盆地相黑色泥页岩夹黑色磷块岩组

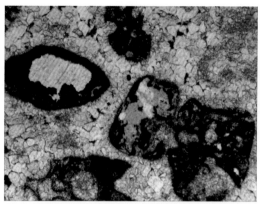

JY-2-1 鲕粒云岩, 沥青充填于鲕粒溶蚀形成铸模孔中, 沿孔隙壁呈脉状充填于晶间溶孔, 25×　　　JY-4-2 粗晶云岩, 沥青呈他形, 沿孔隙壁呈构造角片状或块状充填于晶间溶孔, 25×

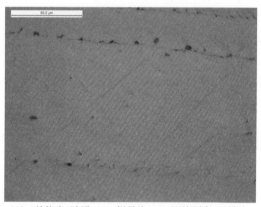

YQ-1单偏光, 油浸, 50×, 样品为100%固体沥青, 呈镶嵌状结构　　　　　　　YQ-1同一视域正交偏光, 油浸, 50×

图 4.15　沥青有机岩石学及储层铸体薄片特征

合, 其中湄潭梅子湾黑色泥岩有机碳含量为 1.22%~2.57%, 黑色磷块岩有机碳含量及干酪根同位素均略低于黑色泥岩, 分别为 1.34%~1.76% 和 -30.02‰~-29.61‰。遵义松林黑色泥页岩有机碳含量为 2.3%~2.83%, 干酪根同位素为 -30.89‰~-30.28‰, 该值与湄潭梅子湾基本一致, 反映较高的有机质丰度和较好的有机质类型。

　　灯影组烃源岩主要出露于湄潭梅子湾剖面, 该剖面灯影组中部发育一套厚 12.74m 的黑色页岩, 有机碳含量为 4.45%~8.41% (四件), 平均值为 6.30%, 干酪根同位素为 -31.33‰ (一件)。

　　下寒武统牛蹄塘组是南方分布最为广泛, 有机质丰度较高的一套区域, 研究区样品采自湄潭梅子湾和遵义松林, 湄潭梅子湾牛蹄塘组为一套深水陆棚相黑色泥页岩厚 29m, 有机碳为 2.28%~9.34%, 均值为 5.43%, 干酪根同位素为 -32.53‰~-31.85‰。遵义松林从底到顶分别为深水陆棚相-盆地相-深水陆棚相沉积的黑色页岩-硅质岩-黑色泥页岩组合, 厚度为 44.09m, 底部磷块岩 (0.20m) 有机碳为 1.58%, 下部为黑色泥页岩及硅质岩互层 (0.45m), 有机碳含量为 2.18%~20.57% (六件), 平均值为 10.01%, 氯仿沥

青 "A" 含量为 $10 \sim 45 \mu g/g$，生烃潜能（S_1+S_2）为 $0.01 \sim 0.04 mg/g$，干酪根同位素为$-34.01\permil \sim -32.32\permil$，硅质岩之上黑色泥岩可根据含钼矿层分上下两段，含钼矿层以下（5.68m）有机碳含量为 $4.91\% \sim 11.34\%$（八件），平均值为 9.48%，氯仿沥青 "A" 含量为 $16 \sim 37 \mu g/g$，干酪根同位素为$-34.99\permil \sim -32.42\permil$，钼矿层以上（37.5m）有机碳含量为 $6.19\% \sim 15.12\%$（两件），干酪根同位素为$-31.18\permil \sim -30.64\permil$。

通过对邻区各地陡山沱组、灯影组及牛蹄塘组分析认为烃源岩在上述层位均有发育，且有机质丰度均较高，干酪根同位素指标划分有机质类型均为藻质型，低氯仿沥青 "A" 及低产烃潜量特征反映烃源岩成熟度较高，其中牛蹄塘组黑色泥质岩具有相对较高的有机质丰度及较大的厚度，是研究区最有利的一套烃源岩。

2）GC-MS 特征与对比

在中国南方高、过成熟海相烃源岩分布区，常规生物标志物作为油源对比指标已经失效。以往根据常规生物标志物得出的古油藏油源对比结论应当重新审视，由于高、过成熟的各层系烃源岩的常规生物标志物趋于一致，失去了指示原始生物组成的意义。在选择对比油-源对比指标时应该注意对生物标志物指标生源意义要明确，且该指标不受成熟作用及运移或次生变化的影响（梁狄刚，2005）。

研究区三套主要烃源岩色谱特征如下：①震旦系陡山沱黑色泥岩色谱特征有单峰型（C_{17}）和双峰型（C_{17}/C_{25}），Pr/Ph 值为 $0.54 \sim 0.59$，表明沉积有机质来源于藻类等低等生物且沉积水体为较强的还原环境；②下寒武统牛蹄塘组黑色岩系色谱特征为以 C_{16}—C_{18} 的单峰型为主，少量样品为双峰型（C_{16}/C_{25}），Pr/Ph 值为 $0.51 \sim 0.85$，该特征与陡山沱黑色泥岩相似；③灯影组黑色泥岩样品 MM-13-1 色谱特征为双峰型（C_{16}/C_{25}），Pr/Ph 值为 0.86。上述烃源岩色谱特征与各沥青色谱特征均较相似，总体上差别不大，因此沥青来源肯定是黑色页岩，但不能确定是哪套黑色页岩。

这三套高、过成熟烃源岩与沥青的甾烷生物标志物分布十分相似，共同特点是：①C_{27} 和 C_{29} 甾烷基本均势，C_{27} 甾烷含量为 $27\% \sim 37\%$，C_{28} 甾烷相对含量较低，为 $26\% \sim 29\%$，C_{29} 甾烷为 $35\% \sim 45\%$；②$\alpha\alpha\alpha$20S 构型规则甾烷和 $\alpha\beta\beta$ 构型异胆甾烷也很高，且含有一定量重排甾烷；③低碳数的孕甾烷、升孕甾烷含量也很高。这显然是高、过成熟条件下甾烷热演化作用趋同的结果。三套烃源岩的萜烷分布也已趋于一致，其共同特点是：①三环萜烷普遍较丰富，以 C_{21} 或 C_{23} 为主，C_{19}、C_{25} 和 C_{26} 三环萜烷的相对丰度较低，C_{23}TT/C_{30}H 为 $0.09 \sim 0.26$；②五环萜烷以 C_{30} 藿烷为主，其次是 C_{29} 藿烷，其他藿烷相对丰度较低；③成熟度指标 Ts/（Ts+Tm）为 $0.44 \sim 0.50$，已到达均衡状态。可见，也不能用萜烷分布特征来区分不同层系烃源岩。综上所述高、过成熟烃源岩的常规生物标志物分布特征在热演化作用下已趋于一致，失去了指示原始生物组成的意义，无法区分不同层系、不同生物组成的多套烃源岩，也就难以作为油源对比的有效指标（图 4.16）。

3）V/Ni 值对比

V、Ni 在原油、沥青及烃源岩中的含量一般变化比较大，用这两种元素的含量做对比困难较大，但是 V/Ni 值比较稳定，可以反映某一油层、沥青及一段烃源岩特征，一般认为海相原油 V/Ni 值大于 1.0，而陆相原油 V/Ni 值小于 1.0（姜乃煌等，1988），Joseph A. Curiale 在研究美国 Oklahoma 州的志留系—奥陶系原油的油源时，曾在正构烷烃、异构

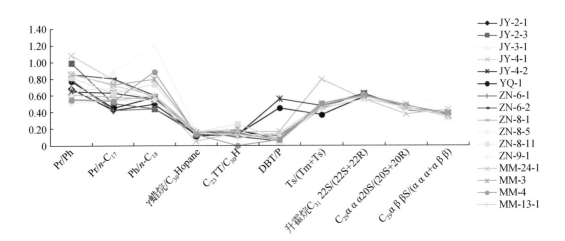

图 4.16　储层固体沥青及可能烃源岩生物标志物指标对比

烷烃、甾烷、萜烷对比的基础上，应用了原油和烃源岩 V/Ni 比值对比取得了很好的效果（Curiate，1983）。

V/(V+Ni) 值能指示水体的氧化还原条件，V/(V+Ni) >0.46 为缺氧环境，V/(V+Ni) <0.46 为富氧环境（Yarincik et al.，2000），通过分析遵义松林陡山沱组 V、Ni 含量较低，V/(V+Ni) 为 0.73 ~ 0.76，湄潭梅子湾陡山沱组具有相似特征，V/(V+Ni) 为 0.41 ~ 0.69，代表缺氧的还原环境；灯影组样品 ZN-1 及 JY-1 分别为 0.29、0.30，代表浅水富氧环境，湄潭梅子湾灯影组中部黑色页岩 V/(V+Ni) 为 0.82；松林牛蹄塘组黑色硅质页岩及黑色页岩 V、Ni 含量异常偏高，其中 V 含量远高于其他层位，变化范围 808 ~ 5583μg/g，平均 2414μg/g，Ni 含量略高于其他样品，变化范围 31 ~ 230μg/g，平均 108μg/g，V/(V+Ni) 为 0.91 ~ 0.99；明心寺组黄绿色页岩 V、Ni 含量较低，V/(V+Ni) 低于牛蹄塘组为 0.81。通过上述分析，灯影组顶部白云岩 V/(V+Ni) 值较低且均小于 0.46，代表浅水富氧环境，陡山沱组黑色页岩、灯影组黑色页岩及明心寺组黄绿色页岩 V/(V+Ni) 较灯影组白云岩高，为 0.41 ~ 0.82，大多代表缺氧的还原环境，而牛蹄塘组高 V、Ni 含量及高 V/(V+Ni) 不仅表明早寒武世海底热液活动，而且代表严重缺氧的深水盆地还原环境（表 4.10）。

表 4.10　黔北地区震旦系和寒武系烃源岩 V/Ni 值

层位	样品	V/(μg/g)	Ni/(μg/g)	烃源岩 V/Ni	V/(V+Ni)
陡山沱组	MM-1	41.50	19.00	2.18	0.69
	MM-3	11.60	10.20	1.14	0.41
	SDS-2	77.30	28.00	2.76	0.73
	SDS-3	77.00	24.30	3.16	0.76
灯影组	MM-13-1	156.00	35.30	4.42	0.82
	ZN-1	7.35	25.50	0.29	0.22

续表

层位	样品	V/(μg/g)	Ni/(μg/g)	烃源岩 V/Ni	V/(V+Ni)
牛蹄塘组	ZN-4-2	1211.00	13.10	92.44	0.99
	ZN-5-3	191.00	18.70	10.21	0.91
	ZN-6-1	1349.00	41.50	32.51	0.97
	ZN-6-2	808.00	31.00	26.06	0.96
	ZN-7-1	3773.00	230.00	16.40	0.94
	ZN-8-1	1792.00	143.00	12.53	0.93
	ZN-8-5	5583.00	157.00	35.56	0.97
	ZN-8-11	1180.00	45.30	26.04	0.96
明心寺组	ZN-9-1	273.00	64.80	4.21	0.81

金沙岩孔灯影组鲕粒白云岩、砂屑白云岩等较低的 V/(V+Ni) 值代表浅水富氧环境，如样品 JY-1，镜下观察该样品孔隙不甚发育，未见沥青充填，有机碳测试 TOC 仅为 0.01%，五件沥青白云岩有机碳含量 0.92%~1.17%，可根据沥青有机碳含量（纯沥青 YQ-1 样品有机碳为 69%）估算白云岩中沥青的含量为 1.35%~1.73%。白云岩中受沥青充填的影响沥青白云岩中 V、Ni 含量增加，其中 V 含量增加幅度大于 Ni 含量，同时 V/(V+Ni) 亦增加，若以样品 JY-1 为标样（该样品与沥青云岩沉积环境相似，剖面上位置相近）和沥青含量可大致估算沥青中 V、Ni 含量及 V/(V+Ni) 值，通过估算五件沥青白云岩中沥青 V、Ni 含量分别为 140~418μg/g 和 28~122μg/g，V/(V+Ni) 为 0.75~0.94（表 4.11），这种特征与牛蹄塘组黑色岩系是更加接近的，而与陡山沱组等层位是有明显差别的，值得注意的是五件沥青白云岩中主要岩性为鲕粒或砂屑白云岩，但一般含有少量的藻，藻白云岩中 Ni 含量一般较砂屑白云岩高（如样品 ZN-1），因此沥青 Ni 实际含量可能没有估算值高，沥青真实的 V/(V+Ni) 可能比估算值更高。

表 4.11　沥青 V 和 Ni 参数

样品	V/(μg/g)	Ni/(μg/g)	全岩 V/(V+Ni)	沥青含量/%	估算沥青 V/(μg/g)	估算沥青 Ni/(μg/g)	估算沥青 V/(V+Ni)
JY-1	2.78	6.48	0.30	0.00	-	-	-
JY-2-1	6.62	8.42	0.44	1.59	240	122	0.77
JY-2-3	9.13	8.11	0.53	1.52	418	107	0.85
JY-3-1	7.18	6.93	0.51	1.58	279	28	0.94
JY-4-1	5.20	8.22	0.39	1.73	140	100	0.75
JY-4-3	7.05	7.61	0.48	1.35	316	84	0.86

4）有机碳同位素对比

分析数据显示梅子湾陡山沱组黑色泥岩干酪根同位素为 -29.35‰~-29.15‰，平均值 -29.20‰，黑色磷块岩干酪根同位素略低于黑色泥岩，为 -30.02‰~-29.61‰，平均值

–29.85‰。松林陡山沱组黑色泥岩干酪根同位素为–30.89‰ ~ –30.28‰，平均值–30.54‰，粉晶白云岩较高为–28.69‰（表4.12）。

表4.12　沥青及可能烃源岩有机地球化学参数

剖面位置	层位	岩性	厚度/m	TOC/%	$\delta^{13}C_{org}$/‰，PDB
金沙岩孔	灯影组	含沥青白云岩			
仁怀大湾	灯影组	含沥青白云岩			
湄潭梅子湾	陡山沱组	黑色泥岩	18.90	1.22 ~ 2.57	–29.35 ~ –28.96
		磷块岩		1.34 ~ 1.76	–30.02 ~ –29.61
	灯影组	粉晶白云岩		0.13	–25.93
		黑色页岩	12.74	4.45 ~ 8.41%	–31.33
	牛蹄塘组	黑色泥岩		4.41 ~ 6.66	–32.52 ~ –31.85
遵义松林	陡山沱组	粉晶白云岩		0.1	–28.69
		黑色泥岩	16.60	2.3 ~ 2.83	–30.89 ~ –30.28
	灯影组	粉晶白云岩		0.03 ~ 0.08	–29.80 ~ –29.37
	牛蹄塘组	磷块岩	0.20	1.58	–31.61
		灰色黏土岩	0.16	0.46	–32.52
		黑色硅质岩及页岩	0.45	2.18 ~ 20.57	–34.01 ~ –32.32
		黑色泥岩	5.68	4.91 ~ 11.34	–34.99 ~ –32.42
		含钼黏土岩	0.20	1.74	–31.68
	明心寺组	黑色泥岩	37.5	6.19 ~ 15.12	–31.18 ~ –30.64
		灰绿色页岩		0.33	–31.15

　　下寒武统牛蹄塘组黑色页岩具有更低的 $\delta^{13}C_{org}$ 值。松林牛蹄塘组黑色页岩干酪根同位素为–34.99‰ ~ –30.64‰，大部分样品小于–33‰，平均值–34.25‰，梅子湾为–32.53‰ ~ –31.85‰，平均–32.12‰，这种低 $\delta^{13}C_{org}$ 值反映海侵阶段海水相对较深的沉积条件下由于黑色页岩沉积时缺氧，有机质遭受硫酸盐还原菌的降解释放出富 ^{12}C 的 CO_2 成为光合作用合成有机质时的碳源而使黑色页岩中有机质富含轻烃碳同位素（李任伟，1999）。

　　通过沥青-烃源岩 $\delta^{13}C_{org}$ 对比可以发现含沥青云岩 $\delta^{13}C_{org}$ 值（–33‰ ~ –32.06‰，平均–32.76‰）与陡山沱黑色泥岩相差较大，前者较后者 $\delta^{13}C_{org}$ 平均值低2.91‰ ~ 3.56‰。含沥青白云岩与下寒武统牛蹄塘组基本一致，略低于梅子湾–32.12‰，略高于松林平均值–34.25‰，纯沥青 $\delta^{13}C_{org}$ 值为–33.22‰与松林牛蹄塘黑色页岩更加接近，考虑到松林距离岩孔较近，因此沥青特征与松林更加相似，同位素值较烃源岩高主要是因为白云岩自身含有一定量有机母质（如藻类等），而白云岩干酪根同位素一般较黑色页岩（或沥青）高，如松林灯影组白云岩干酪根同位素为–29.80‰ ~ –29.37‰。

　　单体烃同位素对比如前所述研究沥青样品单体正构烷烃碳同位素低碳数 C_{16}—C_{26} 区间均有从低碳数到高碳数 $\delta^{13}C_{org}$ 逐渐变轻向右倾斜的趋势，在 C_{26+} 区间相邻奇偶碳数碳同位素值差为0.48‰ ~ 1.72‰，具有较明显的偶碳优势，陡山沱所有样品均无偶碳优势（图4.17），而牛蹄塘组部分样品具有与沥青相似特征（图 4.18）。

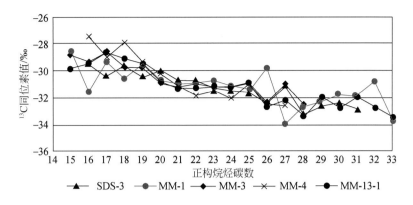

图 4.17　陡山沱组烃源岩正构烷烃单体烃同位素

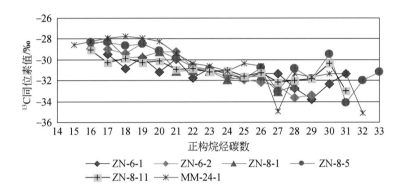

图 4.18　牛蹄塘组烃源岩正构烷烃单体烃同位素

4.2.2　瓮安震旦系古油藏

瓮安古油藏是 20 世纪 70 年代以来在我国南方下古生界发现的系列古油藏之一，位于贵州瓮安、福泉、余庆开阳一带的黔中隆起北部，初步估算其原始石油储量大于 8×10^8 t 为目前仅次于麻江古油藏的第二大古油藏。前人通过分析研究认为瓮安古油藏的主力烃源岩为寒武系下统牛蹄塘组（$\epsilon_1 n$）泥质岩，储集层为寒武系下统明心寺组（$\epsilon_1 m$）上部滨海岸沙滩相的石英砂岩，寒武系下统金顶山组（$\epsilon_1 j$）的泥质岩、泥质灰岩成为直接盖层，生-储-盖组合良好[2,3]。于晚奥陶世至早志留世聚集成藏，因燕山期的强烈褶皱及区域抬升，使储层暴露而破坏[2]，从而形成现今的瓮安古油藏。

4.2.2.1　地质概况

瓮安玉华为瓮安古油藏主体部分之一，位于川黔南北构造带的白岩–高坪背斜上。背斜褶皱呈近南北向展布，北起瓮安白岩，南至福泉高坪，南北长约 20km，东西宽 2 ~

4km。背斜核部出露最古老的地层为前震旦系板溪群清水江组，向两侧依次出露震旦系、寒武系。其首尾由于受新华夏应力场的干扰和边界条件制约，发生偏转而呈"S"形。白岩-高坪背斜由于小坝断裂的错切，被分成两段：北部为白岩背斜，南部为高坪背斜（图4.19）。

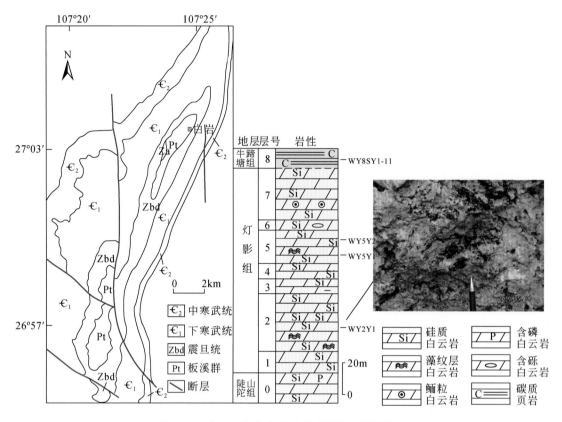

图4.19　瓮安玉华白岩地区地质简图及采样剖面

　　震旦系灯影组地层沉积在陡山沱组含磷层系之上，与上覆牛蹄塘组地层呈假整合接触。研究区处于碳酸盐潮坪环境，玉华剖面自下而上大体分为三段：①下段主要为黑、浅灰色条带状厚层块状硅质细-粒晶白云岩，厚13.4m；②中段主要为主要灰白、灰色厚层块状硅质细-粉晶白云岩，下部发育大量的藻纹层，厚约84.3m；③上段主要为灰、灰白色厚层状含硅质白云岩，夹鲕粒白云岩透镜体，厚33.3m。

4.2.2.2　储集层特征

　　根据灯影组沉积相和岩性组合大致可以分为两个区域，第一个区域为以开阳南龙、马路坪、乐旺河及翁昭等剖面构成下细上粗的灯影组岩石序列，该组合下部主要为浅灰、灰白色中薄层、局部夹厚层的粉细晶白云岩，总体体上岩性较单一致密，溶孔不发育，不见沥青充填，上部为含沥青粗晶白云岩，溶孔发育，面孔率普遍可达5%，且普遍可见沥青充填。

在开阳南龙、马路坪、乐旺河及翁昭共获得 15 件物性参数，孔隙度 0.51% ~9.10%，平均值 2.93%，渗透率 0.001×10⁻³ ~28.553×10⁻³ μm² （表 4.13）。

表 4.13　瓮安及周边灯影组储层物性统计表

剖面	孔隙度/%			渗透率/10⁻³ μm²		
	范围	平均	数量	范围	平均	数量
湄潭梅子湾	1.27 ~24.11	4.81	22	0.003 ~113.033	9.518	19
开阳乐旺河	2.30 ~9.1	5.39	3	0.01 ~28.553	14.37	3
瓮安玉华	1.80 ~14.34	6.26	10	0.009 ~21.535	3.65	10
开阳南龙	1.68 ~4.35	2.60	3	0.003 ~0.008	0.006	3
瓮安北斗山	3.9	3.9	1	24.912	24.912	1

开阳南龙储层主要分布在灯影组上部，为一套白色厚层含沥青溶孔状白云岩，岩石风化后非常松散，岩石敲开后油气味很浓，共获得三件物性数据，孔隙度 1.68% ~4.35%，平均值 2.60%，渗透率 0.003×10⁻³ ~0.008×10⁻³ μm²，实测孔隙度较低，这是由于采样时对物性较好的溶孔状粗晶白云岩较松散，取样困难，取样对象偏向较致密的岩石，另外孔隙中普遍含有大量固体沥青，这些沥青对孔隙和喉道的堵塞也是造成物性急剧下降的原因之一。

开阳乐旺河下部主要为一套粉细晶白云岩，上部为粉细晶白云岩夹少量粗晶白云岩，粗晶白云岩多呈灰白色、中厚层状，溶孔发育，局部面孔在 5% ~10%，溶孔中普遍被黑色固体沥青半充填。本次研究共获得四件粉细晶白云岩物性参数，孔隙度 2.30% ~3.50%，渗透率 0.003×10⁻³ ~0.054×10⁻³ μm²。

开阳翁昭主要岩性与开阳乐旺河相似，上部可见溶孔发育，且溶孔中普遍被黑色固体沥青半充填，共获得五件粉细晶白云岩物性参数，孔隙度 0.51% ~4.26%，渗透率 0.001×10⁻³ ~1.737×10⁻³ μm²，该剖面纵向上，灯影组下部物性较差，上部物性相对较好，如底部一套鲕粒白云岩 SP41−5CH1，野外观察鲕粒含量可达 60% 以上，但实测孔隙度仅1.07%，渗透率 0.003×10⁻³ μm²，如此低的孔渗主要原因如下：①溶蚀作用不普遍，既没有古暴露岩溶作用，也没有明显的埋藏溶蚀作用，剖面露头个别孔洞充填物以晚期方解石为主，没有沥青充填，表明缺乏油气及流体活动参与溶蚀的痕迹；②下伏陡山沱组缺乏一定厚度的烃源岩，不能形成有效的烃类及流体活动对储层孔隙的改善作用。

第二个区域为瓮安玉华、北斗山及湄潭梅子湾构成的上扬子地区震旦纪晚期碳酸盐岩台地边缘浅滩相沉积，其中瓮安玉华主要岩性为砂屑白云岩、鲕粒白云岩，为藻为主要造礁生物的白云岩，粗晶白云岩，溶孔状白云岩及粉细晶白云岩。根据钻井资料揭示，在总厚度 217.8m 的灯影组地层中，在岩性组合方面，颗粒白云岩累计厚度约 80m，藻纹层白云岩累计厚度约 50m，在储层评价方面，溶孔状白云岩累计厚度达 140m，且溶孔中多充填多期沥青、巨晶白云石及自生石英。湄潭梅子湾为瓮安玉华边缘浅滩相沉积相北北东相延伸且出露的唯一剖面，该剖面主要在上部以砂屑白云岩、砾屑白云岩及其夹粉细晶白云岩为主，累计厚约 69m，在灯影组中部可见一套厚约 11m 的斜坡相滑塌角砾状白云岩，根据其岩性组合，认为该区灯影组沉积早期可能处于为上扬子地区震旦纪晚期碳酸盐岩台地边缘滩前位置，也就是说湄潭梅子湾在灯影组早期沉积水体深度大于瓮安玉华，晚期两者沉积环境与岩性组合相似。

在瓮安玉华、北斗山及湄潭梅子湾共获得 33 件物性参数，孔隙度 1.27% ~ 24.11%，平均值 5.41%，渗透率 $0.001 \times 10^{-3} \sim 113.033 \times 10^{-3} \, \mu m^2$。

湄潭梅子湾灯影组岩性以中部黑色页岩为界从下至上可以分为两段（MM 剖面），第一段（7 ~ 12 层），底部（七层）为巨厚层细晶白云岩，厚 3.10m，8 ~ 11 层中厚层局部夹薄层豆荚状细晶白云岩，厚 101.93m，12 层为斜坡相角砾状白云岩，厚 11.02m。第二段（13 ~ 23 层），厚 157.94m，底部为厚 12.74m 黑色页岩，黑色页岩之上为一套厚 76.35m 细晶白云岩，第 15 层白云岩开始出现颗粒，15 ~ 23 层主要为中厚层砂屑白云岩、砾屑白云岩，厚 68.85m，其中砂屑白云岩孔隙度 2.96% ~ 14.61%（六件），平均 9.01%，渗透率 $0.001 \times 10^{-3} \sim 113.033 \times 10^{-3} \, \mu m^2$，该套砂屑白云岩出现为界，之下的粉细晶白云岩孔隙度 1.27% ~ 3.91%（八件），平均 2.19%，渗透率 $0.001 \times 10^{-3} \sim 6.197 \times 10^{-3} \, \mu m^2$，砂屑白云岩出现后，粉细晶白云岩孔隙度 1.80% ~ 2.54%（六件），平均 2.22%，渗透率 $0.001 \times 10^{-3} \sim 6.197 \times 10^{-3} \, \mu m^2$。顶部第 23 层为砾屑白云岩，多见大量古岩溶孔洞，未发生表生岩溶的样品 MM-23-2 孔隙度仅为 2.89%，渗透率 $0.003 \times 10^{-3} \, \mu m^2$。当受到明显的古岩溶作用，孔隙度急剧增加，由于岩溶形成的各种角砾及泥微晶物质的对充填与喉道的堵塞，渗透率未发生明显改善，如样品 MMP2CH2 孔隙度可达 24.11%，渗透率仅为 $0.218 \times 10^{-3} \, \mu m^2$，当然这也是该区灯影组油气及流体活动较弱造成的，实际上野外露头观察及岩石薄片分析中均未在该地区灯影组发现明显的沥青残留。

瓮安玉华及北斗山地区灯影组底部主要为中薄层粉晶白云岩，上部为灰白色厚层粗晶白云岩、砂屑白云岩、鲕粒白云岩及藻礁白云岩，发育大量溶蚀孔洞，面孔率 5% ~ 10%，充填大量黑色固体沥青，多呈半充填。含沥青粗晶白云岩共获得十件物性参数，孔隙度 1.80% ~ 14.34%（十件），平均 6.26%，渗透率 $0.009 \times 10^{-3} \sim 21.535 \times 10^{-3} \, \mu m^2$，其中砂屑白云岩物性较好，孔隙度 3.80% ~ 14.34%（七件），平均 7.56%，渗透率 $0.005 \times 10^{-3} \sim 21.535 \times 10^{-3} \, \mu m^2$，中-粗晶白云岩物性次之，孔隙度 3.90% ~ 4.67%（两件），渗透率 $0.129 \times 10^{-3} \sim 24.912 \times 10^{-3} \, \mu m^2$，粉晶白云岩具有最差的物性，孔隙度 1.80% ~ 3.20%（两件），渗透率 $0.009 \times 10^{-3} \sim 0.030 \times 10^{-3} \, \mu m^2$。

4.2.2.3 烃源岩和沥青地球化学特征

1）沥青地球化学特征

灯影组储集层的氯仿沥青 "A" 含量可达 18 ~ 295ppm，说明其地史上发生过油气聚集。受高热演化程度的影响，其族组分中非烃和沥青质占有绝对的优势，饱和烃含量一般在 10% 左右，饱/芳比 >1，姥植比（Pr/Ph）在 0.23 ~ 27。正构烷烃分布为 "前峰型"，单峰分布，主峰碳为 nC_{18}，$\sum nC_{21-}/\sum nC_{21+}$ 值在 0.97 ~ 1.57，指示海相原油特征。

甾萜烷方面，三降新藿烷与三降藿烷比值在 0.9 左右，$C_{29}\alpha\alpha\alpha20S/(20S+20R) > 0.4$。普遍含有一定量的伽马蜡烷，伽马蜡烷/$C_{30}$藿烷值在 0.1 ~ 0.16。$C_{27}$甾烷/$C_{29}$甾烷值变化较大。

沥青干酪根碳同位素（$\delta^{13}C_{org}$）为 $-32.91‰ \sim -30.61‰$，其氯仿沥青 A（$\delta^{13}C_{沥青A}$）和芳烃（$\delta^{13}C_{芳烃}$）稳定碳同位素分别为 $-29.32‰ \sim -26.57‰$ 与 $-28.74‰ \sim -27.43‰$ 之间。具有干酪根向可溶有机质，族组分变重的趋势：$\delta^{13}C_{org} < \delta^{13}C_{沥青A} < \delta^{13}C_{芳烃}$。

2）烃源岩地球化学特征

牛蹄塘组烃源岩残余有机碳含量在 $1.21\% \sim 5.85\%$，平均高达 3.57%，是研究区内最优质烃源岩。饱和烃含量在 $8\% \sim 37.55\%$，饱/芳比普遍大于 2，WYBP9SY5 最高达 9.55；姥植比（Pr/Ph）<0.3，表明具有较强的还原环境。正构烷烃分布为"前峰型"，单峰分布，主峰碳为 nC_{18} 或 nC_{20}，$\sum nC_{21-}/\sum nC_{21+}$ 值 >1，指示海相烃源岩特征。

甾萜烷方面，三降新藿烷与三降藿烷比值在 1.0 左右，$C_{29}\alpha\alpha\alpha20S/(20S+20R)>0.42$。伽马蜡烷含量较低，伽马蜡烷/$C_{30}$ 藿烷值小于 0.1。样品 WYBP9SY6 具有异常低的 Ts/Tm 值（0.26），异常高的伽马蜡烷指数（0.61），这可能是该样品的五环三萜烷类化合物受明显生物降解作用。C_{27} 甾烷/C_{29} 甾烷在 $0.71 \sim 1.17$ 变化，在一定程度上具 C_{29} 甾烷分布优势。P_1 灰质烃源岩的残余有机碳平均含量为 0.63%；P_2w-c 煤层残余有机碳含量为 0.5%。正构烷烃分布为"前峰型"，单峰分布，主峰碳为 nC_{18} 或 nC_{20}。P_1 灰质烃源岩的 $\sum nC_{21-}/\sum nC_{21+}$ 值在 $0.65 \sim 1.40$，而 P_2w-c 煤层的 $\sum nC_{21-}/\sum nC_{21+}$ 值明显小于 1，表明其母质来源含有较多的高等植物。P_1 灰质烃源岩与 P_2w-c 煤层的 Ts/Tm 值与伽马蜡烷指数都比较稳定，C_{27} 甾烷/C_{29} 甾烷值小于 1，具明显的 C_{29} 甾烷分布优势。

稳定碳同位素方面，牛蹄塘组烃源岩的干酪根碳同位素（$\delta^{13}C_{干酪根}$）为 $-33.77‰ \sim -31.63‰$，而 P_1 灰质烃源岩与 P_2w-c 煤层的干酪根同位素均大于 $-30‰$，具明显偏重的特点。

4.2.2.4　油源对比

1）饱和烃色谱对比

沥青的正构烷烃系列参数指示海相原油的特征。牛蹄塘组烃源岩的正构烷烃系列同样反映了海相母质的特点。而二叠系烃源岩的正构烷烃系列参数指示了一定量的陆源高等植物母质，显示混源的特点。可见，在母质来源上灯影组沥青与牛蹄塘组烃源岩具有较好的可比性。

由于都形成于较强的还原环境，沥青与烃源岩的姥植比（Pr/Ph）差异并不明显。然而从 Pr/C_{17} 与 Ph/C_{18} 值相关图上明显可以看出：灯影组沥青与牛蹄塘组烃源岩具有相似的分布特征（图 4.20）；而二叠系灰质和煤系烃源岩的 $Pr/C_{17}<0.7$、$Ph/C_{17}<0.8$，与沥青的组成差别很大。

2）生物标志物对比

Zdy 沥青与 $\epsilon_1 n$ 碳质页岩色谱图呈单驼峰分布，同时随着碳数的增加峰高逐渐降低；而二叠系烃源岩色谱图具有双驼峰分布的特点，相反在高碳数部分峰高较大。在 m/z 191 质量色谱图上（图 4.21），Zbdy 沥青与 $\epsilon_1 n$ 碳质页岩具有相同的三环萜烷分布特征，而与二叠系烃源岩的差异较大。因此，生物标志物谱图的直观对比反映出 Zbdy 沥青与 $\epsilon_1 n$ 碳质页岩具有良好的可比性。

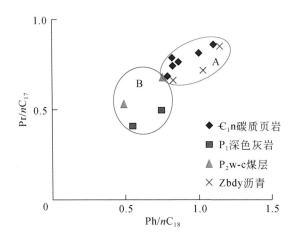

图 4.20　沥青与烃源岩 Pr/nC_{17} 与 Ph/nC_{18} 值相关图

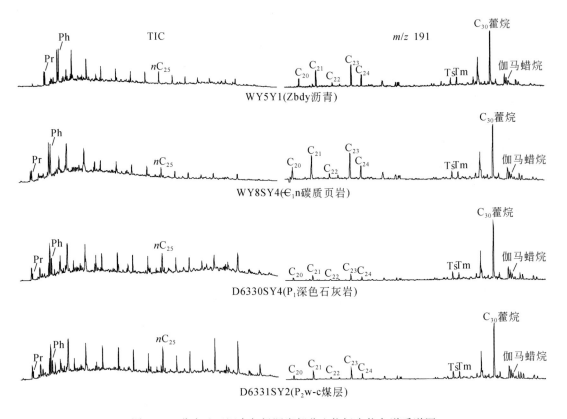

图 4.21　瓮安地区沥青与烃源岩部分生物标志物色谱质谱图

饱和烃质量色谱图（m/z 217）分析显示，沥青与 $\epsilon_1 n$、$P_2 w-c$ 烃源岩的 $C_{27}\alpha\alpha\alpha R$，$C_{28}\alpha\alpha\alpha R$ 和 $C_{29}\alpha\alpha\alpha R$ 甾烷的峰分布均呈反 "L" 型：$C_{27}\alpha\alpha\alpha R > C_{29}\alpha\alpha\alpha R > C_{28}\alpha\alpha\alpha R$；而 P_1 灰质烃源岩的分布呈 "V" 字型：$C_{27}\alpha\alpha\alpha R \approx C_{29}\alpha\alpha\alpha R > C_{28}\alpha\alpha\alpha R$。

另外，在规则甾烷 C_{27}-C_{28}-C_{29} 三角图上（图 4.22），灯影组沥青与牛蹄塘组碳质页岩聚类分区，揭示出它们之间具有较好的亲缘关系。

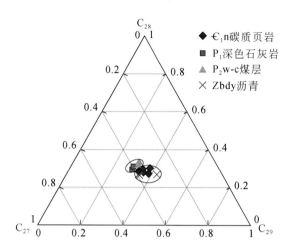

图 4.22   瓮安地区沥青与烃源岩 C_{27}、C_{28}、C_{29} 规则甾烷相对含量三角图

3）稳定碳同位素组成对比

烃源岩的干酪根稳定碳同位素组成（$\delta^{13}C$）受热分馏效应影响较小，是划分高-过成熟烃源岩有机质类型的可靠指标[5,6]。

如表 4.14 所示，二叠系煤层（$P_2w\text{-}c$）的干酪根碳同位素组成大于-26‰，属于Ⅲ型干酪根；而二叠系灰质烃源岩（P_1）干酪根碳同位素组成介于-30‰ ~ -28‰，属于Ⅱ$_1$型干酪根；牛蹄塘组烃源岩的干酪根碳同位素组成低于-30‰，为Ⅰ型干酪根。这与其正构烷烃系列参数反映的母质来源特征相符。沥青中干酪根同位素组成亦低于-30‰，反映出与牛蹄塘组烃源岩具有较好的亲缘关系。另外，在氯仿沥青"A"碳同位素组成上，$P_2w\text{-}$ c 普遍较灯影组沥青偏重1‰以上。在干酪根、氯仿沥青"A"以及芳香烃的碳同位素组成分布上，如图 4.23 所示，$P_2w\text{-}c$ 具有 $\delta^{13}C_{干酪根} > \delta^{13}C_{氯仿沥青} > \delta^{13}C_{芳香烃}$ 的分布特征；而 P_1、$\text{-}\in_1n$ 及震旦系沥青为 $\delta^{13}C_{干酪根} < \delta^{13}C_{氯仿沥青} > \delta^{13}C_{芳香烃}$ 或 $\delta^{13}C_{干酪根} < \delta^{13}C_{氯仿沥青} < \delta^{13}C_{芳香烃}$ 分布特征，曲线形态多为反"L"型。据此可以推断震旦系沥青的形成与 $P_2w\text{-}c$ 煤层无关。

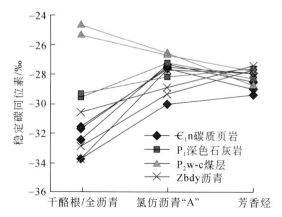

图 4.23   沥青与烃源岩的干酪根、氯仿沥青"A"及芳香烃碳同位素组成对比图

沥青与烃源岩的正构烷烃单体碳同位素组成介于$-32‰ \sim -26‰$，随着碳数的增加主体上碳同位素组成逐渐偏轻（表4.14，图4.24）。沥青间的同位素组成差异小于$0.6‰$，同时具有相同的变化趋势，表明为单源岩供烃。

表4.14　瓮安玉华和木引槽地区烃源岩及沥青正构烷烃单体碳同位素组成（$\delta^{13}C/‰$，PDB）

样品编号	WY8SY1	WY8SY4	WY8SY7	D6330SY4	D6331SY2	WY5Y1	WY5Y2
nC_{15}	—	−29.17	−29.1	—	−30.5	−28.66	−28.27
nC_{16}	−28.6	−28.64	−28.61	−27.74	−28.4	−28.76	−28.89
nC_{17}	−29.06	−28.67	−28.69	−28.3	−28.87	−28.57	−28.15
nC_{18}	−28.51	−28.77	−28.6	−28.74	−28.97	−29.67	−29.13
nC_{19}	−29.55	−29.37	−29.61	−30.66	−30.45	−29.63	−30.03
nC_{20}	−29.72	−29.95	−30.07	−31.19	−30.69	−29.86	−30.02
nC_{21}	−30.93	−30.35	−30.78	−31.37	−30.67	−30.34	−30.63
nC_{22}	−30.08	−30.29	−30.48	−31.44	−30.43	−30.32	−30.55
nC_{23}	−30.83	−29.98	−30.23	−30.74	−30.49	−30.32	−30.35
nC_{24}	−30.74	−30.76	−30.45	−31.08	−30.03	−29.86	−29.87
nC_{25}	−31.37	—	−31.38	−30.61	−31.17	−30.45	−29.9
nC_{26}	−31.29	—	−30.65	—	—	—	—
nC_{27}	−31.82	—	−31.88	—	—	—	—

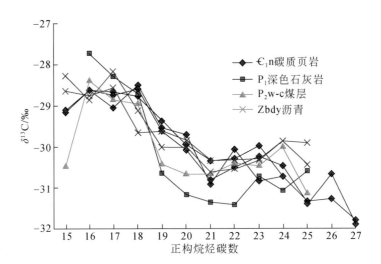

图4.24　沥青与烃源岩正构烷烃单体碳同位素组成对比图

通过对比表2与图4.24具有以下特点：

（1）P_2w-c煤层与沥青的nC_{15}正构烷烃碳同位素组成差异高达$2‰$，严重偏轻，另外P_2w-c煤层nC_{20}和nC_{25}正构烷烃碳同位素组成较沥青组成偏轻$0.6‰$以上；

（2）P_1石灰岩与沥青的nC_{16}、nC_{20}及nC_{24}正构烷烃碳同位素组成差异高于$1‰$，P_1石

灰岩 nC_{19}、nC_{21} 及 nC_{22} 正构烷烃碳同位素组成较沥青组成偏轻 0.6‰ 以上；

（3）$\epsilon_1 n$ 与沥青的各正构烷烃碳同位素组成差异普遍在 0.6‰ 以内；沥青与 $\epsilon_1 n$ 的正构烷烃碳同位素组成变化曲线近于一致，而与 P_2w-c 煤层及 P_1 石灰岩的差异较大。由此可以排除沥青与二叠系煤系及灰质烃源岩的亲缘关系，与前述认识一致。

4.2.3　贵州麻江奥陶系—志留系古油藏

4.2.3.1　地质概况

麻江古油藏位于黔南拗陷东部，处于黔中古隆起与雪峰隆起之间的黄平独山凸起（图 4.25）。黔南拗陷震旦纪以来海相沉积盆地演化可划分为四个阶段，即震旦纪—早奥陶世、中奥陶世—志留纪、泥盆纪—石炭纪及二叠纪—中三叠世。震旦纪—早奥陶世为被动大陆边缘阶段海相碳酸盐岩沉积，形成"下组合含油气系统"，中奥陶世—志留纪为加里东古隆起形成与演化阶段，发生于奥陶纪末的都匀运动是黔中隆起由水下隆起演变为古陆的转折时期，在麻江古油藏主体部分表现为中下志留统翁项群（$S_{1-2}w$）低角度不整合于中、上奥陶统之上。泥盆纪—石炭纪为裂谷盆地形成与演化阶段，二叠纪—中三叠世为稳定碳酸盐台地。

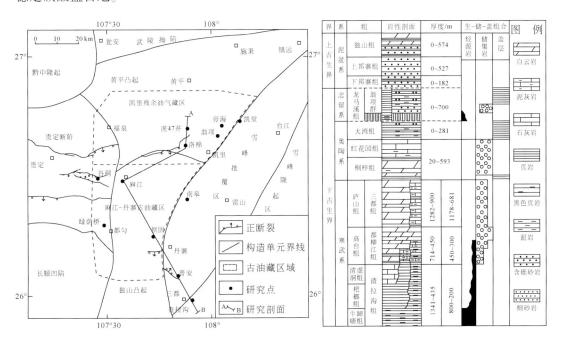

图 4.25　麻江古油藏区域构造单元划分及研究剖面分布

麻江古油藏所在的黔南拗陷海相层系具有良好的石油地质条件。该地区下寒武统黑色泥岩是主要的烃源岩之一，三都及丹寨一带发育有中寒武统都柳江组烃源岩，奥陶系五峰组及志留系龙马溪组烃源岩受古隆起控制主要分布于黔北拗陷等地区；下奥陶统红花园组

（O_1h）石灰岩和志留系翁项群（$S_{1-2}w$）一、二段发育的滨岸砂岩是主要储集层；翁三段有厚达 260 ~ 450m 泥岩盖层。

以麻江等地古油藏为代表的油源对比研究认为其主要烃源岩为下寒武统牛蹄塘组等层位（韩世庆等，1982），另外，对储层成岩期次进行了初步划分（刘树晖等，1985），对该区烃源岩、原油及沥青地球化学特征进行了较系统的研究（刘文汇等，2012；贺训云等，2012），烃源岩热演化史研究表明存在多期生油或生气过程（韩世庆等，1983；冯常茂等，2008；陶树等，2009），幕式流体活动与油气成藏研究反映麻江等地早中三叠世仍然存在油气成藏过程（向才富等，2008），油气成藏同位素定年技术将麻江地区主要成藏时间约束为早中三叠世（陈玲等，2011；高波等，2012），对油气保存等若干重难点进行了较深入的探索（汤良杰等，2006，2008）。上述研究推动了该区海相层系"下组合"油气勘探与油气理论研究，但是对于其中关于古油藏原油或者沥青来源一直存在较大争议（韩世庆等，1982；刘树晖等，1985；武蔚文等，1989；张渠等，2007；高林等，2008；林家善等，2011），对油气运移聚集过程及与原油、沥青分布的关系讨论一直不清或者较抽象。

目前关于麻江古油藏原油或沥青来源的主要观点可分为"单源论"与"双源论"。"单源论"观点认为主要烃源岩为下寒武统黑色页岩（韩世庆等，1982；张渠等，2007；高林等，2008），"双源论"观点认为除下寒武统外，翁项群上部灰色泥岩（武蔚文等，1989；林家善等，2011）或下志留统龙马溪组黑色页岩（刘树晖等，1985）也有所贡献。产生上述争议的主要原因有三点：①采用单因素对比缺乏可信度，仅采用生物标志物或者某项有机碳同位素具有偶然因素，特别是古老海相烃源岩层系有机质往往是单一的菌藻及浮游生物来源，在常规生物标志物上很难区分；②在南方高、过成熟海相烃源岩及沥青分布区，常规生物标志物得出的油源对比结论应当重新审视（梁狄刚等，2005）；③选取对比参数缺乏油气生成、运移及成藏等地质历史演化过程中的动态分析，特别是对于油气运聚过程的分析，以往研究主要基于古隆起的分布对油气运聚的控制，对油气运移通道的研究多限于推论，油源对比研究中缺乏关于与油气运移路径（输导体系）的相互印证。

本次研究在总结近年来前人研究相关资料数据的基础上，补充了古油藏油气地球化学、流体包裹体及有机岩石学分析数据。通过对沥青、原油与烃源岩地球化学特征深入分析，研究沉积环境、母质来源、热演化过程中的分馏效应以及是否微生物降解等对有机碳同位素影响，探讨麻江古油藏各地沥青、油苗及原油来源。针对研究区加里东至海西期形成的古隆起、不整合面及断裂系统对流体活动与油气运移聚集的控制机理这一重要难题，从有机岩石学分析与流体包裹体测温着手，以流体活动的角度对油气来源与油气输导体系进行相互印证，分析探讨麻江古油藏油气从烃源岩到圈闭的时空动态耦合关系。

4.2.3.2　古油藏残余原油、沥青油气地球化学特征

油气地球化学分析（表 4.15）表明，丹寨、都匀、麻江及凯里等地 O_1h 及 $S_{1-2}w$ 原油、油苗及沥青总体具有较高的氯仿沥青"A"含量，有机碳含量（TOC）0.56% ~ 5.52%，热解（S_1+S_2）为 0.22 ~ 6.15mg/g。热解峰温变化较大，为 440 ~ 586℃，其中油苗 T_{max} 低于固体沥青，仅为 440 ~ 447℃。根据郜立言（1986）建立的 Ⅰ 型有机质 R^o-T_{max}

关系，可以大致估算液态油苗 R^o 约为 0.6% ~ 1.0%，固体沥青普遍大于 1.6%。麻江 $S_{1-2}w$ 沥青海相镜质组反射率（R^o_{MV}）为 1.84% ~ 1.94%，其等效镜质组反射率按刘祖发等 （1999）提出的公式 $R^o_V = 0.81R^o_{MV} + 0.18$（$R^o_{MV} > 1.50\%$）计算，为 1.67% ~ 1.75%。张渠等 （2007）研究表明麻江 O_1h 及都匀 $S_{1-2}w$ 储层沥青反射率（R^b）分别为 2.39%、2.22%，等效镜质组 R^o 按刘德汉（1994）提出的公式 $R^o_V = 0.668R^b + 0.346$ 计算分别为 1.94% 和 1.83%，而凯里洛棉 $S_{1-2}w$ 油苗 R^b 仅为 0.47%，相当于 R^o_V 为 0.66%。因此热解峰温 T_{max} 与等效镜质组反射率数据表明各地沥青总体处于高成熟阶段，而原油与液态油苗成熟度较低。姥植比 Pr/Ph 为 0.91 ~ 1.40，大多数沥青及原油 Pr/Ph>1，烷烃参数 Pr/nC_{17} 及 Pr/nC_{18} 能够较好地反映有机质的降解作用，一般受降解作用影响的样品其 Pr 和 Ph 的相对丰度会大于其相邻的正构烷烃，沥青及原油 Pr/nC_{17} 为 0.13 ~ 0.50，Pr/nC_{18} 为 0.16 ~ 0.46，反映未遭受微生物降解作用，因此采用碳同位素进行来源分析时可以排除微生物降解的干扰。

表 4.15 O_1h 及 $S_{1-2}w$ 沥青及油苗有机地球化学参数

地点	层位产状	样号	TOC/%	S_1+S_2/(mg/g)	Pr/Ph	Pr/nC_{17}	Pr/nC_{18}	T_{max}/℃	R^o/%
麻江	O_1h 沥青	1	5.52	6.15	1.40	0.36	0.32	486	1.60*
		2	1.80	0.22	1.28	0.42	0.40	586	>1.60*
	$S_{1-2}w$ 油砂	3	0.81	0.56	1.11	0.44	0.46	485	1.60*
		4	4.36	4.75	1.22	0.36	0.36	480	
丹寨坝固	O_1h 沥青	5	1.31	0.43	0.91	0.13	0.16	525	>1.60*
凯里洛棉	$S_{1-2}w$ 油苗	6	0.56	2.3	0.95	0.36	0.43	447	0.60 ~ 1.00*
		7	0.61	1.76	0.98	0.36	0.44	440	
		8	0.61	1.25	0.92	0.37	0.46	447	
麻江	$S_{1-2}w$ 沥青	9	0.64	0.84	1.21	0.50	0.46	487	1.75
		10	0.91	1.17	1.12	0.40	0.40	486	1.67

注：1 ~ 8 号样品 R^o 数据（带*）根据 T_{max} 估算。

4.2.3.3 油源对比

选取的对比指标主要为有机碳同位素与芳烃标志物，包括油（沥青）族组分同位素、固体沥青同位素与干酪根碳同位素对比、正构烷烃碳同位素成因分析，芳烃标志物 DBT/P。

1）可能烃源岩有机质丰度及干酪根碳同位素

麻江古油藏及周边震旦系—下古生界主要存在三套主要可能烃源岩，有机质含量及干酪根碳同位素详见表 4.16。下寒武统烃源岩（$\in_1$）主要以硅质岩、磷块岩、碳质页岩、粉砂岩等黑色岩系为主，黑色岩系厚 40 ~ 103m，其特点是厚度较大，有机质丰度较高，成熟度较高，生烃较早，有机质主要来源于藻类、菌类生物，沉积环境为缺氧、低能和滞留的浅海环境，干酪根同位素一般较轻，主要分布区间为 -33‰ ~ -31‰（腾格尔等，2008；杨平等，2012）。震旦系陡山沱组（Zds）有机质含量较高，干酪根同位素较轻，为 -31.90‰ ~ -28.92‰，但厚度较小，如三都渣拉沟厚度仅为 5m。因此 $\in_1$ 早期生成的石油或多或少与 Zds 生成的石油混合，这种混合可以发生在油气运移阶段，也可以发生在油气聚集阶段，但不管如何，这种混合油主要是代表下寒武统烃源岩的特征。

表 4.16　黔南拗陷及邻区主要烃源岩有机质含量及干酪根碳同位素

| 层位 | 地名 | 岩性 | 厚度/m | TOC/% | | | $\delta^{13}C_{干酪根}$/‰，PDB | | 来源 |
				范围	平均值	数量	范围	平均	
Zds	三都渣拉沟	黑色泥岩	5	1.76~7.79	4.84	7	−31.90~−31.10	−31.50	腾格尔，2008
	遵义松林	黑色泥岩及磷块岩	16.6	1.22~2.71	1.82	7	−30.02~−28.96	−29.48	
	湄潭梅子湾	黑色泥岩	18.9	2.3~2.83	2.51	5	−30.89~−30.28	−30.54	
ϵ_1	湄潭梅子湾	黑色泥岩	40	4.41~6.66	6.05	3	−32.52~−31.85	−32.12	实测
	遵义松林	硅质页岩	0.45	2.18~20.57	11.63	6	−34.01~−32.32	−33.48	
		黑色泥岩	5.68	4.91~11.34	9.67	8	−34.99~−32.42	−34.07	
		含钼层	0.2	1.74		1	−31.68		
		黑色泥岩	37.5	6.19~15.12	10.66	2	−31.18~−30.64	−30.91	
	三都渣拉沟	黑色泥岩	95	1.94~6.02	3.16	15	−32.40~−30.70	−31.50	腾格尔，2008
	南皋	黑色泥岩	103	4.25~12.55	6.88	6	−33.70~−29.10	−31.40	
$\epsilon_2 d$	三都普安	石灰岩夹页岩	300	0.15~2.25	1.18	17	−31.2~−28.6	−29.5	
$O_3w—S_1lm$	綦江观音桥	黑色页岩	37	0.98~10.38	5.53	12	−31.10~−28.97	−30.04	实测
$S_{1-2}w$	凯里洛棉	灰色泥岩	0	0.01~0.42	0.14	33	>−28		腾格尔，2008

研究区及以南还存在其他几套非区域性烃源岩，如三都及丹寨等地中寒武统斜坡相都柳江组（$\epsilon_2 d$）深灰色石灰岩夹黑色页岩，平均有机碳含量为 1.18%，最高可达 2.25%，累计厚度约 300m，为中等-较好烃源岩，石灰岩与黑色页岩 $\delta^{13}C_{干酪根}$ 为 −31.2‰~−28.6‰（腾格尔等，2008），鉴于都柳江组主要烃源岩为石灰岩，因此可将柳江组烃源岩 $\delta^{13}C_{干酪根}$ 大致界定为 −30‰~−29‰。研究区及以北奥陶纪至志留纪之交沉积的五峰组及龙马溪组（$O_3w—S_1lm$）黑色页岩有机质含量较高，热演化程度普遍达到 1.60%，$\delta^{13}C_{干酪根}$ 为 −30‰左右。

2）族组成同位素曲线

油源对比过程中要充分考虑油（沥青）与烃源岩热演化的差异性，由于目前所获取的烃源岩在热演化程度与油（沥青）差异巨大，不能盲目进行"数字对比"，将烃源岩碳同位素曲线恢复至与油（沥青）同样的成熟度非常必要。对于以菌藻为母质来源的烃源岩或者石油在热演化过程中干酪根或者族组成碳同位素变化较大，如热模拟实验研究结果显示热演化过程中干酪根碳同位素组成具有较大的变化（熊永强，2004），I 型干酪根 R^o 由 0.70% 演化至 3.50% 过程中，首先经历变重的过程，并在 $R^o=1.50\%$ 到达最大值，$\triangle\delta^{13}C_{干酪根}$ 为 3.54‰，之后随着成熟的增加 $\delta^{13}C_{干酪根}$ 总体呈变轻的趋势，并在 $R^o>3.00\%$ 趋于稳定，其中 R^o 从 1.60% 演化至 3.50% 过程中，$\triangle\delta^{13}C_{干酪根}$ 为 −0.94‰，R^o 从 0.70% 演化至 3.50%，$\triangle\delta^{13}C_{干酪根}$ 为 1.73‰［图 4.26（a）］。热演化过程族组分碳同位素同样发生了较大变化，如塔里木盆地 S74 井稠油由模拟温度 300℃ 增加至 550℃ 过程中，饱和烃、芳烃、非烃及沥青质分别增重了 4.99‰、6.07‰、5.30‰ 及 5.11‰（刘光祥等，2008），因

此 R^o 由 1.65% 增加至 3.50%，饱和烃、芳烃、非烃及沥青质分别增重了 2.36‰、2.96‰、1.98‰ 及 1.53‰ [图 4.26（b）]。

表 4.17 和图 4.26（c）显示麻江古油藏各地不同层位原油、油砂及沥青族组成碳同位素数据及曲线（①～⑧），其中曲线①～③分别代表油砂、油苗及原油，等效镜质组反射率为 0.60%～1.00%，总体表现为较轻的碳同位素，且碳同位素曲线大致具有 $\delta^{13}C_{饱和烃}$ < $\delta^{13}C_{芳烃}$ < $\delta^{13}C_{非烃}$ < $\delta^{13}C_{沥青质}$ 特征，接近理想同位素曲线（Stahl，1978；王大锐等，2000），其中曲线①～②是地表油砂及油苗样品，可能有少量高熟沥青可溶有机质的混入，造成芳烃、非烃与沥青质碳同位素规律性较差，④～⑧为沥青碳同位素曲线，受较高沥青成熟度影响略具"倒转"现象，根据曲线形态具体可以分为三种类型：①曲线④具有较轻的碳同位素；②曲线⑦～⑧有较重的碳同位素；③曲线⑤～⑥介于前面两者之间。

表 4.17　O₁h 及 S₁₋₂w 含沥青样品、油苗及原油碳同位素与来源判断

采样位置	层位/产状	$\delta^{13}C/‰$，PDB						数据来源	对比结果
		原油/沥青"A"	固体沥青	饱和烃	芳烃	非烃	沥青质		
麻江	O₁h 沥青	−30.20	−31.96	−29.90	−29.85	−29.84	−29.85	张渠，2007	∈₁
都匀	S₁₋₂w 沥青	−27.70	−31.62	−28.90	−27.73	−27.95	−28.93		∈₁/∈₂d
虎 47 井	O₁h 原油	−31.40		−31.80	−31.20	−30.50	−30.30		O₃w—S₁lm
洛棉	S₁₋₂w 油苗	−30.80	−31.90	−31.40	−31.00	−31.00	−31.20		O₃w—S₁lm
麻江	S₁₋₂w 沥青		−31.90～−31.70					实测	∈₁

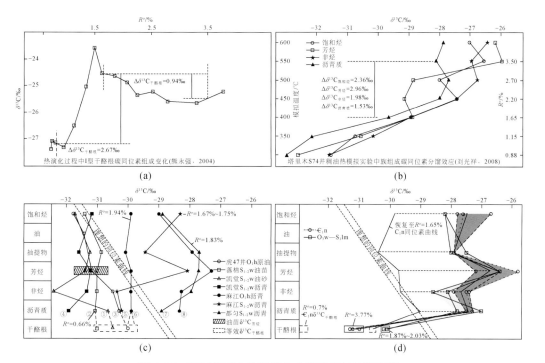

图 4.26　碳同位素曲线热演化分馏效应与油源识别

刘文汇等（2012）研究了川北青川寒武系固体沥青及沥青砂岩（$\boldsymbol{\in}_1$ 来源，R^b = 0.50%），发现其沥青"A"碳同位素为 -35.80‰ 和 -35.42‰，而凯里虎庄构造 $S_{1-2}w$ 轻质油沥青"A"碳同位素 -31.70‰，同样成熟度的样品沥青"A"碳同位素存在巨大差异。根据曲线①~③碳同位素分布、油苗芳烃 $\delta^{13}C$ 及低熟油理想的碳同位素曲线可以推测曲线①~③等效 $\delta^{13}C_{干酪根}$ 大致为 -31.10‰ ~ -29.70‰，当 $\boldsymbol{\in}_1$ 烃源岩成熟度恢复至 R^o = 0.70% 时，$\delta^{13}C_{干酪根} \leqslant -32.73‰$，这与推测的原油、油苗及油砂等效 $\delta^{13}C_{干酪根}$ 差别较大且不具可对比性。因此上述数据表明凯里地区油苗来源肯定不是 $\boldsymbol{\in}_1$ 烃源，而是来源于某种干酪根碳同位素略重的烃源岩，到底来自于那套（$\boldsymbol{\in}_2 d$ 或 O_3w—$S_1 lm$），将通过油苗芳烃 DBP/T 进行判别。

图 4.26（d）是黔北金沙 $\boldsymbol{\in}_1 n$ 与 O_3w—$S_1 lm$ 烃源岩碳同位素曲线，其中 $\boldsymbol{\in}_1 n$ 有机质沥青反射率为 4.54% ~ 5.55%（坛俊颖等，2011），O_3w—$S_1 lm$ 有机质沥青反射率为 2.28% ~ 2.53%，换算后等效镜质组反射率分别为 3.38% ~ 4.05% 和 1.87% ~ 2.03%。因此根据上述碳同位素曲线热演化过程的变量可将 $\boldsymbol{\in}_1 n$ 同位素曲线恢复至 R^o = 1.65%，可以发现碳同位素此时不具明显的"倒转"现象，其特征与图 4.26（c）中曲线⑥相似，与曲线⑤也具有一定的可对比性，而与曲线⑦~⑧在碳同位素值上具明显的差异。因此曲线⑥来源于 $\boldsymbol{\in}_1$，曲线⑦~⑧来源于某种碳同位素较 $\boldsymbol{\in}_1$ 重的烃源岩，而曲线⑤可能同时具有上述两种来源。

3）正构烷烃碳同位素

图 4.27 为来自各地沥青、油砂或者油苗正构烷烃碳同位素，由于热演化的差异性在进行油-油对比或者油-源识别过程中必须对热演化程度进行校正。实验表明模拟温度从 250℃（等效 R^o = 0.70%）升高至 400℃（等效 R^o = 1.63%）正构烷烃碳同位素增加 1% ~ 4%，并且在 C_{18+} 的部分变化相对较大（Bjoroy et al.，1992；熊永强等，2001），因此可通过 $\triangle\delta^{13}C$（C_{18+}）将高成熟沥青正构烷烃同位素恢复至与低熟油同样的成熟度进行相似性对比。

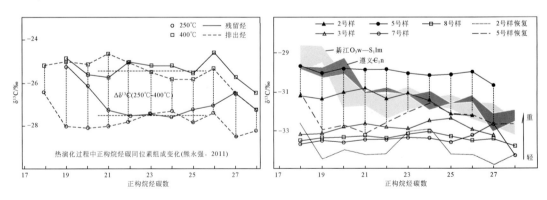

图 4.27　油苗、沥青与主要烃源岩正构烷烃碳同位素

恢复结果表明，正构烷烃碳同位素总体呈现 2 号样 < 7 号样 ≤ 8 号样 < 3 号样 < 5 号样。麻江 $O_1 h$ 沥青具有最轻的正构烷烃同位素，表明其 $\boldsymbol{\in}_1$ 来源，正构烷烃碳同位素虽然与黔北等地牛蹄塘组黑色页岩的分布模式有较大差别，但这是由于可溶有机质碳同位素在高-过

成熟阶段发生"漂移"所造成的（梁狄刚等，2009）。麻江 $S_{1-2}w$ 油砂普遍具有相对较重的正构烷烃碳同位素，显示与该地沥青来源具有一定差异性，表明其来源与 $\in_2 d$ 烃源岩或 O_3w—$S_1 lm$ 有关。凯里地区油苗对比校正后麻江沥青正构烷烃同位素相对较重，这与族组分同位素反映的结果一致，即凯里油苗代表 $\delta^{13}C_{干酪根}$ 相对较重的烃源岩成因，即 $\in_2 d$ 烃源岩或 O_3w—$S_1 lm$ 黑色页岩。丹寨沥青较正后仍然具有最重的正构烷烃同位素，与较重的族组分同位素一致，表明其来源于 $\in_2 d$ 烃源岩。

4）固体沥青碳同位素

固体沥青主要来源为石油中的非烃及沥青质，高成熟度下干酪根与沥青碳同位素相差不大，在高成熟沥青与烃源岩干酪根对比中适用性较强（王铜山等，2008）。古油藏各地各层位孔洞中均存在黑色固体沥青，且成熟度总体相近，R^o 均在 1.60% 以上，固体沥青碳同位素分布稳定且较轻，总体为 –31.96‰ ~ –31.62‰，为典型的 $\in_1$ 来源。上述认识似乎与可溶有机质得出的结论不一致，但值得注意的 $\in_1$ 较 $\in_2 d$ 烃源岩更早生烃并运聚成藏，随着石油向上或者向构造高地运移聚集，石油中相对较重的组分如非烃及沥青质残留在储层孔隙中，储层中的固体沥青均保留了 $\in_1$ 的信息。

5）芳烃 DBT/P

Hughes（1995）利用 Pr/Ph 与二苯并噻吩/菲（DBT/P）相关性来进行原油和烃源岩沉积环境分类，研究表明 Pr/Ph<1，母质沉积水体属于较还原的环境，此时若 DBT/P<1，代表海相或湖相泥页岩沉积，若 1<DBT/P<3 为海相碳酸盐岩（泥灰岩）沉积，而若 DBT/P>3 为海相碳酸盐岩沉积。研究区凯里地区各层位大部分油苗 Pr/Ph 为 0.9 ~ 1.50，DBT/P 为 0.10 ~ 0.21（贺训云等，2012），因此油苗来源于海相页岩，而非碳酸盐岩或泥灰岩，因此根据 DBP/T 可以判断凯里地区液态油苗来源于非 $\in_1$ 的海相页岩，因此液态油苗的来源于 O_3w—$S_1 lm$ 黑色页岩或者与其同时异相的页岩。

4.2.3.4　黔中隆起南缘下古生界油气运聚模式

油气运聚与成藏机制研究需源于精确的油源识别，目前麻江古油藏成藏相关研究是建立在以往的油源对比结论之上，当油气来源认识出现偏差，油气运聚规律及精细的油气成藏模式将不能建立。但仅依靠精确的油源对比未必能对油气的生成、运移及成藏进行厘定，一定要结合该构造地质背景及油气成藏基本条件，并结合油气生成及流体活动规律，动态地分析油气从烃源岩到圈闭的时空耦合关系，图 4.28 深入刻画了麻江古油藏油气生成-运移-成藏模式，对古油藏若干问题作出了回答：①O_3w—$S_1 lm$ 黑色页岩供烃是否具有可行性？②在漫长的地质历史及较高热演化条件下，凯里地区下古生界仍存在原油及液态油苗？③各期油气运移的输导系统是否存在？

1）O_3w—$S_1 lm$ 供烃可行性

关于 O_3w—$S_1 lm$ 黑色页岩能否成为麻江古油藏的烃源岩一致存在相当大的争议，但族组分同位素与芳烃 DBT/P 已经证实凯里液态油苗及原油来源为 O_3w—$S_1 lm$ 黑色页岩，刘树晖通过凯里地区翁项群砂岩成岩序列的研究也认为志留系供烃的可行性。研究区在广西运动之后，志留系龙马溪组由北向南逐步超覆于黔中隆起之上，由于志留系巨厚的盖层沉积及缺乏张性断裂，O_3w—$S_1 lm$ 黑色页岩生成的石油无法垂相运移，沿不整合面向黔中隆

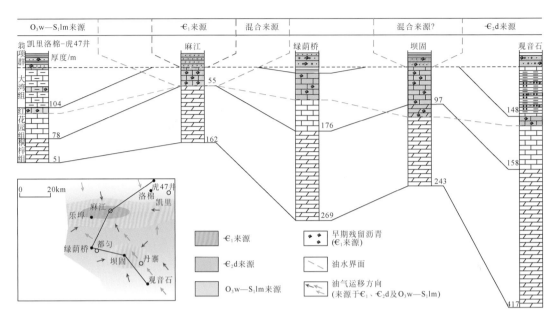

图 4.28　麻江古油藏奥陶系–志留系地层对比与油源识别

起及南缘侧向运移 ［图 4.29（a）］，虽然油气侧向运移距离较远可达 100km，但已有事实表明油气远距离的侧向运移仍然存在，如准噶尔盆地西缘距离烃源岩有数十至 100km 之远，依然形成油气田（沈扬，2010）。

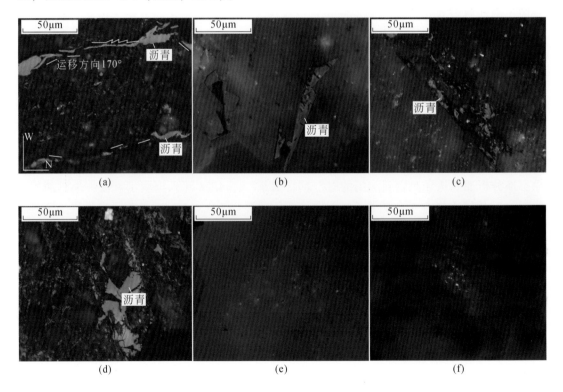

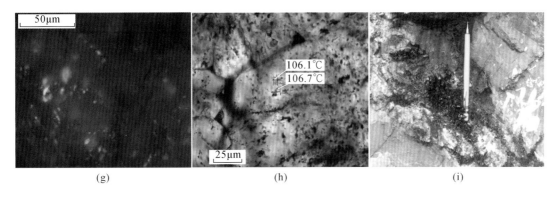

图 4.29　麻江古油藏流体活动与油气运移相关证据

（a）金沙岩孔 S_1lm 黑色页岩中条带状沥青，显示油气运移方向约为 170°（定向薄片）；（b）麻江 S_{1-2}w 油砂中固体沥青；（c）坝固 S_{1-2}w 砂岩中固体沥青；（d）金沙岩孔 $\in_1$n 黑色页岩中块状及不规则状沥青；（e）洛棉 O_1h 含油灰岩中烃类包裹体荧光呈黄绿色；（f）旁海 S_{1-2}w 油砂中烃类包裹体荧光呈黄绿色；（g）麻江 S_{1-2}w 油砂中烃类包裹体荧光呈亮黄绿色；（h）麻江 S_{1-2}w 包裹体成群分布；（i）普安 $\in_3$l 白云岩裂缝中方解石脉与沥青充填，地层产状：270°∠58°，方解石脉走向 325°，GPS：107°49′31″E，26°04′45″N

2）原油及液态油苗成因

有机岩石学分析显示麻江和坝固 S_{1-2}w 砂岩储层沥青往往沿孔隙壁呈脉状、球粒状、角片状或块状充填，具有明显的镶嵌状结构［图 4.29（b）、（c）］，且无荧光，这种特征类似于 $\in_1$ 与 O_3w—S_1lm 黑色页岩中赋存的焦沥青［图 4.29（a）、（d）］，显示储层曾经历了高温热演化作用。液态油苗、油砂及原油等成熟度往往偏低，洛棉 O_1h 含油石灰岩［图 4.29（e）］、凯里旁海 S_{1-2}w 油砂［图 4.29（f）］及麻江 S_{1-2}w 油砂［图 4.29（g）］中烃类包裹体荧光呈黄绿色，显示具有相对较低的成熟度，且为晚期成藏的产物，但翁项群地质历史中最大埋深可达 5000m，同层位液态油苗的成熟度也大幅低于储层孔洞中充填的高温热解焦沥青，而且低于上覆地层，在研究区不具备类似大巴山前缘逆冲断裂带液态油苗（翟常博等，2009）形成的地质条件下，主要原因如下：①高成熟沥青为早期 $\in_1$ 来源，液态油苗为 O_3w—S_1lm 来源且晚期成藏，麻江 S_{1-2}w 砂岩胶结物中赋存的包裹体［图 4.29（h）］均一温度为 92.7~114.3℃（八个数据），该数据与向才富等（2008）获得的包裹体均一温度 90~120℃ 基本一致，表明印支期形成的石油进入麻江古背斜后对早期的油藏重新进行流体调整；②O_3w—S_1lm 黑色页岩生成的石油充注时储层时代较新，处于成岩早期，在后期成岩作用下部分裂缝及吼道发生充填或胶结作用发生堵塞，使部分充注了液态石油的孔洞长期处于一个独立的封闭及压力体系，后期即使经历较高温度，封闭体系仍可得以保持。

3）输导体系

麻江古油藏输导体系受加里东运动形成的不整合面及黔南拗陷海西期控相正断裂共同控制。不整合面主要受都匀运动及广西运动控制，是油气长距离侧向运移的重要通道。海西期正断裂控制油气纵向运移有如下证据：①黔南三都普安上寒武统炉山组白云岩中存在近于垂直层面且走向为北西向的多组张性节理缝［图 4.29（i）］，该节理受三都普安地区发育的海西期正断裂控制，节理缝中发现于早期方解石之后充填大量黑色固体沥青。早期方解石表明断裂具张性特征，沥青充填晚于方解石表明断裂形成于油气生成之前或者同期形成的，若是晚期燕山运动油气藏破坏形成的，上寒武统炉山组及以下油藏已经演化为气藏，已经形成固态焦沥青而不可能发生运移。②丹寨及三都一带中、上寒武统古油藏（赵忠举等，2002）的形成也与该断裂系统有关。因此海西期控相主断裂（南丹至河池断裂）及次级断裂（如凯里虎庄、麻江谷硐及三都普安）形成时大多是活动及开启的，不仅控制着泥盆系—石炭系沉积，而且是油气运移的重要通道，断裂的形成与 $\unicode{x20AC}_1$ 及 $\unicode{x20AC}_2d$ 烃源岩生油期配套良好。综上所述，海西期断裂系统极有可能与 O_1h 和 $S_{1-2}w$ 之间的不整合面贯通，形成整个油气运移聚集的输导系统。

　　4）油气运聚过程分析

　　结合该构造地质背景、油气成藏基本条件、油气输导系统及流体活动规律，对麻江古油藏油气运聚规律可以做出如下刻画（图4.30）。

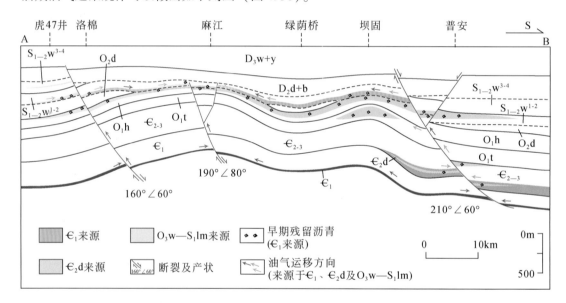

图4.30　麻江古油藏海西期构造剖面及油气生成-运移-成藏模式（剖面 A–B）

　　（1）根据古油藏成烃史（韩世庆等，1983；向才富等，2008）分析，加里东晚期（早奥陶至早志留世晚期）$\unicode{x20AC}_1$ 烃源岩处于生油阶段，受黔中隆起、断裂及不整合面构成的输导系统控制，油气向古背斜高部位（麻江或丹寨）O_1h 岩溶储层与 $S_{1-2}w$ 砂岩储层运聚油气运移与聚集的顺序依次为：丹寨及三都中上寒武统岩性圈闭-麻江古背斜顶部（麻江及丹寨）-古背斜两翼（凯里及三都）。该期油气成藏的特点是 O_1h 及 $S_{1-2}w$ 储-盖组合埋藏较浅，盖层封闭性能较差不利于油气的保存，在随后广西运动盖层遭受一定剥蚀，古油藏遭到一定程度的破坏，储层中残留大量沥青。与 O_1h 及 $S_{1-2}w$ 储-盖组合不同的是丹寨及三都 $\unicode{x20AC}_{2-3}$ 岩性圈闭埋藏较深，保存系统可能未遭破坏。

　　（2）$\unicode{x20AC}_2d$ 烃源岩生烃时间较 $\unicode{x20AC}_1$ 烃源岩略晚，为晚奥陶世至晚泥盆世，由于 $\unicode{x20AC}_2d$ 烃源岩受沉积相控制仅分布于三都及丹寨等地及以南，因此麻江古背斜南翼各地 $\unicode{x20AC}_{2-3}$、O_1t、O_1h

及 $S_{1-2}w$ 等储层接受了来自 ϵ_2d 烃源岩生成的石油充注。

（3） O_3w—S_1lm 黑色页岩在印支期早中三叠世进入生油门限并达到生油高峰，生成的石油在黔中隆起的控制下长距离往南运移，运移方向约 170℃，油气运移至麻江古背斜北翼凯里及麻江等地区成藏。由于孔隙充填作用及胶结作用部分液态石油得以保存至今，在凯里落棉、凯堂、旁海、虎 47 井 O_1h 及 $S_{1-2}w$ 及麻江城南 $S_{1-2}w$ 等层位均可以见到液态油气显示，且有机岩石学显示固体沥青与油滴比例为 70∶30 ~ 80∶20，液烃荧光呈黄绿色。向才富等（2008）认为第一幕流体活动发生在印支期早中三叠世主要有两种原因：其一是寒武系烃源岩及加里东期古油藏可以二次生烃，其二是奥陶系、志留系烃源岩在三叠纪末进入大规模生排烃阶段。第一种原因值得怀疑，主要理由如下：①ϵ_1 及 ϵ_2d 烃源岩在早三叠世等效镜质组反射率均超过 2.0%，生烃能力有限，早期形成的中—上寒武统油藏已经演化为气藏，早—中三叠世是盆地稳定沉积期，不具备油气藏大规模破坏的构造条件。②现今地表露头保留了大量印支期形成的液烃包裹体。

（4）油气运聚输导体系模型与流体活动规律的认识很好解释了麻江古油藏的油源及其油气运聚过程，即古油藏的分布受生-储-盖匹配、输导体系类型及其展布规律控制。麻江古背斜南翼油气藏油源主要是 ϵ_1 及 ϵ_2d 烃源岩，麻江古背斜北翼古油藏的油源主要为 ϵ_1 烃源岩，而印支期原油及液态油苗形成则与 O_3w—S_1lm 油源的长距离运聚有关。

4.3　中上扬子海相层系流体活动与油气成藏耦合

黔北地区海相碳酸盐岩层系经历了多期构造运动。不同阶段受不同构造应力场控制，形成了一系列断裂、褶皱、不整合、古隆起、古斜坡及古岩溶。影响构造-沉积格局的关键构造事件为都匀运动、广西运动、印支运动及燕山运动。都匀运动发生于奥陶纪末，是黔中隆起从水下发育演变为陆上发育的转折期。黔中隆起控制黔北地区及邻区震旦系—下古生界油气的成藏，尤其是加里东—海西期油气成藏与黔中隆起形成的时间、范围等密切相关，形成了麻江奥陶系—志留系古油藏、金沙岩孔和仁怀大湾震旦系灯影组（Zdn）古油藏。金沙岩孔古油藏位于黔中隆起北缘岩孔背斜，灯影组上部为一套厚 102m 的碳酸盐台地内滩相藻屑、砂屑及鲕粒白云岩，靠近顶部发育厚 9.79 ~ 20.05m、有大量沥青显示的溶孔型优质储集层。沥青多充填于晶间溶孔、铸模孔、粒内孔、溶洞及裂缝体系中，储集层残余孔隙度为 2.03% ~ 10.85%。金沙岩孔灯影组古油藏是加里东期油气成藏的重要证据，该古油藏与四川威远气田、慈利南山坪古油藏的成藏条件相似。有机碳同位素组成及 V/Ni 值显示沥青主要来自下寒武统牛蹄塘组（ϵ_1n）黑色泥页岩（图 4.31）。

4.3.1　多期含烃流体活动的储层响应特征

4.3.1.1　储层分布规律

灯影组孔隙度的发育与沉积相有较密切的关系，从图中可以看出，灯影组孔隙度相对较高主要有以下区域（图 4.32）：

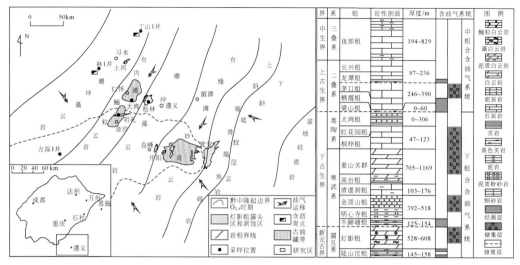

图 4.31　黔北灯影组储集层分布与含油气系统综合柱状图

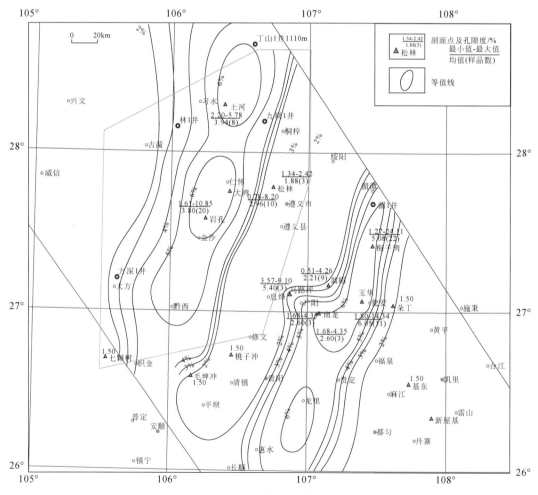

图 4.32　灯影组储层孔隙度等值线

（1）上扬子台地东缘翁安—湄潭一线，主要岩相为台地边缘砂屑白云岩及粗晶白云岩，实测残余孔隙度可在2%～14%，个别样品受灯影组古暴露淡水淋滤形成大量溶蚀孔洞孔隙度可达可达24.11%，含沥青白云岩储层主要围绕边缘滩相储层分布，如瓮安玉华、开阳南龙及乐旺河等地，储层物性相对较好的湄潭梅子湾未见沥青显示，这可能与黔中隆起对油气运移聚集的控制作用有关。

（2）灯影组沉积晚期黔北发育一个台地内部浅滩，主要岩性为砂屑白云岩、豆粒白云岩，主要代表剖面有金沙岩孔绿竹、箐口、仁怀大湾剖面，古油藏有利的储层岩性为砂屑白云岩、砾屑白云岩、鲕粒白云岩、藻屑白云岩及藻白云岩，孔隙类型主要为晶间孔、铸模孔，孔洞中充填大量沥青，经有机碳方法计算沥青含量2.03%～4.73%，平均3.40%，油气进入储层时储层平均孔隙度可达10%，最大可达20%，该区白云岩厚度400～500m，其中Ⅰ-Ⅱ类有利储层厚度岩孔绿竹为9.79m，仁怀大湾为20m。

综上所述，金沙岩孔灯影组上部储层物性总体较好，平均孔隙度在3%～4%左右，油气充注前原始孔隙度可达10%，而灯影组下部孔隙度较差，平均孔隙度2%左右，造成上述储层物性分异的原因可能有以下几点：

（1）金沙岩孔灯影组上部普遍发育一套厚约100m的砂砾屑白云岩、豆粒白云岩及藻屑白云岩，为震旦纪晚期上扬子地区碳酸盐岩台地内浅滩沉积。

（2）金沙岩孔灯影组顶部遭受震旦纪末桐晚期表生岩溶作用，沿藻纹层白云岩形成大量豆荚状溶孔和皮壳状白云岩，对致密的粉-微晶白云岩主要是沿微裂隙进入进而形成溶蚀孔洞，溶蚀孔洞大多在厘米级及以上，最大溶洞可达米级，且溶洞后期均被多期次的石英、白云石、沥青及方解石充填，对颗粒白云岩主要表现为对颗粒如砂屑、砾屑、鲕粒及豆粒等的溶蚀改造并形成铸模孔。

（3）埋藏阶段溶蚀，埋藏阶段溶蚀受控于黔北特有的多旋回叠合盆地演化与构造沉降-抬升及再次沉降抬升，多期次的沉降带来了烃源岩的多期次生烃作用与含烃流体活动，在黔中隆起、桐湾期形成的不整合面等控制下，含烃流体对之前桐湾运动表生岩溶形成的孔洞进行反复的溶蚀加大与复合充填作用。

（4）灯影组下部岩性主要为潮坪相藻白云岩，缺乏高能滩相沉积的具有亮晶胶结物的颗粒白云岩，纵向上距离桐湾期表生岩溶影响带较远，古岩溶作用程度减小，下部藻白岩距离主要的上覆的下寒武统烃源岩纵向上距离较远，三期埋藏阶段未受到带来的流体活动造成的埋藏溶蚀作用或者影响程度较小。

4.3.1.2　多期溶蚀作用形成多种储集空间类型

研究区灯影组主要储集空间可以分为孔隙和裂缝，以孔隙为主，通过野外剖面观察及铸体薄片鉴定的孔隙可以分为格架孔、粒内溶孔、溶洞、粒间溶孔、"葡萄花边"构造残留孔洞、晶间孔及晶间溶孔、残余铸模孔七种孔隙类型。裂缝主要为构造缝及构造-溶蚀缝，多发于1～2期，裂缝充填物一般有硅质、沥青、白云石、方解石及石英（表4.18）。

表 4.18 研究区灯影组储集空间类型划分

储集空间类型	主控因素	是否具组构选择性	发育层位	储集空间特征
格架孔（窗格孔）	沉积相	是	灯影组上部	形成时间早，孔隙易被胶结物充填
粒内溶孔	沉积相	是	灯影组上部	受沉积相控制，在易溶解的颗粒内部发育，部分被后期白云石半充填
粒间溶孔	沉积相	是	灯影组上部	在易溶解的粒间胶结物中发育，部分被后期白云石半充填，连通性略差
残余铸模孔	沉积相	是	灯影组上部	主要发育在滩相砂屑白云岩、砾屑白云岩及鲕粒白云岩，均先后被白云石及沥青充填
晶间孔、晶间溶孔	沉积相	是	灯影组大部	主要发育在细晶-中粗晶白云岩及颗粒白云岩中
大规模溶孔、溶洞	桐湾期表生岩溶	否	灯影组上部-顶部	可形成小孔，也可形成较大的洞穴
"葡萄花边"构造残留孔洞	桐湾期表生岩溶	否	灯影组中部	主要与藻白云岩伴生，似"豆荚状"充填有白云石、石英及沥青
裂缝	构造应力	否	灯影组中上部	油气充注、运移及深部埋藏溶蚀的通道

1）格架孔（窗格孔）

此类孔隙受相带控制明显，主要发育在蓝细菌凝块、蓝细菌叠层白云岩中，其孔隙分布形态与蓝细菌类原生形态相似，可以呈窗格状或叠层状。孔隙的形成主要是早期蓝细菌类等有机易溶物质被溶解后形成的，但该类孔隙易被早期胶结物充填，因此多为无效孔隙，仅少量薄片可以见到有效孔隙存在［图4.33（a）］。

2）粒内溶孔

此类孔隙也明显受沉积相带控制，主要发育在颗粒白云岩中。但该类孔隙的形成首先要求颗粒本身容易溶解，其次要求颗粒溶解后不能被胶结物完全充填，或胶结物被溶解，因此也较为少见。粒内孔较为发育，颗粒本身几乎已被完全溶蚀并大多被亮晶白云石取代，仅剩颗粒周缘早期的泥晶胶结物被保留下来。薄片下可见有效孔隙并不多，且连通性略差，孔隙多见沥青。在仁怀大湾、金沙岩孔、湄潭梅子湾及瓮安玉华可见大套具有针孔状的颗粒白云岩，主要发育在藻团块、砂屑、砾屑、鲕粒及豆粒等颗粒白云岩中，分布较广泛，孔隙率0.1%～1%［图4.33（b）、（c）］。

3）粒间溶孔

由于灯影组不像下三叠统飞仙关组那样可以形成大规模鲕滩，岩石中颗粒含量普遍较低，在沉积颗粒初期难以形成完全依靠颗粒支撑的结构组分，因此原始的粒间孔很难发现。灯影组的粒间孔主要是在表生岩溶作用下，岩溶角砾之间形成的砾间溶孔，此外蓝细菌砂屑、蓝细菌凝块的颗粒之间胶结物被溶蚀后也可形成次生粒间溶孔。孔隙周围常常可见晚期形成的亮晶白云石以及沥青［图4.33（c）、（d）］。

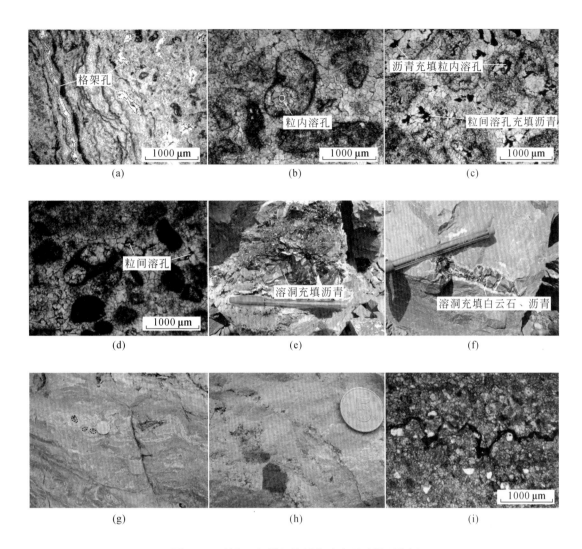

图 4.33 研究区灯影组储层孔隙宏观及微观特征

（a）XTP1CH2，习水土河，藻白云岩，生物格架孔；（b）JY-1，金沙岩孔绿竹，砂屑白云岩，砂屑粒内溶孔；（c）JY-4-3，金沙岩孔绿竹，豆粒白云岩，沥青充填粒内溶孔与粒间溶孔；（d）YK-23-1，金沙岩孔白云山，砂屑白云岩，沥青半充填粒间溶孔；（e）金沙岩孔箐口，粉晶白云岩，沥青充填溶洞；（f）金沙岩孔箐口，粉晶白云岩，白云石、沥青依次充填溶洞；（g）遵义松林，灯影组下部藻白云岩与"葡萄花边"构造残留孔洞；（h）金沙岩孔箐口，细晶白云岩与沥青充填不规则微裂缝；（i）JY-9-1 金沙岩孔绿竹，沥青充填溶蚀缝

4）大规模溶孔、溶洞

此类孔洞空间可大可小，小的仅约 1cm，规模大的可以达到数米。此类储集空间主要发育在灯四段上部，靠近不整合面顶部，灯二段上部也有发育但规模不大。该类储集空间主要是在表生岩溶作用下形成的。灯二期末及灯四期末有两期大的构造运动（桐湾运动 I 幕及 II 幕），此时相对海平面下降，沉积间断，多处地层发生暴露溶蚀现象，大量的孔洞形成。虽然随后有多个期次的胶结物对储集空间进行了胶结破坏，但仍有很多有效孔隙保

留了下来，为油气储集、运移提供空间 ［图 4.33 (e)、(f)］。

5)"葡萄花边"构造残留孔洞

经分析认为，此类孔隙是一种特殊的孔隙类型，主要发育在灯影组下部及中部 ［图 4.33 (g)］。该类孔洞仅发育在具"葡萄花边"构造的白云岩中，从地球化学特征 (施泽进，2011) 来看，"葡萄花边"的生长过程中明显有大气淡水参与，是在大气淡水形成的岩溶缝洞系统中发育的多期次胶结物，其现象本身也是一种岩溶作用及胶结作用的双重标志。但众所周知，在灯影组二段中下部目前还没有发现大的不整合标志。因此排除了构造运动的可能，全盆范围的岩溶作用很可能是在海平面大规模下降的背景之下形成的。

6)裂缝

在野外、岩心、薄片中都可以看到，灯影组白云岩中普遍发育构造裂缝 (图 4.33)，且裂缝有明显被溶蚀扩大的现象 ［图 4.33 (i)］。铸体薄片观察显示灯影组裂缝主要可以分为早晚两期，早期裂缝多被充填或胶结，而具有切割早期裂缝特征的晚期裂缝则多可以形成有效缝，这些裂缝不但是有效的储集空间，还可以连通整个储层段，尤其是前面提到的大规模孔洞相对较孤立，需要裂缝系统对其进行沟通、疏导。因此，裂缝在对整个灯影组储层的改善起到了相当关键的作用。

7)晶间孔及晶间溶孔

晶间孔发育非常普遍，仁怀大湾、习水白岩、金沙岩孔、开阳马路坪、湄潭梅子湾及瓮安玉华等地均有，孔隙率 0.1% ~ 1.5% ［图 4.34 (a)、(b)］。晶间溶孔，晶间溶孔是晶间孔发生溶蚀作用而形成的一种次生孔隙，成岩阶段早期形成的晶间孔大小一般受白云石晶粒的大小控制，后期多期次溶蚀作用会多晶间孔进行强烈的溶蚀改造，对原有孔隙表现为溶蚀加大，储层物性得到相当大程度改善。研究区灯影组溶蚀机制可以分为两种，表生岩溶作用与埋藏溶蚀作用，表生岩溶作用可以分为同生期浅水暴露成因和成岩早期桐湾期古岩溶成因，埋藏溶蚀作用受控于多旋回的沉积盆地沉降，四川盆地东南缘及黔北金沙、仁怀等地一般发生三期埋藏沉降与溶蚀作用，而黔中隆起以东湄潭、开阳及瓮安等地发生二期埋藏沉积与溶蚀作用。

8)残余铸模孔

铸模孔，是灯影组颗粒白云岩中选择性溶解颗粒而形成的具有原颗粒外形的孔隙，其实它与粒内溶孔形成机制非常相似，即铸模孔是粒内溶孔进一步溶解形成的产物，其孔隙度与渗透率与粒内孔相似。研究区灯影组铸模孔主要为残余铸模孔。发育位置主要与灯影组高能滩相颗粒白云岩的分布密切相关，且受控于震旦纪末桐湾期表生岩溶及多期次埋藏溶蚀作用。因此研究区灯影组铸模孔主要发育位置为金沙岩孔、仁怀大湾灯影组上部构成的台内浅滩相砂屑白云岩、砾屑白云岩、鲕粒白云岩及豆粒白云岩，另外瓮安玉华及湄潭梅子台地边缘浅滩相砂屑白云岩、鲕粒白云岩也非常发育 ［图 4.34 (c) ~ (f)］。

图 4.34　边缘滩相灯影组储层岩石及铸体薄片特征

（a）开阳南龙，粗晶白云岩，大量沥青充填于晶间溶孔；（b）开阳南龙，KN-4，粗晶白云岩，晶间孔，晶间溶孔依次充填中-粗晶白云石及沥青，沥青呈角片状半充填；（c）瓮安玉华，砂屑白云岩与溶孔，溶孔干净，无充填物；（d）SP46-19CH1，砂屑白云岩，沥青充填铸模孔，晶间溶孔半充填巨晶白云石，残余孔隙干净，无沥青充填；（e）瓮安玉华，ZK032 井，砂屑白云岩，铸模孔，面孔率15% ~20%；（f）砂屑白云岩残余铸模孔发育，白云石半充填

4.3.1.3　孔隙结构

本次研究重点收集了研究区灯影组获得的 48 件储层压汞分析数据。样品主要来自金沙岩孔、遵义松林、习水土河及湄潭梅子湾，总的来看，灯影组毛管压力曲线形态曲线平台不太明显，排驱压力（P_d）较难确定，储集性能的定量特征研究采用 P_{c10}、P_{c50}、$R_c >$ 0.075μm、S_{min} 等参数。P_{c10} 视为 P_d，P_{c50} 视为饱和度中值压力，S_{min} 为最小非饱和的孔隙体积。

金沙岩孔各剖面及湄潭梅子湾获得的灯影组典型岩石类型毛管压力曲线形态图，表明大部分岩石毛管压力曲线都位于水银饱和度（S_H）—毛管压力（P_c）半对数直角坐标关系的右上方，平台不明显，说明孔喉分布偏细，分选一般。根据毛管压力曲线的形态，可将 48 件样品的毛管曲线分为六种类型（图 4.35）。

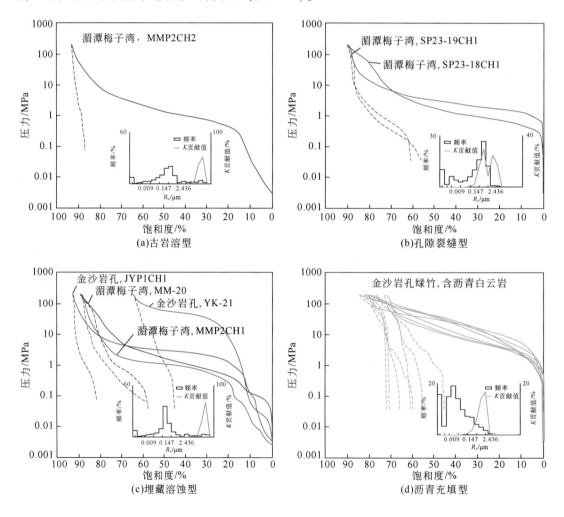

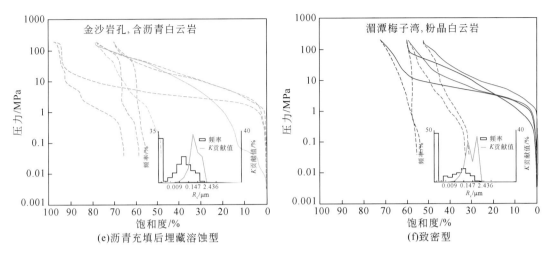

图4.35　黔北灯影组白云岩储层压汞曲线类型

（a）古岩溶型，该类样品一般位于灯影主上部及顶部，主要受到震旦纪末桐湾期表生岩溶作用形成超大溶孔、溶洞，具较高的孔隙度，由于孔喉多被细小的岩溶角砾堵塞造成渗透率一般，这类样品主要位于习水土河、金沙岩孔及湄潭梅子湾等地，代表性样品有 XTP1CH1、MMP2CH2；进汞曲线在汞饱和度20%～70%曲线平台倾角在15°左右，一般具有较低的排驱压力和对应较高的孔隙半径，如样品 MMP2CH2，$\phi = 24.11\%$，$K = 0.218 \times 10^{-3} \mu m^2$，$P_{c_{10}} = 0.052 MPa$，$R_{c_{10}} = 15.802 \mu m$，最小非饱和的孔隙体积（$S_{min}$）为7.297%。

（b）孔洞裂缝型，此类储层孔隙度主要受储层中孔洞控制，而渗透率主要控制因素为裂缝，因此压汞曲线特征具有孔隙型和裂缝双重特征，这类样品一般具有较高的孔隙度和渗透率，代表性样品有湄潭梅子湾 SP23-18CH1 及 SP23-19CH1，进汞曲线在汞饱和度5%～70%曲线平台倾角在10°左右，具有较低的排驱压力和对应较高的孔隙半径，物性及压汞分析参数表明上述代表性样品孔隙度为 13.96%～14.61%，渗透率 0.398×10^{-3}～$2.310 \times 10^{-3} \mu m^2$，$P_{c_{10}}$ 为 0.475～1.306MPa，对应的 $R_{c_{10}}$ 为 0.574～1.580μm，最小非饱和的孔隙体积（S_{min}）为10.038%～10.529%。

（c）埋藏溶蚀型，此类储层主要岩性为滩相亮晶颗粒白云岩，孔隙发育、孔隙类型主要为粒内溶孔、晶间溶孔及残余铸模孔等，孔隙形成机制主要为不同时期埋藏阶段油气及带来的热流体对储层的改造作用，因此埋藏溶蚀型的储层具有较高的孔隙度和渗透率。代表性样品有金沙岩孔的 JYP1CH1、YK-21 和湄潭梅子湾的 MM-20、MMP2CH1。根据埋藏溶蚀程度和储层本身物性参数的相对大小，金沙岩孔 JYP1CH1 由于物性好，进汞饱和度可达90%，进汞曲线在汞饱和度5%～70%曲线平台倾角在8°左右，具有最低的排驱压力和对应较高的孔隙半径，物性及压汞分析参数表明样品孔隙度为10.85%，渗透率 $0.710 \times 10^{-3} \mu m^2$，$P_{c_{10}}$ 为 0.110MPa，对应的 $R_{c_{10}}$ 为 7.2620μm，最小非饱和的孔隙体积（S_{min}）为7.050%。金沙岩孔白云山砂屑白云岩样品 YK-21，虽然孔隙度较低仅为2.88%，但是由于埋藏溶蚀过程中形成溶蚀缝而渗透率达到 $11.286 \times 10^{-3} \mu m^2$，因此压汞曲线表现为具有较低的进汞饱和度，由于溶蚀缝的存在，P_{c10} 仅为 0.074MPa，对应的 R_{c10} 为 0.074μm，最小非饱和的孔隙体积（S_{min}）为 35.807%。湄潭梅子湾砂屑白云岩 MM-20 及 MMP2CH1 进汞饱和度可达 85%，进汞曲线在汞饱和度 20%～70% 曲线平台倾角在 8°～10° 左右，具有最低的排驱压力和对应较高的孔隙半径，物性及压汞分析参数表明样品孔隙度为 8.47%～10.76%，渗透率 18.98×10⁻³～113.033×10⁻³ μm²，P_{c10} 为 0.019～0.125MPa，对应的 R_{c10} 为 6.000～38.894μm，最小非饱和的孔隙体积（S_{min}）为 8.800%～10.429%。

（d）沥青充填型，此类储层主要岩性为滩相亮晶颗粒白云岩，孔隙发育、孔隙类型主要为粒内溶孔、晶间溶孔及残余铸模孔等，孔隙形成机制与埋藏溶蚀型相同，主要区别为该类储层后期受到油气充注后，在高温热演化的过程中形成大量固体沥青充填孔隙，造成原有孔隙大量减少，实且实测具有较低的孔隙度和渗透率，评价次类储层应当注意不能按照现行的储层评级方法，且储层评价结果应比按既有的评价标准至少高出一个级别。此类储层主要分布在金沙岩孔及仁怀大湾灯影组上部，孔隙度 2.03%～4.73%，渗透率 0.004×10⁻³～0.164×10⁻³ μm²，进汞饱和度可达 90%，进汞曲线在汞饱和度 15%～80% 曲线平台倾角在 15° 左右，具有较高的排驱压力和对应较小的孔隙半径，从埋藏溶蚀型储层和沥青充填型储层的孔隙分布频率图可以看出，沥青充填过程造成孔隙半径（R_c）>0.2436μm 这一类孔隙急剧减少，这就是沥青充填过程中孔隙度及渗透率急剧降低的主要因素。

（e）沥青充填后埋藏溶蚀型，原有孔隙形成机制与埋藏溶蚀型和沥青充填型相似，主要区别是沥青充填后埋藏溶蚀型的溶蚀阶段主要发生在沥青充填之后，即浅埋藏及中等埋藏过程中为液态烃充注储层，深埋藏阶段为液态烃裂解沥青充填孔隙与深埋溶蚀作用及气藏的形成，此阶段溶蚀一般形成较大的溶孔，溶孔中半充填巨晶白云石与石英，因此现在地表出露储层的孔隙与该阶段的形成的孔隙接近。在区域上分布于埋藏溶蚀型及沥青充填型储层的分布基本一致，主要分布在金沙岩孔、仁怀大湾灯影组上部。实测孔隙度 3.46%～7.08%，渗透率 0.028×10⁻³～1.452×10⁻³ μm²，进汞饱和度大多 70%～80%，最大可达 95%，进汞曲线在汞饱和度 10%～70% 曲线平台倾角在 8°～12° 左右，具有较低的排驱压力和对应较大的孔隙半径，从沥青充填型和青充填后埋藏溶蚀型储层的孔隙分布频率图可以看出，深埋藏阶段溶蚀主要造成孔隙半径（R_c）= 0.1μm 左右这一类孔隙增加，这是沥青充填后深埋藏溶蚀过程中孔隙度及渗透率增加的主要因素。

（f）致密型，此类岩石一般具有极低的孔隙度和渗透率，主要岩性为粉细晶白云岩，多形成于低能的沉积环境，胶结物为泥晶结构，少量存在的孔隙中未见沥青充填痕迹，表明其岩石组构特征较致密，油气及流体不能进入岩石或者沿裂缝进入后由于本身基质的特点不能发生普遍的溶蚀作用。此类岩石分布非常普遍，研究区及邻区各剖面均有分布，孔隙度大多为 1.49%～2.33%，渗透率仅 0.001×10⁻³～0.026×10⁻³ μm² 进汞饱和度大多 50%～70%，进汞曲线在汞饱和度 10%～50% 曲线平台倾角在 10°～15° 左右，具有最高的排驱压力和对应极小的孔隙半径。

4.3.2 桐湾期古岩溶对储层改造作用

4.3.2.1 古喀斯特地貌、溶洞特征

结合区内地质资料、区域上的露头特征以及构造演化史分析结果，认为本区灯影组中存在古岩溶作用，其发生的时间是震旦纪末的桐湾运动期，主要特征如下：

（1）由于桐湾运动构造升降的差异性，不仅仅是牛蹄塘组与灯影组呈不整合接触，古岩溶高地、斜坡及洼地等部位溶蚀厚度有所差异，在剖面上表现为溶蚀削截［图4.36（a）］，灯影组顶部呈喀斯特特征，如金沙岩孔［图4.36（b）］、鹤峰白果坪［图4.36（c）］，上覆牛蹄塘组超覆于灯影组之上。

（2）非组构选择性岩溶。区别于以组构选择性溶蚀为特征的（准）同生溶蚀作用，孔洞的位置与边界与组构要素（原生沉积颗粒、交代产物及胶结物等）无明显关系［图4.66（d）］，方解石脉沿微缝穿插岩石，且沟通性良好，褐铁矿、不透明矿物呈质点状星散分布在方解石粒间或沿微裂隙分布。

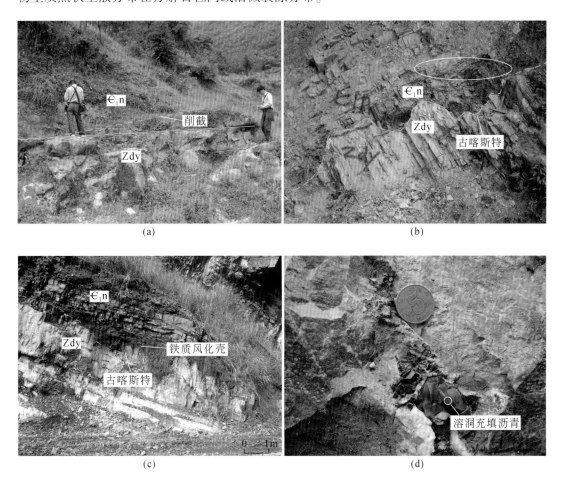

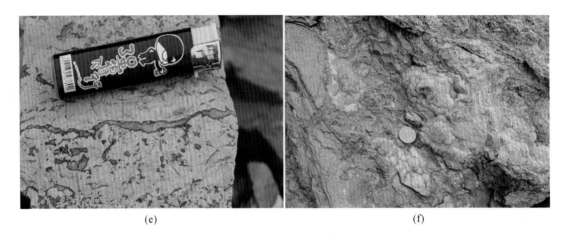

(e)　　　　　　　　　　　　　　　　　　　　　(f)

图 4.36　黔北灯影组储层古岩溶野外露头表征

（a）习水土河，灯影组顶部白云岩遭古岩溶削截；（b）习水土河，细晶白云岩，灯影组顶部发育大量不规则岩溶孔洞角砾分选较差，呈棱角状不规则分布；（c）金沙岩孔，牛蹄塘组与灯影不整合接触，灯影组顶部发育古喀斯特；（d）金沙岩孔，灯影组上部，距顶真厚度约 50m，发育大型溶洞并被油气充注，后期演化为固体沥青；（e）湄潭梅子湾，灯影组顶部古岩溶，形成蜂窝状溶洞；（f）鹤峰白果坪，牛蹄塘组与灯影不整合接触，灯影组顶部发育古喀斯特，铁质风化壳厚度可达 1m；（g）遵义松林，灯影组，花边状构造；（h）遵义松林，灯影组，葡萄状构造

　　（3）组构选择性岩溶。沿藻纹层白云岩形成大量豆荚状溶孔和皮壳状白云岩，对致密的粉-微晶白云岩主要是沿微裂隙进入进而形成溶蚀孔洞，溶蚀孔洞大多在厘米级及以上，最大溶洞可达米级，且溶洞后期均被多期次的石英、白云石、沥青及方解石充填，对颗粒白云岩主要表现为对颗粒如砂屑、砾屑、鲕粒及豆粒等的溶蚀改造并形成铸模孔。

　　（4）灯影组与牛蹄塘组接触面附近发育一层褐铁矿化层［图 4.36（c）］，灯影组上部地层中发育有大量溶孔、溶洞、溶缝，并出现反映古风化壳存在的岩溶角砾岩段。这些孔、洞、缝主要分布在不整合面以下 0～100m 的地层中。

　　（5）在溶蚀孔、洞、缝中发现与淡水作用有关的白云石充填物，并出现特殊的花边状［图 4.36（b）］、葡萄状［图 4.36（b）］构造。这些"花边"多沿斜交穿层的溶缝、溶洞充填，有时可出现分叉复合现象。同时，在溶蚀孔、洞、缝中也发现上覆寒武系磷质、陆源碎屑、生物屑等渗流充填物。多数观点认为，由于海平面下降，早期形成的藻纹层白云岩暴露于大气之中，大气淡行淋滤时，富含藻纹层和叠层构造的泥晶白云岩遭受溶蚀，同时部分藻类物质经细菌腐解而进入溶液，随水向下迁移，另一部分未被溶解物质残留原地。因而残留原地的渗流带内见到所谓的"核形石、凝块石"以及渗流豆石、渣状白云岩等，部分溶蚀孔洞被后期淡水亮晶白云石充填，形成"雪花"。所以雪花、花斑状白云岩为渗流带中的复合体。随水向下迁移的富含碳酸盐和有机质的溶液进入潜流带的层面或裂隙时，由于压力的减小和 CO_2 的放出，一些碳酸盐和有机质物质再次沿层面和裂隙沉淀出来，沉淀时以质点为中心逐渐向外生长，形成所谓的"葡萄状"白云岩。

　　（6）在灯影组顶部由于强烈的岩溶作用，多见大量古岩溶孔洞［图 4.36（b）］，呈蜂窝状［图 4.36（e）］，储层物性测试结果表明，湄潭梅子湾灯影组剖面中未发生表生岩溶的样品 MM-23-2 孔隙度仅为 2.89%，渗透率 $0.003 \times 10^{-3} \mu m^2$；当受到明显的古岩溶作用，白云岩形成蜂窝状溶孔，孔隙度急剧增加，由于岩溶形成的各种角砾及泥微晶物质的对充填与喉道的堵塞，渗透率未发生明显改善［图4.37（a）～（d）］，如样品MMP2CH₂孔隙度可达24.11%，渗透率仅为0.218×10⁻³ μm^2，当然这也是该区灯影组油气及流体活动较弱造成的，实际上野外露头观察及岩石薄片分析中均未在该地区灯影组发现明显的沥青残留。

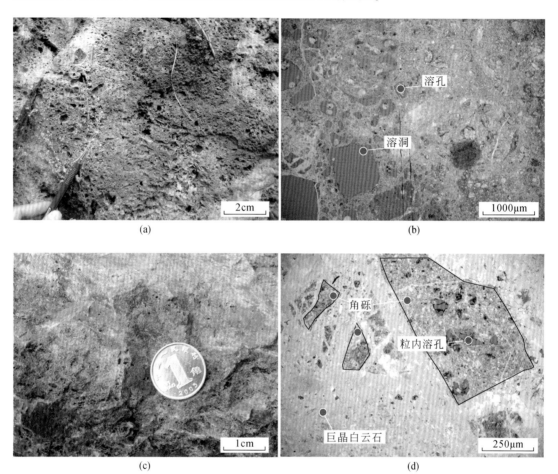

图4.37　灯影组储层古岩溶野外露头及铸体薄片特征

（a）湄潭梅子湾，MMP2CH₂，砂砾屑白云岩，古岩溶溶蚀孔洞；（b）MMP2CH₂，古岩溶溶蚀孔洞大量发育，ϕ = 24.11%，K = 0.218×10⁻³ μm^2；（c）习水土河，XTP1CH₁，细晶白云岩，古岩溶溶蚀孔洞；（d）XTP1CH₁，细晶白云岩，岩溶角砾分选较差，呈棱角状不规则分布，ϕ = 5.78%，K = 0.266×10⁻³ μm^2

4.3.2.2　古岩溶的地球化学证据

岩石中元素抗风化能力存在较大差异，活动性元素（Ca、Mg、K、Na 等）极易随流体发生迁移并被带出风化壳，而相对运移性弱或惰性的元素（Si、Al、Fe、Ti 等）容易残留在风化壳中且相对富集。

福泉高坪震旦系顶部基岩及渣状黏土层的常量元素分析结果表明（图4.38），与灯影组上部基岩相比，黏土层主要表现为 MgO 的淋失和 SiO_2、Al_2O_3、Fe_2O_3、Fe_2O、P_2O_5、TiO_2 不同程度的相对富集，K_2O、Na_2O、CaO 在基岩与黏土层中的差异并不明显（表 4.19）。代表氧化环境的 Fe_2O_3 元素在黏土层中的含量大幅增加，表明该套渣状黏土层形成时处于暴露氧化条件；而易溶性元素 Mg 的被淋失表明当时气候温暖湿润，利于元素的淋失；SiO_2、Al_2O_3 等难溶成分的含量有很大幅度的增加，可能与暴露期间地表径流带来的陆源碎屑有关。黏土层中 P 元素的高度富集可能在一定程度上与当时的生物活动以及热液活动有关。常量元素地化特征表明，该套黄褐色渣状黏土层即是震旦系末期形成的古风化壳。

图 4.38　福泉高坪剖面古风化壳特征及样品分布

表 4.19　福泉高坪灯影组顶部基岩与古风化壳常量元素含量（%）

样品号	岩性	SiO_2	Al_2O_3	Fe_2O_3	FeO	CaO	MgO	K_2O	Na_2O	TiO_2	P_2O_5	MnO	灼失
GP-6HX	黏土	16.29	12.05	3.78	0.53	25.75	0.48	1.47	<0.04	0.18	23.48	<0.0015	11.84
GP-5HX	黏土	10.61	3.54	8.27	0.47	35.4	0.18	0.2	<0.04	0.06	27.77	0.013	7.76
GP-4HX	白云岩	4	0.66	2.88	0.44	28.16	19.82	0.19	<0.04	0.039	0.17	0.22	43.36
GP-3HX	白云岩	3.53	0.67	0.38	0.26	29.62	20.26	0.2	<0.04	0.043	0.22	0.13	44.62
GP-2HX	白云岩	3.24	0.6	0.64	0.2	29.18	20.41	0.18	<0.04	0.077	0.12	0.15	44.71
GP-1HX	白云岩	2.39	0.49	0.082	0.44	29.82	20.93	0.16	<0.04	0.046	0.099	0.079	45.26

4.3.2.3　胶结物中明亮阴极发光及 Mn-Fe 含量显示淡水成因

　　阴极发光分析是沉积学的重要研究手段之一，已在碳酸盐沉积学（包括碎屑岩的碳酸盐胶结物研究）中得到了广泛的应用。电子探针等高精度的分析技术可以定量测量具有发光的碳酸盐矿物中微量元素的含量，这为研究碳酸盐成岩事件及判断成岩流体性质提供了重要依据。同时对碳酸盐矿物有关 Mn 作为激活剂、Fe 作为猝灭剂的阴极发光原理（黄思静，1992）也为人们所普遍接受。

有关碳酸盐胶结物阴极发光环带的形成机理，前人也做了大量研究。如 Ebers 等（1979）对美国新泽西州 Mascot-Jefferson 铅锌矿床白云石环带的研究，获得了与铅锌矿物化时间有关的白云石的沉淀时间，后来 David 等（2000）对 Pb 和 Zn 作为阴极发光感光剂的研究，以及 Mn、Fe 作为阴极发光激活剂和猝灭剂的最低含量的研究，Jones（2004）对英属西印度群岛 Cayman 组环带状白云石胶结物的研究，Jun 等（2008）对含油环带状方解石在油气幕式成藏中应用的研究。等都有较深入的分析成果。

黄思静等（2008）研究塔里木奥陶系古岩溶储层认为，方解石胶结物的阴极发光环带与其 Sr、Na、Mn、Fe 质量分数与之间具有良好的对应关系，亮带具有较高的 Mn、Fe 质量分数，暗带则具有较高的 Sr、Na 质量分数，其受控因素主要是流体中元素浓度变化和化学动力学效应，因而环带的形成与相对开放的成岩环境有关，这也是大气水成岩环境的特征之一。黄思静等（2008）对四川盆地东北部三叠系飞仙关组碳酸盐岩阴极发光特征与成岩作用关系的研究表明，四川盆地东部三叠系飞仙关组的碳酸盐岩普遍具有很弱的阴极发光性，在常规测试条件下甚至没有阴极发光，其原因与其很低的 Mn 含量有关。飞仙关组碳酸盐岩很弱的阴极发光性说明沉积期后非海相流体对飞仙关组碳酸盐的影响非常有限，成岩流体与海水关系密切，海源流体参与的成岩作用是飞仙关组碳酸盐岩所经历的主要成岩作用。

在通过黔北灯影组储层薄片观察、阴极发光及氧同位素综合分析发现，灯影组储层发育六世代胶结物、四期溶蚀及四期白云石，黔北灯影组不同埋深环境下三期流体活动带来的有机酸，对早期古岩溶残余孔隙及反映两期石油充注、一期天然气成藏和晚期气藏破坏过程充填物具有复合叠加溶蚀作用（杨平等，2014）。换而言之，无论发生几次溶蚀-重结晶-白云石充填作用，晚期的重结晶或者白云石充填作用均在原有富含淡水成因方解石的基础上复合叠加溶蚀作用形成的，如果是这样，各期次充填的白云石在微量元素含量等方面与白云岩基质完全不同。如图 4.39 所示，无论是哪期油气充注形成的白云石，阴极发光均具有亮黄色特征，与第一世代海源流体形成的粉晶白云石昏暗的阴极发光特征完全不同。

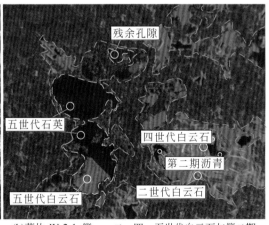

(a)薄片:JY-2-1,单偏光,×4　　　　(b)薄片:JY-2-1,第一、二、四、五世代白云石与第二期
　　　　　　　　　　　　　　　　　　　沥青,阴极发光,×4

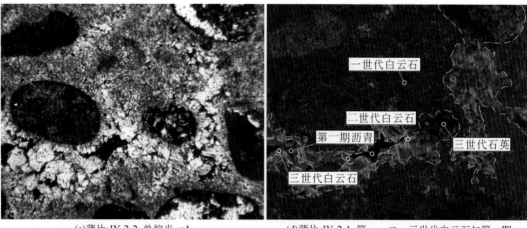

(c)薄片:JY-2-2,单偏光,×4 　　　　　　　(d)薄片:JY-2-1,第一、二、三世代白云石与第一期
沥青,阴极发光,×4

	桐湾期淡水 岩溶孔洞		加里东晚期浅 埋藏溶孔		印支期中等 埋藏溶孔		燕山早期深 埋藏溶孔

图 4.39　黔北灯影组储集层世代胶结物与多期溶孔

通过常量元素分析表明金沙岩孔灯影组白云岩 FeO 含量 0.039% ~ 0.11%，MnO 为 0.0083% ~ 0.016%，换算为 Fe^{2+}、Mn^{2+} 含量分别为 303 ~ 855ppm、64 ~ 124ppm，表明碳酸盐胶结物具有淡水成因或改造的特点。靠近灯影组顶部的样品 JY-9-1SiO$_2$ 含量 6.86%，Al_2O_3 含量 1.45%，同时具有一定量 TiO_2 及 P_2O_5，CaO 及 MgO 相对其他样品较低，反映早期淡水改造后的化学成分，古岩溶带来一定量磨圆度较高石英碎屑充填孔隙（表 4.20）。

表 4.20　金沙岩孔及遵义松林震旦系灯影组常量分析结果（10^{-2}）

送样号	SiO_2	Al_2O_3	FeO	CaO	MgO	K_2O	Na_2O	TiO_2	P_2O_5	MnO	灼失
JY-1	0.88	<0.01	0.050	30.48	22.70	0.012	<0.04	<0.005	0.016	0.0083	45.86
JY-2-1	0.32	<0.01	0.084	30.11	22.73	<0.01	<0.04	<0.005	0.0069	0.012	46.75
JY-2-3	0.20	<0.01	0.082	30.27	23.01	<0.01	<0.04	<0.005	0.024	0.016	46.94
JY-3-1	0.23	0.46	0.11	30.13	22.67	<0.01	<0.04	<0.005	0.30	0.0098	46.15
JY-4-1	0.52	<0.01	0.045	30.64	22.98	<0.01	<0.04	<0.005	0.014	0.012	46.44
JY-4-3	0.022	<0.01	0.083	30.46	22.67	<0.01	<0.04	<0.005	0.014	0.011	46.76
JY-9-1	6.86	1.45	0.039	28.42	20.22	0.54	<0.04	0.095	0.16	0.0090	42.43
ZN-1	1.10	0.095	0.048	31.28	22.31	0.044	<0.04	0.0050	0.47	0.021	45.24

4.3.2.4　孔洞充填的白云石具有明显的锶同位素异常

致密粉晶白云岩代表海源流体沉淀的产物，阴极发光下昏暗，发微弱的暗红的，锶同位素分析表明，金沙岩孔灯影组致密粉晶白云岩^{87}Sr/^{86}Sr 处于较轻的水平，为 0.7088 ~ 0.7090，平均 0.7089，仁怀大湾为 0.7088 ~ 0.7107，平均 0.7096，瓮安玉华同样较低，为 0.7086 ~ 0.7096，平均 0.7091，结果表明，上述三处致密粉晶白云岩成因相同，均为非淡水参与的海源环境下沉积。分别对孔洞充填的白云石和含沥青溶孔白云岩进行了分析，含沥青溶孔白云岩因具溶孔，且溶孔大多被沥青及白云石充填，分析结果表明，充填的白云石^{87}Sr/^{86}Sr 处于相对较重的水平，金沙岩孔为 0.7103 ~ 0.7109，平均 0.7106，仁怀大湾为 0.7103 ~ 0.7162，平均 0.7123，略低或接近于燕山气淡水成因的方解石（0.7142 ~ 0.7157），含沥青溶孔白云岩^{87}Sr/^{86}Sr 水平处于致密粉晶白云岩和充填的白云石之间（表 4.21）。通过上述^{87}Sr/^{86}Sr 结果分析表明：

（1）灯影组致密粉晶白云岩^{87}Sr/^{86}Sr 处于较轻的水平，为海源流体沉淀的产物；

（2）地质露头、薄片、阴极发光、常量元素、碳氧锶同位素及流体包裹体测温等可以对充填物期次、流体活动与油气成藏关系进行相互印证。

（3）充填白云石为油气各期充注伴生的产物，阴极发光呈亮黄色，高 Mn^{2+} 含量，高^{87}Sr/^{86}Sr，接近于燕山气淡水成因的方解石，氧同位素估算温度及包裹体均一温度可以分为三期，充填白云石是对桐湾期岩溶方解石多次复合叠加溶蚀作用形成的。

表 4.21　黔北灯影组白云岩及充填物锶同位素组成

取样点	基质岩性及填隙物	^{87}Sr/^{86}Sr			
		范围	平均	数量	Std err/10^{-6}
金沙岩孔	含沥青溶孔白云岩	0.7097 ~ 0.7107	0.7104	4	9 ~ 13
	致密粉晶白云岩	0.7088 ~ 0.7090	0.7089	2	12 ~ 14
	充填白云石	0.7103 ~ 0.7109	0.7106	2	11 ~ 12
	充填方解石	0.7144		1	13
	自生石英	0.7110 ~ 0.7125	0.7118	2	11 ~ 13
仁怀大湾	致密粉晶白云岩	0.7089 ~ 0.7107	0.7096	3	11
	充填白云石	0.7103 ~ 0.7162	0.7123	4	9 ~ 14
	充填方解石	0.7142 ~ 0.7157	0.7149	4	9 ~ 22
	萤石（含方解石）	0.7138		1	13
	自生石英	0.7095 ~ 0.7150	0.7116	4	8 ~ 13
瓮安玉华	含沥青溶孔细晶白云岩	0.7090 ~ 0.7114	0.7098	11	9 ~ 12
	致密粉晶白云岩	0.7086 ~ 0.7096	0.7091	5	6 ~ 13
	葡萄状白云岩	0.7091 ~ 0.7095	0.7093	4	8 ~ 13

4.3.3　含烃流体活动期次厘定

4.3.3.1　胶结作用与期次

根据阴极发光原理，结合幕式流体活动特点与镜下矿物结构，按地质时间的先后关系，将黔北灯影组储集层胶结物划分为六个世代（图 4.39）。

第一世代胶结物为颗粒之间的粉晶白云石，后期被桐湾期表生岩溶部分改造，但仍见连片不规则残留，阴极发光较昏暗，与海水 Mn^{2+} 含量低有关，表明成岩流体与海水关系密切。

第二世代胶结物为桐湾期表生岩溶作用后沉淀的方解石，浅埋过程中发生重结晶及白云石化，但保留残余孔洞及缝隙，为后期有机酸溶蚀及油气充注创造了条件。阴极发光为亮橙色，具环带状结构，表明高 Mn^+、Fe^{2+} 含量及淡水成因特征。

第三世代胶结物为围绕或包围固体沥青的粉-细晶白云石。牛蹄塘组烃源岩在低熟阶段形成大量有机酸及液态烃进入灯影组，有机酸主要对第一世代及第二世代胶结物进行溶蚀并重新沉淀结晶，形成以白云石、自生石英为主的胶结物，所捕获的液态烃及盐水包裹体均一温度为 $87.1 \sim 110.8℃$。受储集层中桐湾期残留淡水稀释作用影响，白云石及方解石中 Mn^{2+}、Fe^{2+} 的含量及阴极发光强度介于第一世代及第二世代之间，包裹体平均盐度仅为 5.47%。

第四世代胶结物在成因、结构及成分上与第三世代类似，主要受生烃高峰阶段大量流体活动影响形成，温度较第三世代高 $30 \sim 40℃$。该世代胶结物主要为对此前胶结物的部分交代、溶解或结晶作用形成白云石及石英。晶体明亮粗大，大小一般为 $0.1 \sim 2.0mm$，且白云石在偏光显微镜下具波状消光，阴极发光较强，多呈亮橙黄色，可能与深埋藏环境下有机酸的选择性溶蚀有关。

第五世代胶结物形成于深埋环境下。随着温度增加，储集层中液态烃裂解，重组分形成的高温固态焦沥青充填部分孔隙，轻组分裂解演化为湿气。另外在牛蹄塘组烃源岩生气阶段，含气烃流体进入储集层残余孔隙。因此，受储集层液态烃裂解和烃源岩生气阶段流体活动的影响，形成了具有高温成因的白云石及石英。白云石结晶粗大，大小一般为 $0.1 \sim 4.0mm$，流体包裹体具有最大的均一温度与盐度。

第六世代胶结物是晚期方解石及硅质，形成于气藏破坏阶段。由于喜马拉雅早期构造运动的抬升作用，储集层温度与压力逐渐下降，储集层流体中的 SiO_2 发生沉淀，同时淡水进入储集层形成方解石。野外露头及镜下观察发现部分张裂缝中方解石结晶粗大，阴极发光较强，呈亮橙色，条带状硅质普遍沿裂缝充填，且均无沥青充填，反映了气藏破坏阶段的流体活动特征。

4.3.3.2　溶蚀期次

第一期为震旦纪晚期桐湾期表生岩溶作用（图4.40）。大气淡水对尚未完全固结成岩的沉积物（藻、砂屑颗粒、藻纹层等）中的不稳定矿物如文石、高镁方解石等进行组构选择性溶蚀，形成铸模孔、粒内溶孔及溶洞，随后部分被亮晶方解石充填，部分残余孔隙被保留。

第二—三期溶蚀作用为埋藏环境下幕式流体活动带来的有机酸非组构选择性溶蚀作用，形成了粒内、粒间、晶间溶孔及溶缝和溶洞等，并伴随沥青的充填。

第四期溶蚀作用形成超大孔隙、粒内粒间溶孔、晶间溶孔、溶缝和溶洞。其孔隙空间干净、无沥青，部分被粗晶白云石及石英充填，表明第四期溶蚀作用发生于天然气充注阶段。埋藏环境下有机酸溶蚀及自生石英沉淀的化学方程式为：$2KAlSi_3O_8$（钾长石）$+2H^+ +$

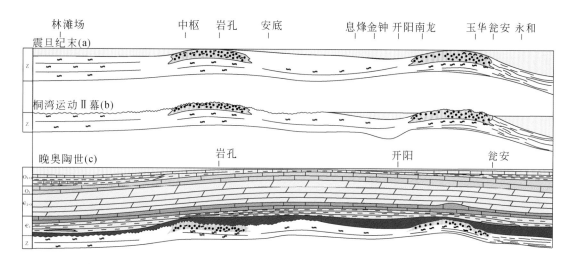

图 4.40　黔北震旦纪灯影期沉积相模式

$H_2O \rightarrow AlSiO_5(OH)_4$（高岭石）$+4SiO_2+2K^+$。研究表明，下寒武统黑色泥岩中普遍含有一定量的钾长石、斜长石及黏土矿物，在酸性条件下很容易发生长石及黏土矿物溶蚀作用，并形成 SiO_2 沉淀，因此当含 SiO_2 的酸性流体进入储集层时即发生石英的沉淀，随后酸性流体造成了早期的碳酸盐胶结物重溶与结晶。

有机酸溶蚀（二—四期溶蚀）主要受控于幕式流体活动，各期溶蚀与充填作用分别发生于浅埋藏深度段（2100~2900m）、中等埋藏深度段（3200~5000m）及深埋藏深度段（5200~7600m）。各期溶蚀作用之后发生相应的充填作用，并表现为多期次溶蚀–充填复合叠加，埋藏环境下各期有机酸溶蚀和油气充注主要围绕早期岩溶残留的孔洞进行，均表现为有机酸溶蚀–油气充注–充填三个过程，这三个过程几乎同时进行且可以互相佐证。

4.3.3.3　白云石期次

第一期白云石包括菱型微晶和镶嵌状半自形微晶白云石，相当于第一世代胶结物，阴极发光较弱且昏暗，常保留原始沉积物的构造特点，属于准同生海底成岩环境产物。第二期白云石呈粉晶–细晶，自形–半自形，属浅–中埋藏环境产物，相当于第三世代胶结物，包裹体均一温度为 101.7~107.2℃，在加里东中晚期烃类流体首次充注储集层时形成。第三期白云石呈细–中晶，多呈自形或半自形，有洁净环边，有时还具有环带构造，常破坏原岩组构，属中–较深埋藏环境产物，相当于第四世代胶结物，包裹体均一温度为 126.1~148.9℃，在印支期烃类流体第二次充注储集层时形成。第四期白云石呈中–粗晶，多为自形晶，与第二—三期白云石不同，晶体充填的孔隙普遍较大，孔壁干净且无沥青充填，属深埋藏环境产物，相当于第五世代胶结物，包裹体均一温度为 178.4~225.1℃，形成于早—中侏罗世深埋藏高温演化阶段。

依据 Vasconcelos 等提出的白云石–水氧同位素温度分馏方程（$1000\ln\alpha_{d-w}=2.73\times10^6T^{-2}+0.26$）可以估算白云石形成时的古温度（表 4.22）。该方程式中最重要的参数是由白云石氧同位素及白云石形成时古流体氧同位素计算的分馏系数。Veizer 等依据古生代腕足类化石及前寒武纪化石中氧同位素资料，提出古生代海水中氧同位素组成显著低于现代海水，并随着地质年代变新逐渐变轻。Wallmann 等依据上述资料推算了寒武纪-现今海水氧同位素组成的变化情况，认为震旦纪晚期—早寒武世（距今约 550～540Ma）5000m 与 3000m 深度海水的 $\delta^{18}O$ 值（SMOW）约为-7.6‰和-6.2‰。研究区灯影组的沉积环境为碳酸盐台地或浅滩，处于弱蒸发环境，蒸发性海水较正常海水具有较高的 $\delta^{18}O$ 值，因此本次研究假设黔北灯影组沉积时古海水的 $\delta^{18}O$ 值约为-5‰。

表 4.22　黔北震旦系—下古生界储集层及充填物氧同位素组成及组成及温度估算

| 地名 | 层位 | 基质岩性及填隙物 | $\delta^{18}O$（PDB） | | | 假设古流体 $\delta^{18}O$（SMOW） | 估算温度/℃ |
			范围	平均	数量		
金沙 岩孔	灯影组	含沥青溶孔白云岩*	−9.4‰～−5.6‰		17	3.20‰	87.5～115.0
		含沥青溶孔白云岩	−7.1‰～−6.7‰	−6.9‰	4	3.20‰	97.5～101.3
		致密粉晶白云岩*	−6.8‰～−2.7‰		2	−5.00‰	19.7～40.5
		致密粉晶白云岩	−3.3‰～−3.0‰	−3.2‰	2	−5.00‰	21.1～22.5
		充填白云石*	−11.8‰～−9.6‰		5	3.20‰	127.9～156.7
		充填白云石	−10.2‰～−7.6‰	−8.9‰	2	3.20‰	106.2～135.2
		充填方解石*	−15.1‰～−9.3‰		3	−7.48‰	41.2～80.6
		充填方解石	−12.3‰	−12.3‰	1	−7.48‰	63.4
		自生石英	−10.7‰～−8.9‰	−9.8‰	2	3.20‰	119.9～141.6
仁怀 大湾	灯影组	致密粉晶白云岩	−7.8‰～−3.8‰	−6.5‰	3	−5.00‰	24.9～46.4
		充填白云石*	−7.9‰～−5.6‰		4	3.20‰	87.6～109.2
		充填白云石	−15.0‰～−11.1‰	−12.5‰	4	3.20‰	56.8～79.4
		充填方解石*	−16.1‰～−14.2‰		3	−7.48‰	74.5～86.3
		充填方解石	−15.7‰～−12.6‰	−13.8‰	4	−7.48‰	65.1～83.8
		萤石（含方解石）	−12.6‰	−12.6‰	1	−7.48‰	65.1
		自生石英	−6.8‰～−4.7‰	−5.4‰	4	3.20‰	80.1～98.4

　*引自文献（杨平，2014），"充填白云石"为沥青形成之前充填，相当于二—四世代胶结物；"充填方解石"为沥青形成之后充填，相当于第六世代胶结物（储集层淡水渗透产物）。

　　充填白云石包含了二—四世代胶结物，而三—四世代白云石胶结物为埋藏作用产物，与之进行氧同位素交换的不再是海水而是地层水，因此采用四川威远气田地层水氧同位素主要分布范围（3.2‰～5.9‰）的初始值进行计算。尽管以 3.2‰作为灯影组埋藏阶段储集层地层水的氧同位素组成仍然具有一定的主观性，但白云石化流体的氧同位素组成每变化1‰，只能导致温度计算结果约 5～8℃的变化。对于最大古埋深接近 8000m、最大古温度超过 220℃的黔北灯影组而言，这一温度偏差仍然在误差范围内，亦即白云石化流体氧同位素组成取值的局部偏差对温度计算结果无明显影响。

　　目前，关于低温和高温白云石化环境的温度界线仍然存在争议。如果以 80℃作为低温和高温白云石化环境的界线，黔北地区灯影组中以第一世代白云石为主的致密粉晶白云岩的形成温度为 19.7～40.5℃，因此第一世代白云石的形成温度应该在 20℃左右，属于近地表环境低温白云石化流体成因，应为原生或准同生白云石。

充填白云石的形成温度与其流体包裹体均一温度具有非常相似的分布范围。例如仁怀大湾充填白云石的形成温度为 87.6 ~ 109.2℃，与白云石第一期包裹体温度 101.7 ~ 107.2℃相近；金沙岩孔箐口充填白云石的形成温度为 127.9 ~ 156.7℃，与白云石第二期包裹体温度 126.1 ~ 148.9℃基本相同。

含沥青溶孔白云岩由于既具有低温成因的第一世代白云石，同时溶孔中大量充填了后期中-深埋藏白云石，因此 $\delta^{18}O$ 值无论取 -5‰还是 3.2‰，所估算的温度均为第一世代白云石与充填白云石的中间值，也进一步说明第一世代白云石与埋藏阶段充填白云石具有不同的形成温度。

4.3.3.4　灯影组储层包裹体特征及期次划分

金沙岩孔灯影组白云岩中各期次白云石、方解石及自生石英中可见数量不等的流体包裹体，主要类型为气液两相盐水包裹体，从 14 个薄片（总共 15 个制片样品）中获得了包裹体均一温度数据，在七个薄片中获得了 14 组盐度及冰点资料（表 4.23）。这些包裹体主要赋存于较大的自形白云石及自生石英中，少量存于粗晶方解石中，大小为 4.1 ~ 26.8μm，气液比主要为 10%，部分为 5%。在 101 个测温数据中，石英中有 70 个，白云石中有 24 个，方解石中的包裹体较小，很难发现适用于测温的较大包裹体。

表 4.23　中上扬子地区震旦系—下古生界储集层流体包裹体测温及测盐数据

地区、储层	矿物	测温数据					测盐数据			期次
		数量	气液比/%	大小/μm	均一温度/℃	平均温度/℃	数量	冰点/℃	盐度/%	
金沙岩孔灯影组	石英	5	10	6.9 ~ 12.3	87.1 ~ 110.8	96.5				Ⅰ
		36	10	4.7 ~ 23.7	130.5 ~ 163.0	145.3	6	-6.5 ~ -0.5	0.8 ~ 9.8	Ⅱ
		29	10	7.1 ~ 26.8	166.9 ~ 218.5	199.1	5	-13.3 ~ -10.2	14.2 ~ 17.2	Ⅲ
	白云石	5	5	4.5 ~ 7.9	101.7 ~ 111.4	106.3				Ⅰ
		36	10	4.1 ~ 15.9	125.1 ~ 161.7	146.5	6	-12.8 ~ -4.7	7.4 ~ 16.7	Ⅱ
		18	10	5.4 ~ 22.1	164.4 ~ 188.3	190.4		-8.4	12.2	Ⅲ
	方解石	7	10	5.6 ~ 19.3	95.3 ~ 116.4	106.1	2	-3.8 ~ -3.0	4.9 ~ 6.1	Ⅳ
仁怀大湾灯影组	石英	5	5	5.3 ~ 18.0	109.4 ~ 126.8	118.7				Ⅱ
		16	5	3.5 ~ 7.9	162.3 ~ 190.2	174.4	3	-22.8 ~ -5.6	8.7 ~ 24.2	Ⅲ
	方解石	3	5	5.3 ~ 6.8	81.2 ~ 92.5	86.4				Ⅳ

1）白云石中的包裹体

镜下观察初步划分两类共四期白云石，第一类为微晶和镶嵌状半自形微晶白云石，为第一期；第二类为孔洞充填的白云石，根据成岩序列、白云石晶粒大小等可划分为三期，即分别为第二、三、四期。第一期白云石中很难发现可供测温的包裹体，孔洞中充填的二、三、四期白云石中流体包裹体发育，以气液两相盐水包裹体为主，气液比为 5% ~ 10%，根据流体包裹体的产状、均一温度、盐度及密度可将包裹体划分为三期（图4.41）。

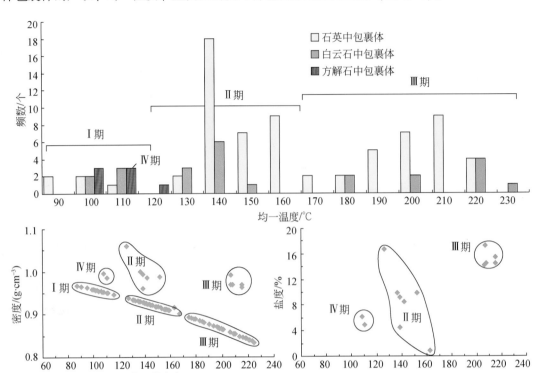

图4.41　金沙岩孔灯影组各期胶结物中流体包裹体均一温度、盐度及密度分布

第Ⅰ期包裹体在沿孔洞边缘或裂缝分布的第二期白云石中发育，白云石颗粒较细，表面较脏，包裹体个体较小，多呈长方形、圆状及次圆状。四个可供测温的包裹体大小为5.1～7.9μm，均一温度为101.7～107.2℃，平均105.0℃，平均密度为0.95g/cm³。

第Ⅱ期包裹体赋存于沿第二期白云石边缘分布的第三期白云石中，个别沿裂缝分布，白云石结晶粗大，包裹体较发育，多呈圆状及次圆状，串珠状分布，大小为4.1～12.8μm（共十个测定数据），均一温度范围为126.1～148.9℃，平均138.3℃，平均密度为0.94g/cm³。个别包裹体的盐度最大可达16.7%，为爆发式流体活动的特征。

第Ⅲ期包裹体主要在沿第二期及第三期白云石边缘分布的粗晶白云石中，也常见于大型溶孔充填的粗-巨晶白云石中，即赋存于第四期白云石中，包裹体多呈长条、次圆及不规则状，成群分布，包裹体大小为6.8～22.1μm（共九个测定数据），均一温度为178.4～225.1℃，平均206.8℃，平均密度0.86g/cm³。

2）石英中的包裹体

石英中的流体包裹体以气液两相为主，气液比为10%，亦可划分为三期。石英中的第Ⅰ期包裹体与白云石中的第Ⅰ期包裹体同期形成，多呈长方形、圆状及次圆状，沿裂隙或成群分布［图4.42（a）］，包裹体大小6.9～12.3μm（共五个测定数据），盐水包裹体均一温度为87.1～110.8℃，平均96.5℃，平均密度为0.96g/cm³。

石英中的第Ⅱ期包裹体与白云石中的第Ⅱ期包裹体同期形成，多呈圆状及次圆状，串珠、成群或沿裂隙分布［图4.42（b）］，大小为4.7～23.7μm（共36个测定数据），均一温度为130.5～163.0℃，平均145.8℃，平均密度为0.93g/cm³。

石英中的第Ⅲ期包裹体与白云石中的第Ⅲ期包裹体同期形成，多呈圆状及次圆状，成群或串珠状分布［图4.42（c）］，包裹体大小7.1～26.8μm（共29个测定数据），其均一温度略低于同期白云石，为166.9～218.5℃，平均199.1℃，平均密度为0.86g/cm³。

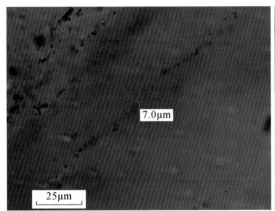

(a)薄片:YQ-2-2,自生石英中盐水包裹体,呈圆状,串珠状分布,均一温度95.4℃

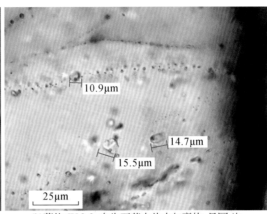

(b)薄片:JY-2-2,自生石英中盐水包裹体,呈圆状-次圆状分布,均一温度139.3～158.6℃

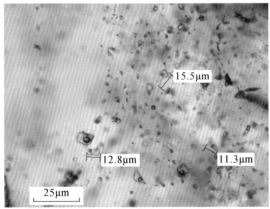

(c)薄片:YQ-2-3,自生石英中盐水包裹体,成群分布,均一温度185.4～215.9℃

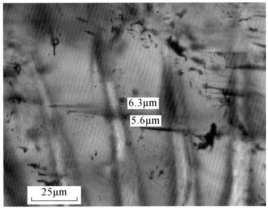

(d)薄片:YQ-2-1,方解石中包裹体,均一温度100.3～102.9℃

图4.42 灯影组各期胶结物中流体包裹体特征

3）方解石中的包裹体

方解石中的包裹体数据均来自薄片YQ-2-1［图4.42（d）］，薄片中裂隙被亮晶方解石充填成脉。亮晶方解石中流体包裹体较发育，以气液两相盐水包裹体为主，气液比为10%，多成群分布，均一温度为95.3～116.4℃，平均106.1℃（共七个测定数据），冰点为-3.8～-3.0℃（两个测定数据），盐度（NaCl质量分数）为4.9%～6.1%。方解石中低温与低盐度包裹体既可能形成于石油初始成藏阶段，也可能形成于晚期油气藏抬升破坏阶段。多期流体活动或白云石化作用会改造早期形成的方解石，现今裂隙中充填的方解石应是晚期气藏抬升破坏过程中储集层流体释放与地表淡水进入后形成的，其形成时间晚于白云石及石英中的包裹体，相当于第Ⅳ期。

4.3.4　灯影组油气成藏过程及运聚模式探讨

黔北灯影组储集层充填物流体包裹体均一温度、六世代胶结物的特征及次序、四期溶蚀作用及四期白云石揭示了四个含烃流体活动期，表明存在三个油气成藏期和一个气藏破坏期。

第一期为浅埋藏油气初次充注阶段（距今 470 ~ 428Ma）。牛蹄塘组烃源岩进入生烃门限，含烃流体在黔中隆起的控制下，沿灯影组与牛蹄塘组间的不整合面由隆起的北斜坡向构造高部位运聚成藏 ［图 4.43（a）、(b)］。富含液态烃、有机酸及 SiO_2 的流体进入桐湾期遭受淡水溶蚀及白云石（方解石）充填后残余的孔洞，有机酸溶蚀扩大了残余孔洞，溶蚀对象包括第一、二世代白云石。该过程中形成了第三世代白云石与石英，赋存的流体包裹体的均一温度和盐度较低，但密度较高。黔北加里东晚期（早志留世）油气运聚表现为以下几个特点（图 4.44、图 4.45）:

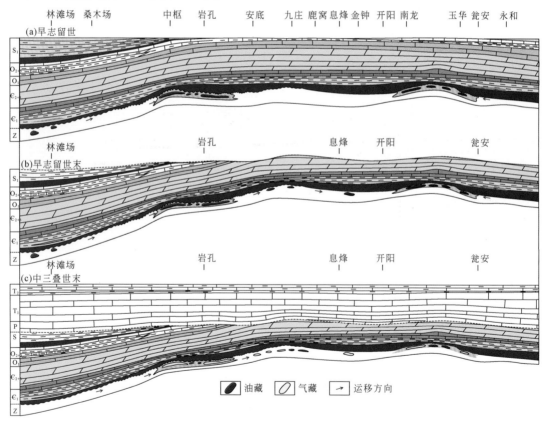

图 4.43　黔北震旦系灯影组加里东晚期–印支期石油运聚模式

（1）黔中隆起、雪峰隆起及麻江古隆起控制了油气运聚的主要方向；

（2）黔北早期石油运聚的输导体系为桐湾运动形成的不整合界面；

（3）黔北震旦系灯影组滩相储层是油气聚集的有利部位；

（4）在黔中隆起南缘凯里－麻江－丹寨一带，油气运聚模式受古隆起，海西期控相正断裂及加里东期形成的不整合共同控制。

第二期为中等埋深油气二次充注阶段（距今252~228Ma）。牛蹄塘组烃源岩进入二次生油阶段，处于轻质油—湿气阶段，储集层中第一期充注的液态烃还未大量裂解，形成轻质油气藏［图4.43（c）、图4.46］。在第一次生油过程中，干酪根消耗了大部分产生有机酸的官能团，因此二次生油过程中有机酸的含量急剧减少。富含液态烃及SiO_2的流体主要溶蚀孔隙中的第二、三世代白云石，并形成了第四世代白云石与石英。赋存的流体包裹体均一温度较高，盐度变化大，密度适中。

第三期为深埋天然气充注阶段（距今177~145Ma）。牛蹄塘组烃源岩随着埋藏深度及温度的增加相继进入湿气及干气演化阶段，同时储集层中液态烃已开始大量裂解成气，形成气藏及固体沥青［图4.44（a）、图4.47］。富含气态烃及SiO_2的流体主要溶蚀充填于孔隙中的第二、四世代白云石，形成了超大孔及第五世代粗晶白云石与石英，赋存的流体包裹体均一温度和盐度最高，但密度低。

除上述油气成藏阶段的三幕流体活动外，喜马拉雅早期也存在一个流体活动期，期间储层烃类、流体逸散，与淡水一起沿构造裂缝发生渗透［图4.46（b）］。在野外地质露头及镜下均可见沿裂缝先后充填的硅质条带与方解石，根据方解石形成温度可以估算天然气藏破坏的深度。

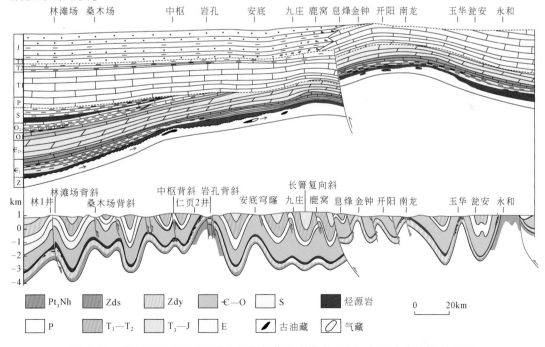

图4.44　黔北震旦系灯影组燕山晚期气藏形成模式（上）与现今构造样式（下）

依据周根陶等（2000）提出的氧同位素分馏方程（$1000\ln\alpha_{c-w}=20.6\times10^{3}T^{-1}-34.71$）及刘子琦等（2007）获得的贵州中西部大气降水 $\delta^{18}O$ 值，估算淡水方解石形成的温度为 41.2～86.3℃，其形成深度为 782～2446m。根据方解石中赋存流体包裹体的均一温度（95.3～116.4℃）及从丁山1井获取的井下地热梯度（2.71℃/100m），估算出天然气藏遭到破坏的深度约为 2779～3557m。限于采样位置及方解石中包裹体数据个数，天然气藏的实际破坏温度与深度范围可能比估算值宽。研究表明天然气藏埋深约3600m 时（距今42Ma）开始破坏，储集层流体释放，约2800m 时淡水进入储集层，气藏已破坏殆尽。因此研究认为3600m 可能是黔北灯影组天然气藏保存的临界深度，2800m 为气藏保存的最浅深度。

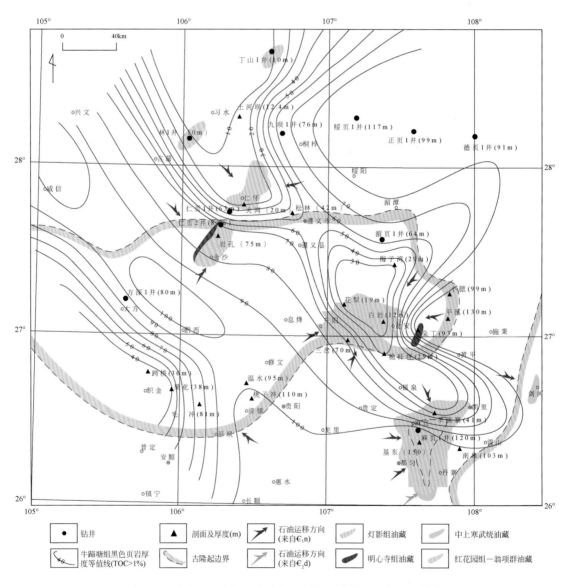

图4.45　黔北下组合加里东晚期（早志留世末）油气运聚模式

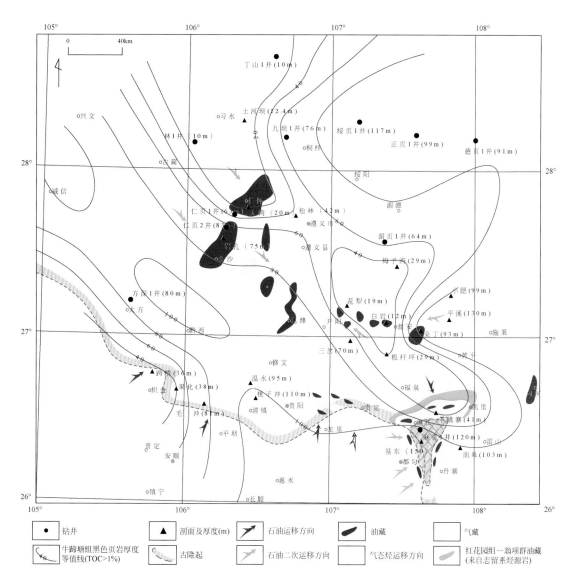

图 4.46 黔北地区下组合印支期（中三叠世末）油气运聚模式

勘探实践表明，丁山 1 井（灯影组顶埋深 3490m）灯影组下部（4578.0～4603.0m）水体总矿化度为 253.00～333.37g/L，均为 $CaCl_2$ 型，表明该井段处于水文地质封闭环境。寒武系陡坡寺组（相当于黔北高台组）-清虚洞组（2792～2819m）水体矿化度较低，为 7.35～9.61g/L，为 Na_2SO_4 型，该井段的保存条件曾遭受过破坏。林 1 井（灯影组顶界埋深 2580m）灯影组白云岩 2799.18～2866.55m 层段水体矿化度为 29.9g/L，为 $NaHCO_3$ 型，表明该处灯影组储集层受到了大气降水下渗的影响，地层水处于交替停滞带，保存条件较差。

综上所述，3600m 的气藏保存理想埋深与实际勘探结论基本吻合。埋深大于 3600m
时，保存条件相对较好，水型一般为 $CaCl_2$ 型，埋深小于 3600m 时，保存条件遭受不同程
度的破坏。当然不同地区构造样式不同，深大断裂发育程度有所差异，造成油气藏破坏开
启的时间与深度也不一致，在黔西地区，构造表现为整体隆升，深大断裂主要位于二级或
三级构造单元的边界，在次级背斜局部发育小型断裂，若具有一定埋藏深度（2500m），
且远离露头区或主干断裂，加之黔西地区又为晚期气藏调整改造的指向区，则具有形成气
藏的可能性。如息烽县九庄–鹿窝–新民一带，地表出露为侏罗系，发育小型逆断裂，在二
维地震剖面下清楚可见一次级背斜构造，灯影组顶部埋藏深度约 4000m，具有常规油气成
藏有利部位和保存条件 ［图 4.44（b）］。

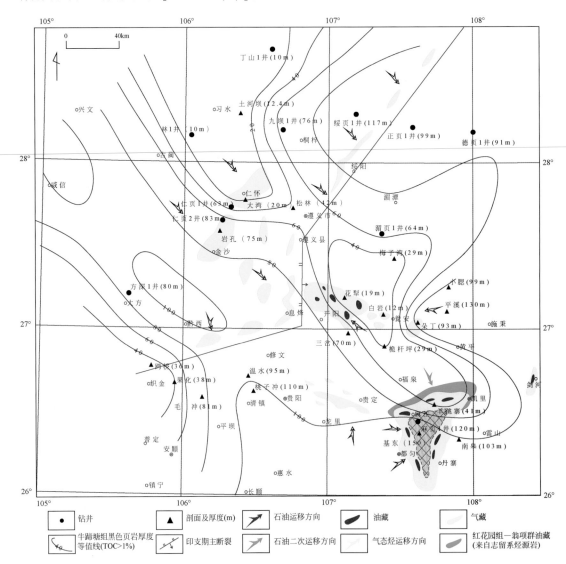

图 4.47　黔北地区燕山晚期（晚侏罗世）油气运聚模式

4.4　中上扬子海相油气有利目标区带预测

4.4.1　有利勘探目标预测依据

预测有利勘探目标要根据含油气系统理论来逐步论证：

（1）是否有油气生成的物质基础–烃源岩条件。

（2）是否存在与烃源岩配套的储集层。

（3）储集层之上是否存在适当厚度的泥页岩或含膏岩系盖层。

（4）运移与聚集，这个条件非常重要，很多对灯影组和其他目的层的钻井都满足前三个条件，保存条件也不错，没有大的张性断裂，可是仍然不见油气，仅仅仅只是孔隙度很高的水层而已。分析油气运移与聚集一定要考虑目的层沉积时古地理格局，通常因岩性相变由烃源层变为储集层的，一般有利于油气由盆地向台地或隆起运移；若下部有烃源层，也要考虑其古地理是否存在较近的储集层系。另外要考虑的就是古构造与古隆起与油气生成与运移的关键时刻是否配套。

（5）保存条件，这个特别是南方海相油气勘探重要的研究对象。一般认为埋藏深度越大，其保存条件相对较好。因此我们用逆向思维考虑油气的勘探问题，选择保存条件相对较好的灯影组白云岩、金顶山组—明心寺组砂岩等目的层，对以上述目的层为储集层的含油气系统进行分析，选择保存条件较好、且生–储–盖及运移聚集等条件也较好的有利区域。

4.4.2　有利目标区带预测

4.4.2.1　灯影组目的层有利区预测

1）灯影组有利储层分布

灯影组白云岩孔隙度的发育与沉积相有较密切的关系，首先灯影组储集层主要岩性为各类白云岩，包括藻砂屑白云岩、藻团粒白云岩、藻纹层白云岩、雪花状白云岩、细晶白云岩等，主要分布于中、上扬子台地相区；盆地及过渡相区主要为老堡组或留查坡硅质岩或者致密白云岩，从图中可以看出，灯影组孔隙度相对较高主要有以下区域（图 4.48、图 4.49）：

（1）中扬子台地南缘张家界–石门，主要为台地边缘砂屑、豆粒白云岩，残余孔隙度 3% ~5%，油气充注时孔隙度可到 20%，有多个沥青显示点和古油藏，包括南山坪古油藏和牛鼻溪剖面，另外紧邻的斜坡相区柑子坪、大坪等地可见沥青显示。

（2）鄂西恩施海槽东缘的中扬子台地边缘滩相储层，因该区灯影组未出露，预测残余孔隙度 3% ~5%。

（3）鄂西恩施海槽西缘的上扬子台地东缘为藻礁相白云岩，孔隙度可达 12%，厚度大，如利川复向斜的利 1 井，钻遇灯影组近 1000m 的藻白云岩。

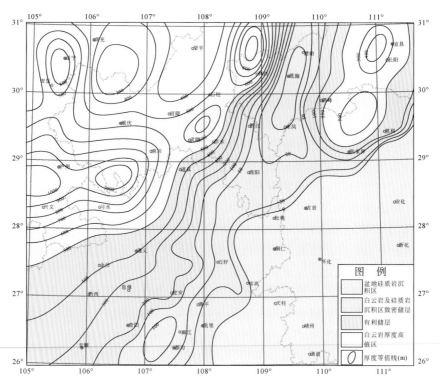

图 4.48 中上扬子灯影组白云岩厚度等值线图

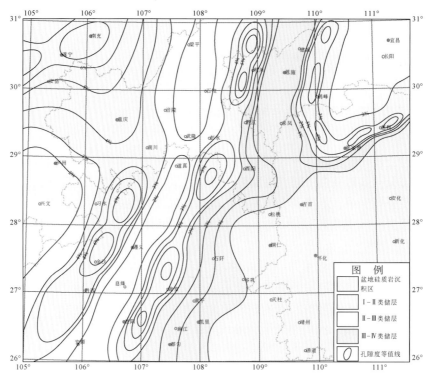

图 4.49 中上扬子灯影组储层孔隙度等值线图

（4）上扬子台地东南缘翁安—湄潭一线，可能延伸至黔江一带，主要岩相为台地边缘砂屑白云岩及粗晶白云岩，实测残余孔隙度 3% ~8%，个别样品受灯影组古暴露淡水淋滤形成大量溶蚀孔洞，如湄潭梅子湾灯影组顶部孔隙度最高可达 12% ~24%，白云岩厚度200~300m。此相带内沥青及古油藏主要见于瓮安白岩、南龙及乐旺河等地，而储层物性相对较好的湄潭梅子湾剖面未见沥青显示，可能与黔中隆起对油气运移聚集的控制作用有关。

（5）上扬子黔北地区在灯影组沉积晚期发育一个台地内部浅滩，主要岩性为砂屑白云岩，豆粒白云岩，主要代表剖面有金沙岩孔绿竹、箐口、仁怀大湾等剖面，古油藏主力储层为砂屑白云岩、豆粒白云岩早期溶蚀形成的晶间孔、铸模孔，孔洞中充填大量沥青，经有机碳方法计算沥青含量 2.03% ~4.73%，平均值 3.40%，油气进入储层时储层平均孔隙度可达 10%，最大可达 20%，该区白云岩厚度 400~500m，其中 I - II 类有利储层厚度岩孔绿竹为 9.79m，仁怀大湾为 20 余米。

2）灯影组沉积相与储层物性关系

台地边缘相带 [RE（OP）] 选取剖面为张家界龙鼻溪（南山坪古油藏另外一条剖面）、湄潭梅子湾、瓮安玉华、开阳马路坪、开阳南龙等剖面。开阔台地相带（OP）选石柱老厂坪、鹤峰走马、白果及杨家坪等剖面，台内浅滩（RE）选取金沙岩孔及仁怀大湾等剖面。潮坪相（TF）藻白云岩、亮晶颗粒白云岩主要选取遵义松林、金沙岩孔及习水土河等剖面。斜坡相带（FPS）选取秀山膏田、秀山凉桥及张家界田坪等剖面（图 4.50、图 4.51），通过不同相带储集性统计发现。

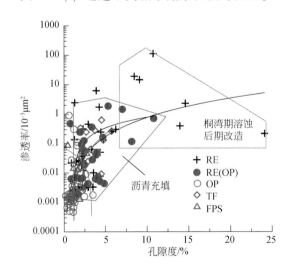

图 4.50　灯影组各类沉积环境孔渗关系

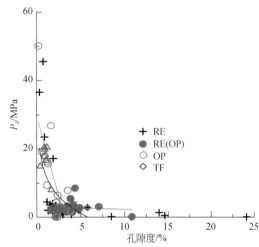

图 4.51　灯影组各类沉积环境孔隙度-排替压力关系

（1）台地边缘滩相（RE）共分析样品 50 件，基质孔隙度于 0.33% ~24.11%，平均3.86%，渗透率为 $0.00047×10^{-3}$ ~$421.0903×10^{-3}$ μm^2，平均 $3.69×10^{-3}$ μm^2，其中孔隙度大于 5% 的 II 类储层八件，占总样品数 16%，孔隙度大于 2% 的 III 类储层 34 件，占总样品数 68%。

（2）台内浅滩相 [RE（OP）] 共分析样品 27 件，基质孔隙度于 0.78% ~10.85%，平均 3.64%，渗透率为 $0.002\times10^{-3} \sim 1.87\times10^{-3}\ \mu m^2$，平均 $0.2183\times10^{-3}\ \mu m^2$，其中孔隙度大于 5% 的 II 类储层四件，占总样品数 14.8%，孔隙度大于 2% 的 III 类储层 22 件，占总样品数 81.5%。值得注意的是选取的金沙岩孔及仁怀大湾剖面均为灯影组古油藏，孔隙被大量固态沥青充填，造成实测基质孔隙度偏低。根据有机碳法计算沥青体积的方法大致可以恢复沥青充填以前的孔隙度，如金沙岩孔含沥青云岩有机碳含量为 1.89%，根据质量与体积换算可得固态沥青所占孔隙度达 5.87%，因此可以认为被沥青充填的储层实测孔隙度比沥青充填以前的有效孔隙度至少低 $0 \sim 5.87\%$。

（3）开阔台地（OP）共分析样品 46 件，基质孔隙度于 $0.22\% \sim 3.86\%$，平均 1.42%，渗透率为 $0.00047\times10^{-3} \sim 0.9086\times10^{-3}\ \mu m^2$，平均 $0.041\times10^{-3}\ \mu m^2$，孔隙度大于 2% 的 III 类储层 12 件，占总样品数 26%，没有 II 类储层（表 4.24）。

（4）潮坪（TF）藻白云岩分析样品 14 件（表 4.25），基质孔隙度于 $1.34\% \sim 5.78\%$，平均 3.16%，渗透率为 $0.00185\times10^{-3} \sim 0.6342\times10^{-3}\ \mu m^2$，平均 $0.1557\times10^{-3}\ \mu m^2$，其中孔隙度大于 5% 的 II 类储层一件，占总样品数 7%，孔隙度大于 2% 的 III 类 12 件，占总样品数 86%。

表 4.24　灯影组开阔台地相白云岩储层物性

沉积相	样品	岩性	$\phi/\%$	$K/10^{-3}\ \mu m^2$	P_d/MPa	$R_d/\mu m$	$P_{c_{50}}/MPa$	$R_{c_{50}}/\mu m$	储层评价
开阔台地	D341/2-1 Ch	颗粒状白云岩	1.29	0.0016	15.7113	0.0528	107.6737	0.0079	III 型
	D341/5-1 Ch	砂屑白云岩	3.52	0.0018	7.8595	0.1087	18.2786	0.0422	
	D341/5-2 Ch	颗粒白云岩	2.37	0.0044	6.3866	0.1326	40.8804	0.0183	
	PTP3CH1	含砂屑白云岩	3.86	0.0444	1.8071	0.4067	8.95	0.0821	
	PTP15CH1	含藻屑白云岩	2.07	0.0174	2.9115	0.2524	38.7817	0.019	

表 4.25　灯影组潮坪相白云岩储层物性

沉积相	样品	岩性	$\phi/\%$	$K/10^{-3}\ \mu m^2$	P_d/MPa	$R_d/\mu m$	$P_{c_{50}}/MPa$	$R_{c_{50}}/\mu m$	储层评价
潮坪	YK-8	藻白云岩	1.78	0.001853	2.0439	0.3669	11.9634	0.0627	III 型
	YK-17	藻白云岩	2.93	0.02478	2.2146	0.3387	20.5222	0.0365	
	YK-18	藻白云岩	2.232	0.002478	2.1031	0.3566	14.9076	0.0503	
	JYP2CH1	藻白云岩	2.01	0.3397	3.0566	0.2655	51.5103	0.014	
	JY-9-1	藻白云岩	2.444	0.123735	2.1223	0.3534	16.4561	0.0456	
	XTP1CH1	藻白云岩	5.78	0.26565	2.7995	0.2796	13.2661	0.054	
	XTP1CH2	藻白云岩	4.78	0.13061	1.9714	0.4143	15.9052	0.047	

（5）斜坡相样品主要岩性为粉晶白云岩、滑塌角砾岩等，分析样品 14 件，基质孔隙度为 $0.41\% \sim 2.78\%$，平均 1.33%，渗透率为 $0.001\times10^{-3} \sim 0.093\times10^{-3}\ \mu m^2$，平均 $0.019\times10^{-3}\ \mu m^2$，其中孔隙度大于 2% 的 III 类储层仅三件，占总样品数 21%。

通过上述分析我们可以看出台地边缘滩（RE）、台内浅滩 [RE（OP）]、开阔台地（OP）、潮坪（TF）藻白云岩及斜坡相带平均孔隙度分别为 3.86%、3.64%、1.42%、3.16% 及 1.33%，渗透率分别为 3.69×10^{-3} μm²、0.2183×10^{-3} μm²、0.041×10^{-3} μm²、0.1557×10^{-3} μm² 及 0.019×10^{-3} μm²。因此基本可以认为灯影组最有利的储层相带为台地边缘浅滩和台内浅滩，较有利的为潮坪相藻白云岩，台地相及斜坡相储集物性较差。

3）桐湾运动古暴露对储层的改造作用

灯影组台地区普遍发育桐湾运动形成的 ε/Z 沉积间断，如遵义松林、金沙岩孔及仁怀大湾等地该古暴露面普遍存在，在湄潭县梅子湾剖面灯影组顶部约 30m 鲕粒白云岩、砾屑白云岩均遭淡水淋滤形成大量孔洞，主要孔隙类型为鲕粒溶蚀孔等，储集性良好。金沙岩孔及仁怀大湾等地灯影组上部台内高能滩相砂屑、豆粒及鲕粒白云岩普遍遭淡水淋滤形成大量孔洞，主要孔隙类型为鲕粒溶蚀孔等，储集性良好，另外该不整合面是油气运移的通道，上覆牛蹄塘组黑色页岩生烃后沿该不整合面形成的疏导系统在灯影组有利储层中聚集成藏形成油气藏。

由于大气淡水具有贫 ^{18}O 而富集 ^{12}C 的特点，因此，随着成岩作用中大气淡水介入量的增加以及水/岩加大，δ^{18}O 值与 δ^{13}C 值均会呈现负向偏移。利用大气淡水渗流带的这种稳定同位素组成特征，可圈定碳酸盐岩内早期淡水渗流（淋滤）作用形成的潜在储层。湄潭梅子湾灯影组顶部砾屑白云岩由于桐湾运动 ε/Z 沉积间断影响，淡水形成的方解石胶结物的碳、氧同位素组成特点较为突出，即富集 ^{13}C 而贫 ^{18}O，大多数样品受这种淡水方解石充填或者交代造成储层白云岩与淡水方解石 ^{13}C 及 ^{18}O 同位素非常接近，而这些受淡水淋滤的白云岩储层物性相对无淡水改造的白云岩更好（图 4.52、图 4.53）。

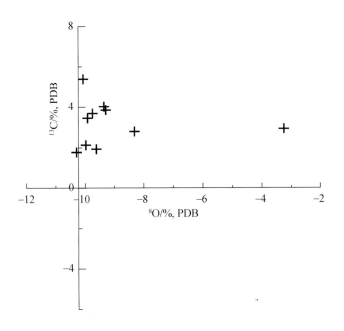

图 4.52 梅子湾灯影组 C-O 同位素关系

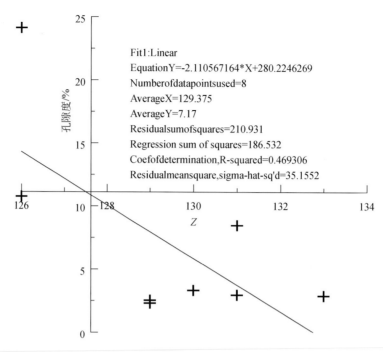

图 4.53　梅子湾灯影组孔隙度与 Z 值关系

对金沙岩孔剖面采样分系发现，纵向上从灯影组上部到顶部孔隙度、渗透率及碳氧同位素变化具有如下特点，在孔隙度最大的层位（或沥青含量最高的层位），碳酸盐胶结物具有最大 $\delta^{18}O$ 负值，$\delta^{18}O$ 值正向移动（约 1.5‰），孔隙度最小的层位，$\delta^{18}O$ 达到最大值，而 $\delta^{18}O$ 为最小值，同时 Mg 离子的浓度也最低。这与该层位附近发育的潜水/渗流带有着密切的关系。这意味着在大气水的影响下，早期的原生矿物具有较高稳定性，最轻的碳同位素值出现在剖面的顶部，并与现今地表水中溶解的 HCO_3^- 的 $\delta^{13}C$ 值较为接近（图 4.54）。

4）灯影组有利区预测

通过系列样品分析及项目各专题提供的数据对震旦系灯影组白云岩储层厚度及孔隙度数据进行详细统计，结合相关评价图件编制，对灯影组有利储层分布区域进行详细的划分，提出了有利储层发育带。

通过对重点目的层系灯影组平面有利储层分布及纵向储层物性变化规律研究，分析区域灯影组古油藏分布与沉积岩相古地理与油气运移的古构造古隆起的关系，发现灯影组古油藏往往分布于灯影组台内浅滩，台缘浅滩等古地理位置，而油气运移与加里东期黔中隆起的形成密切相关。例如金沙岩孔-仁怀大湾为一灯影组古油藏和开阳南龙-乐旺河-翁安玉华灯影组古油藏带等。

对于中上扬子油气勘探，从构造保存条件来说，深埋地覆的灯影组保存条件相对较好，而且牛蹄塘组是一套很好的烃源岩，有巨大的生烃潜力，而灯影组白云岩厚度多在100～800m，优质储层发育，同时桐湾运动形成的不整合面不仅意味着灯影组顶部曾经遭受淡水淋滤，储层储集性能有明显提升，更多的意味着该不整合面是加里东运动期油气大规模运移的重要通道，因此就油气地质条件六大要素而言，生、储、盖、运、聚、保，灯

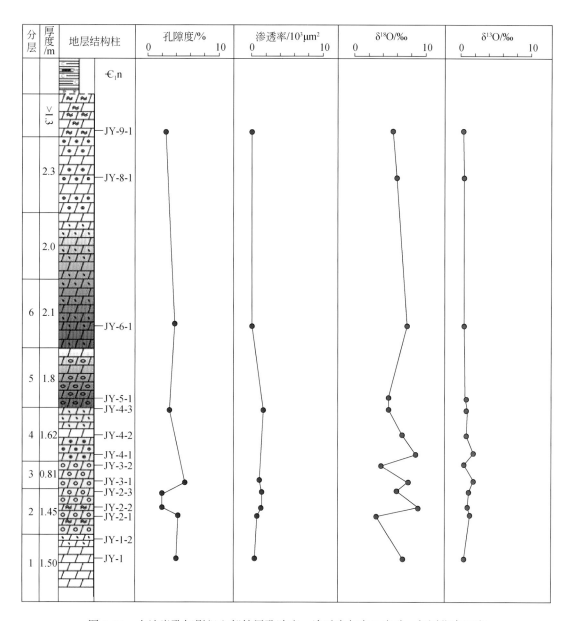

图 4.54　金沙岩孔灯影组上部储层孔隙度、渗透率与白云岩碳、氧同位素组成

影组油气成藏条件是得天独厚的。很多专家也对灯影组油气勘探前景看好，近年来林 1 井、丁山 1 井及利 1 井的钻探也给我们很多在这方面的启示，因此结合前人研究资料及岩相古地理分析，在指出灯影组有利储层发育区基础上，提出了灯影组有利勘探目标区带。

靶区 1：金沙–仁怀台内浅滩区，黔北覆盖区是勘探重点，但保存条件评价是关键。

靶区 2：湄潭–翁安边缘相区，也可能延伸至正安–黔江一带。在正安–黔江地区保存条件相对较好，是下阶段灯影组台缘浅滩相油气勘探的重要靶区。

靶区 3：灯影期鄂西海槽周缘的礁滩相区，茶 1 井和鄂参 1 井老堡组硅质岩控制着灯影期鄂西海槽分布范围，该区应与二叠-三叠纪开江-梁平海槽一样，在海槽周缘发育滩相储层。中石化在利川复向斜实施的利1井钻遇灯影组厚度可达800m，主要为一套藻白云岩，孔隙度4%~12%，虽未获油气显示，但揭示了一个新的勘探领域。

4.4.2.2 黔东统砂岩有利区预测

1）黔东统砂岩储层特征

寒武系黔东统明心寺组—金顶山组是一套良好的储层，主要岩性为粉-粗砂岩。在金沙岩孔及瓮安朵丁等地普遍含有沥青，如瓮安朵丁金顶山组沥青砂岩发现于朵丁，北达余庆小腮，南至重安坪和牛场以南，西起白斗山背斜东侧，东达余庆、旧州一带，面积约1400km，现今保存面积700km，纵向上沥青砂岩可见3~4层，总厚8~17m不等，上层为薄层石英粉砂岩，含软质沥青，厚17.2m。下层为中层状细粒石英砂岩，其上部为薄层粉砂岩，底部见2.5m中粒石英砂岩，孔隙度最高达25%，普遍含软质沥青，砂岩厚度37.2m。从沉积相相带展布看，它为金顶山期潮坪沙坝。

在瓮安永和朵丁东约400m处，金顶山组为一套厚层状中粒岩屑石英砂岩与灰黄色薄层状泥岩互层，在厚层状岩屑石英砂岩的底部含油迹。在瓮安草塘新寨东约300m处，金顶山组中下部夹一套厚约8~10m的浅黄色厚层状粗粒长石石英砂岩，物性较好，发育平行层理与斜层理。三个样品测试孔隙度在6.41%~12.48%，平均9.29%，渗透率大于$100 \times 10^{-3} \mu m^2$，是该区优质储层之一。

由于该区位于都匀、广西运动形成的黔中隆起东倾没端斜坡位置，成为牛蹄塘组油气生成后纵向和侧向运移最有利储集体。根据相关浅钻资料，在20~50m井深范围内岩心普遍具有油迹或油斑，这与瓮安一带演化程度较低（沥青反射率为1.74%，折算成R^o为1.6%）相关（赵泽桓等，2008）。

新晃板凳坡剖面，黔东统变马冲组—九门冲组主要是一套泥质岩页岩夹粉-中粗砂岩组合，该套砂岩中发育较好的储层，其中九门冲一件样品SP1-12CH1孔隙度高度22.54%，为I类储层，变马冲七件粉砂岩样品孔隙度为2.15%~9.76%，平均5.76%，该套砂岩在该区厚度50~80m（表4.26）。

岑巩关门岩剖面，黔东统明心寺组—金顶山组主要是一套泥质岩页岩夹粉-中粗砂岩组合，孔隙度（五件）为1.6357%~10.21%，平均4.28%，为II-III型储层，其中孔隙度大于10%的II型储层一件，渗透率为$0.0017 \times 10^{-3} \sim 1.6276 \times 10^{-3} \mu m^2$，平均$0.3909 \times 10^{-3} \mu m^2$，该套砂岩在该区厚度37m（表4.27）。

铜仁漾头剖面，黔东统明心寺组—金顶山组主要是一套泥质岩页岩夹粉-细砂岩组合，其中细砂岩孔隙度（两件）为7.05%~11.26%，平均9.16%，为II-III型储层，其中孔隙度大于10%的II型储层一件，渗透率为$0.005 \times 10^{-3} \sim 0.0230 \times 10^{-3} \mu m^2$，平均$0.0149 \times 10^{-3} \mu m^2$，该套砂岩在该区厚度50m。

习水土河坝剖面 黔东统明心寺组—金顶山组主要是一套泥质岩页岩夹细-铁质粗砂岩及少量细砾岩组合，其中砂岩孔隙度（九件）为1.1787%~13.35%，平均5.0%，为II-III型储层，其中孔隙度大于10%的II型储层一件，渗透率为$0.0035 \times 10^{-3} \sim 0.2846 \times 10^{-3} \mu m^2$，平均$0.0437 \times 10^{-3} \mu m^2$，该套砂岩在该区厚度20m（表4.28）。

表 4.26　新晃板凳坡剖面黔东统粉砂岩物性特征

样品编号	层位	岩性	孔隙度/%	渗透率/$10^{-3}\ \mu m^2$	P_d/MPa	R_d/μm	P_{c50}/MPa	R_{c50}/μm	储层评价
SP1－10CH1	$\epsilon_1 n$	粉砂岩	3.97	0.00145	0.5506	1.4519	16.97	0.0444	盖层
SP1－12CH1	$\epsilon_1 jm$	粉砂岩	22.54	1.07865	0.4673	1.7824	2.8275	0.2653	Ⅰ型
SP1－20CH1	$\epsilon_1 b$	粉砂岩	5.62	0.00124	1.4429	0.5439	7.5314	0.1034	Ⅲ型
SP1－21CH1	$\epsilon_1 b$	粉砂岩	4.81	0.00183	0.4842	1.7584	8.2348	0.0973	
SP1－22CH1	$\epsilon_1 b$	粉砂岩	5.65	0.00301	10.059	0.0752	83.6332	0.009	
SP1－23CH1	$\epsilon_1 b$	粉砂岩	7.74	0.02153	1.6432	0.4933	11.4181	0.0683	
SP1－24CH1	$\epsilon_1 b$	粉砂岩	9.76	0.00426	12.611	0.0636	77.511	0.01	Ⅱ型
SP1－25CH1	$\epsilon_1 b$	粉砂岩	4.57	0.06569	6.2524	0.1291	39.408	0.0195	Ⅲ型
SP1－33CH1	$\epsilon_1 b$	粉砂岩	2.15	0.00098	4.4904	0.1777	82.0841	0.0091	盖层

表 4.27　岑巩关门岩剖面明心寺－金顶山砂岩物性特征

样品编号	层位	岩性	孔隙度/%	渗透率/$10^{-3}\ \mu m^2$	P_d/MPa	R_d/μm	P_{c50}/MPa	R_{c50}/μm	储层评价
SP11－12CH1	$\epsilon_1 n$	岩屑砂岩	2.4334	0.0009					盖层
SP11－12CH2	$\epsilon_1 n$	粉砂质泥岩	2.9217	0.0016					
SP11－13CH1	$\epsilon_1 jm$	岩屑砂岩	10.2100	0.1799	2.8601	0.2767	8.3516	0.0891	Ⅱ型
SP11－14CH1	$\epsilon_1 jm$	岩屑砂岩	2.8762	0.0034					
SP11－15CH1	$\epsilon_1 jm$	岩屑砂岩	1.6357	1.6276					盖层
SP11－16CH1	$\epsilon_1 jm$	岩屑砂岩	1.7900	0.0017					
SP11－17CH1	$\epsilon_1 jm$	岩屑砂岩	4.8756	0.1417					Ⅲ型

表 4.28　习水土河坝剖面明心寺－金顶山砂岩物性特征

样品编号	岩性	孔隙度/%	岩石密度/(g/cm^3)	渗透率/$10^{-3}\ \mu m^2$	P_d/MPa	R_d/μm	P_{c50}/MPa	R_{c50}/μm	储层评价
XTP3CH1	粉砂岩	5.7200	2.4702	0.0060	21.6617	0.0355	63.2723	0.0127	Ⅲ型
XTP4CH1	细砂岩	4.7100	2.5480	0.0040	0.5126	1.5947	13.3024	0.0562	
SP31－18CH1	砂岩	6.4845	2.5245	0.2846					Ⅱ型
SP31－20CH1	砂岩	13.3499	2.3000	0.0650					
SP31－24CH1	砂岩	3.2703	2.5507	0.0044					Ⅲ型
SP31－25CH1	砂岩	3.1286	2.5158	0.0035					
SP31－25CH2	砂岩	1.1787	2.5746	0.0047					
SP31－28CH1	砂岩	3.3419	2.5378	0.0162					
SP31－29CH1	砂岩	5.7200	2.4702	0.0060					Ⅲ型

　　开阳瓮昭寒武系黔东统明心寺组—金顶山组主要是一套泥质岩页岩夹细-铁质粗砂岩及溶孔鲕粒灰岩组合，其中砂岩孔隙度（三件）为 3.39% ~ 7.84%，平均 6.32%，为 Ⅲ型储层，渗透率为 $0.0035×10^{-3} ~ 1.7579×10^{-3} \mu m^2$，平均 $0.6156×10^{-3} \mu m^2$，该套砂岩在该区厚度 48m。

　　研究区明心寺-金顶山砂岩储层共分析样品 51 件，基质孔隙度于 0.4679% ~ 22.54%，平均 4.63%，渗透率为 $0.0007×10^{-3} ~ 9.94×10^{-3} \mu m^2$，平均 $0.3147×10^{-3} \mu m^2$，其中孔隙度大于 5% 的 Ⅲ 类储层 22 件，占总样品数 43%，孔隙度大于 10% 的 Ⅱ 类储层六件，占总样品数 11.7%。总体上研究区明心寺组—金顶山组砂岩是一套以中孔低渗型储层，储层评价主要为 Ⅱ–Ⅲ 型，通过对所有样品孔隙度及渗透率进行相关性分析，表明该套砂岩孔渗相关性较差（图 4.55），可能是后期成岩改造时，黏土矿物充填喉道导致渗透率下降所致。

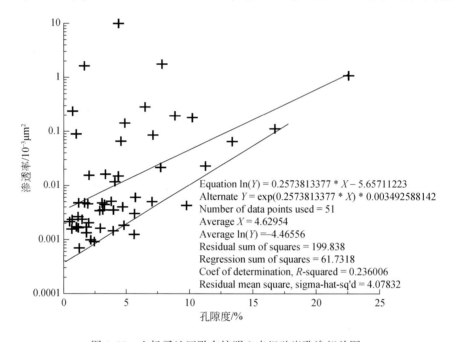

图 4.55　上扬子地区黔东统明心寺组砂岩孔渗相关图

　　基于以上认识，结合其生–储–盖组合及其埋藏深度和保存条件分析，我们认为该套砂岩仅次于震旦系灯影组，是一套重要的潜在勘探目的层系。

　　2）黔东统砂岩目标层有利区预测

　　通过对主要剖面明心寺组—金顶山组砂岩厚度及物性统计（表 4.29），我们对研究区明心寺组—金顶山组砂岩储层厚度及孔隙度进行相关分析评价、对有利目标区进行了预测，认为：

　　（1）明心寺组—金顶山组砂体主要岩性为岩屑砂岩，以细砂岩为主，部分为中–粗砂岩或细砾岩；

　　（2）砂体最厚的区域为黔东-渝东南一带，包括瓮安、湄潭、铜仁、秀山及松桃一带，厚度可达 40 ~ 80m，厚度等值线的走向多为北东 45° ~ 60°（图 4.56）。根据岩性变化、砂体厚度变化规律及古水流标志等分析，砂体可能为滨海–潮坪沙坝沉积，受黔中古隆起影响较大, 隆起边缘岩性较粗, 如习水土河坝铁质含砾粗砂岩。

表 4.29　中上扬子地区主要剖面黔东统砂岩物性统计表

剖面名称	主要岩性	样品数	$\phi/\%$		$K/10^{-3}\mu m^2$		储层评价
			范围	平均	范围	平均	
铜仁漾头	细砂岩	2	7.05 ~ 11.26	9.16	0.005 ~ 0.023	0.014	Ⅱ-Ⅲ型
新晃板凳坡	粉砂岩	9	2.15 ~ 22.54	7.42	0.001 ~ 1.0787	0.131	Ⅰ-Ⅱ型
岑巩关门岩	岩屑砂岩	4	1.64 ~ 10.21	3.82	0.0009 ~ 0.1799	0.2795	Ⅱ-Ⅲ型
石迁地袍	细-粗砂岩	4	0.71 ~ 3.71	1.92	0.002 ~ 0.2371	0.0621	Ⅲ-Ⅳ型
习水土河	细-粗砂岩	9	1.18 ~ 13.35	5.00	0.0035 ~ 0.2846	0.0437	Ⅱ-Ⅲ型
开阳翁昭	粗砂岩	3	3.99 ~ 7.85	6.32	0.0035 ~ 1.76	0.6156	Ⅲ型
松桃火联寨	细砂岩	1	16.72		0.1119		Ⅰ-Ⅲ型
秀山膏田	细砂岩	1	4.01		0.00519		Ⅲ型
余庆徐家院	细砂岩	1	2.00		0.0154		Ⅲ型
湄潭梅子湾	细砂岩	3	1.00 ~ 1.80	1.31	0.0013 ~ 0.0026	0.0019	Ⅳ型

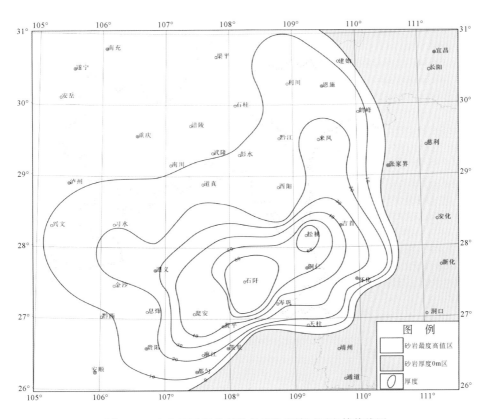

图 4.56　中上扬子寒武系黔东统砂岩储层厚度等值线图

(3) 物性较好的区域在黔北地区, 包括习水土河、金沙岩孔, 平均孔隙度为 4% ~

5%，最高 13.35%，另外黔东地区包括岑巩、新晃、铜仁、松桃及重庆秀山等地平均孔隙度 3% ~9%，最高 22.54%。

（4）该套砂岩的展布直接控制着明心寺组—金顶山组古油藏的分布，如金沙、瓮安明心寺组—金顶山组古油藏成藏模式与灯影组基本一致，砂体岩性变化及物性差异可形成构造-岩性古油藏。

（5）在埋藏深度和保存条件等方面，该砂体是仅次于灯影组的由一勘探目的层，其生-储-盖及保存等成藏条件相对较好，在覆盖区砂体也是中上扬子海相层系重要的勘探目标。通过各类图件的编制和各类数据的分析我们认为有利勘探区带有黔中隆起北缘、黔南拗陷、利川-道真拗陷、花果坪拗陷及川东南的赤水拗陷等地区。

第5章 中上扬子海相页岩气资源潜力分析

中上扬子地区海相富有机质页岩发育,主要包括下震旦统陡山沱组、下寒武统牛蹄塘组、上奥陶统—下志留统五峰-龙马溪组、上二叠统龙潭组等典型代表及黔南地区局部发育的下石炭统旧司组,页岩气基础地质条件较好。

震旦纪—早寒武世的拉张期,中上扬子克拉通内和克拉通边缘表现为裂解,形成地垒、地堑式盆地结构,控制了冰消后的碳酸盐盖帽和早期黑色页岩沉积。震旦纪早期冰消后的海平面上升,沉积了陡山沱组地堑盆地相黑色页岩。早寒武世,中上扬子地区西有川中水下古隆起,东有鄂中古陆,环绕这两个古隆起周缘,发育了牛蹄塘组(筇竹寺组)黑色页岩。

晚奥陶世末的都匀运动使黔中隆起基本定型,江南-雪峰隆起已具雏形,川中隆起进一步发展,中上扬子克拉通主体转为受古隆起围限的局限浅海盆地,发育了一套以五峰组、龙马溪组两套黑色页岩为典型代表的挤压应力背景下的前陆盆地早期充填,随后为后期类复理石快速充填所超覆。这是继牛蹄塘组优质页岩之后的有一套富有机质页岩,为中上扬子海相页岩气勘探进一步奠定了坚实的物质基础。

泥盆纪末期,贵州发生了紫云运动,除黔南和黔西地域仍保持连续沉积外,以北地区则继承了广西运动的隆升剥蚀状态。海侵方向由南东向北西,早石炭世摆佐时期海侵规模达到最大,发育旧司组黑色页岩,而深水盆地外地区,在浅海台地相区不同程度发育潟湖相黑色页岩及煤、砂岩、泥岩,也具有良好的页岩气发育条件。

由于峨眉山玄武岩的喷发,晚二叠世吴家坪期是中上扬子地区二叠纪陆地面积最广泛、台地和深水盆地萎缩的时期,出现了古生界以来独特的古地理格局,其中川滇古陆成为中上扬子地区主要陆源区,沉积了一套海陆过渡相地层,其岩石类型多样,主要为页岩、粉砂质泥岩、泥岩夹煤层及石灰岩,而川东-黔西地区龙潭组富有机质页岩发育,具有页岩气、煤层气、致密气联合开发的地质条件。

5.1 寒武系牛蹄塘组页岩气资源潜力分析

5.1.1 沉积序列与沉积相

早寒武世筇竹寺期,上扬子地区总体为广海陆棚沉积环境。受桐湾运动影响,沉积基座并不平坦。根据威远-高石梯震旦系与寒武系厚度反镜向关系、地震连井剖面对比及实钻验证,证实了绵阳-长宁一带拉张槽(刘树根等,2014)和正断层的存在。

在此背景下,早寒武世的广泛海侵由低部位向高部位逐步推进,古陆范围缩小(图5.1)。川南-黔北地区为深水陆棚相区,富有机质页岩厚度大,为有利沉积相区(图5.2)。

川中–川东大部地区属浅水陆棚相区，富有机质页岩厚度相对较薄，但该时期，由于区域伸展作用，在绵阳—长宁一线形成一个裂陷槽，也发育有较好较厚的富有机质页岩（图5.1）。滨海相区主要围绕古陆边缘分布，以彭州–雅安–峨边–美姑–宁南以西区域为主。

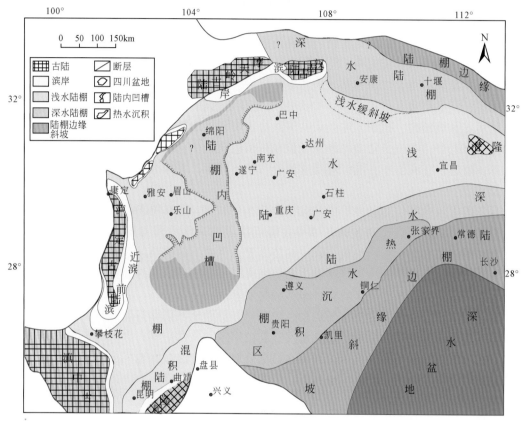

图 5.1　上扬子牛蹄塘组/筇竹寺组富有机质页岩沉积期古地理格局（据牟传龙等，2012 修改）

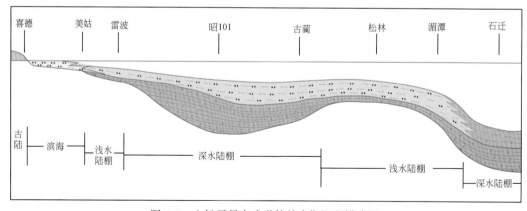

图 5.2　上扬子早寒武世筇竹寺期沉积模式图

深水陆棚相区，富有机质泥岩岩石矿物组成特征及变化特征接近：富有机质页岩段主体为富粉砂，粉砂质含量总体稳定，含量可达30%～40%；富有机质页岩段顶部粉砂含量均体现出逐渐降低的趋势（图5.3）。粉砂级碎屑物有石英和长石，以石英为主，矿物形态以次棱角状为主，磨圆度较差，矿物粒度粗粉砂-细粉砂变化，分选中等-差。自生脆性矿物方解石、白云石的含量变化在5%～20%，富有机质页岩段上部含量与下部相比相对较高。局部可见有硅质或硅质生物（海绵骨针）分布。

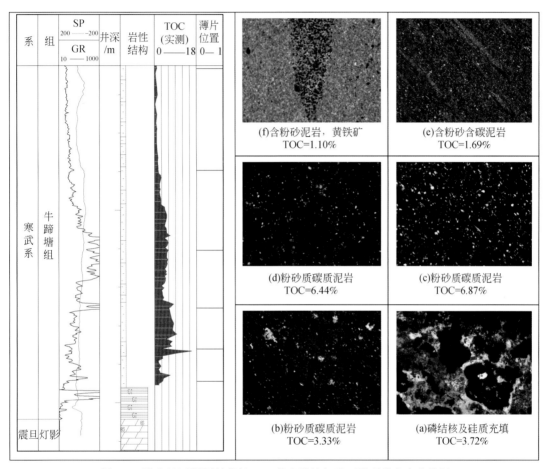

图5.3　黔北地区湄潭复背斜XX1井牛蹄塘组岩石类型纵向变化特征

牛蹄塘组富有机质页岩厚度由浅水陆棚相区、斜坡相区厚度较薄，向深水陆棚相区逐渐加厚（图5.4）。浅水陆棚相区，如四川雷波抓抓岩、丁山1井、女基井等地，厚20～30余米。深水陆棚相区以川南地区厚度较大，可达60～135m不等，如宫深1井107m、金石1井120m，威基井115m。黔北深水陆棚相区四口页岩气调查井揭示牛蹄塘组厚度70～120m。瓮安、开阳、龙里等地处于黔中古隆起的水下地形高部位，厚度减薄，数米-40m不等。斜坡相区，如贵州岑巩、松桃、镇远、重庆秀山等地，牛蹄塘组全组都可划入富有机质页岩段，但厚度减薄至60m以下，普遍30～40m。

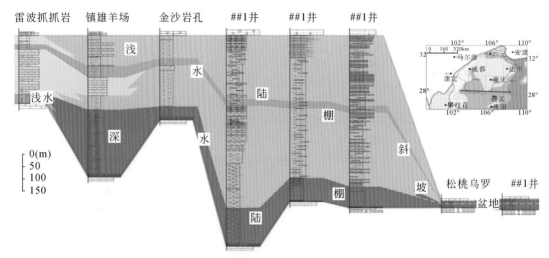

图 5.4　上扬子地区牛蹄塘组沉积相及富有机质页岩分布剖面

5.1.2　页岩有机质丰度及其地化特征

牛蹄塘组页岩气地质特征参数具有：高有机质丰度、高演化程度、富脆性矿物的特点。干酪根有机显微组分主要为腐泥无定形体及腐泥碎屑体。腐泥无定形体相对丰度 26% ~ 98%，平均为 73.7%；腐泥碎屑体相对丰度 1% ~72%，平均为 23.8%。样品中含少量的无结构镜质体和丝质体，偶见藻体痕迹。干酪根呈黄褐、黑色，无荧光。统计表明，干酪根类型指数为 77 ~100，类型属 I 型。有机碳含量普遍较高，钻井揭示 TOC 介于 1.5% ~15.7%，主要分布于 4% ~8%。有机碳含量高，具较强的生烃潜力。

根据丰国秀等（1988）提出公式计算牛蹄塘组页岩 R^o 介于 2.50% ~3.40%，主体为过成熟早期阶段，次为过成熟晚期阶段。根据国际上现行的伊利石结晶度指标划分成岩演化阶段的标准，盆缘褶皱区牛蹄塘组富有机质页岩处于晚成岩后期——极低变质演化阶段，热演化总体高于龙马溪组。

5.1.2.1　川滇黔邻区-以昭 101 井为例

1）有机质丰度

通过对昭 101 井筇竹寺组 21 个样品进行有机碳含量测试表明，筇竹寺组有机碳含量分布范围为 0.13% ~ 5.18%，平均为 1.45%。其中有机碳含量小于 0.5% 的样品占 33.3%，0.5% ~1.0% 的样品占 14.3%，1.0% ~2.0% 的样品同样占 14.3%，2.0% ~ 5.0% 的样品占 33.3%，大于 5.0% 的样品占 4.8%。

由此可以看出，筇竹寺组烃源岩有机碳含量大多数都已达 0.5%，为生油岩；其中有机碳含量在 1.0% 以上的好生油岩占 52% 左右，有机碳含量在 2.0% 以上的很好生油岩占 38% 左右，尤其是筇竹寺下部（1400m 以深）有机碳含量基本在 1.0% 以上。

根据 21 个样品的有机碳含量绘制了昭 101 井筇竹寺组 TOC 含量与深度关系图（图 5.5），总体上昭 101 井筇竹寺组有机碳含量较高，且具有随深度增大而增大的特性。

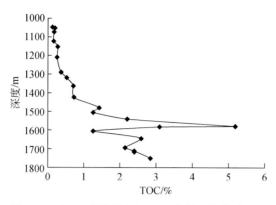

图 5.5　昭 101 井筇竹寺组 TOC 含量与深度关系图

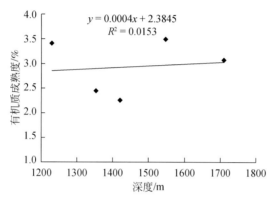

图 5.6　昭 101 井有机质成熟度与深度关系图

　　昭 101 井筇竹寺组页岩有机碳含量纵向变化较大，其上部有机碳含量较低，其值小于 0.5%，基本为非烃源岩；筇竹寺组中部有机碳含量在 0.5% ~1.5%，具有一定的生烃条件；筇竹寺组下部黑色泥岩段有机碳含量明显较高，基本都在 2.0% 以上，平均为 2.68%。分析表明，筇竹寺组下部约 500m 的黑色泥岩段将是形成页岩气藏相对最有利的层段。

　　2）有机质成熟度

　　根据对昭 101 井筇竹寺组页岩反射率测试表明（表 5.1），筇竹寺组源岩成熟度较高，R^o 均已达 2.0% 以上，进入了高过成熟演化阶段，则以生干气为主。

表 5.1　昭 101 井筇竹寺组烃源岩反射率统计表

样品序号	深度/m	层位	R^o/%
1	1229.46	筇竹寺组	3.40
2	1353.73	筇竹寺组	2.44
3	1422.01	筇竹寺组	2.25
4	1548.84	筇竹寺组	3.48
5	1711.4	筇竹寺组	3.06

在纵向上，有机质成熟度与深度存在一定的正相关性（图 5.6），但规律不明显，线性相关性极低，造成这一现象的原因可能是可测点太少，误差较大。本区下寒武统页岩的沉积埋藏史和成烃史表明（王兰生等，2009），下寒武统源岩经历了埋藏—抬升（剥蚀）—再埋藏—再抬升的演化过程。其有机质生烃史可分为三期：第一期为初始生烃阶段：下寒武统源岩在志留纪末 R^o 值已达 0.7%，处于未成熟–低成熟生烃期；第二期为生烃停滞阶段，由于加里东运动的抬升作用，该区下寒武统源岩埋深变浅并遭受剥蚀，古地温降低，有机质进入生烃滞流阶段；第三期为"二次生烃"阶段：从二叠系开始至二叠系末，下寒武统源岩埋藏深度及其所具有的古地温已超过了初始生烃阶段，源岩进入了二次生烃阶段。此时，下寒武统源岩 R^o 值已达 0.71%，有机质开始继续生烃。印支末期，源岩 R^o 值已达 0.97% 而进入生烃高峰。燕山期，源岩 R^o 值已达 2.23%，有机质大量生成湿气及油裂解气。喜马拉雅期，该区源岩进入过成熟末期，现今实测最高 R^o 值已超过 4.00%，页岩演化进入过成熟晚期，液态烃已全部裂解为干气。表明该区下寒武统源岩目前生烃已近枯竭，但也说明它的生烃能力巨大，历史上曾经大量生烃。

从昭 101 井页岩成熟度总体进入高成熟演化的特征看，预计未来在该区下寒武统筇竹寺组页岩中可发现的页岩气应属热成因的成熟度高的干气。

3）有机质类型

根据对昭 101 井筇竹寺组 22 个样品的岩石元素分析发现，H/C 值在 0.01% ~ 0.08%，而 O/C 值在 0.01% ~ 0.59%。利用干酪根的 H/C–O/C 原子比三分法对其干酪根类型进行划分表明，筇竹寺组源岩有机质类型为 III 型，为气源岩。但这并非源岩的真实干酪根类型，因为筇竹寺组均为下古生界海相沉积，源岩母质都为微生物体，没有高等植物，因此干酪根应该为 I 型为主，少量 II$_1$ 型。造成分析结果为 III 型干酪根的原因是研究区页岩成熟度较高，都已达高过成熟阶段，使有机显微组分保存较少，且多为碎屑体；同样测得的有机元素值也会明显偏低。事实上，不同干酪根类型的页岩都可以生成天然气，干酪根类型并不影响烃源层的产气量，只影响天然气吸附率和扩散率。

5.1.2.2　渝东南地区

1）有机质丰度

根据实测的有机碳含量数值和收集的数据分析，研究区下寒武统牛蹄塘组页岩有机碳含量变化范围较大，一般在 0.36% ~ 9.89%，平均 3.74%，92.96% 以上的样品有机碳含量大于 1%，其中，大于 2% 的样品只占 66.20%，有机碳大于 3% 的样品占了 50.70%（图 5.7），表明研究区该套页岩有机碳含量总体较好，具有较好的页岩气资源潜量。

2）有机质类型

由于不同来源、不同环境下发育的有机质生烃潜力和产物性质有很大差别，因此，要客观认识烃源岩的性质和生烃条件就必须对有机质类型进行评价。有机质的类型既可以由不溶有机质（干酪根）的元素组成特征来反映，也可以由其产物（氯仿沥青"A"）的族组成特征来反映。但氯仿沥青"A"的族组成不仅受母质类型影响，还受母质的成熟度及运移、次生改造过程的影响；通过干酪根的 H/C、O/C 原子比分类的界线是对未成熟的有机质而言，随着成熟度的升高，所有有机质的 H/C、O/C 原子比均降低，这时需结合其他

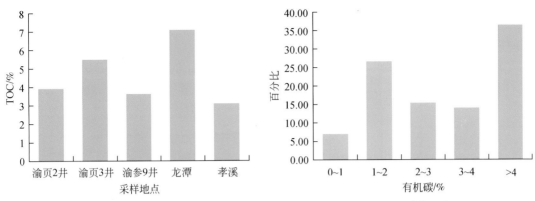

图 5.7 渝东南下寒武统牛蹄塘组页岩有机碳含量（左）和累计分布（右）

指标来鉴别，如干酪根的稳定碳同位素组成（δ¹³C）和干酪根显微组分。实验结果显示研究区下寒武统牛蹄塘组干酪根 δ¹³C 值在 –32.2‰ ~ –28.8‰，平均值 –30.95‰（图 5.8），属于腐泥型干酪根（Ⅰ型）。

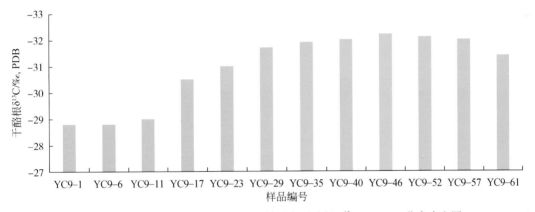

图 5.8 渝东南下寒武统牛蹄塘组主要样品点干酪根 δ¹³C（PDB）分布直方图

渝参 9 井下寒武统牛蹄塘组页岩样品干酪根显微组分鉴定结果表明，该套页岩样品中检测到大量的腐泥组和少量的镜质组、惰质组三类常见的有机显微组分，Ti 均大于 80，故目的层页岩有机质类型为Ⅰ型。因此，综合上述两项有机质类型判别指标，认为研究区下寒武统牛蹄塘组页岩有机质类型属于Ⅰ型。

3）有机质成熟度

研究区下古生界页岩在沉积后经历了多期次的构造运动，热演化史复杂，页岩热演化程度普遍偏高。研区内渝参 9 井及两条野外剖面样品的实测数据表明，该区下寒武统牛蹄塘组黑色页岩演化程度总体很高，成熟度一般为 2.98% ~ 3.27%，平均为 3.13%，表明该套页岩热演化程度均处于过成熟演化阶段，页岩已达到生气高峰期，有利于页岩气的充分生成，但页岩现今生烃能力有限。

4）优质页岩展布

以渝参 9 井为例，下寒武统牛蹄塘组 TOC 垂向上也具有底部好–中部差–上部中等的三段模式，垂向上总体变化较大，非均质性较强（图 5.9）。R^o 在垂向上变化不大，均已进入过成熟期。故该套目的层具有较好的页岩气勘探潜力，尤其是底部 TOC 高、厚度较大的目的层段。

　　下寒武统牛蹄塘组泥页岩 TOC 区域变化较大，主要分布在 1.0% ~ 7.0%，有机质丰度主体上评价为好–极好。高值区分布在酉阳龙潭–宋农一带，往东南和西北两个方向逐渐降低。

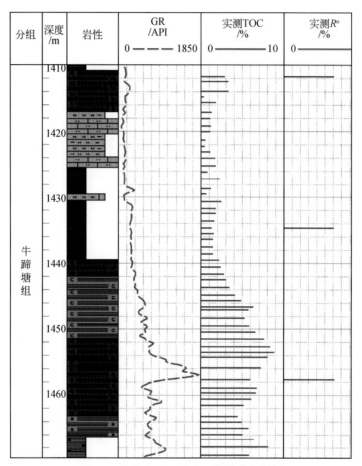

图 5.9　渝东南地区渝参 9 井综合解释图

　　从研究区下寒武统牛蹄塘组泥页岩热演化程度整体上变化不大，主要分布在 3.0% ~ 4.0% 之间，总体上均处于过成熟期。页岩热演化程度高值区与泥页岩的沉积中心基本对应，高值区主要分布在秀山一带，往西北方向逐渐变小。

5.1.3　页岩物性特征

　　牛蹄塘组富有机质页岩段脆性矿物组分与五峰–龙马溪组接近，以石英、长石等碎屑矿物为主，平均含量 66.12%；方解石、白云石、黄铁矿等含量总体较低，平均含量

14.60%；黏土矿物平均含量19.28%，伊利石（伊）-蒙脱石（蒙）混层为主，约占黏土总量88%，次为绿泥石，约占12%，高岭石微量，不含蒙脱石。

5.1.3.1 川滇黔邻区牛蹄塘组

1）岩石矿物成分

本次研究以地表样品采样分析为主，根据分析测试结果，筇竹寺组富有机质泥页岩主要由碎屑矿物、黏土矿物组成，含少量碳酸盐岩、菱铁矿和黄铁矿。其中碎屑矿物含量在27%～87%，平均含量为62%，成分主要为石英和长石，不含岩屑；黏土矿物含量在10%～47%，平均含量为24%，主要为伊利石和绿泥石，其次为伊-蒙混层，不含高岭石和绿蒙混层；碳酸盐岩含量基本在20%以下，川滇黔邻区筇竹寺组有两种碳酸盐岩矿物，为方解石和铁白云石，含量相近（图5.10）。

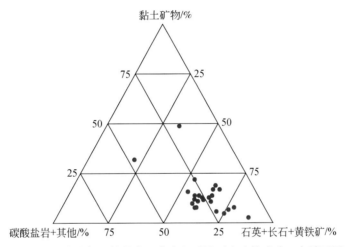

图5.10 川滇黔邻区筇竹寺组富有机质泥页岩矿物成分三角端元图

2）碎屑矿物、黏土矿物的分布规律

调查区筇竹寺组矿物成分以脆性矿物和黏土矿物为主，其中脆性矿物含量在27%～87%，平均含量为62%，成分主要为石英和长石，石英的含量在18%～54%，平均含量在43%；长石的含量在3%～36%，平均含量在18%。黏土矿物含量在27%～27%，平均含量为24%，脆性矿物含量高于黏土矿物含量，有利于后期开采压裂（图5.11）。

黏土矿物中主要为伊利石、绿泥石和伊-蒙混层，不含高岭石和蒙脱石，伊利石和伊-蒙混层的间层比很低（5%），混层中几乎都是伊利石。黏土矿物中伊利石的含量为31%～69%，平均含量为46%；绿泥石的含量为1%～55%，平均含量为40%；伊-蒙混层的含量为3%～30%，平均含量为14%（图5.12）。黏土矿物中蒙脱石的比表面较大，对天然气有很好的吸附能力，但调查区泥岩中几乎不含蒙脱石，同时伊利石、绿泥石和伊-蒙混层的比表面较小，对天然气的吸附能力较小，因此，黏土矿物对含气量的影响作用很小。

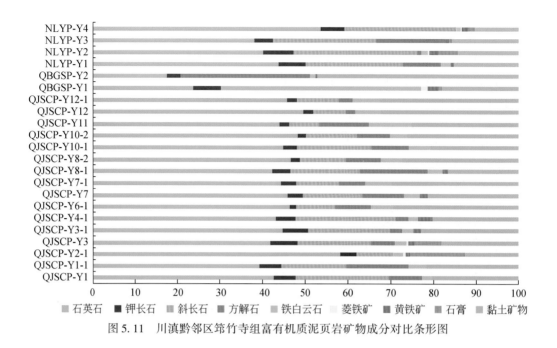

图 5.11　川滇黔邻区筇竹寺组富有机质泥页岩矿物成分对比条形图

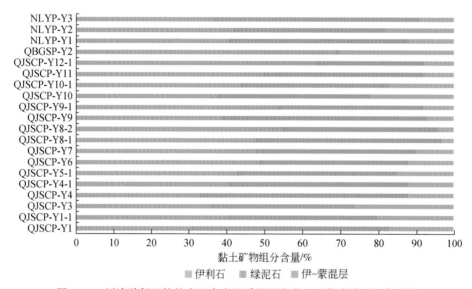

图 5.12　川滇黔邻区筇竹寺组富有机质泥页岩黏土矿物成分对比条形图

3）成岩作用特点

筇竹寺组黏土矿物分析测试成果显示，黏土矿物中主要为伊利石、绿泥石和伊-蒙混层，不含高岭石和蒙脱石，伊利石和伊-蒙混层的间层比很低（5%），混层中几乎都是伊利石。黏土矿物中伊利石的含量为31%～69%，平均含量为46%；绿泥石的含量为1%～55%，平均含量为40%；伊-蒙混层的含量为3%～30%，平均含量为14%。有机质成熟度在1.8%～4.2%，平均3.21%，属于成熟-高成熟-过成熟演化阶段。从黏土矿物成分和有机质成熟度来看，研究区泥页岩已到晚成岩阶段。

4）物性特征

根据实验测试结果表明，调查区泥岩的孔隙度在 $0.92\% \sim 1.91\%$，平均为 1.47%，孔隙度非常低。渗透率在 $0.0107 \times 10^{-3} \sim 0.2011 \times 10^{-3} \mu m^2$，平均为 $0.0396 \times 10^{-3} \mu m^2$，渗透率极低。

孔隙度小于 1% 的占 20%，$1\% \sim 2\%$ 的占 80%，没有大于 2% 样品。渗透率小于 $0.02 \times 10^{-3} \mu m^2$ 的占 60%，$(0.02 \sim 0.05) \times 10^{-3} \mu m^2$ 的占 10%，$(0.05 \sim 0.1) \times 10^{-3} \mu m^2$ 的占 10%，$(0.1 \sim 0.3) \times 10^{-3} \mu m^2$ 的占 10%，没有大于 $0.3 \times 10^{-3} \mu m^2$ 的样品。孔隙度与渗透率呈较好的正相关关系，孔隙度增大，渗透率随即增大，部分异常点可能与裂缝的发育有关。总体来看筇竹寺组泥页岩储层孔渗性能较差。

根据筇竹寺组页岩实验样品测试结果显示，BET 比表面积在 $1.923 \sim 17.469 m^2/g$，平均为 $7.671 m^2/g$（图 5.13），页岩比表面较大，表明页岩具有较强的吸附能力。下部富有机质页岩段的吸附能力强于上部，这与含气量和 TOC 也有很好的一致性。

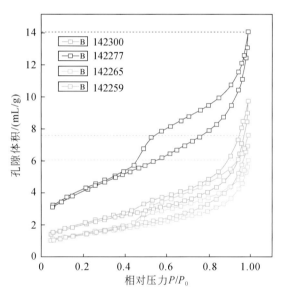

图 5.13　川滇黔邻区筇竹寺组比表面分布图

颗粒直径是岩石比表面的主要影响因素，颗粒直径越小则岩石比表面越大。由于泥质颗粒非常细小，所以岩石中泥质含量越多，岩石的比表面越大，其吸附性能也越强。根据实验测试结果，筇竹寺组页岩孔隙全为中孔，不含微孔和宏孔。中孔体积在 $0.0022 \sim 0.0151 mL/g$，平均为 $0.0093 mL/g$；平均孔隙直径在 $3.05 \sim 4.75 nm$，平均为 $4.02 nm$。表明页岩具有较强的吸附能力（图 5.14）。

通过对研究区内目标层段泥页岩的大量系统采样，并做扫描电镜分析发现该泥页岩中纳米孔隙、微孔隙和微裂缝十分发育。

金沙厂剖面和包谷山剖面的扫描电镜照片显示，下寒武统筇竹寺组泥页岩样品中普遍可见大量伊利石集合体及片状云母，其中微孔隙（有机质孔、晶间孔和溶蚀孔居多）、微

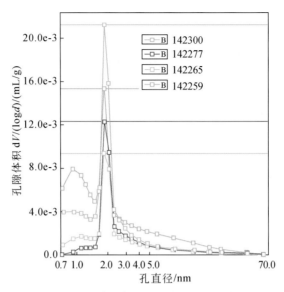

图 5.14　川滇黔邻区筇竹寺组孔径分布图

裂缝发育。从这些照片中可以看出泥页岩中存在大量纳米级孔隙与微裂缝，为页岩气的聚集提供了场所。

通过对实验样品电镜照片的观察、统计发现，研究区泥页岩（部分粉砂质泥岩）样品中绝大多数为纳米级孔隙（小于 750nm），其中孔径大多在 2 ~ 50nm，且有机质孔发育。在有机质颗粒中纳米级孔隙随意分布，一般有机质边缘不是很发育，且在纳米级孔隙发育的样品中也有有机质颗粒并不发育纳米级孔隙。

有机质粒内孔隙的形状有椭圆状、长条状、不规则形状、旋回状、溶孔状等，而各种形态的有机质粒内孔隙的发育可能反映有机质粒内孔隙的产生伴随干酪跟向油气转化过程。

5.1.3.2　渝东南地区牛蹄塘组——以渝 9 井为例

1）岩石矿物成分

渝参 9 井的全岩 X 射线衍射实验分析结果表明，研究区下寒武统牛蹄塘组黑色页岩矿物成分复杂，与五峰组—龙马溪组页岩相似（表 5.2，图 5.15）。其中黏土矿物含量在 3.8% ~ 34.6% 之间，平均为 17.2%；碎屑矿物含量在 65.4% ~ 96.2%，平均为 82.8%，成分主要为石英（9.3% ~ 93.1%，平均 52.3%）和少量的长石（0 ~ 71.1%，平均 11.1%）；碳酸盐矿物含量分布在 0 ~ 84%，平均为 9.2%；黄铁矿含量为 0.3% ~ 18.7%，平均为 17.2%。石英、长石和碳酸盐等脆性矿物含量较 Barnett 页岩、焦页 1 井和研究区五峰组—龙马溪组页岩高，分布在 51.5% ~ 95.9%，平均为 72.6%，有利于后期压裂改造成缝，提高页岩气产能。

垂向上，页岩矿物组合同样具有渐变的特征，由下至上，石英含量逐渐减少，底部黑色页岩段脆性矿物含量最高，一般能达到 60% 以上；长石含量向上增加，向上可增加至

60%；而黏土含量向上逐渐增加，底部黏土矿物最低，一般占 10% ~ 20%，向上增加到 30% 左右（图 5.16）。

表 5.2　研究区牛蹄塘组黑色页岩与 Barnett 页岩岩矿组成对比表

井号	石英/%	长石/%		碳酸盐/%		黄铁矿/%	黏土矿物 /%	脆性矿物/%
		钾长石和斜长石		方解石和白云石				
Barnett 页岩	10 ~ 54/32.6	0 ~ 82.6		3 ~ 86/29.3		0 ~ 20.8	3 ~ 44/30.9	23 ~ 88/65
焦页 1	18.7 ~ 70.2/37	1.7 ~ 11.8/7		0 ~ 31/9.5		0 ~ 5.10.3	17.2 ~ 62.9/41.5	33.8 ~ 79.8/55.9
渝参 9	9.3 ~ 93.1/52.3	0 ~ 71.1/11.1		0 ~ 84/9.2		0.3 ~ 18.7/8.07	3.8 ~ 34.6/17.2	51.5 ~ 95.9/72.6

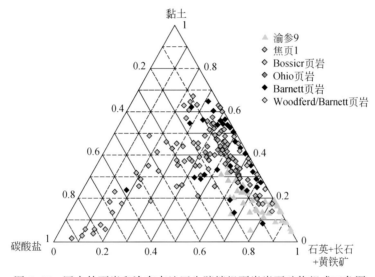

图 5.15　国内外页岩和渝东南地区牛蹄塘组页岩岩石矿物组成三角图

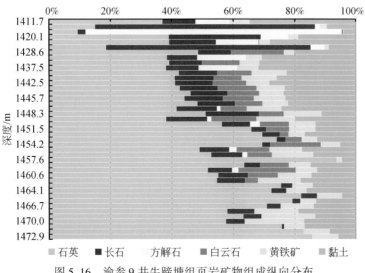

图 5.16　渝参 9 井牛蹄塘组页岩矿物组成纵向分布

渝参9井黏土矿物定量分析表明，黏土矿物主要为伊利石和伊–蒙混层矿物（图5.17），伊–蒙混层矿物含量在16%~75%，平均49.05%，伊利石含量在11%~84%，平均48.1%，顶部出现少量的绿泥石（最高可达28%）和绿蒙混层（最高可达10%）。研究区牛蹄塘组页岩以稳定的伊利石和伊–蒙混层为主，基本不含非稳定的高岭石和蒙脱石矿物，对后期钻井液及钻井施工要求相对较低，有利于井壁稳定。

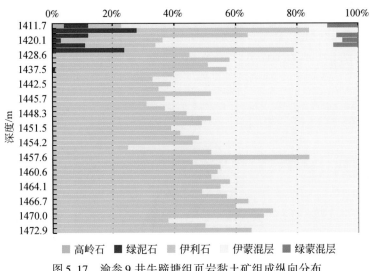

图5.17　渝参9井牛蹄塘组页岩黏土矿组成纵向分布

综上所述，研究区五峰组—龙马溪组以及牛蹄塘组页岩脆性矿物含量高，均高于60%，钙质成分含量少，有利于后期储层的压裂改造；并且黏土以稳定的伊利石和伊–蒙混层为主。

2）页岩储集空间特征

页岩储层实际上与常规碎屑岩和碳酸盐岩储层类似，也发育各类孔隙和裂缝，但在孔缝类型、大小及发育规模上都存在许多差异。为了研究页岩的储集空间特征，对研究区页岩样品进行了高分辨率电镜扫描图像分析、薄片微观结构和矿物成分鉴定等实验，发现研究区组页岩储层储集空间类型主要包括孔隙和裂缝两大类。

通过扫描电镜分析，发现牛蹄塘组发育有六种储集空间类型，即粒间孔、黄铁矿晶间孔、有机质孔、铸模孔、黏土矿物层间孔、粒内孔和溶蚀孔（图5.18）。统计表明渝参9井牛蹄塘组的储集空间主要以粒间孔、黄铁矿晶间孔和有机质孔三种孔为主，占总照片张数的68%。

裂缝是页岩储层中常见的一种储集空间类型，也是渗流通道，是页岩气从基质孔隙流入井底的必要途径。裂缝的形成主要与岩石的脆性、有机质生烃、地层孔隙压力、差异水平压力、断裂和褶皱等因素相关。其中具有高含量的石英、长石、钙质等脆性矿物是页岩裂缝形成的内因，其他因素则是裂缝发育的外因。

渝参9井测井常规资料反映储层裂缝特征比较明显，在井段1451.00~1470.00m孔隙、裂缝较发育，通过岩心照片可以发现，储层段孔洞、裂缝均较发育，且主要有五种类型：张裂缝、剪裂缝、滑脱裂缝、页理缝、张剪性裂缝。岩心裂缝以剪裂缝为主，占全部

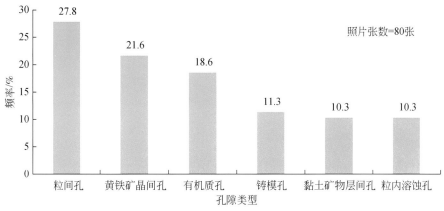

图 5.18   渝参 9 井牛蹄塘组储集空间类型分布图

裂缝的 78.1% ［图 5.19（a）］，其次是页理缝，占 8.5%，然后是张剪性裂缝、张裂缝和滑脱裂缝，分别占 5.2%、4.5% 和 4.1%。

牛蹄塘组页岩裂缝中近水平裂缝占全部裂缝的 14.3%，低角度裂缝占全部裂缝的 10.5%，倾斜裂缝占全部裂缝的 32.9%，高角度裂缝占全部裂缝的 32.2%，还有 10.1% 的裂缝为近直立裂缝。统计结果表明渝参 9 井牛蹄塘组页岩裂缝以高角度裂缝和倾斜裂缝为主，其次为水平裂缝，低角度裂缝和近直立裂缝相对较少 ［图 5.19（b）］。

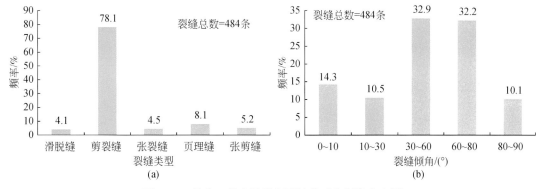

图 5.19   渝参 9 井牛蹄塘组裂缝类型和倾角分布图

统计结果表明，渝参 9 井牛蹄塘组页岩裂缝充填程度较高。其中，76.2% 的裂缝全部被充填，未被充填的裂缝占全部裂缝的 9.0%，半充填裂缝占全部裂缝的 14.2%，闭合裂缝较少。充填裂缝和半充填裂缝中的充填矿物以石英为主（96.8%），其他充填矿物还包括方解石和黄铁矿。

渝参 9 井牛蹄塘组页岩裂缝长度不大，规模较小，主要分布在小于 10cm 范围内，占 91.1%；开度也较小，主要分布在小于 1mm 范围内，占 93.8%。

3）页岩孔渗特征

牛蹄塘组页岩样品孔隙度、渗透率测试数据表明，该套页岩页属低孔低渗储层。渝参 9 井牛蹄塘组 42 个岩心样品孔隙度分布在 0.08% ～8.11%，平均为 0.70%。从孔隙度分布频率上看，孔隙度整体较小，主要分布在 0% ~ 1%，占 92.86%，其中小于 0.5% 的占 69.05%；分布在 0.5% ~ 1% 的占 23.81%；分布在 1% ~ 1.5% 的占 2.38%；分布在 1.5% ~ 2% 的占 0%；大于 2% 的占 4.67%〔图 5.20（a）〕。

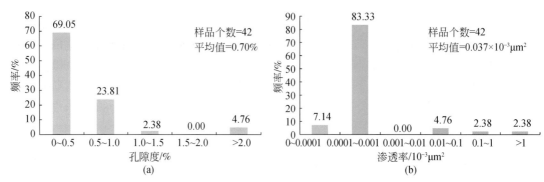

图 5.20　渝参 9 井牛蹄塘组岩心样品孔渗分布直方图
（a）孔隙度；（b）渗透率

渝参 9 井牛蹄塘组 42 个岩心样品渗透率分布在（0.0001 ~ 1.1527）$\times 10^{-3}$ μm²，平均为 0.0371$\times 10^{-3}$ μm²。从渗透率分布频率上看，渗透率主要分布在（0.0001 ~ 0.001）$\times$ 10^{-3} μm²，占 83.3%；分布在（0 ~ 0.0001）$\times 10^{-3}$ μm² 的占 7.14%，分布在（0.0001 ~ 0.001）$\times 10^{-3}$ μm² 的占 83.33%，分布在（0.01 ~ 0.1）$\times 10^{-3}$ μm² 的占 4.76%，分布在（0.1 ~ 1）$\times 10^{-3}$ μm² 的占 2.38%，大于 1$\times 10^{-3}$ μm² 的样品占 2.38%〔图 5.20（b）〕。

渝参 9 井牛蹄塘组孔隙度和渗透率同样具有一定的正相关性（图 5.21），主要是由于页岩渗透性除了受孔隙体积大小影响外，还受到了裂缝发育、孔隙喉道连通性能的影响，部分样品渗透率偏大，与样品的裂缝发育程度有关。与焦石坝焦页 1 井五峰组—龙马溪组对比，渝参 9 井岩心样品点主要分布在图左下角区域，而焦石坝焦页 1 井样品点主要分布

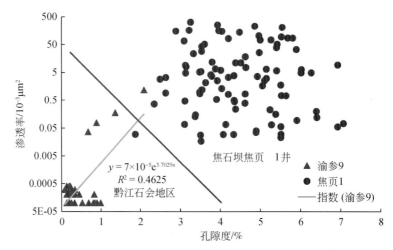

图 5.21　渝参 9 井牛蹄塘组与焦页 1 井五峰组—龙马溪组岩心样品孔渗对比图

在图右上边区域，证明研究区孔隙度和渗透率较焦石坝地区均偏小（图5.21）；与研究区五峰组—龙马溪组页岩相比孔渗也相对较低，这主要由于牛蹄塘组地层比五峰组—龙马溪组地层遭受了更强烈的压实作用。

4）页岩孔隙结构特征

储集岩的孔隙结构实质上是岩石的微观物理性质，是指岩石所具有的孔隙和喉道的几何形状、大小、分布及相互连通关系（王允诚等2005）。泥（页）岩的孔喉半径范围一般在0.005～0.1μm，最小的孔喉半径与沥青质分子大小相当，是水和甲烷分子的十倍以上。

根据渝参9井样品分析，渝东南地区牛蹄塘组的微孔体积在2.41×10^{-5}～2.96×10^{-3} mL/g，平均为6.85×10^{-4}mL/g；中孔体积在1.56×10^{-3}～1.7×10^{-2}mL/g，平均为5.98×10^{-3} mL/g；大孔体积为7×10^{-5}～6.92×10^{-3}mL/g，平均为1.45×10^{-3}mL/g；总孔体积在$2.1\times$ 10^{-3}～2.4×10^{-2}mL/g，平均为8.1×10^{-3}mL/g。孔体积中孔体积约占孔隙体积的78%，微孔体积约占孔隙体积的8.5%。BET比表面积在1.73～27.77m^2/g，平均为7.75m^2/g，变化范围较大，孔隙直径在3.1～8.0nm，平均为5.25nm，孔隙的直径与BET比表面积具有一定的负相关性（图5.22）。

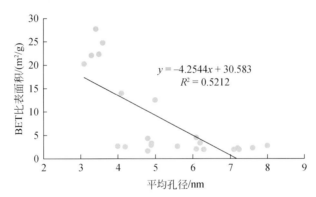

$$y = -4.2544x + 30.583$$
$$R^2 = 0.5212$$

图5.22　渝参9井牛蹄塘组页岩平均孔径与比表面积关系图

同时不同岩石类型，其孔隙类型及其比例、BET比表面积差异明显（表5.3）。另外，彭水区块的长生1井钻遇水井沱组深水陆棚相黑色泥岩60m，TOC平均4.3%，改变了过去对该区寒武系黑色页岩不发育的观点，坚定了川东南寒武系油气勘探信心。但是演化程度高（R^o3.8%），页岩物性差（孔隙度1.37%～2.8%，渗透率0.0005×10^{-3}～0.1×10^{-3}μm^2），有待进一步深化认识。

表5.3　不同岩石类型孔隙类型及其比例、BET比表面积均值统计表

岩石类型	微孔体积 均值/（mL/g）	中孔体积 均值/（mL/g）	大孔体积 均值/（mL/g）	总孔体积 均值/（mL/g）	比表面积 均值	平均孔径
富有机质页岩	7.23×10^{-4}	6.79×10^{-3}	1.47×10^{-3}	8.95×10^{-3}	8.6m^2/g	5.14nm
粉砂质页岩	7.87×10^{-4}	6.98×10^{-3}	1.2×10^{-3}	8.97×10^{-3}	9.0m^2/g	5.4nm
碳质页岩	7.72×10^{-4}	5.1×10^{-3}	2.64×10^{-3}	8.5×10^{-3}	8.7m^2/g	5.5nm
硅质页岩	3.98×10^{-4}	2.87×10^{-3}	6.8×10^{-4}	3.95×10^{-3}	2.93m^2/g	5.4nm

5.1.4　页岩含气性

5.1.4.1　川滇黔邻区

目前该地区仅有昭 101 井等少数井中获得关于牛蹄塘组页岩含气性相关数据，根据中石油相关资料，昭 101 井牛蹄塘组埋深 1767m，压力系数 0.8；解吸含气量 0.57m³/t，且以 N_2 为主。根据地震剖面分析，上述勘探结果主要与构造保存条件有很大关系，井位距离主要断裂较近，且部分目的层段遭到断裂切割（图 5.23），地层应力已释放，因此，压力系数低。

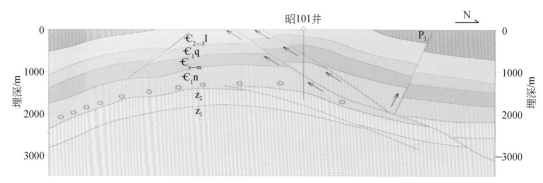

图 5.23　川滇黔邻区昭 101 井埋深及过井地震剖面构造解译

5.1.4.2　渝东南地区

总体来看，渝东南地区牛蹄塘组含气性相对较好，渝页 2 井目的层现场解吸气含量最高，在 1.8～5m³/t，平均为 3.27m³/t；渝页 3 井次之，在 1.05～3.1m³/t，平均为 1.79m³/t；渝参 9 井最差，在 0.011～0.144m³/t，平均仅为 0.057m³/t（表 5.4）。纵向上来看，各井第一亚段现场解吸气含量较第二亚段好。

表 5.4　研究区及附近地区牛蹄塘组页岩气井现场解吸气含量统计表

井名	亚段	深度段/m	厚度/m	现场解吸气含量/(m³/t)		样品数
				亚段	全层	
渝页 2 井	第一段	79～59	20	2.6～5 平均值 3.8	1.8～5 平均值 3.27	2
	第二段	59～19	40	1.8～4.2 平均值 2.74		5
渝页 3 井	第一段	1401～1379	22	1.05～1.3 平均值 1.18	1.05～3.1 平均值 1.79	2
	第二段	1379～1328	51	1.5～3.1 平均值 2.4		5

井名	亚段	深度段/m	厚度/m	现场解吸气含量/(m³/t)		样品数
				亚段	全层	
渝参9井	第一段	1454～1473	19	0.047～0.144 平均值0.086	0.011～0.144 平均值0.057	19
	第二段	1410～1454	44	0.011～0.092 平均值0.045		42

渝参9井等温吸附实验结果显示，等温吸附气含量在 0.58～6.60m³/t，平均为 3.44m³/t，反映牛蹄塘组页岩的吸附能力总体较强。

5.1.5　牛蹄塘组页岩气资源潜力分析

区域地层接触关系及残留的暴露标志来看，震旦纪桐湾运动可进一步分为三幕。对牛蹄塘组沉积基座—（灯影组—麦地坪组）—的改造主要发生在桐弯运动二幕—三幕期间（图 5.24、图 5.25）。总体上，桐湾运动的影响范围是在上扬子克拉通盆地内。

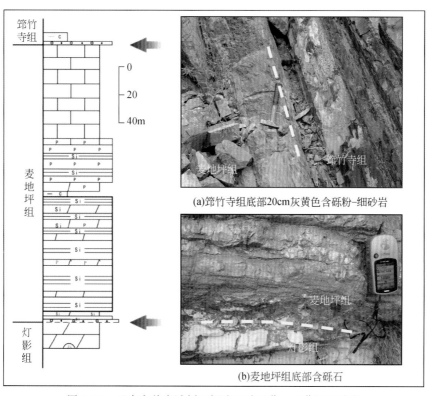

图 5.24　云南永善肖滩剖面桐湾运动二幕—三幕沉积响应

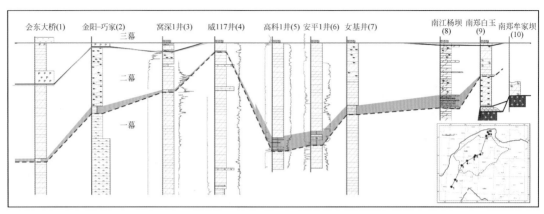

图 5.25　桐湾运动三幕响应分解

二幕为麦地坪组与灯影组之间,台地边缘-斜坡为连续沉积区。区域上,川西南-滇东地区表现为麦地坪组(或梅树村组)与灯影组白云岩间沉积间断;川中、黔中地区表现为暴露剥蚀,至筇竹寺组沉积期才开始接受沉积;峨眉麦地坪、南江杨坝、窝深 1 井等地为连续沉积区或水下沉积间断。康滇古陆、汉南古陆缺失麦地坪组沉积。

三幕为麦地坪组与筇竹寺组之间,为桐湾运动最为强烈的幕次,灯影组暴露剥蚀影响范围最大。川中、黔中地区持续暴露剥蚀,残留厚度薄,是上扬子除康滇古陆、汉南古陆之外的古地形高点;川西-滇东地区麦地坪组顶部见喀斯特、砂砾岩、黏土化等暴露沉积间断标志。台地边缘-斜坡(如黔东-湘西地区)为连续沉积区。

因此,早寒武世筇竹寺期,上扬子地区总体为广海陆棚沉积环境。受桐弯运动影响,沉积底板并不平坦(汪正江等,2011;汪泽成等,2014)。同时,根据最新地震连井剖面对比研究及钻井验证,证实了绵阳-长宁一带存在早寒武世拉张槽(图 5.1)。因此,川南-黔北地区为深水陆棚相区,富有机质页岩厚度大,为有利沉积相带。川中-川东大部地区属浅水陆棚相区,富有机质页岩厚度减薄。但在四川盆地内,由于主体埋深较大,目前牛蹄塘组页岩气不具有明显的勘探潜力,然而在川南威远隆起、长宁隆起附近埋深适当,保存条件好,应具有较好的勘探潜力。另外在大巴山前缘也获较好页岩气显示,预示其部分构造带可能具有较好页岩气前景。盆地外围,在昭通-毕节地区和黔北正安-务川一带,牛蹄塘组埋深适当,有机碳含量高,厚度大,为可能有利远景区。

5.2　五峰-龙马溪组页岩气资源潜力分析

5.2.1　五峰-龙马溪组沉积序列

5.2.1.1　五峰-龙马溪组沉积序列与沉积相

晚奥陶世晚期——早志留世早期(富有机质页岩沉积期),扬子地块发展为克拉通之上的被各边缘隆起围限的隆后盆地,南部的黔中、雪峰、北部川中等古隆起面积不断增大(图 2.17、图 2.18)。

古隆起边缘相多在二叠纪前各期构造运动中遭到剥蚀,保留残缺不全。除黔北-渝东南-湘西地区保留了部分浅水陆棚相砂泥质沉积,大部地区根据地层厚度、富有机质页岩厚度、岩石微相变化进行推测,故古隆起边界实为剥蚀边界。

川中隆起剥蚀量最大的地区为川西雅安-邛崃等地($P_1/\in_1$ 接触关系),向外围依次与奥陶系、志留系地层接触,沉积记录缺失严重。川中隆起存在的依据主要为:①东侧威远、永川、华蓥等地深井揭示上奥陶统宝塔组发育褐红色宝塔组(如自深 1 井、合 12 井),与黔北-渝东南、川北等地褐红色、浅肉红色宝塔组岩性相似,具有相似的演化历程;②富有机质页岩厚度减薄;③与川中隆起相接的川西南雅安、川北广元多地接触关系为 S_1l/O_3b 或 S_1lr/O_3b。在尚无直接标志的情况下,目前暂以剥蚀边界为古隆起边界。

沉积区中,五峰-龙马溪组岩性以含粉砂含碳泥岩、粉砂质碳质泥岩、硅质碳质泥岩及含放射虫硅质岩为主,富产笔石。深水陆棚相区富有机质页岩厚度更大,为有利沉积相带。以渝东南濯河坝向斜 XX1 井为例,五峰组岩石类型为碳质泥岩、粉砂质碳质泥岩及硅质碳质泥岩;有机质含量由下而上呈增高的趋势,至五峰组顶部达峰值;碎屑矿物粒度泥-细粉砂级,尖棱状,具定向性(图 5.26)。龙马溪组岩石类型为碳质泥岩、粉砂质碳质泥岩(微含

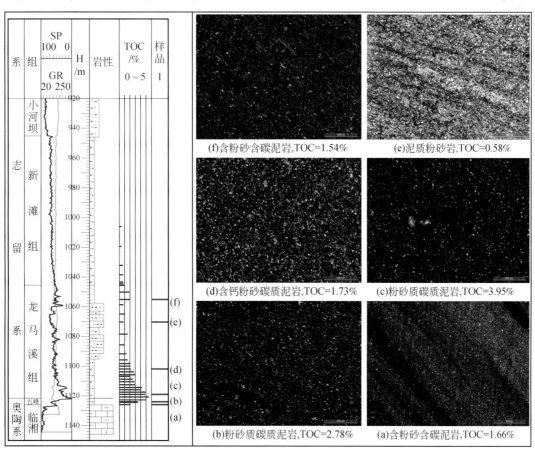

图 5.26 渝东南地区濯河坝向斜 XX1 井五峰-龙马溪组岩石类型纵向变化特征

钙质），富有机质页岩上部夹（含碳）泥质粉砂岩（图 5.26）。区域对比表明，该泥质粉砂段以渝东南地区为主要分布区，厚度约 20 ~ 40m。粉砂成分成熟度、结构成熟度均较低，宏观呈条纹及透镜体结构，测井相具箱型、漏斗型特征，初步判断为近岸水下扇体。

5.2.1.2　五峰-龙马溪组沉积转换与富有机质页岩分布

晚奥陶世赫南特期是全球气候剧烈变化的地史时期之一。全球性的气候变冷事件中，冈瓦那古陆极地冰盖分布于现今的非洲、南美洲、阿拉伯半岛及欧洲部分地区，经历了两期冰盖扩张与消融并保留有消融期的沉积记录——冰碛岩。扬子陆块处于低纬度地区（Cocks et al., 2001）。典型沉积是观音桥组灰、灰黑色泥灰岩及钙质泥岩，富产全球广泛分布的赫南特动物群，即 *Hirnantia-Dalmanitina* 动物群，无冰碛岩沉积，但有机碳同位素（$\delta^{13}C_{org}$）正偏移现象具有全球可对比性，可与劳伦、波罗的、西伯利亚等陆块进行对比（陈旭等，2006）。冰盖扩张导致全球海平面快速下降，高峰时期海平面下降幅度 50 ~ 100m（戎嘉余等，1999）。

上扬子地区，海平面的快速下降过程中形成了不同程度的沉积间断，表现在：①滩相观音桥组顶部暴露，形成铁质风化壳，龙马溪组海侵上超，但缺少龙马溪组底部笔石带，代表沉积区为黔北地区（图 5.27；化石研究据戎嘉余等，2011）；②暴露期间下伏五峰组—观音桥组遭受剥蚀，龙马溪组海侵上超，代表沉积区为川北广元-南江，川西南雅安，

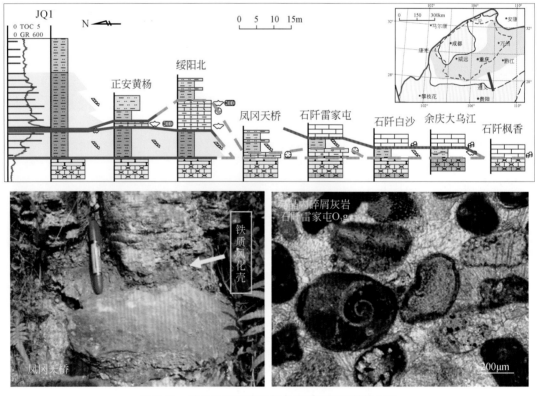

图 5.27　黔北地区五峰组与龙马溪组沉积转换记录

湘西张家界、鄂西石门等地；③暴露期间下伏五峰组硅质岩保存下来，龙马溪组沉积初期有钙质粉砂岩沉积，代表沉积区为鄂西建始等地。海平面下降至最低位时仍处于水下的沉积区，岩石地层连续沉积，笔石带完整，观音桥组为生物泥灰、泥云质沉积，以鄂中宜昌、川南长宁、黔北桐梓等地化石地层研究较为深入。

以黔北地区为例，正安以北地区为连续沉积区，绥阳-石阡地区观音桥组顶部见铁质风化壳，石阡以南地区龙马溪组缺失地层更多，形成由北向南逐步海侵的特征。虽富有机质页岩分布区向南超越了五峰组沉积分布区，但仍以正安以北地区富有机质页岩厚度较大，沉积盆地向北萎缩。

五峰组全组归入富有机质页岩段，且以岩石硬脆、微裂缝发育受到关注。地块边缘及古隆起内侧边缘为沉积中心，厚度较大，如城口-南漳、酉阳-秀山-保靖等地，约厚 10 ~ 30m；大部地区厚度数米不等，形成次级隆-坳相间格局（图 5.28 ~ 图 5.30）。

龙马溪组富有机质页岩以宜宾-涪陵-万州地区厚度较大，可达 50 ~ 90m（TOC>1%），向北西、南东两侧减薄明显（图 5.31）。对比表明，富有机质页岩沉积时期，边缘隆升，沉积中心由隆后坳陷向盆地中部迁移。相比，五峰组厚度远小于龙马溪组富有机质页岩厚度，二者累加厚度分布趋势与龙马溪组相似（图 5.32）。

5.2.2　页岩有机质丰度及其地化特征

五峰组—龙马溪组页岩气地质特征参数具有：高有机质丰度、高演化程度、富脆性矿物的特点。有利段有机碳含量 TOC 主要介于 2% ~ 5%，平均可达 3% ~ 4% 左右；次有利段碳质含量下降，主要介于 0.4% ~ 1.3%，普遍小于 1%，但页岩气含量仍较高 [图 5.33（a）]。有机质成熟度 R^o 介于 1.2% ~ 4.2%，平均约 2.6%；平面上大部分页岩沉积区处于高成熟，仅泸州-习水、万县-石柱一带 R^o 较高，平均大于 3.0%，处于过成熟阶段。

当 TOC 大于 2% 时，脆性矿物含量平均 68.54%，黏土矿物平均含量 31.46%，破裂潜力较好 [图 5.33（b）]。川中古隆起-汉南古陆周缘地区，岩石矿物组成以石英+长石为主，含量差别较大，一般为 40% ~ 70%；雷波-泸州-重庆-石柱-万县等地区，石英+长石含量可达 25% ~ 50%、碳酸盐自生矿物含量可达 20% ~ 55%；其余地区为过渡区，主要包括黔中隆起-雪峰隆起北侧、鄂西-渝东北地区，石英+长石含量可达 35% ~ 60%，碳酸盐自生矿物含量可达 5% ~ 15%。

5.2.3　页岩物性特征

五峰组—龙马溪组脆性矿物含量普遍大于 50%，破裂潜力较好。川中古隆起-汉南古陆周缘地区，岩石矿物组成以石英+长石为主，含量差别较大，一般为 40% ~ 70%；雷波-泸州-重庆-石柱-万县等地区，石英+长石含量约为 25% ~ 50%、碳酸盐自生矿物含量可达 20% ~ 55%；其余地区为过渡区，主要包括黔中隆起-雪峰隆起北侧、鄂西-渝东北地区，石英+长石含量可达 35% ~ 60%、碳酸盐自生矿物含量可达 5% ~ 15%。现以黔北-滇东北和渝东南为例阐述。

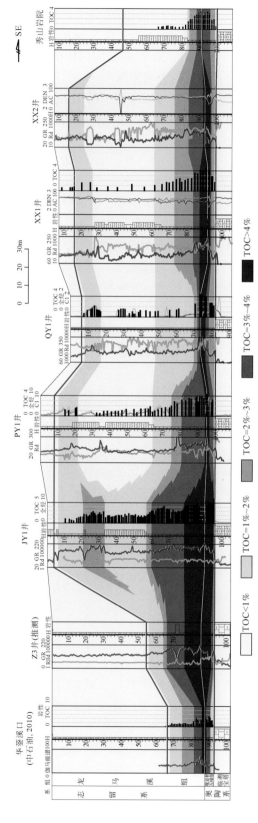

图 5.28　上扬子五峰组—龙马溪组富有机质页岩

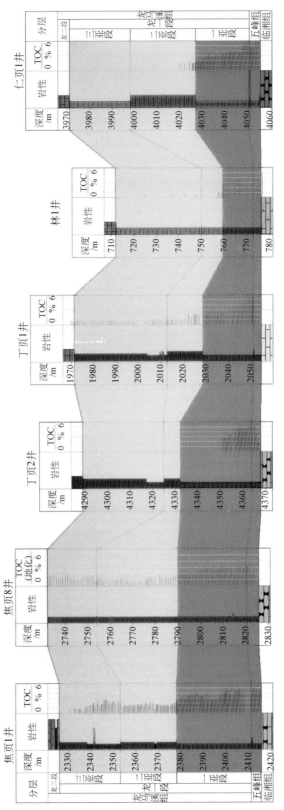

图 5.29　礁石坝-丁山-林滩龙马溪组优质页岩段对比图

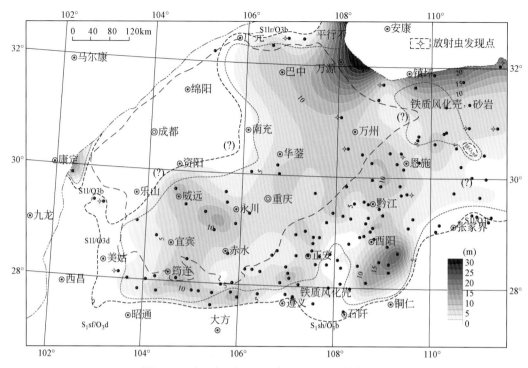

图 5.30　中上扬子地区五峰组沉积厚度等值线图

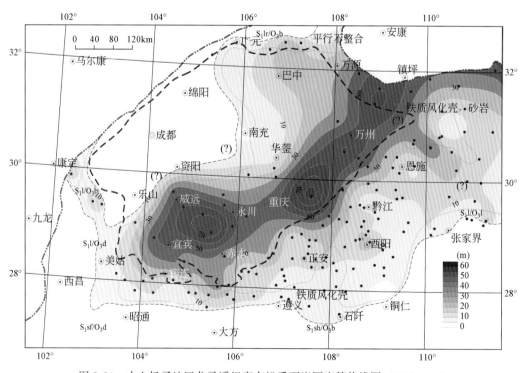

图 5.31　中上扬子地区龙马溪组富有机质页岩厚度等值线图（TOC>1%）

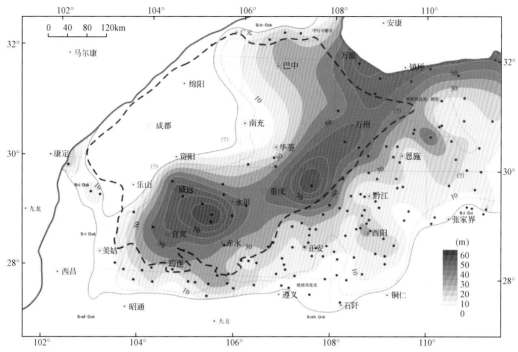

图 5.32　中上扬子五峰–龙马溪组富有机质页岩累加厚度等值线图

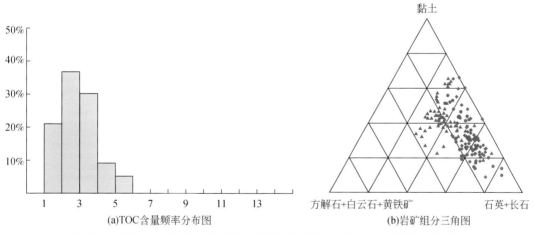

图 5.33　五峰–龙马溪组页岩气特征参数（据川南、黔北、渝东南等地钻井）

5.2.3.1　川滇黔邻区

1）页岩矿物组分

本次研究以地表样品采样分析为主，根据分析测试结果，龙马溪组富有机质泥页岩主要由碎屑矿物、黏土矿物组成，含少量碳酸盐岩、黄铁矿。其中碎屑矿物含量在 14% ~ 78%，平均 54%，成分主要为石英，含少量长石，不含岩屑；黏土矿物含量在 7% ~

59%，平均 30%，主要为伊利石和绿泥石，其次为伊-蒙混层，不含高岭石和绿蒙混层（图 5.34）；碳酸盐岩含量基本较少，调查区永善一带碳酸盐岩含量较高，含量在 20% ~ 58%，平均 28%。

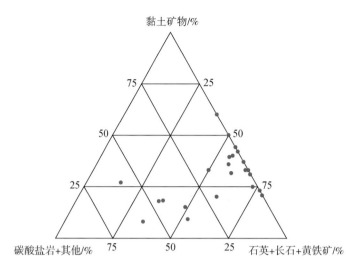

图 5.34 龙马溪组富有机质泥页岩矿物成分三角图

根据岩石实验分析数据，调查区龙马溪组泥岩矿物成分以脆性矿物和黏土矿物为主，其中脆性矿物含量在 37% ~ 92%，平均含量在 69%，成分主要为石英和少量碳酸盐岩、长石，石英的含量在 10% ~ 77%，平均含量在 45%。黏土矿物含量在 7% ~ 59%，平均含量为 30%，石英与黏土矿物含量基本相当（图 5.35）。

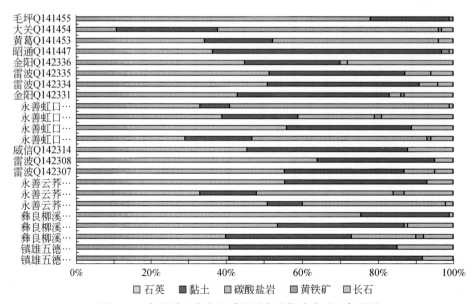

图 5.35 龙马溪组富有机质泥页岩矿物成分对比条形图

黏土矿物中主要为伊利石、绿泥石和伊-蒙混层，伊利石和伊-蒙混层的间层比很高，混层中几乎都是伊利石。黏土矿物中伊利石的含量为 43% ~ 100%，平均含量为 67%；绿泥石的含量为 0% ~ 39%，平均含量为 20%；伊-蒙混层的含量为 0% ~ 30%，平均含量为 14%（图 5.36）。黏土矿物中蒙脱石的比表面较大，对天然气有很好的吸附能力，但调查区泥岩几乎不含蒙脱石，且伊利石、绿泥石和伊-蒙混层的比表面较小，对天然气的吸附能力较小，因此，黏土矿物对含气量影响很小。

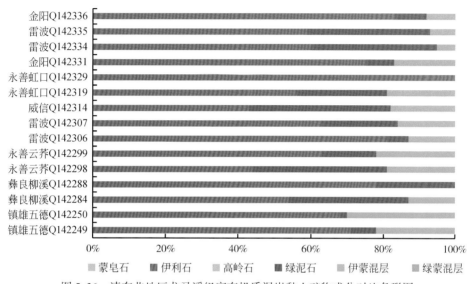

图 5.36　滇东北地区龙马溪组富有机质泥岩黏土矿物成分对比条形图

调查区黏土矿物分析测试成果显示，龙马溪组黏土矿物以伊利石和绿泥石为主，含少量伊-蒙混层矿物，不含蒙脱石、高岭石。伊利石含量 43% ~ 100%，平均 67%，绿泥石一般在 0 ~ 39%，平均 20%。有机质成熟度在 1.01 ~ 1.68，平均 1.26。

2）页岩储集空间

调查区龙马溪组孔隙度分布范围 0.59% ~ 1.67%，平均 1.30%，孔隙度较小，渗透率 0.0100×10⁻³ ~ 0.0159×10⁻³ μm²，平均 0.0132×10⁻³ μm²，渗透率极低而且不同地区差别不大；永善云荞孔隙度分布范围 1.42% ~ 1.67%，平均 1.54%，孔隙度较小，渗透率 0.0126×10⁻³ ~ 0.0159×10⁻³ μm²，平均 0.0138×10⁻³ μm²，渗透率极低；永善虹口孔隙度 0.59%，孔隙度较小，渗透率 0.0155×10⁻³ μm²，渗透率极低；大关县孔隙度 0.98%，孔隙度较小，渗透率 0.0100×10⁻³ μm²，渗透率极低；黄葛孔隙度 1.13%，孔隙度较小，渗透率 0.0114×10⁻³ μm²，渗透率极低。

统计显示，孔隙度小于 1% 的占 25%，1.00% ~ 1.50% 的占 37.5%，1.50% ~ 2.00% 的占 37.5%；渗透率（0.0100 ~ 0.0150）×10⁻³ μm² 的占 87.5%，大于 0.0150×10⁻³ μm² 的占 12.5%。孔隙度与渗透率呈较好的正相关关系，孔隙度增大，渗透率随即增大，部分异常点可能与裂缝的发育有关。

颗粒直径是岩石比表面的主要影响因素，颗粒直径越小则岩石比表面越大。由于泥质颗粒非常细小，所以岩石中泥质含量越多，岩石的比表面越大，其吸附性能也越强。实验显示，龙马溪组页岩 BET 比表面积在 0.0046 ~ 0.0306mL/g，平均为 0.0123mL/g，页岩比表面较大，表明页岩具有较强的吸附能力。同时根据实验，筇竹寺组页岩孔隙全为中孔，不含微孔和宏孔。中孔体积在 0.0046 ~ 0.0306mL/g，平均为 0.0123mL/g；孔隙直径在 3.5022 ~ 4.7484nm，平均为 4.1785nm。也表明页岩具有较强的吸附能力。

　　而扫描电镜分析发现，镇雄五德、彝良柳溪、永善虹口、永善云荞黄葛以及大关泥页岩样品中普遍可见大量伊利石集合体及一些片状伊–蒙混层，其中微孔隙（有机质孔、晶间孔和溶蚀孔居多）、微裂缝发育。从照片中可以看出泥页岩中存在大量纳米级孔隙与微裂缝，这为可能的页岩气富集提供了场所。

　　综上所述，川滇黔邻区五峰组–龙马溪组富有机质页岩孔隙度分布范围 0.59% ~ 1.67%，平均 1.30%，孔隙度较小；渗透率 0.0100×10^{-3} ~ 0.0159×10^{-3} μm^2，平均 0.0132×10^{-3} μm^2，渗透率极低且地区差别不大，但孔隙结构良好，有利于页岩气富集成藏。

5.2.3.2　渝东南地区

1）页岩矿物组分

　　研究区黔浅 1、酉地 2、渝参 6 及邻区渝参 8 四口井全岩 X 射线衍射实验分析结果表明，研究区上奥陶统五峰组—下志留统龙马溪组黑色页岩矿物成分与 Barnett 页岩和焦页 1 井五峰组—龙马溪组页岩相似，主要为碎屑矿物和黏土矿物，还有少量的碳酸盐、黄铁矿（图 5.37）。其中黏土矿物含量在 3.6% ~ 58.2%，平均为 29.6%；碎屑矿物含量在 41.8% ~ 96.4%，平均为 70.4%，成分主要为石英（25.7% ~ 70%，平均 41.9%）和少量的长石（1.7% ~ 28.7%，平均 15.7%）；碳酸盐矿物含量分布在 0 ~ 23.5%，平均为 9.1%；黄铁矿含量为 0 ~ 8%，平均为 2.5%。石英、长石和碳酸盐等脆性矿物含量与 Barnett 页岩差不多，较焦页 1 井高，分布在 39.5% ~ 93.1%，平均为 66.7%，有利于后期压裂改造提高页岩气产能。

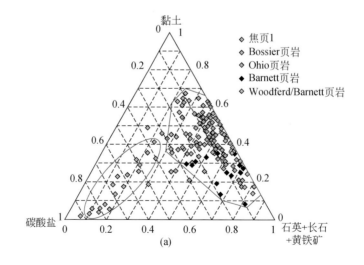

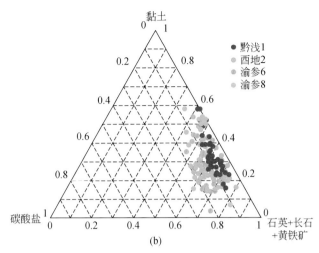

图 5.37 国外产气页岩和渝东南地区五峰–龙马溪组页岩岩石矿物组成三角图

（a）美国主要产气页岩（据 Hallib，2009）；（b）渝东南地区五峰–龙马溪组

　　垂向上，页岩矿物组合具有渐变的特征，由下至上，石英长石等脆性矿物含量逐渐减少，下部黑色页岩段脆性矿物含量最高，一般能达到 60% 以上；而黏土矿物含量向上逐渐增加，底部黏土矿物一般占 10%～30%，向上增加到 30%～50%（图 5.38～图 5.41）。

　　黏土矿物定量分析表明，黏土矿物主要为伊利石和伊–蒙混层矿物（图 5.42），伊–蒙混层矿物含量在 21%～81%，平均 58.2%，伊利石含量在 11%～56%，平均 27.4%，以及少量的绿泥石（2%～25%，平均 10%）和绿–蒙混层（0%～17%，平均 4.1%）。研究区五峰–龙马溪组页岩以稳定的伊利石和伊–蒙混层为主，非稳定的高岭石和蒙脱石矿物少，对后期钻井液及钻井施工要求相对较低，有利于井壁稳定。

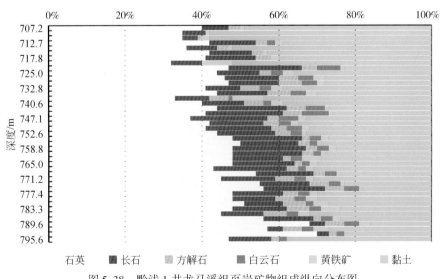

图 5.38 黔浅 1 井龙马溪组页岩矿物组成纵向分布图

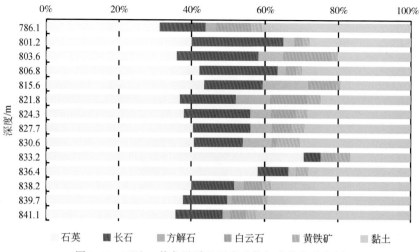

图 5.39　酉地 2 井龙马溪组页岩矿物组成纵向分布图

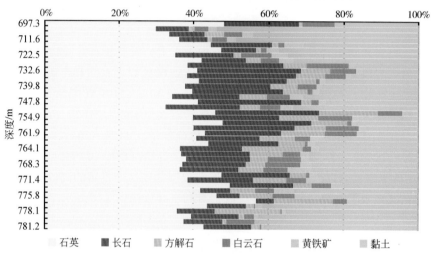

图 5.40　渝参 6 井龙马溪组页岩矿物组成纵向分布图

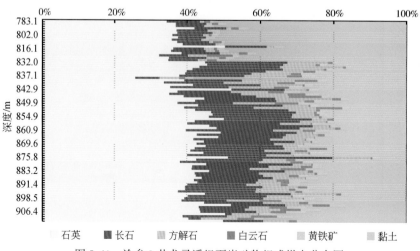

图 5.41　渝参 8 井龙马溪组页岩矿物组成纵向分布图

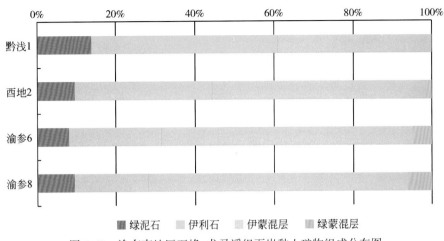

图 5.42　渝东南地区五峰–龙马溪组页岩黏土矿物组成分布图

作图数据为平均值

2）储集空间

通过渝参 6 井、酉地 2 井页岩岩心样品的扫描电镜分析，发现五峰–龙马溪组主要发育有四种储集空间类型，即有机质孔、粒间孔隙、粒内孔隙、黏土矿物层间孔隙。

有机质孔：将页岩中有机质（干酪根或沥青）内部的孔隙，称为有机质孔（小于 0.2μm），这大多是有机质在生烃或排烃作用时，发生膨胀而产生的气孔，因而这类孔隙在有机质发育的黑色碳质页岩段内较为发育，对该类页岩孔隙度的贡献不可忽视。

粒间孔（矿物质孔、有机质与矿物质之间孔）：指页岩中各类颗粒之间的孔隙，此类孔隙在砂质含量较重的粉砂质页岩、泥质粉砂岩内广泛发育。通过扫描电镜或 X 射线衍射实验可以观察到研究区五峰–龙马溪组页岩粒间孔隙主要包括矿物质孔和有机质与矿物质之间的孔隙。其中，矿物质孔主要是黏土矿物颗粒间或晶体间的孔隙，矿物颗粒愈大，其粒间孔越大，其孔隙直径分布在纳米级至 5μm 之间。有机质和矿物之间的各种孔隙，该类孔隙只占页岩孔隙的一小部分，但却意义重大；该类孔隙连通了有机质（沥青）或干酪根网络和矿物质孔，使得有机质中生成的天然气能够运移至矿物质孔赋存，因此，在某种程度上微裂缝对页岩气的聚集和产出至关重要。

粒内孔：粒内孔是指矿物颗粒内的孔隙。主要是石英、方解石和白云石等易溶矿物的溶蚀作用而产生的孔隙。溶蚀孔隙的形状不规则，成群发育，其特点是孔隙壁呈曲线，溶蚀孔从几十到几百纳米不等。

黏土矿物层间孔隙：随着地层埋深增加、地温增高和地层水逐渐变为碱性，黏土矿物发生脱水转化而析出大量的层间水，在层间形成微裂隙。黏土矿物转化形式主要包括蒙脱石向伊利石、伊利石–蒙脱石混层转化，伊利石–蒙脱石混层向伊利石转化，高岭石向绿泥石转化等。研究区五峰–龙马溪组样品中丝缕状、卷曲片状伊利石间发育大量微裂隙，缝宽一般为纳米级别，最大可达 6.5μm，连通性较好。

通过对黔浅 1 井岩心样品的扫描电镜照片进行分析统计，表明黔浅 1 井五峰–龙马溪组的储集空间主要是黏土矿物层间孔隙和成岩微裂缝，粒间孔隙也较为发育，而溶蚀孔隙发育较少，不是五峰－龙马溪组的主要储集空间。

5.2.4　页岩含气性

页岩的含气性是目前页岩气研究的一个热点，为获得一个有经济价值的页岩气藏，必须具备一定的原地含气量。由于页岩气有多种赋存状态，页岩含气量主要包括吸附气含量和游离气含量，因此，影响页岩含气性的因素较多，页岩的有机地球化学特征、矿物组成、物性结构、孔缝发育等因素都在一定程度上控制着页岩含气量的大小。目前对页岩的含气性数据的获取主要有两种方法，一是通过地球物理测井获得，二是通过直接的随钻含气性测试获得。

1）测井解释含气量

通过测井方法对单井目的层的吸附气量、游离气量进行解释，从而获得各单井的总含气量，实际上是根据单井的有机地球化学特征、矿物组成、物性结构、孔缝发育等因素综合解译获得一种解释性含量。纵向上看，渝东南地区各井第一亚段测井解释总含气含量最高，第三亚段次之，第二亚段最差，这与礁石坝地区相似；总含气量高的页岩储层段，游离气和吸附气一般都高。

2）现场测试总含气量

利用USBM直接法对黔浅1井、酉浅1井进行了含气性测试，获得解吸气量、损失气量及残余气量。解吸法测试获得单井的现场解吸气量；利用地层温度条件下获得的解吸气量使用拟合公式反推得到的损失气量，测试所得损失气量包括游离气和部分吸附气中扩散出来的气量，可以在一定程度上反映游离气的含量；残余气量是通过粉碎解吸完成后的岩心得到的含气量。因此，单井页岩总含气量就等于残余气量、损失气量、解吸气量之和。

从单井看，黔浅1的单层现场解吸气含量最高，在 $0.03 \sim 1.63 \mathrm{m^3/t}$，平均为 $0.60 \mathrm{m^3/t}$；酉地2井次之，在 $0.03 \sim 0.36 \mathrm{m^3/t}$，平均为 $0.15 \mathrm{m^3/t}$；渝参8井最差，在 $0.002 \sim 0.22 \mathrm{m^3/t}$，平均仅为 $0.04 \mathrm{m^3/t}$。纵.向来看，各井第一亚段现场解吸气含量最高，第三亚段次之，第二亚段最差（图5.43）。

5.2.5　五峰－龙马溪组页岩气资源潜力分析

按照页岩气有利区评价标准，上扬子重点区五峰组—龙马溪组页岩气勘探前景较好，页岩气地质和成藏富集条件好，有效勘探面积大，目前在长宁－威远和礁石坝地区已经获探明储量，因此，五峰组—龙马溪组已成为四川盆地乃至上扬子地区页岩气勘探的主力层系。

总体上，龙马溪组页岩气富集主要受控于优质相带、应力场与异常压力分布、埋深及保存条件等。由于受构造控制作用，盆内区域页岩气富集较盆外好。盆内可以划分出三个等级，分别是川南页岩气富集区、川东南和川西南页岩气较富集区以及川中、川西待评价区（图5.44、图5.45）。

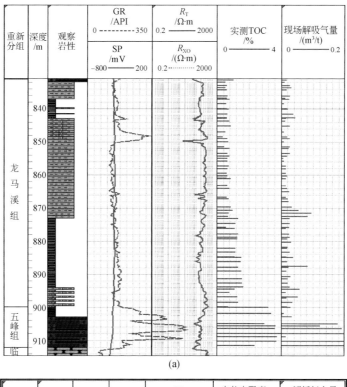

(a)

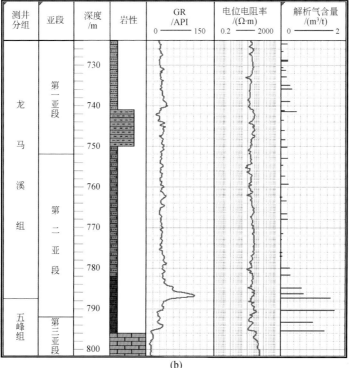

(b)

图 5.43　单井现场解吸气纵向变化图　（a）渝参 8 井；（b）黔浅 1 井

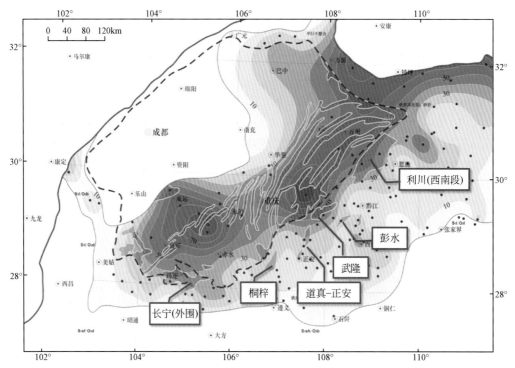

图 5.44　中上扬子五峰-龙马溪组有利勘探构造单元分布图（叠加等厚图）

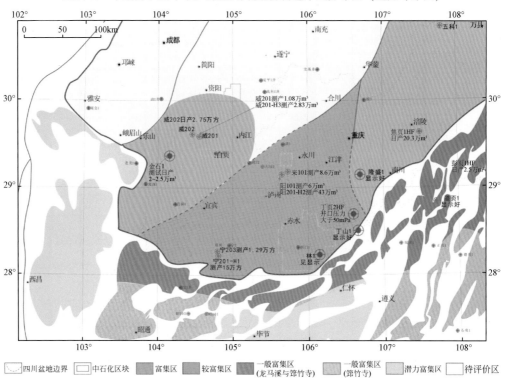

图 5.45　川南地区龙马溪组页岩气富集规律预测分布图

压力系数和产量数据来自中石油、中石化

川南富集区受帚状构造带控制，构造相对稳定、优质相带、压力系数大于 2.0，测试产量较高，最高可达 $43×10^4 m^3$，是页岩气富集最有利的区域；川东南和川西南也是页岩气富集区域，分别受高陡断褶带和低陡断褶带控制，除了局部发育断裂外，大部分区域稳定、优质相带、压力系数在 1.5～1.7 左右，焦石坝平均产量大于 $20×10^4 m^3$，威远产量也较好；此外，川中及川西地区构造稳定，但由于埋深较大，缺乏页岩气钻井数据支撑，故未能评价，但是由于其刚性基底，故改造小，推测压力系数也应该较大，是未来的潜力区域。盆外则在靠近盆地边缘区因为改造相对较强，压力系数 0.8～1，但龙马溪组与筇竹寺组均位于优质相带，且彭水已获得页岩气突破，也具有一定的勘探潜力。

结合涪陵、长宁、威远、富顺–永川和彭水页岩气勘探经验，根据压力系数分为盆内和盆外两大类型，盆内以异常压力为主，盆外以正常压力及低压为主，页岩气勘探潜力差别较大。四川盆地特别是川东、川南和山前地带，压力系数普遍较高，选区评价主要包括三个方面，即优质相带，决定了基本页岩气地质条件；埋深 2000～3000m，决定了经济可采性；正向构造，兼具常规油气聚集机理；盆缘由于改造强度较大，保存条件为首先考虑因素，选区评价主要包括两个方面，即稳定区域，保存条件相对较好；优质相带，决定了基本页岩气地质条件。

据此，四川盆地川东、川南正向构造带为首选勘探方向，并认为仍具有发现“涪陵式”或“长宁式”页岩气田的潜力；其次为米仓山–大巴山前缘，特别是大巴山前缘双向构造结合带页岩气勘探潜力较大；川西南地区优质相带分布区也具有较好的页岩气勘探潜力；盆缘宽缓向斜分布区具有一定的页岩气勘探潜力。

川东南长宁–永川有利区：分布于四川盆地整个川东南帚状断褶带，面积约 $30000km^2$。局限滞留浅海盆地深水陆棚沉积中心，富有机质页岩厚度 40～90m，埋深 4000m 以浅为主，分布稳定；有机碳大于 3.0% 以上，石英、钙质等脆性矿物含量 50% 以上，纳米级孔隙和微裂缝发育；地表出露侏罗系—白垩系为主，异常压力高值分布区，压力系数 ±2.0，保存条件好。应力场集中分布区，压裂产生裂缝潜力大。勘探程度较低，已在长宁和富顺–永川获得规模性页岩气突破，宁 201–H1 测试日产 $15×10^4 m^3$，阳 201–H2 测试日产 $43×10^4 m^3$，丁页 2HF 页岩气岩石好，勘探前景好（图 5.45）。

（1）川东涪陵–石柱有利区：分布于四川盆地川东高陡断褶带，面积大于 $25000km^2$。局限滞留浅海盆地深水陆棚沉积中心，富有机质页岩厚度 60～90m，埋深 3000m 以浅，分布稳定；有机碳大于 3.0% 为主，石英、钙质等脆性矿物含量 50% 以上，纳米级孔隙、特别是微裂缝发育；地表出露侏罗系为主，向斜带出露三叠系，异常压力高值分布区，压力系数 1.5～2.0，保存条件较好。应力场集中分布区，压裂产生裂缝潜力大。勘探程度较低，已在涪陵焦石坝获得规模性页岩气突破，焦页 1HF 测试 $20.3×10^4 m^3$，且已钻井基本上都高产，勘探前景好。

（2）川西南威远–沐川有利区：分布于四川盆地川西南低陡断褶带，面积约 $20000km^2$。局限滞留浅海盆地深水陆棚，富有机质页岩厚度 20～60m，埋深 2000～4000m，分布稳定；有机碳大于 2.0%～4.0%，石英、钙质等脆性矿物含量 50% 以上，纳米级孔隙和微裂缝发育；地表出露侏罗系—白垩系为主，局部出露三叠系，异常压力分布区，压力系数 1.5～2.0，保存条件较好。应力场集中分布区，压裂产生裂缝潜力较大。勘探程度较低，已在威远获得规模性页岩气突破，威 202 井测试日产 2.75×10⁴m³，威 201 井已试采并输入管网，勘探前景较好。

（3）永善–威信–习水–道真–彭水–黔江–利川较有利区：分布于四川盆地外围滇东北冲断褶皱带、黔西北宽缓褶皱带和武陵褶皱带，累计有效勘探面积 20000km² 以上。陆棚边缘深水陆棚沉积，富有机质页岩厚度 20～50m，分布稳定；有机碳 2.0%～3.0%，石英等脆性矿物含量 50% 以上，纳米级孔隙和微裂缝发育；地表出露寒武系—奥陶系为主，断裂发育，剥蚀强，常压及低压分布区，总体属于后期改造强烈地区，保存条件中等至较差，但向斜带保存条件较好。勘探程度较低，已在昭通、习水、彭水和黔江地区获得页岩气突破，彭页 1 井测试日产 2.5×10⁴m³，昭 104 井、习页 1 井、道页 1 井、黔页 1 井等页岩气显示较好，表明改造强烈地区仍具有较好的页岩气勘探潜力，极大地拓展了页岩气勘探领域。

5.3　黔西南石炭系页岩气资源潜力分析

5.3.1　沉积序列与沉积相

5.3.1.1　区域地层划分及地层分述

中上扬子地区石炭统地层主要分布于黔南、滇东、广西境内，其内分为独山–威宁分区、普定–麻尾分区、郎岱–罗甸分区、昆明–文由地层分区、桂北分区（图 5.46，表 5.5）。

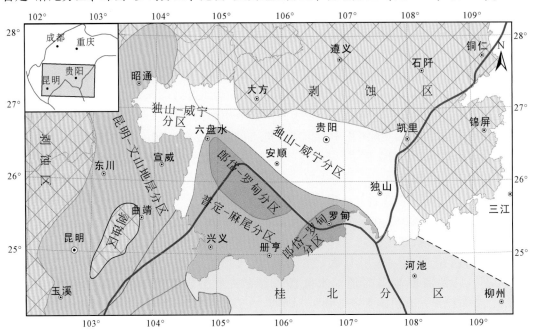

图 5.46　中上扬子地区石炭系地层分区示意图

表5.5　中上扬子地区石炭系地层对比表

年代地层 ＼ 岩石地层分区	独山-威宁分区		普安-麻尾分区		郎岱-罗甸分区		昆明-文山地层分区				桂北分区
	独山-惠水	水城-威宁	盘县-普安	王佑-麻尾	郎岱	罗甸	宁蒗	昆明	罗平	文山	
石炭系 壹天统 马平阶	马平组				龙吟组／马平组	马平组	马平组	马平组	马平组	马平组	马平群
壹天统 达拉阶	达拉组				达拉组	深色石灰岩	达拉组	达拉组	达拉组	达拉组	黄龙组
壹天统 滑石板阶	滑石板组				滑石板组	深色石灰岩	滑石板组	滑石板组	滑石板组	滑石板组	
壹天统 德坞阶	摆佐组	德坞组			摆佐组		摆佐组	摆佐组	摆佐组	摆佐组	
丰宁统 大塘阶（上司）	上司组	新宫厅组／十里铺组	深色石灰岩、含燧石团块或硅质薄层		深灰色石灰岩，偶含燧石团块		老龙洞组 上段	上司组	上司组	上司组	罗城段
大塘阶（旧司）	旧司组	鸭子塘组					老龙洞组 中段	旧司组	旧司组	旧司组	寺门段
大塘阶（祥摆）	祥摆组	簸箕湾组	泥灰岩	泥页岩／打屋坝组			老龙洞组 下段	万寿山组	董有组	董有组	黄金段
丰宁统 岩关阶	汤粑沟组	汤耙沟组	深色石灰岩，含燧石团块／睦化组／王佑组		金子沟组		金子沟组	汤粑沟组	汤耙沟组	地层缺失	十字圩组
岩关阶（下）	草老河组	石灰岩						石灰岩、硅质岩	石灰岩、细晶灰岩	地层缺失	
茅寨统 待建阶	者王组		代化组				宰格组 在绪山组		革当组 棚江组		
	尧梭组										

　　独山–威宁分区以浅灰色碳酸盐岩为主，化石丰富，以底栖生物为主，厚481~2790m。区内灰黑色页岩主要为石炭系大塘阶的旧司组（厚约237.6m），岩性中上部（厚约129.6m）为黑色页岩夹少量泥晶灰岩，下部（厚约108m）为深灰色厚层状泥晶灰岩夹黄褐色页岩、紫红色薄中层状砂岩。

　　郎岱–罗甸分区主要为暗色碳酸盐及硅质沉积，为相对深水的台盆相产物。地层连续，下统化石稀少，以浮游型生物为主，厚度最大者在1550m以上。

　　普定–麻尾分区介于独山–威宁分区与郎岱–罗甸分区之间，具过渡色彩，下统与郎岱–罗甸分区相似为暗色碳酸盐岩夹硅质岩，上统则与独山–威宁分区雷同，为浅水台地相浅色碳酸盐岩沉积，最大厚度2070m。

　　郎岱–罗甸分区和普定–麻尾分区内黑色页岩主要为石炭系大塘阶的旧司组，厚约156.8m，主要为灰黑色泥岩，局部夹结核状泥灰岩透镜体和薄层状硅质岩、硅质页岩。

　　昆明–文由地层分区石炭系以碳酸盐岩为主，兼有少量含煤地层。区内黑色页岩不发育，富有机质岩石主要为石炭系大塘阶的旧司组，主要为深灰色厚层至块状细晶灰岩，厚10~200m。

　　桂北分区南起环江、柳城、永福、桂林、平乐、钟山一代，北至黔桂、湘桂边界，为海陆交互相含煤地层，厚数百米至二千余米，化石极为丰富。主要为碳酸盐岩夹少量碎屑岩沉积。岩关阶为一套碳酸盐岩夹碎屑岩及少许硅质岩，局部为纯碳酸盐岩。大塘阶上下部由碳酸盐岩组成，局部夹砂、页岩，中部主要为砂、页岩夹煤层，富含珊瑚、腕足类化石。在罗城仫佬族自治县东门马峒至天水剖面，寺门段岩性主要为深灰、灰黑色页岩、碳质页岩夹薄层粉砂岩和硅质页岩，中部夹三层无烟煤（单层厚0.3~0.7m），含植物化石，厚约54m。

5.3.1.2　地层沉积序列分析

泥盆纪末期，贵州发生了紫云运动，除黔南和黔西地域仍保持连续沉积外，其余地区均呈现不同程度的隆升遭受剥蚀。海侵方向由南东向北西。早石炭世摆佐时期海侵规模在贵州省内达到最大，摆佐时期后，除深水盆地外，浅海台地环境不同程度的开始海退。海侵体系域沉积相当于滨海−浅海相的局限台地相的下石炭统旧司组，最大海泛面位于旧司组顶面。高水位体系域沉积相当于碳酸盐台地相的下石炭统上司组、摆佐组、上石炭统黄龙组及台地相的马平组。

下石炭统旧司组主要分布在威宁、盘县、水城、镇宁、罗甸、独山一带。出露厚度最厚可达900m，分布较广（图5.47）。下部为浅海相和海陆交互相砂页岩夹煤，上部为浅海相石灰岩夹白云岩。与下伏地层岩关组、上泥盆统呈整合或假整合接触。上部岩石类型主要为深灰、灰黑色中厚层石灰岩、泥灰岩与黑色页岩互层，局部夹薄煤层。下部岩石类型主要为灰、黑色页岩夹少量灰至灰白色中厚层细粒砂岩、石英砂岩和1~7层无烟煤。页岩中普遍含少量结核状、透镜状或条带状菱铁矿，局部尚有灰色泥灰岩和硅质岩互层。在六硐桥一带近底部有辉绿岩侵入体，围岩蚀变较强烈，为斑点板岩或石英岩。含腕足类、珊瑚、三叶虫、腹足类、双壳类和植物碎片化石。

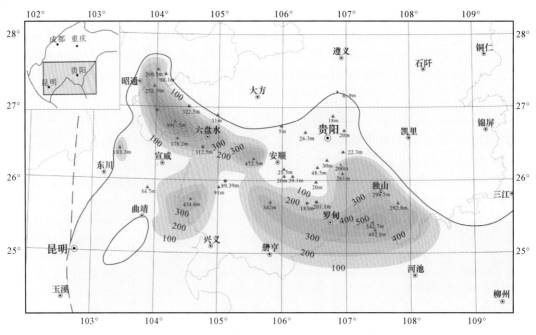

图5.47　黔西南及邻区下石炭统旧司组地层等厚图

下石炭统旧司组岩性厚度变化有一定规律，海侵范围逐渐扩大，致使北东和南西两侧古陆分别后退15~20km。威宁黑土河地区和代化−地坝一带为旧司时期的两大沉积中心，沉积厚度大，古生物发育。旧司组下部岩性全区均为页岩为主夹砂岩和煤，在六硐桥、盘县、水城一带，砂岩和煤夹层减少，其厚度向北东和南西方向逐渐变薄直至尖灭。在黑土河地带，岩性也有变化，由威宁往北西至黑土河等地，上部石灰岩增多，页岩减少，出现燧石灰岩，且夹砂岩；往南西至六硐桥一带，上部灰岩减少，夹较多硅质岩。在紫云代化、敦操一带旧司组内石灰岩不发育，石灰岩以结核和条带形式产出，顶部发育硅质层。

5.3.1.3　富有机质泥页岩沉积相分析

1．单井及剖面沉积相

1）威宁六硐桥剖面

威宁六硐桥剖面底部为岩关组深灰色中厚层石灰岩夹泥质灰岩，顶部为上司组浅灰、深灰色中厚层石灰岩，目的层出露992m。海侵体系域主要发育于下部460～992m，岩性以灰、黑色页岩为主，夹少量灰、灰白色中厚层细砂岩、石英砂岩和煤。以砂岩与黑色页岩组成的正粒序为特征，呈现出明显的海侵沉积特征，为主体为三角平原相、潮坪、潟湖相沉积。

高位体系域主要发育于上部0～460m，岩性以深灰、灰黑色中厚层石灰岩、泥灰岩与黑色页岩互层，互层厚一般30～50m，夹薄煤层。海侵体系域后期，伴随着相对海平面的下降，形成了高位体系域，为浅海相。

2）晴隆晴页2井

晴页2井位于贵州省黔西南州晴隆县花贡镇竹塘村。地理坐标：东经105°02′08″，北纬26°00′19″，井深810.80m，其中目的层下石炭统旧司组厚度为89.35m，底部为石炭系汤粑沟组灰黑色石灰岩及硅质岩，顶部为上司组深灰色泥灰岩、含泥灰岩、含白云灰岩（图5.48）。旧司组的岩性上段主要为灰黑色页岩，水平层理，中间夹0.09m薄层煤，局部见条带状黄铁矿结核，是主要的含气页岩层段；下段主要为深灰色石灰岩夹薄层页岩，偶见方解石条带及黄铁矿颗粒。

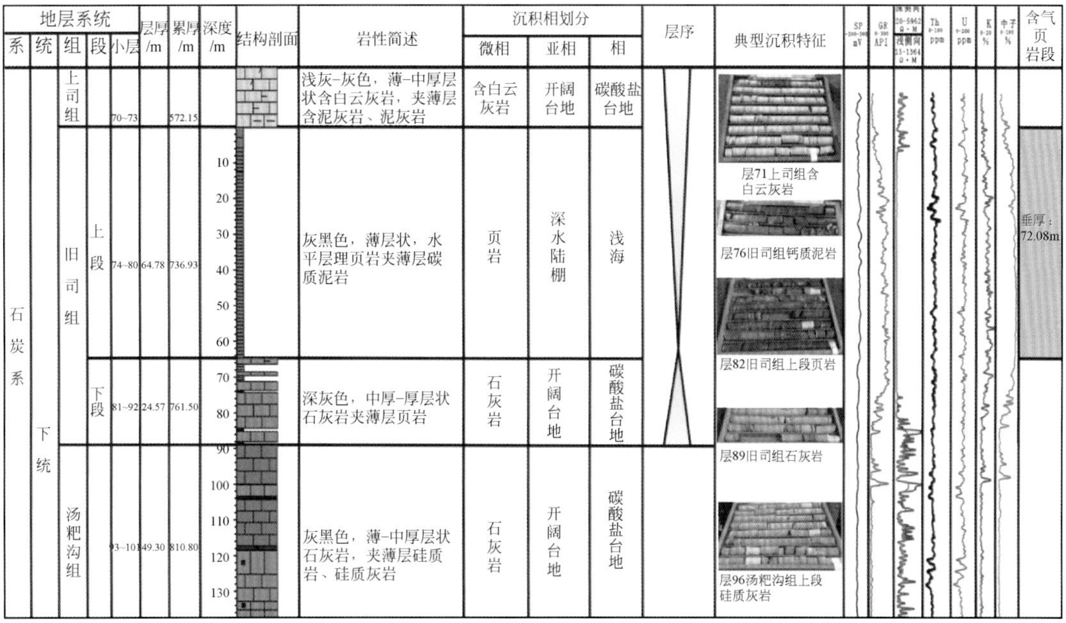

图5.48　晴页2井层序沉积相综合柱状图（据贵州地质调查院，2013）

　　下石炭统旧司组为一套浅海相页岩、石灰岩、黏土岩组成及海陆交互相含煤沉积岩系。含腕足类及双壳类化石，产大量植物根茎化石。泥盆纪末，贵州发生了紫云运动，均呈现不同程度的隆升遭受剥蚀，进入石炭纪，贵州仍处在岩石圈不均衡的拉张沉陷环境中，海侵方向由南东往北西。旧司组早期海陆过渡带内成煤环境发育，此后，岩石圈的张裂沉陷作用继续，发生区域性海侵，旧司组下段（即祥摆时期）晚期海侵规模达到最大。旧司组上段浅海台地环境不同程度地开始海退。旧司组下段自然电位显示低值，往上逐渐增大到上段显示高值，深测向和浅测向电阻率在旧司组下段波动大显示高值，在旧司组上段显示平缓低值，显示水体，从下向上水体缓慢变浅，旧司组下段以退积为主，主要发育深水陆棚相，指示深水还原环境，上段以加积为主，发育亦为深水陆棚相，指示还原环境，有利于有机质的保存。

　　3）威宁威页 1 井

　　威页 1 井位于贵州省威宁县盐仓镇兴发村境内，井口坐标为北纬 26°58′23″，东经 104°28′05″，H：2494.52m。目的层为下石炭统旧司组，地层厚度 322.50m，旧司组下段下部岩性主要以黑色薄层状页岩、泥岩为主，夹薄层煤，下段上部以深灰色中厚层状的泥质灰岩夹页岩为主；旧司组上段岩性主要以中厚层状至厚层状石灰岩为主，偶夹泥质粉砂岩和粉砂质泥岩夹层、方解石条带，见黄铁矿结核及菱铁质结核（图 5.49）。

　　海侵体系域：所处深度为 820.50～654.95m，岩性以黑色泥页岩为主，可见方解石脉和黄铁矿脉，夹薄煤层，底部有辉绿岩的侵入。海侵体系域主要是一套滨岸沼泽相的黑色页岩沉积，此时可容空间的增大速度略大于沉积物的供给速度，形成了一套退积的准层序组，代表了海平面的上升过程，为滨岸沼泽相沉积。

　　高位体系域：所处深度为 654.95～498.00m，岩性以深灰色石灰岩夹黑色页岩为主，反映了海平面逐渐下降，沉积相为浅海深水泥灰质陆棚。总体来讲，海侵体系域后期，伴随着相对海平面的下降，形成了一套向上变浅的高位体系域沉积体，灰质含量的增加反映了沉积环境逐渐进入温暖的浅水沉积的环境，是一套以加积为主的沉积序列。

　　4）长顺代化剖面

　　代化剖面位于长顺县代化镇，目的层为石炭系打屋坝组，剖面完整，底为石炭系睦化组泥晶灰岩，顶为石炭系南丹组燧石泥晶灰岩，目的层打屋坝组厚约 170m。从沉积柱状图上看，打屋坝组中下部发育一套黑色碳质泥岩、硅质碳质泥岩夹薄层砂岩，含较多的黄铁矿颗粒，发育水平纹层，上部发育一套浅灰、黑色薄层硅质岩，向上突变为南丹组泥晶灰岩（图 5.50）。

　　海侵体系域，第 2～4 层，64.7m，岩性以黑色碳质粉砂岩为主，夹黑色碳质泥岩。以碳质粉砂岩与碳质泥岩组成的正粒序位特征，代表了海平面上升的过程，为深水滞留陆棚沉积。

　　高水位体系域，第 5～9 层，厚 115.3m，岩性底部为黑色碳质泥岩、碳质粉砂岩，含较多黄铁矿颗粒，发育水平层理，上部为灰、浅灰色硅质岩。以碳质泥岩与硅质岩组成的逆粒序为特征。代表了最大海平面缓慢下降的过程，为浅海陆棚–深海陆棚相沉积。

　　5）长顺长页 1 井分析

　　长页 1 井长顺县墩操乡，目的层为石炭系打屋坝组，底为石炭系睦化组泥晶灰岩，顶为石炭系南丹组燧石泥晶灰岩，目的层打屋坝组厚度 183.3m。从沉积柱状图上看，打屋坝组中下部发育一套黑色碳质泥岩、硅质碳质泥岩夹薄层砂岩，零星分布的黄铁矿颗粒较为丰富，发育水平纹层，中部发育一套泥晶灰岩夹黑色碳质页岩，上部发育一套深灰、黑色碳质页岩，向上突变为南丹组泥晶灰岩（图 5.51）。

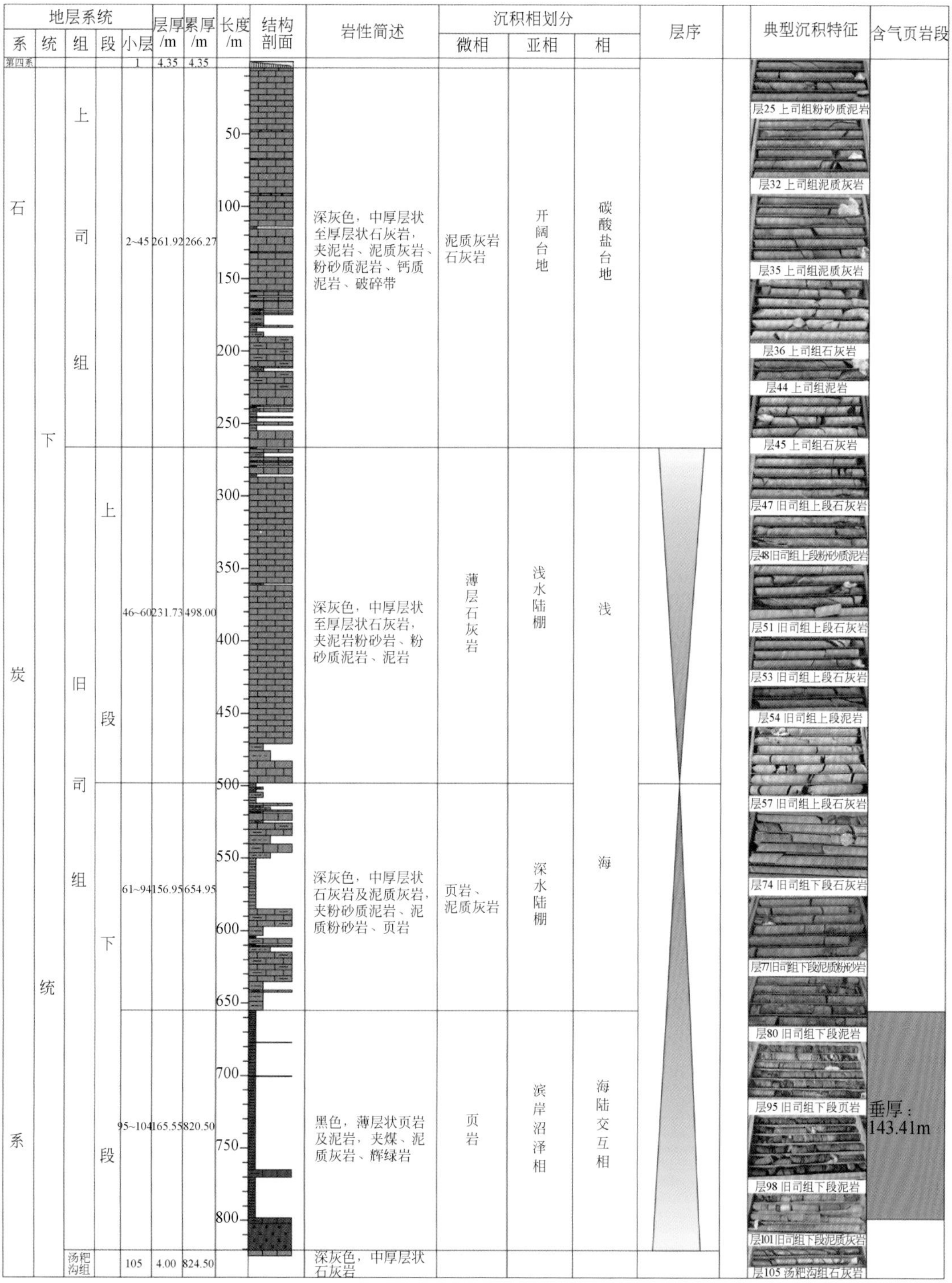

地层系统					层厚/m	累厚/m	长度/m	结构剖面	岩性简述	沉积相划分			层序	典型沉积特征	含气页岩段
系	统	组	段	小层						微相	亚相	相			
第四系				1	4.35	4.35									
石炭系	下统	上司组		2~45	261.92	266.27			深灰色，中厚层状至厚层状石灰岩，夹泥岩、泥质灰岩、粉砂质泥岩、钙质泥岩、破碎带	泥质灰岩 石灰岩	开阔台地	碳酸盐台地		层25 上司组粉砂质泥岩 层32 上司组泥质灰岩 层35 上司组泥质灰岩 层36 上司组石灰岩 层44 上司组泥岩 层45 上司组石灰岩	
		旧司组	上段	46~60	231.73	498.00			深灰色，中厚层状至厚层状石灰岩，夹泥岩粉砂岩、粉砂质泥岩、泥岩	薄层石灰岩	浅水陆棚	浅		层47 旧司组上段石灰岩 层48 旧司组上段粉砂质泥岩 层51 旧司组上段石灰岩 层53 旧司组上段石灰岩 层54 旧司组上段泥岩	
			下段	61~94	156.95	654.95			深灰色，中厚层状石灰岩及泥质灰岩，夹粉砂质泥岩、泥质粉砂岩、页岩	页岩、泥质灰岩	深水陆棚	海		层57 旧司组上段石灰岩 层74 旧司组下段石灰岩 层77 旧司组下段泥质粉砂岩	
			下段	95~104	165.55	820.50			黑色，薄层状页岩及泥岩，夹煤、泥质灰岩、辉绿岩	页岩	滨岸沼泽相	海陆交互相		层80 旧司组下段泥岩 层95 旧司组下段页岩 层98 旧司组下段泥岩	垂厚：143.41m
		汤耙沟组		105	4.00	824.50			深灰色，中厚层状石灰岩					层101 旧司组下段泥质灰岩 层105 汤耙沟组石灰岩	

图 5.49　威宁威页 1 井沉积相综合柱状图（据贵州地质调查院，2013）

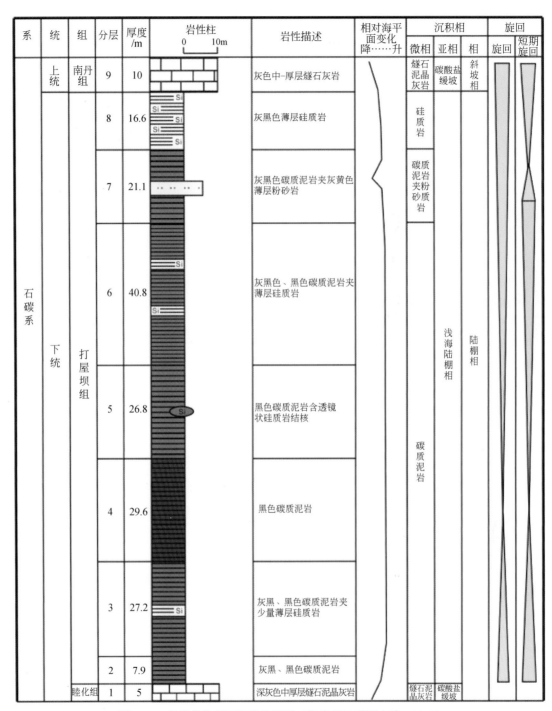

图 5.50　长顺代化剖面沉积柱状图（据贵州地质调查院，2013）

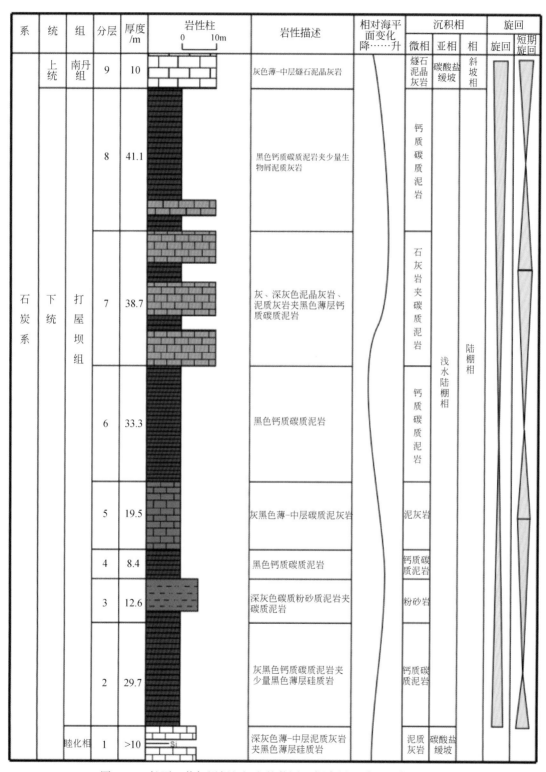

系	统	组	分层	厚度/m	岩性柱 0　10m	岩性描述	相对海平面变化 降……升	沉积相 微相	沉积相 亚相	沉积相 相	旋回 旋回	旋回 短期旋回
石炭系	上统	南丹组	9	10		灰色薄-中层燧石泥晶灰岩		燧石泥晶灰岩	碳酸盐缓坡	斜坡相		
石炭系	下统	打屋坝组	8	41.1		黑色钙质碳质泥岩夹少量生物屑泥质灰岩		钙质碳质泥岩	浅水陆棚相	陆棚相		
石炭系	下统	打屋坝组	7	38.7		灰、深灰色泥晶灰岩、泥质灰岩夹黑色薄层钙质碳质泥岩		石灰岩夹碳质泥岩	浅水陆棚相	陆棚相		
石炭系	下统	打屋坝组	6	33.3		黑色钙质碳质泥岩		钙质碳质泥岩	浅水陆棚相	陆棚相		
石炭系	下统	打屋坝组	5	19.5		灰黑色薄-中层碳质泥灰岩		泥灰岩	浅水陆棚相	陆棚相		
石炭系	下统	打屋坝组	4	8.4		黑色钙质碳质泥岩		钙质碳质泥岩	浅水陆棚相	陆棚相		
石炭系	下统	打屋坝组	3	12.6		深灰色碳质粉砂质泥岩夹碳质泥岩		粉砂岩	浅水陆棚相	陆棚相		
石炭系	下统	打屋坝组	2	29.7		灰黑色钙质碳质泥岩夹少量黑色薄层硅质岩		钙质碳质泥岩	浅水陆棚相	陆棚相		
石炭系	下统	打屋坝组睦化相	1	>10		深灰色薄-中层泥质灰岩夹黑色薄层硅质岩		泥质灰岩	碳酸盐缓坡	陆棚相		

图 5.51　长页 1 井打屋坝组沉积柱状图（据贵州地质调查院，2013）

海侵体系域，第 2 ~ 4 层，50.7m，岩性以黑色碳质粉砂岩、泥岩为主，夹黑色碳质泥晶灰岩。以碳质粉砂岩与碳质泥岩组成的正粒序位特征，代表了海平面上升的过程，为深水滞留陆棚沉积。

高水位体系域，第 5 ~ 9 层，厚 159.6m，岩性底部为黑色碳质泥岩、碳质粉砂岩，含较多黄铁矿颗粒，发育水平层理。以泥岩与泥晶灰岩组成逆粒序为特征。

2）区域沉积相对比分析

在单剖面沉积划分完成的基础上，对研究区进行层序地层格架内的沉积相对比。

海侵体系域：研究区海侵体系域发育较完整，整体上可看出自东南向西北海水加深，海平面上升。紫云运动造成不整合面作为该海侵体系域底面，沉积了一套黑色碳质页岩为主，偶夹薄层泥灰岩。总体看，海侵体系域为海陆交互相-浅海相沉积环境。

高位体系域：早石炭世大塘期，摆佐组顶面为最大海泛面。由于较迅速的海侵作用，饥饿沉积发育，沉积了以一套黑色碳质页岩、钙质页岩（旧司组），大塘期以后因生物作用等原因，碳酸盐充沛，在旧司组顶部沉积了大套碳酸盐岩，层序上为向上变浅的逆粒序，颜色从黑灰、深灰色变为浅灰色。由此可看出最大海泛面出现后，海水开始退却。

3）沉积相平面展布特征

在上述单剖面和连井剖面分析的基础上，据"单因素分析，多因素综合"的思路，综合研究区内 34 条实测剖面和七口地质浅井中大塘阶沉积地层的岩性组合、沉积构造组合、生物化石组合、特殊指相矿物组合、地球化学元素变化特征等，对区内大塘期岩相古地理展布特征进行研究。

中上扬子地区大塘阶沉积期东川-玉溪以西和三江-凯里-大方以北基本都处于古陆剥蚀区，缺失大塘阶沉积。在中上扬子地区内大塘阶以台地相沉积为主，由西北向东南，水体逐渐加深。古陆边缘沿岸发育河流三角洲相，向台地内发育潮坪相沉积，在台地内发育多个潟湖相和台盆相沉积（图 5.52）。河流三角洲相主要为浅黄灰、浅灰色中至厚层状细粒石英砂岩、砂砾岩、粉砂岩和煤线，局部砂岩和泥岩内植物化石和植物碎片发育。潮坪相主要为浅灰绿、灰、紫红色薄至中厚层状粉砂岩、砂质页岩、细晶灰岩互层，局部见少量煤线，羽状交错层理、脉状层理、波状层理、透镜状层理及生物遗迹化石发育（腕足类、双壳类和珊瑚等）。台地相几乎全为碳酸盐岩沉积，为灰、浅灰色中厚层至块状生物灰岩、鲕粒灰岩、生物碎屑灰岩和细微晶灰岩，生物以腕足类、双壳类为主，个体相对较大，壳体较厚，纹饰常不清晰。潟湖相主要为黑色泥页岩常夹微晶灰岩、砂质泥页岩和粉砂岩等，其沉积速率相对较快，沉积厚度相对较大，在威宁六硐桥沉积厚度达 991.5m，其内以水平层理最为发育，腕足类、双壳类等底栖生物化石偶见，且个体小，多在毫米级，纹饰清晰，皮壳薄。台盆相水体相对潟湖较深，其黑色页岩内常夹硅质岩层、石灰岩结合、硅质结合，其内的碳酸盐岩也主要以泥灰岩为主，其内底栖生物化石不发育。

5.3.1.4　黑色泥页岩平面展布

实测剖面和钻井资料显示研究区内下石炭统旧司组黑色泥页岩较为发育，在威宁六硐桥，泥页岩沉积厚度最大，近 200m。区内黑色泥页岩主体厚度在 50 ~ 100m，主要位于威宁-六盘水一带和镇宁沙子沟-罗甸-独山一带的潮坪-潟湖或台盆之中。其中威宁-六盘水

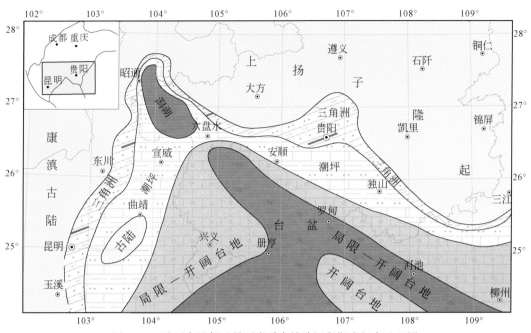

图 5.52　黔西南及邻区早石炭系大塘阶沉积期岩相古地理图

一带灰黑色泥页岩等厚线走向主要呈北西向，最大厚度约 200m。镇宁沙子沟-罗甸-独山一带灰黑色泥页岩等厚线走向主要呈东西向，其内代页 1 井和长页 1 井钻遇的打屋坝组厚度大于 153m，推测该区内灰黑色泥页岩最大厚度大于 150m，主体要位于代化-敦操南侧附近和独山西南侧（图 5.53）。

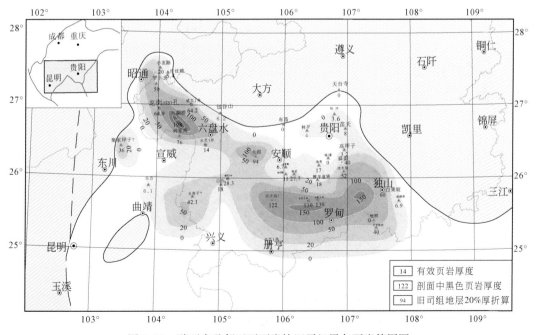

图 5.53　黔西南及邻区下石炭统旧司组黑色页岩等厚图

5.3.2　页岩有机质丰度及其地化特征

5.3.2.1　有机质类型

中上扬子地区下石炭统大塘阶沉积的黑色泥页岩有机质类型在平面上存在一定的差异:在黔西南北西部威宁-六盘水一带,其主体为潟湖沉积,近古陆,主体位于海陆过渡带,干酪根既有海相藻类等浮游植物型生物母质来源,又有陆相乔木、灌木等生物母质供给,组分鉴定结果显示其显示干酪根类型主要为Ⅱ$_1$和Ⅱ$_2$型,局部层段出现Ⅲ型。而在黔南代化-罗甸-独山一带主体为台盆沉积,几乎主要为海相浮游植物母源供给,陆相植物供给比重极低,干酪根组分鉴定结果显示其显示干酪根类型主要为Ⅰ型。

5.3.2.2　有机质丰度

中上扬子地区大塘阶黑色页岩主要分布于黔西南和黔南地区,其中黔西南地区下石炭统旧司组黑色泥页有机碳含量在0.45% ~2.74%,平均1.41%,主体分布在0.80% ~2.00%范围内,黔南地区下石炭统打屋坝组黑色泥页岩有机碳含量0.8% ~2.0%,平均1.49%,主体分布在1.5% ~2.00%(图5.54)。中上扬子地区内大塘阶黑色页岩总有机碳含量平均值为1.33%,主要分布于1.0% ~2.0%,占总样品数量57.69%。

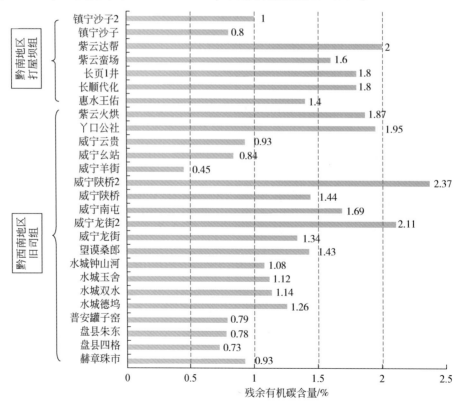

图5.54　中上扬子地区黑色页岩TOC分布柱状图

在黔南和黔西南的 TOC 测试结果的基础上，结合大塘阶沉积期中上扬子地区沉积相展布特征、各资料点黑色泥页岩单层厚度、岩性组合和平面上黑色泥页岩等厚线走势，对研究区内黑色页岩的 TOC 变化规律进行了初步预测（图 5.55）。区内黑色泥页岩 TOC 主体位于 1.0%～2.0%，其内大于 2.0% 的富有机质黑色泥页岩主要分布于威宁龙街 1701 井-六硐桥一带、紫云代化-罗甸一带和晴页 2 井东北向普定局部地区。整体呈南东北西向分布，其中以紫云代化-罗甸一带 TOC>2.0% 的层位分布最广。

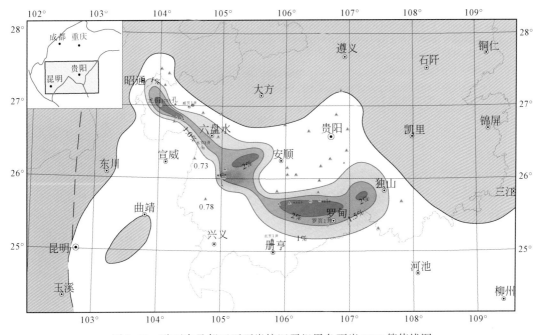

图 5.55　黔西南及邻区下石炭统旧司组黑色页岩 TOC 等值线图

5.3.2.3　有机质成熟度

研究区下石炭统大塘阶沉积地层黑色泥页岩中有机质镜质组反射率分布于 1.04%～4.19%，均值 2.13%，主要分布于 2%～3.0%，热演化程度均达到生烃门限，其中 R^o>2.0% 的进入高过成熟生干气阶段的黑色页岩占 68.75%（图 5.56），主要分布于威宁-兴义-册亨-罗甸一带（图 5.57）。结合区内的热液矿物和温泉分布特征发现，区内 R^o>3.0% 的资料点附近常有热液矿物或温泉发育，高演化的黑色泥页岩 R^o 值受热液矿物和温泉等热源影响明显，但远离热源的黑色泥页岩 R^o 值主体位于 1%～2.5%，表明区内有热液矿物或温泉的影响不具区域性，研究区内大部分地区大塘阶沉积的黑色泥页岩已进入生气门限，热演化程度良好。

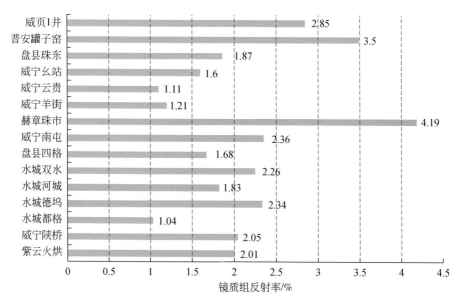

图 5.56　中上扬子地区黑色页岩 R^o 分布柱状图

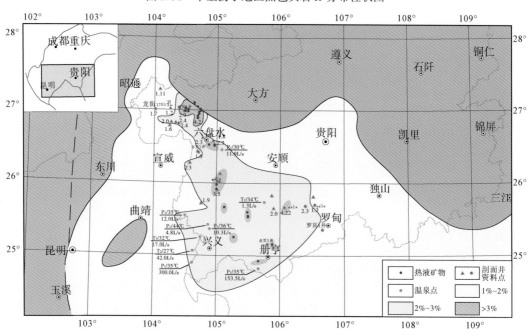

图 5.57　黔西南及邻区下石炭统旧司组黑色页岩 R^o 等值线图

5.3.3　页岩物性特征

5.3.3.1　矿物学特征

据长顺代化等 11 条剖面中下石炭统大塘阶黑色富有机质页岩的矿物成分分析发现，区内下石炭统富有机质页岩主要矿物有石英、长石、碳酸盐岩、黏土矿物和石膏。其中石英含量相对较高，含量在31%～65%，均值为46.25%；黏土矿物次之，含量在7%～60%，均值为34%；期次为碳酸盐岩含量在0%～48%，均值14.67%；铁矿物含量在0%～4.3%，均值2.1%；铁矿物和石膏偶见于个别剖面中，岩石矿物相对含量如图5.58所示。

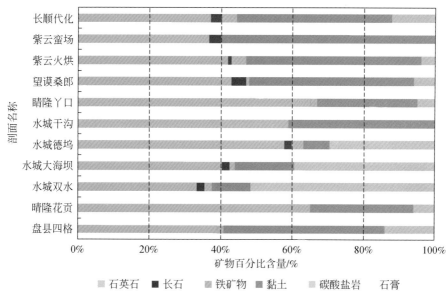

图 5.58　黔西南及邻区下石炭统旧司组泥页岩岩石矿物成分及含量图

5.3.3.2　储集物性特征

根据12件地表露头样品测试资料，下石炭统旧司组黑色富有机质页岩密度在1.94～2.65g/cm³，平均值为2.39g/cm³。钻孔岩心测试页岩 BET 比表面积在7.19～7.45m²/g，平均为7.32m²/g。孔隙度为0.24%～29.45%，平均为12.30%，主体分布2.00%～10.00%，占测试样品总数量的91.67%。

研究区内下石炭统旧司组黑色富有机质页岩发育的空隙类型主要有：矿物颗粒间（晶间）微孔缝（骨架颗粒间原生微孔、自生矿物晶间微孔、黏土伊利石化层间微缝）、矿物颗粒溶蚀微孔隙、基质溶蚀孔隙、有机质生烃形成的微孔隙等（图5.59）。其中自生矿物晶间微孔、黏土矿物层间微孔缝较为发育，尤其是黏土矿物层间微孔缝占主体，孔隙连通性普遍较差，导致渗透率很低；矿物颗粒及基质溶蚀相对较弱。

根据研究区旧司组潜质页岩矿物结构特征，旧司组石英含量下段为50.75%、上段为42.45%；黏土含量下段为14.91%，上段为47.59%。据此推测，旧司组下段潜质页岩孔隙结构以宏孔为主，上段潜质页岩孔隙结构为中、宏孔并存。

(a)颗粒之间充填伊利石，旧司组，威页1井QXNWZ-44

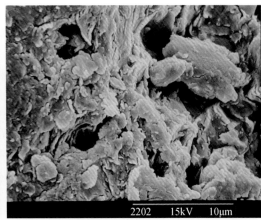

(b)填隙物中微孔观察，填隙物可见伊利石，旧司组，
威页1井QXNWZ-44

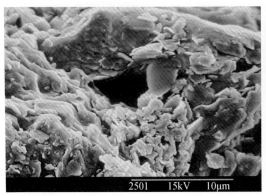

(c)粒间孔有黏土充填，旧司组，威页1井QXNWZ-80

(d)有溶蚀现象形貌，旧司组，威页1井QXNWZ-80

图5.59　威页1井下石炭统旧司组主要含气页岩段显微结构及孔隙类型

5.3.4　富有机质页岩含气性

5.3.4.1　单井含气性分析

1）威页1井

该调查井目标层段为下石炭统旧司组，深度为 266~820m，有效页岩层段集中于
668.50~704.12m，有效页岩层段有机碳含量 TOC 值在 0.60%~2.38%，平均 1.45%，有
机碳丰度适中；有效页岩层段 MI 值在 1.01~4.50，平均 2.6，对应中成熟阶段。通过自
然伽马能谱曲线的黏土矿物含量图版分析，有效页岩层段黏土矿物中伊利石含量较高，钍
铀钾含量的定量计算得出本段地层铀含量主要集中在 11~17ppm，生油气潜力一般，游离
态及吸附状态的页岩气含量较少。有效页岩层段脆性矿物石英含量较高，页岩脆性较好，
较易形成天然裂缝和诱导裂缝。

威页1井气测录井层段为石炭系下统旧司组下段，录井深度为 492.00~809.50m，总
烃含量 0.026%~101.795%，C_1 含量 0.019%~96.675%，C_2 含量 0~9.915%。气测异常

点在井深 555.00~556.50m，总烃含量 56.688%，C_1 含量 48.798%，C_2 含量 2.858%；井深 565.00~566.00m，总烃含量 52.606%，C_1 含量 47.675%，C_2 含量 0.959%；含煤层段 678.75~679.25m，总烃含量 101.795%，C_1 含量 96.675%，C_2 含量 4.758%；619m 处泥质灰岩 H_2S 异常，含量最大 347.237ppm；647m 处 H_2S 异常，含量为 117.645ppm。

2）晴页 2 井

晴页 2 井位于黔西南州晴隆县花贡镇竹塘村，井口坐标为北纬 26°58′23″，东经 104°28′5″，井深 810.80m，完钻层位为下石炭统汤粑沟组（C_1t）（图 5.48）。该井钻时录井 320 个点，气测录井 320 个点，钻井循环介质录井 107 个点，录井过程中发现气测显示共四层：

第一层 598.0~619.0m，总烃为 0.349%~2.034%，C_1 为 0.218%~1.271%，C_2 为 0.027%~0.159%；

第二层 640.0~658.0m，总烃为 0.984%~1.608%，C_1 为 0.615%~1.005%，C_2 为 0.077%~0.126%；

第三层 693.0~720.0m，总烃为 0.268%~2.461%，C_1 为 0.168%~1.538%，C_2 为 0.021%~0.912%；

第四层 737.0~757.0m，总烃为 0.608%~2.261%，C_1 为 0.380%~1.638%，C_2 为 0.048%~0.178%。

3）代页 1 井

本年度于贵州长顺实施的页岩气调查井-代页 1 井，终孔井深 712.8m，打屋坝组井深 448~645m，钻厚 197m，揭示富有机质页岩垂厚 130m，总含气量 0.24~4.97m³/t，一般 1~3.6m³/t，530~623m 段含气量较高（图 5.60）。烃类组分含量平均 89.0%，为较优质天然气（表 5.6）。

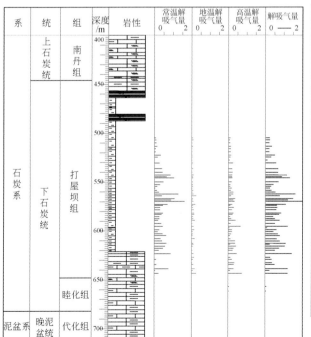

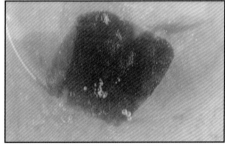

(a)现场解析浸水实验

(b)岩心冒泡留下的气孔特征

图 5.60　代页 1 井下石炭统打屋坝组含气性分布

表 5.6　代页 1 井下石炭统打屋坝组页岩气组分分析

编号	样品深度	CH_4/%	C_2-C_6/%	CO_2/%	N_2/%
1	530.45	84.09	2.37	0.72	12.82
2	545.74	86.96	4.47	0.69	7.88
3	562.23	89.01	0.71	0.55	9.72
4	567.04	87.09	3.10	0.52	9.29
5	569.8	85.46	0.70	0.21	13.63
6	595.21	85.80	0.35	1.20	12.65
7	615.65	88.38	5.60	0.88	5.13
8	623.16	86.98	0.92	0.69	11.40
平均值		86.72	2.28	0.68	10.32

5.3.4.2　等温吸附特征

采自长页 1 井岩心和惠水王佑打屋坝组、紫云蛮场打屋坝组、镇宁沙子地表露头的五件样品等温吸附试验结果显示,下石炭统大塘阶富有机质黑色页岩的 Langmuir 体积在 1.08 ~ 2.25cm³/g,平衡压力在 1.77 ~ 2.02MPa (图 5.61)。

5.3.4.3　现场解吸含气量

1)威页 1 井

威页 1 井现场共完成 16 件样品的解吸作业任务,获得 14 件解吸样品。威页 1 井岩心提取时间在 20 ~ 30min 的占总岩心 28.57%,提心时间小于 20min 的岩心占总岩心的 71.43%,岩心总体上暴露时间较短。

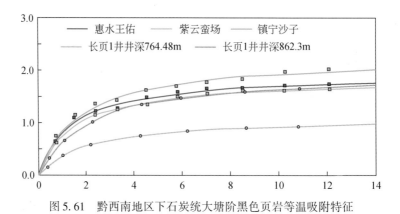

图 5.61　黔西南地区下石炭统大塘阶黑色页岩等温吸附特征

威页 1 井旧司组下段泥页岩样品的解吸气含气量介于 0.004 ~ 0.097m³/t,通过直线趋势拟合法对损失气量做线性回归分析,计算页岩损失气量在 0.004 ~ 0.019m³/t,通过实验得出残余气在 0.106 ~ 0.608m³/t,最终页岩含气量在 0.140 ~ 0.659m³/t,页岩单层视厚 64.47m,真厚 64.20m,解吸样五件,总含气量 0.376 ~ 0.659m³/t,平均 0.527m³/t,基本符合工业开采标准。该井含页岩气有利层段位于下石炭统旧司组下段的中部。

2）晴页2井

由于井深较浅，晴页2井岩心提取时间较短，大部分岩芯暴露时间较短。现场解吸实验12块样品中的含气量变化趋势不太明显，随着深度的增加，解吸气量变化趋势逐渐增加，到731m时达到峰值995mL，解吸气量较高的主要集中在672~731m，到736m以后解吸气量逐渐减少。

通过计算得到晴页2井旧司组页岩样品的解吸气含气量介于$0.160~0.736m^3/t$，通过直线趋势拟合法对损失气量做线性回归分析，计算页岩含气量在$0.187~0.881m^3/t$，通过实验得出残余气在$1.088~1.669m^3/t$，最终得出页岩含气量在$1.381~2.348m^3/t$，符合工业开采标准。该井含页岩气有利层段位于下石炭统旧司组上段中部，井深$672.5~761.45m$。

通过实验测试，晴页2井现场解吸气样为湿气，组分以CH_4为主，此外还有部分C_2H_6及混入的O_2和N_2。CH_4含量较高，峰值达到91.20%，平均含量为68.32%，C_2H_6含量较低，平均含量为0.14%，N_2平均含量为29.81%。

3）长页1井

长页1井气测录井显示其打屋坝组含气段主要分布在井深770~900m井段（图5.62），现场解吸实验65件，解析气量由浅至深呈现出逐渐升高的趋势（图5.63），随着深度的增加，解吸气量总体趋势逐渐增加，到768.58m时达到峰值2180mL，解吸气量较高的集中段为733~933m，到946m以后解吸气量急剧减少到295mL。

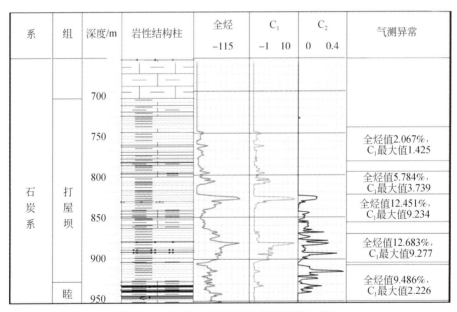

图5.62　长页1井打屋坝组气测录井柱状图

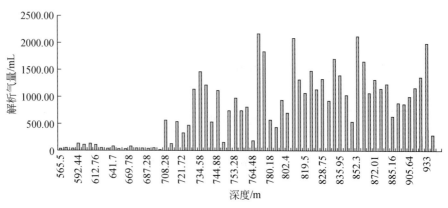

图 5.63　长页 1 井解析气量变化图

通过计算得到长页 1 井打屋坝组碳质页岩样品的解吸气含气量大致介于 0.51 ~ 2.08m³/t，通过直线趋势拟合法对损失气量做线性回归分析，再考虑到装罐时间较长、损失气量较多、解吸实验等原因，推测页岩含气量在 0.9 ~ 2.84m³/t。

长页 1 井现场解吸气样气组分以 CH_4 为主，此外还有部分 C_2H_6 及混入的少量 O_2 和 N_2。CH_4 含量较高，峰值达到 89.49%，平均含量为 80.0%，C_2H_6 平均含量为 1.0%，O_2 平均含量为 1.4%，N_2 平均含量为 17.25%，CO_2 平均含量 0.7%。

4）罗页 1 井

罗页 1 井对非目的层打屋坝组和夹层碳质泥岩取岩心样九件进行现场解吸实验，解析气量呈一个稳定的低水平波动，现场解析气量在 10 ~ 56mL，其中在 897m 现场解析出气量处达到最大值 56mL。通过计算得到罗页 1 井打屋坝组碳质泥岩岩样品的解吸气含气量大致介于 0.01 ~ 0.03m³/t，通过直线趋势拟合法对损失气量做线性回归分析，考虑到装罐时间、损失气量、解吸实验等原因，推测泥岩含气量应在 0.03 ~ 0.05m³/t。

综上威页 1 井、晴页 1 井、长页 1 井和罗页 1 井的含气性测试结果分析，黔西南地区石炭系旧司组富有机质页岩的含气量在 0.03 ~ 2.2m³/t，总体较好，基本符合工业开采标准。

5.3.5　石炭系页岩气资源潜力初步评价

由此可见，受早石炭世大塘期岩相古地理格局的控制，台缘斜坡-台盆相沉积的打屋坝组主要发育在黔南、黔西南地区威宁、册亨-罗甸一带，其中富有机质页岩厚度 110 ~ 180m。有机质类型主要为 I 型，有机碳为 2.0% 左右，成熟度为 2.0% ~ 3.0%，页岩气基本地质特征较好。同时，多口调查井出现气测录井异常，现场含气性解析揭示了较好的含气性及高富烃类组分的特征。总体上，石炭系广泛分布于滇黔桂地区，富有机质页岩厚度大，有机质丰度高，热演化适中，且目前已获得重要页岩气发现，因此，石炭系可能是仅次于龙马溪组的重要页岩气勘探层系。

综合分析研究区内大塘阶沉积时期的黑色泥页岩沉积环境、有机碳含量、厚度、成熟度、埋深、断层、泉眼和热液顶底板条件等指标（表 5.7），并与现有国内外页岩气勘探成果案例进行类比研究，发现该区下石炭统旧司组页岩气聚集发育的最有利区位于六盘水、水城、贞丰、敦操等地，总体沿南东北西向分布，南部的有利区块面积较北部大，面积分布的连续性较好，依据区块的连续性分为四个有利区（图 5.64）。

表 5.7　黔西南及邻区下石炭统旧司组页岩气有利区优选标准

序号	参数	有利区优选标准	远景区优选标准
1	黑色泥页岩厚度	>50m	>50m
2	TOC	>1%	>1%
3	R^o	>1.5%	>1.5%
4	埋深	1500～3500m	>1500m
5	与断层水平间距	逆断层>1km 正断层、走滑断层>10km	逆断层>1km 正断层、走滑断层>10km
6	距泉眼和热液矿物	>1km	>1km
7	顶底板条件	中厚层石灰岩或硅质岩，垂向50m内无断层破碎带和溶洞发育带	中厚层石灰岩或硅质岩，垂向50m内无断层破碎带和溶洞发育带

1）贞丰-望谟-紫云有利区

主要位于贞丰-望谟-紫云一带（图 5.64），面积约 130493.8km²，该区主要处于挤压应力状态，下石炭统打屋坝组保存完整，构造形态以背斜正向构造为主，易于构造超压保存。其核部出露最老地层为二叠系，翼部为三叠系地层所覆盖，上石炭统仅在东部背斜核部出露，目标层主体埋藏深度在 1000～3500m。目标层黑色页岩厚度在 20～150m，向北逐渐增厚，R^o 多在 2.0% 以上，TOC 在 1.0%～2.0%，向北逐渐增大，页岩气勘探前景好。

2）拱里-边阳-敦操有利区

位于罗甸西北的拱里-边阳-敦操一带（图 5.64），面积约 445.5km²，该区主要处于挤压应力状态，下石炭统打屋坝组保存完整，构造形态主体为向斜构造，其核部最新地层为三叠系，向西和向北目标层出露，区内目标层埋深主体在 500～4000m。目标层黑色页岩厚度在 50～150m，北部较厚南部较薄，R^o 多在 2.0% 以上，TOC 在 2.0% 以上。相比贞丰-望谟-紫云区块其黑色页岩厚度较大、TOC 含量较高，热演化程度良好，生烃超压的发育条件较优，但其构造样式以向斜为主，其构造超压发育条件较差，且西侧和北侧目标层出露，不利于页岩气保存，即静态指标优于贞丰-望谟-紫云区块，但保存条件较贞丰-望谟-紫云区块差。目前在该区块北部代页 1 井和长页 1 井均取得较好的页岩气显示，据此，推测该区页岩气勘探前景较好。

3）二塘-水城有利区

位于六盘水市北部的二塘-水城一带（图 5.64），面积约 671.9km²，该区为水城-紫云断裂左旋走滑伴生断块，区块南侧受左旋走滑剪切应力作用，东部受断裂阻挡而形成一个应力集中区，其内下石炭统旧司组保存完整，构造形态主体为背斜正向构造，核部出露最老地层为下二叠统，东西两翼远端为三叠系地层覆盖，目标层在南北两侧断层附近出

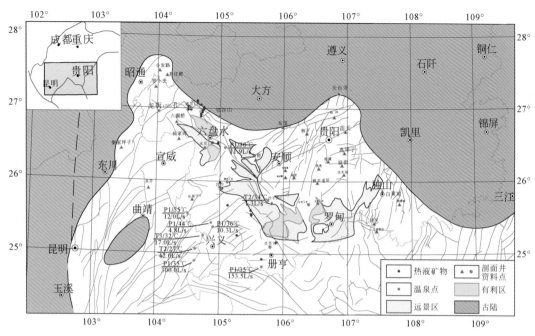

图 5.64 黔西南及邻区下石炭统旧司组勘探有利区和远景区分布图

露，区内目标层埋深主体在 500～3000m。黑色页岩厚度在 20～100m，向西南逐渐增厚，R^o 多在 1.5% 以上，TOC 在 1.0%～1.5%。该区块应力状态相对复杂，埋深适中，该区部署探井前需核实目标层顶面形态，若目标层顶面南北向保存有背斜正向构造，区内勘探前景良好。

4）发耳-滥坝有利区

主要位于六盘水市南部的发耳-滥坝一带（图 5.64），面积约 352.6km²，该区北侧受水城-紫云断裂控制，东南侧受水城-紫云断裂伴生的挤压性断层控制，西南侧比邻向斜，为水城-紫云断裂南侧的一个应力集中区，该区内下石炭统旧司组保存完整构造形态主体为背斜正向构造，核部出露最老地层为下二叠统，东北侧水城-紫云断裂附近三叠系地层覆盖，具有较好的应力保存条件。目标层在南北两侧断层附近出露，区内目标层埋深主体在 500～2000m。黑色页岩厚度在 20～50m，向西南逐渐增厚，R^o 多在 2.0% 以上，TOC 在 1.0%～1.5%，向北逐渐增大。整体该区页岩气勘探前景良好。

5.4 川黔邻区龙潭组页岩气资源潜力分析

5.4.1 地层序列与区域展布特征

5.4.1.1 龙潭期古地理格局

上二叠统龙潭组是川南-黔北、滇东-黔西地区重要的含煤地层，分布稳定。该时期沉积类型多样，自北西向南东发育有陆相、海陆过渡相和海相沉积（图 5.65）。龙潭组分布范围位于泸州-遵义地层分区的镇雄-遵义-织金一带，向东过渡为贵阳分区的吴家坪组，向西靠陆一侧过渡为威信-昭通地层分区的宣威组、乐平组（图 5.66）。

龙潭组地层厚度一般大于 50m，最厚可达 200m，主要由砂岩、粉砂岩、碳质泥岩、粉砂含碳泥岩及煤层组成，与下伏峨眉山玄武岩（$P_3\beta$）或中二叠统茅口组石灰岩（P_2m）为假整合接触。龙潭组富含以 *Gigantopteris* 为代表的植物群，偶见海相动物化石，动物化石腕足类较常见，也可见双壳类。

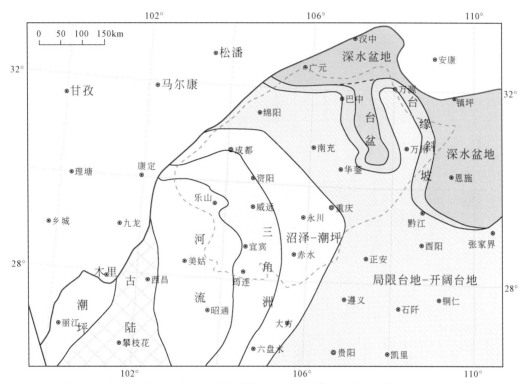

图 5.65　中上扬子地区晚二叠世龙潭期沉积古地理简图（据余谦等，2013，修改）

5.4.1.2　重点区龙潭组沉积特征

龙潭组沉积期，川南-黔北-滇东北地区位于康滇古隆起的东部，自西向东相带展布呈辫状河相-三角洲相-沼泽相-潮坪相的相变顺序，乐平上段则呈三角洲相-沼泽相-潮坪相-碳酸盐缓坡（或开阔台地）相的相变顺序。龙潭组沉积水体较深，发育潮坪-开阔台地相带。东部煤层在下段较为发育，西部主要集中在上段，显示出明显的持续向西海侵上超特征（图 5.67）。

西部盐津大关主要为灰、深灰色砂质泥岩与黄灰色细、粉砂岩互层，砂岩局部变粗，底部具砾岩。盐津底平坝上二叠统乐平组上段为灰色细、粉砂岩与砂质泥岩互层，下段为灰、灰黄色细、粉砂岩夹泥岩，砂岩局部变粗，底部含砾石和少许煤层。珙县大水沟乐平上段为灰色粉砂岩、泥岩夹煤层，富含腕足类，双壳类、腹足类及植物化石，组合特征与筠连地区

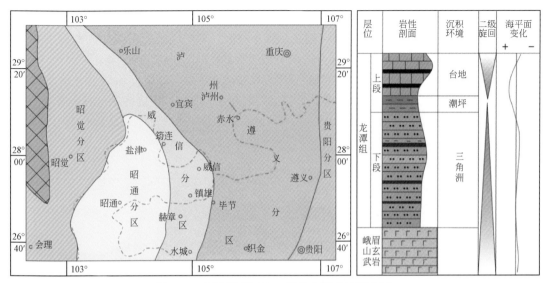

图 5.66　川滇黔邻区上二叠统龙潭组地层分区

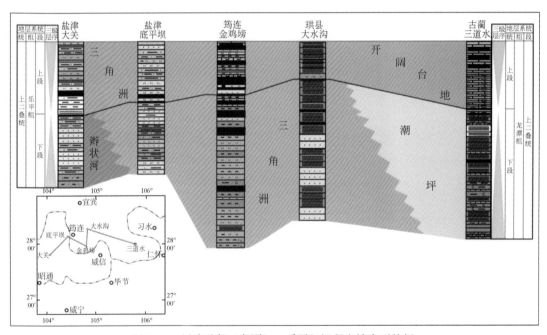

图 5.67　川滇黔邻区龙潭组—乐平组沉积充填序列特征

相似；下段为绿灰、黄灰色砂质泥岩，泥岩与细、粉砂岩互层，底部为黏土岩及铁质岩。富含植物化石，组合特征亦与筠连地区相似。古蔺三道水上段为深灰色石灰岩夹页岩，含䗴，腕足类及苔藓虫等，下段为灰、黑色页岩及砂质泥岩，并夹薄层砂岩，产植物及腕足类。

　　岩相上，龙潭早期以砂岩、泥岩和煤层的沉积组合最为常见，古宋—燕子口—青场一线以西不含碳酸盐岩，向东碳酸盐含量和厚度逐渐增加（图 5.68）。龙潭晚期主体发育冲积扇、冲积平原、滨海碎屑滩及潮坪相（图 5.69）。冲积扇主要发育于昭通龙街地区，岩

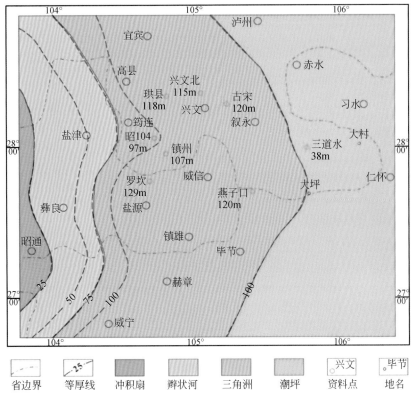

图 5.68　川滇黔邻区龙潭早期沉积古地理图

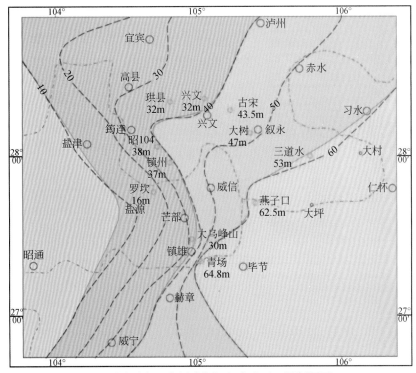

图 5.69　川滇黔邻区龙潭晚期沉积古地理（图例同图 5.68）

层在横向上很不稳定，快速变薄、尖灭；辫状河发育于吉利—辅处一线以西，主要发育心滩沉积；三角洲延伸至宜宾—镇雄一线以西的地区，以三角洲平原和三角洲前缘为主，局部前三角洲沉积；沼泽主要发育在以威信地区为主体的三角地带区域。潮坪相主要在东部地区发育，以陆源碎屑为主，局部含少量碳酸盐。

　　龙潭组地层厚度一般大于50m，最厚可达170~200m。平面展布整体上呈东部和西部薄中间厚的特征，其中西部呈条带状渐变，东部变化则相对较为复杂。砂岩厚度自东北向—西南方向逐渐增加，古宋—大村一线以东几乎不含砂岩，珙县—三道水一线周边砂岩厚度在0~30m，镇州—燕子口一线附近砂岩厚度变为30~50m，到青场砂岩厚度达到112.1m。泥页岩厚度则呈北厚南薄的趋势，变化范围在50~110m。

　　泸州-遵义地层分区二郎坪向斜龙潭组约为90~120m。龙潭组以碳质泥岩、粉砂质含碳泥岩与粉-细砂岩组成的四个韵律层，间夹煤层十余层，下部夹少量石灰岩条带，顶底均可见铝土矿，与下伏茅口组古岩溶喀斯特面为暴露不整合接触（图5.70）。该组下部泥岩有机质含量高于上部，泥岩中碳化植物碎片丰富。

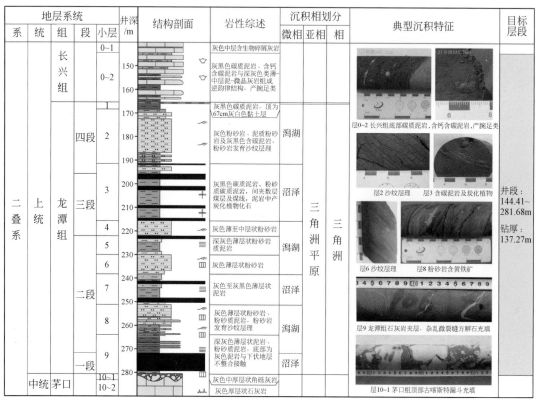

图5.70　泸州-遵义分区龙潭组地层沉积柱状图（二郎坪向斜地质钻孔）

5.4.2　重点区龙潭组页岩气地质特征

　　川滇黔邻区上二叠统龙潭组具有高有机质丰度、中-高成熟度、中等脆性矿物含量的特点。龙潭组富有机质页岩的有机质类型主要为 II$_2$ 型和 II$_1$ 型，并出现 III 型。

黔西-黔西南地区，有机碳含量在 0.70% ~ 18.87%，平均 6.71%，普遍大于 3.00%，多数分布在 3.00% ~ 9.00% 范围内，有 64.58% 的样品有机碳含量大于 4.00%。有机质成熟度 R^o 在 0.86% ~ 2.91%，平均 1.95%，主体在 1.00% ~ 2.50%。矿物组成方面，石英含量为 14.43% ~ 88.47%，平均含量为 37.90%；长石含量为 0 ~ 17.67%，平均含量为 4.81%，以斜长石为主；碳酸盐岩含量为 0 ~ 15.13%，平均含量为 1.98%；铁矿物含量为 0.00% ~ 30.72%，平均含量为 13.95%，以黄铁矿为主，次为菱铁矿；黏土矿物含量为 9.83% ~ 65.80%，平均含量为 41.35%。黏土矿物中非晶质含量较高，平均含量为 52.55%，结晶体中以伊利石为主，平均相对含量为 18.27%，高岭石和蒙脱石含量次之，平均相对含量分别为 9.26%、6.31%。

川南地区，泥岩有机碳含量在 0.69% ~ 6.40%，平均 3.62%；R^o 为 1.86% ~ 2.84%，平均 2.48%。矿物组成方面，碎屑矿物 9.00% ~ 40.00%，平均 25.00%，长石同样以斜长石为主；自生脆性矿物含量介于 0 ~ 56.00%，平均 15.00%，黏土矿物平均含量为 59.9%（图 5.71、图 5.72）。

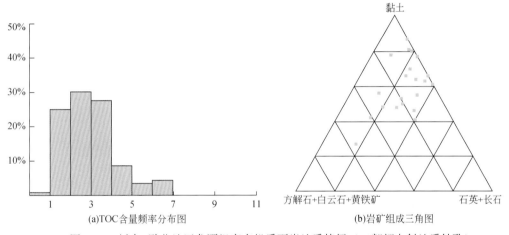

(a)TOC含量频率分布图　　(b)岩矿组成三角图

图 5.71　川南-黔北地区龙潭组富有机质页岩地质特征（二郎坪向斜地质钻孔）

5.4.3　龙潭组"三气"资源初步评价

据统计，川南煤田煤层气资源达 2865.13×10^{8}m^3，资源丰度为 0.631×10^{8}m^3/km^2。其中古蔺-叙永矿区煤层气资源量约为 1001×10^{8}m^3，占四川省总量的 28%，煤层气中甲烷平均浓度达 93.94%，具有含气量高、含气饱和度大的资源优势。同时，据川南石宝-邱家祠井田、石鹅-石家沟井田煤层气地质调查评价工作显示，该区煤层含气量达 3.08 ~ 24.01m^3/t，平均 15.73m^3/t。而根据黔西-黔西南地区的西页 1 井、方页 1 井、兴页 1 井三口井的现场解吸数据分析，龙潭组富有机质页岩含气量范围也可达 1.2 ~ 2.13m^3/t（贵州省国土资源厅，2013）。

考虑该组目标层段厚度大，有砂岩、粉砂岩、石灰岩等夹层存在的优势，弥补了泥岩

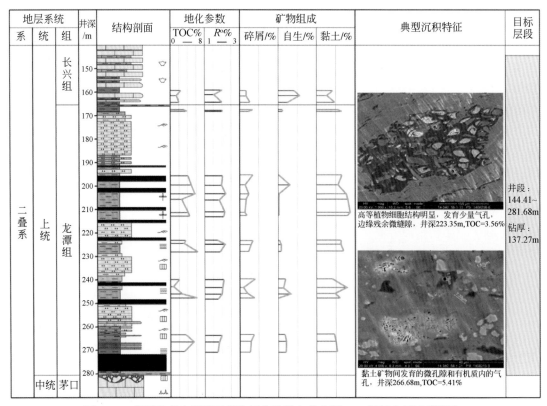

图 5.72 龙潭组富有机质页岩特征参数纵向分布图（二郎坪向斜地质钻孔）

脆性矿物不高的不足，现场解析实验也表明该组泥岩、砂岩及煤层普遍含气。因此，龙潭组具备煤层气–页岩气–致密气（简称"三气"）叠加富集的地质条件，资源潜力良好，值得考虑采用"综合勘探、联合开发"的模式，综合利用能源资源。

目前，龙潭组三气联合开发的最有利的地区为川南古蔺–叙永地区、筠连地区与黔西北金沙–大方一带。滇东北威信–镇雄地区也具有较好勘探潜力。

第6章 四川盆地龙马溪组页岩气富集规律

6.1 东南缘龙马溪组页岩气富集模式

6.1.1 成功案例–以焦石坝为例

6.1.1.1 地质特征及钻探效果

焦石坝构造位于四川盆地东部川东隔挡式褶皱带、盆地边界断裂齐岳山断裂以西，是万县复向斜内一个特殊的正向构造。其特殊性表现在：与其两侧的北东向或近南北向狭窄高陡背斜不同，焦石坝构造为一个受北东向和近南北向两组断裂控制的轴向北东的菱形断背斜，以断隆、断凹与齐岳山断裂相隔。焦石坝构造主体变形较弱，上、下构造层形态基本一致，表现出似箱状断背斜形态，即顶部宽缓、地层倾角小、断层不发育，两翼陡倾、断层发育。

焦页1井等四口井钻探表明，焦石坝地区位于深水陆棚的沉积中心。黑色泥页岩主要发育于五峰–龙马溪组下部，生物化石以底栖藻类、浮游笔石和硅质放射虫为主，其中笔石化石含量丰富，且局部富集成层；岩性以灰黑、黑色碳质泥（页）岩为主，水平层理发育，厚度为35～45m。龙马溪组高丰度烃源岩发育在龙马溪组下部，向上随着含砂量增大，TOC迅速减小，干酪根类型主要为Ⅰ、Ⅱ$_1$型。以焦石坝地区焦页1井为例，龙马溪–五峰组大致可分为三段：上部灰色泥质砂岩厚116m，中部灰黑色粉砂质泥岩夹泥质粉砂岩厚61m，中上部砂质含量高，未进行有机碳含量分析；对下部89m地层全部进行了取芯，主要为含碳质硅质泥页岩，有机碳含量全部大于0.5%，平均TOC值为2.54%，TOC值大于2%的优质泥页岩厚38m（平均TOC=3.50%），R^o值为2.20%～3.06%，有机质类型为Ⅰ型。

焦页1井下部富有机质页岩层段现场岩芯含气量测试为0.89～5.19m³/t，平均2.96m³/t，含气量与残余有机碳含量、脆性矿物含量呈明显的正相关关系。焦石坝地区四口井钻探过程中，均在龙马溪组和五峰组钻遇良好油气显示，四口井总含气量大于2.0m³/t的页岩气层段厚度相近，最大为焦页4井，达42m，平均含气量为2.88m³/t；最小为焦页1井，厚38m，平均含气量为2.96m³/t。根据焦页1井等四口井现场实测含气量（解吸气含量），通过回归方程计算岩心实测过程中损失气量（游离气）。四口井游离气含量分别是解吸气的1.27、1.31、1.12、1.85倍，分别占总含气量的56%、57%、53%、65%（郭彤楼，2014）。

焦页1井五峰–龙马溪组下部层段（2330.46～2 413.07m）岩心样品全岩X衍射和黏

土 X 衍射分析表明，脆性矿物含量由上而下总体呈升高趋势（图 6.1）。其中龙马溪组底部优质页岩层段（2337～2415m）石英、长石等脆性矿物含量为 50.9%～80.3%，平均62.4%。脆性矿物以石英为主，平均含量为 44.4%；其次为长石，平均含量 8.3%；白云石、方解石平均含量分别为 5.9%、3.8%；另有少量的黄铁矿等。黏土矿物含量为16.6%～49.1%，平均 34.6%。黏土矿物以伊–蒙混层和伊利石为主，分别占黏土总量的63.5% 和 31.4%，绿泥石次之，占黏土总量的 4.9%；未见蒙脱石和高岭石。龙马溪组下部发育大量的硅化笔石、放射虫生物化石，是其脆性矿物含量高的一个重要原因。

焦石坝构造焦页 1 井等多口钻井使用的钻井液密度为 1.28～1.42g/cm³，在垂深 2385～2415m 层段进行水平钻探，测试获天然气（11～50）×10⁴ m³/d。焦页 1 井在井口压力大于20MPa 的情况下，经过一年的试采，日产天然气 6×10⁴m³以上，压力、产量稳定，地层压力系数达 1.55，气体组分以甲烷为主，含量高达 98.1%。

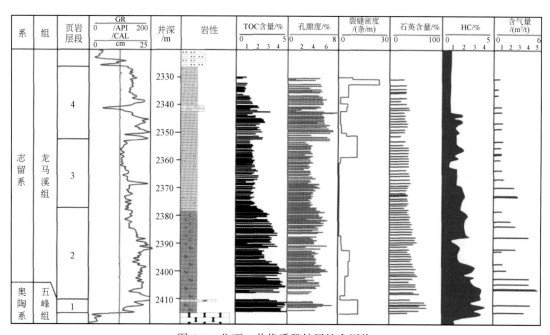

图 6.1　焦页 1 井优质段储层综合评价

6.1.1.2　页岩气富集主控因素

焦石坝-彭水及邻区地质路线调查表明，焦石坝页岩气藏位于大耳山逆断裂以西，在约 80～100Ma 燕山晚期受南北向构造与北西向构造叠加形成的一个箱状背斜（图 6.2）。焦页 1 井等钻井揭示龙马溪组富有机质页岩具有有机质含量高，厚度大及中高演化程度，地层压力系数 1.55，保存条件好。构造路线调查表明（图 6.3），大耳山断层以东，表现为多期次的逆冲推覆和斜歪褶皱，形成大量南北向次级断裂，其中在下三叠统飞仙关组灰

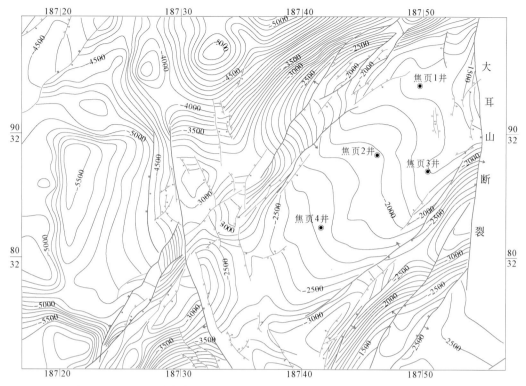

图 6.2　焦石坝页岩气藏龙马溪组底构造等高线（据中石化勘探分公司修改）

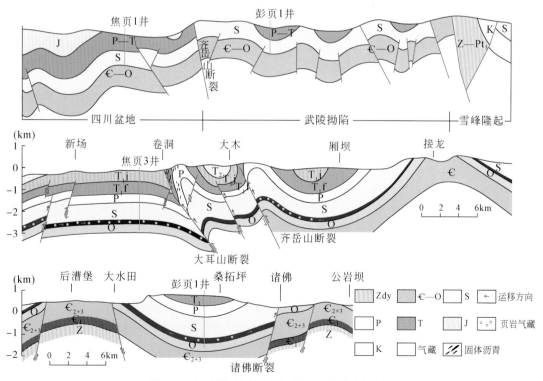

图 6.3　焦石坝-彭水页岩气藏及邻区构造横剖面

岩中常见断裂中充填方解石与沥青 [图6.4 (a)、(b)]，沥青碳同位素分析 δ^{13}Corg 介于在-28.0‰～-27.8‰，从焦石坝龙马溪组生烃史、大耳山断裂形成时间和区域上若干套烃源岩的干酪根碳同位素来看，该组断裂中充填的沥青应该来自于二叠系栖霞组石灰岩，而不是龙马溪组页岩，反映大耳山断裂切割至二叠系组底部，从焦石坝龙马溪组地层压力来看，大耳山断裂下盘地层稳定，构造变形强度较小，保存条件较好。大耳山断裂上盘属于逆冲推覆带，构造变形强烈，保存条件较差，不利于龙马溪组页岩气富集。

(a)大耳山断裂带次级裂缝充填方解石和沥青，T_1f

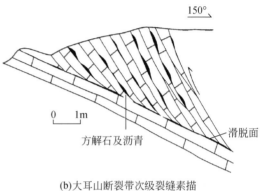

(b)大耳山断裂带次级裂缝素描

(c)诸佛断裂充填大规模方解石脉及石英，O_1h

(d)诸佛断裂充填石英

图6.4　焦石坝及彭水地区断裂及充填物特征

从 $^{87}Sr/^{86}Sr$ 来看，焦石坝东侧大耳山断裂 D403—D406 裂缝充填的方解石介于 0.707364～0.708253，这与围岩 0.708619 基本一致，表明裂缝中充填的方解石流体来自于本身围岩（表6.1）。通过 D413F1 溶洞华 $\delta^{18}O$（PDB）、地表温度（18℃）和周根陶（2000）提出方解石的氧同位素分馏方程（$1000\ln\alpha_{c\sim w}=20.6\times10^3/T-34.71$）可以估算，当地大气降水的 $\delta^{18}O$ 值为-9.72‰。据此推算焦石坝东侧大耳山断裂方解石形成的温度为 66.9～89.1℃。若古地温梯度为 26.18℃/km（杨平，2015），则断裂开启的深度为 1870～2715m，因此燕山晚期 80～100Ma 构造运动造成的断裂切割深度已经超过 2700m，这不利于页岩气的保存。

表6.1　焦石坝及邻区二叠系—三叠系地层充填物氧同位素组成及温度估算

地名	样品编号	层位	基质岩性及填隙物	$\delta^{18}C$ /‰，PDB	$\delta^{18}O$ /‰，PDB	$^{87}Sr/^{86}Sr$	假设流体 $\delta^{18}O$ /‰，SMOW	估算温度 /℃
焦石镇悦来	D403F1	T_1j	裂缝充填方解石	-1.9	-5.5	0.708127	1	69.8
	D403T1	T_1j	微晶灰岩	-1.1	-3.2	0.708619	1	54.0
	D403F2	T_1j	网状裂缝充填沥青及方解石	0.9	-5.1	0.708253	1	66.9
	D403F3	T_1j	网状裂缝充填沥青及方解石	3.2	-7.3	0.707624	1	84.0
	D406F1	P_2q	裂缝充填沥青及方解石	4.3	-8.2	0.707368	1	91.7
	D406F2	P_2q	裂缝充填沥青及方解石	4.3	-7.9	0.707364	1	89.1
武隆接龙	D413F1	ϵ_2p	溶洞钙化	-1	-6.9	0.710102	-9.72	18.0
彭水桑拓	D428F1	S_1l	裂缝充填方解石	4.7	-13.8	0.712945	-9.72	55.3
彭水诸佛	D429F1	O_1h	断裂充填方解石	-3	-16.7	0.709592	-9.72	75.9
	D429F2	O_1h	断裂充填方解石	-2	-17.1	0.709623	-9.72	79.1
	D429T1	O_1h	生物碎屑灰岩	0.5	-9.2	0.709261	1	68.4

　　四川盆地东南缘，燕山期–喜马拉雅期构造活动至少有 2～3 期，上述方解石 $\delta^{18}O$ 值更多的是多期断裂形成过程中的叠加值。从大耳山断裂上盘来看，破坏深度已经达到 2715m，断裂下盘箱状背斜构造稳定，保存深度要求肯定小于 2700m。因此从焦页 1～焦页 4 井龙马溪组埋深 2415～2595m 来看，是有利于页岩气保存的，实钻表明，龙马溪组地层压力 1.55，页岩含气好，产能高。

　　对桑托坪复向斜中石化钻探的彭页 1 井周边地质条件进行了调查，认为龙马溪组富有机质页岩（TOC>1.0%）厚度约 103m，与焦页 1 井相当；富有机质页岩厚度约 30m，略小于焦页 1 井（40m），而两者含气量产别巨大，主要原因为所处构造类型为宽缓向斜，翼间角约为 160°，在向斜东南部喜马拉雅晚期形成的张性正断层–诸佛断裂 [图 6.4（c）、(d)]，对页岩气藏具有一定的破坏作用，彭水诸佛断充填的方解石与焦石坝大耳山断裂不同，$^{87}Sr/^{86}Sr$ 介于 0.709592～0.709623，明显高于围岩，流体来自地表淡水，$\delta^{18}O$ 值为 –17.1‰～ –16.7‰，估算形成的温度为 75.9～79.1℃，对应的深度为 2212～2334m。从彭水桑拓坪向斜两翼的诸佛正断裂分析，该正断裂切割的深度已达 2212～2334m，$^{87}Sr/^{86}Sr$ 表明地表淡水已经进入深度地层，彭页 1 井龙马溪组埋深 2160m，地层压力系数为 1.0，造成彭页 1 井岩心主要为吸附气，缺乏游离气，地层压力系数约 1.0，保存条件受到破坏，目前属于吸附态为主的页岩气富集模式。

　　因此，综合焦石坝各项钻井参数，对比彭页 1 井钻探情况，焦石坝地区龙马溪组页岩富集因素主要有以下三点（郭旭升，2014；郭彤楼，2014；胡东风，2015；金之钧，2016）。

（1）焦石坝地区五峰–龙马溪组下部处于深水陆棚相带，暗色泥页岩发育、有机质丰度高，热演化处于过成熟阶段，页岩气形成条件优越；同时，储集空间的发育保证了页岩气的富集，适中的脆性矿物含量有利于后期的压裂改造。

（2）焦石坝地区处于盆内构造较稳定区，目的层埋深适中，深大断裂不发育，顶底板地层封堵性较好，空间展布稳定，有利于油气的保存，为页岩气富集高产提供了有利条件。

（3）富有机质泥页岩的发育程度、保存条件、天然裂缝的发育和泥页岩的可压裂性是四川盆地及周缘下古生界海相页岩气富集高产的主控因素。其中富有机质泥页岩的发育为页岩气的生成和储提供了丰富的物质基础，良好的保存条件是页岩气富集的关键；天然裂缝和可压裂性是高产的重要保证。

（4）不同地区不同构造样式控制了保存条件的好坏，焦石坝位于逆断裂下盘，整体封存条件好于上盘。

6.1.2　南页 1 井钻探失利分析

6.1.2.1　南页 1 井基本情况

南页 1 井位于南川区块南川断鼻，地震解释显示南川区块稳定区面积较大，压力系数较高，具备高产条件（图 6.5）。南页 1 井钻探目的：一是获取盆地内稳定区龙马溪组页岩地质参数；二是探索具有构造背景的页岩气藏勘探潜力；三是探索配套的工程工艺技术参数。该开孔层位下侏罗统大安寨组，完钻井深 4465m，完钻层位中奥陶统宝塔组。全井段进行了岩屑、气测、钻时、泥浆录井，测井项目包括标准组合测井、声波扫描测井、FMI 成像测井，该井在龙马溪组–临湘组共取心九回次，累计心长 87.65m。

南页 1 井钻遇五峰–龙马溪组厚 417m，其中下部黑色页岩位于 4276~4411m，厚 135m，底部 29m 为深水陆棚相优质页岩，具有含气性高、物性好、有机质丰度高的特点，是页岩气勘探的甜点段。岩心和测井资料分析表明南页 1 井优质页岩段评价指标优越。

地化方面：岩心分析表明 TOC 在 1.98%~7.73%，平均 3.35%，R^o 测定结果为 2.31%~2.77%，平均 2.52%。物性方面：岩心分析，储集空间类型多样，发育有机质孔隙、晶间孔、微裂隙，微孔孔径主要介于 2~10nm，电镜下多见 200nm 级有机孔隙，脉冲法孔隙度为 2.5%~5.3%，平均为 4.1%，渗透率为 $0.0007×10^{-3}$~$0.187×10^{-3}\mu m^2$，平均 $0.0524×10^{-3}\mu m^2$，裂缝以层理缝、层间缝、低角度裂缝为主，发育两条高角度裂缝；测井解释优质页岩段层理缝发育，高角度裂缝不发育，优质页岩段裂缝密度 2.56~4.62 条/m，孔隙度为 1.5%~9.0%，平均 4.9%。

岩矿方面：优质页岩段岩性以黑色硅质页岩、页岩为主，脆性矿物含量较高，石英平均含量为 46.22%，长石平均含量为 3.6%，方解石平均含量为 6.9%，斜长石平均含量为 5.7%，黄铁矿含量为 0.7%~7.6%，平均 3.29%，黏土矿物平均含量只有 35.33%。

岩石力学方面：三轴力学实验结果表明：页岩具有较高的杨氏模量（10.8~34.49GPa），较低的泊松比（0.192~0.203）；同时页岩底板临湘组石灰岩抗压强度高，146.8MPa，杨氏

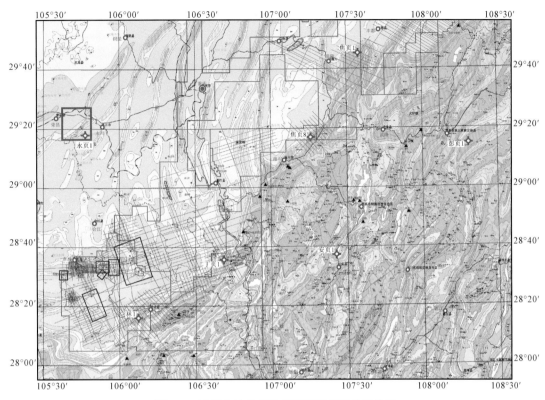

图 6.5　四川盆地东南缘典型页岩气藏构造位置

模量 46.5GPa，泊松比 0.22；测井解释的岩石力学参数结果为优质页岩段（4382~4411m）泊松比为 0.15~0.25，杨氏模量为 27~42GPa，底板石灰岩泊松比为 0.3~0.35，杨氏模量为 60~70GPa。

含气性方面：南页 1 井钻探过程中，泥浆比重为 1.55g/cm³，钻遇 135m 黑色页岩时，表现出丰富的气显示迹象。气测录井全烃值由 0.7% 上升到 1.32%，最高可达 5.34%，甲烷值为 0.72%~2.45%。岩心浸水实验中发现极为丰富的气泡，呈串珠状涌出。尤其以 4382~4411m 表现最为丰富；南页 1 井龙马溪组 19 个岩心样品（4318~4408m）现场实测解吸气与残余气含量之和介于 1.18~4.38m³/t，平均 2.52m³/t，龙马溪组下部—五峰组五个岩心样品（4390~4408m）现场实测解吸气与残余气含量之和介于 3.11~4.38m³/t，平均为 3.67m³/t；测井解释：优质页岩段总含气量 1.1~5.2m³/t，其中游离气 0.8~3.1m³/t，平均 1.7m³/t，吸附气 0.8~3.5m³/t，平均 2.4m³/t，显示五峰–龙马溪组泥页岩具有良好的含气性。

为获取南川断鼻龙马溪组页岩气产能，实现页岩气商业突破，利用南页 1 井侧钻了南页 1HF 水平井。设计时，将优质页岩段根据岩性、测井曲线特征进一步划分为五个小层，与邻区焦页 1 井底部五小层划分具有较好可比性，参考焦石坝地区成功经验，水平井轨迹在一、二、三号小层内穿越，压裂后能获得较高的产量，因此水平井设计穿越深水陆棚相优质页岩一、二、三号小层，设计靶窗 4402~4408m，靶高 6m，距离底板石灰岩 3~9m；

轨迹方位 330°，与最小水平主应力夹角 15°，水平段长设计为 1000m。

南页 1HF 井于 2014 年 2 月 12 日完钻，完钻斜深 5820m，垂深 4627m，水平段长1103m，完钻层位上奥陶统五峰组，套管完井。从电性数据判断，水平井从 4717m 进入设计靶窗，至 5820m 穿越层位位于导眼井第一段第一层中上部、第二层、第三层下部，总体TOC 含量与导眼井相当，平均约为 4% ~ 8%，石英含量约为 46.2%（29.7% ~ 70%），黏土矿物平均含量约为 35.3%，黄铁矿含量 3.84%（2.3% ~ 5.4%），碳酸盐岩含量为6.96%（3.6% ~ 13.3%）。

6.1.2.2　南页 1 井压裂效果与失利分析

南页 1HF 井压裂总体呈现"一深四高"特征，即超深（5820m/4627m），高破裂压力（125 ~ 130MPa），高施工压力（96 ~ 115MPa），高闭合压力（100 ~ 105MPa），高温（150℃）。针对南页 1HF 井压裂难点，采取了如下对策：

第一，页岩埋藏深（4627m），上覆岩层应力大（127MPa），施工压力高，加砂难度大，技术对策：提高井口、地面管线的压力等级为 140MPa；适当加大前置酸用量，降低施工压力；快速提高前置胶液排量，造缝降滤。

第二，高闭合压力（100 ~ 105MPa），人工裂缝导流能力差，技术对策：选用抗压性能更好的覆膜陶粒，承压 110MPa，耐温 150℃。

第三，地层层理缝发育，液体滤失大、效率低，人工裂缝宽度窄，易砂堵，技术对策：依据粉陶、中陶在高应力条件下导流能力差异性较小，增加粉陶用量；前置胶液造缝，提前加入低砂比粉陶降滤、打磨孔眼；低砂比、长段塞加砂。

第四，地层温度高（150℃），对压裂液高温下的流变性能要求高，技术对策：加大前置液用量，降低地层温度；加入流变助剂、热稳定剂等，改善压裂液耐温抗剪切性。历时17 天，分 15 段，安全、优质、高效完成了南页 1HF 井压裂施工，压裂累计用液46365.5m³，加砂 756.1m³；平均单段用液 3091m³，加砂量 50.4m³，砂比 4.4%，施工压力 80 ~ 110MPa，停泵压力 60 ~ 80MPa。

南页 1HF 井采用 13mm 油嘴放喷，日产气 506.27m³，日产液 66.48m³，累产气67778.97m³，累产液 17510.39m³，氯根 13070mg/L，返排率 36.47%，日产气量较低。根据该井钻探效果和排采规律对低产原因进行了分析：

（1）龙马溪组下部—五峰组五个岩心样品（4390 ~ 4408m）现场实测解吸气与残余气含量之和介于 3.11 ~ 4.38m³/t，平均为 3.67m³/t；测井解释：优质页岩段总含气量 1.1 ~5.2m³/t，其中游离气 0.8 ~ 3.1m³/t，平均 1.7m³/t，吸附气 0.8 ~ 3.5m³/t，平均 2.4m³/t，显示五峰-龙马溪组泥页岩具有良好的含气性，地层压力系数 1.25，表明具有一定的保存条件。

（2）南页 1HF 井水平段硅质矿物平均含量 46%，南川双河口剖面优质段硅质矿物平均含量 58.9%，均明显高于焦石坝和长宁地区，碳酸盐岩含量较低，平局仅 2.0%，明显低于焦石坝和长宁等地区，而适当的碳酸盐岩（10% ~ 50%）有利于压裂。

（3）岩心、FMI 成像测井表明，南页 1 井五峰-龙马溪组岩心完整稳定，裂缝以层间缝、低角度缝为主，高角度裂缝极少，多数被方解石充填，横向渗透率 0.0007 × 10⁻³ ~

$0.187\times10^{-3}\mu m^2$。邻区南川双河口剖面也显示优质段呈中厚层状，页理较差，横向渗透率 $0.0003\times10^{-3}\sim0.9655\times10^{-3}\mu m^2$，具有低横向渗透率等特点。上述特点与获得高产的焦页1井明显不同，页理缝的发育程度可能对页岩可压裂性有较大影响。

（4）南页1HF井龙马溪组地层总体呈现"一深四高"特征，即超深（5820m/4627m）、高破裂压力（125~130MPa）、高闭合压力（100~105MPa）、高温（150℃），水平段分段压裂采用的压力为96~115MPa，目前已是国内页岩气施工最高压力，因此压裂效果不好，南页1HF井产液剖面证实低伽马段出水较大。

（5）南页1井目的层距离龙济桥断裂1370m，距离疑似断层约990m，但压力系数和含气性显示表明目的层应具有一定的保存条件。过高的施工压裂打开的不是优质段地层，未能形成网状缝，压裂液进入附近的断裂或者构造裂缝中，这样也造成一种压裂施工效果好的假象。在测试产能时，同样是附井断裂中的地层水沿断裂或者构造裂缝等优势通道在地层压力作用下排除井口，形成了"水串"，低产气等特征。

6.1.3 丁山构造页岩气钻探效果差异性分析

6.1.3.1 地质特征与钻探效果

丁山地区为一大型鼻状构造，页岩气勘探以五峰-龙马溪组为主要目的层。四川盆地东南缘丁山有利区五峰-龙马溪组主要为灰黑色碳质笔石页岩，属深水陆棚沉积，优质页岩厚度30~60m，面积201.1km²，资源量1156.33×10⁸m³。丁页2HF井、丁页1HF井在不同深度领域先后获页岩气流，是继焦石坝之后页岩气勘探的又一个重大突破。

1）丁页2HF

丁页2HF井是以隆盛2井作为导眼井的页岩气侧钻水平井，完钻井深5700m，水平段长1034.23m，优质页岩厚度为35.5m。2013年10月15日至12月10日对丁页2HF井水平段4665.77~5700.00m（长1034.23m）分12段进行大型水力压裂；2013年12月19日至2014年2月8日完成七个制度测试，测试获得日产10.5×10⁴m³商业页岩气流。2014年1月28日，西南油气田分公司接井后，下入2~7/8″油管进行试采生产，截至2014年7月31日，通过环空、采用针阀控制生产，油压11.7MPa、套压7.8MPa、日产气1.8×10⁴m³、日产水14m³。累产气748.05×10⁴m³，累产水9939.95m³，返排率达32.18%（入井液30890.7m³）。

2）丁页1HF

丁页1HF井导眼井完钻井深2103.5m，完钻层位中奥陶统宝塔组，页岩气层五峰组底界深度2045m。五峰-龙马溪组钻遇优质页岩厚度26m，油气显示10.07m/6层，全烃最高1.01%，钻井液密度1.7~1.78g/cm³。共取心九回次，岩心总长107.82m，岩心入水试验见串珠状气泡，实测总含气量平均为3.07m³/t。侧钻水平井井深3336m，水平段长996.32m；全烃显示基本在1%以上，最高值9.4%，一般2%~6%；钻井液密度1.54~1.59g/cm³，黏度52~72s，后效全烃最高45.5%。2014年4月24日至5月5日完成了12段压裂施工，总液量20234.7m³，总砂量816.5m³，破裂压力（泵压）46.5~81.3MPa左右，排量总体稳定 14.5m³，对钻井显示较好的前三段和后四段加大液量和砂量。2014 年 6 月 3 ~ 17 日气举 15 天累计排液 309.69m³，产气量基本稳定在 3.4×10⁴m³/d 左右。7 月 8 ~ 23 日放喷求产，井口压力 17.71MPa ↘0.24MPa，测得天然气产量 3.351 ~ 0.49×10⁴m³/d，井口压力、气产量逐渐递减，累计产气 75×10⁴m³、排液 2775.98m³，返排率为 13.72%。

3）仁页 1 井

仁页 1 井位于四川盆地古蔺斜坡，该井设计井深为 4250m，主探龙马溪-五峰组，兼探龙潭组及石牛栏组、茅口组、嘉陵江组常规储层。钻探目的是：①探索四川盆地内斜坡龙马溪组页岩气富气规律，实现高压区页岩气新突破；②获取中石化探区西部龙马溪组页岩气各项评价参数，落实该区勘探潜力。仁页 1 井于 2013 年 10 月 18 日开钻，开钻层位中侏罗统上沙溪庙组，完钻井深 4180m，完钻层位下奥陶统湄潭组。资料获取情况：全井段进行了岩屑、气测、工程、钻井液参数录井；测井项目：表层套管鞋-井底测井项目包括自然伽马、数字声波、双侧向、井径、连斜；飞仙关组下部—井底测井项目包括补偿中子、岩性密度、自然伽马能谱；韩家店组顶部-井底测井项目主要有微电阻率扫描、声波扫描成像测井；固井井段进行了声放磁测井；该井在龙马溪组—临湘组共取心五回次，取心进尺 39.23m，岩心收获率 100%；采集岩心样品 70 件，实验分析 517 项次；岩屑样品 163 件，实验分析 264 项次。

仁页 1 井钻遇五峰-龙马溪组厚 125.5m，深度位于 3930 ~ 4055.5m，下部黑色页岩厚 103m（井深 3952.5 ~ 4055.5m），TOC 大于 2.0% 的优质页岩厚 27m，优质页岩的岩性、电性特征与四川盆地东南缘地区的丁页 2HF 井、南页 1 井、焦页 1 井均具有可对比性。优质页岩 TOC 含量 2.2% ~ 7.9%，平均 3.56%，R° 平均 2.72%。优质页岩储集空间以纳米级有机孔隙为主，见少量微裂隙、黏土矿物晶间孔、溶蚀孔、粒内微孔；DFT 实验显示储层内孔径较小，以小于 2nm 为主，其次为 2 ~ 10nm，大于 10nm 的孔隙较少；氩离子抛光扫描电镜观察：页岩孔隙孔径较小，以 0 ~ 50nm 为主，连通性差；脉冲孔隙度 0.149% ~ 5.279%，平均为 0.73%，渗透率 0.00027×10⁻³ ~ 1.085554×10⁻³μm²，平均为 0.048971×10⁻³μm²；岩心观察优质页岩段裂缝以水平缝为主，见少量高角度裂缝，方解石充填。总体而言，仁页 1 井优质页岩段孔隙度低、孔径小、裂缝不发育，储层物性较差，不利于页岩气储集。优质页岩段脆性矿物含量与邻井相当，但黏土、碳酸盐矿物含量相对较高，石英含量 22.1% ~ 49%，平均 35.79%，黏土矿物含量 18.8% ~ 56.6%，平均为 39.04%，黄铁矿含量 1.2% ~ 4.8%，平均 2.65%；页岩地应力 70 ~ 80MPa 左右，泊松比 0.21 ~ 0.28 左右，杨氏模量 30 ~ 50GPa 左右，从脆性矿物含量和岩石力学两方面，均表明页岩脆性高，易于压裂改造。

仁页 1 井含气性较差，全烃最高只有 0.733%，11 件岩心样品现场解析，解析气平均 0.0642m³/t，基本不含气。等温吸附试验表明页岩具有一定的吸附能力，优质页岩段为 1.96 ~ 5.3m³/t，平均 2.79m³/t，与周边南页 1 井、焦页 1 井等相当，如南页 1 井优质页岩段为 3.24 ~ 5.55m³/t，平均 4.06m³/t；焦页 1 井优质页岩段 3.04 ~ 3.66m³/t，平均 3.35m³/t。

6.1.3.2　含气差异性分析

1）丁山地区页岩参数相对焦石坝有所不同

优质页岩厚度变化较大，TOC 基本一致。丁山地区五峰组-龙一段岩性主要为灰黑色碳质笔石页岩，厚度约80m。丁页1HF井、丁页2HF井优质页岩层段厚度分别为26m、35.5m，两口井相距不远，厚度变化却较大，而焦石坝优质页岩厚度基本稳定，厚度主要集中在38~42m。丁页1HF井、丁页2HF井优质页岩段平均TOC分别为3.42%、3.95%，与焦页1井优质页岩段平均TOC（3.77%）基本相当（表6.2）。

表6.2　丁页1HF井、丁页2HF井、焦页1HF井优质页岩气层段参数对比表

井号	厚度/m	地化特征		物性	含气性			矿物组分/%		
		TOC/%	R^o/%	孔隙度/%	油气显示	含水饱和度/%	总含气量/(m³/t)	硅质含	碳酸盐岩	黏土
丁页1HF	26	3.42	2.14	3.03	较差	49.15	3.07	39.96	10.04	38
丁页2HF	35.5	3.95	2.24	5.94	好	32.79	6.79	36.88	15.62	36.84
焦页1HF	38	3.77	2.59	4.65	好	30.25	5.85	44.82	9.77	34.33

丁页1HF井位于深水陆棚的边缘地带，是页岩厚度相对变薄的主要原因。平面上，深水陆棚优质页岩主要发育在川中、黔中、雪峰古隆所围限的拗陷的中心部位，靠近古隆主要发育浅水陆棚沉积，从深水陆棚中心向浅水陆棚优质页岩沉积厚度减薄。

优质页岩孔隙度横向变化明显。丁页2HF井优质页岩段孔隙度平均为5.94%，丁页1HF井优质页岩孔隙度平均较低，为3.03%。丁页2HF井与焦页1井优质页岩孔隙度（4.65%）相当，而丁页1井偏低，另外优质段渗透率决定了页岩天然页理缝发育程度，丁页1HF和丁页2HF渗透率均远低于焦石坝地区，表明页理缝不发育（表6.3）。

研究认为发现，页岩孔隙度并没有与埋深有明显的正相关关系，有机质孔的发育程度可能是造成丁页1HF井与焦页1井物性差异的主要原因。初步研究表明，在相同有机质丰度情况下有机质孔的发育程度主要受以下因素影响：①不同的成烃生物成烃、排烃能力不同造成有机质孔存在一定的差异；②R^o的差异也可能是造成两地区有机孔发育程度差异的原因之一，程鹏等人的热模拟实验已证实，R^o在1.3%~3.5%的区间，有机质孔隙发育程度随R^o的增大的升高，丁页1HF井页岩R^o为1.95%，实测习水温水R^o为1.88%，比焦页1HF井（2.59%）低，可能造成有机质孔隙发育程度偏低；③高压或超高压流体压力有利于有机质孔的保存，由于页岩都受到压实作用，焦石坝页岩气层为高压（压力系数1.55），有机质孔几乎没有明显扁状变形，丁页1HF井页岩气层为常压（压力系数约1.06），后期流体压力降低可能造成了有机质孔压实减少（表6.4）。

丁页2HF井与焦页1井含气量相当、丁页1HF井相比较低。丁页1HF井和丁页2HF井岩芯浸水实验气泡显示强烈，持续时间长，分布范围广。现场解析丁页2HF井优质段含气量为3.83~9.85m³/t，平均6.79m³/t，与焦页1HF井相当；丁页1HF井相对较低，优质段含气量为1.70~6.03m³/t，平均为3.07m³/t。

综上所述，丁山地区五峰组—龙马溪组页岩品质与焦石坝地区有所不同，在丁山地区内也存在差异。在优质页岩厚度、TOC、孔隙度、含气性等参数方面，丁页2HF井与焦页1井相当，丁页1HF井较低（表6.4）。

表 6.3　四川盆地东南缘主要探井优质页岩平均孔隙度统计表

井名	优质页岩埋深/m	平均孔隙度/%	渗透率/$10^{-3}\mu m^2$
焦页 1 井	2377~2415	4.65	0.03~280 17.65（37） >1 占 88%，>10 占 39%
南页 1 井	4384~4413	4.1	0.0007~0.187 0.052
丁页 1HF 井	2028~2054	3.03	
丁页 2HF 井	4332~4367.5	5.94	0.003~1.50
彭页 1HF 井	2126~2160	1.83	0.002~0.20
仁页 1 井	4028~4055	0.73	0.00027~1.08 0.049

表 6.4　四川盆地东南缘龙马溪组典型钻井页岩气参数及钻探效果

井号	优质段厚度/m	TOC/%	硅质矿物/%	孔隙度/%	渗透率/$10^{-3}\mu m^2$	埋深/m	压力系数	总含气量/(m³/t)	产能/10^4(m³/d)
丁页 1HF	26	3.42	39.96	3.03		2045	1.06	3.07	3.4
丁页 2HF	35.5	3.95	36.88	5.94	0.003~1.50	4367	1.55	6.79	10.5
仁页 1 井	27	3.56	35.79	0.73	0.00027~1.08	4055	1.00	0.51	未测试

2）四川盆地东南缘地区保存条件变化明显

地层压力系数是页岩气保存条件评价的重要综合指标。一般压力系数越高，保存条件越好，反之越差。丁页 1HF 五峰-龙马溪组页岩气层两次下压力计测试压力系数为 1.0~1.06，与焦页 1HF 井（压力系数 1.55）相比明显偏低，仁页 1 井压力系数仅为 1.0。初步分析认为，侧向逸散可能是丁页 1HF 井地层能量低的重要因素。丁页 1HF 井所在构造位置不同于焦石坝的箱状背斜，由于靠近露头剥蚀区，页岩气存在侧向扩散或渗流散失。深埋藏的丁页 2HF 井相对于浅埋藏的丁页 1HF 井离齐岳山断裂破碎带、露头区较远，预测压力系数1.55，保存条件好（图 6.6）。

3）压裂施工效果不理想是丁页 2HF 井产量低的主要原因

丁页 2HF 井施工压力高（81~95MPa），储层进砂能力较弱，砂比低，压裂造缝效果不理想。丁页 2HF 井施工破裂压力 84~94MPa，单段最高砂比 1%~9%，具有破裂压力比焦页 1HF 井、丁页 1HF 井较高，最高砂比较低的特点。施工参数总体反映压裂效果：丁页 2HF 井<丁页 1HF 井<焦页 1HF 井。丁页 2HF 井压裂施工效果不理想，主要是因为埋深大，压裂施工困难所致。

岩石力学实验可知，丁页 2HF 井、丁页 1HF 井和焦页 1HF 井五峰-龙马溪组优质页岩平均杨氏模量分别为 23.5GPa、27.6GPa、28.4GPa，平均泊松比分别为 0.20、0.195、0.17，总体表现为较高杨氏模量、较低泊松比的特征，反映了较好的可压裂性。但是，丁页 2HF 井、丁页 1HF 井和焦页 1HF 井三口井杨氏模量依次升高，泊松比依次降低，反映

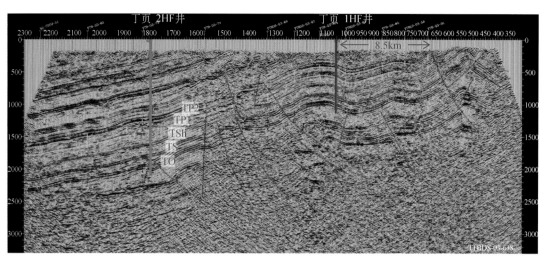

图 6.6　四川盆地东南缘丁山构造地震剖面（中石化勘探分公司）

了可压裂性依次变好的特点。

　　地应力特征也是影响压裂施工的重要因素之一。一般认为，水平应力差异系数在 0～0.3，压裂能够形成充分的裂缝网络；0.3～0.5，在高的净压力时能够形成较为充分的裂缝网络；大于 0.5 时，不能形成裂缝网络。焦页 1HF 井（井深 2393.80m）、丁页 1HF 井（井深 2044.95m）、丁页 2HF 井（井深 4353.05m）五峰组-龙马溪组优质页岩最大水平主应力分别为 53.38MPa、49.92MPa、121.6MPa，最小水平主应力分别为 47.39MPa、43.6MPa、109MPa，水平应力差异系数分别为 0.070、0.112、0.116；上覆岩层压力为 50.17MPa、48.73MPa、145.00MPa；以上特征虽然说明五峰-龙马溪组优质页岩具备压裂形成网状裂缝的条件。但是，由于埋深的增加，会造成地应力参数的增大，从而对压裂施工造成了很大的困难，丁页 2HF 井埋藏深，地应力是丁页 1HF 井以及焦页 1HF 井的两倍多，从而造成丁页 2HF 井压裂难度较大。

　　4）保存条件差，储层物性差是仁页 1 井失利的重要原因

　　本井五峰-龙马溪组页岩电阻率低，优质页岩段只有 1.76～11.8Ω·m，平均 4.69Ω·m，与宝 1 井、河页 1 井、利页 1 井等失利井电性特征相似，均小于 10Ω·m，而页岩气显示良好的井或高产井，电阻率均较高，如宁 201 井，优质页岩电阻率为 10～100Ω·m，日产气 $20×10^4m^3$，焦页 1 井电阻率 10～90Ω·m，日产气约 $20×10^4m^3$，彭页 1 井电阻率 15～120Ω·m，最高日产气 $2.5×10^4m^3$，说明页岩电阻率对含气性敏感，低电阻率意味着低含气性。从六个方面对低电阻率成因进行了初步分析：①页岩电阻率与 TOC 含量明显呈负相关，说明有机质对页岩电阻率有很大影响，现今有机质的性质、热演化程度、分布特征、连通性对电阻率影响很大，虽然 R^o 测试结果不高，但高成熟度仍然可能是导致低电阻率的主要因素；②储层经压实→油气运移→再压实，造成现今孔隙度低，孔径小、微孔发育，为电流提供了附加的传导路径，导致电阻率低；③地层微孔发育、束缚水含量高、可能存在大量高矿化度地层水，导致电阻率低；④黏土矿物、黄铁矿等导电物质连片分布，以及与微孔、地层水等构成完整导电网络，导致电阻率低；⑤黏土矿物的附加导电性

对页岩电阻率有一定影响；⑥擦痕、晚二叠世岩浆活动对该井电阻率影响有限。

钻后分析认为仁页 1 井保存条件差，页岩抗压能力弱、物性差，是造成低含气性的主要因素。首先，仁页 1 井所在的古蔺斜坡，地层倾角较大，无构造圈闭，上倾方向 2.4km 处有一断层，沟通多套储层，页岩气易侧向逸散。其次，龙马溪组顶板为石牛栏组石灰岩储层，该套储层在邻区为一套重要产层，距仁页 1 井 32km 处的阳 1 井在下志留统石牛栏组（626.0 ~ 867.0m）发现气测异常显示 22.2m/9 层，全烃最高 73.6%，对 716.38 ~ 803.0m 井段进行中途测试，日产气 3846m³；距离阳 1 井较近的阳 101 井石牛栏组气测显示强烈，全烃最高值 88.6%，井口出现多次溢流，经气液分离器收集气体点燃，火焰最高可达 10 多米，测井解释孔隙性储层和裂缝性储层共计 55.0m/10 层，气层 45.0m/8 层，差气层 5.0m/1 层，干层 5.0m/1 层；石牛栏组石灰岩储层物性好，孔隙、裂缝均发育，致使龙马溪组缺失良好顶板封盖条件，页岩气易纵向逸散。然后，仁页 1 井五峰-龙马溪组页岩总厚度较小，仅 125.5m，而隆盛 2 井厚 152.5m，南页 1 井厚 323m，彭页 1 井厚 410m，厚度差异达 27 ~ 285m，厚度减薄导致自身封闭性差。最后，由于目的层内气体容易逃逸，导致页岩抗压能力差，在 4000 余米上覆地层重压下易发生压实-再压实，造成现今孔径小、孔隙度低、物性差，不利于页岩气储集，同时孔隙压力难以保存。

通过四川盆地东南缘丁页 1 井、丁页 2 井及仁页 1 井对比，可以发现三口井静态参数包括优质段厚度、平均 TOC 及平均硅质矿物相近，渗透率均较低，表明为优质段为泥岩，页岩均不发育，但孔隙度、含气性和压力系数呈明显的正相关关系。

因此通过解剖丁页 1 井和丁页 2 井的二维地震剖面可以发现，丁页 2 井处于四川盆地边界逆断裂下盘，逆断裂对页岩气藏形成反向遮挡，地层压力及孔隙度得到有效保存，含气性较好。丁页 1 井处于该组断裂的上盘，在构造抬升过程中保存条件受到齐岳山等断裂的破坏，地层压力下降。

当地层泄压后，储层致密化幅度也与气藏破坏或者地层抬升的时限有关，模拟结果也与实际相吻合。仁页 1 井龙马溪组底界埋深 4055m，平均孔隙度仅 0.73%，含气性仅 0.51m³/t，仁页 1 井位于四川盆地南缘，气藏破坏时限为距今 97Ma，但一直处于深埋状态下，抬升缓慢，储层长期处于重负荷状态。丁页 1HF、丁页 2HF 等位于丁山鼻状构造西缘，四川盆地鼻状构造形成时间与焦石坝构造形成时间（距今 60 ~ 80Ma）接近，且丁山鼻状构造破坏时间相对较晚（42Ma），因此破坏时间与抬升时间控制了上覆地层压力的大小和作用的时间，这控制龙马溪组储层孔隙度致密化的程度，也左右了优质段含气性特征。

6.1.4 四川盆地南缘页岩气富集主控因素

6.1.4.1 正常海相沉积的深水陆棚相含硅笔石页岩

原始的沉积条件控制着页岩气形成的基础地质条件，五峰-龙马溪组沉积时的构造-沉积背景为台内拗陷，台内拗陷的中心部位为深水陆棚相，沉积富含有机质页岩硅质页岩 TOC 含量最高，主要分布在五峰组和龙马溪组底部，与产气层段具有良好的对应性。

四川盆地龙马溪组已有钻井五峰–龙马溪组下段页岩有机碳含量与总含气量之间呈现较好的正相关关系。这与 Jarvie 对 Fort Worth 盆地 Barnett 页岩和 Strapoc 等对 Illinois 盆地 NewAlbany 页岩的研究结果相一致，进一步揭示页岩的有机质丰度不仅影响到生烃潜力的大小，还对页岩的储集性能产生影响，从而控制页岩的含气量（图 6.7、图 6.8）。

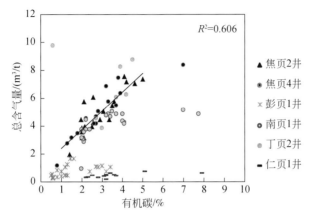

图 6.7　四川盆地龙马溪组优质段含气量与有机碳含量

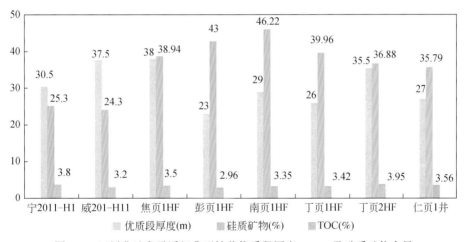

图 6.8　四川盆地龙马溪组典型钻井优质段厚度、TOC 及硅质矿物含量

6.1.4.2　页岩气富集的储集空间–纳米级孔隙

四川盆地东南缘、川南威远–长宁等 25 口井统计结果：优质段平均有机碳 2.4% ~ 5.17%，优质段厚度、平均有机碳差异较小，硅质矿物含量个别井区较高。在区域上，页岩含气性、测试产能与有机碳含量无关。高产能、高含气性的页岩气钻井一般具有高压力系数、高孔渗特征，即页岩含气性、产能均与地层压力系数、页岩储层物性呈正比。同一口井的优质段含气性与有机碳呈正比，但是不同地区有机碳含量相同或相近的井，受其他因素，含气性差异大。同一口井含气性与页岩物性呈正比，且不同井区同样具有高含气或者高产能的钻井具有物性较好的特征（图 6.9）。有机碳较高的区域，不仅提供页岩气的

气源，而且提供了页岩气富集的孔隙，高有机质含量的页岩在有机质成气过程中形成大量有机质孔和矿物溶孔，这些纳米级孔隙为储层的发育、页岩的吸附性能和页岩气的富集提供了直接的条件（图 6.10）。

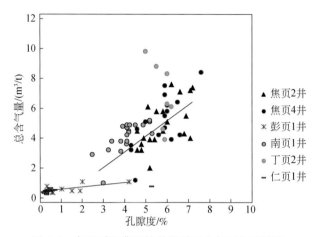

图 6.9　龙马溪组典型钻井优质段含气量与孔隙度

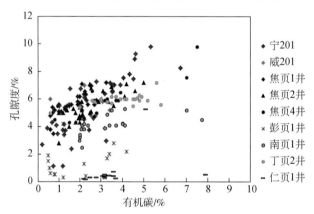

图 6.10　龙马溪组优质段孔隙度与有机碳含量相关图

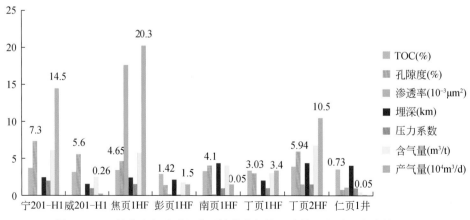

图 6.11　四川盆地龙马溪组典型钻井含气性、产能及相关页岩参数对比

勘探实践表明，四川盆地东南缘焦页 1 井-焦页 4 井龙马溪组优质段底界埋深 2415 ~ 2500m，优质段厚 38 ~ 42m，TOC 为 2.10% ~ 7.50%，平均 3.70%，实测页岩孔隙度 1.50% ~ 9.80%，平均 5.04%，渗透率 0.03×10^{-3} ~ $280 \times 10^{-3} \mu m^2$，其中，大于 $1 \times 10^{-3} \mu m^2$ 占 88%，大于 $10 \times 10^{-3} \mu m^2$ 占 39%。硅质矿物含量 32% ~ 46%，平均 38.94%，泊松比 0.192 ~ 0.203。总含气量 3.52 ~ 8.55m³/t，平均 5.85m³/t，其中焦页 1HF 测试产量 $20.3 \times 10^4 m^3/d$（图 6.11）。

川南宁 201 ~ H1 井优质段厚 30.5m，底界埋深 2526m，优质段 TOC 为 2.00% ~ 7.50%，平均 3.80%，孔隙度 6.20% ~ 8.70%，平均 7.3%。硅质矿物含量 20.5% ~ 29.8%，平均 25.3%。总含气量 2.70 ~ 8.10m³/t，平均 6.20m³/t，测试产量（14 ~ 15）$\times 10^4 m^3/d$。威远地区威 201-H1 优质段厚 37.5m，底界埋深 1559m，优质段 TOC 为 2.00% ~ 8.16%，平均 3.20%，孔隙度 4.20% ~ 7.20%，平均 5.6%。硅质矿物平均含量 24.3%。总含气量 1.20 ~ 3.20m³/t，平均 2.60m³/t，测试产量 $0.26 \times 10^4 m^3/d$（直井）。

表6.5　四川盆地龙马溪组典型钻井页岩气参数及钻探效果

井号	优质段厚度/m	TOC/%	硅质矿物平均含量/%	平均孔隙度/%	渗透率/$10^{-3} \mu m^2$	埋深/m	压力系数	平均总含气量/(m³/t)	产气量/$10^4 (m^3/d)$
宁201-H1	30.5	3.80	25.3	7.3		2526	2.03	6.20	14 ~ 15
威201-H1	37.5	3.20	24.3	5.6		1559	0.99	2.60	0.26（直井）
威202						2400	1.40		2.75（直井）
威页1HF	39					3300			17.5
焦页1HF	38	3.50	38.94	4.65	0.03 ~ 280（17.65）	2415	1.55	5.85	20.3
彭页1HF	23	2.96	43	1.42	0.002 ~ 0.20（0.04）	2160	0.90 ~ 1.00	1.90	1.5
南页1HF	29	3.35	46.22	4.1	0.001 ~ 0.187（0.052）	4410	1.25	4.1	0.05
丁页1HF	26	3.42	39.96	3.03	（0.1）	2045	1.06	3.07	3.4
丁页2HF	35.5	3.95	36.88	5.94	0.003 ~ 1.50（0.1）	4367	1.55	6.79	10.5
林1井	17	3.33	37.10	3.1		770	1.00		未测试
仁页1井	27	3.56	35.79	0.73	0.00027 ~ 1.08（0.049）	4055	1.00	0.51	未测试 0.01
永福1井	53	2.64	29.80	4.01		2843	1.48	5.5	未测试

通过对四川盆地东南缘焦页 1HF、彭页 1HF、南页 1HF、丁页 1HF、丁页 2HF、仁页 1 井等页岩气钻井优质段页岩基本参数和含量性差异分析发现，高产能、高含气性的页岩气钻井一般具有高压力系数、高孔渗特征，即页岩含气性、产能均与地层压力系数、页岩

储层物性呈正比（表6.5）。

6.1.4.3 保存条件与异常流体压力

1）页岩含气性、产能与压力系数呈正比

四川盆地龙马溪组页岩气钻井表明，不同地区受保存条件或压力系数差异，孔隙度和含气性差异极大，当压力系数较高时，孔隙度和含气性均较高，当压力系数大于 1.5 时，页岩储层孔隙度 ϕ 大多大于 4%（图6.12），总含气量一般大于 $3m^3/t$，水平井测试产能多在 $10\times10^4 m^3/d$ 以上（图6.13、图6.14）。

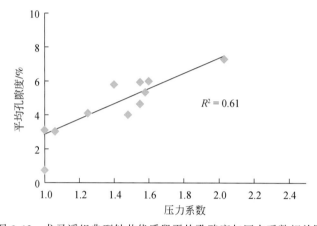

图 6.12 龙马溪组典型钻井优质段平均孔隙度与压力系数相关图

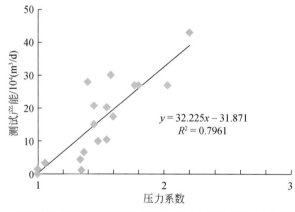

图 6.13 龙马溪组典型钻井优质段水平井测试产能与地层压力系数相关图

2）异常高压下游离气含量高且页岩吸附能力增强

具备保存条件的地区（压力系数大于1.2），一般游离气含量高，游离气向吸附气转化，储层纳米级孔隙发育，储层呈现满载吸附状态，含气性好，等温吸附实验表明，对于龙马溪组页岩储层，恒温下随着压力的增加，页岩吸附能力明显上升。如永善云桥、苏田剖面获得的实验数据表明，在70℃恒温下（模拟深度1830m），压力由 18.3MPa（相当于地层压力系数=1.0）上升至 27.5MPa（相当于地层压力系数=1.5），页岩吸附能力由 1.4 ~ 2.2mg/g

（相当于 1.95 ~ 3.06mL/g）上升至 155 ~ 2.7mg/g（相当于 2.15 ~ 3.75mL/g），呈明显上升状态。因此保存条件好的地区，压力系数大，页岩储层孔隙中存在大量的游离气，且页岩吸附能力明显增加。

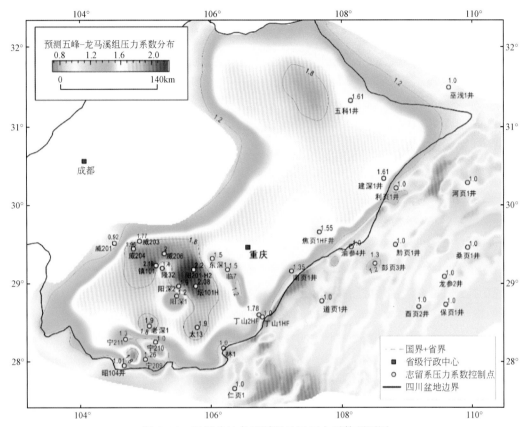

图6.14　四川盆地龙马溪组地层压力系数预测图

3）上覆压力作用增强，储层孔隙度和渗透率呈现不同程度的降低

若保存条件受到破坏，游离气逸散，地层压力系数降至 1.0，此时页岩储层大孔隙受到的上覆地层压力增强，页岩孔隙度会迅速减小，表现为储层致密化过程。通过对四川盆地及周缘典型龙马溪组剖面或钻井优质段样品分析，随着围压的逐渐增加，页岩孔隙度和渗透率均逐渐减小。为定量描述页岩储层在上覆压力作用下的再压实作用，为此对四川盆地龙马溪组典型剖面或钻井的样品进行实验。

实验表明，焦页 2 井在埋深 2566.96m 的五峰组硅质页岩和埋深 2473.38m 的龙马溪组页岩经过实验模拟 0 ~ 40MPa 上覆压力过程中，模拟的过程相当于在构造抬升阶段，龙马溪组页岩在由埋深 2500m 逐渐抬升时，保存条件受到破坏时，页岩储层渗透率下降。结果表明，渗透率分别由原来的 $2.6×10^{-3}\,\mu m^2$ 和 $0.7×10^{-3}\,\mu m^2$ 迅速下降至 $0.1×10^{-3}\,\mu m^2$ 以下（图6.15）。

四川盆地龙马溪组不同剖面样品经过实验模拟 0 ~ 25MPa 上覆压力过程中（相当于由埋深 1600m 逐渐抬升的过程），页岩储层孔隙度均表现为不同程度的下降，如盐津牛寨页岩样品 YNP8CH1 孔隙度由 3.2% 降至 1.8%，其他地区样品普遍会下降 30% ~ 50%。同样在上覆压力的作用下，横向渗透率会迅速下降 1 ~ 2 个数量级，如盐津牛寨龙马溪组泥岩样品 YNP5CH2 由 $0.0179\times10^{-3}\,\mu m^2$ 下降至 $0.0023\times10^{-3}\,\mu m^2$，习水温水五峰组硅质泥岩样品 XWP3CH2 由 $0.2032\times10^{-3}\,\mu m^2$ 下降至 $0.0015\times10^{-3}\,\mu m^2$（图 6.16）。

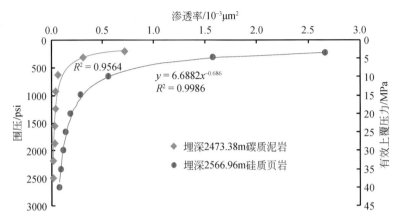

图 6.15　焦页 2 井泥页岩横向渗透率受随上覆压力增加而迅速减小

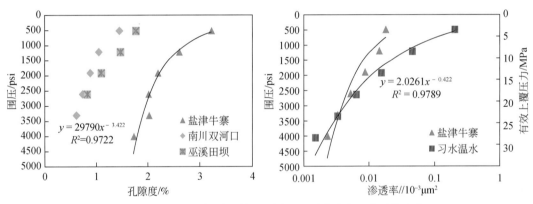

图 6.16　龙马溪组优质段样品不同围压下孔隙度、渗透的变化

4）勘探实例表明，气藏破坏过程中，再压实作用增强，储层发生不同程度的致密化过程，含气性变差，测试产能降低

页岩气藏抬升过程中，若上覆盖层或者遭受断裂改造，游离气逐渐逸散，同时纳米级孔隙中吸附气向游离气转化且不同程度逸散。游离气逸散的同时，地层泄压，受上覆地层压力作用，原有储层孔隙受再压实作用逐渐减小），减小幅度与上覆压力强度及作用时间有关。气藏破坏越早，且长期处于深埋作用下，储层致密化程度越高，表现为储层含气性差，电阻率低。

6.1.4.4　页理缝发育程度及可压裂性

勘探实践表明，含气量较好及产能较高的地区，地层压力系数大于 1.2，且储层孔隙度较高。储层横向渗透率受页岩页理缝发育影响，产能与横向渗透率呈正比。焦页1井横向渗透率为垂向渗透率的 $2\sim8$ 倍（胡东风，2014），在对具有较高横向渗透率的页岩进行储层改造时，可以形成网状缝，有利于页岩气藏中游离气的产出和吸附气向游离气的转化。当目标段页理不发育，储层具有单层厚度较大且致密等特点，虽然有机质孔发育，且含气性较好，但水平渗透率极低，产气量低。

通过四川盆地龙马溪组页岩野外观察、矿物组成、页理发育分布、物性实测、岩石力学性质分析认为龙马溪组优质段可压裂性主要有以下规律：

（1）正常海相沉积形成的黑色页岩具有硅质矿物适中，介于 $25\%\sim45\%$，适中的碳酸盐岩含量，介于 $10\%\sim50\%$，页理发育，横向最大渗透率大于 $10\times10^{-3}\mu m^2$，储层物性好，平均孔隙度大于3.0%，岩石破裂压力 $40\sim70MPa$，泊松小于0.2，有利于压裂。

（2）非正常海相沉积的黑色泥岩，页理通常不发育，具有异常高硅质或者低硅质含量，其中硅质含量超过60%的优质段，岩石破裂压力增加，岩石可压裂性变差。如巫溪田坝WTP14CH2，单轴和三轴试验中，破裂压力分别达到了91.1MPa和141.3MPa，该值均明显超过焦石坝及长宁地区。又如习水温水剖面，该剖面优质段矿物组成不同于丁页1井和丁页2井，平均值到达71.8%，大幅高于丁页1井和丁页2井的 $36.88\%\sim39.94\%$，同时碳酸盐岩含量仅为0.10%。南川双河口剖面也有同样特点，硅质含量平均59.9%，碳酸盐岩平均含量仅为2.10%，从习水温水和南川双河口剖面优质段岩性观察来看，均具有呈中-厚层状、坚硬、页理不发育、低孔低渗等特点。

（3）在川中古陆西缘非正常海相沉积中，呈现低有机碳、低孔隙度、低渗透率、低硅质、低黏土含量、高碳酸盐含量"五低一高特征"，硅质为川中古陆的钙屑快速进入盆地后沉积的产物。岩石破裂压力异常高。

（4）优质段在不同的区域可压裂性呈现明显差异，焦石坝、威远-长宁、滇东北页岩普遍可压裂性好，四川盆地东南缘破裂压力处于中等，但当埋深超过4000m，上覆地层负荷大，围压增大，岩石破裂压力明显偏高。

（5）岩石破裂压力与所处构造应力部位、硅质含量、硅质成因、碳酸盐岩矿物含量、页理发育程度、围压及地层压力系数密切相关。处于构造应力积聚部位，如背向斜核部，天然微裂缝发育，有利于压裂。硅质含量适中且为正常海相沉积有利于压裂，陆源碎屑石英或者热液成因硅质大幅增加，均不利于压裂。适中的碳酸盐岩矿物（ $10\%\sim50\%$ ）有利于压裂，破裂具有很强的定向性，延伸很远。页理发育有助于压裂，压裂过程中流体进入页理缝有助于扩大裂缝规模并改造储层，随着埋深的增加，上覆地层负载导致围压的增加，破裂压力也相应增加。地层压力系数增加，有利于平衡地层负载，破裂压力减小。

6.2 川东高陡带龙马溪组页岩气富集模式

6.2.1 川东龙马溪组页岩气基本地质条件

川东高陡带华蓥山地区五峰-龙马溪组主要沉积于浅水陆棚与深水陆棚过渡带，富有机质页岩发育，TOC>1%段厚约35m，其中TOC>2%段厚度约21.8m。热演化程度处于高一过成熟阶段，R^o主要处于2.4%～2.8%，其烃源岩条件良好。五峰-龙马溪组上覆地层泥岩发育，地层分布稳定。虽然背斜构造紧闭，构造改造强烈，但区域构造应力单一，目标层处于雷口坡组构造滑脱层之下，存在一定的保存条件。川东高陡构造带内目标层底部滑脱发育，其是区域油气运移的重要通道，为正向构造高点获得横向油气运移补给提供了有利条件。地震和邻井资料显示目标层埋藏在1200～1500m，埋深适中，既具备地质调查井经费和工程技术条件要求，又能较好的揭示目标层的含气性（图6.17）。

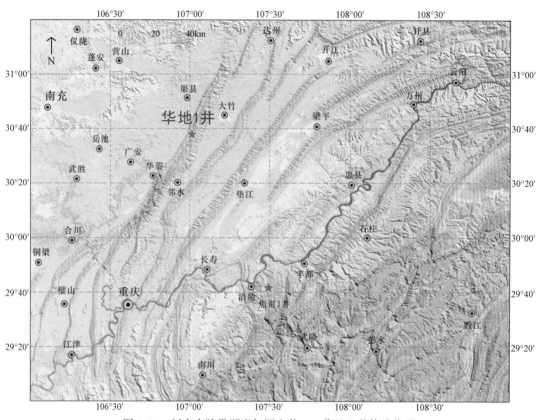

图6.17 川东高陡带页岩气调查井——华地1井构造位置

6.2.2 龙马溪组含气性特征

富有机质页岩发育层位为五峰-龙马溪组下段，井深1288.80～1337.20m，钻厚48.40m，垂厚48.08m。岩性主要为灰黑色泥页岩、硅质泥页岩，水平层理发育，笔石丰富，深水陆棚相。综合解释页岩气层厚度30m，含气页岩表现出"高伽马、电阻率正异常、高孔隙度、气测异常"的特征。富有机质页岩段气显示较好，现场解析气量0.60～1.60m³/t（图6.18），解析气均能点火，水浸试验气泡发育。钻遇五峰组顶部黑色碳硅质页岩，网状微裂隙极为发育，发生较强烈后效井涌，气测录井显示全烃由0.025%快速上升至3.732%，C_1由0.020%上升至3.198%，泥浆槽面气泡丰富（图6.19）。随即提高泥浆比重及黏度，泥浆比重由 1.03 提高至 1.10，黏度由 25s 提高到 32s，井涌得到控制，估算原始地层压力约 14.60MPa。

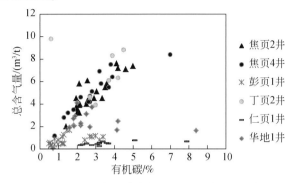

图 6.18　华地 1 井含气性参数与四川盆地典型页岩气井对比

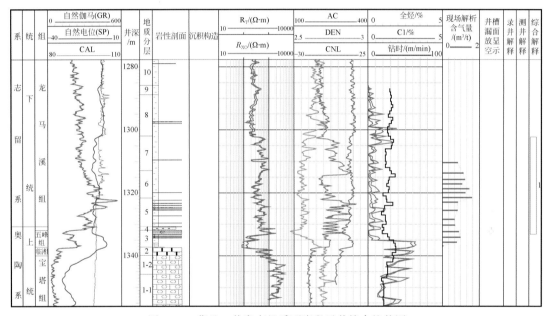

图 6.19　华地 1 井富有机质页岩段录井综合柱状图

根据存在较强烈井涌的有利地质条件，项目组及时组织油气地质和工程地质专家现场研讨，采用比重 1.20 泥浆继续钻进 3m 后监测气测值变化，择机利用放喷管线诱导放喷点火。停钻观察，气测录井全烃由 0.021% 快速上升至 4.812%，C_1 由 0.016% 上升至 3.465%。通过铺设放喷管线诱导放喷，在气液没有完全分离的情况下点火成功，焰高 3~5m。

6.2.3　页岩气富集过程与模式

6.2.3.1　三史恢复

（1）根据华地 1 井、座 3 井及 1:20 万广安幅地质资料对奥陶系—侏罗系地层岩性及厚度进行了详细的统计，据此恢复了华地1井埋藏史，显示龙马溪组地质历史最大埋深达6500m。

（2）构造抬升史根据梅廉夫（2010）获得的磷灰石裂变径迹数据恢复，燕山晚期构造运动可以划分为三幕（94.3～71.1Ma，71.1～59.2Ma，59.2～48.3Ma），喜马拉雅期构造运动可以划分为二幕（8.5～5.5Ma，5.5Ma～0）。

（3）根据华蓥山背斜三百梯龙马溪组剖面获得的等效镜质组反射率 R_v^o（2.4%～2.8%）恢复了华地1井热史和生烃史（图6.20），结果表明，现今地温梯度为23.3℃/km，龙马溪组页岩于230Ma和158Ma分别进入油窗和气窗。

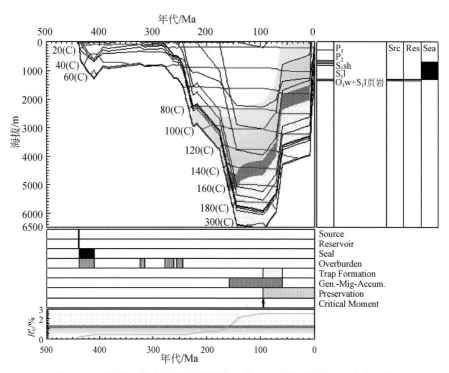

图6.20　华地1井龙马溪组埋藏史、热史、生烃史及油气成藏事件

6.2.3.2　龙马溪组页岩气富集过程

综合埋藏史、构造抬升史和生烃史对油气成藏事件进行综合分析，认为华地1井龙马溪可以页岩气富集过程可以划分以下五个阶段：

（1）晚侏罗世—早白垩世（158～94.3Ma），为页岩气早期富集阶段，龙马溪组 R^o 达到1.3%，进入气窗，94.3Ma构造开始变形抬升时 R^o 演化至2.4%，158～94.3Ma无构造运动及变形，页岩气自生自储。

（2）燕山期第一幕（94.3～71.1Ma），构造抬升幅度为505m，抬升速率21.8m/Ma，此阶段表现为较缓慢的抬升过程，形成华蓥山低缓背斜，天然气向构造高部位运聚。

（3）燕山期第二幕（71.1～59.2Ma），构造抬升幅度为1575m，抬升速率132.4m/Ma，此阶段表现为构造主变形阶段，同时抬升幅度最大，华蓥山背斜继续变形，并形成华蓥山逆断裂。构造强烈变形造成志留系与上覆二叠系，或者志留系与下伏奥陶系形成构造滑脱，由于五峰组与龙马溪组矿物成分的差异，造成两者岩石力学性质的不同在五峰组上部硅质岩形成低角度剪切缝。

（4）网状缝的形成与页理缝构成天然气向构造高部位运聚的储集空间和输导体系，在生烃增压作用的驱动下，深埋向斜区富含有机酸、SiO_2 及水溶烃的流体进入高陡背斜和五峰组网状裂缝（图 6.21），形成对五峰组硅质岩原有裂缝的多期次的叠加溶蚀改造，并形成大孔隙或溶洞，由于酸性环境和压力的降低，在裂缝或溶洞中充填次生石英，此阶段对应的温度为 135～180℃。

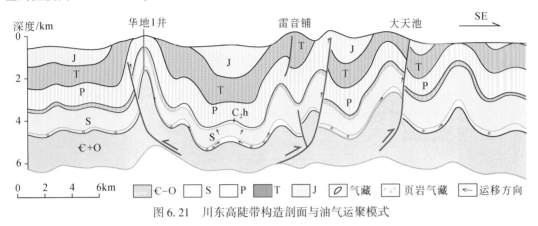

图 6.21　川东高陡带构造剖面与油气运聚模式

（5）喜马拉雅期构造运动主要表现为整体抬升，该期主要分为两幕（8.5～5.5Ma，5.5Ma～0），总抬升量分别为 1527m 和 1005m，抬升速率为 509m/Ma 和 182.7m/Ma，该阶段页岩埋藏深度由 3900m 迅速抬升至 1330m 左右，埋深深度迅速变浅，页岩自封闭能力变弱，页岩气扩散速率增加，大气淡水通过微裂缝进入五峰-龙马溪组储层大孔隙或溶洞中，并充填方解石（图 6.21、图 6.22）。

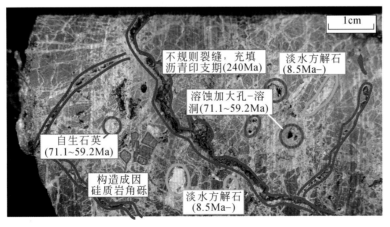

图 6.22　华地 1 井五峰组（井深 1332m）硅质岩构造-成岩期次识别

因此，川东高陡带龙马溪组页岩气富集模式是滑脱控缝、岩溶控储、高陡控势、吸附态-游离态复合成藏。

6.3　西南缘龙马溪组页岩气富集模式

6.3.1　页岩气基本地质条件及钻探效果

四川盆地西南缘的绥江-永善及邻区龙马溪组富有机页岩厚度最大，普遍达到50～160m，如新地1井，钻遇富有机质页岩厚160m，新地1井钻遇106m，民页1井、永福1井和永地1井也分别达到了68m和44m和56m，剖面上，雷波芭蕉滩厚110m，盐津牛寨富有机质页岩总厚度为98.44m，永善苏田为96m，云善云桥厚54.5m（图6.23）。优质段平均TOC介于2.97%～3.39%。沥青反射率R^b及等效镜质组反射率R^o_V表明，滇东北及邻区受地温梯度较高的影响（30.5℃/km），龙马溪成熟度最高，等效镜质组反射率平均达到2.61%，达到过成熟阶段，处于页岩气形成的热演化窗口。

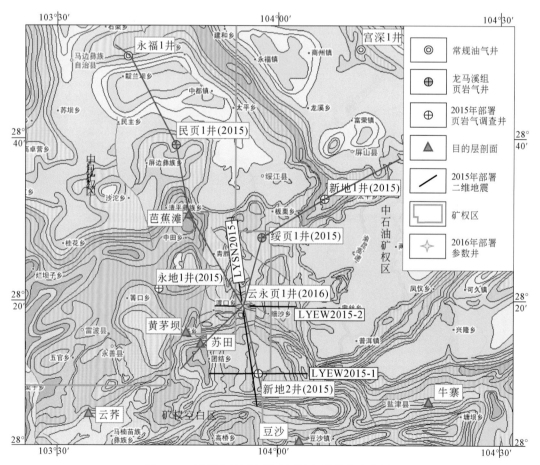

图6.23　四川盆地西南缘主要油气钻井分布位置

页岩孔隙度岩0.50%～11.36%，平均3.85%，横向渗透率0.0162×10⁻³～77.3294×

$10^{-3}\,\mu m^2$，纵向渗透率为 $0.0001\times10^{-3}\sim0.0194\times10^{-3}\,\mu m^2$，横向渗透率远大于纵向渗透率，平均差异系数 K_0 为 2.27，渗透率及差异系数高于彭页 1 井、南页 1 井、丁页 1 井和丁页 2 井等，与四川盆地东南缘焦石坝及长宁地区相似。

矿物组分以永善苏田为例，五峰组硅质岩、黑色页岩硅质含量较低，硅质 12.5% ~ 49.0%，平均 34.0%（六件），长石 1.9% ~ 4.6%，平均 2.87%，碳酸盐岩含量较高，29.9% ~ 71.4%，平均 50.0%，方解石含量普遍较高，平均 28%，黏土 5.8% ~ 12.5%，平均 9.9%。龙马溪组硅质 16.4% ~ 50.5%，平均 30.2%（12 件），长石 6.1% ~ 14.1%，平均 9.9%，碳酸盐岩 13.9% ~ 55.1%，平均 34.7%，碳酸盐岩含量较高，但普遍低于五峰组，方解石含量龙马溪组富有机质页岩段由顶部至底部呈现先增加后减少的规律，黏土 10.6% ~ 33.2%，平均 22.4%。页岩 70℃ 及 30MPa 下吸附量分别为 1.55 ~ 2.68mg/g。纳米级孔隙发育，主要由有机质孔、黏土矿物间孔等贡献。

上述表明四川盆地西南缘的绥江-永善及邻区龙马溪组页岩有效厚度大，有机碳含量高，有机质以 I 型为主，页岩储层硅质矿物平均约 34%，碳酸盐岩含量较高，储层纳米级孔隙和页理缝发育，有利页岩气富集、压裂和产出。

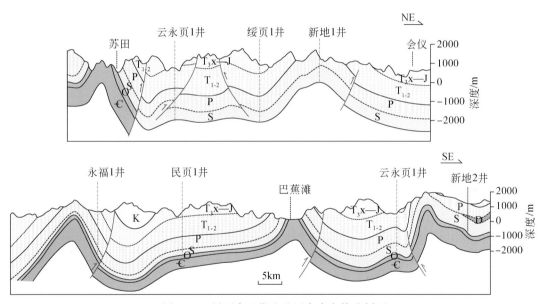

图 6.24 川西南五指山地区东南向构造剖面

表 6.6 四川盆地西南缘龙马溪组页岩含气性参数

井号	完井时间	目的层埋深/m	TOC>2% 厚度/m	含气量/(m³/t)		压力系数
				现场解析	总含气量	
永福 1 井	2015.7	2850	44	0.77	2.1	1.55
民页 1 井	2016.4	3100	68	0.135	0.30	泥浆密度 1.52，压力系数未知
新地 1 井	2016.4	1319	70	1.44	4.0	1.00

续表

井号	完井时间	目的层埋深/m	TOC>2%厚度/m	含气量/(m³/t)		压力系数
				现场解析	总含气量	
永地 1 井	2016.7	1770	56	<0.1		目的层井漏，无压力
新地 2 井	2016.8	2080	80	最高 3.38，>1.0 段厚 103m >2.0 段厚 32m		1.05

　　永福 1 井是中石化部署于四川盆地西南缘的一口参数井，开口层位为上三叠系须家河组，目的层为震旦系灯影组，2015 年 7 月完钻，龙马溪组底界深度 2850m。龙马溪组优质优质段厚 53m（真厚度 44m），气测全烃最大值为 2.53%。现场解析含量为 0.771m³/t，总含气量为 2.137m³/t，测井解释优质页岩气层段总含气量介于 1.93 ~ 9.37m³/t，平均 3.91 m³/t。民页 1 井是中石化于 2015 年部署于川西南五指山地区的一口页岩气预探井，开口层位上三叠系须家河组，目的层为龙马溪组，2016 年 4 月完钻，龙马溪组底界深度 3130m。现场含气量测试样品 39 个，含气量 0.029 ~ 0.135m³/t，平均 0.068 m³/t，气测全烃总体小于 0.5%，基本不含气（图 6.24）。

　　2015 年，四川盆地页岩气基础地质调查项目在滇东北及邻区部署了三口调查井，分别为新地 1 井、永地 1 井和新地 2 井（表 6.6）。

　　新地 1 井部署于绥江县新滩镇五角堡背斜西北翼，位于回龙山逆断裂上盘，距离断裂约 1.5km。开口层位为二叠系茅口组，龙马溪组底界深度 1319m。钻探进尺至 1205 ~ 1211m 灰黑色页岩，泥浆密度 1.04，全烃由 0.2% 迅速增加至 1%。钻探进尺至 1232m 后，全烃继续增加至 4.0%，最高达 8.507%，C_1 最高 7.687%。含气段浸水实验气泡剧烈，呈串珠状上涌。

　　新地 1 井钻遇五峰-龙马溪组富有机质泥页岩累计厚度 106m，其中 TOC>2% 约 65m。现场解析表明，不同岩性段含气性差异极大，含气性较高的井段主要分布在 1232.96 ~ 1246.69m 和 1290.57 ~ 1309.26m，主要为黑色碳质页岩，厚度分别为 13.73m 和 16.69m，含气段累计厚 30.42m，现场解析含气量最高 1.44m³/t。井深 1246.69 ~ 1290.57m 为黑色厚层状粉砂质泥岩，基质基本不含气，仅裂隙含气。新地 1 井龙马溪组富有机质页岩段发育多组小型断裂和裂缝，钻探目的层过程中全烃值不稳定，变化较大，一般由 2.0% ~ 3.0% 迅速增加至 4% ~ 6%。排除后效的影响，应推测为多组裂隙气的贡献。

　　新地 2 井部署于滇东北大关木杆镇漂坝向斜，开口层位为二叠系乐平组底部，龙马溪组底界埋深 2080m。钻探进尺至 1923m 进入龙马溪组富有机页岩段，呈灰黑色页岩，泥浆密度 1.02 ~ 1.05，全烃稳定在 0.2% 左右，水浸试验微弱气泡，现场解析 0.42m³/t。钻探进尺至 2045m 后，全烃继续增加至 0.5% ~ 2.0%。气段浸水实验气泡剧烈，呈串珠状上涌，最大现场解析量可达 3.38m³/t。新地 2 井钻遇五峰-龙马溪组富有机质泥页岩累计厚度 160m，其中 TOC>2% 预测约 80m。现场解析大于 2m³/t 优质含气层厚 32m，1 ~ 2m³/t 层段厚 71m，大于 1m³/t 总厚 103m。

　　永地 1 井龙马溪组富有机泥页岩厚度约 56m，钻井结果显示钻遇目的层时泥浆漏失严重，气测全烃无异常，水浸试验和现场解析均无气显示。岩心观察发现目的层地层倾角虽然近于水平，但岩心发育张性高角度裂缝，裂缝无充填物，显示裂缝中基本无水柱填充，属新构造运动的产物。

6.3.2　西南缘龙马溪组页岩气富集主控因素

6.3.2.1　储层物性普遍较好，页理发育，横向渗透率高

通过四川盆地西南缘五峰–龙马溪组泥页岩岩芯纵横向渗透率测定，并采用渗透性方向差异系数采用公式 $K_0 = \lg k_{横向} - \lg k_{纵向}$ 计算表明，四川盆地西南缘龙马溪组横向渗透率较高，为 $0.0162 \times 10^{-3} \sim 77.3294 \times 10^{-3} \, \mu m^2$，其中大于 $0.1 \times 10^{-3} \, \mu m^2$ 的样品五件，纵向渗透率为 $0.0001 \times 10^{-3} \sim 0.0194 \times 10^{-3} \, \mu m^2$。渗透性方向差异系数（$K_0$）为 $1.43 \sim 4.41$，平均 2.27，换而言之，横向渗透率较纵向渗透率平均高出 2.27 个数量级。因此该地区龙马溪组中页岩气主要以横向扩散为主，当上覆有断裂以岩性方式进行遮挡，利于页岩气在断裂下侧富集。

6.3.2.2　适中的硅质和碳酸盐岩含量含气性较好

新地 1 井龙马溪组优质段中，黑色泥页岩含气性普遍好于黑色粉砂质泥岩。黑色泥页岩一般有机质含量高、页理较发育，适中的碳酸盐岩含量（$10\% \sim 50\%$），硅质含量 $30\% \sim 42\%$，储层物性较好、页岩比表面积大及吸附能力强，即使地层压力系数 $=1.0$，仍有利于吸附气的保存［图 6.25（a）、（b）、（e）、（f）、图 6.26，表 6.7］。

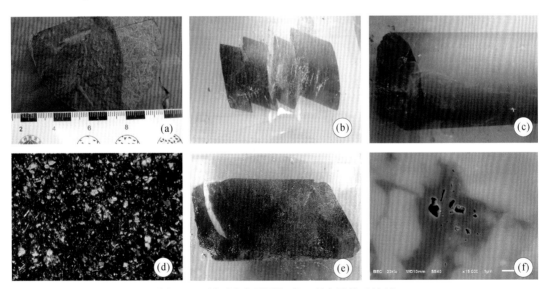

图 6.25　川西南龙马溪组岩心观察及镜下特征

图 6.25　川西南龙马溪组岩心观察及镜下特征（续）

（a）新地 1 井龙马溪组黑色页岩笔石，1239m；（b）新地 1 井龙马溪组黑色页岩现场解析量 1.44L/kg，1239m；
（c）新地 1 井龙马溪组解析含气量 0.16 L/kg，岩心呈黑灰色，纹层状，粉砂含量较高，1266m；（d）新地 1 井龙马溪
组黑灰色厚层状纹层状粉砂质泥岩，石英含量 48.5%，磨圆度较高，陆源成因，1266m 处；（e）新地 1 井龙马溪组黑色
页岩现场解析量 1.18L/kg，1294m；（f）新地 1 井龙马溪组黑色页岩有机质孔，发育程度较差，硅质含量 31.9%，
1294m；（g）新地 2 井龙马溪组灰色页岩，岩心较完整，1860m；（h）新地 2 井龙马溪组黑色页岩，气泡呈串珠状，
2050m；（i）永地 1 井龙马溪组黑灰色厚层状粉砂质泥岩，发育垂直层面的张性裂缝，1758.72～1766.04m

　　该区龙马溪组在新地 1 井–永善苏田以西龙马溪组底部存在多个含砂段，主要表现为
硅质矿物含量高，一般超过 50%，碳酸盐岩含量极低，可见砂纹层理，页理不发育，岩石
致密，坚硬，碳酸盐岩矿物含量低，页岩比表面积较小、吸附能力较弱，镜下显示有机质
孔发育较差，含气性差［图 6.25（c）、（d）］。

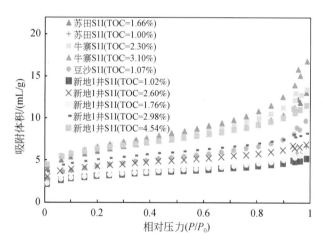

图 6.26　新地 1 井及邻区剖面龙马溪组页岩氮气吸附实验

表 6.7　新地 1 井龙马溪组页岩参数

编号	井深/m	岩性	TOC/%	BET 比表面积/（m²/g）	换算孔隙度/%	矿物组分/%				现场解析/（L/kg）
						硅质	长石	碳酸盐岩	黏土	
XD549	1213	黑灰色页岩	1.02	10.18	1.28	28.9	5.6	22.1	39.9	0.02
XD556	1233	黑色页岩	2.60	14.10	1.56	33.5	9.9	15.0	37.2	0.66
XD558	1236	黑色页岩	1.76	10.48	1.56	31.9	9.6	40.4	15.1	0.17

编号	井深/m	岩性	TOC/%	BET 比表面积/（m²/g）	换算孔隙度/%	矿物组分/%				现场解析/（L/kg）
						硅质	长石	碳酸盐岩	黏土	
XD568	1266	黑色粉砂质泥岩	2.98	16.84	1.93	48.5	7.3	8.4	28.3	0.16
XD580	1293	黑色页岩	4.54	20.83	3.02	42.3	3.7	29.9	18.3	0.78

6.3.2.3　保存条件

1）顶板盖层良好的封闭性

新地 2 井钻探表明，志留系厚度约 890m，较邻区的各钻井及剖面都要厚，上覆有厚 316 泥盆系砂岩，钻井至 1860m，可见龙马溪组页岩呈灰色，岩心总体较完整，页理发育，除志留系上部局部裂缝贡献的气测值较高外，总体气测值小于 0.05%，显示较好的顶板条件［图 6.25（g）］。

邻区各剖面上，在永善云桥、永善苏田及盐津牛寨，对于龙马溪组优质段储层上部泥页岩的纵向渗透率具有相对更低值。如永善云桥 YYP15CH1 及 YYP17CH1 纵向渗透率仅 $0.006×10^{-3} \sim 0.009×10^{-3}\ \mu m^2$，永善苏田优质段的顶板纵向渗透率仅 $0.002×10^{-3} \sim 0.006×10^{-3}\ \mu m^2$，盐津牛寨第 11 ~ 12 层 TOC 降至 0.50% ~ 0.90%，纵向渗透率仅 $0.0007×10^{-3} \sim 0.001×10^{-3}\ \mu m^2$，对于优质段降低了一个数量级。在 80℃ 条件下对各剖面突破压力进行了实测，从各剖面获得数据可以看出，优质段及粉砂岩突破压力明显较低。如 YNP5G2 样品 TOC 为 3.20%，岩心孔隙度达到 8.71%，突破压力仅 5.75MPa，明显小于顶板的 7.01 ~ 10.58MPa。在永善云桥和苏田剖面，优质段顶板突破压力达到 13.95 ~ 17.85MPa。在四川盆地东南缘习水温水，突破压力最大值的样品 TOC 为 0.48% ~ 0.54%。因此该地区龙马溪组页岩顶板纵向渗透率极低，突破压力高，封闭性较强，是该区龙马溪组页岩气富集的重要因素。

2）稳定的地层压力（压力系数≥1.0）

综合区域地质分析表明，雷波至马边一带为地震区，构造地震频繁。据历史资料记载，自 1216 ~ 1971 年，雷波-西宁-马湖地区共发生五级以上破坏性地震 23 次。上述地震所在的构造部位，正处北西向构造体系与北东向构造体系部位，局部尚有扭动构造存在。推测深部可能还有隐伏的北西向构造，地震的发生应与北东向新构造运动有关，其中老营盘断裂附近历史曾发生 7.1 级地震，永地 1 井和民页 1 井位于该断裂附近。根据永地 1 井岩芯张性裂缝特征，推测位于芭蕉滩和长坪背斜之间鞍部的地区之下应存在存在大型张性断裂，造成潜水面在目的层以下，地层压力系数远低于 1.0 或者无压力，等温吸附实验表明，当压力趋向于 0，页岩无吸附能力（图 6.27）。

民页 1 井同样存在上述情况，在接近目的层段多次井漏，另外通过 wzs-06-75 地震测线可以看出，志留系龙马溪组底界反射层不连续，可能与该区新构造活动以张性为主（图 6.28），压力释放后页岩无吸附能力，后期虽然有静水压力补给，但民页 1 井及邻区龙马

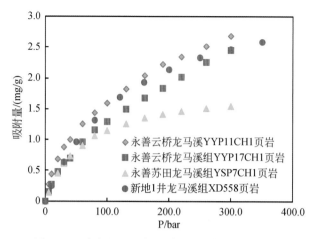

图 6.27　滇东北地区龙马溪组页岩等温吸附曲线

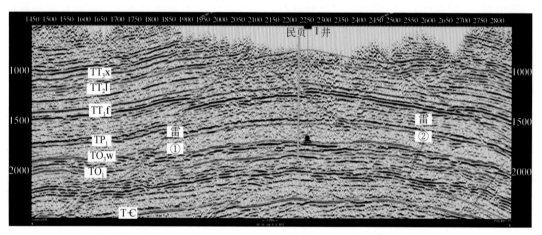

图 6.28　过民页 1 井的 wzs-06-75 地震测线（据中石化勘探分公司）

溪组页岩 R^o 普遍大于 3.0%，已无自生能力。加上民页井龙马溪组埋藏深度超过 3000m，虽然优质段页理发育，但由于保存条件破坏后上覆地层的强烈的再压实作用，页岩横向渗透率有限，横向补给能力较差。

3）适中的埋藏深度有利于孔隙发育和页岩气的多期补给

泥页岩本身具有一定的厚度就能自封闭性，甚至埋深超过 500m 的地区在钻探中见良好的油气显示。所以北美页岩气选区评价时较少考虑保存条件，主要是因为构造稳定，页岩气可以靠自身封闭。泥页岩本来就是作为常规油气的盖层，它是一种致密的细粒沉积岩，由于页岩气特殊的赋存机理及其低孔低渗的特性，页岩气成藏所需的保存条件并不像常规油气藏要求的那么苛刻。泥页岩本身就具有封闭性，可以作为页岩气藏的盖层，特别是对于厚度较大的泥页岩，当厚度大于泥页岩生烃高峰期上下排烃的最大距离时，气体将有效地自封闭在泥页岩中。

焦页 2 井在埋深 2566.96m 的五峰组硅质页岩和埋深 2473.38m 的龙马溪组页岩经过实

验模拟 0 ~ 40MPa 上覆压力过程中，模拟的过程相当于在构造抬升阶段，龙马溪组页岩在由埋深 2500m 逐渐抬升，保存条件受到破坏时，压力系数为 1.0，页岩储层渗透率逐渐下降，渗透率分别由原来的 $2.6 \times 10^{-3} \mu m^2$ 和 $0.7 \times 10^{-3} \mu m^2$ 迅速下降至 $0.1 \times 10^{-3} \mu m^2$ 以下。泥岩和页岩模拟的曲线切点深度分别为 500m 和 1000m，表明泥岩和页岩在构造抬升至 500m 和 1000m 埋深下页岩渗透率增加较快。

四川盆地西缘地区页岩参数特征与焦石坝相似，因此上述实验结果可以认为，该地区在一定的埋藏深度下（大于 1500m），页岩顶板由于上覆压力的作用，盖层将长期保持较低的孔隙度和渗透率，有利于页岩气保存。若埋藏太浅（如 500 ~ 1000m），上覆地层压力释放，顶板盖层渗透率迅速增加，加速页岩气的逸散。

6.4 四川盆地龙马溪组页岩气富集规律

四川盆地龙马溪组富有机质页岩具有单层厚度大、分布面积广、热演化程度高、后期改造强度不均衡等特点（张金川，2009）。利于页岩气藏发育的条件是有机碳含量高（TOC>2%）、有机质成熟度高、厚度大（大于 30m）、深度适中，发育天然裂缝体系，且含气量高的黑色页岩层、粉砂岩以及细粒砂岩层（聂海宽，2009）。

根据四川盆地龙马溪组优质相带、应力场与异常压力分布、埋深及保存条件等初步预测了四川盆地龙马溪组页岩气富集规律。由于受构造控制作用，盆内页岩气富集较好。川南、川东和川西南是盆内较好的页岩气富集区，前者受帚状构造带控制，构造相对稳定、优质相带、压力系数 2.0 左右，测试产量较高，最高可达 $43 \times 10^4 m^3/d$，是页岩气富集最有利的区域；川东南和川西南也是页岩气富集区域，分别受高陡断褶带和低陡断褶带控制，除了局部发育断裂外，大部分区域稳定，优质相带、压力系数 1.5 ~ 1.6，焦石坝平均产量大于 $20 \times 10^4 m^3/d$，已成为国内首个页岩气田，威远产量也较好。盆外因为改造相对较强，压力系数大多 0.8 ~ 1，但宽缓复向斜相对较稳定，且彭水、正安已获得页岩气突破，也具有一定的页岩气勘探潜力。

6.4.1 四川盆地龙马溪组页岩气参数差异性

1）四川盆地龙马溪组富有质页岩分布受川中古陆、黔中古陆，康滇古陆等共同控制。优质段厚度较大区域总体上位于盆地腹地、隆后拗陷等，且滇东北、川南地区富有机页岩厚度最大，大巴山和四川盆地东南缘地区次之，川西南荥经-汉源地区受川中古陆和康滇古陆控制，龙马溪组富有机质页岩厚度变化较大。滇东北、南热演化程度较高，R^o 为 2.6% ~ 3.0%，四川盆地东南缘次之，介于 2.0% ~ 2.5%。大巴山前缘 R^o 与四川盆地东南缘一带基本接近，平均值为 2.26%。川西南荥经-汉源地区由于构造活动的强烈性，其热演化程度变化较大，R^o 从 1.83% ~ 2.84% 变化不等。

2）四川盆地龙马溪组矿物组分在硅质含量上有明显的变化趋势，在大巴山前缘硅质含量大多大于 80%，四川盆地东南缘缘硅质含量主体处于 35% ~ 46%，川南-川西南、滇东北等地硅质含量较低，普遍为 25% ~ 40%，而川西南汉源-荥经矿物成分变化幅度复杂，在天全大井坪硅质含量可达 70% 以上，在清溪、鱼泉等地硅质含量普遍低于 20% （图 6. 29）。

3）四川盆地东南缘焦石坝、丁山及威远-长宁龙马溪组孔隙度与压力系数呈明显的正相关，保存条件好的区域，压力系数大，页岩储层孔隙度高。保存条件差的区域，压力系数低甚至无压力，孔隙度急剧降低。受再压实作用，龙马溪组露头剖面页岩物性普遍差于地层压力系数较高的钻井。页理发育区，孔隙度一般也较高，如滇东北及邻区、焦石坝邻区页岩孔隙度相对较高，普遍大于 3%。页岩渗透率与页理发育程度相关，页理发育区，横向可渗透性强。焦石坝、川南、滇东北龙马溪组页理普遍发育，四川盆地东南缘丁山构造、林滩场等地区页理发育程度较差，川西南荣经-汉源、大巴山前缘等地，页理发育段主要分布在优质段上部，下段页理不发育，渗透率低。

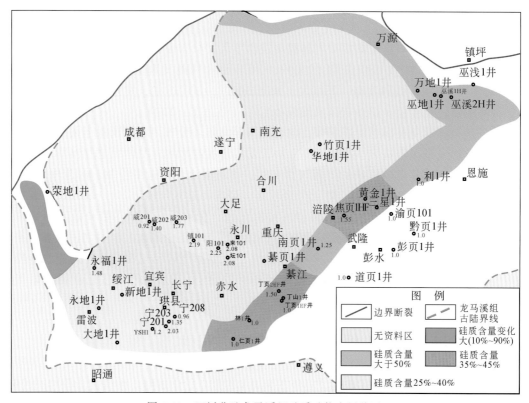

图 6. 29　四川盆地龙马溪组硅质矿物含量分区

4）四川盆地龙马溪组页岩孔隙类型主要为矿物溶蚀孔、有机质孔隙和页理缝。滇东北地区、大巴山前缘龙马溪页岩孔隙发育程度普遍较好，随着 TOC 的增加，有机质孔发育程度明显增加（图 6. 30）。

5）通过四川盆地龙马溪组页岩野外观察、矿物组成、页理发育分布、物性实测、岩石力学性质分析认为龙马溪组优质段可压裂性主要有以下规律：

（1）正常海相沉积形成的黑色页岩具有硅质矿物适中，介于 25% ～ 45%，适中的碳酸盐岩含量，介于 10% ～ 50%，页理发育，横向最大渗透率大于 $10 \times 10^{-3} \mu m^2$，储层物性

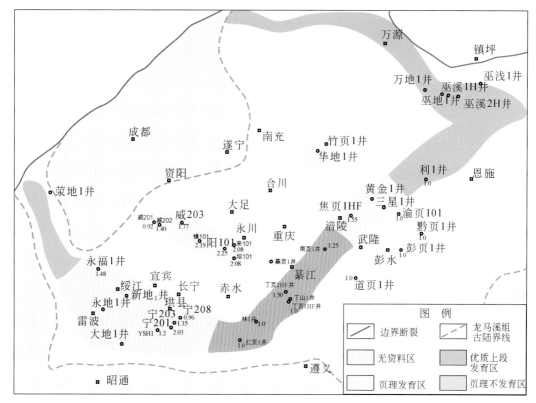

图6.30　四川盆地龙马溪组页理发育区

好，平均孔隙度大于3.0%，岩石破裂压力40~70MPa，泊松小于0.2，有利于压裂。

（2）非正常海相沉积的黑色泥岩，页理通常不发育，具有异常高硅质或者低硅质含量，其中硅质含量超过60%的优质段，岩石破裂压力增加，岩石可压裂性变差。如巫溪田坝WTP14CH2，单轴和三轴试验中，破裂压力分别达到了91.1MPa和141.3MPa，该值均明显超过焦石坝及长宁地区。又如习水温水剖面，该剖面优质段矿物组成不同于丁页1井和丁页2井，平均值到达71.8%，大幅高于丁页1井和丁页2井的36.88%~39.94%，同时碳酸盐岩含量仅为0.10%。南川双河口剖面也有同样特点，硅质含量平均59.9%，碳酸盐岩平均含量仅为2.10%，从习水温水和南川双河口剖面优质段岩性观察来看，均具有呈中−厚层状，坚硬，页理不发育，低孔低渗等特点。

（3）在川中古陆西缘非正常海相沉积中，呈现低有机碳、低孔隙度、低渗透率、低硅质、低黏土含量、高碳酸盐含量"五低一高特征"，硅质为川中古陆的钙屑快速进入盆地后沉积的产物。岩石破裂压力异常高。

（4）优质段在不同的区域可压裂性呈现明显差异，焦石坝、威远−长宁、滇东北页岩普遍可压裂性好，四川盆地东南缘破裂压力处于中等，但当埋深超过4000m，上覆地层负荷大，围压增大，岩石破裂压力明显偏高。

（5）岩石破裂压力与所处构造应力部位、硅质含量、硅质成因、碳酸盐岩矿物含量、页理发育程度、围压及地层压力系数密切相关。处于构造应力积聚部位，如背向斜核部，天然微裂缝发育，有利于压裂。硅质含量适中且为正常海相沉积有利于压裂，陆源碎屑石英或者热液成因硅质大幅增加，均不利于压裂。适中的碳酸盐岩矿物（10%～50%）有利于压裂，破裂具有很强的定向性，延伸很远。页理发育有助于压裂，压裂过程中流体进入页理缝有助于扩大裂缝规模并改造储层，随着埋深的增加，上覆地层负载导致围压的增加，破裂压力也相应增加。地层压力系数增加，有利于平衡地层负载，破裂压力减小。

6.4.2　四川盆地龙马溪组页岩气富集模式与规律

根据四川盆地龙马溪组页岩气勘探现状，结合四川盆地页岩气基础地质调查项目2015年部署的调查井，根据不同地区龙马溪组页岩气含气性和富集特点，建立了逆断裂下盘箱状背斜型、低缓背向斜转换型、向斜构造吸附型、逆断裂遮挡型、残余背斜型、古断裂遮挡型及高陡背斜型等七种页岩气富集模式。

6.4.2.1　四川盆地东南缘及川南地区

（1）在四川盆地东南缘已有页岩气钻井资料的基础上，解剖焦石坝等地区成功钻探案例，总结了南页1井、仁页1井失利原因，分析了丁山构造含气性差异，建立了逆断裂下盘箱状背斜型［图6.31（a）］、逆断裂侧向遮挡型［图6.31（b）］、残余背斜型和低缓背向斜转换型［图6.31（c）、（d）］四种页岩气富集模式。总结了四川盆地东南缘、川南页岩气富集的四大要素：一是正常海相沉积的深水陆棚相含硅笔石页岩，二是页岩气富集的纳米级孔隙，三是保存条件与异常流体压力，四是页理缝发育程度及可压裂性。

（2）结合涪陵、长宁、威远、富顺-永川和彭水页岩气勘探经验，四川盆地东南缘及川南地区盆内选区评价参数包括四个方面：①优质相带：决定了基本页岩气地质条件；②埋深2000～4000m：决定了经济可采性；③压力系数：决定页岩气产量；④正向构造：兼具常规油气聚集机理。

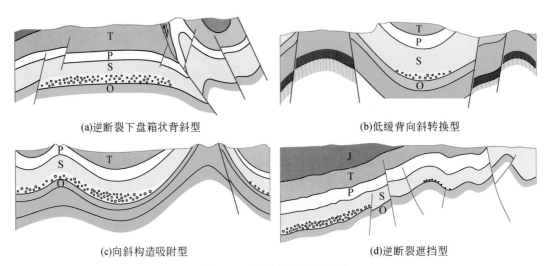

(a)逆断裂下盘箱状背斜型　　　　　　　　　(b)低缓背向斜转换型

(c)向斜构造吸附型　　　　　　　　　(d)逆断裂遮挡型

图6.31　页岩气富集模式图

6.4.2.2　武陵山及黔北褶皱区

根据彭页 1 井、石地 1 井等龙马溪组所处构造样式和龙马溪组钻探效果，建立了向斜构造吸附型页岩气富集模式［图 6.31（d）］。

武陵山及黔北褶皱区龙马溪组页岩气的勘探，由于改造强度及剥蚀量较大，保存条件为首先考虑因素，评价参数主要包括稳定区域–保存条件相对较好、优质相带–决定了基本页岩气地质条件。页岩气富集规律主要如下：①埋深大于 2000m；②以常压吸附页岩气富集形式为主；③稳定平缓的向斜构造，远离大型张性断裂；④地形上属于相对低点，静水压力或承压区。

6.4.2.3　川东地区及大巴山前缘地区

以川东高陡华地 1 井为例，在分析页岩气基本参数和含气性特征的基础上，对华地 1 井龙马溪组埋藏史、热史、生烃史进行模拟，将川东高陡带龙马溪页岩气富集过程可以划分以下三个阶段：一是晚侏罗世—早白垩世（158～94.3Ma）页岩气早期富集阶段，二是燕山期第一幕（94.3～71.1Ma）低缓背斜形成阶段，三是燕山期第二幕（71.1～0Ma）扩大与定型阶段。

川东高陡带龙马溪组页岩气富集因素总结为以下四个方面：滑脱控缝、岩溶控储、高陡控势、吸附态–游离态复合成藏［图 6.32（a）］。

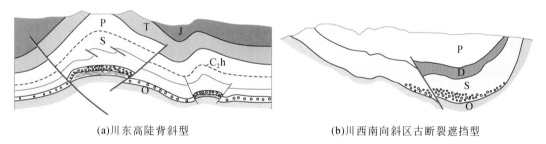

(a)川东高陡背斜型　　　　　　　　　(b)川西南向斜区古断裂遮挡型

图 6.32　川东高陡带及川西南向斜区页岩气富集模式图

川东高陡带及大巴山前缘龙马溪组页岩气富集规律是：①华蓥山及以东的深水陆棚相页岩分布区；②五峰组硅质岩分布区；③埋深 1300～3000m；④高陡构造主应力方向基本稳定，构造简单，有利于五峰组硅质岩裂缝储层发育和横向运移补给。根据上述规律分析，川东高陡背斜带，大巴山前缘双向构造结合带（奉节–开县地区）页岩气勘探潜力较大。

6.4.2.4　川西南地区

川西南–滇东北地区优质相带分布区也具有较好的勘探潜力；盆外宽缓复向斜也具有一定的勘探潜力，特别是利川复向斜西南段规模大，潜力相对较好。研究区构造相对复杂，但在向斜区域断裂发育相对较少，龙马溪组多呈深埋藏状态，从盐津县、大关县往北，埋深逐渐增大。位于北部的绥江县–水富地区和东部的筠连–高县地区地层埋深大

3000m，而中部盐津–永善一带龙马溪组埋深在2000m以内。因此，区域上龙马溪组页岩气应具有较好的保存条件。

通过对四川盆地西南缘多口钻井资料分析，对新地1井、新地2井、永地1井、民页1井、永福1井等所处构造位置、页岩参数和钻探效果进行了详细分析和对比。针对新地2井龙马溪页岩气显示效果好等特征，建立了古断裂遮挡型页岩气富集模式 [图6.32（b）]。

认为该区页岩气富集主要因素有以下四点：一适中的硅质和碳酸盐岩含量，储层物性普遍较好，页理发育，横向渗透率高，含气性普遍较好；二是顶板盖层良好的封闭性；三是地质历史中稳定的地层压力（压力系数≥1.0）；四是适中的埋藏深度有利于孔隙发育和页岩气的多期补给。

因此，川西南龙马溪组页岩气富集规律是：①埋深1500~4000m；②构造简单，远离张性断裂和新构造运动区；③页理发育，横向渗透率高，断裂上盘页岩气富集条件好于断裂下盘；④地形上属于相对低点，处于静水压力或承压区。根据上述规律分析，川南贾村背斜、五指山背斜、普洱向斜、雷波–永善向斜、木杆向斜、高桥向斜均有望获得页岩气调查新发现。

第7章 中上扬子海相页岩气有利区优选

7.1 海相页岩气有利目标区优选标准

页岩气作为一种特殊的自生自储型油气资源，其的富集受多种因素控制，如黑色页岩的空间展布特征、有机质丰度、类型、成熟度、储集层位物性特征、构造应力场特征、顶底板条件、构造形态等。尽管目前国内外已有页岩气勘探的成果案例，部分学者也提出了一些评判标准，但由于研究区尚处于区域勘探阶段，研究程度较低，在本次工作中有利区的优选主要考虑黑色泥页岩厚度、TOC、R^o、目标层埋深、顶底板条件、浅层断裂分布特征等现阶段获取的较为可靠的资料进行有利区和远景区预测，其中有利区是指现阶段工程技术水平和油气价格可足以支撑勘探开发的目标区，远景区是指现阶段工程技术水平或油气价格不足以支撑开发，而将来可能能开发利用的目标区。

选区过程中，我们采用综合信息叠合法，选择黑色页岩厚度、TOC、R^o、断层发育程度、目标层底界埋深，再结合实测剖面和钻井等获取的顶底板条件，综合分析推测得出。

在有利区优选的过程中，首先是编制一些基础性评价图件，然后在此基础上选用相应的参数指标进行优选排队。重要的基础性评价图件包括：

（1）含气泥页岩层段沉积岩相古地理图；

（2）含气泥页岩层段厚度等值线图；

（3）含气泥页岩层段有机碳含量等值线图；

（4）含气泥页岩层段镜质组反射率等值线图；

（5）含气泥页岩层段埋深等值线图；

（6）含气泥页岩层段脆性矿物含量等值线图。

参照《页岩气基础地质调查工作指南（试行）》，页岩气有利目标区优选主要参数指标包括：

（1）含气页岩层段厚度大于30m；

（2）海相及湖相页岩 TOC 应大于1.0%，海陆交互相页岩 TOC 应大于2.0%；

（3）镜质组反射率 R^o=1.0%~3.5%；

（4）富有机质泥页岩埋深1000~4000m；

（5）脆性矿物含量大于40%，黏土矿物含量小于40%；

（6）含气泥页岩含气量大于1.5m³/t。

对于调查研究程度较高地区的页岩气有利目标区优选，可以参照中石化最新总结的页岩气"二元"富集理论（中石化西南油气分公司，2014），以页岩品质为基础、保存条件为关键、经济性为目的，包括三大类、18项参数的海相页岩气选区评价体系与标准（表7.1），开展中上扬子地区海相页岩气有利目标区优选与评价。

表 7.1　南方海相页岩气远景区、有利区优选建议参数

主要参数		远景区优选	有利区优选
优质含气页岩	富有机质页岩面积	其中可能发现有利区的最小面积下限为 500km²	其中可能发现目标区的最小面积下限为 100km²
	富有机质页岩厚度	厚度稳定，厚度≥10m	厚度稳定，≥20m
	储层孔隙度	≥2.0%	≥4.0%
	总有机碳含量	平均不小于 1.0%	平均不小于 1.5%
	储层脆性指数	≥35	≥50
	镜质组反射率	≥1.0	1.0% ≤干酪根≤3.5%
	总含气量	优质段 ≥ 0.5m³/t	优质段 ≥ 1.0m³/t
保存条件	保存条件	非构造复杂区	顶底板保存完整，与含气层段整合接触
	上覆盖层厚度	≥500m	>1500m
	地层压力系数	≥0.9	≥1.2
	构造样式	褶皱宽缓，断裂较少	褶皱宽缓，断裂不发育
经济性	地形条件	平原、丘陵、山区、高原、沙漠、戈壁等	地形高差较小，如平原、丘陵、中低山、沙漠等
	油气显示	岩心或露头有显示	已有钻井全烃显示较高，气测异常明显
	天然裂缝	存在	发育
	泥页岩埋深	500 ~4500m	1000 ~4000m
	资源丰度	≥0.5×10⁸m³/km²	≥1.0×10⁸m³/ km²
	交通条件	县乡道、省道覆盖，交通便利	省道、国道覆盖，交通便利
	水系	较发育	发育

7.2　中上扬子重点区海相页岩气有利区优选

7.2.1　恩施–利川重点区

7.2.1.1　区域有利富有机质页岩发育情况

研究区及其周边的主要页岩气目的层为上奥陶五峰组–下志留龙马溪组和下寒武系牛蹄塘组。

1）五峰–龙马溪组富有机质页岩

区域上，五峰–龙马溪组富有机质页岩段分布广泛，与其沉积环境相匹配，沉积厚度总体呈现由东向西增厚趋势，由东部的小于 20m 到西部的 30 ~40m 以上，南北优质段厚度相差不大（图 7.1）使该层段在区内成为主要页岩气目的层系之一拥有了最基本的物质条件。主要以深灰、灰黑色硅质页岩、碳质页岩和笔石页岩为主，偶夹少量薄层粉砂质泥

页岩、粉砂岩等，总体表现为强还原环境下深水陆棚沉积，其中，五峰组主要为黑色碳质页岩，黑色硅质页岩、泥岩，灰黑色泥岩夹薄层粉砂岩，灰绿色页岩，全区分布稳定；龙马溪组下部主要是黑色碳质页岩，深灰色碳质泥岩和硅质泥岩，灰绿、灰黑色泥岩夹薄层粉砂岩，深灰色泥岩。

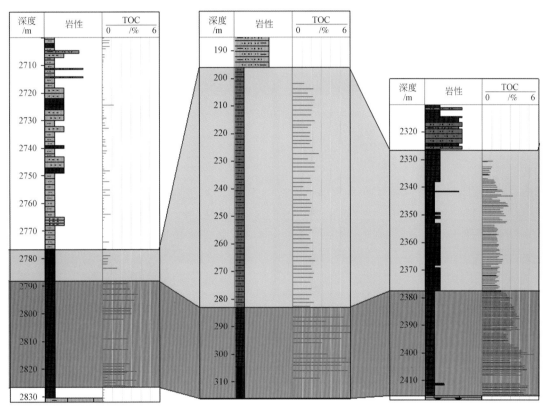

图 7.1　恩施–利川地区五峰–龙马溪组优质页岩段南北向对比图
（利页 1 井–石柱漆辽–焦页 1 井）

2）牛蹄塘组富有机质页岩

工区范围内牛蹄塘组地层几乎未见出露，只能通过周边的相关资料收集，对及周边剖面进行观察。岩性主要为含硅质碳质页岩、碳质页岩、含粉砂质碳质页岩和粉砂质页岩。从下往上，碳质页岩减小，而灰黑、灰色页岩、粉砂质页岩增加，直至完全过渡为灰色粉砂质、砂质页岩或泥质粉砂岩（图 7.2）。工作区内推测埋深为 3000~5000m。

7.2.1.2　富有机质页岩的页岩气基本地质特征

1）五峰–龙马溪组富有机质页岩的页岩气基本地质特征

研究区及邻区五峰–龙马溪组黑色页岩有机质丰度同样呈现出东低西高的特征；研究区内部也表现出相似的特点，有机碳含量 TOC 西部普遍大于 2%，西南文斗场可达 3% 以上，西高东低特征显著；有机质类型以Ⅰ–Ⅱ₁型干酪根为主；成熟度比较高，R^o 普遍大于 2%，在 2.0%~3.6%。

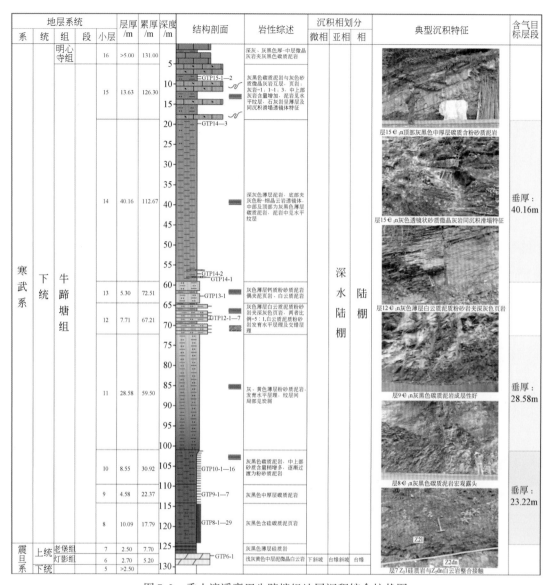

图 7.2　秀山溶溪膏田牛蹄塘组地层沉积综合柱状图

　　五峰-龙马溪组页岩气目标层段页岩具有很好的脆性特征，有利于微裂缝的形成和水力压裂改造，如宣恩西坪、利川岸坎、恩施流横、恩施大树、建始马家河剖面、河页 1 井等，矿物含量以脆性矿物为主，其次为黏土矿物；河页 1 井五峰-龙马溪组 2001 ~2145m 泥岩黏土矿物含量 8.83% ~40.12%、石英含量 44.63% ~77.86%、钾长石含量 1.28% ~2.55%、斜长石含量 5.52% ~25.45%、方解石含量 1.29% ~3.59%、黄铁矿含量 0.84% ~2.95%（图 7.3、图 7.4）。

　　区内五峰-龙马溪组黑色页岩薄片显示粒间微孔隙较普遍较为发育，分布较均匀，局部具溶蚀现象，黏土矿物间微孔同样较发育。此外，节理和微裂缝也较发育，在三维空间成网状分布（图 7.5）。这些微孔隙及裂缝和节理的存在，为游离态页岩气的赋存提供了空间，同时也有利于排烃，为该层系页岩气的富集和开发提供了较好的条件。

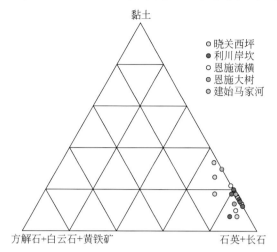

图 7.3　恩施-利川地区龙马溪组目标层段矿物组分

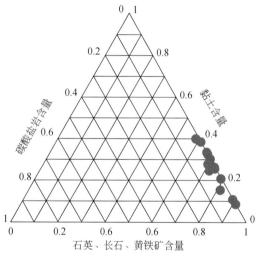

图 7.4　河页 1 井龙马溪组目标层段矿物组分

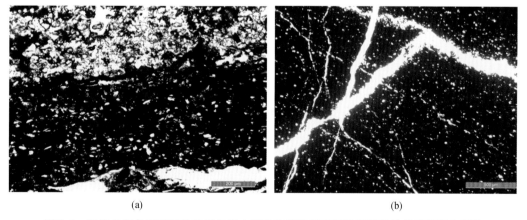

(a)　　　　　　　　　　　　　　　(b)

图 7.5　恩施屯堡龙马溪组粉砂质条带中溶孔及建始马家河龙马溪组粉砂质泥岩中裂缝

综上，研究区及邻区五峰–龙马溪组富有机质页岩段具有：高有机碳、高成熟度、高脆性矿物含量、低孔–超低渗，总体生烃条件良好、破裂潜力较好，具较好的勘探潜力。另就利川复向斜与已取得页岩气突破的焦石坝地区对比来看，在晚奥陶世—早志留世属于同一沉积体系，主要为一套深水陆棚相，发育一套黑色碳质泥页岩、灰–深灰色泥页岩。纵向上主要发育在五峰–龙马溪组下部，暗色泥页岩厚度大于30m，有机碳 TOC 含量在 2.0%～4.5%，R^o 为 2.0%～3.5%。从暗色泥岩评价指标上看，与焦石坝地区相当。利川复向斜中埋深在 1500～3000m。

2）牛蹄塘组富有机质页岩的页岩气基本地质特征

本区牛蹄塘组黑色页岩的有机质丰度高，TOC 普遍大于 2%，部分地区可达 3% 以上；有机质类型以Ⅰ型干酪根为主；成熟度比较高，R^o 普遍大于 2%；牛蹄塘组页岩具有很好的脆性特征，有利于微裂缝的形成和水力压裂改造。矿物组成以硅质（平均47.5%）和黏土矿物（平均40%）为主，钙质矿物含量少；黏土矿物成分以伊利石为主，不含高岭石。

有机质生烃过程中产生的微孔隙比较多；粒间微孔隙较发育，且分布较均匀；局部溶蚀现象比较常见，次生溶孔较发育；伊利石微孔隙也较多（图7.6）。此外，节理和微裂缝也较发育，在三维空间成网状分布。这些微孔隙及裂缝和节理的存在，为游离态页岩气的赋存提供了空间，同时也有利于排烃，为页岩气的开发提供了较好的条件。

 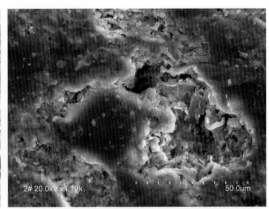

(a)彭水太原高桥牛蹄塘组页岩中伊利石   (b)彭水太原高桥牛蹄塘组页岩中熔孔

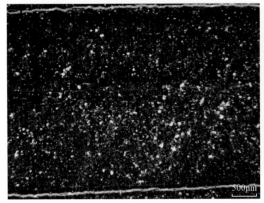 

(c)长阳高家堰牛蹄塘组页岩中石英质   (d)长阳百步垭牛蹄塘组页岩微裂缝发育

图7.6

综上，区块及邻区牛蹄塘塘组富有机质页岩段具有：高有机碳、高成熟度、较高脆性矿物含量、低孔–超低渗，总体生烃条件好、破裂潜力较好，具一定的勘探潜力。牛蹄塘组在本区东南部总体埋深较适，均在3000m以内。

7.2.1.3 区域构造与保存条件

研究区自印支运动开始构造活动频繁，平面上形成了一系列北东（或北北东）–南西走向的褶皱群（隔挡式构造）或断裂构造，总体上构造变形较弱，呈一系列宽缓复式褶皱，主要褶皱包括利川复向斜、中央复背斜（建始–恩施–彭水复背斜）、花果坪复背斜、宜都–鹤峰复背斜等（图7.7）。其中复向斜褶皱构造变形较弱，地层倾角普遍较缓，一般15°左右局部地段甚至近5°~8°。该区褶皱轴向主要为北东向，略有近东西向晚期叠加特征。

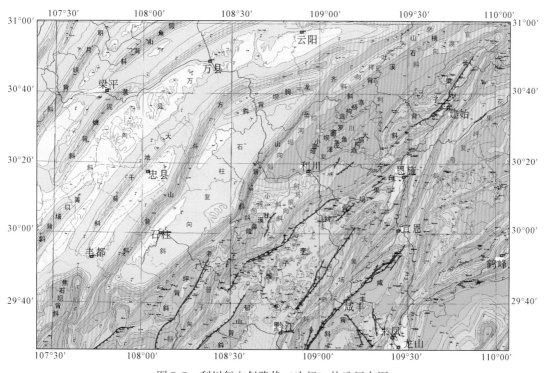

图7.7 利川复向斜隐伏（次级）构造展布图

1）利川复向斜

处于齐岳山隆起与东侧建始隆起之间隔槽式褶皱与隔挡式褶皱过渡地带，为一宽缓的复式向斜，向斜地表出露最老地层为上二叠系，最新地层为中侏罗统，地层产状平缓，倾角一般仅5°~8°，但产状变化频繁，内部次级褶皱十分发育（图7.7），总体上可归并为三个较大的次级背向斜带，西部为利川石坝镇–吐祥镇向斜带、中东部为利川–建始庙宇镇背斜带、东部向斜带。利川拗陷南部分别在老厂坪背斜东翼，以及建始隆起西翼，发育两条倾向相向正断层（马武正断层及郁山正断层北延部分），整体呈一地堑特征。该复向斜带中地层较为平缓，凹中隆发育，深切断裂相对不发育，适合页岩气保存。

2）建始隆起

建始隆起即为习称的中央复背斜，略呈条带状分布，具背斜较窄、向斜较宽的隔档式褶皱与背向斜近宽的堆垛式褶皱过渡类型特点。核部出露地层为武陵统—芙蓉统地层，翼部出露奥陶系—三叠系地层。地层倾角变化较大，北东段建始一带背斜核部倾角可仅 40°~50°，翼部约仅 20°~30°，南西段背斜核部地层产状平缓，仅仅 5°~8°，翼部倾角与北东段大体一致。其中小规模次级褶皱极其发育，北东段主要有茶山背斜、白果坝背斜、庆阳坝背斜、高桥坝向斜、王家山向斜、毛花尖背斜、狮子坪向斜，南西段主要有黄泥坡背斜、白杨向斜等。建始隆起发育主要断层有彭水-建始断裂，系由一系列断裂组成的断裂带。该断裂为一基底深大断裂，现今断层主要表现为逆冲断层及正断层两种性质。逆断层主要位于建始东侧，倾向南东，在复背斜内局部见规模较小逆断层，倾向北西。复背斜两侧均发育正断层，倾向相背，整体呈一地垒格局。复背斜西侧正断层为郁山正断层北延部分，东侧正断层位于建始西侧。此外，在宣恩西侧复背斜内尚发育少量平推断层。综合分析认为，该复背斜逆断层系中燕山期基底断裂复活的产物，而正断层则是在上述逆断层基础上后期改造的结果。该背斜带的中、北部受地层剥蚀出露以及断裂构造的破坏，不利于页岩气的保存。但南西部地层平缓，断层破坏小，有利于页岩气保存。

3）花果坪拗陷

该区即为前人所称的花果坪复式向斜，面积 5750km^2，西侧为建始隆起，东侧为五峰-鹤峰隆起。地表大面积出露二叠系—三叠系地层，且以三叠系地层为主，除南段黔江一带与东西两侧复式背向斜组合呈背斜宽缓，向斜陡、窄的隔槽式构造样式外，北部拗陷主体背向斜组合及构造样式特征不明显。根据地表地层展布特征，大体可划分为红岩镇-黔江向斜带及野三关-沙道沟以北背向斜带。该拗陷内无大规模断层，主要为延伸不长的逆冲断层，断层主要分布在野三关-沙道沟背向斜带内，形成于中燕山期。总体上讲该向斜带内基本未见连通地表的大断裂，页岩气保存条件相对较好，为寻找页岩气的主要区段。

4）五峰-鹤峰隆起

该隆起即为前人所称的五峰-鹤峰复式背斜，构造形态较为复杂，轴向呈近东西-北东向较为复杂的变化。区域上核部多出露寒武系地层，局部出露板溪群地层。断层发育，以倾向南东的逆断层及走滑断层为主，少数逆断层倾向北西，规模最大逆断层为鹤峰走马镇-松滋刘家场逆断层，纵贯隆起南东侧分布，倾向南东，这些断层均为中燕山运动产物。此外，隆起北东侧大致沿秭归—刘家场一线，发育一系列北西向逆断层及正断层，延伸长，规模大，逆断层倾向南西，正断层倾向北东，使该隆起呈地垒上升特点。这一系列断裂相当于中、上扬子边界断裂，逆断层形成于中燕山期，而正断层形成于期后的伸展作用。此背斜带因地层出露剥蚀和断裂破坏，已无页岩气保存条件。

7.2.1.4 有利目标区优选与基本评价

综合前述，结合研究区及邻区五峰-龙马溪组、牛蹄塘塘组富有机质页岩段具有高有机碳、高成熟度、高脆性矿物含量、低孔-超低渗，总体生烃条件良好、破裂潜力较好，具较好的勘探潜力。

利川复向斜在晚奥陶世—早志留世主要为一套深水陆棚相沉积，发育一套黑色碳质泥页岩、灰-深灰色泥页岩。纵向上主要发育在五峰-龙马溪组下部，暗色泥页岩厚度大于30m，有机碳TOC含量在2.0%~4.5%，R^o为2.0%~3.5%。从暗色泥岩评价指标上看，与焦石坝地区相当。利川复向斜中埋深在1500~3000m，较焦石坝龙马溪组埋藏浅。在构造上，利川复向斜中发育多个相对高点，呈明显的"洼中隆"特点，具有良好的聚气条件（图7.8）。结合地化指标、埋深、保存条件综合分析认为，利川复向斜中部分地区为五峰-龙马溪组页岩气有利分布区（图7.9）。

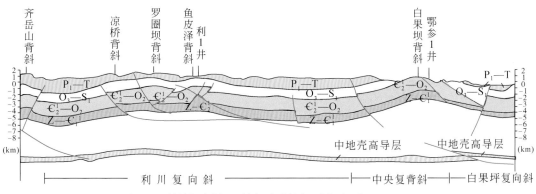

图7.8 利川复向斜地震剖面解译图（据江汉油田，2007）

牛蹄塘组在构造稳定区埋深较大，一般大于3500m；但在一些隆起或背斜区埋深较适，约在3000m以内，且地层发育较为平缓，可能具有一定的勘探潜力。综合考虑下寒武统牛蹄塘组在远景区范围内的展布发育特征，以及其基本页岩气地质条件，我们认为牛蹄塘组页岩气在南部长潭坪背斜和咸丰背斜区可能具有较好的勘探前景（图7.9）。

红色实线框圈定区域为五峰-龙马溪组页岩气目标区，红色虚线框圈定区域为牛蹄塘组页岩气目标区。

7.2.2 石门-桑植重点区

7.2.2.1 区域有利富有机质页岩发育情况

1）中下寒武统碳质泥页岩

在慈利保靖断裂以东的武陵山地层区的斜坡带，发育多套烃源岩。在古丈罗依溪剖面发育牛蹄塘组、清虚洞组底部、敖溪组多套烃源岩，黑色碳质页岩累计厚度超过450m（图7.10）。

牛蹄塘组：底部为一套厚约8cm的黏土岩与下伏埃迪卡拉系灯影组硅质岩整合接触；下部主要为一套黑色碳质泥岩夹少量的黑色薄层状硅质岩；中部为黑色碳质页岩夹微薄层灰白或淡褐色细-粉砂岩呈黑白相间的条带，向上出现黑色页岩与石灰岩互层，上部为黑色碳质页岩夹灰白色细砂岩、页岩。在古丈罗依溪厚度为160.1m，在沅陵龙潭坪一带厚度为215.0m，厚度变化较大。本组有机碳含量较高，为主力烃源岩。

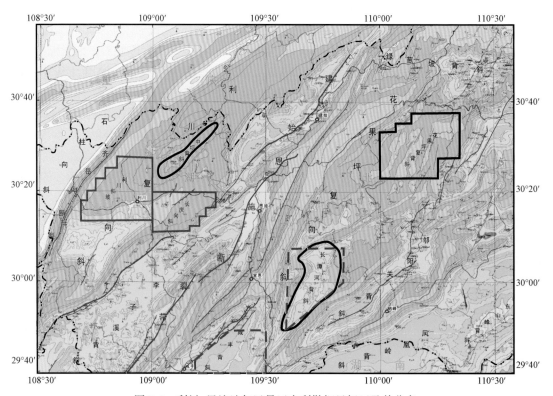

图7.9　利川-恩施油气远景区有利勘探目标区及其分布

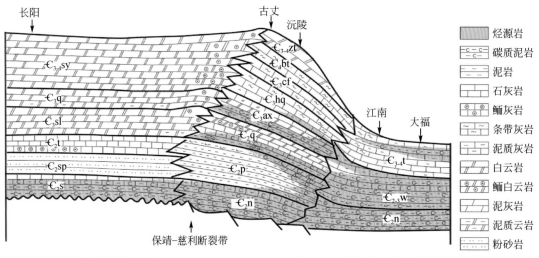

图7.10　雪峰山西侧地区寒武系烃源岩分布横剖面图（据李旭兵等，2014）

　　杷榔组：下段为灰褐、深灰色中-厚层状碳质泥岩，上段为灰、浅灰色中层状泥岩，夹薄层状板状页岩、钙质泥岩、泥灰岩，自下而上碳质含量不断减少。在湖南沅陵龙潭坪借母溪一带厚度为91m，在湖南古丈罗依溪一带厚度为520m，厚度区域变化非常大。

敖溪组：下部为青灰色中-薄层状石灰岩、泥灰岩夹深灰-灰黑色碳质页岩；中部以青灰、灰色泥灰岩，生物碎屑灰岩为主夹少量页岩；上部青灰色石灰岩中夹少量的竹叶状石灰岩，石灰岩中含大量的胶磷矿，厚 510m。

在湖南安化一带的雪峰山地层区，寒武系牛蹄塘-污泥塘组烃源岩的累计厚度超过 500m，湘中地区烃源岩厚度一般在 400m 左右。

2）五峰-龙马溪组

奥陶纪晚期—早志留世早期（即五峰-龙马溪组下部沉积时期），随着研究区及周缘挤压作用（也包括冰川作用）的进一步发展，在相对强烈拗陷区形成了滞留海盆地，其分布十分广泛，且区域上形成盆地（浊积盆地）、陆棚以及有障壁海等沉积相带并存的古地理格局，表层生物的繁盛、缺氧的海水以及极低的沉积速率导致富含有机质的沉积物的大量堆积。但在研究区的东北一带（五峰湾潭-石门杨家坪-石门磺厂）在"宜昌上升"时期为相对隆起，导致滞留海盆地相的深灰、黑色碳质泥岩、硅质泥岩发育相对较差。往西南的龙山-咸丰一带暗色的碳质泥岩、硅质泥岩等厚度相对较大（图 7.11）。

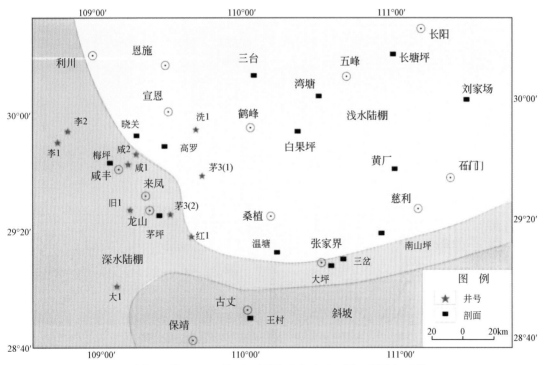

图 7.11　雪峰山西侧地区五峰-龙马溪期岩相古地理图（据李旭兵等，2014）

石门磺厂剖面上奥陶统五峰组—下志留统龙马溪组下部烃源岩厚度不大，为 27.85m。石门温塘剖面上奥陶统五峰组—下志留统龙马溪组下部烃源岩厚度也不大，为 28.5m。龙山红岩溪剖面上奥陶统五峰组—下志留统龙马溪组下部烃源岩厚度相对较大，为 54.62m。咸丰云口坝上奥陶统五峰组—下志留统龙马溪组下部烃源岩最大，为 61.9m。一般的，研究区上奥陶统五峰组—下志留统龙马溪组下部烃源岩厚度为 30~60m，且具有西厚东薄的特点。该套烃源岩这种分布特征与烃源岩有机碳含量变化趋势一样，反映了相对隆起区和相对拗陷区对烃源岩发育的制约性。

7.2.2.2　富有机质页岩的页岩气基本地质特征

1）中下寒武统碳质泥页岩

针对不同相区选择了三条露头较好、风化程度低、具有代表性的剖面进行烃源岩较系统的采集。三条剖面分别是位于台地相区的湖北长阳鸭子口水井沱组剖面、斜坡相区湖南古丈罗依溪牛蹄塘组—追屯组剖面和盆地相区安化江南牛蹄塘-污泥塘组剖面。所采集样品岩性有碳质泥岩、石灰岩、钙质泥岩，微量元素样品有对应的有机碳含量样品。

台地相区水井沱组烃源岩厚度在 150～200m，例如长阳鸭子口剖面烃源岩厚度约200m，石门杨家坪剖面黑色碳质页岩厚 168m。下部泥岩的有机碳含量为 2.68%～5.86%，平均值 3.87%，上部钙质泥岩及石灰岩有机碳含量相对较低，顶部石灰岩有机碳含量最小为 0.3%，接近石灰岩烃源岩下限。斜坡带古丈罗依溪剖面烃源岩累计厚度超过 450m。牛蹄塘组烃源岩有机碳含量为 0.42%～8.71%，石灰岩样品有机碳含量较低，杷榔组灰绿色泥岩有机碳含量仅为 0.19%，为非烃源岩。清虚洞组下部和敖溪组有有机碳含量一般较低，为 0.25%～1.93%，属于较差的烃源岩。

研究区黔东统烃源岩有机显微组分构成均以腐泥组+壳质组含量高为特征。在石门杨家坪剖面，烃源岩中腐泥组+壳质组含量平均为 85.0%，其次为镜质组分，在 10.3%～17.0%，平均为 13.6%；从干酪根类型指数看，类型指数基本上在 60～90，以 II₁（腐殖-腐泥型）－I（腐泥型）干酪根为主。研究区周边的宜昌泰山庙，寒武系烃源岩中干酪碳根同位素 $\delta^{13}C<-28‰$，也体现了 I 型干酪根的母质特征，反映其母质以低等的菌藻类为主要生源构成的特点。

中扬子地区水井沱组—牛蹄塘组泥页岩有机质成熟度 R^o 值一般在 2.31%～4.46%。石门杨家坪剖面下寒武统烃源岩沥青等效镜质组反射率为 3.2%～4.0%，湖北咸丰构造上的咸 2 井等效镜质组反射率分布于 3.30%～3.45%，平均为 3.37%，湖南龙山洗马坪构造上洗 1 井等效镜质组反射率平均达 3.25%，均表明烃源岩已经处于过成熟演化阶段。

寒武系水井沱组矿物含量以石英矿物为主，其次为碳酸盐岩和黏土矿物（表 7.2）。白果坪寒武系水井沱组剖面黏土矿物含量 1.94%～42.83%、石英含量 3.73%～74.75%、钾长石含量 0.97%～4.68%、斜长石含量 2.86%～24.44%、铁白云石含量 0.79%～24.14%、黄铁矿含量 0.41%～3.11%、菱铁矿含量 0.40%～0.93%。

表 7.2　中扬子地区水井沱组全岩 X 衍射分析统计表

剖面或钻井	样品数	矿物平均含量/%								
		黏土	石英	钾长石	斜长石	方解石	铁白云石	白云石	菱铁矿	黄铁矿
李 1 井	12	22.78	42.23	1.36	10.4	20.73	3.17			
宜 10 井	16	10.43	46.3	1.69	6.7	27.89	4.97	8.87		2.07
白果坪	12	19.7	56.95	2.07	12.7	67.32	12.47		0.59	1.6
大坪	8	15.1	66.79	10.49	5.93	0.65	2.6			1.98
王村	24	28.91	57.02	1.62	9	2.22	4.06		0.65	2.95

水井沱组页岩段黏土矿物含量平均分布在 10.37% ~ 24.25%，平均 17%，总体高于陡山沱组，黏土矿物主要有伊-蒙间层（I/S）、伊利石（I）和绿泥石（C），其中尤以伊利石含量最高（表 7.3）。

表 7.3　中扬子地区水井沱组黏土 X 衍射分析统计表

剖面或钻井	样品数	黏土总量/%	黏土矿物平均含量/%						间层比/%，S
			伊-蒙间层（I/S）		伊利石（I）		绿泥石（C）		
			相对	绝对	相对	绝对	相对	绝对	I/S
李 1 井	12	22.78	19.50	4.40	44.33	10.30	36.17	8.07	17.08
宜 10 井	16	10.37	33.56	3.42	48.19	5.00	18.25	1.95	16.88
大坪	3	10.96	38.33	4.14	61.67	6.81			10.00
王村	6	24.25	23.67	5.81	73.00	17.56	10.00	2.64	11.67

岩石矿物组成对页岩气后期开发至关重要，具备商业性开发条件的页岩，一般其脆性矿物含量要高于 40%，黏土矿物含量小于 30%。对中扬子海相页岩的矿物组成进行测试后发现其脆性矿物含量总体较高，均达到 40% 以上，页岩中石英含量 24.3% ~ 52.0%、长石含量 4.3% ~ 32.3%、方解石含量 8.5% ~ 16.9%，总脆性矿物含量 40% ~ 80%。

水井沱组泥页岩实测结果：泥页岩孔隙度为 0.80% ~ 3.7%，平均 2.06%；渗透率 0.006×10^{-3} ~ 1.47×10^{-3} μm^2；其储集空间主要为微孔隙（图 7.12）和微裂缝（图 7.13）两种类型，其中孔隙包括粒间孔、粒内溶孔、粒间溶孔和胶结物内溶孔，裂缝主要包括成岩裂缝、构造裂缝和构造-成岩裂缝。中上扬子海相富有机质页岩微米、纳米孔发育，既有粒间孔也有粒内孔和有机质孔，尤其是有机质成熟后形成的纳米级孔喉甚为发育，这些纳米级孔喉是页岩气赋存的主要空间。

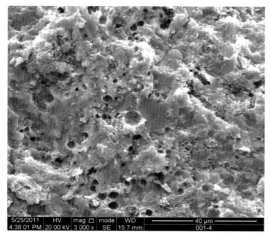

(a)局部溶蚀微孔较发育，个别微孔隙相互连通，黄铁矿少。鹤峰白果坪寒武统剖面，距 $\text{\large€}_1$sh 底 20m　　(b)局部分布的溶蚀孔内多数被重晶石等充填，张家界大坪镇下寒武统剖面距 $\text{\large€}_1$n 底 5.0m

图 7.12　寒武系牛蹄塘组碳质页岩储集空间特征——微孔隙

2）五峰-龙马溪组

区域上龙马溪组烃源岩有机碳含量平均在 1%～3% 左右，总体达到好-很好烃源岩级别。研究区烃源岩的有机碳含量的变化趋势反映该套烃源岩形成时的古地理面貌。五峰湾潭以及石门杨家坪等地在"宜昌上升"时期处于相对隆起区，五峰组的剥蚀以及龙马溪组下部未沉积导致了作为主要烃源岩岩石类型的暗色碳质泥页岩或硅质泥页岩发育较差，从而使平均有机碳值偏低；而宣恩-来凤一带则处于相对低洼区，五峰组以及龙马溪组下部地层相对完整，烃源岩发育，也使烃源岩的平均有机碳含量相对较高。

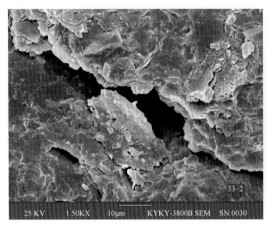

(a)泥岩，泥质具片状结构，部分边缘略被溶蚀，　　(b)泥页岩中的泥质粉砂岩夹层，微裂缝，
粒间溶孔偶见；宜10井水井沱组　　　　　宽小于5μm；宜10井水井沱组

图 7.13　寒武系牛蹄塘组储集空间特征——微裂缝

研究区龙马溪组下部烃源岩，有机显微组分均以腐泥组+壳质组含量高为特征，一般含量大于 80%；与陡山沱组和牛蹄塘组比较，其具有较高的镜质组分含量，一般在 15%～35%，平均为 23.7%。在五峰湾潭剖面，类型指数在 15～50，以 II_2-II_1 干酪根为主。与研究区相邻的宜昌王家湾剖面志留系烃源岩干酪根碳同位素 $\delta^{13}C$ 干均小于 -28‰，其中五峰组 $\delta^{13}C$ 干值在 -28.04‰～29.38‰，龙马溪组 $\delta^{13}C$ 干值在 -28.37‰～34.29‰，均较轻，其母质类型较好，属 I 型干酪根。

五峰湾潭剖面，五峰组镜质组反射率分布在 3.1%～4.9%，志留系龙马溪组镜质组反射率值也较高，分布在 3.1%～4.5%，均处于过成熟的演化阶段。龙山红岩溪剖面五峰-龙马溪组烃源岩镜质组反射率平均为 2.06%，咸丰高罗剖面统五峰-龙马溪组烃源岩镜质组反射率平均为 1.78%，均处于高成熟演化阶段。

平面上，据现有资料表明，五峰-龙马溪组下部烃源岩现今等效镜质组反射率值具有与陡山沱组、水井沱组烃源岩相似的变化规律，即由南东向北西方向有降低的趋势，这与早燕山期构造方向大体协调，推测其与早燕山期构造改造影响有关，在靠近雪峰山一带，构造应力作用较强，镜质组反射率值较高，烃源岩演化程度也较高；远离雪峰隆起带，构造作用较弱，反射率稍低，反映烃源岩热演化程度也较低。

7.2.2.3　区域构造与保存条件

中扬子上埃迪卡拉统—志留系地层分别在加里东、印支和燕山期经历了多期多阶段的演变过程，被构造活动改造的强度大。中扬子区流体保存条件好，首先是储层中通过断层运移至的古流体来源于上下邻层，仅表现为上下邻层的跨层流动，且运移规模小，亦即油气系统保存条件较好。

湘鄂西区中南部受印支运动期以来造运动强烈改造，地层大幅度抬升，上覆地层剥蚀，地层压力释放和褶皱断裂作用促进泥页岩裂缝的发育，裂缝的大量发育一方面可以扩大储集空间，可增加页岩气的聚集量；另一方面，裂缝可以贯通残余孔隙体积，提高页岩层的渗透能力，使在其中封存的天然气释放出来，并能加速吸附气的解析，形成渗流网络提高页岩气的产能。因此，就这一点来说构造抬升具有正面意义。

据现有资料分析，埋藏深度对页岩气的成藏具有重要作用，埋深适中，对于页岩气富集和勘探具有重要作用。通过中扬子区埃迪卡拉—志留系重要页岩层段底部埋深图可以看出：水井沱组底部埋深相对适中区（小于1500～3500m）主要位于南部的教字垭构造带、沙坝–车坪构造带和北部的所街–太清山向斜和新开寺斜坡地区，适合当前的勘探技术条件。

7.2.2.4　有利目标区优选与基本评价

根据上述水井沱组和五峰–龙马溪组的区域变化、厚度、埋深及其博阿村条件等分析，石门–桑植重点区初步优选出教字垭构造带和新开寺斜坡有利页岩气目标区（图7.14）。

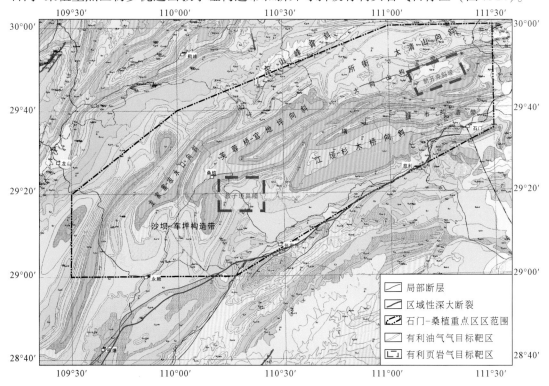

图 7.14　石门–桑植重点区下寒武统水井沱组页岩气有利目标区分布

1）教字垭鼻状隆起

该构造带主体位于慈利–保靖深大断裂的北西侧（下盘）约10km，主要出露地层为志留系龙马溪组和罗惹坪组，核部出露少量的奥陶系上统，构造带总体产状较缓，内部局部断裂少见，特别是在桥头一带，地层产状均在10°左右。同时该地区水井沱组埋深均在2500～4000m左右，不仅有利于勘探开发，也有利与页岩气的保存，其可勘探面积约360km²。

2）新开寺斜坡

该构造带位于大同山背斜南翼和大同山逆冲断裂的东南盘（断裂下盘），主要出露地层为志留系下统龙马溪组和罗惹坪组，靠近北西的背斜核部出露少量的奥陶系上统，斜坡带总体产状较缓，一般在20°～10°左右，且往南变缓。该地区水井沱组埋深也均在2500～4000m左右，适合当前的勘探开发技术要求，其可勘探面积约150km²。

7.2.3　武隆–道真重点区

7.2.3.1　有利富有机质页岩发育情况

1）富有机质页岩厚度

研究区龙马溪组富有机质页岩厚度普遍大于40m，多数区块大于60m（图7.15）。其中，以武隆–道真区块及彭水区块厚度最大，小者厚50～60m，多数70～80m，最大可达120m。东部的黔江–酉阳、正安–务川及彭水–黔江三个区块厚度较小。

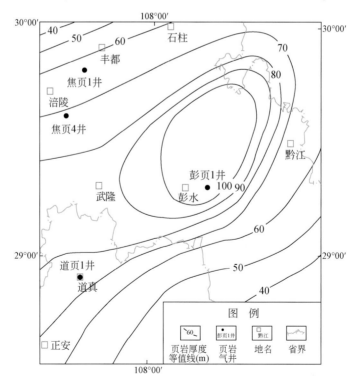

图7.15　武隆–道真重点区龙马溪组富有机质页岩厚度等厚图

2）富有机质页岩段有机碳含量

编制了研究区龙马溪组富有机质页岩段有机碳含量等厚图（图7.16）。如图所示，五个有利区块内龙马溪组富有机质页岩段有机碳含量几乎都大于2%，有机碳含量非常理想。其中，以武隆–道真区块及彭水区块有机碳含量为最大，多数大于3.0%，最大可达6.0%。东部的黔江–酉阳、正安–务川及彭水–黔江三个区块有机碳含量较小，多集中于2%左右。

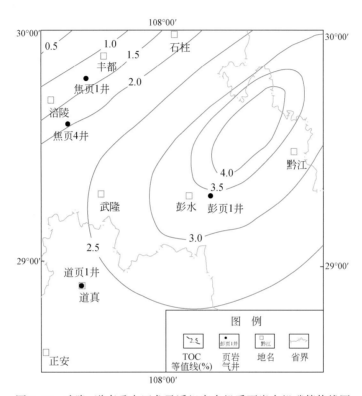

图7.16 武隆–道真重点区龙马溪组富有机质页岩有机碳等值线图

3）富有机质页岩段热演化程度

编制了研究区龙马溪组富有机质页岩段 R^o 等厚值图（图7.17）。如图7.18所示，五个有利区块内龙马溪组富有机质页岩段 R^o 几乎都大于2%，热演化程度总体较高，都达到高成熟阶段。其中，以黔江–酉阳区块 R^o 为最高，多数为2.5% ~3.0%，最大可达3.3%。以彭水区块为最小，多数为2% ~2.5%，少数为1.9%。其余三个区块居中，多数为2.3% ~2.5%。

4）富有机质页岩段埋深情况

编制了研究区龙马溪组富有机质页岩段埋深等厚值图（图7.18）。如图所示，五个有利区块内龙马溪组富有机质页岩段埋深多数大于1000m，部分大于2000m，部分大于3000m，埋深总体较为理想。其中，以武隆–道真区块埋深为最大，埋深普遍大于2000m，少数大于3000m。以彭水–黔江区块为最小，多数埋深小于1000m。其余三个区块居中，多数位于1500 ~2000m。

从富有机质页岩厚度、有机地球化学特征（有机碳含量、热演化程度等）及埋深等方面综合分析认为，以上五个有利区块内富有机质页岩厚度大，有机碳含量高，热演化程度较好，埋深理想。推测五个区块具有较好页岩气前景。

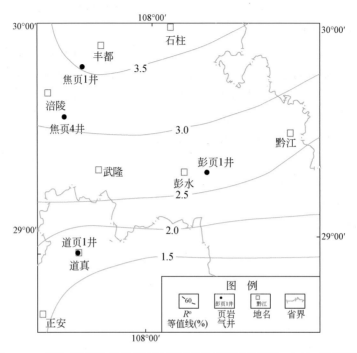

图 7.17　武隆–道真重点区龙马溪组富有机质页岩热演化（R^o）等值线图

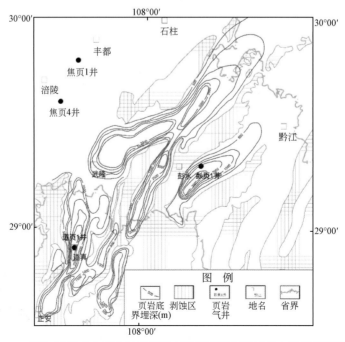

图 7.18　武隆–道真重点区龙马溪组富有机质页岩剥蚀区分布及埋深等值线图

7.2.3.2　区域构造与保存条件

构造演化精细研究表明，武隆-道真地区的构造-沉积演化主要经历三个阶段，总体上，受雪峰山造山运动作用，川东南自盆缘向盆地方向构造抬升起始时间变晚，具递进变新的特征，鄂西渝东地区抬升时间早于川东南地区。第一阶段发生在加里东末期—印支期，该时期川中-川东发育多个古隆起，局部存在张性断裂；印支期由北向南叠加褶皱改造，可能在鄂西渝东发育较大型背斜构造。第二阶段，晚侏罗世（燕山早期），由东向西发育线状构造，强度渐弱，抬升渐小，焦石坝-道真-武隆向斜、桑柘坪向斜同期形成，位置稍有差异。第三阶段主要为晚白垩世—早古近世，形成南北向断裂，发育右旋走滑构造，燕山中期北东向逆冲走滑运动与后期南北向逆冲走滑改造定型南川-彭水地区大地构造面貌，造成焦石坝构造与盆缘武隆向斜分离。武隆、道真向斜是复向斜中的向斜，处于槽-档过渡带，受南北向逆冲走滑断层控制，不同于燕山中期北东向逆冲走滑断层控制的复背斜中的桑柘坪向斜。

7.2.3.3　有利目标区优选与基本评价

龙马溪组页岩气有利目标区的圈定，是基于保存条件好和有利于勘探开发的原则，综合分析地质-地球物理资料得出的。目标区内断裂基本不发育，保存条件好，页岩埋深理想，多数 $1000 \sim 2000\mathrm{m}$，地层倾角小，有利于页岩气的勘探与开发。同时由于与礁石坝构造在多个页岩气地质条件方面存在相似性，建议西部的南天湖和长坝向斜地区为优先部署勘探（图 7.19）。其他相对较为有利的单元是武隆向斜、道真向斜。

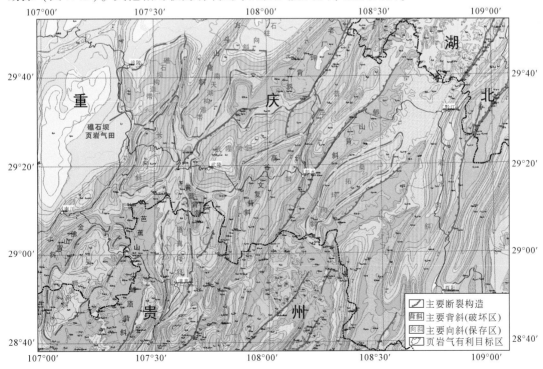

图 7.19　武隆-道真重点区海相页岩气有利目标区分布

1）武隆向斜

武隆向斜构造形态宽缓，属穹窿形态，受构造运动影响较弱：武隆向斜长29km，宽22km，褶皱系数1.3，属穹窿褶皱，从现今构造的褶皱系数和构造形态来看，武隆向斜呈负性盆地形态，构造宽缓，反映褶皱作用不强烈，基底刚性强，是最靠近四川盆地的盆缘地质构造稳定区，所受构造运动影响比道真向斜和桑柘坪向斜都弱。

地震解释，武隆向斜构造稳定，波组清晰，稳定区面积大：通过二维地震重新处理解释，明确武隆向斜是被茶园断裂和胡家园断裂两条南北向走滑断层夹持的，构造稳定的向斜，在平面上呈现"东西分块"的格局。向斜内龙马溪组地震波组连续性较好，发育23条断层，以断距小于100m的小断层为主，构造改造较弱，波组清晰连续的稳定区达614km^2。

地层发育齐全，龙马溪组盖层厚度大，反映保存条件好：武隆向斜地层发育齐全，剥蚀厚度较小，最大埋深可达5000m，埋深大于500m的面积有996km^2，大于1500m的面积约696km^2，同时核部残留侏罗系地层，反映燕山-喜马拉雅期构造运动的影响要小于盆缘其他地区。该向斜北翼龙马溪组地区未出露地表，与盆内焦石坝地区连为一片，利于页岩气保存。

武隆地区龙马溪组物质基础好，预测压力系数高，具备高产潜力：结合焦页1井、南页1井、道页1井、彭页1井，以及周边露头资料，预测武隆向斜TOC大于0.5%的黑色页岩厚90~100m，TOC大于2.0%的优质页岩厚30~45m，平均约35m，优质页岩TOC为3.5%~4.0%，R^o为2.5%~2.8%，具有较好的页岩气成藏条件。而周边四口井良好的页岩气显示证实涪陵-南川-武隆-道真-彭水地区是页岩气有利富集区。按照体积法，估算武隆向斜波组稳定区的页岩气资源量为3766×10^{8}m^3，资源丰度6.1×10^{8}m^3/km^2，按地震层速度预测武隆向斜压力系数均大于1.0，核部可达到1.2以上，具备高产潜力（据中石化资料，2014）。

2）道真向斜

道真向斜是一个构造完整、稳定落实的勘探目标。首先，道真向斜勘探程度相对较高，构造稳定落实。目前完成二维测线长度385.59km/12条，测网密度达到4km×4km，其中Ⅰ类品质343.59km（89%），Ⅱ类品质42km（11%），向斜二维地震资料品质较好，断点清晰、可靠，龙马溪组反射同相轴连续可追踪。其次，断裂格架清晰，断层发育较少：根据二维地震资料解释，道真向斜主要发育北东向断层四条，近南北向断层两条，均为逆断层，主要断层为茶园断裂和沙坝子断裂，茶园断裂是道真向斜控边逆断层，断距50~1500m，区块内延伸30.7km，走向近南北向，倾向东，地震资料显示该断层断点清晰、可靠，目的层断距由北向南逐渐减小，目的层断距800~950m，泥岩涂抹断层界岩封闭（FOI：1.78），此断裂将道真向斜分为东西两部分，西部为道真向斜主体，埋深在500~3500m的面积为497km^2，东部为洛龙构造，埋深在500~3500m的面积为195km^2；沙坝子断裂断距50~1000m，区块内延伸18km，走向北东，倾向北西。

道页1井揭示道真向斜发育厚层优质页岩，评价指标优越，含气性好。道页1井钻遇108m五峰-龙马溪组暗色页岩，其中井段570.1~597.1m为优质页岩段，钻厚27.0m，TOC介于1.5%~5.91%，平均3.38%；井段489.0~570.1m，钻厚81.1m，为次有利富有机质页岩段，TOC 介于 0.5%~1.07%，平均 0.66%。有机质类型为 I 型-II$_1$ 型。道页 1 井具有高比表面积特征，优质页岩段 9.968~25.116m^2/g，平均 15.989m^2/g；次有利富有机质页岩段 7.485~15.237m^2/g，平均 10.473m^2/g，表明龙马溪组页岩有利于页岩气吸附。龙马溪组页岩具有低孔-超低渗特征，有效孔隙度 0.67%~1.76%，平均 1.27%；渗透率 0.0049×10^{-3}~0.6912×10^{-3}μm^2，平均 0.0126×10^{-3}μm^2。脆性矿物含量高：优质页岩段碎屑矿物含量平均 67.56%，黏土矿物含量平均 18.86%；次有利富有机质页岩段碎屑矿物含量 57.00%，黏土矿物含量平均 29.17%。在 600m 以浅埋深下仍然有较好的含气性：道页 1 井龙马溪组埋深小于 600m，气测录井 404~423m，气测异常全烃最大 2.947%；钻至 597m 停钻 24h 后效全烃最大 1.935%；现场解析四件样品计算总含气量为 1.84~2.69m^3/t。

地震分频技术预测向斜整体含气，核部富气。根据桑柘坪向斜内地震属性特殊处理应用结果，以彭页 1 井标定，将成果扩展应用到道真向斜，表现出龙马溪组目的层较为普遍的含气特征，道真向斜内存在两个相对面积较大的含气异常区，能量系数大于 0.82。东侧位于洛龙次向斜，面积约为 93km^2，西侧位于道真-旧城次向斜，面积约为 188km^2，具有整体含气、核部富气的特点。

道真向斜页岩气资源丰富，勘探潜力大。道真向斜埋深介于 500~3500m 的页岩分布面积为 692km^2，勘探面积较大，通过钻井和露头资料预测龙马溪组黑色页岩厚度在 90~130m，中值约为 115m，优质页岩厚度在 20~40m，中值约为 30m，TOC 为 3.5%~4.0%，R^o 介于 1.8%~2.5%，具有较好的页岩气成藏条件。按照含气量类比法，以桑柘坪向斜作为类比标准区，估算道真向斜页岩气资源量为 2885×10^{8}m^3，资源丰度 4.5×10^{8}m^3/km^2，可采资源量为 783×10^{8}m^3，可采资源丰度为 1.13×10^{8}m^3/km^2，可采资源量大，资源丰度高（据中石化资料，2014）。

道真向斜保存条件较好，预测压力系数高。首先，道真向斜与武隆向斜同处于利川复向斜，是一个复向斜中的次级向斜，具有较好的宏观保存条件。其次，地震解释，该构造断裂发育较少，断距较小，目的层同相轴清晰连续，稳定区面积大。同时，道真向斜核部残留有侏罗系地层，反映沉积实体保存较全。最后，叠前反演密度属性预测其含气性较好，地震层速度预测道真向斜压力系数均大于 1.0，局部达到 1.15 以上，具页岩气富集高产潜力。

7.2.4　金沙-仁怀重点区

7.2.4.1　区域有利富有机质页岩发育情况

研究区内的古生界富有机质页岩主要包括：下寒武统牛蹄塘组（ϵ_2n）、上奥陶统五峰组（O$_3$w）—下志留统龙马溪组（S$_1$l）以及上二叠统龙潭组（P$_3$l）三套烃源岩。

1）牛蹄塘组

川南-黔北一带为牛蹄塘组是重要的区域性富有机质页岩层系。岩性以灰绿色页岩或黑色碳质页岩为主，底部为硅质岩夹少量碳质页岩，普遍含磷矿，产软舌螺类；下部以黑色碳质页岩为主；上部为深灰绿色页岩夹粉砂岩条带页岩，产三叶虫、古介类、古海绵骨针、软舌螺类（图7.20）。东部厚度较小，西部厚度较大，厚度一般为120～500m其中富有机质页岩厚度50～200m。尽管不同地区同时异相性明显，但岩性特征基本相同，均以下部黑色碳质页岩和上部灰绿色页岩夹粉砂岩条带为特点，下部黑色碳质页岩段可作为主要的页岩气勘探目的层。

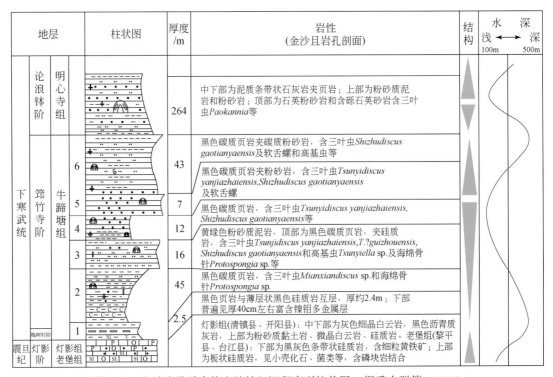

图7.20　金沙岩孔黔东统牛蹄塘组沉积序列柱状图（据岳来群等，2013）

2）五峰–龙马溪组

包括上奥陶统五峰组和下志留统龙马溪组，主要分布于遵义–毕节以北地区。底部（原五峰组）岩性为黑色泥页岩、硅质泥页岩，局部夹硅质岩，厚度5～20m；下部（原龙马溪组下部）为灰至灰黑色钙质泥页岩、灰质粉砂质泥页岩、粉砂质碳质泥页岩，厚度10～150m；上部（原龙马溪组上部）为黄绿、灰绿色页岩夹粉砂质页岩或粉砂岩，厚度100～180m；

由于都匀运动影响，黔北南部地区缺失该套地层，在黔中地区则表现为下志留统翁项群直接覆盖在下奥陶统大湾组地层之上，且翁项群无富有机质页岩发育。

3）龙潭组

该层位同期异相的有龙潭组、吴家坪组和宣威组三个地层单元，均发育富有机质泥页岩。泸州–重庆一带为龙潭组，岩性为暗色泥页岩、碳质泥页岩夹煤，海陆过渡相沉积，富有机质泥页岩厚度40～150m。川滇黔邻区为宣威组，岩性以灰、深灰色泥页岩、砂质页岩为主，夹粉细砂岩，局部地区夹硅质石灰岩，富有机质泥页岩厚度50～200m。吴家坪组主要分布在重庆东北部和川东北地区，以石灰岩沉积为主，底部发育王坡页岩段，岩性为灰黑、黑色碳质泥页岩夹煤，富有机质页岩厚度较薄，一般小于10m。尽管非区域性分布，但在四川盆地东南缘和黔北地区普遍分布，具有较好的页岩气勘探潜力。

7.2.4.2　富有机质页岩的页岩气基本地质特征

1. 富有机质页岩有机地球化学特征

牛蹄塘组富有机质页岩岩性以黑色碳质页岩为主，底部往往为厚约30cm左右的黑色含硅质磷块岩。有机碳含量（TOC）在0.98%~6.77%，平均3.36%。干酪根镜检结果显示其腐泥组含量为72%~80%，干酪根稳定碳同位素（$\delta^{13}C$值）低于-30‰，有机质类型为Ⅰ型。等效镜质组反射率为1.90%~2.79%，处于高-过成熟阶段。

牛蹄塘组富有机质页岩在区内分布广泛，主要发育于该地层的底部，发育厚度在10~100m。实测剖面及钻井资料揭示的富有机质页岩厚度表明，富有机质页岩程南厚北薄的特点。习水、林滩场（林1井）及丁1井厚度仅为10m左右，在南部息烽幅的温水-桃子冲一带厚度可达100m左右。在南部东西向的大方-开阳地区富有机质页岩分布与早期古地理格局密切相关，陡山沱期虽已经历了填平补齐阶段，但在大方-开阳之间仍处于水体较深的地区，推测其厚度可达90m左右，如温水为95m。该地区有牛蹄塘组富有机质页岩发育的有利地区。此外，在研究区东北部存在以九坝镇（九坝1井为76m）为中心呈北东向分布的富有机质页岩发育区。

五峰-龙马溪富有机质页岩岩性为黑色碳质页岩、碳质粉砂质泥岩，盛产笔石。TOC在0.55%~9.90%，均值为4.58%。干酪根镜检与干酪根稳定炭同位素组成表明有机质类型为Ⅱ₁-Ⅰ型。五峰组的等效镜质组反射率为1.72%~1.95%，热演化程度较高。

五峰-龙马溪组地层发育明显受黔中古隆起的控制，大致在小寨坝—长石—九仓—遵义市一线的以南地区受黔中隆起的影响发生沉积缺失，如在毕节坪子上可见龙马溪组地层尖灭。其厚度发育严格受古隆起格局控制，呈明显的南薄北厚的特征。如沿遵义往北至桐梓、綦江一带，龙马溪组地层厚度逐渐变大。五峰-龙马溪组在九仓—茅台—花秋—桐梓县一线以南至隆起区的地区岩性均为粉砂岩、泥质粉砂岩，为潮坪环境，富有机质页岩未见发育。五峰-龙马溪组富有机质页岩存在由南往北逐渐增厚的趋势。这种变化趋势在东西向上表现得更为明显，由古蔺经仁怀至遵义富有机质页岩厚度逐渐减少至0m。龙马溪组富有机质页岩在习水及其以西北地区发育较大，如在习水的桑木场可达49m以上，为该套富有机质页岩发育的有利地区。

龙潭组岩性主要为深灰色泥岩、碳质泥岩及泥质粉砂岩夹数层煤层。其中，煤层厚度变化大，单层厚度主要集中分布在10~40cm，极个别可达3m。气源段主要由黑色碳质泥岩及煤层组成，TOC含量均在2%以上。干酪根显微组分分析结果及干酪根稳定碳同位素组成表明干酪根类型为Ⅲ型。龙潭组的镜质组反射率为1.21%~2.57%，处于成熟晚期-高成熟阶段。

龙潭组为一套海陆过渡环境沼泽相煤系地层。其主要岩性为煤层与碳质泥岩及粉砂岩互层，煤层与碳质泥岩的有机质含量普遍在5%以上，尤其是煤层段可达60%，因此该层位具有优越富有机质条件。龙潭组富有机质页岩在清池镇-普宜镇-大方一带分受玄武岩喷发的影响分布布有限，主体上有南厚北薄的特征，厚度中心位于新店–卫城一带，这与由南至北的海侵方向有关。龙潭组在区内的分布主要受现今构造控制，在古生代背斜区已被剥蚀，在浅埋深区是主要的产煤层，但仍有相当部分埋于地覆，是页岩气勘探的有效目的层。

2. 富有机质页岩储层特征

1）页岩气岩石学特征

以岩石分类命名方案为基础，结合显微观察及 X 衍射测试，研究区含气页岩岩石学特征归纳总结如下：

A. 龙马溪组。岩石类型主要有：粉砂质（含粉砂）伊利石碳质泥岩、含钙含粉砂伊利石碳质（含碳）泥岩。受黔中古隆起影响，含气页岩段岩石类型具有南北向过渡特征。

研究区北部以叙永黄坭剖面为例，有机碳大于 2% 的富有机质段脆性矿物以含粉砂伊利石碳质泥岩为主，向上渐含钙质，粉砂含量有所增加；有机碳小于 2% 的含有机质段，粉砂、钙质含量均较高。南部以毕节下水剖面为例。毕节下水龙马溪组富含有机质段有机碳含量 2.57% ~2.80%，岩石类型为钙质（含钙）粉砂质伊利石碳质泥岩。由下而上，粉砂、钙质呈增加的趋势，下水剖面上部夹薄层–条带状钙质粉砂岩。总体来看，研究区南部含气页岩段厚度明显减薄的同时，粉砂、钙质等脆性矿物含量较高。

由此可见，研究区北部龙马溪组高碳质含气页岩段以"含粉砂"为典型特征，研究区南部高碳质含气页岩段以"（含钙）粉砂质"为典型特征。南北的差异不是突变，同层段脆性矿物由南向北呈递减的变化规律。

B. 牛蹄塘组。岩石类型为：粉砂质（含粉砂）伊利石碳质泥岩。

研究区，以金沙岩孔剖面为例。由下而上，底部厚约 20.01m 为粉砂质伊利石碳质泥岩，对应有机碳含量 3.10% ~5.64%；向上为厚约 41.24m 含粉砂伊利石碳质泥岩，对应有机碳含量 2.19% ~3.97%。至牛蹄塘组上部，地层渐不含碳质。局部地区，底部"粉砂质"岩性段粉砂含量大于 50%，岩石类型为碳泥质粉砂岩，如清镇铁厂剖面。由此可见，研究区牛蹄塘组含气页岩段以"粉砂质（含粉砂）" + "碳质"为典型特征。

2）页岩气储层岩矿特征

页岩是地球上最普通的一种沉积岩，主要由固结的黏土颗粒组成的片状岩石。尽管含气页岩通常被称作"黑色页岩"，其实并不仅仅是指单纯的页岩，它也包括细粒的粉砂岩、粉砂质泥岩等。在矿物组成上，主要包括一定数量的碳酸盐、黄铁矿、黏土质、石英和有机碳。页岩作为岩层，为不同颗粒大小和不同岩性的混合。

A. 上奥陶统五峰组（O_3w）—下志留统龙马溪组（S_1l）页岩岩矿组成。

上奥陶统五峰组烃源岩岩性为灰黑–黑色硅质页岩、含砂质页岩、碳硅质页岩及含碳泥质页岩。下志留统（龙马溪组）页岩，主要为一套浅水–深水陆棚相沉积，由深灰–黑色泥岩、富有机质（碳质）页岩、硅质页岩等组成，底部多为黑色碳泥质页岩。

本项目共采了 26 个样品，分别来自叙永黄坭、古蔺石宝、兴文麒麟乡等剖面，基本覆盖研究地区。岩石 X–衍射分析表明，上奥陶统到下志留统富有机质黑色页岩中脆性矿物（石英、长石、黄铁矿）含量为 21.2% ~67.8%，平均为 41.2%，黏土矿物含量为 20.9% ~51.4%，平均为 37.2%，碳酸盐岩、硫酸盐岩等其他矿物含量为 0 ~57.9%，平均21.6%。其中，石英含量为17.1%~64.4%，钾长石和斜长石含量为2.0%~14.8%，方解石含量为4.0%~39.6%；黏土矿物中，含伊利石53%~87%、绿泥石1.0%~27%、伊-蒙混层6%~17%，高岭石含量1%~5%［图7.21（a）］。

B. 下寒武统牛蹄塘组（$\in_1 n$）页岩岩矿组成。

下寒武统页岩发育的层位是牛蹄塘组，岩性主要为暗色页岩、黑色碳质页岩、炭硅质页岩、黑色粉砂质页岩。

下寒武统本次采集到了六个样品数据，分别来自于金沙岩孔剖面、翁安玉华白岩剖面。牛蹄塘组富有机质黑色页岩中石英、长石、黄铁矿含量为37.6%~53.3%，平均为45.8%，黏土矿物含量为46.7%~62.4%，平均为53.2%，碳酸盐岩、硫酸盐岩和其他矿物含量为0~6.2%，平均1.1%。其中，石英含量为31.2%~52.1%，钾长石和斜长石含量为0~13.9%，方解石含量为0~6.2%；黏土矿物中，含伊利石30%~84%、绿泥石0~29%、伊-蒙混层3%~27%，高岭石含量3%~47%［图7.21（b）］。

总的来说，五峰-龙马溪组、牛蹄塘组两个主要烃源岩层位岩矿组成较为相似，以硅质矿物为主，含量一般30%~70%，碳酸盐、硫酸盐矿物含量变化较大，下寒武统页岩的碳酸盐岩等其他矿物的含量较少，六个样品中含量均小于10%，含量较低。

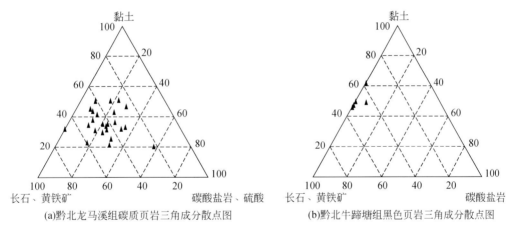

(a)黔北龙马溪组碳质页岩三角成分散点图　　　　(b)黔北牛蹄塘组黑色页岩三角成分散点图

图7.21　黔北龙马溪组碳质页岩、牛蹄塘组黑色页岩三角成分散点图

3）页岩气储层物性特征

综合已有研究成果表明，下寒武统牛蹄塘组、下志留统龙马溪组含气页岩常规物性普遍较差，总体具有低孔-超低渗、高比表面积的特征，具较好页岩气储集潜力。

其中，牛蹄塘组孔隙度最大值6.5%，最小值0.29%，平均值2.46%，样品数据比较分散，可能系地表样品的局限性所致。渗透率最大值0.0014×10^{-3} μm^2，最小值0.001×10^{-3} μm^2，平均值0.00127×10^{-3} μm^2。孔、渗相关性不明显，可能受到裂缝的影响；上奥陶统五峰-下志留统龙马溪组孔隙度最大值3.32%，最小值0.25%，平均值1.503%。渗透率最大值0.0028×10^{-3} μm^2，最小值0.0013×10^{-3} μm^2，平均值0.0018×10^{-3} μm^2。孔隙度、渗透率相关性亦不明显，可能也受到了裂缝的作用和影响。

4）页岩气储层微观孔隙结构

电子显微特征显示，页岩微孔隙和微裂隙比较发育，孔隙类型丰富。主要孔隙结构类型有：残余原生孔隙、有机质生烃形成的孔隙、次生溶蚀孔隙、黏土矿物伊利石化体积缩小形成的微孔隙、微裂缝等。

7.2.4.3　区域构造与保存条件

本区褶皱构造发育，主体褶皱轴向有两组方向，一是轴向呈北北东–近南北向的褶皱，这类挤压褶皱集中分布于黔南及黔东地区，一部分跨入了黔中和黔北地区，多呈典型的隔槽式褶皱组合；二是轴向呈北东方向的褶皱构造，是黔北、黔东北和黔西北地区最具代表性的褶皱类型（图7.22）。在垭都–紫云构造转换带附近，发育一些轴向呈北西方向的褶皱构造。在黔南与桂北和黔北与川南交界地带，局部出现一些轴向近东西向褶皱，零散分布，主要是一些残留的东西向穹状背斜。

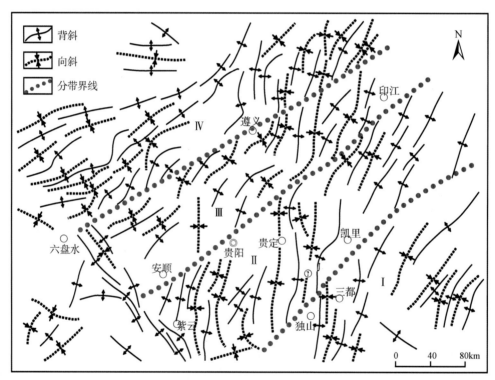

图 7.22　黔中隆起地区构造分带特征略图

Ⅰ. 雪峰构造带；Ⅱ. 麻江–凯里构造带；Ⅲ. 黔中构造带；Ⅳ. 黔西北构造带

黔中地区褶皱形态主要为线状褶皱，少数为短轴褶皱。褶皱组合可以分为隔槽式褶皱、隔档式褶皱等。黔中地区构造样式可以划分为挤压构造、伸展构造和走滑构造三大类（表7.4），黔中地区大地构造背景决定了该区褶皱变形的主要控制机制是以挤压和压扭作用为主。在挤压应力作用下，受边界条件和滑脱层序的影响，又可形成不同的变形样式，可进一步划分为盖层滑脱型和基底卷入型两类。基底卷入型构造主要发育于江南–雪峰西缘，表现为发育多套基底滑脱层序，动力学特征表现为盆缘前震旦系基底岩系的隆升以及向盆内的逆冲推覆作用，卷入的基底岩系往西逆冲推覆在震旦系—下古生界"下组合"层序之上，形成褶皱-冲断带或叠瓦逆冲构造组合样式。在黔中隆起及周缘广大地区，受寒武系滑脱层的控制，广泛发育盖层滑脱型构造，主要形成背冲构造和冲断构造组合样式。黔中地区"隔档式"或"隔槽式"构造的发育也与滑脱层的存在密切相关，可能存在多层次滑脱作用。

黔中地区挤压褶皱具有多期叠加变形和成排成带分布的特征，从总体组合样式方面分析，褶皱变形具有分期差异变形、分带差异变形和分段差异变形的特征。

表7.4 黔中隆起及周缘构造样式表（据中石化南方分公司，2007）

构造样式	卷入程度	构造组合	典型实例
挤压构造样式	盖层滑脱型	叠瓦逆冲	台江-雷山逆冲构造带（K_2以来）
		逆冲褶皱	黔南、黔中（K_2以来）
	基底卷入型	背冲	黔中、黔北（K_2以来）
		冲断	黔中（K_2以来）
伸展构造样式		正断层下盘牵引	黔西南（D—P）、威宁-紫云（D—P）
		垒式	黔西南（D—P）、黔南东侧（Z—∈）
		断块构造	黔南东侧（Z—∈）、黔西南（D—P）
走滑构造样式	基底卷入型	花状构造	威宁-紫云（K_2以来）

7.2.4.4 有利目标区优选与基本评价

1）丁山构造

丁山构造属于水口坪背斜西翼次级背斜，位于齐岳山断裂带西侧（下盘）（图7.23）。丁山构造从东向西可划分为三个带，浅埋平缓带、斜坡带和深埋平缓带；浅埋平缓带位于丁山构造的东南部，地层平缓，埋藏浅，离抬升剥蚀区最近，断裂相对发育；深埋平缓带位于丁山构造的西部和北部区域，构造作用较弱，地层平缓，埋藏较深（3500～4000m），离抬升剥蚀区最远，断裂相对不发育；斜坡带处于浅埋平缓带和深埋平缓带之间，地层倾角较大，断裂较发育。

丁山地区往北压力系数明显增加。根据丁页1井和丁页2井勘探表明，丁页1井压力系数在1.0～1.06，丁页2井压力系数在1.75，表明西北部压力系数较高，该地区总体具有由东南浅埋平缓带向深埋平缓带逐渐增大的趋势，表现出页岩气保存条件逐渐变好的趋势。

综合评价认为，丁山构造北部深埋平缓带、斜坡带总体页岩品质好、预测厚度26～36m，保存条件好、压力系数高、含气性好，是页岩气勘探有利目标，面积约300km^2，资源量约$1700\times10^8m^3$；其中埋深介于2100～4500m，面积200km^2，资源量约$1100\times10^8m^3$。

丁山地区处于丘陵地区，总体海拔在300～1400m，打通镇-石壕镇一带总体海拔在500～800m，地形变化相对较小，有利于页岩气的勘探开发。

2）林滩场构造

林滩场背斜位于齐岳山断裂以西，桑木场构造带西北翼过渡区域，向南逐渐过渡为黔北大娄山东西向构造带，为叠加于北东-南西走向桑木场构造带北西翼之上的次级背斜，背斜核部出露下二叠统地层，盆内深埋区出露三叠系—白垩系地层（图7.23）。

林滩场地区整体为一长轴呈北东-南西向展布的背斜构造，断裂发育，东西分带明显。主体表现为断背斜形态，发育九条控制局部构造的主要断层，且多为逆冲断层，走向以北东向为主，这九条断层将林滩场地区从东南向西北依次分隔为抬升剥蚀带、断洼带、断背斜带和斜坡带。

抬升剥蚀带和断洼带处于林滩场地区的东南部，距剥蚀区相对较近且埋深相对较浅，页岩气在侧向和垂向上散失严重，保存条件差；断背斜带核部，构造变形较强，断裂发育，加之埋深浅（600～1600m），保存条件也较差，但西南和东北部倾伏端则埋深相对较深，断裂不发育，保存条件变好；斜坡带位于林滩场地区西北部，埋深明显增大，埋深一般大于4000～4500m，且距离剥蚀区相隔最远，页岩气散失最弱，为保存最有利区。

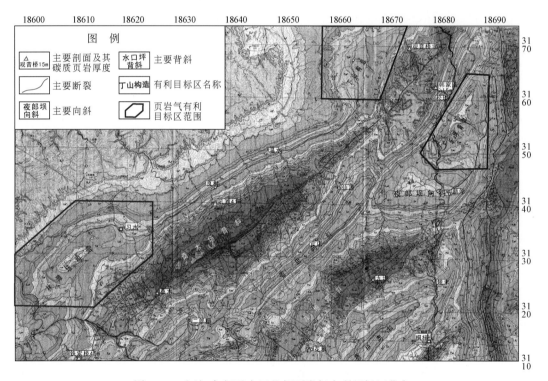

图 7.23　金沙-仁怀重点区北部页岩气有利目标区分布

林滩场五峰-龙马溪组一段岩性以灰黑色含粉砂泥岩、灰黑色碳质泥岩为主，少量含灰泥岩，见笔石化石，为深水陆棚沉积。林1井钻探揭示五峰-龙马溪组优质页岩气层厚17m；林滩场地区东北部的浅5井以及邻区东北部丁山地区的丁页1HF井、西部赤水地区西门1井、西南部仁怀地区仁页1井五峰-龙马溪组优质页岩厚度分别为30m、26m、26m和27m；根据周边邻井优质页岩厚度，结合林滩场二维地震资料解释，预测林滩场地区五峰–龙马溪组优质页岩相对略薄，厚度介于 17～30m，且具有由东南向西北增厚的特点。

优质页岩 TOC 介于 1.08%～5.07%，平均值 3.33%。干酪根类型主要为Ⅰ、Ⅱ₁型，R° 为 1.87%，处于高成熟阶段。林 1 井五峰–龙马溪组优质页岩气层孔隙度为 2.6%～4.0%，平均为 3.1%，具备一定的储集性。林 1 井优质页岩黏土矿物含量在 32%～44%，平均为 38.2%；脆性矿物平均含量 61.8%，其中硅质矿物含量最高，平均为 37.1%；其次为方解石、白云石，平均含量分别为 9.2%、7.4%；长石平均含量 5.4%。因此，林滩场五峰–龙马溪组页岩可压裂性较好。

根据优质页岩发育、保存条件好、埋深适中等条件分析，认为断洼带、断背斜带和斜坡带西南和东北部倾伏端埋深小于 4500m 区域为有利目标区，面积约 250km²，资源量约 1000×10⁸m³；其中，埋深 1600～3500m 的面积约 150km²，资源量 600×10⁸m³；埋深 3500～4500m 的面积 100km²，资源量 400×10⁸m³。但林滩场地区地表主要为山地，地形较陡，总体地表条件相对较差。

3）乐坪背斜构造

乐坪背斜位于南北向遵义断裂西侧，构造形态完整，西翼较陡，且有顺层（龙潭煤系地层）滑脱断裂发育，但东翼较缓。总体呈近南北向展布，南宽北窄，向南过渡为夜郎坝向斜，西为松坎紧闭向斜（图 7.23）。五峰–龙马溪组黑色碳质页岩的沉积相带与丁山构造处于相似，因此，其富有机质页岩厚度、有机质含量和物性也基本相同。

乐坪背斜可勘探面积约 125km²，五峰–龙马溪组埋深向南加大，但南部保存有利，且有夜郎坝向斜烃源的补给，主体埋深为 2000～2500m，资源量约为 400×10⁸m³，勘探前景较好。

7.3　四川盆地周缘海相页岩气有利区优选

四川盆地及周缘根据构造改造程度不同，可整体分为四个区域，即盆内的稳定区、弱变形区，盆外的弱改造区、强改造区，不同分区，页岩气保存条件和单井产量有明显差异。

稳定区，主要位于四川盆地内华蓥山断裂带以西，以威远构造为代表，为加里东期古隆起，龙马溪组厚度减薄，地层压力系数 1.0～1.2，单井产量 2.3×10⁴m³/d，向西南方向厚度增厚、埋深增大，地层压力系数增高，产量增大。

弱变形区，位于四川盆地华蓥山断裂带以东、齐岳山断裂以西，以富顺–永川、焦石坝为代表，背斜构造为主要勘探目标，龙马溪组厚度大，指标好，晚期变形弱，上覆盖层齐全、厚度大，具整体含气特点，地层压力系数高（1.4～2.2），单井产量高（10×10⁴～20×10⁴m³/d）。

弱改造区，位于盆缘，齐岳山断裂以东，以桑柘坪向斜为代表，海西期抬升，缺失石炭–泥盆系，燕山–喜马拉雅期改造相对较弱，地层压力系数为常压（0.8～1.15），单井产量（1×10⁴～3×10⁴m³/d）。

强改造区位于弱改造区以东至雪峰隆起，特点是海西期就开始抬升，志留系剥蚀严重，并缺失上古生界地层；燕山期进一步强烈褶皱抬升，海相上组合剥蚀严重，致使残留地区目标层系埋深较浅，地层压力系数低，页岩气显示差。

因此，本次对有利目标区优选，重点就是针对四川盆地边缘弱改造区或新层系进行评价和优选。经过对富有机质页岩发育情况、页岩气地质条件（静态参数）、构造与保存条件（动态调整）、地形地貌条件、及目标层系埋深等综合分析，我们认为在大巴山前缘和川西–滇东北地区具有发现新的"礁石坝式"或"长宁式"页岩气田的潜力，同时在川南的叙永–古蔺地区也有获得重要突破的潜力。而黔西南的石炭系旧司组/打屋坝组将是获得页岩气勘探新突破的另一重要层系。

7.3.1　川西–滇东北地区页岩气有利区优选

7.3.1.1　富有机质页岩发育情况

该区与贾村背斜东侧的长宁页岩气示范区处于相似的沉积相带，且更靠近龙马溪期的沉降中心，优质有机质页岩发育。根据威 201 井厚 38m、窝深 1 井 45m、永福 1 井 53m、雷波芭蕉滩剖面优质页岩厚度达 76m、长坪背斜苏田剖面 65m（图 7.24），以及盐津中和剖面 58m 和长宁背斜双河剖面 49m 等资料综合分析，绥江–永善地区五峰–龙马溪组优质页岩厚度应该大于 50m（图 7.25）。

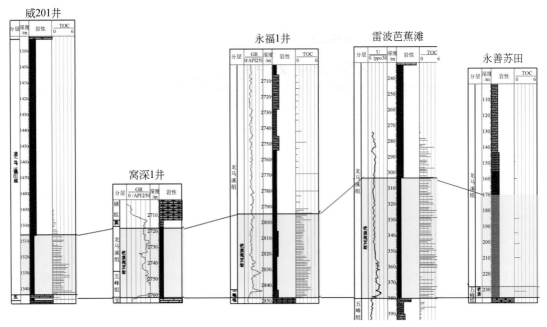

图 7.24　川西南地区五峰–龙马溪组富有机质页岩柱状对比图

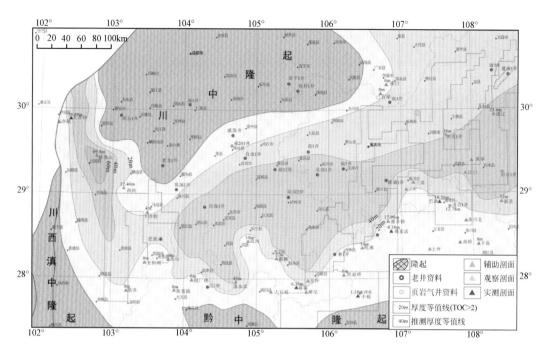

图7.25 四川盆地南部龙马溪组富有机质页岩（TOC>2%）厚度等值线图

7.3.1.2 富有机质页岩的页岩气地质特征

五指山-美姑东五峰-龙马溪组深水陆棚优质泥页岩厚度普遍较大，有机质含量高。永福1井优质页岩为深灰黑色，页理发育（图7.25），有机碳平均2.64%；永福1井五峰组-龙马溪组地层钻探过程中见油气显示，气测全烃最大值为2.53%，C_1最高1.79%，钻井液密度在1.49~1.54g/cm^3，永福1井五峰组岩心浸水实验见气泡，取心井段含气量高达5.505m^3/t。邻近的芭蕉滩剖面有机碳含量平均可达3.35%。

根据二维地震资料波阻抗反演预测，屏边复向斜带优质页岩厚度达60~90m。干酪根镜鉴富含藻类无定形体，荧光薄片透光下黑色腐泥组分降解残渣丰富，δ^{13}C值为-29.5‰~-26.45‰，干酪根类型为I、II1型。热演化程度适中，永福1井R^o介于2.25%~2.37%，芭蕉滩剖面R^o介于2.69%~3.65%，平均3.07%，属高-过成熟演化阶段。

五指山-美姑东地区优质页岩黏土矿物含量低，平均值为28.8%~35.2%，脆性矿物中硅质矿物平均含量介于29.8%~51.2%，碳酸盐岩含量略高。芭蕉滩硅质矿物平均含量51.2%，平均黏土含量28.8%［图7.27（a）］；永福1井优质页岩平均硅质矿物含量29.8%，平均碳酸盐岩含量20.0%，平均黏土含量32.6%［图7.27（b）］，因此，五指山-美姑东地区五峰-龙马溪组优质页岩脆性矿物含量高，可压裂性好。

永福1井五峰组-龙马溪组页岩纳米级有机孔隙发育，孔径一般在10~200nm，孔隙度为1.78%~7.09%，平均4.01%；芭蕉滩剖面五峰-龙马溪组优质页岩孔隙度为2.09%~5.99%，平均3.46%。均显示出该区五峰-龙马溪组富有机质页岩具有良好的储集性。

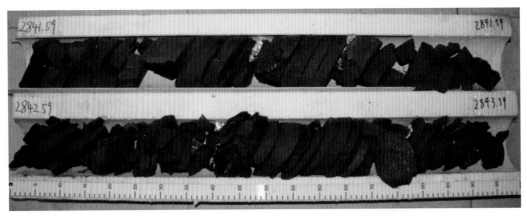

图 7.26　永福 1 井五峰–龙马溪组富有机质页岩特征

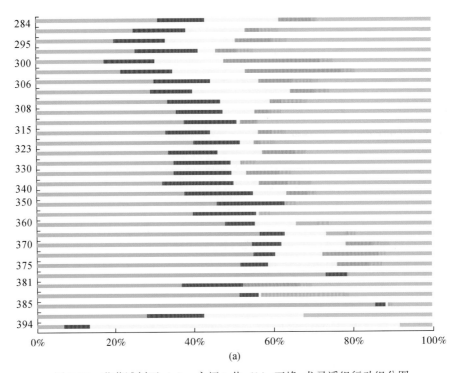

(a)

图 7.27　芭蕉滩剖面（a）、永福 1 井（b）五峰–龙马溪组行动组分图

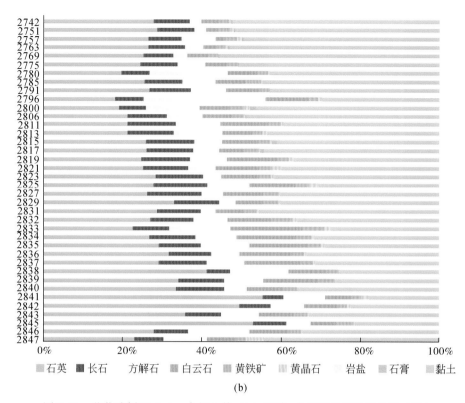

图 7.27　芭蕉滩剖面（a）、永福 1 井（b）五峰-龙马溪组行动组分图（续）

7.3.1.3　区域构造与保存条件

该区处于华蓥山断裂带南段的西侧，筠连-盐津背斜以北，总体构造保存条件良好。区内发育北东向和北西向两组构造及相关断裂，但总体断裂不发育，且规模不大；区内出露地层主要为侏罗系中下统及三叠系上统须家河组，三叠系中下统及二叠系主要出露在背斜核部，下伏古生界地层保存条件良好，在地震剖面和 MT 剖面连续性好（图 7.28），且其上还覆有侏罗系泥岩、二叠系宣威组泥岩和嘉陵江组膏盐岩等多套盖层，相对于区块南部盆外的地区，保存条件总体有利。

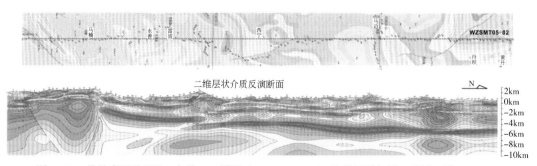

图 7.28　美姑东区块马边-永善 MT 剖面（WZSMT05-2）及其地质解译（据中石化，2014）

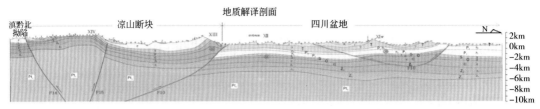

图 7.28　美姑东区块马边–永善 MT 剖面（WZSMT05–2）及其地质解译（续）（据中石化，2014）

7.3.1.4　地形地貌条件

川西–滇东北主要包括四川省的雷波大部和沐川、马边南部，云南昭通地区绥江、永善大部，盐津、大关北部，水富县西南部等地区（图 7.29）。地形上属于川南山地与云贵高原的过渡区，山地地貌为主，地面海拔起伏较大，介于 350～3500m，相对高差较大；地形较为复杂，顺河谷沿线地势相对较为平坦；区域内水源丰富，有金沙江、西宁河等河流等。

7.3.1.5　有利目标区优选

1）五角堡–铜厂沟背斜群（绥江–水富有利区）

该有利区的目的层埋深 2000～3500m，富有机质页岩厚度 40～60m，可勘探面积 350km^2，资源量约为 1500×10^{8}m^3，勘探潜力很好（图 7.29）。

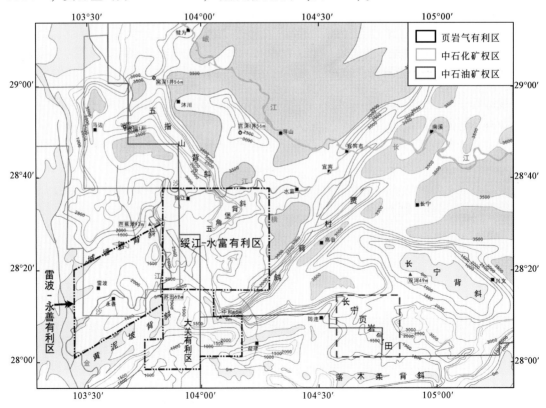

图 7.29　川西–滇东北地区五峰–龙马溪组页岩气选区评价

重点勘探目标：五角堡背斜东端、板栗坪背斜西段和串丝复背斜，地面出露主要为须家河组煤系地层，目的层埋深为2800～3500m，地面地层产状平缓，构造相对简单。

2）雷波-永善拗陷（雷波-永善有利区）

该有利区的目的层埋深1500～2500m，富有机质页岩厚度30～50m，可勘探面积500km^2，资源量约为900×10^{8}m^3（图7.29）。

重点勘探目标：永善鼻隆、云桥向斜、箐口-汶水斜坡，地面出露地层主要为三叠系飞仙关组和上二叠统及峨眉山玄武岩。

3）木杆-高桥向斜带（大关有利区）

该有利区的目的层埋深1200～2000m，富有机质页岩厚度25～40m，可勘探面积350km^2，资源量750×10^{8}m^3（图7.29）。

重点勘探目标：木杆向斜、高桥向斜，地面出露地层主要为上二叠统宣威组和峨眉山玄武岩，地表条件良好。

7.3.2　大巴山前缘页岩气有利区优选

7.3.2.1　富有机质页岩发育情况

该区早寒武世、早志留世两个沉积期，均处于深水陆棚相有利相带，富有机质页岩分布稳定；下寒武统优质页岩厚度一般大于100m，下志留统优质页岩厚度介于34～49m（图7.30）。但该区牛蹄塘组页岩气勘探还有不少问题需要解决，特别是在构造断块发育的大巴山前缘，因此，本次仅涉及该区大巴山滑脱褶皱带，构造相对简单，埋深相对较浅的五峰-龙马溪组富有机质页岩的勘探潜力评价。

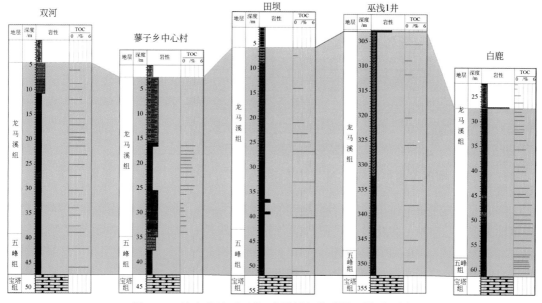

图7.30　渝东北地区五峰-龙马溪组优质段区域对比图

根据区域古地理研究大巴山前缘的古地理格局是川东-黔北地区沉积相区向北的延伸，呈现东西分带特征，深水陆棚相区呈北东走向，经江口-田坝-和平一带，与南秦岭洋盆连通（图 7.31）。

志留系龙马溪组优质页岩页岩品质良好，巫溪田坝剖面优质页岩最厚，可达 81m，向东白鹿剖面 56m，巫浅 1 井厚 47m，巴东两河口 38m；向西至城口明通 74m，庙坝 51m，双河 43m，均具有明显减薄趋势，这与区域沉积古地理是一致的。同时，该区有机质含量也较高，巫浅 1 井 TOC 为 1.92% ~ 4.95%，平均为 3.31%，且 TOC 与硅质矿物含量具有良好的正相关关系。

大巴山前缘五峰-龙马溪组富有机质页岩干酪根碳同位素显示，$\delta^{13}C$ 在 -32.5‰ ~ -28.8‰，平均为 -30.2‰，母质类型为 Ⅰ 型。热演化程度适中，R^o 一般为 1.17% ~ 3.54%，平均为 2.07%。巫浅 1 井、城口修齐剖面下志留统龙马溪组泥页岩硅质矿物含量为 32.6% ~ 89.7%，平均 50.38%，硅质含量较高，适于后期的压裂改造。

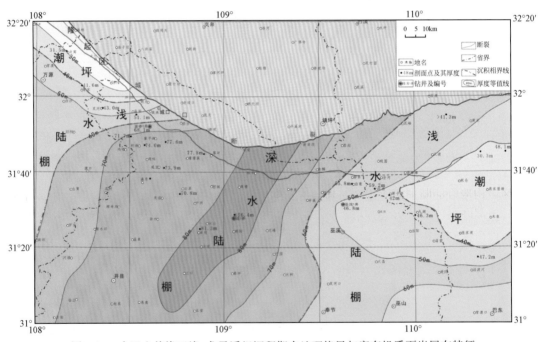

图 7.31　大巴山前缘五峰-龙马溪组沉积期古地理格局与富有机质页岩展布特征

7.3.2.2　构造与保存条件

大巴山前缘构造变形由造山带向盆缘依次减弱，以城口断裂、镇巴断裂、铁溪-巫溪隐伏断裂为界，可划分为东西"三带"，即冲断+推覆带、滑脱断褶带和前陆拗陷带。铁溪-巫溪隐伏断裂以西为前陆拗陷带，以宽缓的负向构造为主。铁溪-巫溪隐伏断裂及镇巴断裂之间为滑脱褶皱带，受镇巴断裂影响为隆凹相间的格局，构造形态变化快，背斜紧闭，向斜相对宽缓。镇巴断裂以东、以北为冲断带+推覆带，构造形变强。由盆外往盆内方向，三个带构造变形依次减弱，保存条件逐渐变好（图 7.32）。

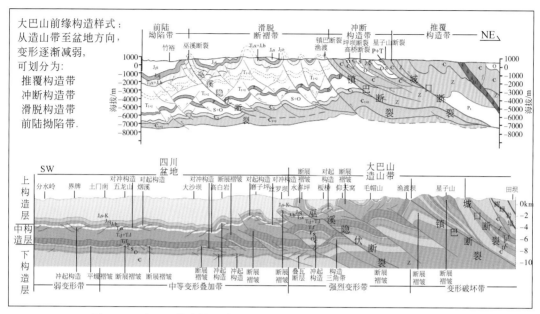

图7.32　大巴山前缘构造特征及其构造单元划分（据刘树根等，2014）

7.3.2.3　地形地貌条件

大巴山前缘的地形地貌与其区域构造及其演化密切相关，在城口断裂以北，构造以逆冲推覆为主，整体抬升，地形高差并不大，局部地形较为平缓；城口断裂与巫溪断裂之间，区域构造以冲断加褶皱为主，地层变形强烈，地形变化复杂，相对高差大、地形切割明显；巫溪断裂以南，以滑脱褶皱为主，地层变化相对较缓，虽局部褶皱紧闭，但往盆地过渡，地形逐渐趋于平缓。

7.3.2.4　大巴山前缘有利页岩气目标区优选

大巴山前缘总体构造复杂，根据目前的地球物理勘探结果分析，在巫溪断裂以北，构造断片发育，构造保存条件复杂，勘探潜力有待进一步调查研究。但巫溪断裂以南，地层变形逐渐变弱，地层横向连续性良好，具有较好构造保存条件，五峰-龙马溪组埋深适中（图 7.33），有利于页岩气勘探开发。

1）开县-奉节有利区

该有利区目的层埋深 2000～4000m，富有机质页岩厚度 40～60m，可勘探面积 5946km^2，资源量估算可达 6000×10^{8}m^3。

重点勘探目标：开县和谦鼻隆、云阳马槽背斜、奉节大树-浣花溪背斜，地表出露地层主要为中三叠统巴东组和下统嘉陵江组，马槽背斜鱼泉附近虽然地层产状较陡，但在其西端具有较好地形地貌条件（图 7.33）。

2）万源有利区

该有利区目的层埋深 2000～3500m，富有机质页岩厚度 30～50m，可勘探面积

1950km², 资源量约为 1500×10⁸m³。

重点勘探目标：万源南部的铁矿复背斜（南缘第一排构造）（图 7.33），地表出露地层主要为须家河组煤系地层和巴东组泥页岩和灰岩、白云岩等。

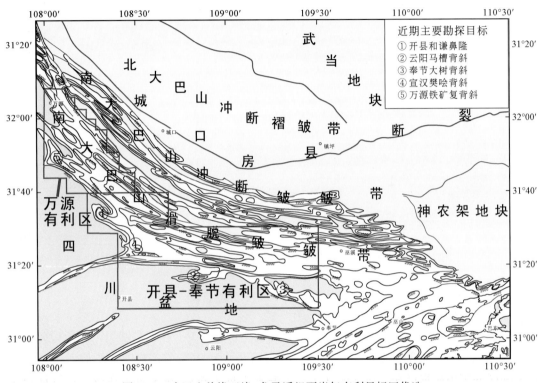

图 7.33　大巴山前缘五峰–龙马溪组页岩气有利目标区优选

7.3.3　川南叙永–古蔺地区页岩气有利区优选

7.3.3.1　富有机质页岩发育情况

1) 五峰–龙马溪组

该区南部的仁页 1 井证实仁怀地区五峰–龙马溪组具有页岩气成藏物质基础。该井钻遇五峰–龙马溪组厚 125.5m（井深 3930 ~ 4055.5m），下部黑色页岩厚 103m（井深 3952.5 ~ 4055.5m），TOC 大于 2.0% 的优质页岩厚 27m（图 7.25、图 7.34），优质页岩的岩性、电性特征与川东南地区的丁页 2HF 井、南页 1 井、焦页 1 井、彭页 1 井均具有可对比性。

仁页 1 井优质页岩 TOC 含量 2.2% ~7.9%，平均 3.56%，R^o 平均 2.72%；测井解释 TOC 含量 2.0% ~5.3%，平均 2.6%，说明页岩有机质含量高、热演化适中，具备良好的生烃条件。优质页岩段脆性矿物含量与邻井相当，但黏土、碳酸盐矿物含量相对较高，石英含量 22.1% ~49%，平均 35.79%，黏土矿物含量 18.8% ~56.6%，平均为 39.04%，黄铁矿含量 1.2% ~4.8%，平均 2.65%；页岩地应力 70 ~80MPa 左右，泊松比 0.21 ~

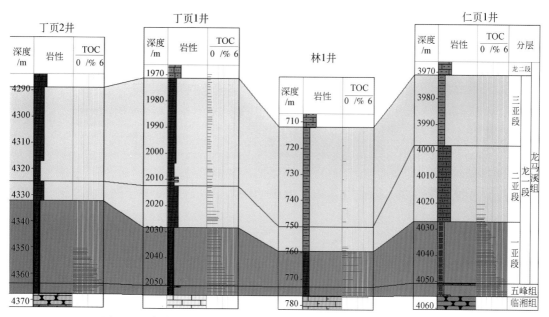

图 7.34　叙永–古蔺及邻区五峰–龙马溪组富有机质页岩柱状对比图

0.28 左右，杨氏模量 30～50GPa 左右，从脆性矿物含量和岩石力学两方面，均表明优质页岩脆性高，易于压裂改造。

同时，根据趋于古地理研究，五峰龙马溪组向北，主要为深水陆棚相，优质页岩厚度增大（图 7.25），因此，总体上该区优质页岩发育，五峰–龙马溪组页岩气勘探潜力较大。目前邻区的丁山构造已获工业气流（丁页 1 井和丁页 2 井），更坚定了在该区获得页岩气突破的信心。

2）牛蹄塘组

该区是目前四川盆地牛蹄塘组埋深最浅的地区，同时，该区又处于牛蹄塘组沉积期有利沉积相带内［绵阳–长宁裂陷槽南部（刘树根等，2014）］，牛蹄塘组富有机质页岩发育厚度大（图 5.1），有机质含量高，具有深入调查、勘探的潜力。而威远隆起西侧的金页 1 井牛蹄塘组富有机质页岩的突破，表明牛蹄塘组并不是没有勘探潜力，只是该套页岩的页岩气地质条件相对五峰–龙马溪组更为复杂，有待进一步探索，这也更坚定了在该区获得重大发现或突破的信心。

从金页 1 井 TOC 含量及其与沉积地球化学分析显示，牛蹄塘组沉积期，绵阳–长宁裂陷槽内水体较深，而同沉积裂陷伸展作用伴随有相应的海底热液活动（汪正江等，2011），这不仅为同期硅质沉积提供了物源，野外嗜热生物的大量繁殖提供了能量，而较深的水体与缺氧环境（图 7.35）为大量有机质的埋藏创造了条件。

7.3.3.2　构造与保存条件

页岩气保存主要受顶底板条件和构造作用控制，顶底板条件是页岩气保存的基础，构造作用是页岩气保存关键。好的顶板、底板与含气页岩层段组成流体封存箱，可以有效减

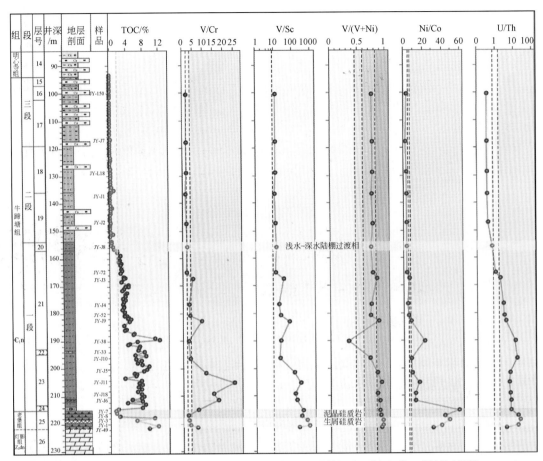

图 7.35　金石构造金页 1 井牛蹄塘组富有机质页岩 TOC 及其沉积环境参数（据刘树根等，2014）

缓页岩气向外运移，从而使页岩气得到有效保存；差的顶板、底板对流体的封闭性差，油气易于向外散失，导致页岩气藏遭到破坏。构造运动引起地层隆升剥蚀、褶皱变形、断裂切割、地表水下渗以及压力体系破坏，是影响页岩气保存的关键因素。

良好的顶底板条件、适中的埋深、远离开启断裂、远离抬升剥蚀区、远离缺失区、构造样式良好、逸散破坏时间短的地区，具有良好的页岩气保存条件。

对四川盆地及周缘海相页岩气而言，一般有背斜背景的、宽缓的构造样式，断层不发育或断层封闭性较好的或断层封挡的断下盘对页岩气保存有效，取得页岩气商业发现的焦石坝地区、长宁地区就是典型的例子。

川东南的古蔺地区与礁石坝、长宁地区所处的构造位置相似，构造演化都经历过原型盆地的演化和强烈变形演化两大阶段。海西-印支期区内基本继承了加里东期构造面貌，早期处于隆起剥蚀状态，缺失泥盆系、石炭系只在川南、渝东地区局部发育，二叠系假整合于志留系之上。印支运动进一步使区内抬升，结束海侵。燕山期，四川盆地及扬子西缘表现为强烈的挤压构造环境，产生强烈冲断、褶皱、抬升。受雪峰隆起持续向西的逆冲作用影响，雪峰山与四川盆地之间以发育北东走向的线状构造为特征，地层变形程度、构造强度有所差别。由东向西，构造抬升作用由强变弱，变形时间由早到晚，具有递进变形的特征。华蓥山断裂以西，以相对舒缓构造为特征；华蓥山与齐岳山之间，发育格挡式为主的高陡构造带；齐岳山与雪峰山之间则构造组合相对复杂，雪峰前缘主要以破坏了的隔槽式构造为特征。

该区位于齐岳山断裂西南端，是北东向与北西向构造应力场的叠加交汇部位，因此该地区主要褶皱走向变化不一，但总体看，主要构造变形为燕山期产物（侏罗系地层参与了两个方向的褶皱变形），区域变形较弱，背斜完整，除长宁背斜和麻城鼻隆后期隆升，地层剥蚀量大外，东阳鼻隆和大寨背斜地层序列完整，推测五峰-龙马溪组富有机质页岩保存良好，埋深适中，地层压力较高，具有良好的勘探潜力。

7.3.3.3　地形地貌条件

该区地形变化较缓，海拔为 500~1300m，北部低南部高，主要有利目标区海拔一般在 500~800m，相对高差不大，地貌条件较为有利。

7.3.3.4　有利目标区优选

1. 东阳-高木顶背斜（图 7.36）

该有利区目的层埋深 2000~3500m，富有机质页岩厚度 30~40m，可勘探面积 260km²，资源量 600×10⁸m³。主要勘探目标：东阳鼻隆和高木顶穹窿，地面出露地层须家河组，东阳鼻隆核部为嘉陵江组和飞仙关组碳酸盐岩。

2. 两河-大寨背斜（图 7.36）

该有利区目的层埋深 1500~3500m，富有机质页岩厚度 30~35m，可勘探面积 320km²，资源量 800×10⁸m³。该有利区主要勘探目标有古蔺大寨鼻隆和叙永三家坝穹窿。

三家坝穹窿地面出露二叠龙潭组和栖霞组-茅口组，目标层系埋深在 1500m 左右；大寨鼻隆地面出露地层主要为雷口坡组和嘉陵江组，目标层埋深在 1500~2000m，埋深适中。

3. 牛蹄塘组页岩气有利区

该区是目前四川盆地牛蹄塘组埋深最浅的地区，同时该区又处于牛蹄塘组沉积期有利沉积相带内［绵阳-长宁裂陷槽南部（刘树根等，2014）］，牛蹄塘组富有机质页岩发育厚度大，有机质含量高，具有深入调查、勘探的潜力。而威远隆起西侧金页 1 井牛蹄塘组-筇竹寺组页岩气的勘探突破，表明四川盆地下寒武统页岩气仍具有较好的勘探潜力，只是该套富有机质页岩层系的页岩气地质条件相对五峰-龙马溪组更为复杂，但也是值得进一步探索的。该区目前较为有利的勘探目标是：

1）长宁背斜东段（图 7.36）

该有利区目的层埋深 2500~3500m，富有机质页岩厚度 60~80m，可勘探面积 190km²，资源量约为 500×10⁸m³。有利勘探目标以兴文麒麟附近为宜。

2）麻城鼻隆（图 7.36）

该有利区目的层埋深 2000~3500m，富有机质页岩厚度 50~75m，可勘探面积

120km²，资源量约为 $300 \times 10^8 \, \mathrm{m}^3$。

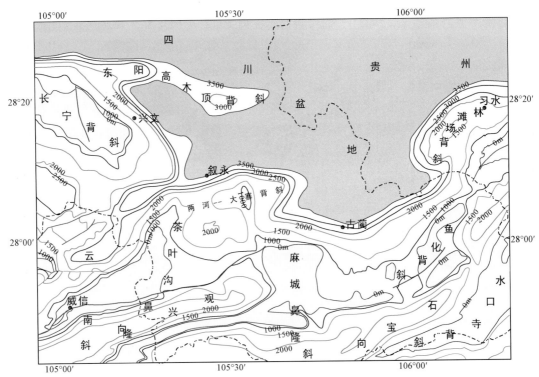

图 7.36　川南叙永-古蔺地区五峰-龙马溪组页岩气选区评价

参 考 文 献

陈安定. 2005. 海相"有效烃源岩"定义及丰度下限问题讨论. 石油勘探与开发, 32(2): 23~25

陈红汉, 张启明, 施继锡. 1997. 琼东南盆地含烃热流体活动的流体包裹体证据. 中国科学(D辑): 地球科学, 27(4): 342~348

陈建平, 黄第藩. 1995. 酒东盆地油气生成和运移. 北京: 石油工业出版社

陈兰, 钟宏, 胡瑞忠等. 2006. 湘黔地区早寒武世黑色页岩有机碳同位素组成变化及其意义. 矿物岩石, 26(1): 81~85

陈玲, 马昌前, 凌文黎等. 2010. 中国南方存在印支期的油气藏: Re-Os 同位素体系的制约. 地质科技情报, 29(2): 95~99

陈明, 许效松, 万方等. 2002. 上扬子台地晚震旦世灯影组中葡萄状–雪花状白云岩的成因意义. 矿物岩石, 22(4): 33~37

陈文西, 王剑, 付修根等. 2007. 黔东南新元古界下江群甲路组沉积特征及其下伏岩体的锆石 U-Pb 年龄意义. 地质论评, 53(1): 126~131

陈文正. 1992. 再论四川盆地威远震旦系气藏的气源. 天然气工业, 12(6): 28~33

陈旭, 戎嘉余, 樊隽轩, 詹仁斌, Mitchell C E, Harper D A T, Melchin M J, 彭平安, Finney S C, 汪啸风. 2006. 奥陶系上统赫南特阶全球层型剖面和点位的建立. 地层学杂志, 30(4): 289~305

陈旭, 戎嘉余, 周志毅等. 2001. 上扬子区奥陶纪–志留纪之交的黔中隆起和宜昌上升. 科学通报, 46: 1052~1056

程红光, 李心清, 袁洪林等. 2009. 泥盆纪海水的碳、氧同位素变化——来自腕足化石的同位素记录. 地球学报, 30(1): 79~88

程克明, 王光云. 1996. 高成熟和过成熟海相碳酸盐岩生烃条件评价方法研究. 中国科学(D辑): 地球科学, 26(6): 537~543

戴鸿鸣, 王顺玉, 王海清等. 1999. 四川盆地寒武系–震旦系含气系统成藏特征及有利勘探区块. 石油勘探与开发, 36(5): 16~20

戴金星, 王庭斌. 1997. 中国大中型天然气田形成条件与油气分布规律. 北京: 地质出版社

戴少武, 贺自爱, 王津义. 2001. 中国南方中、古生界油气勘探的思路. 石油与天然气地质, 22(3): 195~202

丁晓, 沈扬. 1995. 中国南方走滑拉分盆地遥感构造解析, 南方油气地质, 1(2): 15~22

董亨茂, 张生根, 胡远清. 2006. 断层作用热模型及其对烃源岩热演化的影响. 地质力学学报, 12(4): 445~453

董进, 张世红, Jiang G Q 等. 2009. 华南宜昌陡山沱组四段碳酸盐结核形成环境研究及其烃源岩评价意义. 中国科学(D辑): 地球科学, 39(3): 317~326

董树文, 方景爽, 李勇等. 1994. 下扬子中三叠世—中侏罗世沉积相与印支运动. 地质论评, 40(2): 111~119

窦启龙, 陈践发, 薛燕芬等. 2005. 实验室条件下微生物降解原油的地球化学特征研究. 沉积学报, 9(3): 542~547

杜秋定, 杨平, 谢渊等. 2014. 黔北地区高成熟烃源岩地球化学的古海洋环境指示意义. 成都理工大学学报(自然科学版), 41(1): 68~77

范明, 秦建中, 张渠. 2006. 松潘阿坝地区烃源岩有机质热演化特征. 沉积学报, 24(3): 440~445

丰国秀, 陈盛吉. 1988. 岩石中沥青反射率与镜质体反射率之间的关系. 天然气工业, 8(8): 20~25

冯常茂, 牛新生, 吴冲龙. 2008. 黔中隆起及周缘地区下组合含油气流体包裹体研究. 岩石矿物学杂志,

2(2)：121～126

付小东，秦建中，腾格尔. 2008. 四川盆地东南部海相层系优质烃源层评价——以丁山 1 井为例. 石油实验地质，30(6)：621～642

傅家谟，盛国英，许家友等. 1991. 应用生物标志化合物参数判识古沉积环境. 地球化学，(1)：1～12

傅家谟，徐芬芳，陈德玉等. 1985. 茂名油页岩中生物输入的生物标志化合物. 地球化学，14(2)：99～114

傅昭仁，李紫金，郑大瑜. 1999. 湘赣边区 NNE 向走滑造山带构造发展样式. 地学前缘，6(4)：263～271

高波，沃玉进，周雁等. 2012. 贵州麻江古油藏成藏期次. 石油与天然气地质，33(3)：417～423

高林，刘光祥. 2008. 贵州凯里地区下古生界原油油源分析. 石油实验地质，30(2)：186～191

高林，周雁. 2009. 中下扬子区海相中-古生界烃源岩评价与潜力分析. 油气地质与采收率，16(3)：30～33

高林志，戴传固，刘燕学等. 2010a. 黔东地区下江群凝灰岩锆石 SHRIMP U-Pb 年龄及其地层意义. 中国地质，37(4)：1071～1080

高林志，戴传固，刘燕学等. 2010b. 黔东南-桂北地区四堡群凝灰岩锆石 SHRIMP U-Pb 年龄及其地层学意义. 地质通报，29(9)：1259～1267

高瑞祺，赵政璋. 2001. 中国油气新区勘探第五卷：中国南方海相油气地质及勘探前景. 北京：石油工业出版社

高山，Qiu Y. M.，凌文黎等. 2001. 崆岭高级变质地体单颗粒锆石 SHRIMP U-Pb 年代学研究——扬子克拉通>3.2Ga 陆壳物质的发现. 中国科学（D 辑）：地球科学，31：27～35

郭彤楼，田海芹. 2002. 南方中古生界油气勘探的若干地质问题及对策. 石油与天然气地质，23(3)：244～247

韩世庆，王守德. 1983. 黔南东部下古生界石油生成及演变阶段的探讨. 石油实验地质，5(1)：3～7

韩世庆，王守德，胡惟元. 1982. 黔东麻江古油藏的发现及其意义. 石油与天然气地质，3(4)：316～327

韩永辉，吴春生. 1993. 四川盆地地温梯度及几个深井的热流值. 石油与天然气地质，14(1)：80～84

郝芳，邹华耀，方勇等. 2006. 超压环境下有机质热演化和生烃作用机理. 石油学报，27(5)：9～17

郝石生，高岗，王飞宇等. 1996a. 高过成熟海相烃源岩. 北京：石油工业出版社

郝石生，王飞宇，高岗等. 1996b. 下古生界高过成熟烃源岩特征和评价. 中国石油勘探，2(1)：25～32

何斌，徐义刚，肖龙等. 2003. 峨眉山大火成岩省的形成机制及空间展布：来自沉积地层学研究的新证据. 地质学报，77(2)：194～202

贺训云，姚根顺，蔡春芳等. 2012. 黔南坳陷油苗芳烃地球化学特征及意义. 地球化学，41(5)：442～451

洪海涛，谢继容，吴国平等. 2011. 四川盆地震旦系天然气勘探潜力分析. 天然气工业，31(11)：37～41

侯读杰. 2003. 实用油气地球化学图鉴. 北京：石油工业出版社

胡明安，罗学长，高广立. 1998. 有机质成熟异常及生物标志化合物的矿床学意义. 武汉：中国地质大学出版社

胡明毅，肖传姚，龚文平. 1998. 湖北随州上震旦统灯影组白云岩成因. 石油与天然气地质，19(1)：83～88

胡南方. 1997. 贵州震旦系陡山沱组生油岩特征. 贵州地质，14(3)：244～252

胡作维，黄思静，李志明. 2012. 川东北地区三叠系飞仙关组白云化流体温度. 中国科学（D 辑）：地球科学，42(12)：1817～1829

黄第藩，李晋超，张大江. 1984. 干酪根的类型及其分类参数的有效性、局限性和相关性. 沉积学报，

2(3)：18～33

黄汝昌.1997.中国低熟油及凝析气藏形成与分布规律.北京：石油工业出版社

黄思静.1992.碳酸盐矿物的阴极发光性与其Fe、Mn含量的关系.矿物岩石，12(4)：74～79

黄思静，卿海若，胡作维.2008.川东三叠系飞仙关组碳酸盐岩的阴极发光特征与成岩作用.地球科学，33(1)：26～34

姜乃煌.1988.我国陆相原油的钒镍含量和钒镍比探讨.石油与天然气地质，9(1)：73～76

金之钧.2005.中国海相碳酸盐岩层系油气勘探特殊性问题.地学前缘，12(2)：15～22

金之钧.2011.中国海相碳酸盐岩层系油气形成与富集规律.中国科学（D辑）：地球科学，41(7)：910～926

金之钧，蔡立国.2006.中国海相油气勘探前景、主要问题与对策.石油与天然气地质，27(6)：722～730

金之钧，袁玉松，刘全有等.2012.J_3—K_1构造事件对南方海相源盖成藏要素的控制作用.中国科学（D辑）：地球科学，42(12)：1791～1801

赖旭龙，殷鸿福，杨逢清.1995.秦岭三叠纪古海洋再造.地球科学—中国地质大学学报，20(6)：648～656.

李福喜 聂学武，1987.黄陵断隆北部峡岭群地质时代及地层划分.湖北地质，1987，1(1)：28～41

李国辉，李翔，杨西南.2000.四川盆地加里东古隆起震旦系气藏成藏控制因素.石油与天然气地质，21(1)：80～82

李国新，范昱，陈洪德等.2011.黔南独山地区晚石炭世—早二叠世早期沉积特征及层序地层研究.中国地质，38(2)：346～355

李任伟，卢家烂，张淑坤等.1999.震旦纪和早寒武世黑色页岩有机碳同位素组成.中国科学（D辑）：地球科学，29(4)：351～357

李胜荣，肖启云，申俊峰等.2002.湘黔下寒武统铂族元素来源与矿化年龄的Re-Os同位素制约.中国科学(D辑)：地球科学，32(7)：568～575

李双建，李建明，周雁等.2011.四川盆地东南缘中新生代构造隆升的裂变径迹证据.岩石矿物学杂志，30(2)：225～233

李晓清，汪泽成，张兴为等.2001.四川盆地古隆起特征及对天然气的控制作用.石油与天然气地质，22(4)：347～351

梁狄刚，陈建平.2005.中国南方高、过成熟区海相油源对比问题.石油勘探与开发，32(2)：8～14

梁狄刚，郭彤楼，陈建平等.2008.中国南方海相生烃成藏研究的若干新进展（一）——南方四套区域性海相烃源岩分布.海相油气地质，13(2)：1～16

梁狄刚，郭彤楼，陈建平等.2009a.中国南方海相生烃成藏研究的若干新进展（二）——南方四套区域性海相烃源岩的地球化学特征.海相油气地质，14(1)：1～15

梁狄刚，郭彤楼，陈建平等.2009b.中国南方海相生烃成藏研究的若干新进展（三）——南方四套区域性海相烃源岩的沉积相及发育的控制因素.海相油气地质，14(2)：1～19

梁西文，郑荣才，周雁等.2006.克拉通盆地层序样式与烃源岩评价——以中扬子区震旦系、寒武系为例.石油天然气学报，28(2)：17～19

林家善，谢渊，刘建清等.2011.再论"麻江古油藏"烃源岩.地质科技情报，30(6)：105～109

林家善，谢渊，刘建清等.2014.黔中隆起北部瓮安古油藏储层的新发现及其油源分析.中国地质，41(3)：995～1001

林小云，刘建，陈志良等.2007.中国南方海相烃源岩生烃动力学研究.石油天然气学报，29(3)：15～19

林耀庭，熊淑君 . 1999. 氢氧同位素在四川气田地层水中的分布特征及其成因分类 . 海相油气地质，4(4)：39 ~ 45

刘宝珺，许效松 . 1994. 中国南方岩相古地理图集（震旦纪—三叠纪）. 北京：科学出版社

刘宝珺，许效松，潘杏南等 . 1993. 中国南方古大陆沉积地壳演化与成矿 . 北京：科学出版社

刘德汉，史继扬 . 1994. 高演化碳酸盐烃源岩非常规评价方法探讨 . 石油勘探与开发，21(3)：113 ~ 115

刘德汉，肖贤明，田辉等 . 2009. 应用流体包裹体和沥青特征判别天然气的成因 . 石油勘探与开发，36(3)：375 ~ 382

刘光祥 . 2008. 塔里木盆地 S74 井稠油热模拟实验研究——模拟产物地球化学特征 . 石油实验地质，30(2)：179 ~ 185

刘光祥，罗开平，彭金宁等 . 2010. 湖北长阳地区有机质热演化异常成因及意义 . 石油实验地质，32(1)：52 ~ 57

刘和甫，夏义平，殷进垠等 . 1999. 走滑造山带与盆地藕合机制 . 地学前缘（中国地质大学，北京），6(3)：121 ~ 132

刘家洪，杨平，汪正江等 . 2012a. 黔北震旦系灯影组顶部古风化壳特征及油气意义 . 中国地质，39(4)：931 ~ 938

刘家洪，杨平，谢渊等 . 2012b. 雪峰山西侧下寒武统牛蹄塘组烃源岩特征与油气地质意义 . 地质通报，31(11)：1886 ~ 1893

刘丽红，黄思静，王春连 . 2010. 碳酸盐岩中方解石胶结物的阴极发光环带与微量元素构成的关系——以塔河油田奥陶系碳酸盐岩为例 . 海相油气地质，15(1)：55 ~ 60

刘若冰，田景春，黄勇等 . 2007. 川东南震旦系灯影组白云岩与志留系石牛栏组灰岩储层特征 . 成都理工大学学报（自然科学版），34(3)：245 ~ 250

刘若冰，田景春，魏志宏等 . 2006. 川东南地区震旦系—志留系下组合有效烃源综合研究 . 天然气地球化学，17(6)：824 ~ 828

刘树根，童崇光，罗志立等 . 1995. 川西晚三叠世前陆盆地的形成与演化 . 天然气工业，15(2)：11 ~ 14

刘树根，马永生，黄文明等 . 2007. 四川盆地上震旦统灯影组储集层致密化过程研究 . 天然气地球科学，18(4)：485 ~ 496

刘树根，冉波，郭彤楼，王世谦，胡钦红，罗超 . 2014. 四川盆地及周缘下古生界富有机质黑色页岩——从优质烃源岩到页岩气产层 . 北京：科学出版社 . 1 ~ 332

刘树晖，胡维元，邱运鑫等 . 1985. 麻江古油藏翁项群成岩序列时代划分及油源讨论 . 石油与天然气地质，6(2)：127 ~ 137

刘文汇，王杰，腾格尔等 . 2012. 南方海相不同类型烃源生烃模拟气态烃碳同位素变化规律及成因判识指标 . 中国科学（D 辑）：地球科学，42(7)：973 ~ 982

刘文均，卢家烂 . 2000. 湘西下寒武统有机地化特征——MVT 铅锌矿床有机成矿作用研究（Ⅲ）. 沉积学报，18(2)：290 ~ 296

刘子琦，李红春，徐晓梅 . 2007. 贵州中西部洞穴水系与碳酸钙的稳定同位素意义 . 地质论评，53(2)：233 ~ 241

刘祖发，肖贤明，傅家谟等 . 1999. 海相镜质体反射率用作早古生代烃源岩成熟度指标研究 . 地球化学，28(6)：580 ~ 588

卢庆治，胡圣标，郭彤楼等 . 2005. 川东北地区异常高压形成的地温场背景 . 地球物理学报，48(5)：1110 ~ 1116

卢庆治，马永生，郭彤楼等 . 2007. 鄂西-渝东地区热史恢复及烃源岩演化史 . 地质科学，42(1)：189 ~ 198

陆松年，李怀坤，相振群. 2010. 中国中元古代同位素地质年代学研究进展述评. 中国地质，37（4）：
　　1002～1013

罗惠麟，武希彻，欧阳麟，蒋志文，宋学良. 1988. 扬子地台震旦系-寒武系界线剖面地层对比的新认识.
　　云南地质，7（1）：13～27

罗啸泉，郭东晓，蓝江华. 2001. 威远气田震旦系灯影组古岩溶与成藏探讨. 沉积与特提斯地质，21（4）：
　　54～60

罗志立，刘顺，徐世琦. 1998. 四川盆地震旦系含气层中有利勘探区块的选择. 石油学报，19（4）：1～7

马大铨，李志昌，肖志发. 1997. 鄂西崆岭杂岩的组成、时代及地质演化. 地球学报，18（1）：233～241

马力. 2004. 中国南方大地构造和海相油气地质（上）. 北京：地质出版社

马力，支家生. 1994. 中国南方油气勘探的主要问题与勘探方向. 南方油气地质，（1）：15～29

马永生，郭旭升，郭彤楼等. 2005. 四川盆地普光大型气田的发现与勘探启示. 地质论评，51（4）：
　　477～480

马永生，楼章华，郭彤楼等. 2006. 中国南方海相地层油气保存条件综合评价技术体系探讨. 地质学报，
　　80（3）：406～417

孟凡巍，周传明，燕夔等. 2006. 通过 C_{27}/C_{29} 甾烷和有机碳同位素来判断早古生代和前寒武纪的烃源岩
　　的生物来源. 微体古生物学报，23（1）：51～56

密文天，林丽，周玉华等. 2009. 贵州瓮安陡山沱组磷块岩生物标志物特征及对沉积环境的指示. 沉积与
　　特提斯地质，29（2）：55～59

莫宣学，路凤香. 1993. 三江特提斯火山作用与成矿. 北京：地质出版社

牟传龙，梁薇，周恳恳，葛祥英，康建威，陈小炜. 2012. 中上扬子地区早寒武世（纽芬兰世-第二世）
　　岩相古地理. 沉积与特提斯地质，32（3）：41～53

牟南，吴朝东. 2005. 上扬子地区震旦-寒武纪磷块岩岩石特征及成因分析. 北京大学学报（自然科学
　　版），41（4）：551～562

彭善池. 2008. 华南寒武系年代地层系统的修订及相关问题. 地层学杂志，32（3）：41～48

强子同. 1998. 碳酸盐岩储层地质学. 北京：石油大学出版社

秦建中，李志明，腾格尔. 2009. 中国南方高演化海相层系的古温标. 石油与天然气地质，30（5）：
　　608～618

秦建中，刘宝泉，国建英等. 2004. 关于碳酸盐烃源岩的评价标准. 石油实验地质，26（3）：281～286

秦建中，孟庆强，付小东. 2008. 川东北地区海相碳酸盐岩三期成烃成藏过程. 石油勘探与开发，35（5）：
　　548～556

丘东洲，谢渊，赵瞻等. 2012. 改造型盆地含油气系统分析——以雪峰山西侧盆山过渡带为例. 地质通
　　报，31（11）：1781～1794

邱隆伟，姜在兴，陈文学等. 2002. 一种新的储层孔隙成因类型——石英溶解型次生孔隙. 沉积学报，
　　20（4）：621～627

邱楠生，李慧莉，金之钧. 2005. 沉积盆地下古生界碳酸盐岩地区热历史恢复方法探索. 地学前缘，
　　12（4）：561～567

邱蕴玉，徐濂，黄华梁. 1994. 威远气田成藏模式初探. 天然气工业，14（1）：9～13

戎嘉余，詹仁斌. 1999. 华南奥陶、志留纪腕足动物群的更替兼论奥陶纪末冰川活动的影响. 现代地质，
　　13（4）：390～394

戎嘉余，陈旭，王怿等. 2011. 奥陶-志留纪之交黔中古陆的变迁：证据与启示. 中国科学（D辑）：地球
　　科学，41（10）：1407～1415

尚慧芸. 1990. 有机地球化学和荧光显微镜技术. 北京：石油工业出版社. 1～287

沈建伟 . 1989. 贵州及邻区宝塔组灰岩成因的新观察 . 贵州地质, 6(1): 35 ~ 38

沈扬, 贾东, 宋国奇等 . 2010. 源外地区油气成藏特征、主控因素及地质评价——以准噶尔盆地西缘车排子凸起春光油田为例 . 地质论评, 56(1): 51 ~ 59

石红才, 施小斌, 杨小秋等 . 2011. 鄂西渝东方斗山-石柱褶皱带中新生代隆升剥蚀过程及构造意义 . 地球物理学进展, 26(6): 1993 ~ 2002

苏文博, 李志明, Ettensohn F R 等 . 2007. 华南五峰组—龙马溪组黑色岩系时空展布的主控因素及其启示 . 地球科学: 中国地质大学学报, 32(6): 819 ~ 827

坛俊颖, 王文龙, 王延斌等 . 2011. 中上扬子下寒武统牛蹄塘组海相烃源岩评价 . 海洋地质前沿, 27(3): 23 ~ 27

汤良杰, 郭彤楼, 田海芹等 . 2008. 黔中地区多期构造演化、差异变形与油气保存条件 . 地质学报, 82(3): 298 ~ 307

汤良杰, 吕修祥, 金之钧等 . 2006. 中国海相碳酸盐岩层系油气地质特点、战略选区思考及需要解决的主要地质问题 . 地质通报, 25(9-10): 1032 ~ 1035

陶树, 汤达祯, 李凤等 . 2009. 黔中隆起北缘金沙岩孔古油藏特征及成藏期次厘定 . 中国矿业大学学报, 38(4): 576 ~ 581

陶树, 汤达祯, 许浩等 . 2009. 中上扬子区寒武-志留系高过成熟烃源岩热演化史分析 . 自然科学进展, 19(10): 1126 ~ 1133

陶树, 汤达祯, 周传祎等 . 2009. 孟昌衷川东南-黔中及其周边地区下组合烃源岩元素地球化学特征及沉积环境意义 . 中国地质, 36(2): 397 ~ 403

陶永和, 梁永忠 . 2002. 滇东磷块岩及工业磷矿床成因 . 云南地质, 21(3): 266 ~ 283

腾格尔, 高长林, 胡凯等 . 2006. 古上扬子北缘下组合优质烃源岩分布及生烃潜力评价 . 石油实验地质, 28(4): 359 ~ 365

腾格尔, 刘文汇, 徐永昌等 . 2004. 鄂尔多斯盆地奥陶系海相沉积有效烃源岩的判识 . 自然科学进展, 14(11): 1249 ~ 1256

腾格尔, 秦建中, 付小东等 . 2008a. 川西北地区海相油气成藏物质基础——优质烃源岩 . 石油实验地质, 30(5): 478 ~ 483

腾格尔, 秦建中, 郑伦举 . 2008b. 黔南坳陷海相优质烃源岩的生烃潜力及时空分布 . 地质学报, 82(3): 366 ~ 372

涂建琪, 金奎励 . 1999. 表征海相烃源岩有机质成熟度的若干重要指标的对比与研究 . 地球科学进展, 14(1): 18 ~ 23

汪泽成, 姜华, 王铜山, 鲁卫华, 谷志东, 徐安娜, 杨雨, 徐兆辉 . 2014. 四川盆地桐湾期古地貌特征及成藏意义 . 石油勘探与开发, 41(3): 305 ~ 312

汪正江 . 2008. 关于建立 "板溪系" 的建议及其基础的讨论——以黔东地区为例 . 地质论评, 54(3): 298 ~ 306

汪正江, 王剑, 江新胜等 . 2015. 华南扬子地区新元古代地层划分对比研究新进展 . 地质论评, 2015, 61(1): 1 ~ 22

汪正江, 王剑, 卓皆文等 . 2011. 扬子陆块震旦纪-寒武纪之交的地壳伸展作用——来自沉积序列与沉积地球化学证据 . 地质论评, 57(5): 731 ~ 742

汪正江, 谢渊, 杨平等 . 2012. 雪峰山西侧震旦纪—早古生代海相盆地演化与油气地质条件 . 地质通报, 31(11): 1795 ~ 1811

王成善, 胡修棉, 李祥挥 . 1999. 古海洋溶解氧与缺氧和富氧问题研究 . 海洋地质与第四纪地质, 19(3): 39 ~ 47

王大锐.2000.油气稳定同位素地球化学.北京：石油工业出版社，163~173

王东，王国芝.2012.南江地区灯影组储集层次生孔洞充填矿物.成都理工大学学报（自然科学版），39(5)：480~485

王根海.2000.中国南方海相地层油气勘探现状及建议.石油学报，21(5)：1~6

王吉茂，李恋.1997.烃源岩原始有机质丰度和类型的恢复方法.沉积学报，15(2)：45~48

王剑.2000.华南新元古代裂谷盆地沉积演化——兼论与Rodinia解体的关系.北京：地质出版社

王剑，潘桂棠.2009.中国南方古大陆研究进展与问题评述.沉积学报，27(5)：818~825

王剑，段太忠，谢渊等.2012.扬子地块东南缘大地构造演化及其油气地质意义.地质通报，31(11)：1739~1749

王剑，刘宝珺，潘桂棠.2001.华南新元古代裂谷盆地演化——Rodinia超大陆解体的前奏.矿物岩石，21(3)：135~145

王剑，谭富文，李亚林等.2004.青藏高原重点沉积盆地油气资源潜力分析.北京：地质出版社

王津义，付孝悦，潘文蕾等.2007.黔西北地区下古生界盖层条件研究.石油实验地质，29(5)：478~481

王津义，高林，姚俊祥等.2006.遵义后坝奥陶系红花园组油苗岩石轻烃特征分析.石油实验地质，28(6)：581~585

王津义，涂伟，曾华盛等.2008.黔西北地区天然气成藏地质特征.石油实验地质，30(5)：445~455

王兰生，邹春艳，郑平，陈盛吉，张琦，许斌，李红卫.2009.四川盆地下古生界存在页岩气的地球化学依据.天然气工业，29(5)：59~62

王连城，李达周，张旗等.1985.四川理塘蛇绿混杂岩——一个以火山岩为基质的蛇绿混杂岩.岩石学报，1(2)：17~27

王民，卢双舫，薛海涛等.2010.岩浆侵入体对有机质生烃（成熟）作用的影响及数值模拟.岩石学报，26(1)：177~184

王圣柱，沈扬，张勇等.2009.川西南五指山-美姑地区油气资源潜力评价.地质科技情报，28(4)：41~46

王士峰，向芳.1999.资阳地区震旦系灯影组白云岩成因研究.岩相古地理，19(3)：21~29

王铁冠，朱丹，张枝焕等.2002.千米桥地区上第三系严重生物降解石油的高分子量（>C_{35}）正烷烃.科学通报，47(14)：1103~1107.

王铜山，耿安松，孙永革等.2008.川东北飞仙关组储层固体沥青地球化学特征及其气源指示意义.沉积学报，26(2)：340~348

王玮，周祖翼.2008.镜质体反射率剖面反演中的不确定性分析——以鄂西渝东茶园1井为例.石油实验地质，30(3)：292~301

王玮，周祖翼，郭彤楼.2011.四川盆地古地温梯度和中—新生代构造热历史.同济大学学报（自然科学版），39(4)：606~613

王兴志，穆曙光，方少仙等.1999.四川资阳地区灯影组滩相沉积及储集性研究.沉积学报，17(4)：578~583

王益友，郭文莹，张国栋.1979.几种地化标志在金湖凹陷阜宁群沉积环境中的应用.同济大学学报，7(2)：51~60

王允诚.1999.油气储层评价.北京：石油工业出版社

王允诚，向阳，邓礼正.2005.油层物理学.成都：成都理工大学出版社

王泽中.1996.宝塔灰岩——中奥陶统密集段.岩相古地理，16(5)：18~21

王中刚.1989.稀土元素地球化学.北京：科学出版社

魏国齐，焦贵浩，杨威等.2010. 四川盆地震旦系-下古生界天然气成藏条件与勘探前景. 天然气工业，
　　30(12)：5～9

魏国齐，刘德来，张林等.2005. 四川盆地天然气分布规律与有利勘探领域. 天然气地球科学，16(4)：
　　437～442

魏志彬，张大江，许怀先等.2001. EASY%Ro 模型在我国西部中生代盆地热史研究中的应用. 石油勘探
　　与开发，28(2)：43～46

温汉捷，裘愉卓，姚林波等.2000. 中国若干下寒武统高硒地层的有机地球化学特征及生物标志物研究.
　　地球化学，29(1)：28～35

文玲，胡书毅，田海芹.2001. 扬子地区寒武系烃源岩研究. 西北地质，34(2)：67～74

邬立言.1986. 生油岩热解快速定量评价. 北京：科学出版社.41～44

吴朝东，陈其英，雷家锦.1999. 湘西震旦-寒武纪黑色岩系的有机岩石学特征及其形成条件. 岩石学报，
　　15(3)：453～462

武蔚文.1989. 贵州东部若干古油藏的形成和破坏. 贵州地质，6(1)：10～22

向才富，汤良杰，李儒峰等.2008. 叠合盆地幕式流体活动：麻江古油藏露头与流体包裹体证据. 中国科
　　学（D 辑）：地球科学，38(增刊)：70～77

肖冬生，付强.2011. 鄂尔多斯盆地北部杭锦旗区块下石盒子组自生石英形成机制. 岩石矿物学杂志，
　　30(1)：113～120

肖贤明.1992. 有机岩石学及其在油气评价中的应用. 广州：广东科技出版社

肖贤明，刘德汉，傅家谟.2000. 应用沥青反射率推算油气生成与运移的地质时间. 科学通报，45(19)：
　　2123～2127

肖贤明，刘祖发，申家贵等.1998. 确定含油气盆地古地温梯度的一种新方法——镜质组反射率梯度法.
　　科学通报，43(21)：2340～2343

谢树成，殷鸿福，解习农等.2007. 地球生物学方法与海相优质烃源岩形成过程的正演和评价. 地质科学
　　—中国地质大学学报，32(6)：727～740

谢渊，罗建宁，张哨楠等.2000. 羌塘盆地那底岗日地区中侏罗世碳酸盐岩碳、氧、锶同位素与古海洋沉
　　积环境. 矿物岩石，(1)：80～86

谢渊，王剑，汪正江等.2012. 雪峰山西侧盆山过渡带震旦系-下古生界油气地质调查研究进展. 地质通
　　报，31(11)：1750～1768

熊永强，耿安松，盛国英等.2001. 生排烃过程中正构烷烃单体碳同位素组成的变化特征及其研究意义.
　　沉积学报，19(3)：469～472

熊永强，张海祖，耿安松.2004. 热演化过程中干酪根碳同位素组成的变化. 石油实验地质，26(5)：
　　484～487

徐国盛，曹竣锋，朱建敏等.2009. 鄂西渝东地区典型构造流体封存箱划分及油气藏的形成与演化. 成都
　　理工大学学报（自然科学版），36(6)：622～630

徐国盛，徐燕丽，袁海锋等.2007. 川中-川东南震旦系-下古生界烃源岩及储层沥青的地球化学特征. 石
　　油天然气学报，27(4)：45～51

徐嘉炜，童卫星.1987. 论东亚大陆的陆缘弧问题. 海洋地质与第四纪地质，7(4)：17～28

徐明，朱传庆，田云涛等.2011. 四川盆地钻孔温度测量及现今地热特征. 地球物理学报，54(4)：
　　1052～1060

许靖华，孙枢，李断亮.1987. 是华南造山带而不是华南地台. 中国科学（B 辑），10：1107～1115

许效松，刘宝珺，牟传龙等.2004. 中国中西部海相盆地分析与油气资源. 北京：地质出版社

许效松，万方，尹福光等.2001. 奥陶系宝塔组灰岩的环境相、生态相与成岩相. 矿物岩石，21(3)：

64~68

薛秀丽, 赵泽桓, 赵培荣. 2007. 黔中隆起及周缘下组合古油藏和残余油气藏研究. 南方油气, 20(1-2): 6~11, 19

薛耀松, 周传明. 2006. 扬子区早寒武世早期磷质小壳化石的再沉积和地层对比问题. 地层学杂志, 30(1): 46~57

薛耀松, 唐天福, 俞从流. 1992. 中国南方上震旦统灯影组中的古喀斯特洞穴磷块岩. 沉积学报, 10(3): 145~153

杨剑, 易发成, 钱壮志. 2009. 黔北下寒武统黑色岩系古地温及其指示意义. 矿物学报, 29(1): 87~94

杨平, 汪正江, 贺永忠等. 2012a. 贵州仁怀县灯影组古油藏成藏条件及油气地质意义. 地质通报, 31(11): 452~465

杨平, 汪正江, 谢渊等. 2012b. 黔北下寒武统牛蹄塘组烃源岩的生物标志物特征和沉积环境. 地质通报, 31(11): 1910~1921

杨平, 汪正江, 印峰等. 2014a. 麻江古油藏油源识别与油气运聚分析: 来自油气地球化学的证据. 中国地质, 41(3): 982~994

杨平, 谢渊, 李旭兵等. 2012c. 雪峰山西侧震旦系陡山沱组烃源岩生烃潜力及油气地质意义. 中国地质, 39(5): 1299~1310

杨平, 谢渊, 汪正江, 刘建清, 赵瞻, 卓皆文. 2010. 秀山上寒武统古油藏地球化学特征及油源分析. 地球化学, 39(4): 354~363

杨平, 谢渊, 汪正江等. 2012d. 金沙岩孔灯影组古油藏沥青有机地球化学特征及油源分析. 地球化学, 41(5): 1894~1901

杨平, 谢渊, 汪正江. 2014b. 黔北震旦系灯影组流体活动与油气成藏期次. 石油勘探与开发, 41(3): 313~322

杨平, 谢渊, 王传尚等. 2012e. 雪峰山西侧上奥陶统五峰组烃源岩特征及油气地质意义. 天然气工业, 32(12): 11~16

杨平, 印峰, 余谦等. 2015. 四川盆地东南缘有机质演化异常与古地温场特征. 天然气地球科学, 26(7): 1299~1309

杨曦, 陈义才, 蔡勋育等. 2007. 百色地区下三叠统泥盆系烃源岩有机地球化学特征及生烃潜力分析. 成都理工大学学报, 34(3): 285~290

叶连俊, 陈其英, 李任伟等. 1998. 生物有机质成矿作用和成矿背景. 北京: 海洋出版社

伊海生, 彭军, 夏文杰. 1995. 扬子东南大陆边缘晚前寒武纪古海洋演化的稀土元素记录. 沉积学报, 13(4): 131~136

尹崇玉, 刘敦一, 高林志等. 2003. 南华系底界与古城冰期的年龄: SHRIMP II 定年证据. 科学通报, 48(16): 1721~1725

尹恭正, 王砚耕, 钱逸. 1982. 贵州震旦系与寒武系分界的初步研究. 地层学杂志, 6(4): 286~293

于炳松, 陈建强, 李兴武等. 2002. 塔里木盆地下寒武统底部黑色页岩地球化学及其岩石圈演化意义. 中国科学 (D辑): 地球科学, 32: 374~382

于炳松, 陈建强, 李兴武等. 2004. 塔里木盆地肖尔布拉克剖面下寒武统底部硅质岩微量元素和稀土元素地球化学及其沉积背景. 沉积学报, 22(1): 59~66

袁玉松, 孙冬胜, 周雁等. 2010. 中上扬子地区印支期以来抬升剥蚀时限的确定. 地球物理学报, 53(2): 362~369

曾勇, 杨明桂. 1999. 赣中碰撞混杂岩带, 中国区域地质, 18(1): 17~22

曾允孚, 夏文杰, 1986. 沉积岩石学. 北京: 地质出版社

翟常博, 郜建军, 黄海平等. 2009. 大巴山南侧城口油苗点油源分析. 石油实验地质, 31(2): 192～196

翟明国. 1998. 中国三条高温高压变质带及其地质意义. 岩石学报, 14(4): 419～429

张立平, 黄第藩, 廖志勤. 1999. 伽马蜡烷——水体分层的地球化学标志. 沉积学报, 17(1): 136～140

张林, 魏国齐, 李熙吉等. 2007. 四川盆地震旦系—下古生界高过成熟烃源岩演化史分析. 天然气地球科学, 18(5): 726～731

张林, 魏国齐, 汪泽成等. 2004. 四川盆地高石梯–磨溪构造带震旦系灯影组的成藏模式. 天然气地球科学, 15(6): 584～589

张旗, 张魁武, 李达周. 1992. 横断山区镁铁–超镁铁岩. 北京: 科学出版社

张渠, 梁舒, 张志荣等. 2005. 原油模拟生物降解的饱和烃色谱分析. 石油实验地质, 27(1): 81～84

张渠, 秦建中, 范明等. 2003. 松潘–阿坝地区下古生界烃源岩评价. 石油实验地质, 25 (增刊): 582～584

张渠, 腾格尔, 张志荣等. 2007. 凯里–麻江地区油苗与固体沥青的油源分析. 地质学报, 81(8): 1118～1124

张若祥, 王兴志, 蓝大樵等. 2006. 四川盆地资阳地区震旦系灯影组油气成藏条件分析. 重庆科技学院学报 (自然科学版), 8(1): 14～17

张声瑜, 唐创基. 1986. 四川盆地灯影组区域地质条件及含气远景. 天然气工业, 6(1): 3～9

张水昌. 1993. 南方海相地层中生物标志物——细菌和藻类生物的贡献. 北京: 石油工业出版社

张水昌, 张宝民, 边立曾等. 2005. 中国海相烃源岩发育的控制因素. 地学前缘, 12(3): 39～48

张永旺, 曾溅辉, 郭建宇. 2009. 低温条件下长石溶解模拟实验研究. 地质论评, 55(1): 134～142

张振苓, 郜立言, 舒念祖. 2006. 烃源岩热解分析参数 T_{max} 异常的原因. 石油勘探与开发, 33(1): 72～75

张枝焕, 张万选, 方朝亮. 1995. 一种应用干酪根热解烃转化率关系图版计算生烃量的方法. 石油实验地质, 17(2): 192, 201～209

赵磊, 贺永忠, 杨平等. 2015. 黔北下古生界烃源层系特征与页岩气成藏初探. 中国地质, 42(6): 1931～1943

赵泽恒, 周建平, 张桂权. 2008. 黔中隆起及周缘地区油气成藏规律探讨. 天然气勘探与开发, 31(2): 1～7

赵泽桓, 张桂权, 薛秀丽. 2008. 黔中隆起下组合古油藏和残余油气藏. 天然气工业, 28(8): 39～42

赵忠举, 朱琰, 李大成. 2002. 中国南方中、古生界古今油气藏形成演化控制因素及勘探方向. 天然气工业, 22(5): 1～6

赵宗举, 冯加良, 陈学时等. 2001. 湖南慈利灯影组古油藏的发现及意义. 石油与天然气地质, 22(2): 114～119

赵宗举, 朱琰, 徐云俊. 2004. 中国南方古生界–中生界油气藏成藏规律及勘探方向. 地质学报, 78(5): 710～720

钟大赍, Tapponnier P, 吴海威等. 1989. 大型走滑断裂–碰撞后陆内变形的重要形式. 科学通报, 34: 526～529

钟大赍, 吴根耀, 季建清等. 1998. 滇东南发现蛇绿岩. 科学通报, 43: 1365～1370

钟宁宁, 卢双舫, 黄志龙等. 2004. 烃源岩生烃演化过程 TOC 值的演变及其控制因. 中国科学 (D 辑): 地球科学, 34(增刊Ⅰ): 120～126

周传明, 薛耀松. 2000. 湘鄂西奥陶纪宝塔组灰岩网纹构造成因及沉积环境探讨. 地层学杂志, 24(4): 307～311

周根陶, 郑永飞. 2000. 碳酸钙水体系氧同位素分馏系数的低温实验研究. 地学前缘, 7(2): 321～338

周立宏，于学敏，姜文亚等.2013. 歧口凹陷异常压力对古近系烃源岩热演化的抑制作用及其意义. 天然气地球科学，24(6)：1118～1124

周利敏，张德会，席斌斌.2008. 岩石中的渗透率、流体流动及热液成矿作用. 地学前缘，15(3)：299～309

周明忠，罗泰义，李正祥等.2008. 遵义牛蹄塘组底部凝灰岩锆石 SHRIMP U-Pb 年龄及其地质意义. 科学通报，53(1)：104～110

周瑶琪，柴之芳，毛雪瑛等.1991. 混合成因模式——中国南方二叠-三叠系界线地层元素地球化学及其启示. 地质论评，37(1)：52～62

朱光，徐嘉炜，刘国生等.1998. 下扬子地区沿江前陆盆地形成的构造控制. 地质论评，44(2)：455～463

朱光，徐嘉炜，刘国生等.1999. 下扬子地区前陆变形构造格局及其动力学机制. 中国区域地质，18(1)：73～79

朱光有，张水昌，梁英波等.2006. 四川盆地天然气特征及气源. 地学前缘，13(2)：234～248

朱如凯，赵霞，刘柳红等.2009. 四川盆地须家河组沉积体系与有利储集层分布. 石油勘探与开发，36(1)：46～55

卓皆文，汪正江，王剑等.2009. 铜仁坝黄震旦系老堡组顶部晶屑凝灰岩 SHRIMP 锆石 U-Pb 年龄及其地质意义. 地质论评，55(5)：639～646

Alexander C，Masaru S，Kuniaki T.1997. Distribution of alkylated dibenzothiophenes in petroleum as a tool for maturity assessments. Organic Geochemistry，26(7)：483～489

Allan B，Lemos S M，Pinheiro H J，et al.1993. Detection and evaluation of hydrocarbons in source rocks by fluorescence microscopy. Organic Geochemisty，20(6)：789～795

Bailey N J L，Krouse H R，Evans C R，et al.1973. Alteration of crude oil by waters and Bacteria-Evidence from geochemical and isotope studies. American Association of Petroleum Geologists Bulletin，57(7)：1276～1290

Bergstrom S M，Chen X.2009. First documentation of the Ordovician Guttenberg $\delta^{13}C$ excursion（GICE）in Asia：chemostratigraphy of the Pagoda and Yanwashan formations in southeastern China. Geological Magazine 2009，146(1)：1～11

Bjoroy M，Hall P B，Hrstad E，et al.1992. Variation in stable carbon isotope ratios of individual hydrocarbons as a function of artificial maturity. Organic Geochemistry，19(1-3)：89～105

Burke E A J.2001.. Raman microspetrometry of fluid inclusions. Lithos，55：139～158

Chakhmakhehev A，Suzuki M，Takayama K.1997. Distribution ofalkylated dibenzothiophenes in petroleum as a tool for maturityassessments. Organic Geochemistry，26(7-8)：483～489

Curiate J A，1983. Petroleum occurrences and souce-rock potential of the Ouachita Mountains，southeastern Oklahoma. Oklahoma Geologocal Survey Bulletin，135

Goodwin N S，Park P J D，Rawlinson T.1983. Crude oil biodegradation. Organic Geochemistry，6：650～658

Grunow A，Hanson R，Wilson T.1996. Were aspects of Pan-African deformation linked to Iapetus opening? Geology，24(12)：1063～1066

Hood D，Gujahr C C M，Heacock R L.1975. Organicmetamorphism and the generation of petroleum. AAPG Bulletin，59：986～996

Huc A Y，Nederlof P，Debarre R.2000. Pyrobitumen occurrence and formation in a Cambro-Ordovician sandstone reservoir，Fahud Salt Basin，North Oman. Chemical Geology，168(1-2)：99～112

Hughes W B，Holba A G，Dzou L I P.1995. The ratio of dibenzothiophene to phenanthrene and pristine to phytane as indicators of depositional environment and lithology of petroleum source rocks. Geochimica et

Cosmochimica Acta, 59(17): 3581~3598

Hwang R J, Teerman S C, Carlson R M. 1998. Geochemical comparison of reservoir solid bitumens with diverse origins. Organic Geochemistry, 29(1-3): 505~517

Kirschvink J L, Ripperdan R L, Evans D A. 1997. Evidence for a large-scale reorganization of Early Cambrian continental masses by inertial interchange true polar wander. Science, 277: 541~545

Lee J S, Chao Y T. 1924. Geology of the Gorges district of the Yangtze from Ichang to Tzekuei with special reference to development of the Gorges. Bull Geol Soc China, 3(3-4): 351~391

Machel H G. 2004. Concepts and models of dolomitization: A critical reappraisal. In: Braithwaite C J R, Rizzi G, Darke G (eds). The Geometry and Petrogenesis of Dolomite Hydrocarbon Reservoirs. London: Geological Society of London Special Publication. 7~63

Moldowan J M, Seifert W K, Gallegos E J. 1985. Relationship between petroleum composition and depositional environment of petroleum source rocks. AAPG Bulletin, 69(8): 1255~1268

Ourisson G, Rohmer M, Poralla K. 1987. Prokaryotic hopanoids and other polyterpenoid sterol surrogates. Annual Review of Microbiology, 41: 301~333

Pease V, Daly J S, Elming S A, et al. 2008. Baltica in the Cryogenian, 850-630 Ma. Precambrian Research, 160: 46~65

Peters K E, Moldowan J M. 1991. Effects of source, thermal maturity, and biodegradation on the distribution and isomerization of homohopanes in petroluem. Organic Geochemistry, 17(1): 47~61

Peters K E, Moldowan J M. 1993. The Biomarker Guide: Interpreting Molecular Fossils in Petroleum and Ancient Sediments. New Jersey: Prentice Hall. 483~664

Powley D E. 1990. Pressures and hydrogeology in petroleum basins. Earth Science Reviews, 79: 21~226

Radke M, Willseh H, Leythaeuser D, et al. 1982a. Aromatic components of coal: Relation of distribution pattern to rank. Geochim Cosmochim Acta, 46(10): 1831~1848

Radke M, Welte D H, Willsch H. 1982b. Geochemical study on a well in the Western Cannda Basin: relation of the aromatic distribution pattern to maturity of organic matter. Geochim Cosmochim Acta, 46(1): 1~10

Shibaoka M. 1978. Hydrocarbon generation in Gippsland basin, Australia-Comparison with Cooper Basin. AAPG Bulletin, 62(7): 1151~1158

Seifert W K, Moldowan J M. 1986. Use of biological markers in petroleum exploration. Methods in Geochemistry and Geophysics, 24: 261~290

Stahl W J. 1978. Source rock-crude oil correlation by isotipic type-curves. Geochimica et Cosmochimica Acta, 42(10): 1573~1577

Sugisaki R, Yamamoto K, Adachi M. 1982. Triassic bedded cherts in central Japan are not pelagic. Nature, 298: 644~647

Teichmuller M. 1986. Organic petrology of source rocks, history and state of the art. Organic Geochemisty. 10(1-3): 581~599.

Vail P R. 1987. Seismic stratigraphy interpretation using sequence stratigraphy, Part I: seismic stratigraphy interpretation procedure. In: Baly A W (ed). Atlas of seismic stratigraphy. AAPG studies in Geology, 27: 1~10

Vasconcelos C, McKenzie J A, Warthmann R, et al. 2005. Calibration of the $\delta^{18}O$ paleothermometer for dolomite precipitated in microbial cultures and natural environments. Geology, 33: 317~320

Veizer J, Ala D, Azmy K, et al. 1999. $^{87}Sr/^{86}Sr$, $\delta^{13}C$ and $\delta^{18}O$ evolution of Phanerozoic seawater. Chemical Geology, 161: 59~88

Volkman J K. 1986. A review of sterol markers for marine and terrigenous organic matter. Organic Geochemistry, 9(2): 83~99

Wallmann K. 2001. The geological water cycle and the evolution of marine $\delta^{18}O$ values. Geochimica et Cosmochim Acta, 65(15): 2469~2485

Wang X L, Zhou J C, Griffin W L, Wang R C, Qiu J S, O'Reilly S Y, Xu X S, Liu X M, Zhang G L. 2007. Detrital zircon geochronology of Precambrian basement sequences in the Jiangnan orogen: dating the assembly of the Yangtze and Cathaysia Blocks. Precambrain Research, 15(9): 117~131

Wang X L, Zhou J C, Qiu J S, et al. 2006. LA-ICPMS U-Pb zircon geochronology of the Neoproterozoic igneous rocks from Northern Guangxi, South China: implications for petrogenesis and tectonic evolution. Precambrian Research, 145: 111~130

Wang X L, Zhao G C, Zhou J C, et al. 2008. Geochronology and Hf isotopes of zircon from volcanic rocks of the Shuangqiaoshan Group South China: implications for the Neoproterozoic tectonic evolution of the eastern Jiangnan orogen. Gondwana Research, 18: 355~367

Worden R H, Barclay S A. 2000. Internally-sourced quartz cement due to externally-derived CO_2 in sub-arkosic sandstones, North Sea. Journal of Geochemical Exploration, 69: 645~649

Yang P, Xie Y, Wang Z J, et al. 2014. Fluid activity and hydrocarbon accumulation period of Sinian Dengying Formation in northern Guizhou, South China. Petroleum Exploration and Development, 41(3): 346~357

Yarincik K M, Murray R W, Lyons T W, et al., 2000. Oxygenation history of bottom waters in the Cariaco Basin, Venezuela, over the past 578000 years: results from redox-sensitive metals (Mo, V, Mn and Fe). Paleoceanography, 15(6): 593~604

Zhou J C, Wang X L, Qiu J S. 2009. Geochronology of Neoproterozoic mafic rocks and sandstones from northeastern Guizhou, south China: Coeval arc magmatism and sedimentation. Precambrian Reseach, 170: 27~42